지구촌의 역사와 자연 법칙들에 기초한

# 기후변화와 UN의 아젠다 21

지구촌의 역사와 자연 법칙들에 기초한

# 기후변화와 UN의 아젠다 21

정우양·임기표 저

전남대학교출판부

# 저자서문

필자는 실존주의 철학자인 하이데거(M. Heidegger)의 말처럼 **'인간은 시간(zeiten)한다'**고 생각한다. 즉 개인적으로는 개인의 역사(Zeitung)가 누적되어 하나의 인생사를 만들고, 그들이 모여 사는 사회가 시간하면서 민족사를 만들고 있다고 생각된다. 따라서 아인슈타인(A. Einstein)의 말과 같이 자연계의 구성원인 3차원의 인간은 말과 글을 이용하여 기록으로 남기면서 시간차원을 넘고, 정보가 누적되어 이제는 과거의 시행착오를 거쳐 얻어진 법칙을 종합하여 특수상대성 이론에 의한 질량-에너지 등가성($E = m \cdot c^2$)에 따라 미개척의 물질이나 형태를 창조하는 원자력 시대가 온 것으로 사료된다.

즉 물질의 본질을 추적하는 물리학(Physics)은 형이상학(Metaphysics)과는 달리 물리화학(Physical Chemistry)으로 변천하고, 나아가 핵물리학까지 발전되었으며, 인간의 육체적 특성을 다루는 의학은 문진(問診)으로부터 해부를 통하여 눈으로 확인하는 수술 시대를 지나, 유전자를 조작하는 분자 생물학의 발전으로 인간의 심리(心理)를 해석하기 위해 두뇌를 옹스트롬(Angstrom) 단위의 분자화학과 전자기학으로 조사하는 나노기술(Nano-technology) 시대로 까지 이르렀다.

특히 1986년 비니히(G. K. Binnig) 등이 개발한 원자 현미경(Atomic Force Microscope)이 실용화된 이래 1959년 노벨 물리학상을 수상한 페이만(R. Feyman)의 예언이 실현되어 현재는 이론적 추리에 의존하던 화학적 구성원자의 위치를 확인하고, 그의 위치를 조절할 수 있는 나노기술(Nano-technology)단계에 이르러 21세기는 고용량의 컴퓨터 제조와 로봇 공학 및 생명공학이 주요 연구대상이 될 것이라고 한다. 더욱이 오늘날에 이르러서는 생명체도 아닌 분자(Molecule)의 복제(Self-repetition)를 유도한다는 프리온(Prion) 단백질의 존재가 밝혀지면서 인간의 가치와 본질은 무엇이며, 앞으로 어떻게 될 것인가? 라는 의문이 대두되었고 과학자들은 이 의문을 풀기 위한 시도로서 자발적 조립인자(self assembler)로 알려진 단백질 효소나 촉매를 인공적으로 나노기술을 통하여 합성하려는 연구도 진행되고 있다.

현대와 같은 후기 산업사회, 즉 정보화 사회에서는 대부분 화력(원자력 포함) 발전소에서 생산된 고효율의 전기에너지를 사용하고 있는 한편, 난방 및 운송 등 주요 에너지 사용 분야에서는 여전히 화석연료가 보유하고 있는 열에너지의 30% 정도만을 이용하고, 나머지 70% 정도는 자연계에 폐열로 방출하고 있다. 즉 오늘날 인류가 사용하는 전기에너지는 정확하고 정밀하여 그 활용도가 지속적으로 늘고 있지만, 비효율적인 연소과정을 통하여 에너지를 얻는 전통적 에너지 활용 방법은 각종 폐기물을 다량 발생하여 환경을 오염시킴으로써 지구촌이 보유하고 있는 한정된 에너지 자원을 활용하기 위해서는 경제적 효율성과 함께 환경적 안전성이 동시에 담보되어야 할 것이다.

주지하다 시피, '21세기의 목재화학 연구'의 주요 방향 중 하나는 바이오메스에너지(bio- mass energy)이다. 식품을 포함하여 세계 에너지 소비량과 자원에 대한 FAO 자료에 의하면, 이미 20세기 후반부터 세계인구의 1/3이 영양실조로 인구가 과잉이었다. Pimentel(1994년)에 의하면 호주 시드니시민 수준의 경제활동수준의 자원 요구량으로 계산한 결과 2/3이 빈곤층에 속하여 지구촌의 재앙을 막기 위한 인구조절이 필수적이라고 한다.

2차 세계 대전 후, 유럽에서 원자력 발전소건설을 반대하면서 탄생한 그린피스(Green Peace) 등 비정부 단체들은 오랫동안 유럽 회원국들을 설득하여, 환경오염을 발생하는 원인을 제거하여 후손에게 물려줄 수 있는 환경 에너지 자원을 육성하는 **기후변화 협약과 생물종 다양성 보존협약 및 산림 원칙**이 포함된 **아젠다 21(Agenda 21)**을 마련하여, 1992년 UN총회를 통하여 이를 채택시키고, 후손에게 물려줄 수 있는 자연 환경에너지자원을 보존 육성하는 **지속가능한 사회개발(Sustainable Development)**에 서명하는 **리우 환경선언**을 공표하도록 만들었다.

또한 1997년에는 기후변화 기본협약에 따라 온실가스 감축을 위한 교토의정서(Kyoto Protocol) 가 공표되어 지속가능한 사회개발을 목표로 하는 녹색성장(綠色成長: Green Growth) 개념이 유럽을 중심으로 인류의 공동 이슈로 등장하였으나, 보수정권이 장악해온 미국에서는 상대적으로 미온적인 탄소규제정책을 담고 있는 스마트성장(Smart Growth)이라는 이름으로 각 주에서 실시해 왔으나 오바마 정권이후 최근에는 적극적 탄소 규제를 지향하는 국제적 흐름을 주도하려는 움직임도 보이고 있다.

최근 전 세계에 불어 닥친 금융위기는 자원생산과 가공을 통하여 생산된 상품을 소비자에서 분배하는 중계소인 은행권의 부도덕으로 발생한 것을 저탄소녹색성장으로 극복하겠다고 하는 정책이 유행하고 있다. 이는 기존의 산업구조를 자원생산에서부터 근본적으로 개편하는 방향이기 때문에 새로운 사회적 가치관과 제도가 필요하지만, 전 세계를 지배하는 자원 유통과 기술을 지배하는 생태학과 기후조건에 대하여 종합적으로 연구한 전문가가 없어 아무도 제시하지 못하고 있다.

그러나 대기오염이 인체에 미치는 영향을 오랫동안 연구한 골드스미스와 프리버그(J. R. Goldsmith & L. T. Friberg, 1997, Effect of Air Pollution on Human Health, in "Air Pollution, 3rd ed. by A.C. Stern, Vol. II, Academic Press, p 458)에 따르면, **"인간은 밥을 먹지 않고 5주를 살 수 있고, 물을 마시지 않고 5일을 살 수 있지만, 깨끗한 공기(산소)를 마시지 않고서는 5분도 살 수 없다(A man can** live for 5 weeks without food, for 5 days without water, but for only 5 minutes without air (oxygen))"고 한다. 이는 인간의 생존 환경을 가장 함축적으로 표현한 말로서 환경평가에서 중요한 의사들의 역할을 보여주고 있으며, 생명존중의 실존주의가 서양에서 발생하게 된 이유를 알게 만든다.

정치, 경제, 사회, 문화까지 총망라된 아젠다 21을 전공한 사회 과학자가 아니고, 박학다식한 박물학자도 아니기 때문에 오류가 많겠지만, 지속가능한 사회개발의 핵심이 되고 있는 산림자원 관리 및 수확 가능한 목재이용의 고부가가치화를 연구하는 목재과학자로서 산림자원을 중심으로 물질의 본질을 탐구하고 있는 화학적 이론을 통하여 기후변화에 관한 원론적 원인을 구명하면서 지구온난화를 완화시키기 위한 광범위한 목재이용의 총합적 이론 정립을 추구하고자 하였다. 졸고임에도 불구, 출판하도록 도와준 전남대학교와 친환경 목조건축 연구의 기회를 제공해준 바이오하우징연구사업단(교육과학기술부 한국연구재단 지원), 오·탈자를 자세히 검토해 준 출판부 직원의 노고에 감사드리면서 논리적 오류에 대한 학자들의 많은 지도 편달을 기대한다.

2011. 2.

광주 용봉캠퍼스에서 공저자 일동

# 목차

제1편

## 지구촌의 역사와 자연 법칙들

## 2장 지구촌의 기후 구성과 생태계의 역할 __70



## 3장 문명의 발달과 인구 문제 __146

## 제2편

# 지구촌의 기후변화와 UN의 아젠다 21

# 제1편

# 지구촌의 자연 법칙과 발견의 역사

# 1장 | 과학기술의 발전과 에너지 이용 효율성

## 1.1. 자연계의 물리 화학적 현상: 물질의 본질과 운동

### (1) 지구촌을 구성하고 있는 물질과 구성 원소 발견: 존재(存在)와 무(無)

미국 코넬대학의 농업경제학자인 Pimentel 등(1999)[1]에 따르면, 지구상에서 생태계를 구성하고 있는 생물종은 수백만 종에 달하나, 모든 생물은 녹색식물의 잎에서 광합성으로 생산된 탄수화물과 단백질 및 바이오에너지를 먹이로 소비하는 먹이사슬로 연결되어 있으며, 이를 대량 소비하는 인간(Homo sapiens)이라는 단일종의 개체수(population)가 60억 명을 넘어, 지속가능한 생존을 위하여 생태계가 생산할 수 있는 능력의 3배에 달함으로써 인류의 지속가능성을 위협하고 있다고 한다.

이를 물리화학적으로 분석하면, 다음과 같이 인간 생활과 자연이 하나라는 사실을 추적할 수 있다. 즉 지구상에 존재(存在)하는 물질의 종류는 약 2,000만 가지에 이르며, 수많은 고분자가 존재하지만, 이를 구성하고 있는 화학적 원소(element)는 90여 가지에 불과하며, 이 원소들의 기본 모델인 원자(原子: atom)는 양전기를 띄는 양성자(陽性子: proton)와 음전기를 띄는 전자(電子: electron)로 구성되어 전기적으로 중성이고, 원소중심에는 중성자(中性子: neutron)와 양성자가 원자핵(nucleus)을 이루고 있다는 것은 이미 배워 알고 있다.

환언하면, 지구촌에는 다양한 생물 종과 개체수가 존재하고, 다양한 물질이 있지만, 화학적으로 90가지 원소로부터 구성되고, 이들이 전기화학적으로 결합한 화합물(compound)은 2000만 가지 정도이며, 그 중에서 탄소(C) 원소가 반복적으로 결합한 고분자(macromolecule: polymer) 물질들이 다양하게 결합하여 생물을 구성하고, 생물종을 규정하는 생명체 중에는 염색체(chromosome)나 DNA로 알려진 유전자들이 세포 핵(cell nucleus) 중에 존재하여, 암수사이의 교미를 통하여 후손을 번식하여 생명체를 지속적으로 보존하여 역사를 이루며, 하늘에서 천부적으로 주어진다고 믿었던 유전자(gene)까지 조작하여 새로운 변종을 만들어 내는 육종학(genetics)까지 발전되고 있다.

한편 문명의 발전과 인구의 과포화로 현재의 환경문제를 발생하였지만, 과학기술로 이를 해결하려는 연구도 활발하게 추진되고 있어 아이러니하다.

---

1) D. Pimentel, O. Bailey, P. Kim, E. Mullaney, J. Calabrese, L. Walman, F. Nelson, and X. Yao, 1999, Will Limits of the Earthis Resources Control Human Numers? 2010, http://www.jayhanson.us/page174.pdf.

이러한 자연현상을 발견하기까지는 역사적으로 수천 년 동안 관찰된 과학적 원리와 정보들이 기록을 통하여 축적되면서 알게 되었다. 즉 李(1981)[3)]에 따르면, 이러한 과학적 법칙들을 발견한 중요한 역사적 발견이 다음과 같이 요약되고, 근대적인 산업기술들은 대부분 20세기에 완성된 것을 알 수 있다.

(1) 인도에서는 "범(梵)"이라는 일원설(一元說)이 주장되다가 〈地, 水, 火, 風〉의 4원소설이 등장하고, 이어서 〈 地, 水, 火, 風, 空 〉의 5원소설이 주장되었다고 함.

(2) 중국 주역(周易)의 **陰陽 五行說**: 5원소 (金/木/水/火/土)의 태극(正反合) ==〉 즉 BC 800경 중국 周나라에서 BC 122경 劉安이 모든 물질은 태극(太極)에서 출발한 5원소[ 木(목), 火(화), 土(토), 金(금), 水(수) ]가 〈 木生火, 火生土, 土生金, 金生水, 水生木 〉하고, 〈 木勝土, 土勝水, 水勝火, 火勝金, 金勝木 〉한다는 陰陽5行설을 제창함.

(3) 그리스 Empedokles(BC 450경)의 **4元素說**: BC 600경 Thales의 물 설, 그의 제자 Anaximander의 아페이론(Apeiron)설, Anaximenes의 공기설, Xenophenes의 흙 설, Herakleitos의 불을 합한 것이고, 이어서 BC 300경 Platon은 ether를 더하여 5원소 설을 주장.

(4) BC/AD = 0: 예수(Jesus) 탄생

(5) 중세 종교시대: 암흑시대

(6) N. Copernicus(1473~1543; 폴란드)의 **地動說**: 우주의 중심은 태양이고, 행성은 지구를 공전하며, 지구도 태양을 중심으로 공전하는 행성이고, 달은 지구의 위성이라는 이론이다.

(7) G. Galilei(1564~1642)의 지동설
1604년 물체의 자유 낙하거리가 시간의 제곱에 비례하고, 낙하물체의 속도가 시간에 비례하는 것을 발견하고, 1609년에는 만원경을 만들어 천체연구에 이용하여 목성, 토성, 태양흑점 등을 관찰하여 지동설을 주장하였다가 1613년 종교재판을 받음.

(8) R. Boyle(1627~1691; 영국)의 법칙
4 원소설을 비판하고, 경험주의에 입각하여 **"원소"**를 정의하고, 연소 반응실험, 진공펌프에 의한 여러 가지 실험으로 1662년 일정 온도의 기체 부피는 압력에 반비례함을 발견함.

(9) I, Newton(1643~1727; 영국)의 힘의 원리: 힘(F) = 질량(m) × 기속도(a)

① **제 1 법칙 (관성 법칙)**: 정지하고 있거나 직선으로 운동하고 있는 물체는 외력의 작용이 없으면 속도변화가 없이 원래의 상태를 유지한다. (등속도 운동)

② **제 2 법칙(운동 법칙)**: 직선으로 운동하고 있는 물체는 가속도의 방향으로 그의 크기에 비례하여 운동한다. (가속도운동). 힘의 크기(F) = m×a ; 1N = $1kg*m/sec^2$

③ **제 3 법칙(작용과 반작용의 법칙)**: 작용하는 힘은 항상 작용방향에서 동일한 크기의 반작용을 받는다. (힘의 평형조건)

(10) I. Newton(1643~1727)의 **만유인력 법칙(상대성 원리)**: [만유인력(F) = $\alpha \times (M_1 * M_2) \div R^2$] 물체사이에 작용하는 힘은 모두 상호작용하고, 작용력의 크기는 는 두 물체의 질량의 곱에 비례하고, 떨어진 거리의 자승에 반비례한다.

(11) C. A. de Coulomb(1736~1806; 프랑스)의 **전기력의 법칙**: $F \propto (q*q' \div r^2)$

① $F_{electric} \propto (q*q' \div r^2) = (q*q') \div (4*\pi*\varepsilon_0*r^2)$: 양전기와 음전기로 구분하고, 부호가 같으면 반

발력이고 부호가 다르면 인력을 나타냄.

② $F_{magnetic} = q*q' \div (4*\pi*\mu_0*r^2)$: 자기의 경우도 전기장의 경우와 같이 N/S의 관계에 따라 반발력과 인력으로 작용함.

(12) A. L. Lavoisier(1743～1794; 프랑스)의 **원소 이론**
연소반응에서 산소발견과 질량보존법칙 발견: 원소설 제안

(13) M. H. Klaproth(1743～1817): 지구상에서 가장 무거운 **우라늄(U) 발견**

(14) J. A. C. Charles(1746～1823)의 법칙: 일정 압력 하에서 기체부피는 온도에 비례함.
보일-샤를의 법칙: **이상기체법칙:** $P*V = n*R*T$ ;
기체상수(R) = 8.3144 J/mol/°K = 1.986cal/mol/°K

(15) J. Dalton(1766～1844; 영국)의 물질의 원자설: 1802년 Dalton이 Lavoisier의 질량보존 법칙과 Proust의 일정 성분비 법칙을 해석하기 위하여 제안된 가설이다.

(16) J. L. Proust(1754～1826; 프랑스)의 **일정 성분비(배수비례)의 법칙** 발견
연소로 생긴 기체성분들이 일정 질량 성분들의 정수비로 결합된 것을 증명함.

(17) R. Brown(1773～1858)의 **미소입자의 브라운 운동** 발견
현미경하에서 물위에 떠 있는 꽃가루가 연구적으로 불규칙하게 운동하는 현상 관찰

(18) A. Avogadro(1776～1856, 이태리)의 **분자 개수 정의** :
1 mole = $6.022 \times 10^{23}$개

(19) J. P. Joule(1818～1889; 영국)의 법칙 :
① **줄의 법칙:** 열량(Q) = (전류세기: $I)^2 \times$ (저항: R)
② **열의 일 당량 = 일의 열 당량:** 1 cal = 4.1855joule

(20) W. T. Kelvin(1824～1907; 영국)의 절대온도(°K): 1°K = -273.16℃
1848년 N.L.S.Carnot의 논문에 입각하여 절대온도 눈금을 도입하고, 1851년 열역학 제2법칙을 유도함.

(21) R. J. E. Clausius(1822～1888)의 엔트로피 개념도입
Carnot의 이론을 근거로 **엔트로피 개념**을 도입하고, 고립계(isolated system)에서 가역변화(reversible change)의 경우 엔트로피가 불변이나 비가역 변화에서는 엔트로피 반드시 증가함을 유도함.

(22) Mendeleev(1834～1907)의 **화학적 원소의 주기율표 작성**(1869)
당시까지 발견된 원소들을 원자량별로 배열하여 원자량증가에 따라 일정한 주기를 갖춤을 발견함.

(23) H. A. Lorentz(1853～1928; 네덜란드)의 **전자 이론**
전자반지름(r) = $e^2 \div (m*c^2)$

(24) M. K. E. L. Planck(1858～1947; 독일)의 흑체 복사 이론과 상수발견 :
$h = 6.626196 \times 10^{-34} J*sec$; $\hbar = h/2\pi$

(25) E. Rutherford(1871～1937)의 **원자핵 발견**
$\alpha$-particle = He을 증명하고 gold 박막에 투사시킨 필름에 원자핵의 존재를 확인함.

(26) A. Einstein(1879～1955; 독일)의 특수상대성 원리: $E = m \times c^2$

(27) J. R. Oppenheimer (1904~1967)의 원자폭탄 제조완성

(28) 일본 히로시마와 나가사키 원자폭탄 투하 (1945): 1㎏의 $^{235}U$ = $20\times10^{13}$cal => 20Gkcal/kgU 환언하면 지구촌에서는 역사적으로 수많은 인간의 갈등과 전쟁을 통하여 수많은 왕조와 종족이 변해 왔지만, 그의 결론은 모두 생태계의 생명 현상을 지배하는 자연 법칙 내에서 마무리된 것으로 보인다.

특히 지구상에서 존재하는 물질을 구성하는 원소(元素) 종류는 〈그림 1.1-1〉의 주기율표 가 보여준 바와 같이 103개로 구분되지만, 인간의 생활공간 내에 실존하는 원소는 90여개에 불과하며, 그의 존재량은 〈표 1.1-1〉과 같이 원소의 종류에 따라 다르다. 즉 이러한 원소 식별(識別: identification)은 동식물의 종(種: species)분류와 같이 우선 상호간의 동질성(同質性: homogeneity)과 이질성(異質性: heterogeneity)을 분석하여 차이(差異: difference)의 유무(有無)를 다지고 구분하는 물리화학적 정성 분석(定性 分析: qualitative analysis)을 통하여 그 원소가 존재(存在)하는가 아닌가(無)를 확인한 다음, 차이를 확인하여 각각에 이름을 붙이고, 존재한 것만을 택하여 정량분석(定量分析: quantitative analysis)을 통하여 동일 원소의 존재량을 분석하면, 이러한 원소들을 구분하여 식별할 수 있다.

다시 말하면 인간이 활동하는 공간은 지각(地殼)이나 대기(大氣)에 10ppm 이상 존재하는 원소들은 〈표 1.1-1〉에 나타낸 바와 같이 40여 가지에 불과하고, 인체(人體)를 구성하고 있는 화학적 원소는 〈표 1.1-2〉에 나타낸 바와 같이 6가지에 불과하다.

특히 지구상에 다양한 생물체가 존재하여 셀 수 없이 많이 존재하지만, 화학적으로 보면, 인간이 포함되는 생태계(ecosystem)는 대기 중의 탄산가스를 먹이로 하여 탄수화물을 생합성하는 녹색식물(producer: 생산자)과, 이를 먹이로 하는 동물계(consumer: 소비자), 그리고 동・식물의 사체를 먹이로 하는 미생물(decomposer: 분해자)로 구성되어 먹이사슬(food chain)로 연결되어 있고, 탄소를 기준으로 추적하면 분해된 탄산가스가 대기 중으로 환원되어 다시 녹색식물의 영양원이 되기 때문에 이를 탄소 사이클(carbon cycle: 자세한 내용은 후술함)이라 한다.

또한 생명체로 구성된 생태계가 주변 환경을 구성하고 있는 자연계의 무기물로부터 생태계의 먹이사슬에서 에너지원이 되는 탄수화물을 생합성하는 녹색식물이 요구하는 무기원소는 20여 가지에 불과하고, 생명체 자체를 구성하고 있는 고분자물질은 탄소(C), 수소(H), 산소(O), 질소(N), 유황(S), 인(P), 할로겐(F, CL, Br, I)등 10여 가지의 원소로 구성되고, 대부분이 대기 중에 존재하기 때문에 생존하기 위하여서는 대기오염(air pollution)을 무시할 수 없다.

더욱이 생태계의 먹이를 일차적으로 생산하는 녹색 식물이 요구하는 무기원소는 C, H, O, N, S, P, K, Ca, Mg 등 9가지이고, 극미량의 Fe, Cu, Mn, Zn, B, CL, Mo, Co, V, Na, Si, F, I, Se, Br, Ru, St, AL, Be, Ba 도 필요하지만 모두 대기와 생수 및 지각과 같은 주변 환경에서 획득하고 있다.

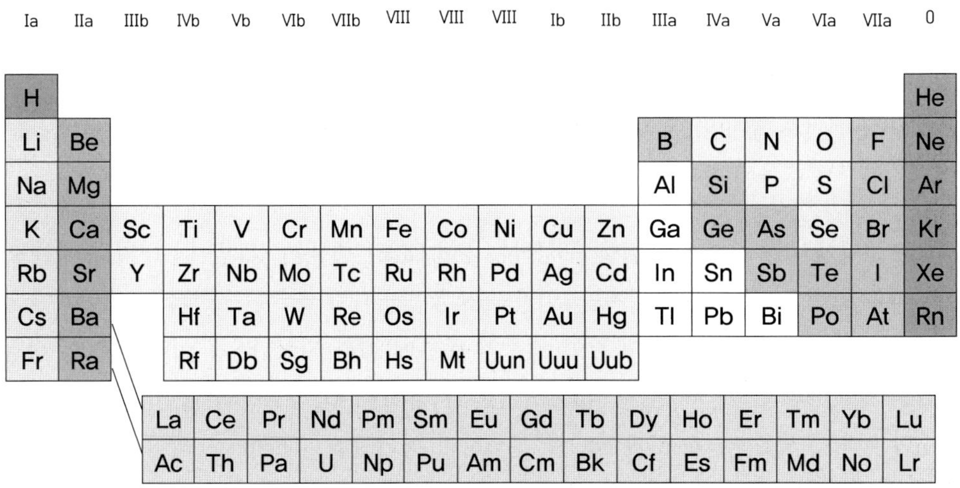


**〈그림 1.1-1〉** 지구촌의 구성원소와 주기율표

**〈표 1.1-1〉** 지구촌의 구성원소와 원소별 존재량

| 번호 | 기호 | 지각중존재비 (원자/$10^6$ Si원자: 무게 ppm) | 우주중존재비 (원자/$10^6$ Si원자수: 수 ppm) | 번호 | 기호 | 지각중존재비 (원자/$10^6$ Si원자: 무게 ppm) | 우주중존재비 (원자/$10^6$ Si원자수: 수 ppm) |
|---|---|---|---|---|---|---|---|
| 1 | H | 1,400 | 26,000,000,000 | 19 | K | 20,900 | 3,800 |
| 2 | He | - | 2,100,000,000 | 20 | Ca | 41,500 | 73,600 |
| 3 | Li | 20 | 45 | 21 | Sc | 22 | 33 |
| 4 | Be | 2.8 | 0.69 | 22 | TI | 5,700 | 2,300 |
| 5 | B | 10 | 6.2 | 23 | V | 135 | 200 |
| 6 | C | 200 | 13,500,000 | 24 | Cr | 100 | 11,700 |
| 7 | N | 20 | 2,440,000 | 25 | Mn | 950 | 9,200 |
| 8 | O | 464,000 | 23,600,000 | 26 | Fe | 56,300 | 980,000 |
| 9 | F | 625 | 3,630 | 27 | Co | 25 | 2,300 |
| 10 | Ne | - | 23,600,000 | 28 | Ni | 75 | 41,800 |
| 11 | Na | 23,600 | 63,200 | 29 | Cu | 55 | 290 |
| 12 | Mg | 23,300 | 1,010,000 | 30 | Zn | 70 | 1,170 |
| 13 | AL | 82,300 | 85,100 | 31 | Ga | 15 | 51 |
| 14 | Si | 281,500 | 1,000,000 | 37 | Rb | 90 | 7 |
| 15 | P | 1,050 | 12,700 | 38 | Sr | 375 | 20 |
| 16 | S | 260 | 500,000 | 39 | Y | 33 | 5 |
| 17 | CL | 130 | 5,700 | 40 | Zr | 165 | 32 |
| 18 | Ar | - | 240,000 | 56 | Ba | 425 | 4.7 |

〈표 1.1-2〉 인체와 주변 환경의 구성 원소와 구성비(% w)

| 대기권 | | 해양권 | | 인체 | | 지각권 | |
|---|---|---|---|---|---|---|---|
| 성분 | % | 성분 | % | 성분 | % | 성분 | % |
| $N_2$ | 75.51 | H | 66 | H | 63 | O | 47 |
| $O_2$ | 23.183 | O | 33 | O | 25.5 | Si | 28 |
| Ar | 1.28 | CL | 0.33 | C | 9.5 | AL | 7.9 |
| Ne | 0.18 | Na | 0.28 | N | 1.4 | Fe | 4.5 |
| C | 0.0125 | Mg | 0.033 | Ca | 0.31 | Ca | 3.5 |
| $H_2$ | 0.0008 | S | 0.017 | P | 0.22 | Na | 2.5 |
| | | Ca | 0.0062 | CL | 0.08 | K | 2.5 |
| | | K | 0.0060 | K | 0.06 | Mg | 2.2 |
| | | C | 0.0014 | S | - | H | 0.14 |
| | | | | | | P | 0.105 |
| | | | | | | F | 0.0625 |
| | | | | | | S | 0.026 |
| | | | | | | C | 0.02 |
| | | | | | | CL | 0.013 |
| | | | | | | N | 0.002 |
| | | | | | | Br | 0.00025 |
| | | | | | | I | 0.00005 |

(Source: A. L. Lehninger, 1970, Biochemistry, Worth Publ, p18)

주로 C, H, O, N, S ,P 등 6가지 원소로 구성된 생명체는 공기 중의 산소로 연소시키면, 90% 이상이 가스성분으로 변하여 대기 중으로 사라지고, 남는 회분(灰分: ash)은 10% 이하로 대부분이 극소량이며, 무기성분으로 구성되어 있다. 이때 유전자를 구성하는 인산($PO_4$)만이 재(灰分)로 남기 때문에, 생태계를 구성한 생물체(biomass)들은 모두 대기 중의 탄산가스와 질소, 아황산가스와 물로 구성된 것을 알 수 있다.

특히 핵물리학으로 입증된 탄소 연대측정 기술을 이용하면, 연소(燃燒)로 휘발하는 탄산가스의 방사선 동위원소 분포를 추적할 수 있고, 지상과 대기 사이를 오가는 탄소 사이클 중 어느 시대에 존재하고, 그것이 어디로 이동하는지를 알 수 있다.

또한 2차 대전 후 발전한 석유화학과 합성화학은 생명체에서 유도된 유기물(organic compound)들을 대부분 인공적으로 합성할 수 있게 되었고, 신의 창조물로 알려진 생명체도 유전자(遺傳子: gene)조작을 통하여 새로운 생물종을 만들 수 있게 되었다.

한편 맥머리(J. McMurry, 1996, Organic Chemistry, 4th Ed., Cole Publishing Co.)에 따르면 실제로 지구상에

는 존재하는 무기물과 유기물은 총 2,000만 가지 정도 식별되고, 그중 1,500만 가지가 탄소로 구성된 유기물이 대부분이라고 한다. 즉 셀 수 없이 많은 형태와 구조가 지구상에 존재하지만 공통 성분들이 많고, 원소들이 결합한 분자간의 조합 방식이 다양하여 현태가 다양할 뿐 물리·화학적으로 구분되는 화학 물질은 그의 종류가 극히 적다. 지구촌에 존재하는 원소 90 가지를 수학적으로 조합하면 〈표 1.1-3〉과 같이 간단히 표현되지만, 화학적으로 결합된 원소들의 개수와 조합이 다르기 때문에 수 없이 많은 종류가 가능하다.

이때 생명체를 주관하는 모든 에너지는 화학적으로 탄소(C)와 수소(H) 수량에 좌우되고, 이들 원소는 산소와 함께 대기권과 생수권 및 지각권으로 구분 되는 환경 속에서 먹이사슬(food chain)에 따라 순환되기 때문에 하나의 탄소 사이클(carbon cycle)과 물 순환(water cycle)에 의하여 생존하고 있음을 알 수 있다.

따라서 생명체를 구성하고 있는 탄소 이동을 물리화학적으로 추적하면, 인간은 탄소 사이클(carbon cycle)을 구성하고 있는 생태계의 먹이사슬에서 하나의 고리에 불과하다. 따라서 인간이 발전시킨 문명(Civilization)의 발전은 생태계를 구성하고 있는 인간이 자연의 환경자원을 파괴하면서 성장하여 왔기 때문에, 지구촌 생태계의 능력(ability)과 현재의 생태계 용량(capacity)을 평가하면, 역사적 과정에서 일어난 자연 파괴의 역사도 알 수 있을 것이다.

**〈표 1.1-3〉** 몇 가지 탄소 화합물 구성 원소의 종류와 조합 예

| 구성 원소 | 원자량 | 명칭 | 물리적 성질에 따른 전형적 이름과 종류 |
|---|---|---|---|
| 〈1〉 H | 1 | Hydrogen | 수소 |
| 〈2〉 C | 12 | Carbon | 다이아몬드, 흑연, 석탄, 목탄, 탄소섬유 등 |
| 〈3〉 N | 14 | Nitrogen | 질소 |
| 〈4〉 O | 16 | Oxygen | 산소, 오존 |
| 〈5〉 P | 31 | Phosphorus | 인 |
| 〈6〉 S | 32 | Sulfur | 유황 |
| 〈7〉 C+H | | Hydrocarbons | 석유, 기름, 오일, 불포화탄화수소, 벤젠, 등 |
| 〈8〉 C+O | | carbon oxides | 탄산가스, 일산화탄소, |
| 〈9〉 C+H+O | | | 알코올, 알데히드, 케톤, 유기산, 스테로이드, 페놀 등 |
| 〈10〉 C+H+O+N | | | 아미노산, 단백질, 효소, 고기류, 생명체 등, |
| 〈11〉 C+H+O+N+S | | | 아미노산, 단백질, 조효소, 등 |
| 〈12〉 C+H+O+H+N+P | | | 핵산, 유전자 등 |

(출처: M. Windholz, S. Budavari, R. F. Blumetti & E.S. Otterbein, 1983, The Merck Index - An Encyclopedia of Chemicals, Drugs, and Biologicals, 10th Ed., Merck & Co., Inc., N.J. Formular Index)

## (2) 물질의 크기와 측정 단위

(i) 기본 단위와 차원　　자연현상을 과학적인 방법으로 측정하려면 우선 종류를 구분할 수 있는 분류시스템을 갖춘 다음 실험을 통하여 이를 증명할 뿐만 아니라 재현되어야 한다.

따라서 실험적으로 실증하는 자연 과학자들이 토론과 토의를 거쳐 정의된 물리적 측정단위는 〈표 1.1-4〉 및 〈표 1.1-5〉와 같다.

즉 각국에서 따로 따로 연구한 과학자들이 모여 통일한 단위로 만드는 기구를 국제 표준화 기구(ISO : International Standardization Organization, International Organization for Standardization)라고 하고, 국제적으로 정의된 단위를 ISO 단위라고 한다.

지금까지 자연 과학적 방법을 추론하여 서로 대체할 수 없는 7가지 단위를 기본단위(Basic Unit)로 정의하고, 기하학적 보조단위를 포함하여 8가지이며, 그의 크기를 1,000배로 확대하거나 1/1,000로 축소하는 접두어는 〈표 1.1-5〉와 같이 정의하고, 현재는 전자기 파동을 이용하여 측정한다.

이러한 기본 단위는 다른 물리량으로 대체할 수 없기 때문에 일종의 차원(Dimension)과 같은 독립변수로 정의된다.

**〈표 1.1-4〉** 국제단위 중 기본 단위의 정의

| 기본 물리량 | | SI단위 | 기호 | 비 고 |
|---|---|---|---|---|
| 〈1〉 length (길이) | | meter | m | 원래 북극점과 적도까지 프랑스 파리를 지나는 자오선의 1000만분의 1을 단위로 하여 1 meter라 하였다. |
| 〈2〉 mass (질량) | | kilogram | kg | 원래 4℃의 물($H_2O$)의 부피 $1cm^3$ = 1gram 으로 정하였다. 따라서 1kg은 이를 1,000배한 것이다. |
| 〈3〉 time (시간) | | second | s | 원래 지구자전을 [ 360°/15 = 24 ]로 정수화하여 시간단위로 하고, 1 시간을 6진수로 나누어 분과 초로 세분한 시간 길이이다. |
| 〈4〉 temperature (온도) | | kelvin | K | 원래 물의 끓는점과 어는점 사이를 100등분하여 1눈금을 1℃라 하고, 이를 절대영도로 환산한 온도단위이다. [ ℃ = (5/9) × (°F - 32) + 273.15 ; 0°K = - 273.15℃ ] |
| 〈5〉 electric current (전류) | | ampere | A | 1 newton의 힘을 나타내는 전기에너지 단위로 1초당 $6.2422*10^{18}$개의 전자가 작용한 힘. |
| 〈6〉 luminous intensity (광도) | | candela | cd | 원래는 양초 하나의 밝기였으나 현재는 엄밀하게 정의된 candela단위를 사용함. |
| 〈7〉 amount by number (물질량) | | mole | mol | 이상기체법칙에 따른 아보가드로수로서 동일 성질을 가진 $6.023 \times 10^{23}$개의 물질 개수를 1 mole이라 한다. |
| 〈8〉 보조 단위 | plane angle | radian | rad | $2\pi R/R \Rightarrow 360^{\circ}/2\pi \Rightarrow 57.296^{\circ}$ |
| | solid angle | steradian | sr | $4\pi R^2/R^2 = 4\pi$ |

〈표 1.1-5〉 국제단위에 사용되는 접두어와 곱수

| 이름 | 기호 | 곱수 | 영미 단위명 | 이름 | 기호 | 곱 수 | 영미 단위명 |
|---|---|---|---|---|---|---|---|
| deca | da | 10 | | deci | d | 0.1 | |
| hecto | h | 100 | | centi | c | 0.01 | |
| kilo | k | 1000 | thousand | milli | m | 0.001 | |
| mega | M | $10^6$ | million | micro | u | $10^{-6}$ | |
| giga | G | $10^9$ | billion | nano | n | $10^{-9}$ | |
| tera | T | $10^{12}$ | trillion | pico | p | $10^{-12}$ | |
| peta | P | $10^{15}$ | quadrillion | femto | f | $10^{-15}$ | |
| exa | E | $10^{18}$ | quintillion | atto | a | $10^{-18}$ | |

(ii) 유도 단위 　한편 실제 생활에서는 사람들이 직감적으로 알 수 있는 전통적인 단위들이 많다. 즉 사용상 편리하나 과학적 논리로 분석하면 기본단위들이 복합적으로 구성된 단위들을 유도단위(Derived Unit)라고 한다.

특히 유도단위들은 국가나 민족에 따라 단위의 크기와 명칭이 달라 거래나 정보유통에 혼란을 초래하기도 한다.

### (3) 에너지(energy)와 힘(force: 力)의 정의

물리학에서는 에너지를 다음과 같이 에너지를 일할 수 있는 능력으로 정의하고, 힘과 동력을 계산한다. 이때 사용하는 단위는 공학단위로서 ISO에서 정의한 MKS단위를 사용하며, 1차원(X)에서의 이동거리를 미터(m)로, 질량(M)을 킬로그램(kg)으로 측정하고, 시간(t)을 초(sec) 단위로 측정하여 다음 식에 따라 계산하면 에너지를 계산할 수 있다.

(i) 거리(length: L) = $\chi$

(ii) 속도(velocity: v) = $d\upsilon/dt$

(iii) 가속도(acceleration: a) = $d\upsilon/dt = d\chi/dt^2$

(vi) 힘(force: F) = $M*a$ = [ $M*d\chi/dt^2$ ]

(v) 일(work: W) = $F*\chi$ = [ $M*dx^2/dt^2$ ] 〈===〉 일할 수 있는 능력 = 에너지(energy)

(vi) 일율 또는 동력(power: P) = $W/t$ = [ $M*dx^2/dt^3$ ]

여기서 사용된 기본단위는 힘(F: Force)으로서 수학적으로 해석한 뉴턴(Newton)을 단위로 사용한다. 즉 1687년 뉴턴이 출판한 "Principia"에서 그의 역학적 원리와 만유인력의 법칙을 수학적으로 설명함으로서 힘의 3가지 법칙을 확인하였는데, 이를 뉴턴의 힘의 법칙 또는 운

〈표 1.1-6〉 일반적으로 사용되는 기본 단위와 유도단위의 환산계수

| | 길이(length) | 넓이(area) | 부피(volume) | 질량(mass) | 시간(time) | 일(work) | 일율(power) |
|---|---|---|---|---|---|---|---|
| 국제 단위 | 1 m (meter) | 1㎡ (square meter) | 1㎥ (cubic meter) | 1 kg (kilogram) | 1s (second) | 1 J (joule) | 1W (watt) |
| 영미 단위 | = 1.0936yard<br>= 3.2808feet<br>= 39.37inch | = 0.01are<br>= 0.008acre | = 264gallon<br>= 28.38bushel | = 2.2046pound<br>= 35.27onze | - | = 7.23blf-ft<br>= 0.738kgw-m | = 0.00134Hp |
| 한국 단위 | = 3.3자(尺)<br>= 33치(寸) | = 0.3025평(坪)<br>= 0.0001정(町) | = 554되(升)<br>= 55.56말(斗) | = 0.267관(貫)<br>= 267돈(屯) | - | - | - |

동법칙이라 한다. 즉 뉴턴의 제 1 법칙은 정지하거나 한결같이 직선 운동을 하고 있는 물체는 힘(外力)이 작용하지 않는 한 그 운동상태를 지속한다는 관성의 법칙이고, 제 2 법칙은 운동하는 물체는 작용하는 힘의 크기에 비례하여 가속도가 생기고, 가속도의 방향도 작용하는 힘의 방향과 같다는 운동의 법칙이며, 제 3 법칙은 작용한 힘은 항상 그와 반대되는 역 방향에서 동일한 크기의 반작용을 받는다는 작용-반작용의 법칙 등이다. 일반적으로 사용되는 기본단위와 유도단위는 〈표 1.1-6〉과 같다.

### (4) 시스템(system)과 주변 환경 관계: 경계층을 통한 물질과 에너지 교환

자연 현상을 해석하는 법칙 중에서 가장 기본적인 법칙은 열역학 법칙일 것이다. 즉 모든 물질은 자연계에서 〈그림 1.1-2〉와 같이 구분되는 주변 환경조건 속에서 에너지를 주고받는 하나의 거대한 시스템(System)내에 존재하고, 그의 경계(Boundary)를 통하여 주변 환경(Surrounding: Environment)과 에너지나 물질을 주고받기(give-and-take: exchange) 때문에 주어진 조건에서 경계면에서 일어나는 에너지와 물질 출입을 측정하고, 반응 전후의 물질별 구성원소를 분석하면, 시스템내부에서 일어난 현상을 추적할 수 있다.

이때 에너지와 물질이 시스템의 경계층을 통하여 모두 출입 가능한 시스템을 개방 시스템(open system)이라 하고, 에너지만 출입 가능한 시스템을 폐쇄 시스템(closed system)이라하며, 에너지와 물질이 모두 출입 불가능한 시스템을 고립 시스템(isolated system)이라 한다.

특히 일종의 전자기 파동인 열(heat)은 물질의 종류에 따라 화학적 구성원소와 기하학적 배치가 달라 흡수성(absorption)과 투과성(transmission) 또는 반사성(reflection)도 다르지만, 최종적으로는 물질에 흡수될 것이다. 따라서 어느 물질(substance)이 전자기파동과 충돌하여 공명 흡수하면, 이동하는 열에너지를 차단할 수 있다. 이때 원자핵 반응은 아니지만, 아인슈타인의 특수 상대성이론에 따라 [$E = m^*c^2$]가 적용될 수 있을 것이다.

또한 물질, 특히 연료 중에 내포하고 있는 화학에너지를 공기 중의 산소와 반응시켜 열에너지로 전환시키는 열기관(heat engine)은 〈그림 1.1-3〉과 같이 하나의 시스템으로서, 성질이 다른 두 가지 이상의 물질을 첨가한 다음, 고온으로 가열하면, 구성 원소들이 분해와 재결합을 통하여 전혀 다른 새로운 물질로 변하면서, 함유한 화학결합에너지를 열에너지로 방출한다. 이때 시스템의 조절방법은 Gibbs의 상율(相律: Rule of Phases)에 따라 [ 자유도(F) = 화학종(種) 수(C) - 상(相) 수(P) + 2 ]로 표현되기 때문에 핵심적인 조절인자를 찾아낼 수 있다. 이때 적용되는 열역학 법칙을 설명하면, 다음과 같다.

즉 〈그림 1.1-4〉와 같이 구성되는 화학 반응 공장(plant)과 비교하면, 시스템을 구성하고 있는 물질이 기체이면, 동일한 온도(T)와 부피(V) 하에서는 달톤(Dalton)의 분압법칙에 따라 [ $P = (n/V)*R*T = (m/M)*(1/V)*R*T = ( \rho*R*T/M ) = ( P_1 + P_2 + P_3 + \cdots + P_n ) = ( n_1 + n_2 + n_3 + \cdots + n_N )$ ]가 되기 때문에, 그 시스템을 구성하고 있는 물질종류와 점유하고 있는 몰분율을 측정하면, 주변 환경과의 에너지 수수(授受)에 따른 시스템의 물질변화를 추적할 수 있다. 예를 들면 그 시스템을 구성하고 있는 물질을 포집하여 분석하면, 그 시스템을 구성하고 있는 물질과 몰수를 알 수 있다.

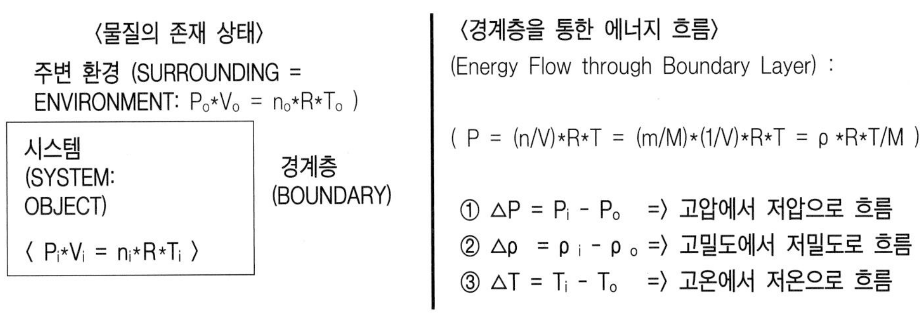


**〈그림 1.1-2〉** 물질의 존재상태 (시스템)와 주변 환경 및 에너지 흐름

(P = 압력(kgf/㎠): V = 부피(㎥); n = 몰(mole)수; R = 기체상수(1.98717cal/L/mol); T = 절대온도(°K) = -273.15℃)

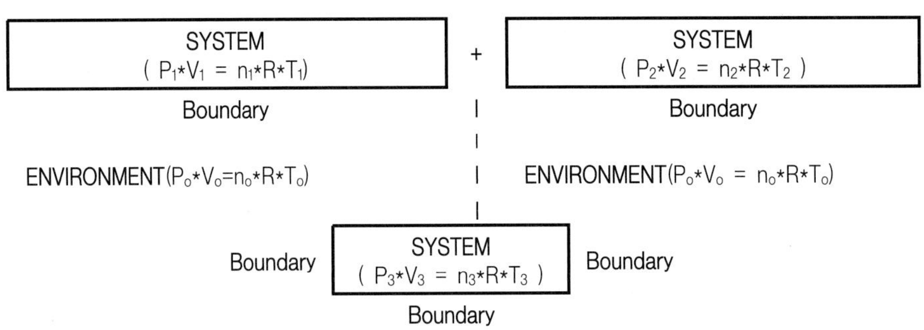


**〈그림 1.1-4〉** 화학 반응장치에서 반응물질의 상호 작용

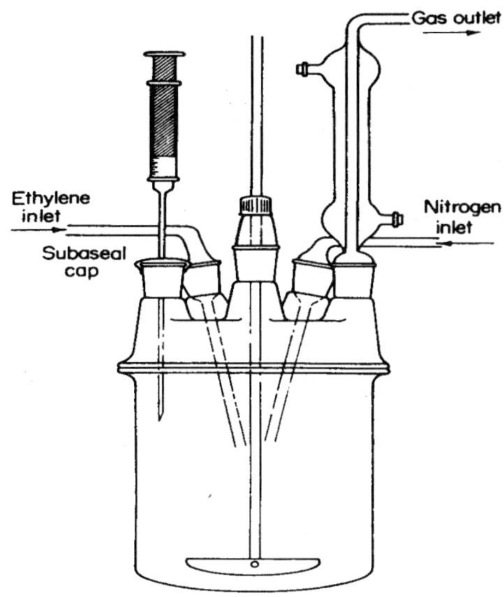


〈그림 1.1.2-3〉 화학적 반응장치의 구조와 혼합 기구

**참고 1 : 온도와 광선의 관계: 색상 온도표(Colour Temperature Chart)**

(Source: http://www.mediacollege.com/lighting/colour/colour-temperature.html)

- 색상온도(colour temperature)는 가시광선 범위에서 사용되는 색상을 묘사하는 표준방법으로 기기를 사용한다. 색상온도는 일반적으로 켈빈(kelvin) 단위를 사용한다. <기술적으로 말하면, 색상온도(colour temperature)는 광원과 흑체의 색깔이 동일한 이상적인 흑체의복사선 온도를 의미한다.(흑체란 이론적으로 모든 전자기 파동 에너지의 복사체이면서 동시에 흡수체이다.)>
- 켈빈(Kelvin)온도 ==> 켈빈온도는 William Thomson (1824~1907)경이 수분의 응고와 증발온도를 100등분한 섭씨(Celsius) 온도로 정의된 이상기체법칙에서 최저온도를 계산한 국제단위계로서 과학적인 온도표시에서는 k 또는 K를 사용하고, 이를 켈빈이라고 읽는다.
- 따라서 모든 물체는 보유하고 있는 열에너지 온도에 따라 방출하는 에너지 광선의 파동이 다르고, 연소시 각 원소에 따라 구성하고 있는 전자궤도의 흡광과 방출에 따라 방출하는 파장과 주파수 구성이 다르기 때문에, 하늘에서 각종 별들이 방출한 광선을 분광기를 통하여 분석하면, 별을 구성하고 있는 화학원소와 화학반응을 추정할 수 있다.

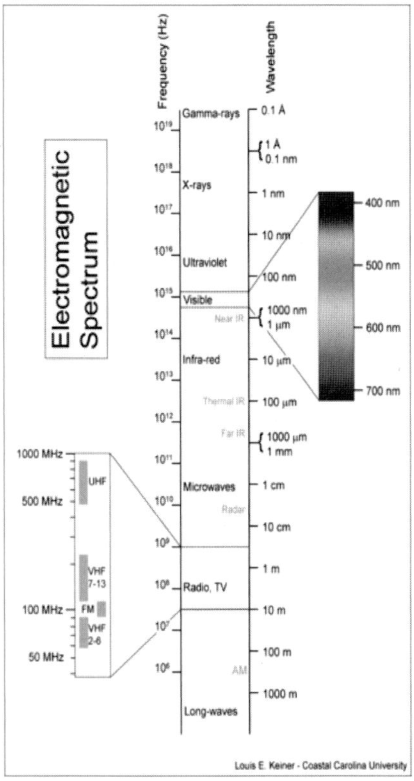


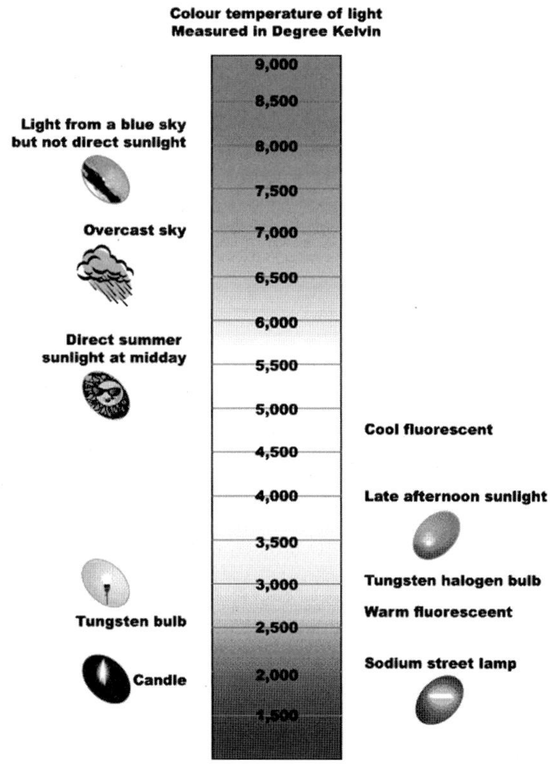


## 1.2. 에너지 전환 기술 및 경제적 효율성

### (1) 열역학 법칙들

(i) 열역학 제 1 법칙: 에너지 보존 법칙 복잡다단한 수많은 자연현상이라도 알고자 하는 대상을 하나의 시스템으로 정의하고, 그 시스템에 대한 주변(surroundings)을 환경(environment)으로 정의한 후 그 시스템과 주변 환경 사이의 상호작용을 측정하면, 열역학 법칙들이 발견된다. 즉 약 150년 전 1840년에 줄(Joule)은 전기의 줄 열을 측정한 후, 1845년에는 [P*V = n*R*T]로 표현되는 이상기체법칙에 따라 기체의 압축-팽창에서 줄 계수를 측정하여 열의 일당량 (1cal = 4.184joule)을 계산하였다. 이러한 계산은 물질의 처리전과 후의 상태를 비교한 것으로 줄의 법칙이며, 이를 에너지 보존법칙으로서 **열역학 제 1 법칙**이다. (R = 1.98717 cal/K/mol = 8.31441 J/K/mol = 0.0820575 ℓ · atm/K/mol)

(ii) 열역학 제 2 법칙: 비가역 과정과 엔트로피(Entropy)의 정의 그러나 1867년 클라시우스(Clausius)는 한 형태의 에너지를 다른 형태의 에너지로 전화시키는 어떤 기계장치도 전환효

율이 1(100%) 이하인 것을 발견하였다. 이 때 경계층을 기준으로 처리 후에 원상으로 회복되는 현상을 가역과정(reversible process)이라 하고, 원상으로 회복되지 않는 현상을 비 가역과정(irreversible process)이라 구분하고, 비 가역과정에서 에너지보존법칙으로 소실된 에너지를 엔트로피(entropy)라고 정의하였다. 즉 인간이 이용한 에너지는 투입 에너지양보다 항상 적은데 이는 자연계의 무질서도(disorder)라고 번역하는 엔트로피(entropy: S)를 증가시키기 때문이며, 비 가역과정을 가진 고립 시스템(Isolated System)에서는 항상 엔트로피 증가하여 이런 상태가 지속되면 결국은 폭발 분해된다고 한다. 이러한 현상을 **열역학 제 2 법칙**이라 한다.

(iii) 자유 에너지 = 이용가능 에너지 량 = 수율(收率: yield) => 효율성 문제　　따라서 이상기체 법칙에서 헬름홀츠(Helmholtz)는 일정 부피를 가진 물질중의 에너지변화를 연구하여 1877년 정량적으로 이용되는 자유에너지(free energy)가 일정 부피 하에서 [A = U - T*S]의 관계를 가지고 있음을 밝혔고, 기브즈(Gibbs)는 1902년 이용 가능한 자유에너지가 일정 압력 하에서[△G = △H - T*△S]로 계산됨을 밝혔다.

[ △G = △H - T*△S ]

(iv) 열역학 제 3 법칙　　또한 열역학에서는 에너지가 온도를 기준으로 계산되기 때문에 절대적인 기준온도가 필요하다. 즉 열에너지 변화는 항상 - (섭씨온도 +273)의 온도와 비례하여 계산되기 때문에 절대 영도(absolute zero temperature) 또는 이 온도를 제안한 1848년 켈빈(Kelvin)의 이름을 따라 켈빈 온도(Kelvin temperature)라고 부르고, 이를 열역학적 기준온도로 정의하고, [ $0^{o}$K = -273.15℃ ]를 **열역학 제 3 법칙**이라 한다. 따라서 일상생활에서 정의하는 모든 온도는 절대영도이상에서 일어난다. 절대영도에 도달하려는 다양한 실험이 추진되고 있으나 절대영도에 도달한 실험 결과는 아직 없다.

따라서 각종 화학반응은 이상기체법칙을 다양한 방법으로 〈그림 1.2-1〉에 나타낸 바와 같이 열역학적으로 온도를 인공적으로 상승시키면, 화학반응을 유도할 수 있고, 마침내 원자(atom) 자체를 분해시키는 원자폭탄을 제조하는데 이르렀으나 지구상의 생태계에서 가장 진화하였다는 인간은 현재의 대기조건이 필요하고, 자연적인 생리적 생존 조건임을 명심해야 할 것이다.

(v) 에너지 단위와 상호 전환　　한편 줄(Joule)의 실험으로 얻어진 열의 일 당량을 기초로 각종 에너지를 상호 변화시키면 다음과 같다.

(i) 에너지의 국제단위 :

① 가속도(acceleration: a) = 속도{이동거리(m) / 소요시간(sec)} ÷ (소요시간(sec);

② 힘(force: F) = 질량(kg) × 가속도(a) = newton(N)

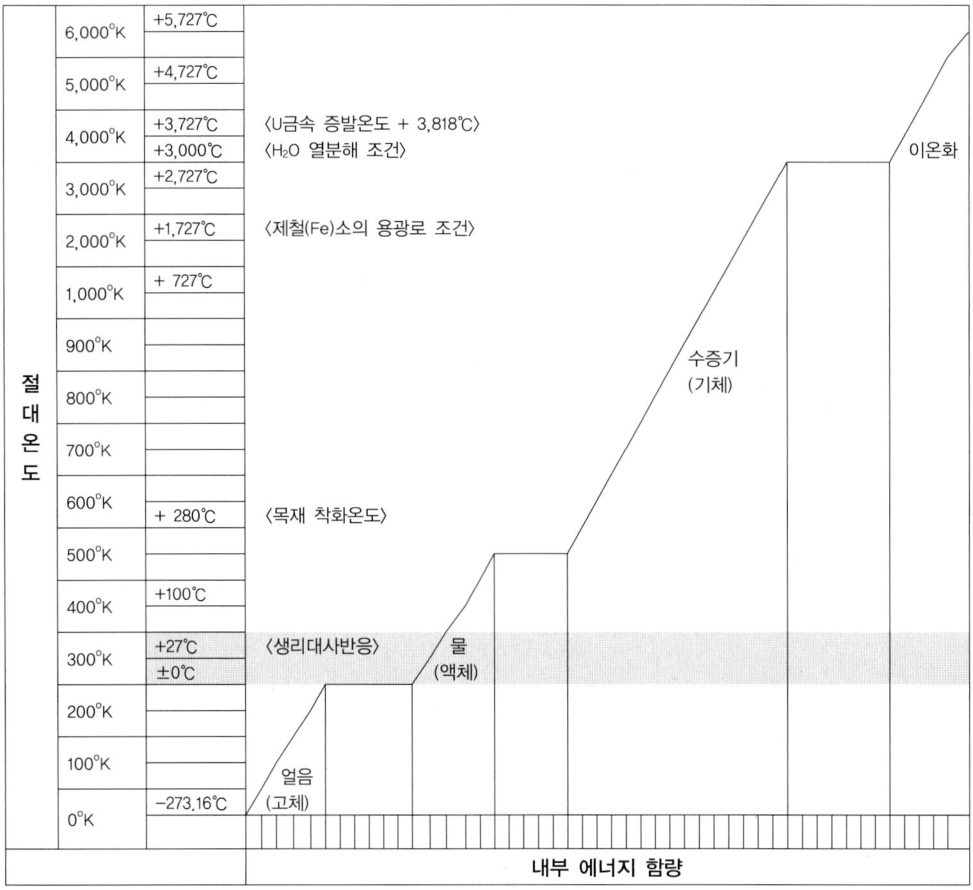


**〈그림 1-2-1〉** 열역학적 자연계와 물질의 상태 및 화학반응 (예: $H_2O$)

③ 일(Work: W) = 힘(F) × 이동거리(m) = joule(J) => 1 $kg*m^2/sec^2$ = 1 joule

④ 에너지Energy: E) = 일(W)할 수 있는 능력

(ii) 줄의 법칙: 전기의 열 당량: 열량 (Q) = [전류세기(I)]$^2$ × [저항(R)]

(iii) 열의 일 당량: 1 cal = 4.1855J

(iv) 에너지의 단위 환산 계수

1 kg*m = 1J × 9.80665m/sec$^2$) = 9.80665joule = 7.233 ft*bl = 0.0968 L*atm = 0.002342kcal

1 Btu = 0.252 Btu = 778.12 ft*bl = 107.6 kg*m = 10.40 L*atm

1 kWhr = 1000W × 3600sec = 3,600,000joules = 3,600,000J × [860cal/3600joule] = 860kcal

※ 최근 석유가 기준화되면서 사용되는 TOE 에너지 단위(Wikipedia, 2005, http://en.wikipedia.org/wiki/Ton_of_oil_equivalent)는 TOE = ton oil equivalent로서 석유를 기준으로 한 에너지 단위이며, 원유 1 메트릭 톤이 연소시 방출하는 에너지량으로서 1TOE ≒ 10 $Gcal_{th}$ ≒ 42 GJ 이다. 즉

- 1 barrel of oil equivalent (BOE), ≒ 0.146 TOE
- 1 TOE ≒ 6.841 BOE
- MTOE = 1 mega ton of oil equivalent ; 1 GTOE = 1 giga ton of oil equivalent;
  - IEA/OECD는 1 TOE ≒ 10 $Gcal_{thermal}$ ≒ 41.868 GJ ≒ 11.625 MWh.
  - 몇 몇 기관에서는 다음과 같은 전환인자를 사용하기도 한다.
- One toe = 42 GJ ≒ 41.85 GJ ≒ 7.11 BOE, 또는 7.33 BOE, 7.4 BOE
- One ton petroleum equivalent (TPE) ≒ 10.8Gcal ≒ 45.217 gigajoules

### (2) 에너지의 전환 기술과 이용 효율성: 가치(價値: value) 문제

따라서 현대사회에서 사용하는 에너지를 열역학 법칙에 따라 해석하면 다음과 같다. 특히 정보화 사회가 되면서 늘고 있는 전기 에너지를 열역학적으로 해석하면 〈그림 1.2-2〉와 같은 과정을 거쳐 제조된 에너지 형태이기 때문에 값이 비싸다. 즉 고품질의 전기에너지를 소비하는 컴퓨터와 각종 전기. 전·자기기에 사용되는 대부분의 전기에너지는 화학에너지로 저장된 석탄이나 석유 또는 핵연료를 소각 분해시켜 얻어진 고온의 열에너지를 고압스팀으로 유지하여 발전기에 연결된 터빈을 돌려 전기에너지를 생산하기 때문에 연료에 함유된 열 함량의 30%정도만을 이용하고, 나머지 70%정도는 자연계에 폐기되어 폐열로 방출된다고 한다. 따라서 동일한 힘이나 에너지양을 발생하더라도 전환기술이나 사용된 연료에 따라 경제적 가치가 다르다.

또한 현대 과학기술은 석유가 고갈되더라도 〈표 1.2-1〉 및 〈표 1.2-2〉에 나타낸 바와 같이 모든 에너지를 상호 전환할 수 있기 때문에 공장이나 가정에서 사용되는 모든 물질과 제품을 만들 수 있다. 그러나 생명체는 아직 제조하지 못하고 있어 생명공학과 유전자공학 기술이 활발하게 개발되고 있다.

그렇지만 이때 사용되는 에너지는 화학적으로 저장된 원자나 탄소화합물을 파괴하여 발생한 것으로서 연료에 함유된 에너지가 화학적으로 비가역적으로 변한 것이기 때문에, 열역학 제 2 법칙에 따라 효율성이 100% 이하이다. 즉 효율성이 좋은 형광등이라도 그의 광에너지 이용효율성은 20% 이하로 매우 낮아 다시 녹색식물의 광합성에 이용한다면, 전체적인 에너지 효율성은 더욱 낮아질 것이다.

특히 〈그림 1-2.2〉에 나타낸 바와 같이 현재 사용하는 전기에너지는 고농도의 화학에너지 밀도를 갖춘 석유나 석탄 및 원자력과 같은 화석연료를 사용하여 소각로에서 열에너지를 발생시켜 얻어진 고압고온의 스팀을 발전기에 연결된 터빈에 방출하여 기계적 에너지로 전환시킨 다음, 발전기 축을 회전시키는 스팀 발전소는 같은 에너지 변환과정을 거치기 때문에 그의 효율성이 40% 이하로 낮고, 그의 운전효율도 이보다 낮아 20~30%에 불과하다고 한다. 따라서 화력발전과정에 방출되는 폐열을 열 에너지원으로 이용하는 난방이나 공정에 이용하는 열 병합 발전소(co-generation plant) 건설이 강조되고 있다.

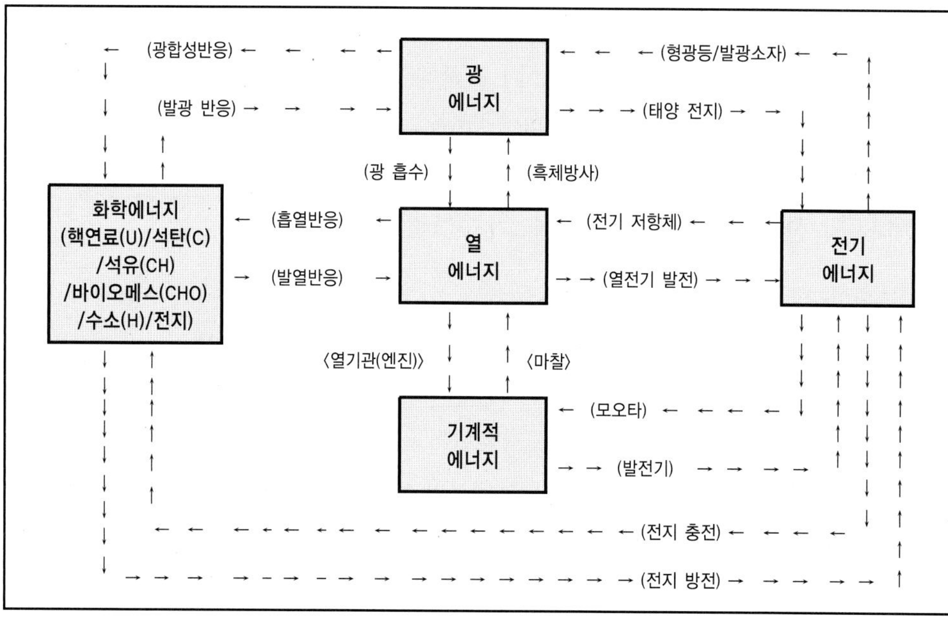


**〈그림 1.2-2〉** 에너지의 형태와 상호 전환 기술

**〈표 1.2-1〉** 에너지 이용 장치의 종류와 에너지 전환 효율

| 에너지전화기 | 전환에너지 형태 | 전환율 (%) | 에너지전환기 | 전환에너지 형태 | 전환율 (%) |
|---|---|---|---|---|---|
| 전기히터 | 전기/열 | 100 | 스팀터빈(발전용) | 열/기계 | 45 |
| 헤어드라이 | 전기/열 | 100 | 가스터빈(비행기용) | 화학/기계 | 35 |
| 전기 발전기 | 기계/전기 | 95 | 가스터빈(산업용) | 화학/기계 | 30 |
| 건전지(dry cell) | 화학/기계 | 90 | 자동차엔진 | 화학/기계 | 25 |
| 스팀보일러(발전용) | 화학/열 | 85 | 형광등 | 전기/광 | 20 |
| 가정용 가스버너 | 화학/열 | 85 | 실리콘 광전지 | 태양광/전기 | 15 |
| 가정용 오일버너 | 화학/열 | 65 | 증기기관차 | 화학/기계 | 10 |
| 전기모터(소형) | 전기/기계 | 65 | 백열전등 | 전기/광 | 5 |
| 가정용 석탄 버너 | 화학/열 | 55 | | | |

(출처: http://www.ems.psu.edu/~radovic/fundamentals4.html)

〈표 1.2-2〉 화력발전소의 구성과 전기 에너지 생산 이용 시스템

| 기존의 생산 및 저장방법 | 에너지 종류 | 새로운 에너지 전환기술 |
|---|---|---|
| Biomass: 녹색식물의 광합성 저장) | 〈1〉 태양광 에너지 | Biomass 생산 |
| 석유/석탄 (연료) | 〈2〉 화학에너지 | Biomass이용 |
| 보일러연소 (열매체로 저장/열섬효과) | 〈3〉 열에너지 | 태양열 이용 |
| 증기터빈 (압력/위치에너지로 저장) | 〈4〉 기계적 에너지 | 가스터빈기술/엔진개발 |
| 발전기 (전기장과 자기장의 상호운동) | 〈5〉 전기에너지 | 태양광전지/연료전지 기술 |
| 전등 (형광등/백열등/할로겐등/) | 〈6〉 광 에너지 | LED (Light Emission Diode) 등 |

## (3) 에너지의 효율적 이용과 경제성

한편 조직화된 산업사회에서 사용되고 있는 각종 에너지 형태는 사회적으로 교환되고 있는 경제적 가치로 돈(money)으로 표현되고 있다. 따라서 고급에너지인 전기에너지만을 이용하는 정보화 사회에서는 다양한 전기에너지 자급이 중요하게 된다. 즉 우리나라와 같이 하나의 한국 전력공사가 전 국민을 통제하는 상황은 어느 선로의 고장이나 트러블이 그 지역의 경제 사회적 활동을 모두 통제하기 때문에 분산시켜 전력을 복수로 생산 공급하도록 만드는 것이 단전(斷電)과 같은 위기 상황을 극복하는데 필수적인 구조일 것이다.

지구상의 모든 물질은 "$E = m \times c^2$"에 따라 환산되고, 보존된다는 열역학 제1법칙이 성립된다. 물질이나 에너지는 창조하거나 소멸시키는 것이 불가능하기 때문에, 자연조건에 따라 일어나는 각종 물리 화학적 변화에는 연료에 포함된 열에너지를 운동하는 기계적 에너지로 전환시키는데 엔트로피(entropy: S)가 발생하여 100% 전환시킬 수 없다는 열역학 제 2 법칙에 따라 이용 가능한 깁스의 자유에너지(Gibbs' Free Energy: G)는 "$\triangle G = \triangle H - T \times \triangle S$"정도가 된다. 즉 경제적으로 이용 가능한 에너지는 총량 중 일부에 불과하다.

그러나 사회적 활동에 이용되는 경제적 효율성을 나타내는 화폐적 가치는 자연법칙과는 달리 첨가된 인간의 가공기술이 추가되어 높아져야 한다. 따라서 실제로 활용된 에너지양은 과학기술 수준에 따라 다르고, 생활수준에 따라 그의 경제적 가치도 달라진다. 인간의 경제활동에서 나타나는 시장가격(price)과는 전술한 공학적 수율과는 정반대의 현상을 나타낸다.

즉 자연계에 존재하는 물질을 채굴한 다음, 인간생활에 유용한 도구나 기구로 가공 이용되는 물질의 경우, 실제로 활용되는 물질량은 가공이용에 따라 감소하여 수율이 작아지는 반면, 가공정도에 따른 제품의 시장 가격은 [원료가격 + 가공임금 + 사용기계 감가상각 + 분배판매비용 + 기업이윤 + 세금] 등이 추가되어 상품원가가 증가하고, 생산자와 소비자가 직거래되지 않는 근대 산업사회에서는 소비유통단계가 증가할수록 단계별 유통마진비율이 추

가되어 시장가격은 기하급수적으로 증가하고 있다. 즉 각종 자원으로 가공하여 제조된 각종 상품 가격과 사용된 물질의 활용도사이에는 [(가공 수율감소)×(시장 가격 상승) = 1]의 관계로 수율(收率: yield)이 낮을수록 높은 시장가격이 요구되어야 하지만. 명품이라는 이름으로 폭리를 취하는 패션(fashion)이 존재하는 한 인플레션이 발생할 것이다. 특히 금(金: gold)과 같이 제한된 물질에 대하여, 사람들이 좋아하는 기호수량이 증가할수록 희소가치가 증가하기 때문에 수요와 공급에 따라 결정되는 그의 시장가격은 인구비례뿐만 아니라 정보부족에 기인한 수요증가도 발생할 것이다.

환언하면 현대 산업사회는 일상생활에서 편리하게 사용하는 전기 에너지도 경제적으로 대규모 화력 발전소에서 전기에너지를 대량 생산함과 동시에 광범한 송배전 설비를 갖추어야 경제적이다. 그러나 자가용으로 비경제적인 소규모일지라도, 전기에너지이용에 필수적인 전기 생산과 저장 및 송배전설비를 갖추면, 다른 사람에게 의존하지 않고, 자립할 수 있는 기술이 개발되어 있다. 이때 소비자가 이용하는 모든 에너지는 과학적 법칙에 따라 당량으로 환산 가능하나 소비자가 이용하는 에너지 형태는 용도에 따라 에너지 형태가 다르기 때문에 에너지 전환은 전환기술과 공정 및 배달 과정에 따라 효율성이 다르고, 전송거리에 따라 손실율도 다르다.

또한 실제로 소비자가 이용하는 에너지양은 지리적 조건과 위치와 및 그 지역의 기후 조건등 주변 환경의 영향이 크기 때문에 실제로 소비하는 에너지양과 경제적 비용은 지역에 따라 크게 다르다.

따라서 에너지 보존법칙에 따라 투입된 연료나 에너지량을 기준으로 실제로 이용된 에너지양은 측정하여 투입 에너지양에서 이용 에너지양을 뺀 나머지를 손실량으로 계산한다. 이때 손실량을 구성하는 에너지 소실량이 어느 전환공정 또는 배달과정에서 이용 전에 자연적으로 소실되었는지를 조사하여야 소실된 에너지양에 대한 비용부담을 추적할 수 있다. 왜냐하면 에너지는 [ $E = m \times c^2$ ]로 표현되는 자연법칙이고, 에너지(E)와 질량(m)은 자연적 보존법칙이기 때문에 자연속의 인간은 이 법칙을 어길 수가 없다.

즉 인간이라는 생명체는 그러한 자연 법칙 내에서 최선의 생존방안을 찾아서 진화된 것이기 때문에 실존(existence)을 위하여서는 자연 법칙 내에서 가장 경제적인 최선의 기회를 만들어야 실존할 수 있을 것이다. 생태계의 일원인 인간이 스스로 자연을 원료로 새로운 세상을 창조하는 신(神)과 같이 마치 만물을 창조하는 신(神)으로 생각하고, 행동하는 것은 인식의 잘못이며, 인공적으로 합성된 물질이라도 원자력으로 이용한 인공합성 원소 정도이며, 아직도 연구할 분야가 많기 때문이다.

또한 한슨 (J. Hanson, 1999, Energetic Limits to Growth, 2001, http://www.dieoff.org/page175.html)의 말과 같이, 열역학적으로 계산되는 에너지는 경제사회적 활동에 필수적인 요소로서 없어서는 안 되는

필수적인 자연적 요소이다. 즉 에너지 자원 확보는 문명 발전에 필요충분조건이기 때문에 인간사회에만 존재하는 교환가치(交換價值: exchange value)인 돈(貨幣: money)으로 물질을 대체될 수 없다. 따라서 돈의 흐름만을 연구하는 경제학자들은 인간의 생필품에 사용되는 물질자원의 고갈에 대한 과학적 이론을 도입하여야 인간사회의 미래를 예측할 수 있을 것이다.

### (4) 연료용 원소 자원과 이론 발열량

한편 산업 활동에 필요한 에너지의 형태는 지구상에 존재하는 103개의 원소 중에서 핵연료인 우라늄(U)을 제외하면, 〈표 1.2-3〉에 나타낸 바와 같이 모두 탄소(C)와 수소(H)로 구성된 석탄이나 석유 또는 목질 바이오메스(Biomass)로 생산되고, 석탄과 석유도 모두 녹색식물의 광합성으로 비축된 바이오메스가 오래전의 지각변동으로 지하에 매몰되어 전환된 것이기 때문에, 과거 식물의 광합성으로 비축된 바이오메스에 근간을 두고 있다.

따라서 화학적으로 연료를 구성하고 있는 원소를 분석하여 탄소(C)와 수소(H) 함량을 알면, 다음과 같은 둘롱(Dulong)식을 이용하여 연소시 발생할 수 있는 이론적 발열량을 계산할 수 있다. 즉 [ C = 1 kg중 탄소함량(%), H = 1 kg중 수소함량(%), O = 1 kg중 산소함량(%), S = 1 kg중 유황함량(%), W = 1 kg중 수분함량(%) ]을 퍼센트로 나타내면, 연소에서 발생할 총 열량이 쉽게 계산된다. 이때 유황(S)이 포함된 것은 연소시 발열 반응으로 열량이 생기기 때문에 에너지 보존법칙 상 포함되나 $SO_2$나 $SO_3$ 가스를 발생하여 대기오염을 야기하는 물질이다.

**〈표 1.2-3〉** 각종 연료의 화학조성과 진 발열량

| 고체 연료 | | 액체 연료 | | 기체 연료 | | 핵연료 | |
|---|---|---|---|---|---|---|---|
| 종류 | 발열량 (kcal/kg) | 종류 | 발열량 (kcal/kg) | 종류 | 발열량 (kcal/$Nm^3$) | 종류 | 발열량 |
| 무연탄 (C) | 7,300 - 8,000 | 휘발유 | 11,100 - 11,500 | 천연가스 | 8,400 - 13,300 | 우라늄 | 119,503 Mcal/kg |
| 역청탄 | 5,200 - 7,800 | 등유 | 10,300 - 10,370 | 석탄가스 | 4,500 - 5,200 | | |
| 갈 탄 | 4,000 - 5,500 | 경유 | 10,160 - 10,230 | 코크스가스 | ~ 7,000 | 플루토늄 | |
| 아 탄 | 2,000 - 4,000 | 중유 | 10,020 - 10,120 | 발생로가스 | 1,000 - 1,300 | 중수소 | |
| 연 탄 | 6,000 - 7,500 | 시에엘유 | ~ 9,700 | 수성가스 | 2,600 - 2,800 | | |
| 코오크스 | 6,200 - 7,200 | 타르유 | ~ 9,100 | 반수성가스 | 3,000 - 3,500 | | |
| 반성코크스 | 6,000 - 7,000 | 부탄올 | ~ 8,758 | 용광로가스 | 850 - 900 | | |
| 신탄(장작) | 2,800 - 3,500 | 순 에탄올 | ~ 7,170 | 수소($H_2$)가스 | 2,579 | | |
| 목 탄 | 6,700 - 7,500 | 90%에탄올 | ~ 5,500 | 액체수소($H_2$) | 1,912,000 | | |

Dulong식: 고발열량($H_h$) = 8028×C + 34167×(H - O/2) + 2222×S (kcal/kg fuel)
진발열량($H_L$) = 8028×C + 29000×(H - O/2) + 2222×S - 600×W (kcal/kg fuel)

또한 자연적인 대기조건을 1기압에 20℃ 상온으로 한 표준조건으로 계산한 값을 고발열량(higher heating value: $H_h$)이라 하고, 산업적용 동력으로 이용 가능한 스팀(steam) 조건으로 계산한 값을 진(저)발열량(lower heating value: $H_L$)으로 구분하며, steam을 이용하는 열기관들은 모두 100℃ 이상의 수증기 상태라야 동력으로 이용할 수 있기 때문에 저발열량이 중요하다. 각 연료 구성 원소별 연소 후 고발열량은 다음과 같다.

| fuel element | | combustion heat ( kcal /1g) | | final product | | thermo-chemical equation |
|---|---|---|---|---|---|---|
| hydrogen ( H ) | | 34.26 | | $(H_2O)$ | | $\{H_2\}+½\{O_2\} = (H_2O)$ |
| carbon (C: graphite) | | 7.86 | | $\{CO_2\}$ | | $[C] + \{O_2\} = \{CO_2\}$ |
| sulphur (S: rhombic) | | 2.22 | | $\{SO_2\}$ | | $[S]+\{O_2\} = \{SO_2\}$ |

여기서 화학적으로 중요한 연료 원소는 탄소(C)와 수소(H)임을 알 수 있다. 즉 탄소함유 연료가 공기 중의 산소와 반응하여 완전연소하면, 탄산가스($CO_2$)가 발생하고, 수소는 산소와 반응하여 수분(HO)을 발생하는 것은 모두 배운 사실이다.

따라서 탄소연료의 완전연소를 기준으로 화학적으로 계산하면, C = 12g/mol이고, $CO_2$ = 44g/mol 이므로 다음 식(a)에 나타낸 바와 같이 1g의 탄소를 연소시키면 이론적으로 3.67g의 탄산가스가 발생하고, 수소는 식(b)과 같이 1g의 수소가 9g의 수증기를 발생한다.

(a) 연탄 연소반응: C + $O_2$ = $CO_2$ + △H (+8.0kcal/g-C)
1mol 1mol 1mol
12g/mo 32g/mol 44g/mol
1 mol × C = 1 mol × $CO_2$
∴ 무게기준: C(g) ≡ [(44g/mol)/(12g/mol)] × $CO_2$(g) ≒ 3.67× $CO_2$(g)

(b) 수소($H_2$)연료 반응: $H_2$ + (1/2)×$O_2$ = $H_2O$ + △H (+34.2kcal/g-$H_2$)

또한 연료의 완전연소를 위하여서는 연료(fuel)외에도 자동 착화온도(temperature)와 충분한 산소(oxygen)가 공급되어야 한다. 즉 폐기물로 취급되는 연료 유기화합물의 착화온도(ignition temperature)는 화염(flame)이나 스파크(spark)없이 휘발된 가스를 착화시키는데 필요한 최소한의 온도인 자동 착화온도는 현재의 대기 중 산소농도 하에서는 〈표 1.2-4〉에 나타낸 바와 같이 화학구조가 다른 연료종류에 따라 다르다.

그렇지만 현재의 대기 중 산소($O_2$) 농도는 모든 유기물이나 폐기물을 산화 분해시킬 수 있는 농도가 아니다. 즉 레윈 등(Lewin, M., Atlas, S. M., & Pearce, E.M., 著, 村上謙吉, 中田威夫,共譯, 1984), 高分子材料の難燃加工(Flame-Retardant Polymeric Matrials, 地人書館, 東京, pp15)에 따르면 〈표 1.2-5〉에서 보는 바와 같이 유기물의 화학적 구조에 따라 소요되는 산소농도가 다르다. 즉 분자구조에서 산소(O)를 포함하지 않는 고분자 중에서 탄소(C)와 수소(H)로 구성된 폴리에틸렌이나 고무성분과, 산소를 포함하고 있는 식물성 바이오메스 구성성분만이 현재 대기 중 산소농도에서 완전 연소하고, 생명체 구성성분인 질소(N)나 유환(S) 또는 인(P)과 같은 다른 원소들이 포함되면, 완전 연소가 될 수 없음을 나타내고, 나아가 벤젠핵으로 구성된 탄화수소의 경우도 완전 연소가 불가능함을 보여주고 있다.

더욱이 탄소와 수소 및 산소로 구성된 폐기물이나 화석연료 소각시에는 화염온도가 높은 경우 탄산가스($CO_2$)와 수분($H_2O$)외에도 대기 중의 질소 때문에, 질소산화물(NOx)이 발생하고, 생명체 구성성분인 유황을 포함하면, 황산화물(SOx)도 발생하고, 불완전연소하면, 독성이 강한 일산화탄소(CO)와 그을음(soot)와 같은 미세 먼지들이 형성되어 대기 중으로 분산되기도 한다.

즉 일상생활에서 다량 사용하는 각종 고분자폐기물을 소각할 때, 현재의 대기조건에서 완전 연소되는 고분자재료는 탄소 개수에 비하여 동일 개수 이상의 수소를 함유하거나 산소를 함유한 재료만이 완전 연소되고, 탄소보다 수소가 적거나 수소와 산소이외 원소를 함유한 재료는 완전연소는 불가능하다.

최근에는 교토의정서(Kyoto protocol)에 따라 탄산가스($CO_2$)가 지구온난화를 야기하는 중요한 온실가스로 규정되면서 주변에 다량 존재하는 수(water) 자원으로부터 생산할 수 있고, 적은 무게에도 불구하고 많은 열에너지를 발생하는 수소($H_2$)를 연료로 활용하자는 수소경제(Hydrogen Economy)를 주장하고 있으나, 인간이 사용하기 편리한 가솔린과 같은 액체연료로 만들기 위하여 〈그림 1.2-3〉에 나타낸 바와 같이 이를 액화하는 데는 물질의 상태방정식($PV = nRT$)에 따라 저온 고압이 필요하므로 많은 추가에너지를 소비하여야 한다. 즉 수소가스를 연료로 사용하는 연료전지(fuel cell)제작기술이 개발되었지만, 수소를 연료로 만드는 데 추가로 많은 에너지가 소요되기 때문에, 연료로 수소를 발생할 수 있는 수소화 금속 분말을 개발하여 사용하는 연료제조기술이 개발되는 반면, 다른 편에서는 탄소를 함유한 메탄올과 같은 각종 알코올을 연료로 사용하는 연료전지기술도 개발되고 있다.

따라서 이러한 연료를 에너지원으로 이용하려면 많은 양의 산소($O_2$)가 필요하고, 대가없이 무상으로 사용하는 대기 중의 산소($O_2$)농도가 높아야 한다. 그것도 대량 필요하기 때문에, 산

〈표 1.2-4〉 연료 종류별 자동 착화 온도

| Fuel or Chemical | Auto Ignition Temperature | | Fuel or Chemical | Auto Ignition Temperature | |
|---|---|---|---|---|---|
| | (℃) | (°F) | | (℃) | (°F) |
| Acetaldehyde | 175 | 347 | Isopentane | 420 | 788 |
| Acetone | 465 | 869 | Isopropyl Alcohol | 399 | 750 |
| Acetylene | 305 | 581 | Light gas | 600 | 1,112 |
| Benzene | 560 | 1,040 | Light hydrocarbons | 650 | 1,202 |
| Bituminous coal | 300 | 572 | Methane (Natural Gas) | 580 | 1,076 |
| Butane | 420 | 788 | Methyl Alcohol | 385 | 725 |
| Carbon | 700 | 1,292 | Neoheaxane | 425 | 797 |
| Carbon - bisulfide | | 300 | Nitro-glycerine | | 490 |
| Carbon monoxide | 609 | 1,128 | n-Heptane | 215 | 419 |
| Charcoal | | 660 | n-Hexane | 225 | 437 |
| Coal-tar oil | 580 | 1,076 | n-Octane | 220 | 428 |
| Coke | 700 | 1,292 | n-Pentane | 260 | 500 |
| Cyclohexane | 245 | 473 | n-Pentene | 298 | 569 |
| Diethyl ether | 160 | 320 | Oak Wood - dry | | 900 |
| Ethane | 515 | 859 | Peat | 227 | 440 |
| Ethylene | 490 | 914 | Petroleum | 400 | 752 |
| Ehtyl Alcohol | 365 | 689 | Pine Wood - dry | | 800 |
| Fuel Oil No.1 | 210 | 410 | Production gas | 750 | 1,382 |
| Fuel Oil No.2 | 256 | 494 | Propane | 480 | 842 |
| Fuel Oil No.4 | 262 | 505 | Propylene | 458 | 856 |
| Heavy hydrocarbons | 750 | 1,382 | p-Xylene | 530 | 986 |
| Hydrogen | 500 | 932 | Rifle Powder | | 550 |
| Gasoline | 280 | 536 | Toluene | 530 | 849 |
| Gun Cotton | | 430 | Semi anthracite coal | 400 | 752 |
| Kerosine | 210 | 410 | Styrene | 490 | 914 |
| Isobutane | 462 | 864 | Wood | 300 | 572 |
| Isobutene | 465 | 869 | Xylene | 463 | 867 |
| Isooctane | 447 | 837 | | | |

**〈표 1.2-5〉** 합성고분자와 한계산소농도지수(LOI: limiting oxygen index)

| 봉 상 시 료 | | 섬 유 상 시 료 | |
|---|---|---|---|
| 고분자 이름 | LOI (v/v%) | 고분자 이름 | LOI (v/v%) |
| poly(ethylene oxide) | 15.0 | | |
| poly(methylene oxide) | 15.3 | | |
| poly(methyl methacrylate) | 17.3 | | |
| polyethylene | 17.4 | | |
| polypropylene | 17.5~18 | cellulose fiber | 18~20 |
| polystyrene | 18.3 | celulose acetate fiber | 18.5 |
| polybutadiene | 18.3 | polypropylene fiber | 18 |
| polyisoprene(rubber) | 18.3 | polyacrylonitrile fiber | 19.9 |
| poly(vinyl alcohol) | 21.6 | poly(ethylene terephthalate) fiber | 20~21 |
| poly(vinyl carbazole) | 21.6 | nylone6 fiber | 20~21.5 |
| poly(3,3-bis(chloromethyl)-1,3-epoxyalkane(Pentone) | 23.2 | nylon6-6 fiber | 20~21.5 |
| poly(ethylene terephthalate) | 22~26 | wool | 25 |
| nylon 6 | 23~26 | | |
| nuylon6-6 | 24~26 | | |
| poly(arylene carbonate) | 26~29 | poly(m-phenylene isophthalamide) (Nomex) | 28~30 |
| poly(phenylene oxide) | 28.5 | | |
| poly(2,6-dimethyl-phenylene oxide) | 30.5 | poly(vinylchloride-co-acrylonitrile) (chlorinated modancryl) | 29~30 |
| poly(2,6-diphenyl-phenylene oxide) | 33.7 | phenol-formldehyde polymer(Kynol) | 35 |
| poly(bisphenol terephthalate) | 37.6 | | |
| poly(vinyl chloride) | 38~45 | polybenzimidazole | 40~42 |
| poly(vinylidene fluoride)(Kynar) | 43.7 | | |
| poly(vinylidene chloride)(Saran) | 60 | carbon/graphite fiber | 56~64 |
| poly(ethyelen-co-chloro-tri-fluoroethylene) (Halar) | 60 | | |
| poly(ethylene tetrafluoride)(Teflon) | 95.0 | | |
| poly(chlorotrifluoroethylene) | 95.0 | | |

(출처: Lewin, M., Atlas, S. M., & Pearce, E.M., 著, 村上謙吉, 中田威夫, 共譯(1984), 高分子材料の難燃加工(Flame-Retardant Polymeric Matrials, 地人書館, 東京, p.15)

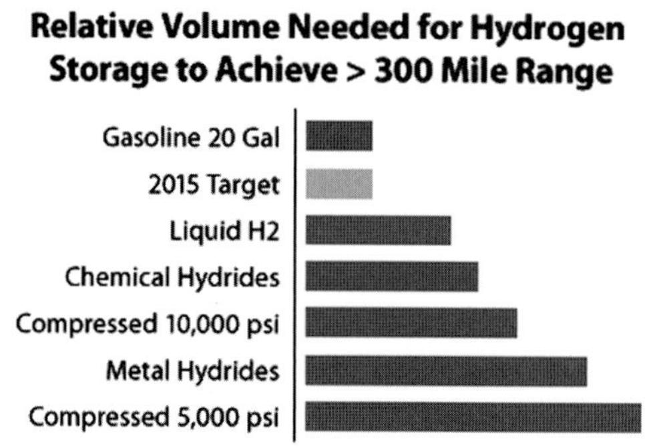


**〈그림 1.2-3〉** 수소($H_2$) 연료의 정장방법과 상대적 점유 부피관계

(Source: USDOE Energy Efficiency and Renewable Energy, ????, Hydrogen as a Alternative Energy, 2008, http://www.afdc.energy.gov/afdc/fuels/hydrogen_alternative.html)

업용 연료가 모두 물($H_2O$)의 전기분해로 생산된 수소로 사용된다면, 다량으로 발생하는 산소가 대기 중의 산소농도를 증가시켜 중요한 대기 오염물질이 될지도 모른다. 따라서 지구촌에 널리 퍼져 있는 녹색식물의 광합성을 통하여 산소를 공급하는 것이 가장 경제적일 것이다. 달나라 건설이나 화성탐사와 같은 우주 개발 계획을 추진하고 있는 NASA도 인간이 우주 속에서 살아남는데 필요한 산소 공급방법으로 녹색식물의 광합성을 통하여 산소를 공급함과 동시에 식량과 수자원 문제를 해결하는 종합적 시스템 연구가 추진되고 있다.

### (5) 화석연료의 연소기술 및 환경오염 문제

한편 연료 중의 유황(S)성분도 산소와 반응하여 열에너지를 발생하지만, 연소 후에 SOx를 발생하여 산성비의 원인되고 있다. 즉 석탄이나 석유 중에 함유된 S와 N은 과거의 바이오메스로부터 생성된 것을 증명한 것으로서 극소량이지만 반드시 유황(S)과 질소(N)를 함유하고 있어 연소과정에서 유황은 아황산가스($SO_2$)와 같은 황산화물(SOx)을 만들고, 고온에서는 공기 중의 질소가 질소 산화물(NOx)을 만들어 대기 중에 떠다니다가 대기 중에서 수증기나 비(rain)를 만나면, 산성비(acid rain)의 원인이 되는 질산(HNOx)과 황산(HSOx)으로 변하여 땅에 떨어진다.

이러한 산성비는 토양을 산성으로 만들고, 토양 중에 있는 물을 산성으로 만들어 생태계를 구성하는 각종 생물체에 피해를 주기 때문에, 중요한 환경 오염물질로 규정하고 있다. 그러나 살아 있는 생명체에서는 단백질과 조효소를 생합성하는 반드시 필요한 원소이기 때문에 석유나 석탄 중에 함유된 유황과 질소가 과거의 생명체(Biomass)에서 유도되었다는 것을 증명하기도 한다.

또한 화석 연료를 소각하는 화로나 보일러 또는 가스터빈의 폐열은 대기 중에 직접 방출되거나 냉각수로 열을 전이한 다음, 냉각되어 대기 중에 방출되기 때문에, 일반적으로 연돌 주변의 대기나 하천은 자연적인 하천이나 대기보다 온도가 높다. 따라서 화력 발전소나 핵 발전소, 중화학공업단지나 대도시는 국지적인 미시기후(microclimate)가 온난화되어 열섬효과(heat island effect)를 나타내며, 장기적으로 지속되면, 지역 생태계도 변화시킨다.

더욱이 화석연료를 소각시키는 보일러와 화력발전소는 막대한 양의 탄산가스($CO_2$)를 국지적으로 집중 방출하기 때문에 국지적 온난화뿐만 아니라 국지적인 대기 중 산소농도를 저하시키고, 바람에 의하여 인접 주변으로 확산되어 지역적인 온난화를 야기하기 때문에, UN은 탄산가스를 온실가스(Greenhouse Gas: GHG)의 일종으로 간주하여 이의 사용을 억제하는 교토의정서(Kyoto Protocol)를 체결하여 석탄이나 석유와 같은 화석연료 사용을 억제하기 때문에 세계 각국은 대체 에너지 자원 개발을 서두르고 있다.

또한 천연가스가 석탄이나 석유보다 환경 친화적인 연료로 알려져 있지만, 이 또한 지하에서 체굴 되고, 연소시 발생하는 $CO_2$가 지구촌을 온난화시키는 온실가스이고, 천연가스의 산지와 연소기술에 따라 다르지만, 소량이지만 SOx와 NOx, CO와 C-분진과 같은 대기오염물질을 방출한다. 따라서 재생 가능한 대체 에너지 자원, 특히 지구촌의 Carbon Cycle중에서 생산되면서 기후변화를 야기하지 않는 Bioenergy 자원개발이 시급하게 요구되고 있다.

특히 우리나라는 역사적으로 1939부터 1953년까지 약 15년 동안 일본 제국주의가 추진한 대동아 전쟁과 한민족의 해방, 그리고 이어지는 동족상잔의 한국전쟁으로 전국에 산재한 산림자원이 모두 파괴되면서 해방이후 산업화에 필요한 에너지자원은 무연탄 밖에 없었다. 따라서 1960년대부터 시작한 경제발전 계획부터 사용이 편리한 석유자원을 연료로 하는 경제개발을 시작하고, 산업화에 필요한 에너지를 수입에 의존하고, 경제성장으로 인구가 집중된 도시도 가정용 연료가 연탄에서 사용이 편리한 석유와 천연가스로 전환되고 있지만, 화석연료 소각으로 발생한 온실가스 방출량과 환경오염은 날로 증가하여 건강을 해치고 있다.

### (6) 탄소 에너지의 경제적 가치와 석유화학 기술

한편 현재 산업 활동에 필수적인 에너지원은 주로 석유와 석탄으로서 화학적으로는 〈표 1.2-6〉과 같이 탄소(炭素: C)와 수소(水素: H)로 구성된 양호한 연료이지만, 이들을 근원적으로 탄소와 수소 및 산소(酸素: O)로 구성된 바이오메스(Biomass)에 근원을 두고 있으며, 그의 발열량은 산소함량이 적을수록 단위 질량당 발생하는 열량이 높은 고에너지 밀도의 연료가 된다. 따라서 최근에는 에너지 밀도가 가장 높은 수소(H)로 전환하고자 하나, 우주에서 가장 가벼운 원소이기 때문에, 누구나 편리하게 사용할 수 있는 연료로 만들려면, 고압 압축 탱크기술이 필요하기 때문에 일반화되지 못하고 있다.

더욱이 석유는 20세기에 발전한 화학기술에 따라 각종 고분자 물질이 석유로부터 합성되면서 석유화학이 발전하고, 동일한 탄소라도 합성된 제품의 화학구조와 용도에 따라 〈그림 1.2-4〉에 나타낸 바와 같이 경제적 가치가 천차만별하다. 따라서 현재 모든 유기 제품에 관한 연구는 생산제품의 경제성 때문에 의약품이나 향료 개발에 집중되고 있다.

즉 각종 석유 연료를 제조하기 위하여 수입한 원유를 정제하는 동안 얻어진 납사(naphtha)를 열분해하여 에틸렌(ethylene: E)을 제조하고, 제조된 에틸렌으로 폴리에틸렌(polyethylene: PE)을 합성하며, 합성된 폴리에틸렌은 엷은 필름(film)으로 만들면 농업용 비닐하우스와 포장용 재료로 이용할 수 있고, 섬유상으로 만들면 의류용 실로 이용할 수 있으며, 사용 후 폐기하면 버려진 PE를 분리 수집하여 재활용할 수도 있지만, 결국은 매립(landfill)하여 생분해되거나 소각(incineration)하여 탄산가스($CO_2$)로 전환되어 대기(atmosphere)중으로 환원되어야 현재의 환경조건을 유지할 수 있다.

그렇지만 이러한 폐기물이 매립되어 토양중의 지하수흐름을 차단하면 2차적으로 수질을 오염시켜 농경지를 황폐화시키고, 소각하면 환경을 오염시키는 악취와 온실가스 방출 외에도 각종 발암성의 분진(粉塵: fine particulates)들이 방출되어 생활환경을 오염시킨다고 하여 주민들이 반대하는 님비(nimby: Not in my backyard) 현상이 발생할 것이다.

그러나 이때 폴리에틸렌 생산에 사용되는 에틸렌 단량체(單量体: monomer)를 사료용 첨가제 합성 원료로 이용한다면 PE필름보다 고부가가치를 얻게 되고, 식품 첨가제 합성용 원료로 이용되면 더 높은 부가가치를 얻게 되며, 의약품 합성이나 향료 합성용으로 이용된다면 최고의 부가가치를 얻게 되기 때문에 대부분의 유기 화학자들과 생화학자들은 보다 부가가치가 높은 신소재 개발에 연구를 집중하여 경제적으로 살아남고 있다. 즉 이러한 과학기술의 발전은 우리의 경제를 발전시키고 있다.

환언하면 우리가 생존에 필수적인 식량(food)으로 이용하는 쌀에 대한 이용가치를 생각해보면 쉽게 알 수 있다. 즉 우리가 생존에 필수적인 식량으로 사용하는 쌀(rice)이라 할지라도, 화학적으로 하나의 자연산 전분(starch) 고분자로 구성된 유기물질이다. 전통적으로 쌀을 귀하게 여기고 있으나, 이러한 쌀도 식량(food)외에도 저질의 경우 가공식품이나 동물용 사료로 사용할 수 있고, 나아가 최하품은 연료(fuel)로도 사용하여 열 에너지원으로 이용할 수 있으며, 각종 발효공업에는 미생물의 성장 촉진을 위한 영양원으로 사용되면, 유기질 비료로도 사용할 수 있으며, 알코올 발효시키면, 생산된 알코올을 각종 고분자원료로 사용가능하며, 특수 의약품생산 미생물 발효용 원료로 이용하면, 고부가가치의 의약품이나 화장품을 생산할 수 있기 때문에, 가공기술에 따라 가격이 다양하여 천차만별하게 나타날 것이다.

또한 지하에 매립된 석탄이나 석유를 원료로 이용하는 열 화학분야에서는 무기질 촉매들

을 개발하여 필요한 화학 약품을 합성하고 있다. 즉 일본 석유학회(石油學會編, 1986, 新石油化學プロセス, 東京, 新書房, p 495~523)에 따르면 석유제품인 납사(napjtha)를 열 분해시켜 제조하고 있는 합성가스(synthesis gas: CO + $H_2$)로부터 제조하고 있는 메탄(methane: $CH_4$)이나 메탄올(methanol: $CH_3OH$) 또는 에탄올(ethanol: $CH_3CH_2OH$)을 합성하는 촉매를 개발하고, 특히 로듐(Rhodium: Rh)을 이용한 촉매에 합성가스를 이용하면, 생리적으로 중요한 초산이나 에탄올 등 각종 화학약품도 합성할 수 있다.

최근에는 도시 쓰레기 중의 유기폐기물이나 석탄중의 탄소를 열 분해시켜 합성가스(CO + $H_2$)를 제조하여 석유를 대체하는 연구가 활발하게 진행되어 기술적으로 실용화 단계에 이름에 따라 현재는 적합한 용도가 개발되지 않아 버려지는 폐기물이라도 석탄이나 석유와 같이 인공적으로 열 분해시켜 합성이 용이한 $C_1$-화합물을 제조하여 고부가가치의 각종 저분자량 화합물을 합성하는 기술들이 개발되고 있다.

따라서 최근에는 환경오염에 대한 시민의식이 높아지면서 도시쓰레기라도 화학적으로는 새로운 원료로 전환할 수 있기 때문에, 각종 폐기물을 재활용하는 사회적 시스템으로 전환되고 있다.

또한, 소량이지만 식물체도 효소의 촉매작용으로 생리 대사를 통하여 화학적으로 중요한 에틸렌(ethylene)을 생산하여 방출하고 있기 때문에, 탄수화물의 발효대신에 생명공학을 통한

**〈표 1.2-6〉** 에너지 운반 원소와 운명

| 구 분 | 종류 | 주요 원소 | 고발열량 | 비 고 (수명) |
|---|---|---|---|---|
| 고체연료 | 석탄(무연탄) | $C_6$ | 8,150 kcal/kg | 재생 불가능 (100~200년 후 고갈시작) |
| | 목재(cellulose) | $C_6H_{10}O_5$ | 4,500 kcal/kg | 재생 가능 (필자 추가) |
| | 토탄 | $C_6H/O$ | | 재생 불가능 (수명 ?; 필자추가) |
| | 식량/사료 | $C_6H_{10}O_5$ | 4,500 kcal/kg | 재생 가능 (필자추가) |
| 액체연료 | 디젤 | C/H | 10,970 kcal/kg | 재생 불가능 (3~20후 고갈시작) |
| | 가솔린 | C/H | 11,162 kcal/kg | 재생 불가능 (3~20후 고갈시작) |
| | 프로판 | $C_3H_8$ | 11,687 kcal/kg | 재생 불가능 (3~20후 고갈시작) |
| 기체연료 | 천연가스 | C/H | 10,158 kcal/kg | 재생 불가능 (50년 후 고갈시작) |
| | 메탄가스 | $CH_4$ | 13,265 kcal/kg | 재생 가능 (매립가스 분리정제) |
| | 일산화탄소 | CO | 2,605 kcal/kg | 재생 가능 (탄소화합물의 부분산화) |
| | 수소 | H | 33,915 kcal/kg | 재생 가능 ($H_2O$의 경우 무한대) |
| 핵 연 료 | 우라늄 | U | 119,503 Mcal/kg | 재생 불가능 (필자추가) |

(Source: U. Bossel, 2003, Well-to-Wheel Studies, Heating Vakues, and the Energy Conservation Priciples, 2005, http://www.efcf.com/reports/E10.pdf#search='hydrogen%20heating%20value')

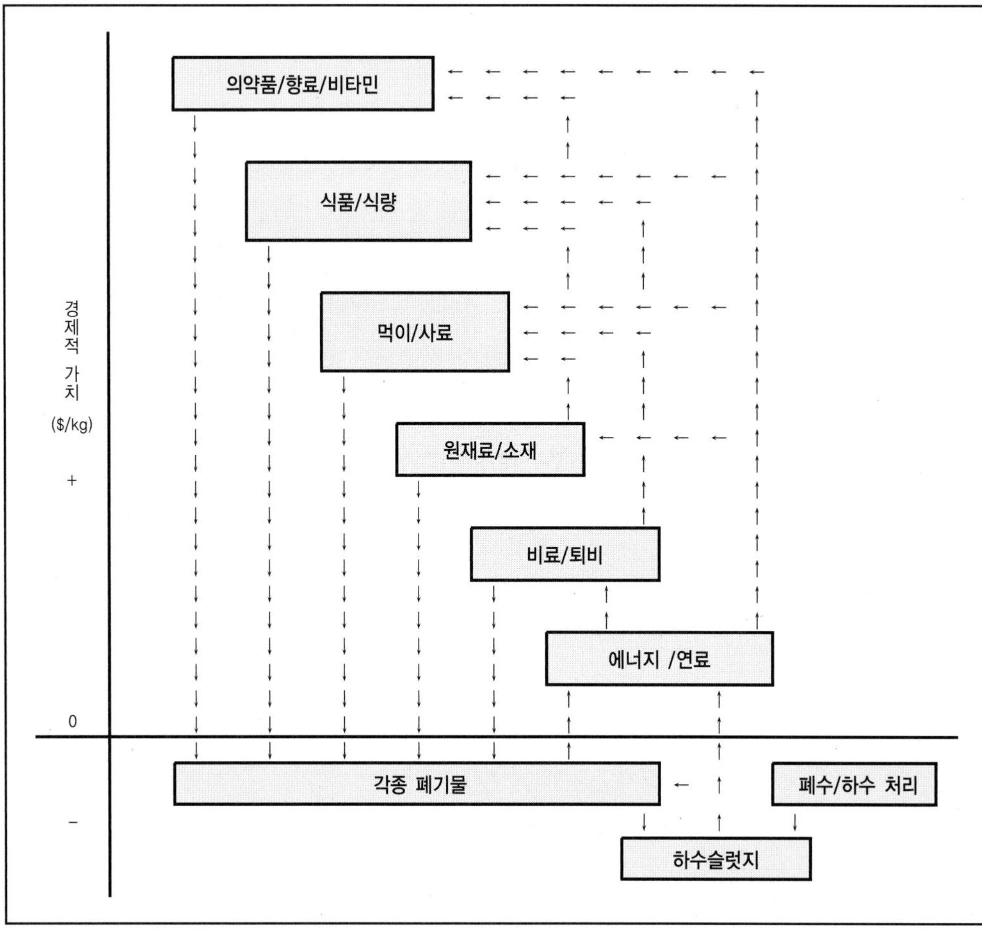


**〈그림 1.2-4〉** 단위 질량당 경제적 가치와 과학 기술의 방향

(須之部 淑男, (1984), バイオマスの總合利用, フジ·テクノシツテ刊 バイオマスによる燃料·化學原料의 開發技術資料集成, 東京, pp.1~25)

다량의 에틸렌을 생산하는 종자나 종개발을 위한 유전자 조작(gene manipulation)까지 시도되고 있다.

환언하면 어떠한 탄소자원이라도 열분해나 생분해를 통하여 필요한 약품과 제품을 제조하는 물리 화학적 기술이 확립되어 있기 때문에 원료공급이 경제적으로 가능하다면 어느 때라도 새로운 첨단기술이 도입될 단계에 이르렀다.

그렇지만, 전통적으로 자연에서 토목건축용으로 획득하던 목제품, 특히 원목(原木: log)은 인공적으로 합성할 수 없다. 즉 근대과학의 발전으로 건축용 목재를 대체하는 시멘트(cement: CaO)와 강철(steel: Fe)이 기둥(column)과 보(beam)를 대체하고, 알루미늄(aluminum: AL)이 창틀(frame)을 대체하였을 뿐만 아니라 벽돌(brick)과 합성 스티로폼(styrofoam)이 벽체(wall)를 대체하고, 폴리에틸렌(PE)필름이나 폴리에스테르 필름이 목재 셀룰로오스로 만든 셀로판(cellophane)을 대체하고, 합성수지 접착제(接着劑: adhesives)가 송진(rosin)이나 아교(glue)를 대체하였으나 특수용도가 아니면 종이(paper)는 아직도 목제(wood)로부터 제조하고 있으며, 나아가 식량(food)으로 이용되는 전분(starch)과 단백질(protein)도 인공적으로 합성하지 못하고 있다.

또한 생태계의 먹이사슬과 바이오메스 산업의 기초가 되는 각종 탄수화물의 인공합성에 관한 연구도 시작되었지만, 아직은 자연계에서 대량 생산하고, 대량 소비되는 전분(starch)이나 셀룰로오스(cellulose)와 같은 고분자 물질을 경제적으로 대체할 수 없고, 나아가 석유로부터 합성하는 것은 복잡한 공정으로 인하여 원가를 상승시키고, 그의 폐기물이 환경을 오염시키기 때문에, 특수용도가 아니면, 자연산물을 사용하는 것이 경제적이고, 환경 친화적이다. 즉 태양에 개방된 지구표면에서 녹색식물의 광합성을 통하여 자연적으로 생합성된 전분 식량과 셀룰로오스 목재를 생산하여 이용하는 것이 가장 경제적이고, 환경 친화적이라고 말할 수 있다.

특히 탄소와 수소 및 산소로 구성된 바이오메스(biomass)는 연소시 탄산가스를 발생하여 온실가스를 발생하지만 유황과 질소화합물이 거의 없어 산성비를 이루지 않고, 발생한 탄산가스는 대기 중의 탄산가스를 흡수하여 광합성으로 고정된 탄소이기 때문에, 탄소중립(carbon neutral)이라 하여 친환연료로 인정하고, 목재 보일러와 화력 발전소에서 발생하는 재(灰分)라도 주요 구성성분이 탄산칼슘과 인산(P) 및 칼슘(K)과 같은 비료성분이 함유되어 있기 때문에 농림업용 비료로 사용할 수 있으며, 많은 양이 포함된 Na염은 유리 제조나 유약원료로 이용되고, 대부분을 점유하는 알칼리 토 금속은 시멘트 원료로 이용할 수 있지만, 소량이지만 인체에 해로운 다른 중금속도 함유하고 있어 토양을 오염시킬 수 있기 때문에 안전한 전처리를 거쳐 재활용하거나 장기적으로 매립할 수 있는 기술을 개발하여야 한다.

## 1.3. 생명체의 화학적 특이성과 먹이 사슬 및 탄소 사이클

### (1) 생명체의 화학적 구성과 지속가능성

#### (i) 인간 생명체의 화학적 구성

특히 인간을 화학적으로 연구한 생화학(biochemistry)을 통하여 최근 발전한 분자생물학(molecular biology)에 따르면, 모든 생물은 세포(細胞: cell)로 구성되어 있고, 하나의 생명체를 구성 하고 있는 모든 세포에는 동일한 유전자(遺傳子: gene)가 존재하고 있다고 한다. 따라서 신체 각 부위에 존재하기 때문에 체세포 복제로 새로운 생명체를 발생시키는 유전자 조작기술이 발전하고, 심지어는 혈액이나 점막에도 내장과 동일한 유전자 구조를 하고 있기 때문에, 극미량의 흔적만 존재하여도, 유전자 분석법을 통하여 해당자를 찾아낼 수 있는 범죄 수사기법으로까지 이용되고 있다.

즉 인간의 신체 조직은 〈그림 1.3-1〉 및 〈그림 1.3-2〉와 같이 구성된 세포들로 구성되고, 그 세포 핵 중에는 〈그림 1.3-3〉과 같이 조직화된 염색체들이 존재하며, 그 염색체 중에 존재하는 유전자들은 지구상에 존재하는 90개의 화학 원소 중에서 목재를 구성하고 있는 탄소(C)와 수소(H) 및 산소(O)외에 질소(N)와 유황(S) 및 인(P)이 추가되어 〈그림 1.3-4〉와 같이 조직화되어 있다고 한다. 따라서 이 유전자에는 부모(父母: parent)로부터 물려받은 유전정보가 저장되어 있고, 생로병사(生老病死)의 일생 동안에 부모의 형상을 유지하고, 결혼으로 탄생하는 자식들에게 이 유전자들을 전달하면서 생명이 유지된다고 한다. 인간 구성 세포 중에는 〈그림 1.3-5〉에 나타낸 바와 같이 이러한 염색체가 23쌍이 존재한다고 한다.

환언하면 각종 생명체를 구성하고 있는 원소들은 먹이사슬(food chain)에 따라 세포와 유전자에 전달된다. 즉 녹색의 농작물이 자연계의 탄소 순환에서 공급되는 탄산가스($CO_2$)와 수분($H_2O$)을 이용하여 광합성을 통하여 식량으로 이용되는 전분(starch)에 고정하는 농업에서 비료로 사용되는 화학성분은 주로 질소(N), 인산($PO_4$), 유황(S), 칼슘(K), 칼슘(Ca) 성분을 사용하고 있다. 그러나 이러한 생명 구성 원소들은 모두 대기 (atmosphere)와 물 (hydrospheres) 그리고 토양 (lithosphere)으로부터 공급되고, 서로 순환하면서 공급되고, 농업에서 생산된 탄수화물을 먹이로 사용하는 동물들은 생로병사하면서 사랑 나누기를 통하여 유전자를 재조합

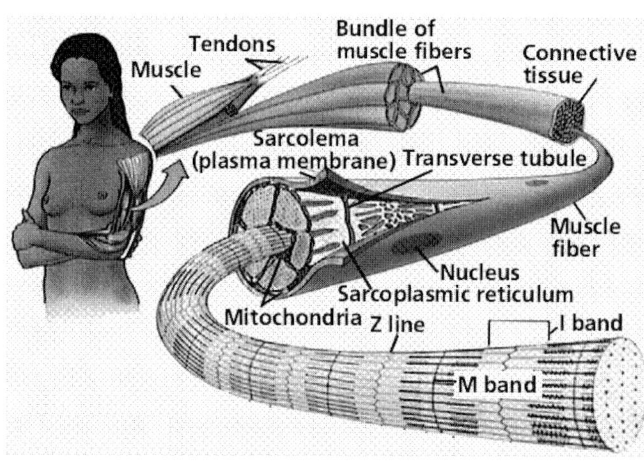


**〈그림 1.3-1〉** 동물의 위장(stomach) 조직과 세포들

(Source: M. J. Farmable, ANIMAL CELLS AND TISSUES, 2007,
http://www.emc.maricopa.edu/faculty/farabee/BIOBK/BioBookAnimalTS.html)

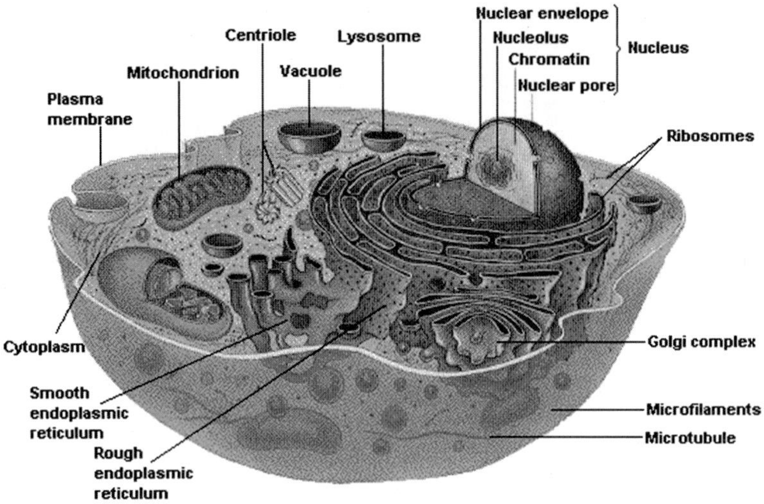


〈그림 1.3-2〉 동물 세포 구조

(Source: M. J. Farabee, ANIMAL CELLS AND TISSUES, 2007, http://www.emc.maricopa.edu/faculty/farabee/BIOBK/BioBookAnimalTS.html)

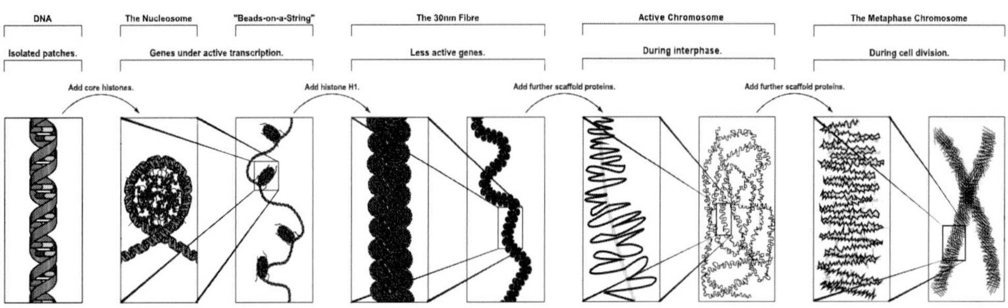


〈그림 1.3-3〉 동물 세포 핵 중의 염색체 구조

(Source: Wikipedia, 2007, http://en.wikipedia.org/wiki/Chromosome)

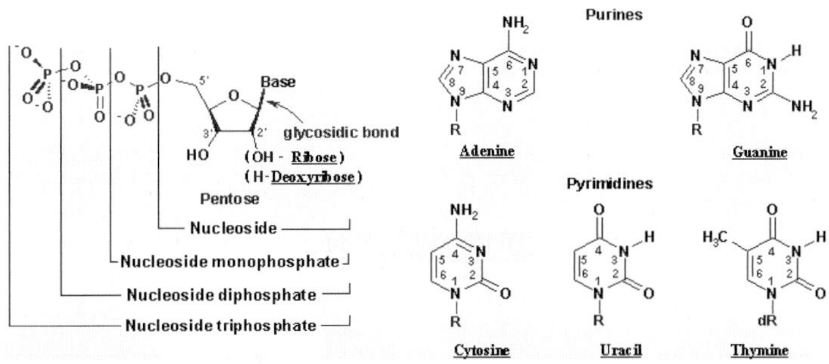


〈그림 1.3-4〉 유전자중의 핵산 구성분자들

(Source: Wikipedia, 2007, http://en.wikipedia.org/wiki/Nucleotide)

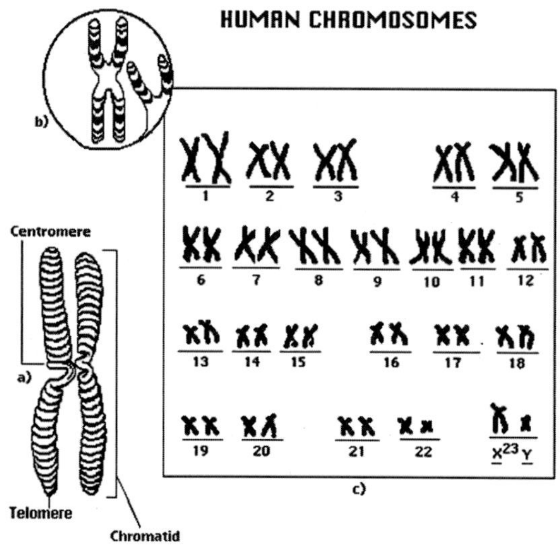


〈그림 1.3-5〉 인간의 염색체 형태와 구조

(Source: National Health Museum, Human Chromosomes, 2007, http://www.accessexcellence.org/RC/VL/GG/human.html)

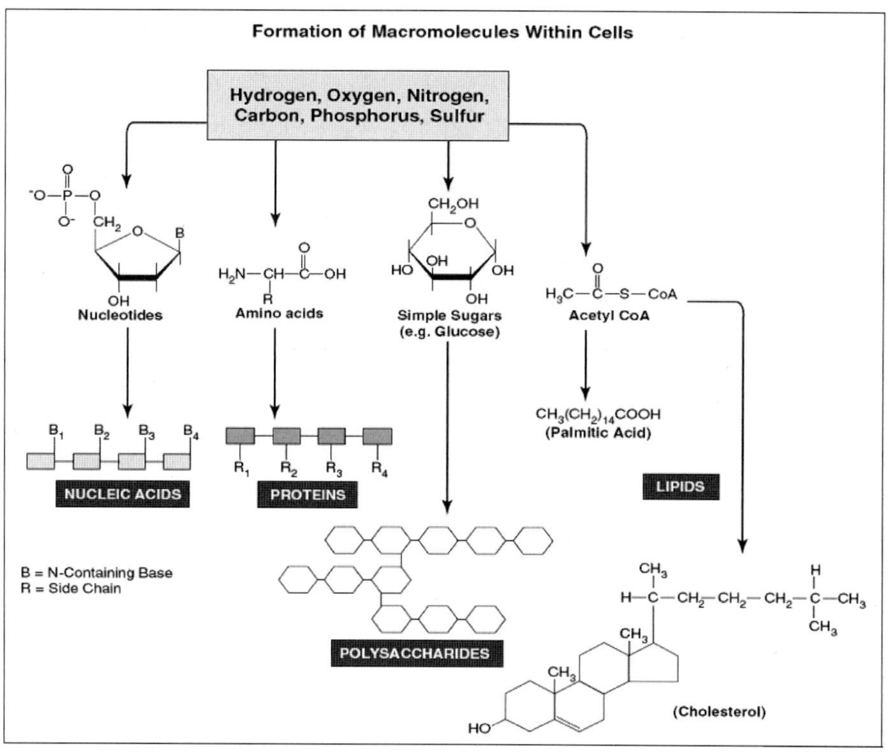


〈그림 1.3-6〉 살아 있는 세포의 화학적 조성

(Source: http://www.tetonnm.com/pics/IndependentSamplePages/1-893441-42-3.pdf)

하여 후손에서 생명체를 전달하면서 자기분신을 지속가능하게 만들고 있다.

따라서 생명체를 구성하는 화학적 원소를 기준으로 체계화된 분자생물학(Molecular Biology)에서는 〈그림 1.3-6〉과 같이 정리된다. 즉 생명체를 구성하는 주요 분자는 물(water: $H_2O$)에서 공급되는 수소(H)와 산소(O)외에도 식품에서 공급되는 탄수화물(炭水化物: carbohydrate)의 탄소(C)와 단백질(蛋白質)을 구성하는 질소(窒素: N)및 유전자(遺傳子: gene)를 구성하는 인(燐: P)을 기본으로 하고 있을 보여준다.

(ii) 대기조건과 산소($O_2$) 농도의 영향

한편 두뇌가 큰 인간은 다른 동물과는 달리 산소농도가 21%에 달하는 깨끗한 공기가 필요하다. 사람에게 산소가 부족하면, 뇌기능에 심각한 장애를 일으키게 되며, 두통, 기억력 감퇴, 노망증, 뇌 연화증의 직접적인 원인이 되기도 한다. 또한 간 기능의 저하는 물론 심장의 혈액순환이 둔화되면서 심폐기능을 약화시켜 동맥경화, 협심증, 심근경색 등 허혈성 심장병 등이 발병하기도 한다. 일상생활을 하면서 가끔씩 코가 막히고 머리가 아픈 것은 공기가 탁하고 산소가 부족하기 때문이다.

특히 세포 중에 산소가 부족하면 유산의 생성량이 증대하여 혈액이 산성으로 변하여 호흡중추 등이 자극되어 호흡심도, 호흡수, 심장박동수가 증가하게 되고, 이러한 상태에서는 상대적으로 공기를 많이 호흡하여 산소 부족량을 보충하고, 산소함량이 적은 혈액을 다량 순환시키며, 뇌의 혈관을 확장하여 대량의 혈액을 받아들이기 위한 여러 가지 보상기구나 기능이 동원된다.

그러나 이와 같은 생리적인 적응의 한계는 산소농도 16% 정도까지로, 이보다 낮은 농도에서는 생체적 보상이 불가능하며, 산소 결핍증상이 나타난다. 인체 중에서 산소 부족에 대하여 가장 민감한 반응을 나타나나 부분은 뇌이며, 특히 대뇌의 피질이 예민한 반응을 보인다. 산소 결핍증의 증상은 대뇌피질의 기능저하를 비롯해, 뇌세포 손상에 의한 기능 상실을 거처 죽음에 이르게까지 한다.

일반적으로 평지의 작업환경에서 나타나는 산소 결핍은 대부분 급격한 저 산소 환경의 노출에 의하여 예기치 못한 재해를 발생시킨다. 산소결핍증상이 나타나는 산소 농도는 건강상태나 개인차에 따라 다르게 나타난다. 일반적으로 16% 정도에서 자각 증상이 나타나고, 저농도가 될수록 증상이 무거워진다. 또 10% 이하에서는 치명적인 위험을 수반한다.

〈표 1.3-1〉은 Henderson 과 Haggard가 산소농도와 증상의 관계를 4단계로 분류한 것으로서 공기 중 및 동맥혈 중의 산소 분압(分壓) 값을 추가한 것이며, 이러한 증상은 힘든 노동 중이나 피로할 경우 또는 숙취 상태의 경우 더 심해지고, 빈혈이나 순환기 장애를 가지고 있는

〈표 1.3-1〉 산소 농도 저하에서 산소 결핍증상

| 구분 \ 결핍도 | | 1 | 2 | 3 | 4 |
|---|---|---|---|---|---|
| 공기 | 산소농도(%) | 16~12 | 14~9 | 10~6 | 6 이하 |
| | 산소분압(mmHg) | 20~90 | 105~68 | 70~45 | 45 이하 |
| 동맥혈 | 산소 포화도(%) | 89~85 | 89~74 | 74~33 | 33 이하 |
| | 산소분압(mmHg) | 60~45 | 89~74 | 40~20 | 33 이하 |
| 증상 | | 맥박 및 호흡수 증가, 정신 집중력저하, 계산틀림, 근력저하, 두통, 귀울림, 제중지지 불가, 구토할 것 같은 느낌, 장시간 작업시 사망가능성 있음 | 판단력 저하, 안면 창백, 불안정한 정신상태, 상처의 통증 못 느낌, 심한 두통, 귀 울림, 구토, 당시의 기억이 없음, 체온상승, 전신 근육경련, 의식불명, 질식사 가능성 있음 | 혼란가중, 의식소실, 중추신경장애, 스트로크형 호흡 출현, 치아노제, 전면근육 경련, 10분 이내 사망 | 실신, 혼수, 호흡 느려짐 → 호흡정지 → 심장정지 → 1분 이내 뇌사 |

(출처: 오투테크(주), 2003, http://o2tech.co.kr/sub2_2.html)

사람은 2단계 정도에서도 사망할 수 있다고 한다. 또한 작업환경에 따라서는 그다지 저 농도의 산소가 아니라도, 근력저하에 의해 몸을 지지할 수 없다거나, 어지러움 등에 의한 추락, 전락, 익사 등의 사고가 발생한다. 또한 대뇌기능의 저하에 의하여 착각, 오 조작, 헛디딤 등의 다른 사고를 유발할 가능성이 매우 높으며, 구토가 유도되어 흉부가 하늘을 향한 상태이면, 구토물이 기관지내로 흡입하여 질식사 하는 경우나, 엎드린 자세로 물이 고여 있는 곳에 쓰러져 폐 내에 물을 흡입하여 익사한 것과 같은 결과가 되는 사례도 있다고 한다.

특히 산소 결핍 재해 중에서 환기 불량이 폐쇄적 공간이 아니더라도, 무 산소 공기의 1회 호흡이 파국을 초래하는 경우가 적지 않는데 무 산소 공기에 순간적으로 노출될 때 숨을 쉬면, 호흡중추를 극단적으로 자극하여 흉곽이 확장되면서 무 산소 공기를 토출하는 동작이 불가능하게 된다. 이때 폐 안에 남아있던 산소는 더욱 희석되어 산소분압의 저하를 초래, 폐 모세혈관의 혈중 산소분압이 상승하지 않은 상태에서 그대로 뇌에 운반된다. 때문에 산소를 대량 소비하는 뇌에서 순간적으로 뇌 활동을 지지하는 산소분압이 급격히 떨어지기 때문에 즉각적인 기능정지상태가 된다고 한다.

이 같은 반응은 무 산소 공기를 흡입한 후, 적어도 2초 이내에 일어나는 현상으로서, 무 산소 공기의 1회 호흡하면, 폐 정맥혈의 산소분압이 40mmHg 정도로 저하되고, 이 혈류가 1초 이내에 뇌로 도달하기 때문에, 뇌의 활동을 유지하기 위한 60mmHg의 산소분압을 밑도는 상황에 처하게 된다. 그러나 고의로 숨을 참는 경우는, 미리 폐에 총량 6리터의 공기를 저

〈표 1.3-2〉 산소결핍에 의한 인체의 기능변화

| | 증상 |
|---|---|
| 저산소농도 | 1) 흡입공기중의 산소농도 감소 2) 폐부종 |
| 혈액순환부전 | 1) 저 심박 출량증 2) 저혈압 |
| 동맥혈액의 산소운반 장애 | 1) 혈색소 저하 2) 비정상 혈색소 |
| 산소 소모량 증가 | 1) 갑상선 기능 항진증 2) 악성 고열증(malignant hyperthermia) |
| 산소 섭취 장애 | Cyanide 중독증 |

장하고 있기 때문에, 혈중 산소 분압 저하가 급격히 일어나지 않는다고 한다.

또한 저 산소 농도에 의한 각 장기의 기능변화는 〈표 1.3-2〉와 같으나 저산소증의 정도와 지속시간, 특이체질, 질병 상태, 사용하고 있는 약제 그리고 체온 등에 따라 다르므로 저산소증의 영향을 예측하기란 어려운 일이다. 따라서 자칫 만성 저산소증으로 이행하는 경우도 많다고 한다.

따라서 (i) 만성피로, 의욕상실, 각종 스트레스에 시달리는 사람; (ii) 실내오염 때문에 현기증, 두통, 기억력 감퇴, 호흡곤란을 느끼는 사람; (iii) 외출부족 및 운동이 부족한 고층아파트의 노약자; (iv) 조깅, 테니스, 수영, 축구, 등산 등 운동이나 사우나 이후 산소부족을 느끼는 사람; (v) 화학물질 냄새가 나는 사무실, 아파트에서 오래 생활하는 사람; (vi) 교통체증지역에서 피로를 느끼는 승용차 운전자 및 모범택시 운전사; (vii) 고속버스 같은 밀폐된 공간에서 산소부족을 느끼는 장거리 여행자; (viii) 피부노화억제, 피부미백효과, 건강체질의 피부재생효과 등을 기대하는 사람; (ix) 사고발생시 응급 상황에 처한 사람이나 산소공급이 필요한 환자; (x) 사람이 많은 공중장소에서 장시간 업무를 담당하는 근로자들에게 개발된 장치가 필요하다고 선전하고 있다.

환언하면 인간의 생존을 지속가능하게 만들기 위하여서는 인간이 만들어온 문명사회를 인간이 조절하지 않으면, 어느 누구도 조절할 수 없는 생태계이기 때문에 영생(永生)할 수 있는 길과 사회적 제도를 인간이 만들어가야 할 것이다.

(iii) 생명체의 특이성과 내부 항상성(homeostasis)

또한 대기 오염물질의 영향을 연구한 골드스미스와 프리버그(J. R. Goldsmith & L. T. Friberg, 1977, Effect of Air Pollution on Human Health, in Air Pollution, 3rd ed. by A. C. Stern, Vol. II, Academic Press, p 458)에 따르면 인간(人間)은 먹지 않고 5주를 살 수 있고, 마시지 않고 5일을 살 수 있지만 공기($O_2$)없이는 5분도 살지 못 한다 (A man can live for **5 weeks** without **food**, for **5 days** without **water**, but for only **5 minutes** without **air** (oxygen)).

특히 인간을 포함한 포유동물들은 생존을 위하여 생명체를 구성하고 있는 효소단백질의 변성온도인 40℃ 이하에서 항상 외부환경에서 흡수한 먹이를 에너지원으로 체내에서 소화 흡수하여 체내환경을 항상 일정하게 유지하는 생리적 대응시스템을 갖추고 있어 생존할 수 있다. 즉 모든 생명체는 외부환경에서 얻을 수 있는 태양에너지와 지열을 흡수하여 체온을 유지하고, 나아가 육체적인 5감을 통하여 <그림 1.3-6>에 나타낸 바와 같이 외부 환경에 대한 각종 정보를 신경을 통하여 수집하고, 수집된 정보를 대뇌가 분석 판단하여 신경을 통하여 동작 조직에 하달하여 행동으로 옮기는 신경시스템을 갖추고 있어 위험으로부터 도피할 수 있고, 체내의 내부 환경을 조절할 수 있다고 한다.

또한 시간적으로 생로병사(生老病死)하는 동안에 남성과 여성이 서로 사랑나누기를 통하면, 자신들과 똑같은 자손을 생산하는 번식(繁殖: reproduction) 능력도 갖추어 지속적으로 영생(永生)하고 있다. 이러한 생명체의 생리적 대사과정은 어느 생물종에게나 존재하는 현상으로 오랫동안의 진화를 통하여 전개되었다고 한다.

특히 인간이 건강하게 생존하는 대기조건은 밝은 태양빛 아래서 21%의 산소를 가진 1기압의 공기와 기온이 20℃인 대기의 이상기체 조건 [ PV = nRT ]에서 습도가 50%RH 정도의 대기조건에서 영생(永生)하고 있다. 이러한 인간의 생존은 외부환경의 변화에 대응하여 스스로

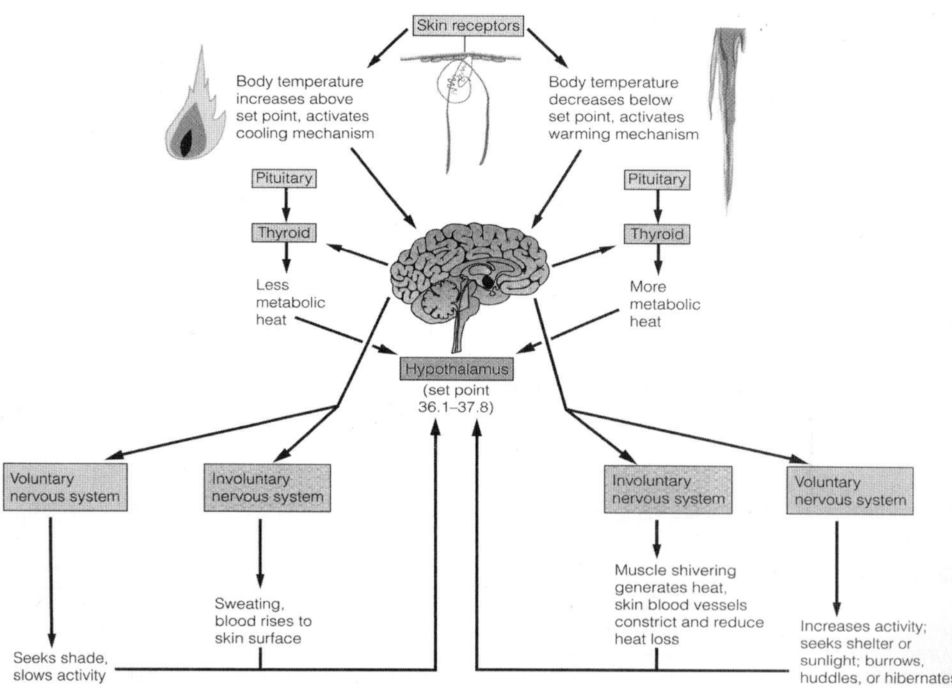


**<그림 1.3-6>** 인간의 체내 항상성 유지를 위한 온도저절 시스템

(Source: R. L. Smith & T. M. Smith, 1998, Elements of Ecology, Longman, N.Y., p 11)

조건에서 영생(永生)하고 있다. 이러한 인간의 생존은 외부환경의 변화에 대응하여 스스로 조절하여 내부 환경을 항상 일정하게 유지하는 항상성(恒常性: homeostasis)을 유지할 수 있는 자가 능력(self-ability)을 갖추었기 때문일 것이다.

특히 고영두 등(대표저자 고영두, 2004, 동물영양학, 유한문화사, 서울, p30)에 따르면, 인간도 포함되는 단위동물의 경우, 먹이로 섭취된 탄수화물과 지방 및 단백질 성분들은 소화기관을 통하여 가수분해된 글루코오스(glucose)와 지방산(fatty acid) 및 아미노산(amino acids)들이 소장(小腸)의 소장 막을 통하여 흡수되어 모세관 혈액 중으로 이동한 후, 간문맥을 통하여 간(liver)으로 이동한 다음, 간장에서 대사과정을 통하여 필요한 성분으로 전환되어 전맥혈액중으로 이동하여 대정맥을 통하여 심장(心腸)의 우심방으로 들어가고, 우심실의 펌프작용으로 폐(肺)를 거쳐 산소(酸素: $O_2$)를 획득한 후, 다시 심장의 좌심방과 좌심실을 통과해 대동맥과 모세혈관을 통하여 각조직의 세포에 운반되어 몸 전체 조직에 공급된다. 또한 각 세포와 접촉하고 있는 모세혈관은 각 세포에서 발생한 노폐물을 수용하여 정맥으로 운반하고, 대사과정을 통하여 배설된다고 한다.

이때 모세혈관을 통하여 각 세포에 도달된 영양분은 삼투압을 통하여 세포의 원형질막을 통과하여 수동적 방법이나 능동적인 방법으로 세포내로 흡수된 glucose나 fatty acids 또는 amino acids는 세포질(cytoplasm)에서 해당작용(glycolysis)을 통하여 각종 C3의 피르빅산(pyruvic acid)로 전환되고, 세포 내의 미토콘드리아(mitochondria)에 투입되어 미토콘드리아 내에서 일어나는 크렙스 사이클(Krebs cycle)의 산화반응을 통하여 에너지를 획득하면서 생존에 필요한 각종 지방산을 생합성한 다음, 다시 세포질로 방출되면, 세포질 내의 다른 기관에서 필요한 아미노산으로 전환되고, 근육과 조직구성에 필요한 단백질 합성에 이용된다고 한다. 또한 이때 필요한 아미노산과 단백질의 합성은 세포핵 중에 보관된 DNA의 지령에 따라 세포 중의 RNA가 생존에 필요한 각종 아미노산을 생합성 된다고 한다. (유전자 공학)

### (2) 인간의 식량자원과 식단(食單)의 화학적 조성

한편 인간의 몸은 그의 부위에 따라 다르나 〈표 1.3-3〉에 나타낸 바와 같이 살아있는 전형적인 세포는 주로 물과 단백질과 지방으로 구성되어 최고로 진화된 동물에 속함을 나타내고 있다. 그러나 인체세포를 구성하고 있는 수분을 제외한 실질 성분만을 기준으로 계산하면 60% 이상이 단백질과 핵산으로 이루어진 단백질 성분이고 나머지는 지방과 무기성분이다. 즉 세포를 구성하고 있는 실질 유기성분은 2/3 정도가 단백질이고, 다음이 지방이며, 탄수화물은 모두 소비하여 극히 적다는 것을 보여주고 있다.

따라서 20세기 후반에는 단백질의 생합성과 유전자의 관계를 연구하는 분자 생물학(Molecular Biology)이 발전하고, 현재에는 유전자를 조작하여 단백질 효소를 생산하는 생명공학의 기초를 이루고, 나아가 유전자조작을 통하여 경제적으로 이용할 수 있는 단백질 효소(enzymes)를 대량 증식하는 기술 뿐만 아니라 새로운 생물 종을 개발하고, 파손되거나 기능

**〈표 1.3-3〉** Estimated Gross Molecular Contents of a Typical 20-micron Human Cell

| Molecule | | Mass (%) | Molecular Weight (daltons) | Molecules (No) | Molecule (%) | Number of Molecular Types |
|---|---|---|---|---|---|---|
| ■ Water | | 65% | 18 | $1.74 \times 10^{14}$ | 98.73% | 1 |
| ■ Protein | | 20% | 50,000 | $1.9 \times 10^{10}$ | 0.011% | ~5,000 |
| ■ Lipid | | 12% | 700 | $8.4 \times 10^{11}$ | 0.475% | 50 |
| ■ RNA | | 1.0% | $1 \times 10^{6}$ | $5 \times 10^{7}$ | $3 \times 10^{-5}$% | - |
| ■ DNA | | 0.1% | $1 \times 10^{11}$ | 46 | $3 \times 10^{-11}$% | - |
| ■ Other Organic | | 0.4% | 250 | $7.7 \times 10^{10}$ | 0.044% | ~200 |
| ■ Other Inorganic | | 1.5% | 55 | $1.31 \times 10^{12}$ | 0.74% | 20 |
| TOTALS | | 100% | - | $1.76 \times 10^{14}$ | 100% | - |
| 유기성분 (전건기준) | 단백질 | 59.7% (20%) | | | | |
| | 지방 | 35.8% (12%) | | | | |
| | 기타 | 4.5% (1.5%) | | | | |
| | Total | 100% (33.5%) | | | | |

(Source: Robert A. Freitas Jr., Chapter 3. Molecular Transport and Sortation 2008, http://www.foresight.org/nanomedicine/Ch03_0.html#TOC)

**〈표 1.3-4〉** 유럽 식품 정보위원회의가 권장하는 성인의 섭취량 기준

| ADULT GDAS BASED ON A DAILY INTAKE OF 2000 KCAL (CALORIES) | |
|---|---|
| | GDAs for adults |
| Energy | 2000 kcal (Calories) |
| Total Fat | Not more than 70g |
| Saturated Fat | Not more than 20g |
| Carbohydrates | 270g |
| Total Sugars | Not more than 90g |
| Protein | 50g |
| Fibre | At least 25g |
| Sodiu (Salt) | Not more than 2.4g (6g) |

(Source: http://www.eufic.org/article/en/health-and-lifestyle/food-choice/artid/Making_sense_of_Guideline_Daily_Amounts/)

적으로 저하된 인체조직까지 재생시키는 기술까지 개발되고 있다.

반면 인간은 생명과 번식을 위하여 반드시 섭취하여야 하는 식량과 식품으로 공급받고 있는 화학적인 영양성분은 〈표 1.3-4〉에 나타낸 바와 같이 탄수화물과 단백질 및 지방으로 구성되고, 50%정도는 탄수화물이고, 지방성분이 30%이고 단백질이 20% 정도를 섭취하여야 하는 잡식성임을 보여 주고 있다. 따라서 우리나라가 권장하고 있는 성인남자의 일일 영양권장량을 보면 〈표 1.3-5〉와 같다고 한다.

특히 인체의 주성분을 이루는 단백질을 보충하기 위하여 반드시 섭취하여야 하는 단백질은 우리가 흔히 먹는 생선이나 소고기의 경우 〈표 1.3-6〉에 나타낸 바와 같이 무게의 20%정도에 달하여 인체의 단백질 함량과 유사한 조성을 가진 동물 단백질이며, 이를 공급할 수 있는 동물들은 〈그림 1.3-7〉에 나타낸 바와 같이 매우 다양하나 이들은 모두 식물체를 먹이로 하여 살고 있다.

**〈표 1.3-5〉** 우리나라의 성인남자 1일 영양소 권장량

| 연령 | | 칼로리 (kcal) | 단백질 (g) | 비타민 A(μg/RE) | 비타민 D (μg) | 비타민 E(mgα-TE) | 비타민 C (mg) | 비타민 B1 (mg) | 비타민 B2 (mg) | 비타민 B3(mg NE) | 비타민 B6 (mg) | 엽산 (μg) | 칼슘 (mg) | 인 (mg) | 철분 (mg) | 아연 (mg) |
|---|---|---|---|---|---|---|---|---|---|---|---|---|---|---|---|---|
| 남자 | 10~12세 | 2,200 | 55 | 600 | 10 | 8 | 70 | 1.1 | 1.3 | 15 | 1.1 | 200 | 800 | 800 | 12 | 12 |
| | 13~15세 | 2,500 | 70 | 700 | 10 | 10 | 70 | 1.3 | 1.5 | 17 | 1.4 | 250 | 900 | 900 | 16 | 12 |
| | 16~19세 | 2,700 | 75 | 700 | 10 | 10 | 70 | 1.4 | 1.6 | 18 | 1.5 | 250 | 900 | 900 | 16 | 12 |
| | 20~29세 | 2,500 | 75 | 700 | 5 | 10 | 70 | 1.3 | 1.5 | 17 | 1.4 | 250 | 700 | 700 | 12 | 12 |
| | 30~49세 | 2,500 | 70 | 700 | 5 | 10 | 70 | 1.3 | 1.5 | 17 | 1.4 | 250 | 700 | 700 | 12 | 12 |
| | 50~64세 | 2,300 | 70 | 700 | 10 | 10 | 70 | 1.2 | 1.4 | 15 | 1.4 | 250 | 700 | 700 | 12 | 12 |
| | 65~74세 | 2,000 | 65 | 700 | 10 | 10 | 70 | 1.0 | 1.2 | 15 | 1.4 | 250 | 700 | 700 | 12 | 12 |
| | 75세 이상 | 1,800 | 60 | 700 | 10 | 10 | 70 | 1 | 1.2 | 13 | 1.4 | 250 | 700 | 700 | 12 | 12 |

**〈표 1.3-6〉** 식용으로 사용되는 육고기와 생선의 단백질 함량

| | | 단백질 | 지방 | 탄수화물 | 회분 | 수분 |
|---|---|---|---|---|---|---|
| 생선(fillet) | 최소치 | 6 | 0.1 | | 0.4 | 28 |
| | 정상치 | 16-21 | 0.2-25 | 〈0.5 | 1.2-1.5 | 66-81 |
| | 최고치 | 28 | 67 | | 10.5 | 96 |
| 소고기(분리된 근육) | | 20 | 3 | 1 | 1 | 75 |

(Source: H. H. Huss, 1995, Quality and quality changes in fresh fish, FAO)

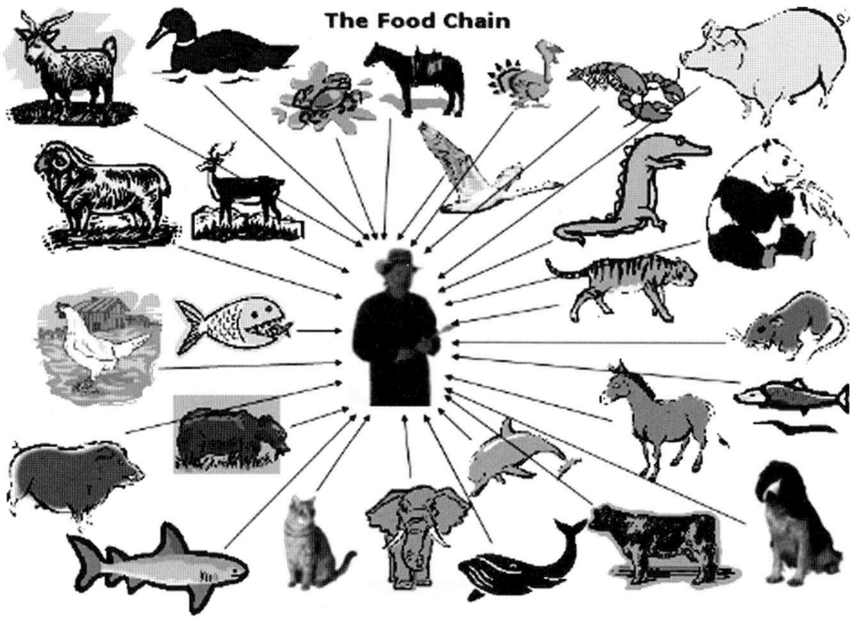


〈그림 1.3-7〉 단백질과 지방공급을 위하여 식용으로 이용되고 있는 각종 동물들 (예)

### (3) 먹이 사슬 (food chain)과 생태계(Ecosystem)의 구성

특히 인간이 먹이로 먹는 식량과 고기는 탄수화물과 단백질자원으로서 인간의 성장과 성숙에 필요 한 각종 에너지원이면서 동시에 각종 신체 구성 성분도 공급한다. 따라서 인간은 생존을 위하여 그냥 흙을 먹고 사는 생물이 아니라 생산자인 녹색식물이 광합성한 전분과 이를 소비하여 생합성한 동물 단백질을 먹이로 하여야 건전한 생리대사과정을 유지하는 동물이며, 동시에 자손을 지속적으로 번식 하여 지속가능성(持續可能性: sustainability)을 유지할 수 있으며, 나아가 문명을 발전시킨 고등 동물이다.

즉 인간은 농업에서 생산된 곡식과 축산에서 얻어진 고기를 먹어 에너지와 구성성분을 공급받아 생존하기 때문에, 인공적으로 식량을 생산하는 농업을 육성하고, 고기를 생산하는 축산과 수산업을 육성해왔다. 그 이유는 생물은 화학적으로 〈그림 1.3-8〉에 나타낸 바와 같이 녹색식물이 광합성으로 생합성한 탄수화물(carbohydrate)을 먹이로 한 동물은 단백질을 생산하여 단백질 고기로 인간에게 공급하여 생존에 필수적인 아미노산을 공급하고 있기 때문이다.

한편 지구촌의 생태계를 연구하는 생태학(ecology)에서는 모든 생물의 먹이를 생산하는 녹색식물을 생산자(生産者: producer)라 하고, 이를 먹이로 소비하는 동물을 소비자(消費者: con-

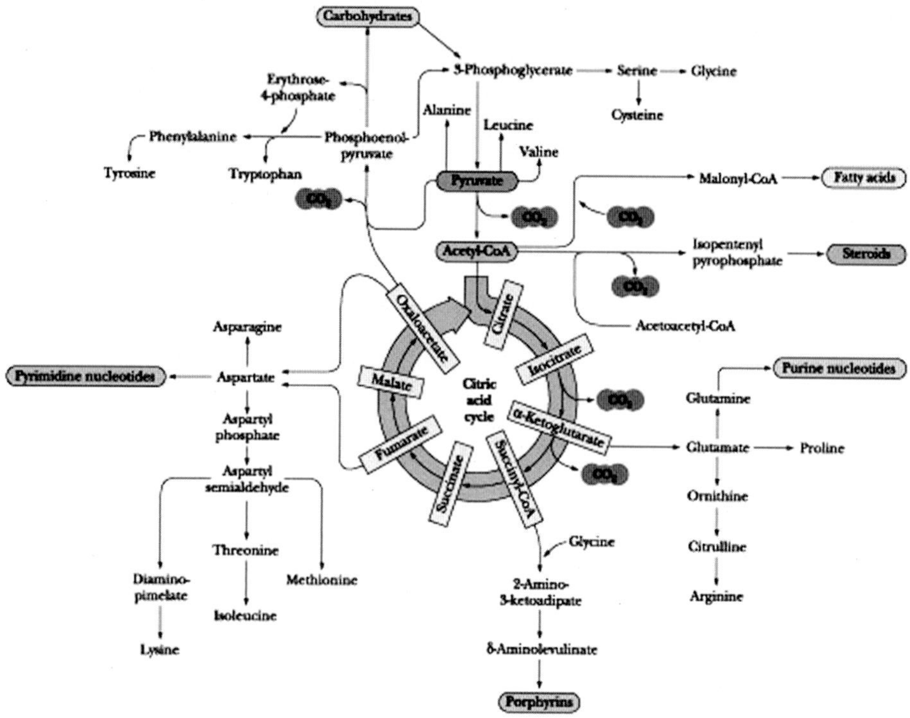


**〈그림 1.3-8〉** 탄수화물에서 단백질 아미노산 생합성과정

(Source: Chapter 20. The Tricarboxylic Acid Cycle, in Garrett & Grishan Biochemistry, 2nd ed., 2008, http://web.virginia.edu/Heidi/chapter20/chp20.htm)

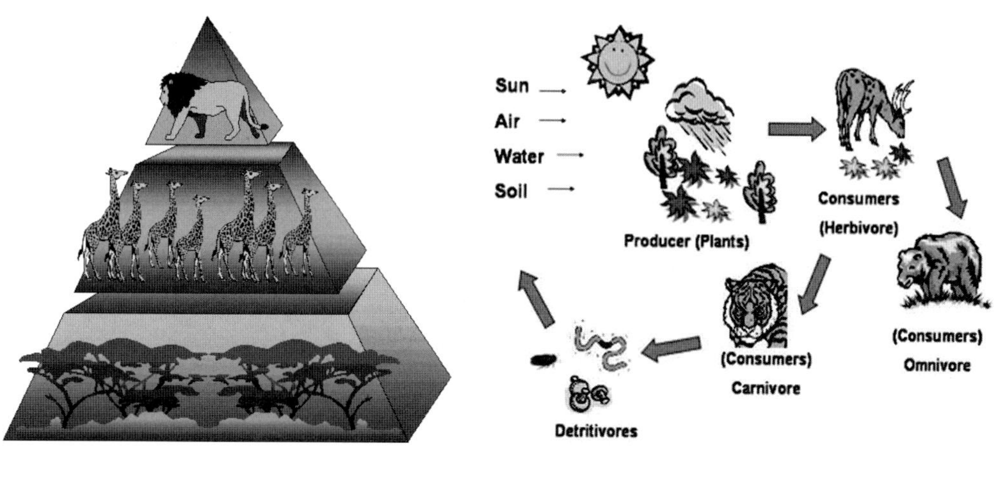


**〈그림 1.3-9〉** 생태계의 먹이사슬(food chain)

sumer)라 하며, 죽은 생명체를 분해하는 미생물들을 분해자(分解者: decomposer)라고도 부른다. 즉 〈그림 1.3-9〉에 나타낸 바와 같이 자연중의 생태계는 토양중의 무기 원소와 수분을 흡수하고, 대기 중의 탄산가스를 흡수하여 광합성을 통하여 태양광 에너지를 고정하는 녹색식물체(탄수화물 + 단백질 + 유전자)를 먹는 초식 동물은 육식동물의 먹이가 되지만, 결국에는 질병이나 노후화로 죽게 되면, 눈에 보이지 않는 미생물에 의하여 분해되어 대기와 토양으로 돌아가는 먹이사슬을 구성하고 있다. 따라서 인간에게 식량과 고기를 공급하는 생물들은 매우 다양하다. 생물 종(種: species)에 따라 생존조건이 다를 뿐만 아니라 생산량도 달라 유익한 종자를 선발하여 육성하고, 현재는 유전자 조작을 통한 새로운 품종 개발에 전념하고 있다.

특히 최근 조사에 의하면, 먹이사슬에서 하등 생물을 먹이로 하는 생태계의 고등 생물이 자신의 생명체를 유지하기 위하여서는 약 10배의 먹이를 먹어야 하는 것으로 조사되었다(〈그림 1.3-10〉 참조). 더욱이 인간이 먹는 돼지고기나 닭고기를 1kg 생산하는데 소비되는 사료용 탄수화물은 약 7kg에 이르러, 건강한 육체를 유지하기 위하여 많은 양의 단백질을 섭취하지만, 그만큼 많은 탄수화물을 사료로 소비하는 셈이다. 즉 1일 소비하여야한 단백질을 이를 생산하는 사료용 탄수화물로 환산하면, 에너지 생산을 위하여 소비하는 식량보다 더 많은 양의 탄수화물을 고기생산에 소비하고 있는 셈이다.

따라서 하천과 강 및 바다연안의 생태환경을 보존 육성하는 것은 값싼 단백질 자원을 보존 육성 하는 것이다. 즉 높은 산골짜기에서 떨어진 빗물이 모아져 하천과 강을 이루면서 바

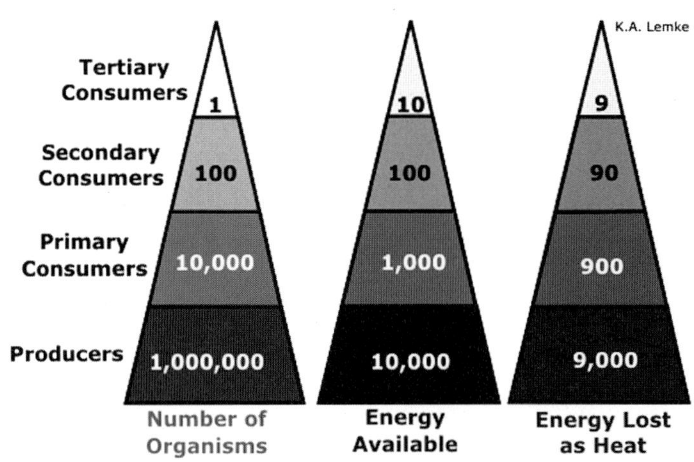


〈그림 1.3-10A〉 생태계의 먹이사슬과 에너지 효율성

(Source: K. A. Lemke, Geography 101 - Physical Environment, 2008, http://www.uwsp.edu/geO/faculty/lemke/geog101/lecture_outlines/14_ecosystems.html)

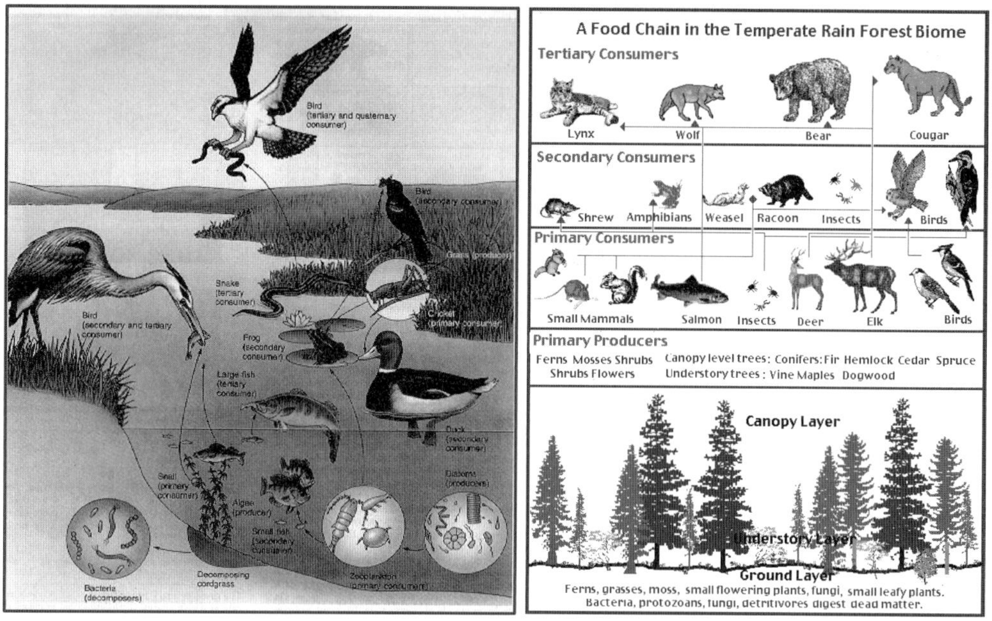


**〈그림 1.3-10B〉** 생태계의 먹이사슬과 에너지 효율성

다로 돌아가는 동안, 강과 하구 및 해안에 서식하는 물고기 서식지들은 인위적인 관리가 없더라도 빗물에 씻겨 내려가는 각종 바이오메스가 영양분이 되어 고급단백질 식량을 생산하기 때문에 반드시 보존 육성하여야 할 환경 보존지역이다.

또한 지구촌에서 인간 주변을 구성하고 있는 수많은 생물체들은 하나의 먹이사슬로 이어진 생태계를 구성하고 있다. 즉 생명체로 구성된 인간 주변의 수많은 생물들은 먹이를 생산하는 녹색식물(생산자: 生産者: producer)과 이를 소비하는 동물(소비자: 消費者: consumer)외에 동식물의 사체를 흔적도 없이 분해시켜 환경을 깨끗하게 없애주는 미생물들(분해자: 分解者자: decomposer)로 구성된 먹이사슬(food chain)의 생태계가 존재하고, 생태계에서 분해된 가스와 무기물로 이루어진 주위 환경이 지구촌을 이루고 있다. 이런 현상을 물질을 구성하는 화학 원소 이동으로 추적하면, 잡식성의 인간의 생명도 후술하는 탄소 사이클(Carbon Cycle)에 지배되고 있는 것을 알 수 있다.

환언하면 만물의 영장이라고 자처하는 인간도 생산자인 녹색식물인 광합성으로 고정한 탄수화물과 동물이 생합성한 단백질을 먹이로 하여 자손을 낳으면서 인간성이 지속되고 있지만, 늙어 죽은 사체들이 자연계에 매장되거나 납골당에 모셔진 체로 분해되지 않았다면, 수1000년의 인간 역사를 가진 이 지구촌은 시체들로 가득할 것이다.

그러나 다행하게 이러한 폐기물을 분해해주는 미생물들이 주변이 존재하기 때문에, 과학적으로는 후손들에게는 깨끗한 환경을 제공한다. 따라서 차가운 기후조건으로 시체가 잘 분해되지 않는 티베트 고원에서의 조장(鳥葬)/천장(天葬) 풍속이나 건조하여 부패가 어려운 갠지스 강의 화장(火葬) 풍속 및 메콩강유역의 수상생활(水上生活)하는 종족의 수장(水葬) 풍속들도 이해할 수 있는 풍속일 것이다.

이는 결국 식물을 먹이로 하여 성장한 동물이 죽은 다음에는 미생물에 의하여 탄산가스와 수분 및 질소로 분해되어 자연으로 돌아가는 탄소 사이클(carbon cycle)을 만든다. 여기서 탄소 사이클이라고 부르는 것은 지구상의 모든 유기물을 구성하고 원소 중에서 가장 많은 양을 함유하고 있는 원소가 탄소이기 때문에, 탄소 사이클이라고 부른다. 따라서 학자들은 유기화학(Organic Chemistry)을 탄소화합물 화학(Chemistry of Carbon Compounds)이라고 부르기도 한다.

### (4) 생명체 구성 원소의 공급과 대기 순환과정

#### (i) 수소(H)와 산소(O)로 구성된 생수 사이클(water cycle)과 수질오염 문제

지구촌의 생태계는 화학적으로는 에너지 전달자인 수소(H; hydrogen)와 환경 정화 원소인 산소(O: oxygen)로 구성된 수분(water)을 매체로 탄소(C: carbon)와 질소(N: nitrogen) 및 인(P: phosphorus) 으로 구성된 먹이 사슬을 구성하고 있어 물의 순환과정은 환경과 분리할 수 없는 하나의 순환 과정을 이루고 있다. 특히 지구촌에는 이름 모를 생물종들이 셀 수 없이 많이 존재하고, 매우 다양 하지만, 수소와 산소로 구성된 생수가 확보되어야 생명체를 후손에게 까지 지속적(持續的: sustainable) 으로 영원히 전달할 수 있는 생존 조건이다. 더욱이 열역학적으로 전술한 바와 같이 생명체를 연구대상으로 하는 시스템으로 간주하고, 주변 환경을 경계조건으로 구분하면, 에너지와 물질의 이동과 순환과정을 파악할 수 있다.

그렇지만 인간에게 필요한 물(water)은 지구 표면적의 2/3을 점유하는 바다(sea)에서 살고 있는 물고기와는 달리 바닷물(seawater)이 아니라 육상에서 살아가는 동물에게 필요한 담수(淡水: fresh water)가 필요하다. 즉 생명의 탄생지로 알려진 바닷물 속에 살고 있는 모든 생물(물고기)과는 달리 진화된 육상동물의 생존에는 항상 필요한 생수 수요를 보면, 최상으로 진화되었다는 인간은 특이 방향으로 진화된 것으로 보인다. 더욱이 최근에 활발하게 연구되고 있는 우주과학에 따르면, 지구촌의 생물체에 필수적인 수자원이 지간변동에 따른 화학반응으로 생성된 것이 아니라 우주에서 온 행성의 충돌로 공급되었다는 학설도 있어 수분의 근원에 대하여서는 단언하기 어렵지만, 적어도 지구촌에서는 다음과 같이 순환되고 있다.

환언하면, 인간과 같이 육상에서 살고 있는 모든 생물들은 생존에 필수적인 물, 즉 생수(生水: mineral water)는 〈그림 1.3-11〉에 나타낸 바와 같이 바다에서 태양광 에너지로 의하여

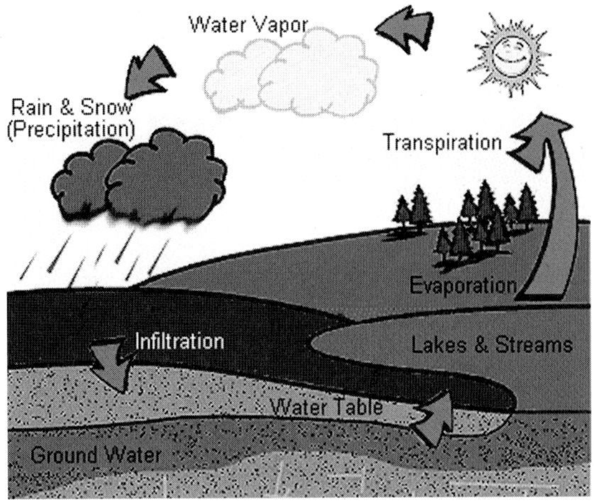


**〈그림 1.3-11A〉** 물($H_2O$)의 순환과정

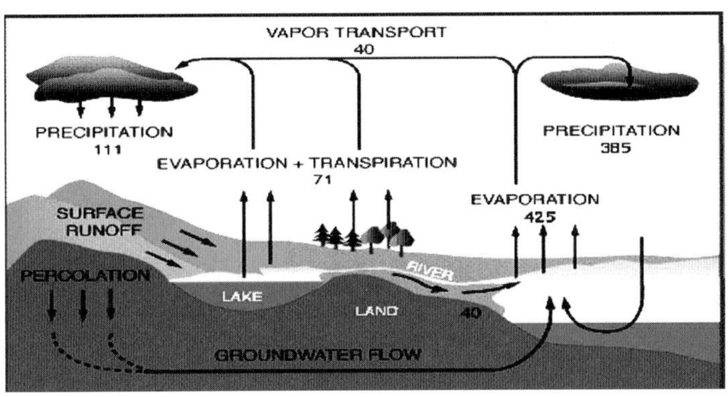


**〈그림 1.3-11B〉** 물($H_2O$)의 순환과정

〈The Global Water Cycle - Pathways and Fluxes. (Values in 103 $km^3$/yr)〉

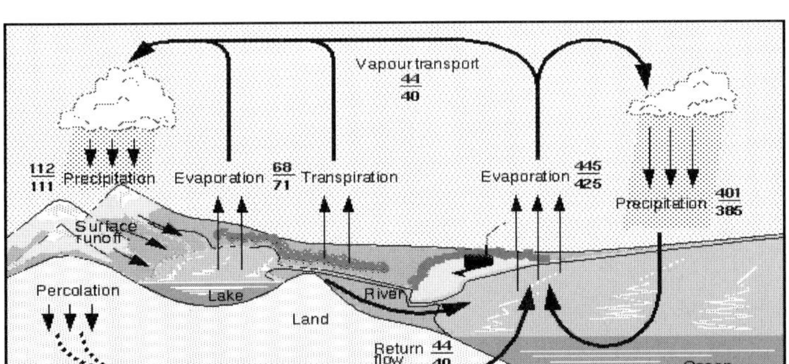


**〈그림 1.3-11C〉** 물($H_2O$)의 순환과정

증발된 수증기가 하늘로 올라가 구름을 만든 다음, 지구자전과 기온변화로 발생한 바람으로 이동하여 각 지역의 기상변화에 따라 땅에 떨어진 빗물을 이용하고, 하천을 통하여 육지에 저장된 물을 매일같이 마셔야 살 수 있기 때문에, 상수원지를 건설하여 먹고 살고 있다. 따라서 육상 생물에 속하는 인간에게 필요한 생수자원은 바닷물과는 달리 기후변화에 크게 영향을 받는다.

나아가 먹이사슬로 구성된 생태계는 물(water)이 없으면 살 수 없다. 특히 육상의 모든 생태계를 먹여 살리는 먹이를 생산하는 녹색식물(농업)은 순수한 물이 없으면, 생존할 수 없고, 지속적으로 유지될 수 없다. 따라서 생명의 탄생은 하나님의 뜻일지라도 창조된 생태계의 생명체들을 생수자원의 수량과 수질에 좌우되기 때문에, 환경문제에서 가장 먼저 등장한 것이 수질오염 문제이었다.

즉 태양광에너지에 의하여 바다에서 증발한 수증기는 하늘로 올라가 차가운 공기와 접촉하면서 구름을 형성하고, 지구자전으로 이동하면서 바람에 의하여 다른 지역으로 이동하며, 높은 산을 만나거나 따듯한 공기와 접촉하면, 비나 눈으로 지상에 떨어진다. 이때 지상으로 떨어진 눈이나 빗물은 골짜기를 따라 흘러 하천(streams)을 만들고, 산골자기를 따라 흐른 물이 강(江: river)을 만든 다음, 바다로 흘러 다시 되돌아 가는데, 육상의 모든 생물들은 이러한 물길 중간에 집을 짓고, 마을과 도시를 만들어 살고 있다. 이러한 현상은 모든 생물이 생존하는 데는 수분이 필요하고, 하수를 정화하는데도 물이 필요하기 때문이다.

물이 없으면, 생물이 생존할 수 없다. 즉 강물이 없는 사막에 살고 있는 생물이라도 수분을 흡수하여야 몸체의 60% 이상을 점유하는 생명체가 유지하기 위하여서 배설량을 줄이거나 생수를 저장할 수 있는 구조로 진화하고, 그래도 부족한 물은 야간에 냉각하여 응결된 공기중의 수분이나 이슬을 모아 마시기도 한다.

특히 현재의 아프리카에서 사막이 확대되면서 가뭄기간이 늘어나고, 폭우기간이 짧아지면서 심각한 물 부족이 발생하고, 그에 따른 수질오염과 질병이 확산되고 있는 것을 잘 알려져 있는 바이다. 즉 거대한 나일 강과 콩고 강, 잠베지 강을 가진 하나의 대륙인 아프리카 대륙에 흩어져 살고 있는 수많은 부족들은 중심부인 적도부근의 열대우림(熱帶雨林)을 제외하면, 심한 가뭄으로 생수가 부족하여 농사가 불가능하고, 오염된 수질 때문에 수많은 풍토병과 해충에 의한 사망자가 증가하고, 가축이 먹을 수 있는 풀이나 농경지가 사라져 유목생활로 삶을 지탱할 수밖에 없는 현실이다.

사막이 발달한 북위 30°N와 남위 30°S의 사막 지대 위도를 제외하면, 중앙아시아와 몽고지역의 초원지대가 사막으로 변한 것은 식량부족으로 발생한 과거 전쟁역사를 보여주고 있다. 또한 현재에도 중동 사막지대에서 이스라엘 민족과 팔레스타인미족의 물 분쟁, 터키민족과 이라크민족사이의 물 분쟁, 독일 라인 강의 수질분쟁, 미국과 멕시코 간의 물 분쟁은 이를 증명해 주고 있다.

따라서 우리의 물 절약(Water Conservation) 운동은 인간 생존에 필수적인 식량(food) 생산과 식수(drinking water)를 자급하기 위하여 (1) 미래세대를 위하여 강우량에 의한 자연적 보충속도 이상의 생수를 생태계에서부터 빼내는 것을 금지하는 **지속가능성(Sustainability) 유지운동**이고, (2) 수자원 생산과 수송 및 폐수처리에 소비되는 에너지를 절약하자는 **에너지절약(Energy Conservation)운동**이며, (3) 인간의 물 소비 최소화로 새로운 댐건설과 기타 수리시설 필요성을 감소시킬 뿐만 아니라 지역 야생동물과 철새이동을 보존하는 **야생동물 서식지보존(Habitats Conservation)운동**이 된다. 이는 또한 생태계의 먹이를 생산하는 생산자인 녹색식물을 통하여 폐수를 정화함과 동시에 식량을 생산하는 농림업을 활용하는 것이 보다 경제적이 될 것이다.

더욱이 지구촌에 생태계를 보호 육성하는 기초적인 자원인 수자원을 화학적으로 수소(H)와 산소(O)로 분리하면, 수소(H)를 에너지원으로 이용하는 수소경제(hydrogen economy)의 기초를 이루고, 생산된 산소(O)는 환경정화에 활용하는 사회적 인프라를 구축한다면, 에너지 위기에 처한 현대문명을 해결하는 미래의 사회적 문명시스템이 될 수도 있을 것이다.

지구촌의 생태계를 통하여 순환되고 있는 생수 자원량은 〈다음 1.3-11〉과 같으며, 생존에 필수적인 먹이와 생수를 생산하는데 필요한 에너지도 역시 태양광 에너지임을 명심해야 할 것이다. 나아가 인간이 지구촌에서 생존하기 위하여서는 사시사철 한시도 빼놓지 않고, 마셔야 하는 수자원은 히말라야산맥의 빙하와 같이 사시사철 공급 가능한 수자원을 머리위에 올려 놓고 살아야 지속가능할 것이다.

만일 그렇지 않는다면 인간은 물을 찾아 다른 곳으로 이동하여 이사하여야 지속적으로 살 수 있을 것이다. 즉 인간의 생존조건에서 환경자원이 부족하거나 없으면, 생존 환경에 충분한 곳으로 국경을 무시하고 이동하는 역사적 민족이동과 같은 현상이 일어날 것이다.

(ii) 녹색식물의 탄소 광합성(Photosynthesis)과 탄소 사이클(Carbon Cycle)

한편 강변의 지구촌 생태계는 대기 중의 탄산가스를 흡수하여 탄수화물을 광합성 하는 녹색식물에 의하여 먹이 생산되고, 먹이로 소비한 탄수화물은 다음 식(1)의 화학반응식과 같이 녹색식물이 생산한 산소를 소비하면서 에너지를 얻어 쓰고 있다, 즉 녹색식물의 광합성 동안에 발생한 산소는 대기 중에 방출하기 때문에, 동물의 호흡에 필요한 산소가 되고, 사람들이 싫어하는 하수(下水: sewage)를 정화하고, 주변 환경을 정화시켜 주기도 한다.

특히 지구촌의 에너지와 물질은 [ $E = m \times c^2$ ]로 표현되는 Einstein의 보존법칙에 따라 그의 총량을 계산할 수 있어 그의 흐름을 분석하면, 생태계의 에너지 흐름이 안정적(steady)인지, 아니면 불안정(unsteady)한지 알 수 있다.

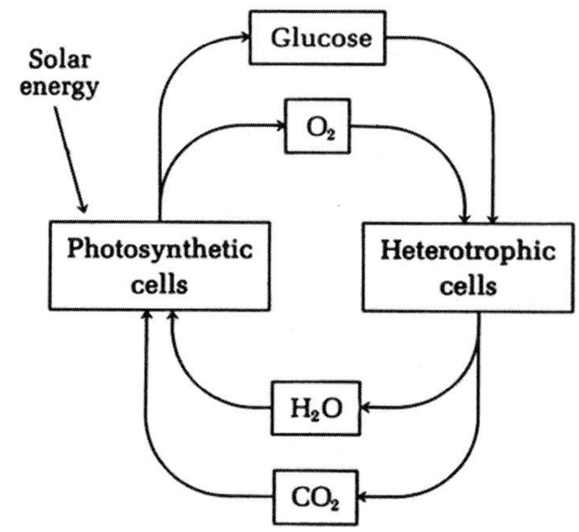


······························ (1)

(a) Carbon (C) Cycle

여기서 식(1) 중의 Photosynthestc cells는 광합성 세포로서 녹색식물을 의미하고, Heterotrophic cells는 타가영양 생물로서 동물이나 미생물을 의미한다. 따라서 이를 생태계의 먹이사슬과 연결하면 〈그림 1.3-12〉에 나타낸 바와 같이 [ 대기 중의 탄산가스 → 녹색식물 → 동물 → 미생물/공장 → 대기 중의 탄산가스 ]로 순환된다. 이를 탄소 사이클(carbon cycle)이라 한다. 즉 대기 중의 탄산가스는 공장에서만 발생하는 것이 아니라, 사람의 호흡이나 동물의 호흡 또는 미생물의 호흡에서도 발생하기 때문에, 모든 활동에서 식량이나 연료를 소비하여 탄산가스를 방출한 셈이다.

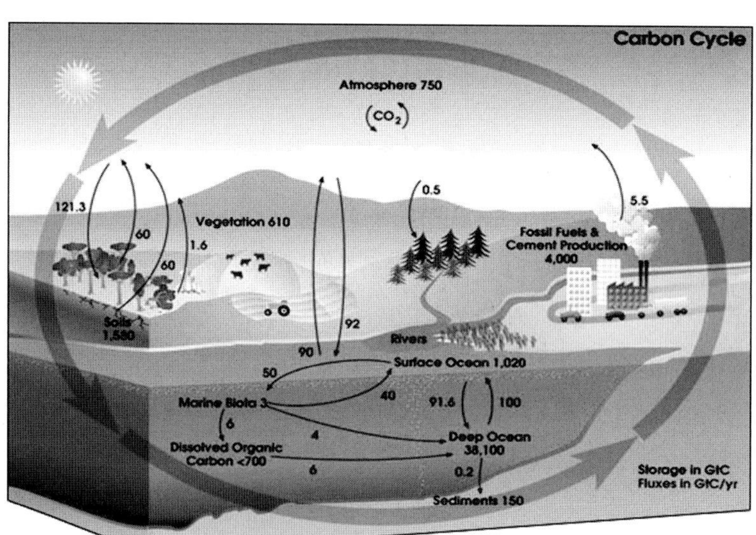


**〈그림 1.3-12A〉** 지구촌의 탄소 사이클(carbon cycle)

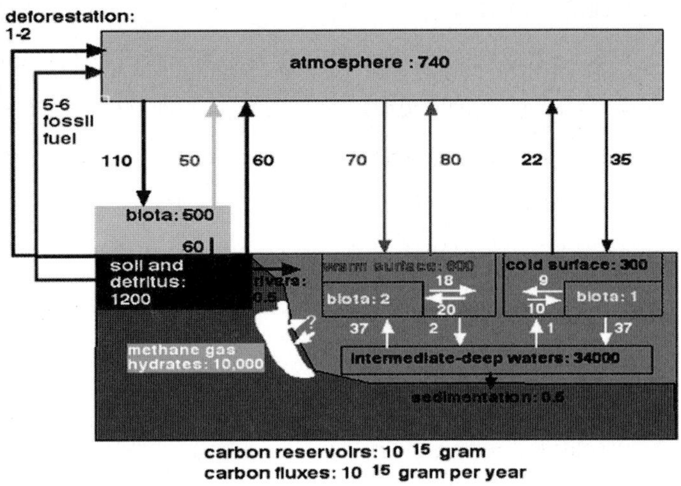


〈그림 1.3-12B〉 지구촌의 탄소 사이클(carbon cycle)

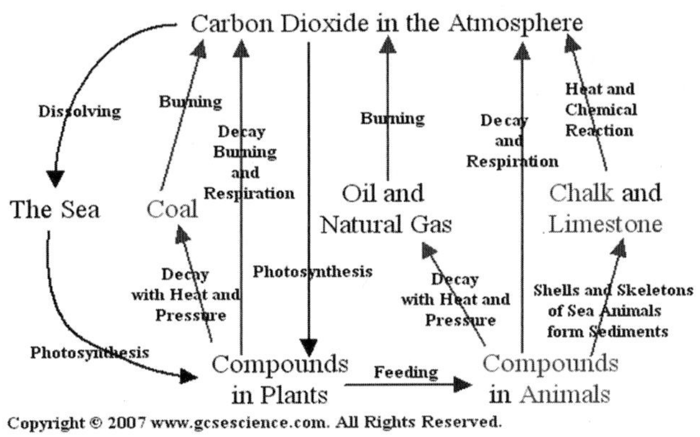


〈그림 1.3-12C〉 지구촌의 탄소 사이클(carbon cycle)

(b) 광합성에 의한 산소($O_2$) 생산과 산화분해에 의한 환경오염 정화

따라서 지구촌의 모든 생물이 살아가는데 필요한 에너지를 얻는 데는 대기 중의 산소가 필요하고, 그만큼 많은 탄산가스가 발생하여 대기 중으로 방출하고 있다.

특히 광합성을 할 수 있는 녹색 식물만이 〈그림 1.3-13〉에 나타낸 바와 같이 대기 중의 탄산가스를 흡수고정하면서 동시에 환경 정화에 필요한 산소($O_2$)를 생산하기 때문에, 생존환경을 보존 유지하는데 필수적인 자원이다.

즉 지구촌을 구성하고 있는 생태계는 태양광 에너지로부터 에너지를 공급받고, 그 에너지를 저장하는 생물은 산고농도가 높은 육상에서는 녹색식물이며, 인간은 수 10년 동안 태양에너지를 저장한 목재를 연료로 사용하거나 주택 건설용 목재로 이용하고 있는 셈이다.

최근에는 깊은 해양에서 수중에서 화산이 폭발하여 발생한 열에너지를 이용하여 생태계의 먹이사슬을 구성하고 있는 심해저 생태계의 혐기성 화학적 에너지 사이클이 발견되고 있지만, 인간이 지속적으로 살아가고 있는 지구촌의 생산자는 녹색식물 자원이며, 대기 중의 탄산가스를 흡수고정하면서 동시에 환경을 정화해 주는 산소를 방출하여 대기 중의 산소농도를 21%로 유지해주고 있어 인간이 생활하는데 필요한 환경을 쾌적하게 만들어주고 있다.

따라서 지구촌의 생태계, 특히 인간의 생존 환경을 보존하고, 정화하면서 동시에 필요한 에너지를 자급하기 위하여서는 녹색식물(green plant)의 보존과 육성이 필수적이다.

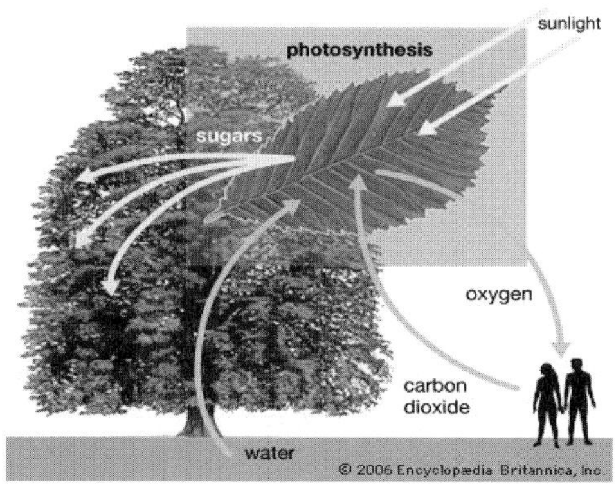


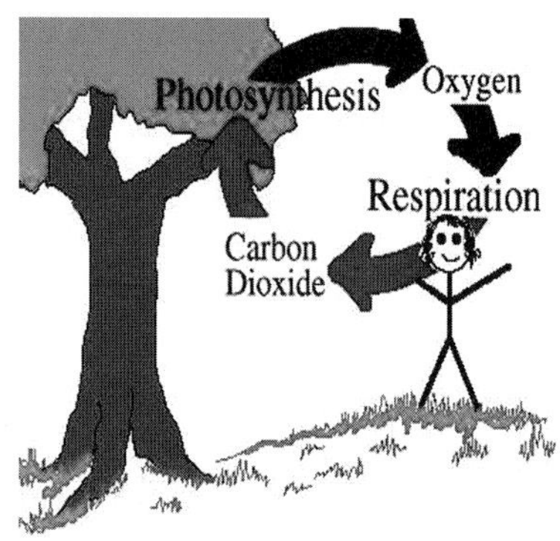


〈그림 1.3-13〉 녹색식물의 광합성과 산소 생산

**Photosynthetic Biomass Production in Green Plants** : Photosynthesis is a chemical reaction used by plants and some bacteria to use the energy from sunlight to produce sugar. In plants it is the chlorophyll in the leaves that converts the rays from sunlight into chemical energy. It is this chemical energy that is used to start the photosynthetic reaction.

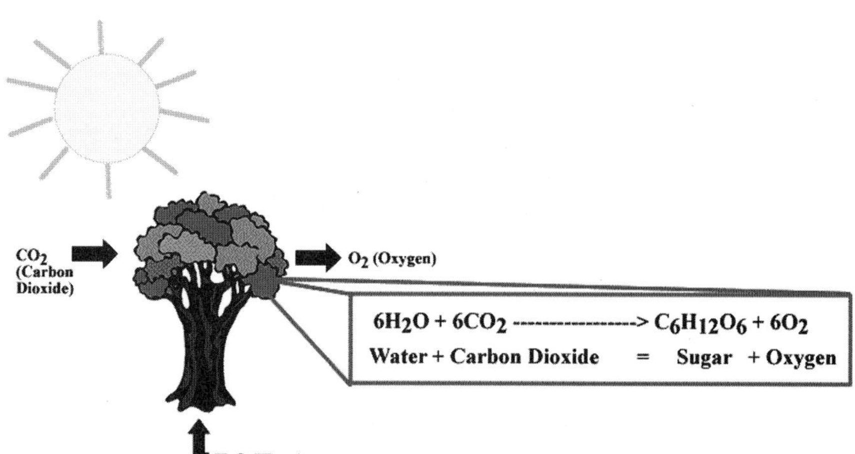

**<생태계의 먹이사슬(Food Chains in Ecosystems)>**

: Producers(생산자: 녹색식물) ➡ Consumers(소비자) ➡ Decomposers(분해자)

**<지구촌의 탄소에너지 사이클>: Carbon Cycle**

: 대기 중 $CO_2$ ➡ Biomass ➡ 생태계 먹이사슬 ➡ 발생 $CO_2$의 대기화

(iii) 질소순화 (Nitrogen Cycle): Proteins ==> Enzymes ==> Cells ==> Living Thing

한편 지구촌의 모든 생명체는 전술한 바와 같이 주로 질소(N) 원소를 가지고 있는 아미노산이 수많이 결합된 고분자 단백질로 구성되고, 이들의 상호작용으로 생명체, 특히 인간의 생명현상이 이들 성분의 상호작용으로 유지되고 있다는 것이 밝혀지면서 질병진단에 유전자를 이용하는 첨단 과학적 기술들이 활발하게 개발되고 있다. 즉 세포핵 속에 화학적으로 구성된 유전자(DNA)가 생명활동에 RNA를 통하여 필수적인 효소 단백질을 생합성시킨다는 정보전달방법과 매체들이 밝혀지면서 인간의 질병치료에 유전자치료법까지 등장하였다.

즉 생물의 생존에 필수적인 단백질을 구성하는 질소성분과 유전자를 구성하는 질소(N)와 인(P) 성분은 〈그림 1.3-14〉에 나타낸 바와 같이 지구촌을 구성하고 있는 대기권의 질소($N_2$)와 산소($O_2$)에서 출발하여 토양 중에 존재하는 질산($NO_3^{-1}$)과 인산($PO_3^{-3}$)을 흡수하여 식물들이 생합성한 탄수화물과 단백질 및 무기질 성분들이 인간에게 식품으로 공급되기 때문에, 인체를 구성하고 있는 세포들은 모두 지구촌에서 하나의 사이클들을 이루고 있다는 것이다.

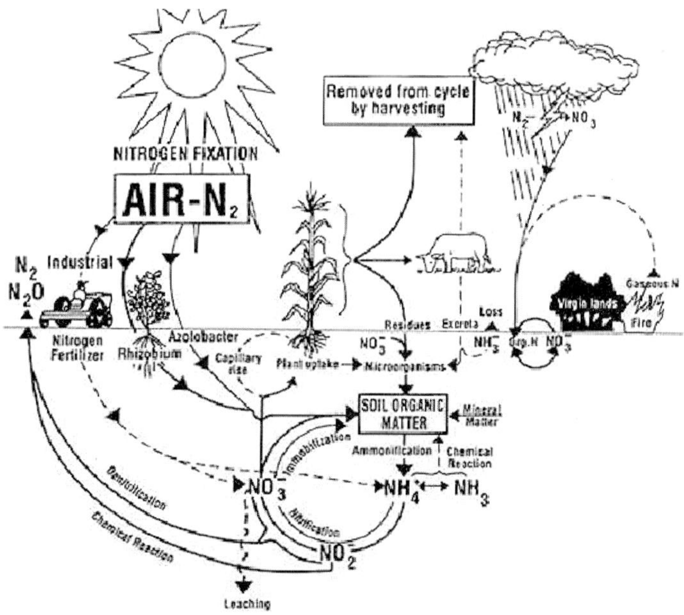


〈그림 1.3-14〉 생명체를 구성하는 단백질의 질소순환과정

즉 인간의 에너지원이 되는 탄수화물은 대기 중의 탄산가스와 토양중의 수분을 흡수하여 광합성으로 생산된 것이고, 단백질을 구성하는 질소도 대기 중의 질소성분이 화학적으로 전환되어 비료를 통하여 식물이 토양 중에서 흡수한 질산이나 암모니아로부터 생합성하고, 유전자를 구성하는 인산은 원자량이 높아 휘발하지 못하지만, 식물이 토양을 구성하고 있는 인산을 비료로 흡수하여 생합성으로 유기 인산으로 고정한 것이다.

따라서 인간 주변에서 환경을 구성하고 있는 대기와 토양은 생명체를 구성하는 원소를 공급하는 필수적인 생존 환경 조건이며, 이러한 생명체에게 에너지를 공급하여 생명체의 능력을 유지하게 만드는 녹색식물의 광합성 능력을 유지하는 것이 필수적이다.

(iv) 인(燐: P)의 순환과정(Phosphorus Cycle) ==> Nucleic acids와 DNA(유전자)

인(P: Phosphorous)은 모든 생명체에서 중요한 필수 원소로서 인산이온($PO_4^{-3}$)으로 유전자인 핵산(DNA + RNA)을 구성하고 있다. 또한 인산염은 모든 세포의 에너지대사에 관여하는 ATP(adenosine triphosphate)을 구성하고 있어 단백질 골격구성과 근육활동에 중요한 성분이다. 또한 인산은 칼슘과 같이 그의 80%가 척추동물의 골격을 이루고 있는 뼈와 이빨을 구성하는데 집중되어 있다.

이러한 인산은 원자량이 높아 비휘발성으로 대기 중에는 존재하지 않으며, 자연계에서 물과 토양으로 통하여 〈그림 1.3-15〉에 나타낸 바와 같이 지상에서 순환되고 있다. 즉 생명체를 구성하고 있는 다른 원소인 수분(수소와 산소)이나 탄소, 질소, 유황과는 달리 인산은 기체

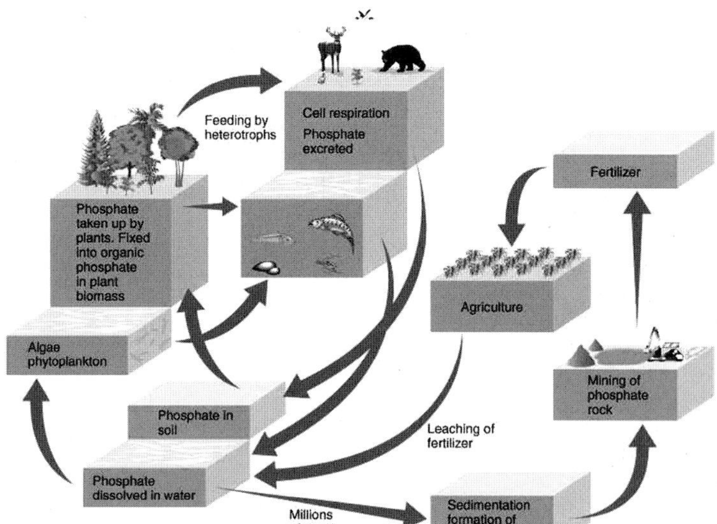


〈그림 1.3-15〉 생명체의 지속성을 지배하는 인(P)원소의 순환과정

상태로 대기 중에 존재하는 것은 없으며, 지표면상에서 수중과 토양 및 생태계 사이에서 순환되고 있다.

(v) 조효소 구성에 필요한 유황(Sulfur: S) 원소의 순환과정

또한 유황(S: sulfur) 원소는 진핵세포나 원핵세포를 가진 모든 생명체에서 몇 가지 필수 아미노산과 단백질 및 기타 생물화학약품에 핵심 구성 원소로서 동식물체의 호흡에 필수적인 생리대사 과정에서 생화학적 전환을 유도하는 조효소(Co-enzyme)를 구성하고 있다. 그러나 식물이나 동물은 이러한 유황원소를 직접 이용할 수 없기 때문에, 박테리아가 황산이온($SO_4^{-2}$)으로 전환해주면, 이러한 황산이온을 이용하여 단백질을 합성한다. 따라서 생태계에서의 황산 순환은 황산이온이 비휘발성이기 때문에, 〈그림 1.3-16〉에 나타낸 바와 같이 토양 중에서 용해된 황산이온($SO_4^{-2}$)을 이용한다. 이러한 유황원소의 근원은 화산에서 분출되는 용암을 구성하고 있는 유화철에서 발생한 유황성분이다.

특히 심해저 화산에서와 같이 생존온도가 유지되지만, 산소가 없는 생태계에서는 산소대신에 유황은 이용하는 원시 박테리아가 존재하여 원시적 생태계를 구성하기도 한다고 한다.

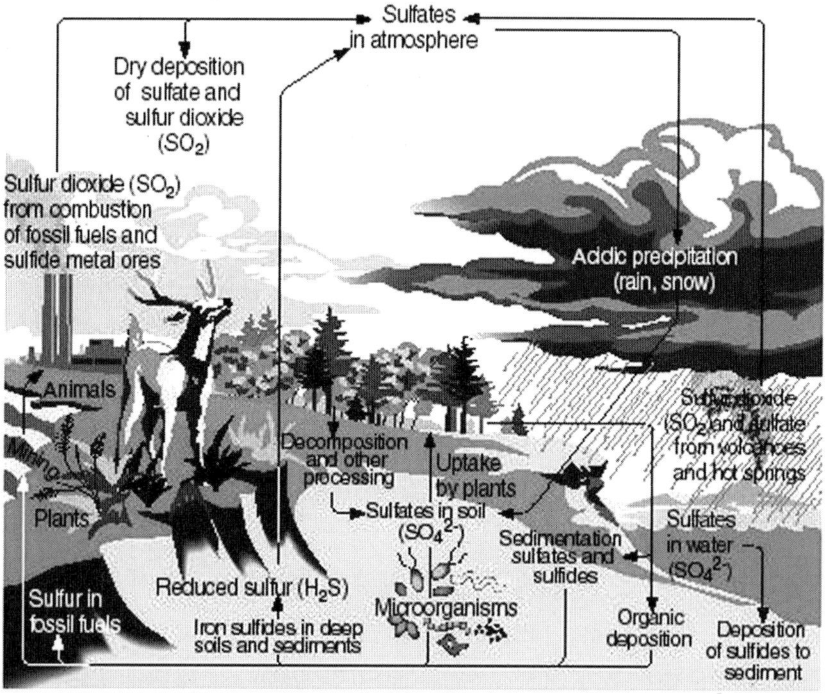


**〈그림 1.3-16〉** 생명체 대사과정을 지배하는 조효소 구성 유황(S)원소의 순환과정

# 2장 | 지구촌의 기후 변화와 생태계(Ecosystem)의 역할

## 2.1. 지구촌의 기후(Climate)와 기후 변화(Climate Change)

### (1) 지구의 운동과 기후조건(climate condition)

지구의 천지창조에 대한 과학적 연구는 미국 NASA의 연구를 통하여 서서히 밝혀지고 있지만, 해밀톤(R. L. Hamilton, 1995-2005, The Moon, 2005, http://www.solarviews.com/eng/moon.html)과 앤더슨(G. Anderson, 2000, Earth Science 10 Lecture 3: Origin of the Solar System: Early Earth/Moon History, 2005, http://pasadena.wr.usgs.gov/office/ganderson/es10/lectures/lecture03/lecture03.html) 및 피드워니(M. J. Pidwirny, 2000, http://www.geog.ouc.bc.ca/physgeog/contents/5a.html)에 따르면, 아폴로(Apollo) 우주계획에 따라 1969년 달에 착륙한 암스트롱(N. Armstrong)이 채취해 온 달(Moon) 암석을 분석한 결과, 달(moon)의 표면도 지구표면을 구성하는 원소들로 구성되고, 지구와 다른 것은 철분(Fe)함량이 낮은 것을 발견하고, 동위원소 분석결과 1억~5000만 년 전에 발생한 것을 발견하면서 성운설(星雲說: Nebular Hypothesis)이 대두되었다고 한다.

즉 우리의 태양계는 140억 년 전에 한 블랙홀(Black Hole)의 빅뱅(Big Bang)으로 발생한 먼지와 가스로 구성된 성운(星雲: nebula)이 무거운 입자의 중력에 의하여 응집하면서 상호 충돌하여 고속의 각운동량(角運動量: angular momentum)에 의하여 자전(自轉: rotation) 또는 스핀(spin)이 발생하고, 약 50억 년 전에 태양을 중심으로 공전(公轉: revolution)하는 9개의 행성(行星: planets)을 갖춘 현재와 같은 태양계(solar system)가 탄생하고, 이어서 약 1~0.7억 년 전에 하나의 혜성(彗星: comet)과 같이 지구를 지나가던 달(moon)이 지구와 충돌하여 다른 행성과 같이 공전 면에 수직한 축에서 자전하던 지구를 $23.5^{o}$ 경사지게 만들고, 지구표면에서 분산된 입자들이 지구 중력 공간에 분산된 후, 다시 응집되면서 지구상의 달(Moon)을 형성하여 지구에는 현재와 같은 매년 4계절이 발생하고, 달의 인력에 의하여 지표면의 해수면 높이가 달라진다고 해석하고 있다.

인간이 살고 있는 지구촌은 〈그림 2.1-1〉의 태양계(Solar System)에서 〈그림 2.1-2〉에 나타낸 바와 같이 다른 행성과 같이 태양계를 공전(公轉)하고, 〈그림 2.1-3〉에 나타낸 바와 같이 공전 평면에 대하여 지구 축이 $23.5^{o}$경사진 체로 자전(自轉)하기 때문에 〈그림 2.1-4〉에 나타낸 바와 같이 1년을 의미하는 1회의 공전(Revolution)에서 위도에 따라 지구표면이 받는 태양광 에너지양이 달라 열대(tropical)와 온대(temperate) 및 한대(frigid) 지역이 생기고, 매년 4

계절이 발생하며, 하루 24시간을 의미하는 1회의 자전(Rotation)으로 밤과 낮이 생긴다고 한다. 따라서 지구의 공전과 자전이 조합되면, 1년에도 밤과 낮의 길이가 다른 하루가 365회

〈그림 2.1-1〉 태양계중 지구촌의 위치

(출처: M. J. Pidwirny, 2000, http://www.geog.ouc.bc.ca/physgeog/contents/5a.html)

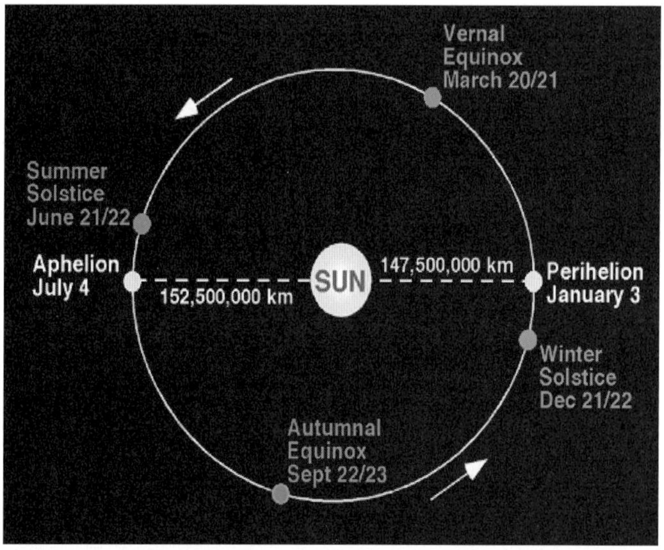


〈그림 2.1-2〉 태양계에서 지구의 공전(公轉: Rotation)

(Source: M. Pidwirny, 2002, FUNDAMENTALS OF PHYSICAL GEOGRAPHY, 2004, http://www.physicalgeography.net/fundamentals/6h.html)

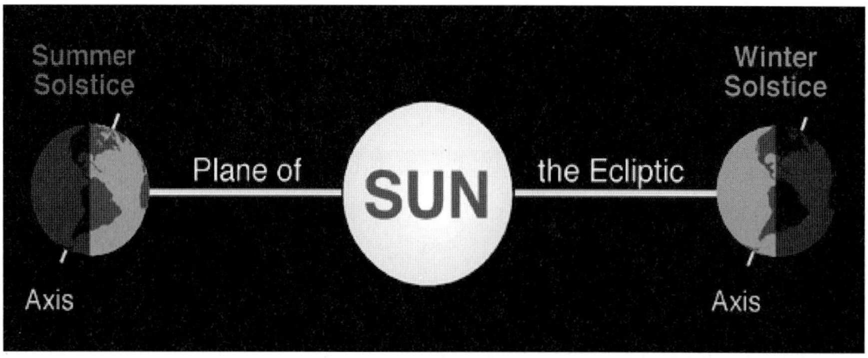


**〈그림 2.1-3〉** 태양계에서 지구의 공전평면과 자전 각도(Revolution Angle)

(Source: M. Pidwirny, 2002, FUNDAMENTALS OF PHYSICAL GEOGRAPHY, 2004, http://www.physicalgeography.net/fundamentals/6h.html)

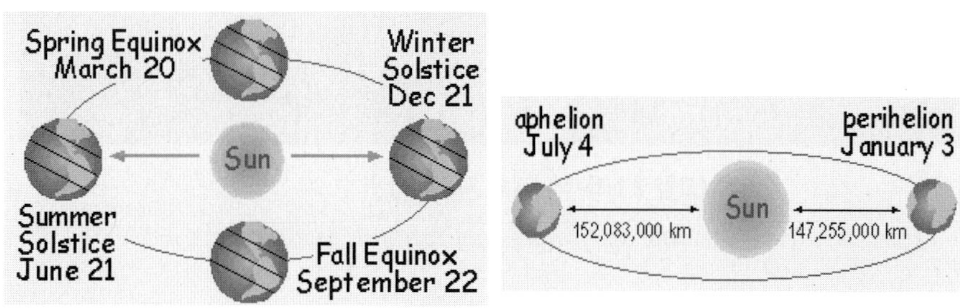


**〈그림 2.1-4〉** 지구촌의 자전과 지구축의 경사도 관계

(출처: McGraw-Hill Higher Education, The Good Earth, 2000, http://auth.mhhe.com/earthsci/geology/mcconnell/earths_climate.intro.html)

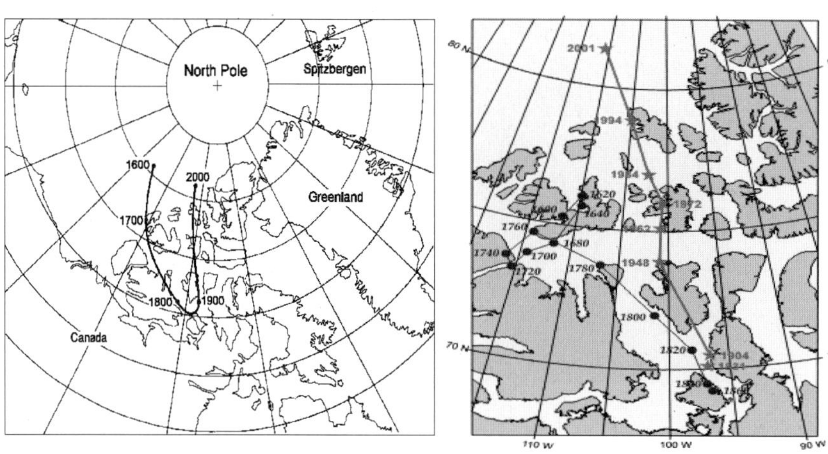


**〈그림 2.1-5〉** 지구의 자성에 따라 측정된 북극의 위치변화

(http://www.tgo.uit.no/articl/roadto.html & http://cgc.rncan.gc.ca/geomag/nmp/long_mvt_nmp2_e.php)

생기고, 4계절이 생긴다고 한다. 특히 이러한 현상은 지구촌의 자전궤도가 물리학적으로 천체물리적 지구자성(磁性)과 관련되기 때문에 북극점을 현장 확인한 결과 〈그림 2.1-5〉에 나타낸 바와 같이 역사적으로 변한다고 하니 극점변화가 우리나라의 기후도 지배한 것으로 보인다.

특히 우리가 살고 있는 유일한 행성인 지구는 지표면으로부터의 높이에 온도가 다르다고 한다. 즉 〈그림 2.1-6〉에 나타낸바와 같이 지구상의 공기층은 지표면에서 대기 상층으로 올라가면 갈수록 온도가 감소하여 공기가 대류 하는 대류권(對流圈) 상단(10km 이하)에 이르면, 영하 60℃에 이르고, 오존층이 포함되어 있는 그 위의 성층권(成層圈)에서는 다시 증가하여 영하 0℃에 이르기도 하지만, 더 높이 올라 갈수록 다시 감소하여 성층권 상단(50km)에서 0℃에 이르다가 다시 중간권(中間圈)에 이르며, 중간권상단(80km)이르면, 영하 90℃에 이르며, 태양광을 직접 받는 60km 이상의 열권(熱圈)에 이르러야 온도가 상승한다고 한다.

따라서 지구의 위치에 따라 태양에너지의 수광량(受光量)이 다른 지구촌은 지역에 따라 기온이 다르고, 강수량도 다르다. 즉 일기예보를 주로 하는 기상학에서는 지표면의 대기권(大氣圈)에서 발생하는 구름(cloud)을 그의 높이에 따라 〈표 2.1-1〉에 나타낸 바와 같이 높이에

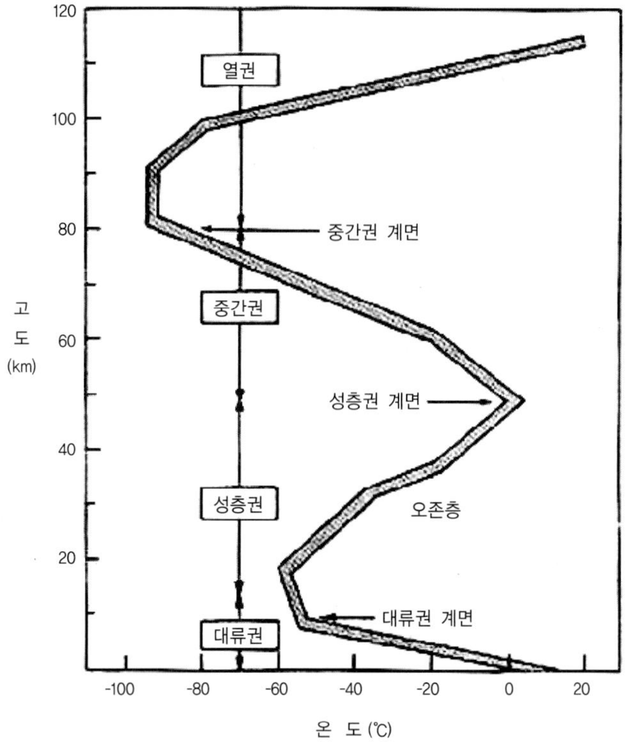


**〈그림 2.1-6〉** 지구 대기권의 공기층 구조와 온도변화

(Source: 김연옥, 1999, 개정 기후학개론, 정익사, p.61)

〈표 2.1-1〉 구름의 형태와 높이

| 족(族) | 류(類) | 국제 명 | 국제기호 | 우리말 |
|---|---|---|---|---|
| 상층운<br>(5 - 13㎞) | 1. 권운 (卷雲) | Cirrus | Ci | 털구름 |
| | 2. 권적운 (券積雲) | Cirrocumulus | Cc | 털쌘구름 |
| | 3. 권층운 (券層雲) | Cirrostratus | Cs | 털층구름 |
| 중층운<br>(2 - 7㎞) | 4. 고적운 (高積雲) | Altocumulus | Ac | 높쌘구름 |
| | 5. 고 층운 (高層雲) | Altostratus | As | 높층구름 |
| 하층운<br>(0 - 2㎞) | 6. 층적운 (層積雲) | Stratocumulus | Sc | 층쌘구름 |
| | 7. 층운 (層雲) | Stratus | St | 층구름 |
| | 8. 난층운 (亂層雲) | Nimbostratus | Ns | 비층구름 |
| 수직운<br>(0.5㎞ 이상) | 9. 적운 (積雲) | Cumulus | Cu | 쌘구름 |
| | 10. 적란운 (積亂雲) | Cumulonimbus | Cb | 쌘비구름 |

(Source: 한영호, 민경덕, 이내영, 문승의, 곽종흠, 1979, 현대기상학, 진명문화사, p.95)

따라 다르고, 주로 지표면의 강우량을 지배하는 비구름은 대부분이 2,000m 이하에서 떠다닌다고 한다. 또한 관측자의 수평시정(horizontal visibility)에서 공기 중에 미세한 물방울이 떠다니면서 시정을 1km 이내로 제하면, 안개(fog)라 하고, 1km 이상 볼 수 있을 때를 미스트(mist)라 하며, 지면에 접해 있지 않을 때를 층운(層雲)이라 한다. 또한 도시나 공장지대에서 먼지나 매연이 안개 중에 많이 혼합하고 있으면, 스모그(smog)라 하고, 다량의 응결핵들이 공기 중에 부유하여 시정을 악화시고, 습도가 낮은 경우는 박무(薄霧: haze)라고 부른다. 일반적으로 관계습도가 50% 이상으로 높아지면, 시정이 감소한다고 한다.

또한 미국의 기학과학프로그램(U. S. Climate Change Science Program: CCSP, 2003, Strategic Plan for the Climate Change Science Program Final Report, 2007, http://www.climatescience.gov/Library/stratplan2003/final/ccspstratplan2003-chap3.htm)에 따르면, 인간이 활동하는 대기권은 〈그림 2.1-7〉과 같이 대기권(atmosphere)과 수권 (hydrosphere)및 지각권(lithosphere)으로 구성되지만 기후변화를 좌우하는 대기권에서는 전술한 바와 같이 생명체를 구성하는 기본원소인 탄소(C)와 수소(H)및 산소(O) 및 질소(N)와 유황(S) 화합물들만이 〈그림 2.1-8〉과 같이 순환하고, 특히 대기 중의 탄산가스와 수분을 흡수하여 태양광에너지를 고체에너지로 고정하는 녹색식물의 광합성에 의하여 생태계가 유지된 다는 것은 과학적으로 증명되고, 지상에서 생존에 필수적인 요소는 생수자원 공급이라고 한다.

더욱이 이러한 이론적인 기상조건은 지구촌의 북극과 남극을 중심축으로 하는 지구회전축이 공전 축에 대하여 경사진 경사각도(tilting angle)가 전술한 〈그림 2.1-5〉와 같이 $23.5^{o}$라고 하므로 시간에 따라 달라진다면, 지구 표면의 한 장소에 정착하여 살고 있는 인류에게는 예상하지 못할 정도로 커다란 기후변화를 초래할 것이다. 즉 물리적 힘에 의하여 움직이는 태양계에서 실제로 지구의 자성적 북극점 위치가 이동한다면, 지구촌의 기상조건도 변하여 한반도의 역사적 기상조건도 변하여 한발과 집중강우가 시기적으로나 장소적으로 변하여 그의 피해정도도 역사적으로 지역적으로 편차를 더욱 크게 만들 것이다.

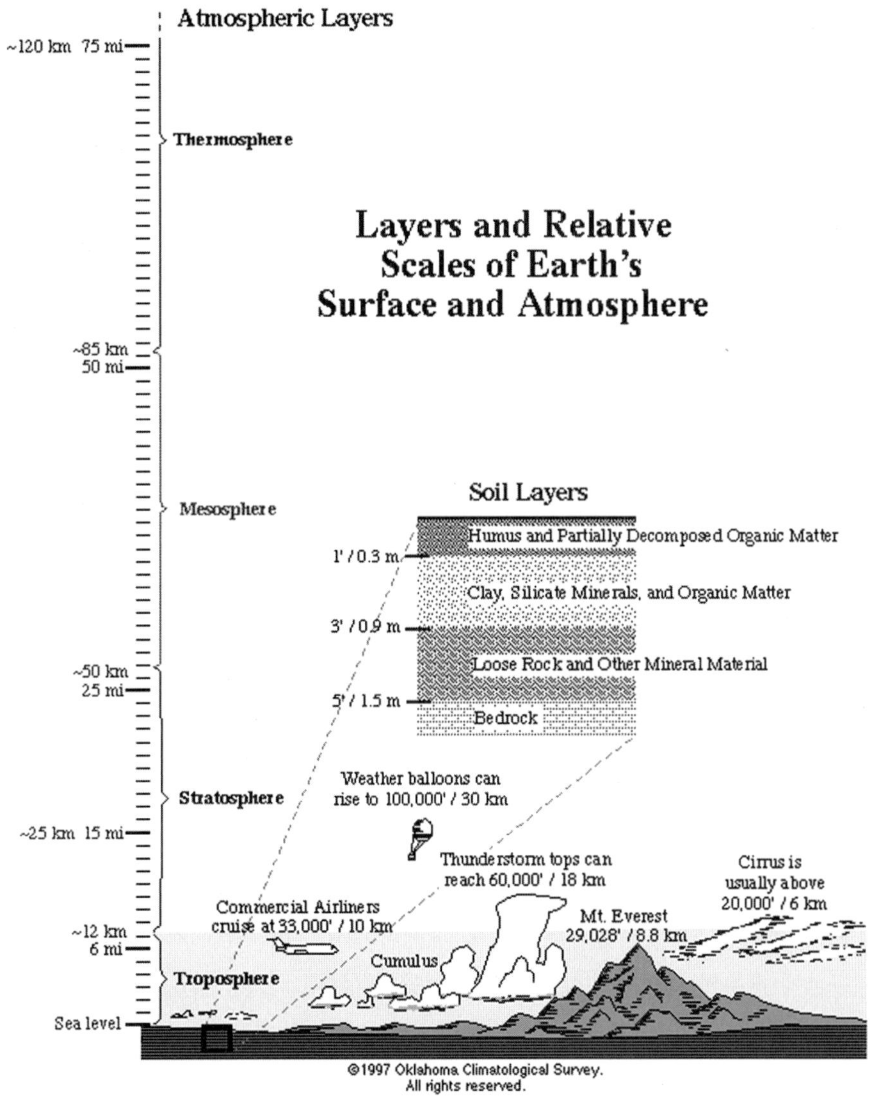


〈그림 2.1-7〉 지구촌의 대기권 구조

(Source: Oklahoma Climatological Survey, Vertical Structure of the Atmosphere, 2007, http://okfirst.ocs.ou.edu/train/meteorology/VertStructure.html)

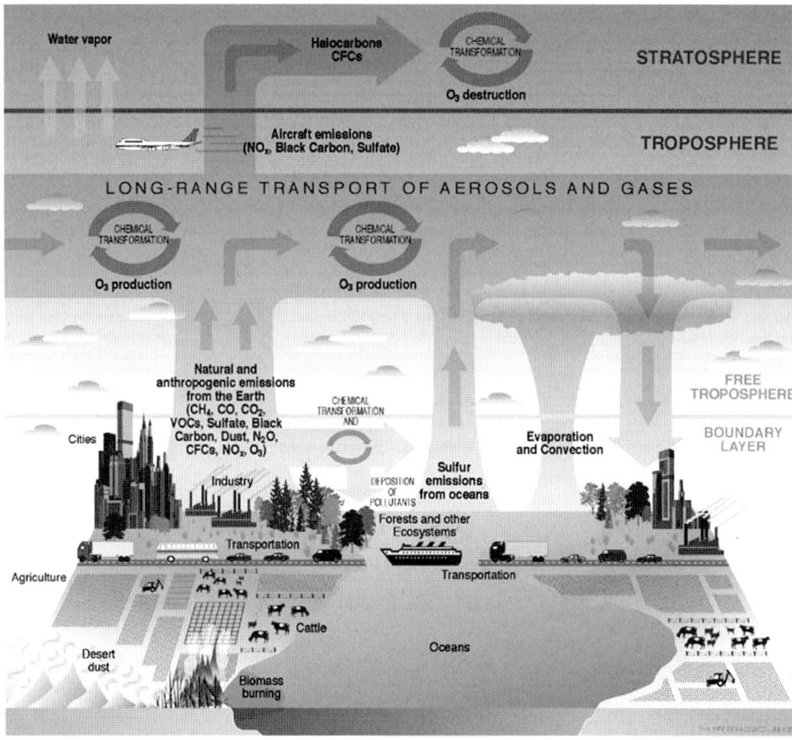


**〈그림 2.1-8〉** 대기권의 조성분구성과 이동

(Source: U. S. Climate Change Science Program: CCSP, 2003, Strategic Plan for the Climate Change Science Program Final Report, 2007, http://www.climatescience.gov/Library/stratplan2003/final/ccspstratplan2003-chap3.htm)

## (2) 지구촌의 태양 에너지 흐름과 기상 조건(Weather Condition)

한편 캠브리지 대학의 그리피츠 (H. Griffiths, 2002, http://plantsci.cam.ac.uk/plantsci/teaching/univionly/grifiths/1B-lect3.ppt)에 따르면, 지구촌의 에너지는 물리화학적으로 〈그림 2.1-9〉에 나타낸 바와 같이 태양 광 에너지에 근원을 두고 있다. 즉 현재 초당 342W/㎡의 입사량이 반사와 장파장 복사로 342W/㎡가 방출되고 있어 에너지 평형을 이루고 있으나 이전에 투입된 에너지 태양광선의 일부가 지구표면에 흡수되고, 온실가스 때문에 현재와 같이 지구 평균 기온 15℃를 유지하고 있으며, 지구촌에 흡수된 에너지의 일부는 생명체를 구성하고 있는 탄소 화합물에 비축되어 대기 중의 온실가스 농도를 조절하여 기후변화를 예방하고 있다고 한다.

즉 지구촌의 에너지는 〈그림 2.1-10〉과 같이 지구표면에 입사된 태양광선을 지구가 흡수하면, 열에너지로 전화되고, 이로 인하여 지표면뿐만 아니라 대기 온도가 상승하고, 입사된 광선 중 일부는 반사하여 우주 공간으로 방사되며, 특히 태양에너지를 흡수하여 지구 자체의 온도가 상승한 지구표면은 열역학적 평형에 의하여 장파장을 우주공간에 다시 방출하게 된

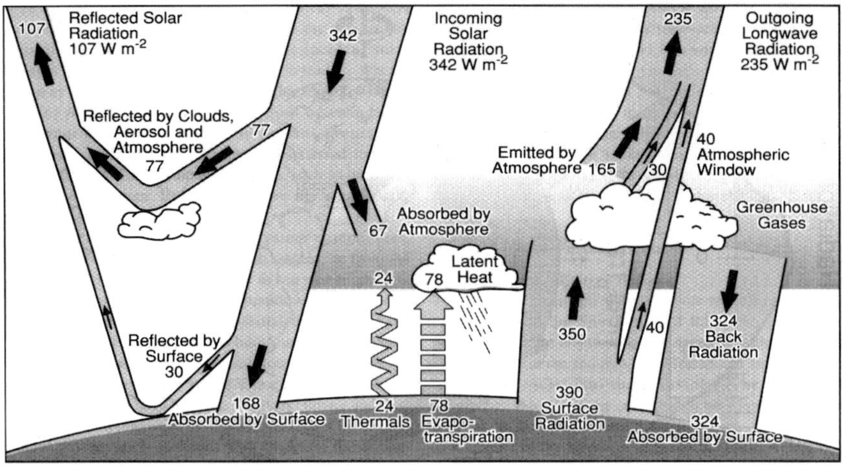


〈그림 2.1-9〉 지구촌의 태양광 에너지 수지

(Sources: B. Marston, The Quantum Mechanics of Global Warming, 2008, http://www.physics.brown.edu/physics/userpages/faculty/Brad_Marston/Unofficial/qmgw.html)

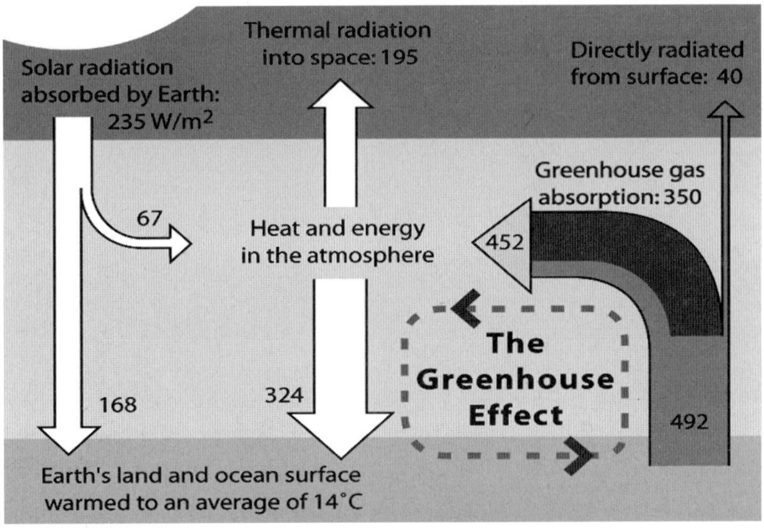


〈그림 2.1-10〉 지구표면에 입사된 태양에너지의 지구표면 흡수와 방사비율

(Source: Wikipedia, Earth's Energy Budget, 2007, http://en.wikipedia.org/wiki/Earth's_energy_budget)

다. 이때 대기 중의 탄산가스와 수분으로 구성된 온실 가스들은 이 장파장들을 흡수하여 방출하지 못하게 만들기 때문에 지구촌의 기온이 서서히 상승하여 지표면의 대기온도를 상승시키기 때문에, 이를 지구촌을 온난화시키는 온실가스(global warming greenhouse gases: GHG)라고 한다.

한편 피드웨니(M. Pidwirny, 2002, FUNDAMENTALS OF PHYSICAL GEOGRAPHY, 2004, http://www.physicalgeography.net/fundamentals/6h.html)와 레빈(D. A. Levin, 2000, BIOLOGY 304: Ecology and Evolutionary Biology, 2004, http://www.micro.utexas.edu/courses/levin/bio304/biomes/biomes.html)에 따르면, 지구촌의 기후를 지배하는 지구표면의 공기(大氣)층은 지구 표면적의 70%를 점유하고 있는 바다와 30%를 점유하고 있는 육지와 접촉하고 있기 때문에, 지구촌이 흡수하는 태양열은 대부분이 바다이고, 태양광으로 증발된 수분들은 공기 중으로 상승하여 비구름(cloud)을 형성한다. 이때 태양에 대하여 직각으로 배치된 지구 표면은 적도에서 태양에너지를 가장 많이 받기 때문에, 〈그림 2.1-11A〉에 나타낸 바와 같이 적도를 중심으로 상승한 공기와 수분이 상승하여 따뜻한 저기압 공기가 되어 상승하고, 대기층의 고도에 따라 저하되는 온도 때문에, 대기의 상층에 이르면, 냉각된 차가운 고기압 공기층이 되어 하강 하는데 위도로 30°간격으로 상승과 하강을 반복하기 때문

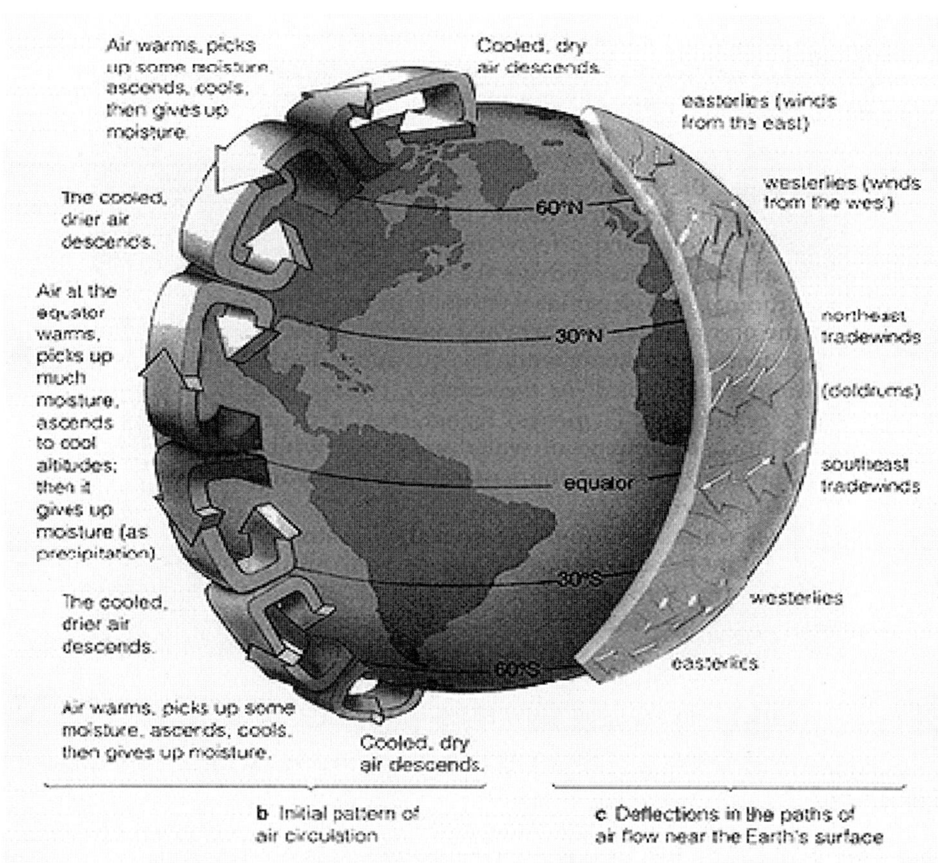


**〈그림 2.1-11A〉** 지구상의 대기운동과 바람(wind) 방향

(Source: D. A. Levin, 2000, BIOLOGY 304: Ecology and Evolutionary Biology, 2004, http://www.micro.utexas.edu/courses/levin/bio304/biomes/biomes.html)

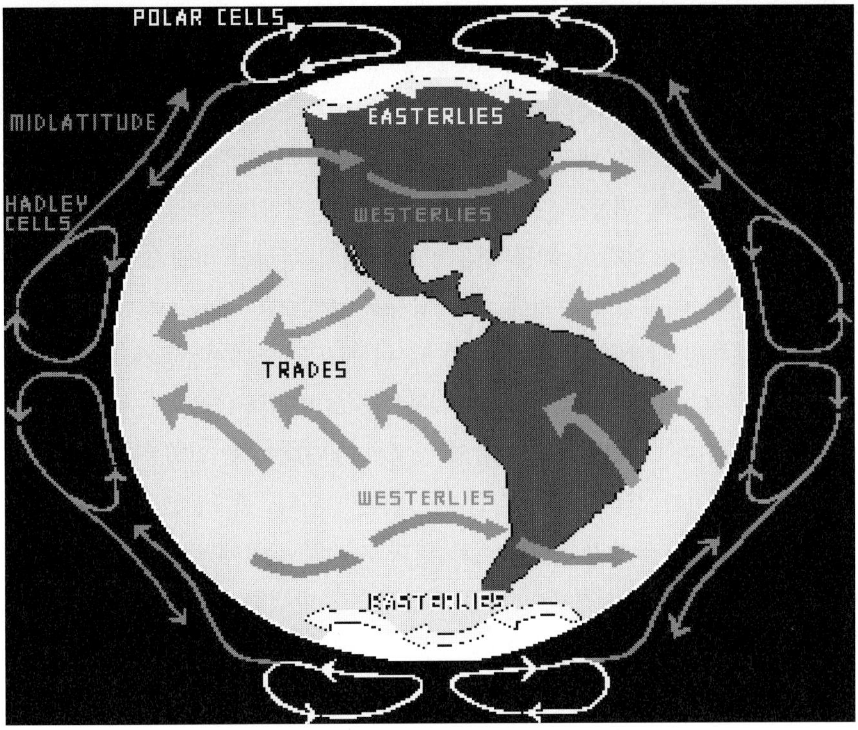


〈그림 2.1-11B〉 지구의 자전과 태양고도가 적도일 때의 바람방향

(출처: M. Pidwirny, 2002, FUNDAMENTALS OF PHYSICAL GEOGRAPHY, 2004, http://www.physicalgeography.net/fundamentals/7p.html)

에 이를 3세포(Three Cells)라고 부른다. 이는 지구가 태양에 대하여 23°tilt로 경사지면서 자전(spinning)하기 때문에 〈그림 2.1-11B〉에 나타낸 바와 같이 지표면에서는 열대와 양극권에서는 동풍이 불고, 온대에서는 편서풍이 지배하다고 한다.

즉 기상청에 따르면, 편동풍(偏東風: Easterlies)이 탁월하게 부는 띠 모양의 지역인 편동풍지대가 발생하는데, 극~60°사이, 30°~적도 사이에서 전향력에 의해 북반구에서는 북동풍으로 치우쳐 분다. 특히 적도근방의 저위도 지방의 하층에서는 연중 거의 편동풍대로 되어 있으며, 이곳에서는 열대저기압 등이 발생하기 쉽다. 이러한 편동풍은 지구의 자전 때문에, 위도권을 따라 동에서 서를 향하여 부는 바람으로 적도편동풍, 열대편동풍, 극편동풍 등으로 구분된다. 즉 적도 지방에서 가열되어 상승한 공기는 대류권 상부에서 극 방향으로 이동한다. 위도 30°부근에서 수렴되어 하강하여 아열대고기압을 생성시키고, 지상에서는 다시 적도저압대로 향하여 부는 남북 순환을 일으킨다. 하층에서 적도 방향으로 향하는 기류는 전향력에 의하여 서쪽으로 향하는 바람이 된다. 이것을 적도 편동풍 또는 무역풍(貿易風, trade wind)이라고 부른다. 적도편동풍은 북반구에서는 북동, 남반구에서는 남동쪽으로 부는 바람이다. 높이는 8~10 km까지 이르고, 그 위의 상층바람은 변동이 크다. 무역풍대에는 무역풍 역전이라고 불리는 역전층이 높이 1~2 km에 있어, 기온과 습도가 크게 역전된다. 그보다 하층에서는 기온이 낮고 습도가 높다. 적도편동풍대 안에는 느리게 서진하는, 편동풍파라고 불리는 요란이 있다. 이 요란은 태풍 발생에 영향을 끼칠 뿐만 아니라, 저위도 지방의 날씨도 지배한다. 또한, 극 부근의 편동풍은 복사냉각에 의하여 생긴 한랭한 극고기압으로부터 흘러나오는 공기가, 전향력에 의하여 북동 성분으로 바뀌어 형성된 바람으로 지표 부근에만 존재한다. 열대편동풍은 여름철 몬순기에 인도 상공을 중심으로 북아프리카로부터 동남아시아에 걸쳐 퍼지는 대류권 상층의 강한 동풍(30 ㎧ 이상)으로 열대편동풍제트라고도 부른다.

반면 중위도(30~60°)지방에서는 서쪽에서 동쪽으로 바람이 부는데, 이를 편서풍(偏西風: The Westerlies)이라 한다. 무역풍과는 바람의 방향이 정반대이다. 편서풍은 상공까지 불고 있어서 온대 지방의 일기가 서쪽으로부터 변하는 원인이 된다. 종류로는 중위도편서풍, 겨울에 성층권 부근에 발생하는 극야편서풍 그리고 열대 지방의 상공에 나타나는 국지적인 편서풍이 있다. 이 가운데 중위도편서풍만이 연중 정상적으로 발생하며 남반구에도 존재한다. 중위도편서풍은 고위도 지방의 저온과 저위도 지방의 고온으로 인한 남북 온도 경도에 의해 생긴다. 즉, 온도풍 관계에 의해 편서풍 내에 연직 층밀리기가 형성, 지표로부터 일정하게 풍속이 증가함으로써 권계면 부근에서 강한 서풍을 일으키는 것이다. 이것이 편서풍제트기류이다. 편서풍제트기류는 사행 운동을 하는데, 전선의 이동과 발달·쇠약과 밀접한 관계가 있어 일기 변화에 큰 영향을 끼친다고 한다. 중위도에 위치한 우리나라의 **한반도**는 편서풍대에 속한다.

환언하면 태양광선에 대하여 지구가 23°기울려 회전하지만, 태양에너지를 가장 많이 받은 적도 공기층이 따뜻해지면서 상승하기 때문에 저기압이 되고, 상승 중에 비구름은 강우로 떨어지고, 건조한 적도 공기덩이가 상층부의 저온 대기와 혼합되면서 온도가 저하되어 하강하기 때문에, 건조된 그의 하강 공기가 지면과 접촉하는 위도인 30°N와 30°S에는 건조한 고기압 이 발생하여, 30°N에 있는 히말라야 산맥과 사하라 사막 북단, 미국과 멕시코 국경 근방의 애리조나-치후하후하 사막이 존재하고, 30°S에는 호주 남단의 사막과 아프리카의 칼라하리사막, 남미 아르헨티나 코르도바 근방의 고산사막이 존재한다고 한다. 즉 이러한 사막들은 주로 하강하는 건조 공기에 의하여 토양 중 수분이 과도하게 증발하여 건조지대가 되고, 바람에 의하여 토양이 유실되어 사막화된 곳이나, 반대로 바다에서는 많은 양의 수분이 증발하여 비구름을 형성하는 원천이 될 것이다.

따라서 우리나라의 기후조건을 기준하여 계절의 변화를 설명하면 지구의 공전궤도에 23.5° 경사진 지구가 자전하면서 지표면에 수직인 태양 고도가 23.5°N의 북회귀선에 수직인 입하(立夏)가 되면 여름이 시작되어 북태평양에서 발생한 열대성 몬순(Monsoon) 기후의 선단이

[ 23.5° + 30° = 53.5°N ]에 이르기 때문에 38°N에 위치한 한반도가 스콜(Scoll) 형의 장마철에 속하게 되고, 겨울에는 반대로 지표면에 수직인 태양고도가 23.5°S에 수직이 되어 태양고도가 적도에 수직인 봄과 여름과는 달리 북극지방의 극동풍 선단이 [ 60° - 23.5° = 36.5°N ]이 되어 서울근방에 이르기 때문에 한 반도에는 혹독한 겨울 한파가 발생한다고 한다. 이러한 현상은 지표면의 바람방향을 나타내는 〈그림 2.1-11B〉을 보면 더욱 분명해질 것이다. 즉 북위 32°N~42°N사이에 위치한 우리나라는 열대성 기후와 북극성 기후가 교차하여 4계절이 분명하고, 상승기류형성에 도움이 되는 산맥이 많고, 3면이 바다이기 때문에 여름에 강수량이 집중되고, 겨울에는 강설량이 집중되어 기후변화가 심한 것으로 보인다.

특히 적도를 중심으로 집중적으로 받은 태양에너지는 공기를 가열하여 기온을 상승시키나 위로 올라가면 갈수록 기온이 낮아져 다시 차가워지는데 지구자전으로 발생한 위치이동으로 내려 올 때 위치는 다른 위치로 이동하는데, 이때 지구의 자전 속도나 방향과 다른 이동은 바람(wind)을 일으킨다. 즉 적도에 집중된 태양에너지로 증발된 공기 중 수증기라도 〈그림 2.1-12〉에 나타낸 바와 같이 뜨거워진 공기 입자와 같이 상승하면, 차가운 대기권에 도달하여 차가워지면서 무거워져 다시 내려오나 지구자전에 의하여 다른 지역으로 이동하고, 높은 산에 가로막히면, 구름을 형성한 수증기입자들은 비나 눈으로 땅에 내린 다음의 공기는 산을 넘어갈 때 수증기가 적은 건조한 공기로 넘어가고, 지구의 자전속도와 방향과 다른 공기

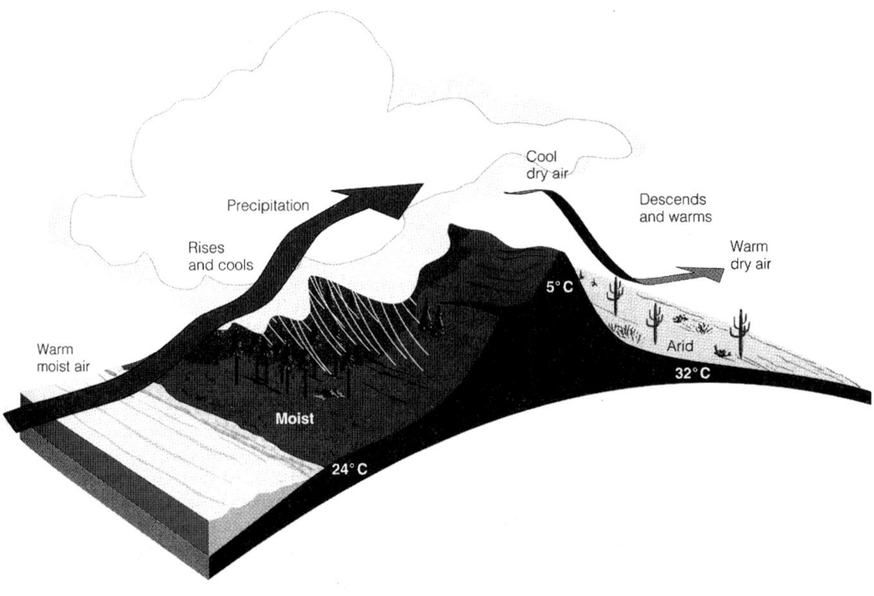


**〈그림 2.1-12〉** 태양광 에너지 흡수로 증발된 바다 수증기의 이동과 온도변화 과정

(Source: R. L. Smith & T. M. Smith, 1998, Elements of Ecology, Longman, N.Y., p41)

이동은 심한 비바람을 일으킨다.

### (3) 대기 중 탄산가스 함량과 지구촌의 기상(weather) 관계

한편 스토커(T. F. Stocker, 2001, Changes in the Global Carbon Cycle and Ocean Circulation on the Millennial Time Scale)에 따르면, 태양광선을 받는 지구촌의 대기권 에너지 수지는 지구반경(R = 6730km)과 지구촌 평균 반사율인 알베도($\alpha$ = 0.3), 태양상수($S_o$ = 1367W/㎡)와 흑체에 대한 스테판-보츠만 상수($\sigma$ = 5.67×$10^{-8}$*W/㎡/$K^4$)를 이용하여 다음 식에서 대기권의 평균온도(T)를 구하면 -18.3℃라고 한다. 이는 우리가 관찰한 지구촌의 평균 대기온도 +15℃와는 전혀 다르고, 물이 어는 빙점 이하이기 때문에 생명이 존재할 수가 없다.

$$\pi \times R^2 \times (1 - \alpha) \times S_o = 4 \times \pi \times R^2 \times \sigma \times T^4$$
$$\therefore\ T = [\{(1 - \alpha) \times S_o\}/(4 \times \sigma)]^{0.25} = -\ 18.3℃$$

그러나 대기권에 제 2의 흑체 층을 도입하여 태양광선 중 단파장은 통과하나 지표면에서 방출하는 장파장을 통과시키지 않고 흡수하는 구름과 수증기 및 기타 온실가스층을 도입하여 대기권의 차단분획을 c라 하면 T1은 지표면 대기온도이고, T2를 구름층 대기온도라 할 때, 다음과 같이 전개된다고 한다.

$$\pi \times R^2 \times (1 - \alpha) \times S_o + c \times 4 \times \pi \times R^2 \times \sigma \times T_2^4 = 4 \times \pi \times R^2 \times \sigma \times T_1^4$$
$$\therefore\ c \times 4 \times \pi \times R^2 \times \sigma \times T_1^4 = 2 \times c \times 4 \times \pi \times R^2 \times \sigma \times T_2^4$$

즉 중위도와 저위도에서 구름의 점유율이 다르지만 구름층으로 가려진 표면이 77%이고, 알베도가 불변이라고 가정하면, $T_1$ = + 14.6℃이고, $T_2$ = - 31.1℃가 되어 온실효과가 중요하다는 것을 주장할 수 있다. 따라서 흑체대신 회색체의 방사율($\varepsilon$ = 0.6)을 대입하면 다음식과 같이 현재의 지구촌 온도와 유사한 결과가 얻어진다고 한다.

$$\therefore\ T = [\{(1 - \alpha) \times S_o\}/(4 \times \varepsilon \times \sigma)]^{0.25} = +\ 16.4℃$$

따라서 대기 중의 탄산가스가 지구온난화의 주범으로 간주하는 것은 맑은 낮에 태양광을 흡수하여 따뜻해진 지표면이 방출하는 장파장을 흡수하는 대기성분은 주로 수분($H_2O$)과 탄산가스($CO_2$)이나 대기에서 상승하면, 수분은 낮은 높이에서 밤이 되면, 기온이 강하하여 응축하고, 구름을 형성한 후 지상으로 낙하하여 생명체의 생리적 순환 성분으로 재순환되지만, 탄산가스는 응고점이 영하 78.5℃에 이르기 때문에, 높은 대기층에서 응축하고, 화학적으로 쉽게 결합하지 않아 항상 대기 중에 잔류하기 때문에, 온실효과를 유지한다. 따라서 대기 중에 탄산가스 농도가 증가하면 할수록, 기온이 상승하고, 탄산가스 농도가 낮아지면, 기온이 저하될 것이다.

한편 모리슨(J. L. Morrison, 2000, http://horizon.unc.edu/projects/presentations/Wfs/sld001.html)에 따르면 지구촌 평균 기온이 1866년 14.5℃이던 것이 상승과 저하를 반복하면서 기온이 상승하여 현재 15.4℃에 이르러 평균 15℃에 이르렀으며, 레들리 등(T. S. Ledley, E. T. Sundquist, S. E. Schwartz, D. K. Hall, J. D. Fellows, & T. L. Killeen, 2000, http://www.agu.org/eos_elec/99148e.html)에 따르면 태양에너지를 흡수한 지구표면이 다시 방출하는 적외선을 흡수하는 수증기($H_2O$)와 탄산가스($CO_2$)와 및 오존($O_3$) 등이 대기 중에 존재하여 흡수하기 때문에 지구 표면의 평균 기온이 그런 흡수가 없을 때보다 약 30℃가 높다고 한다. 이러한 계산이 사실이라면 대기 중에 온실가스가 없을 경우 지구표면의 온도가 영하 -15℃ 이하로 떨어지기 때문에 생물이 살 수 없을 것이다.

그러나 데너(D. Denner, 2000, http://www.answersingenesis.org/docs/3813.asp)에 따르면 태초에는 지구가 화산폭발과 지각변동으로 물($H_2O$)과 메탄가스($CH_4$) 및 일산화탄소(CO)가 많았으나 광합성 생명체가 탄생되어 대기 중에 수증기 외에 탄산가스($CO_2$)와 산소($O_2$)가 증가하여 현재에 대기상태에 이르고, 이에 따라 평균 기온이 상승하고, 생물이 생존하기에 쾌적한 5~25℃에 이르러 현재에 이르렀다고 한다.

또한 기어츠와 리나커(B. Geerts and E. Linacre, 1998, Ice Core, $CO_2$ Concentration and Climate)에 따르면 현재에도 그린란드(Greenland)와 남극(Antarctica)에서 빙하 층을 굴착하여 과거의 대기조건을 분석연구하고 있는데, 남극 중앙의 보스토크(Vostok) 기지에서 빙하 층을 굴착한 프랑스와 러시아 과학자 팀(J. M. Barnola & D. Raynaud, et al, 1987, Vostock Ice Core Provides 160,000 year record of Atmospheric $CO_2$, Nature, 329, 408~414)이 처음으로 만년 빙하 중의 탄산가스와 메탄 및 먼지를 분석하고, 함유된 산소(O) 동위원소를 분석하여 과거의 기온 변화와 결합시킨 결과, 160,000년 전까지의 지구촌 대기조건은 〈그림 2.1-13〉과 같이 변했다고 한다.

즉 현재의 연평균기온을 중심으로 현대에서부터 과거로 연대를 나열하고, 시간에 대하여 얼음 중의 먼지농도, 산소 동위원소 데이터로부터 추정한 평균기온, 탄산가스($CO_2$) 및 메탄가스($CH_4$) 농도를 배치한 결과로서 그라프의 오른쪽에서 시작하면 140,000년 전의 기후가 현재보다 6℃ 정도 추었다는 것을 보여준다. 이는 빙하시대임을 보여주며, 그 후 130,000년 전부터 125,000년 전까지 급격하게 따뜻해졌고, 이때 기후는 현재보다 1~2℃정도 높았으며, 이러한 짧은 기간을 간빙기(interglacials)라고 부른다.

또한 120,000년 전부터 20,000년 전까지는 1~2℃의 증감이 반복되지만 장기간에 걸친 추운 날씨가 진행되었는데 이를 대빙하기(Great Ice Age)라고 부른다. 이어서 19,000년 전~18,000년 전부터 15,000년 전까지 기온이 다음 빙하기 까지 다시 따뜻해지고 있는데 이 기간이 현세(Holocene)라고 한다.

또한 〈그림 2.1-13〉과 그린란드 얼음 데이터는 110,000~16,000년 전의 최후 대 빙하기(Last Great Ice Age) 동안에 7,000~15,000년간 지속되는 기온변동기간을 나타내는데 이를 하인릭히 사건(Heinrich Events)이라고 부르고, 해양 침전물 분석결과로도 증명된다고 한다. 또한 보다 자세한 빙하분석 결과는 약 120,000년 전의 최후 간빙기동안에 10~30년 동안만 유지되는 갑작스런 기후변화를 보여주는데 이를 에미안(Eemian) 이라고 부르는데, 이와 같은 갑작스런 기후변화는 북대서양의 해류가 변경된 결과인지도 모르며, 유사한 변화가 최후 빙하기 말기에도 관찰되었다고 한다.

또한 〈그림 2.1-13〉은 따뜻한 기후조건에서는 주요 온실가스인 탄산가스와 메탄가스농도가 높았다는 것을 보여준다. 따라서 온실가스 농도와 기온사이에는 비례관계가 있으나 무엇이 이런 현상을 야기하였는지는 아직 분명하지 않다. 탄산가스 농도와 대기온도의 상관관계는

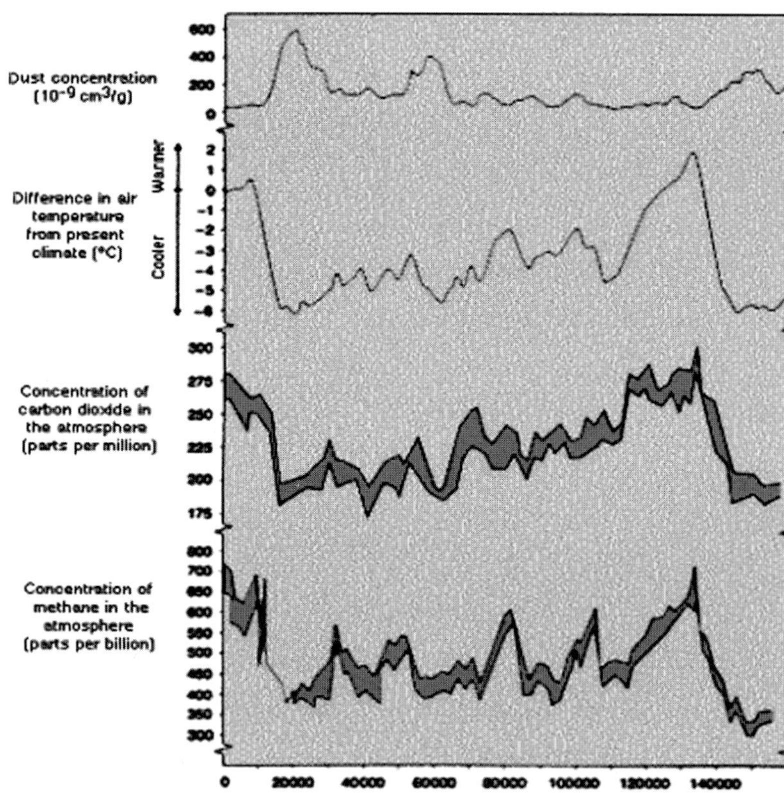


**〈그림 2.1-13〉** 남극 중앙 보스토크(Vostok)기지의 빙하 중 대기성분과 기온과의 관계

(출처: B. Geerts and E. Linacre, 1998, Ice Core, $CO_2$ Concentration and Climate, 2000, http://www-das.uwyo.edu/~geerts/notes/chap01/icecore.html)

전체적으로 0.81에 달하여 매우 높다. 해빙기 동안에는 $CO_2$와 $CH_4$가 동시에 변하나 빙하 개시동안에는 온도가 변한 다음에 $CO_2$ 농도가 감축되고, 1,000년까지도 지속된다. 이러한 사건들이 모두 온실가스 증가만으로 야기된다는 것은 아니라고 한다.

마지막으로 〈그림 2.1-13〉은 빙하개시와 동시에 먼지농도가 증가하는데 이는 빙하 선단이 확장되면서 해수면이 낮아진 결과 대기 중에 노출된 지면이 증가하기 때문이라고 한다.

더욱이 남극의 빙하 코아에 대한 또 하나의 연구결과인 〈그림 2.1-14〉는 과거 1,000년 동안 변한 $CO_2$ 농도변화를 보여준다. 빙하 코아 크기는 깊이 234m×폭 243m×길이 1200m 로서 각 층의 산소비율, 전기전도도, 과산화수소($H_2O_2$) 농도를 측정한 다음 연대별로 나열하고, 산성층이 이미 알려진 1963년, 1815년, 1450년, 1255년의 화산 폭발사건과 일치함을 증명하였다고 한다.

또한 지구촌의 역사 기후학 네트워크(Global Historical Climatology Network: GHCN)를 구축하기 위하여 전 세계에서 7,000 개소 이상의 기상관측소에서 측정한 기상 데이터를 수집하는 미국 상무성 국립 해양 및 대기 행정청인 노아(NOAA: National Oceanic and Atmospheric Administration, 2001, http://www.ngdc.noaa.gov/paleo/globalwarming/instrumental.html)에 따르면, 지구촌의 역사는 〈그림 2.1-15〉에 나타낸 바와 같이 대기 중의 탄산가스농도가 대기의 온도 변화와 밀접한 관계가 있다고 한다.

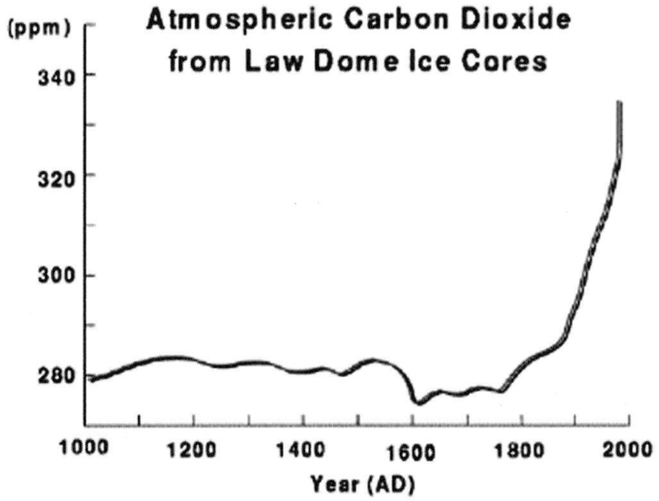


**〈그림 2.1-14〉** 호주 남극기지인 Casey 근처에 위치한 해발 1290m정도의 Law Dome 정상 (67°S/113°E)근처의 3가지 빙하에서 얻은 CO농도와 시대관계

(출처: B. Geerts and E. Linacre, 1998, Ice Core, $CO_2$ Concentration and Climate, 2000, http://www-das.uwyo.edu/~geerts/notes/chap01/icecore.html)

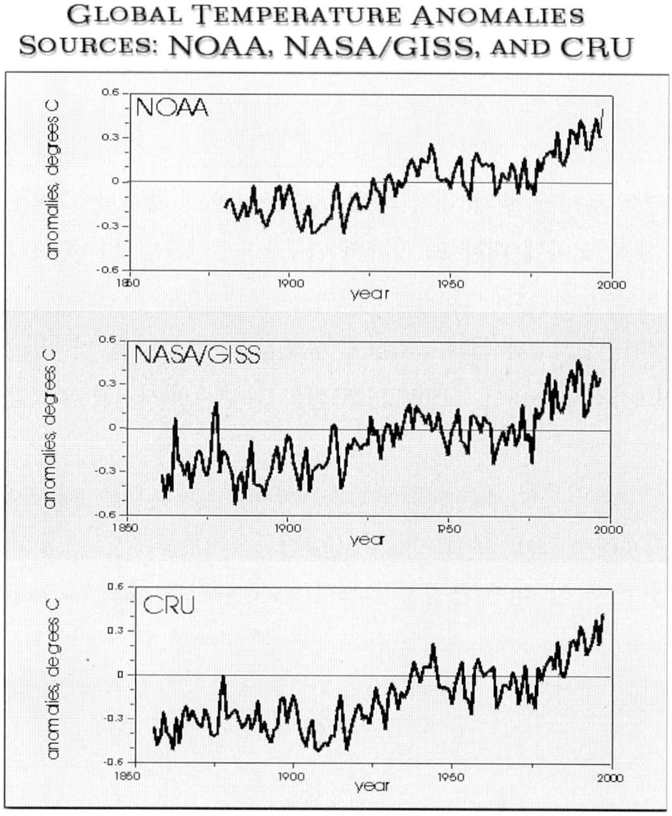


〈그림 2.1-15〉 산업혁명이후의 지구 온난화

(출처: 2001, http:/www.ngdc.noaa.gov/paleo/globalwarming/instrumental.html)

환언하면 온도계에 의한 기온 측정이 처음으로 실시된 것은 유럽에서 17세기말과 18세기 초에 시작되고, 기온 측정과 자료수집망이 확산되어 20세기 초부터는 거의 전지역의 기온 데이터가 측정 수집되었으나 극지방의 기온은 1940년대와 1950년대에 시작되었다고 한다. 따라서 1800년대 후반부터 현재까지 측정된 지표면공기의 온도데이터들을 재구성하면, 3가지 모두 과거 100년 동안의 기온변화가 기본적으로 동일한 추세를 보여준다고 한다.

또한 지구촌의 기온 재구성을 위하여 과거 21년 동안 인공위성 측정법도 이용되었다. 현재의 계산결과도 지표면의 온도계 법이나 인류 기후 데이터가 나타내는 것보다 빠르지는 않지만 낮은 층의 대기온도가 과거 10년마다 0.12°F (0.06℃)씩 따뜻해진 것을 보여주고 있다. 이러한 불일치가 왜 존재하는지는 확실하지 않다.

### (3) 대기의 화학적 조성과 온실가스(Greenhouse Gases: GHG)의 영향

한편 피드워니(M. J. Pidwirny, Physical Geography, 2000, http://www.geog.ouc.bc.ca/physgeog/contents/7a.html)에 따르면, [ 78.08%$N_2$ + 20.95%$O_2$ + 0~4% $H_2O$ + 0.93%Ar + 0.036%$CO_2$ + 기타 Ne + He + $CH_4$ + $H_2$ + $N_2O$ + $O_3$ ]의 가스로 구성된 대기층을 통과한 단파장의 태양광선을 흡수한 지구가 다시 방출하는 장파장을 흡수하는 성분은 수분($H_2O$)과 탄산가스($CO_2$) 및 메탄($CH_4$)과 산화이질소($N_2O$)로서 온실가스성분이고, 그중에서도 장파장을 가장 많이 흡수하는 수분($H_2O$)은 구름을 형성한 후 바람에 따라 이동한 후, 비교적 짧은 시간에 비나 눈으로 다시 지표면으로 강수하여 물리적으로 환원되어 가역과정을 거치지만, 대량 방출된 탄산가스($CO_2$)는 반드시 녹색식물의 광합성을 통하는 화학반응을 거쳐야만 지구로 환원되고, 수 10년이 걸리기 때문에 대기 중에 축적되어 기온변화를 야기하고, 이에 따른 기후변화가 가장 문제된다는 것이다. 즉 과거와 다른 이러한 기온상승은 결국 지역별 강수량 분포를 불균등하고, 예측할 수 없게 만들어, 갑작스런 홍수나 가뭄이 기습하면, 생태계와 환경 조건이 급변하여 석유 문명사회에 환경 재앙을 초래할지도 모른다는 것이다.

특히 포이어바커(A. Feuerbacher, 2000, http://www.geocities.com/Athens/Academy/6040/flood16.html)에 따르면 빙하기에 일어난 또 하나의 증거는 북대서양 심해 코아에 포함된 산소 동위원소의 함량비 변화로서 바다 침전물 중 O-18이 증가하면 O-16보다 무겁기 때문에 차가운 기후를 의미한다. 분석결과 115,000년 전 빙하기가 시작될 때의 북대서양은 75,000년 전 끝날 때의 온도보다 훨씬 높았으며, 마지막 간빙기인 3,000~5,000년간의 기후변화 추적이 주요 테마였다고 한다.

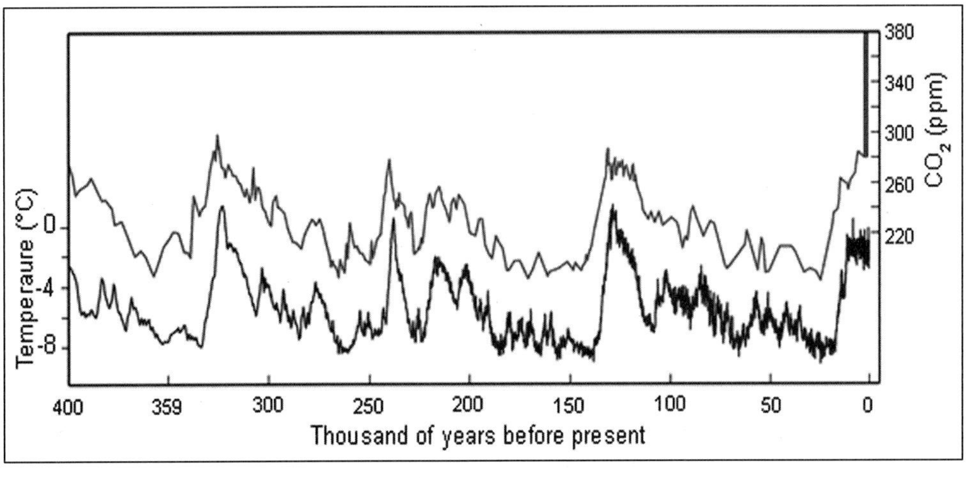


**〈그림 2.1-16〉** 지구촌의 온실가스($CO_2$)농도 변화와 기온 관계

(Source: USEPA, Past Climate Change, 2007, http://www.epa.gov/climatechange/science/pastcc.html)

또한 미국 환경처(U. S. EPA, Past Climate Change, 2007, http://www.epa.gov/climatechange/science/pastcc.html))에 따르면, 〈그림 2.1-16〉과 같이 대기 중의 온도가 탄산가스농도와 밀접한 비례관계를 가지고 있기 때문에, 〈그림 2.1-17〉과 같이 산업혁명이후 소각한 화석연료로부터 발생한 탄산가스도 대기 중의 탄산가스 농도를 증가시켜 기온을 상승시키고, 그로 인하여 기후변화를 초래할 수 있다고 한다. 따라서 온실가스의 감축이 중요하며, 화석연료를 대체할 수 있는 지속적으로 재생할 수 있는 대체에너지 중 목재자원을 에너지원으로 개발하는 연구개발이 활발하게 진행되고 있다.

또한 그린피스(Greenpeace, 2000, http://www.greenpeace.org/~climate/science/reports/carbon/clfull.html)에 따르면 IPCC(Intergovernmental Panel on Climate Change)는 1995년 화석연료의 소각으로 발생한 탄산가스가 대기 중의 탄산가스 농도를 증가하여 지구 평균기온이 이미 산업혁명 전보다 0.3~0.6℃ 상승하였다고 발표하였으며, UN의 온실가스 자문위원회(Advisory Group on Greenhouse Gases: AGGHG)는 1990년에 이미 산업혁명 전보다 기온이 1℃증가한다면 예측할 수 없는 급속한 생태계 변화로 손상이 클 것이며, 10년간에 0.1℃만 증가하여도 주요 생태계에 치명상을 주고, 기후의 불안정으로 재난이 증가할 것이라고 예측하였다.

따라서 산업혁명이후 날로 증가하는 대기 중의 탄산가스가 기온을 상승시켜 기후변화를 발생하는 환경 재앙을 우려하여 1992년에 개최된 UN의 Rio 환경 정상회담에 이어서, 1997년 일본 교토(Kyoto)에서 개최된 UN의 기후변화에 대한 기획 회의 (Framework Convention on Climate Change)의 부칙 2부 (Addendum Part Two: Action taken by the Conference of the Parties at its Third

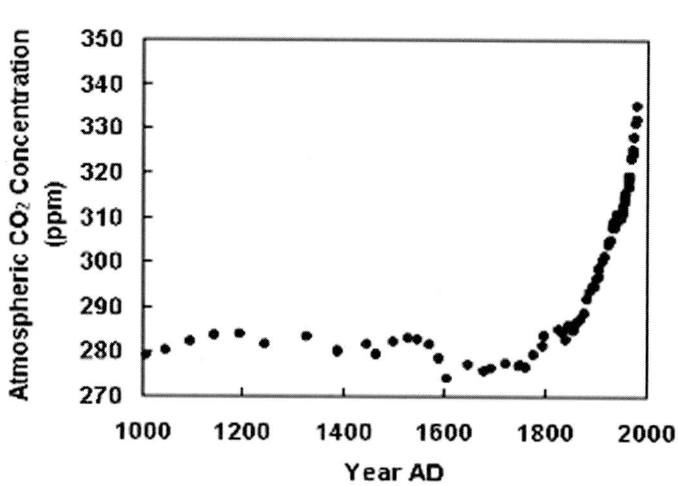


**〈그림 2.1-17〉** 지구촌의 온실가스($CO_2$)농도 변화

(출처: http://www.co2science.org/subject/other/co2con_onethousnad.html)

〈표 2.1-2〉 온실가스의 종류와 온난화 효과 기준

| | Pre-indu strial concentration (1860) | Present tropospheric concentration | GWP2 (100 yr. time horizon) | Atmospheric lifetime (years) |
|---|---|---|---|---|
| carbon dioxide ($CO_2$) (ppm) | 288 | 368.4 | 1 | 120 |
| methane ($CH_4$) (ppb) | 848 | 1800/1690 | 21 | 12 |
| nitrous oxide ($N_2O$) (ppb) | 285 | 312/311 | 310 | 120 |
| CFC-11 (trichlorofluoromethane) ($CCl_3F$) (ppt) | 0 | 264/260 | 3800 | 50 |
| CFC-12 (dichlorodifluoromethane) ($CF_2Cl_2$) (ppt) | 0 | 538/528 | 8100 | 102 |
| CFC-113 (trichlorotrifluoroethane) ($C_2F_3Cl_3$) (ppt) | 0 | 83/83 | 4800 | 85 |
| carbon tetrachloride ($CCl_4$) (ppt) | 0 | 100/97 | 1400 | 42 |
| methyl chloroform ($CH_3CCl_3$) (ppt) | 0 | 78/73 | 360 | 5 |
| HCFC-22 (chlorodifluoromethane) ($CHClF_2$) (ppt) | 0 | 126/110 | 1500 | 12 |
| sulphur hexafluoride (SF6) (ppt) | 0 | 3.6(NH)/3.4SH | 23900 | 3200 |
| trifluoromethyl sulphur pentafluoride ($SF_5CF_3$) (ppt) | 0 | 0.12 | -18000 | -10000 |
| perfluoroethane ($C_2F_6$) (ppt) | 0 | 4 | 9200 | 10000 |
| surface ozone (ppb) | 25 | 26/25 | - | hours |

(Source: CDIAC: Carbon Dioxide Information Analysis Center, 2000, Current Greenhouse Gas Concentrations, 2000, http://cdiac.esd.ornl.gov/pns/current_ghg.html)

Session, 2000, http://www.unfccc.de/resource/docs/cop3/07a01.pdf)에서는 기후변화를 야기하는 온실가스로 〈표 2.1-2〉에 나타낸 바와 같이 탄산가스, 메탄가스, 아산화질소($N_2O$), 수소화 불화 탄소화합물(Hydrofluorocarbon: HFCs), 다 불화탄소(PFCs: poly- fluorocarbons), 6불화 유황($SF_6$)등 6가지물질을 지정하고, 2008~2012년까지 1990년 수준의 5% 이하까지 감축하기로 협약하고, 선진국들은 이행수준을 할당하여 솔선수범하기로 하였다.

즉 Wikipedia(Global Warming Potential, 2007)에 따르면, 대기 중 가수성분의 지구온난화 능력(Global Warming Potential: GWP)은 적외선 흡수능력을 가진 $CO_2$를 기준으로 대기 중의 각종 가스가 적외선을 흡수 복사하는 능력을 단위시간에 단위면당 흡수하는 수치를 나타낸 것으로 식 (1)과 같이 정의하고, 식 (2)과 같이 계산하여 비교한 값이라고 한다. 여기서 시간기준이 중요한 인자가 되는데 일반적으로 100년을 기준하는데, 이는 토목건축용의 구조용 목재를 생산하는 임업 경영 계획과 유사한 기간이다.

RF(radiative forcing capacity) = $\sum\{(Abs_i \times F_i)/(pathlength \times density)\}$ ···················(1)

여기서 $Abs_i$ = 단위 시간 내 흡수한 전삭 적외선량,

$F_i$ = 그 기간 동안의 RF치

$$GWP(x) = \{\int (a_x \times [x(t)]dt\} / \{\int a_r \times [r(t)]dt\} \quad \cdots (2)$$

여기서 TH = 측정 기간,

$a_x$ = x 성분의 복사능($W/m^2/kg$);

$[x(t)]$ = 그 가스가 방출한 t=0에서부터 시간에 따라 감소하는 수량;

$a_r$과 $r(t)$은 기준 가스인 $CO_2$의 감소량

미국 에너지성의 탄산가스 정보 분석 센터(CDIAC: Carbon Dioxide Information Analysis Center, 2000, http://cdiac.esd.ornl.gov/pns/current_ghg.html)에 따르면, 온실가스종류에 따라 탄산가스를 기준한 온난화 지수(global warming potential)를 부여한 결과, 메탄가스나 다불화 탄소화합물들이 온난화에 수 100~수 1,000배 기여하나, 발생량이 적기 때문에 UN 주관으로 탄산가스를 대상으로 한 감축협상이 지속되고 있다.

특히 탄산가스는 경제활동을 위하여 소비하는 화석연료 소비로 방출되기 때문에 경제에 미치는 영향이 막대하다. 따라서 미국무성(2000, http://www.state.gov/www/global/oes/fs_kyoto_climate_980115.html)은 1998년 사실 보고서에서 목표달성을 위한 경제활동을 위하여 소비하는 에너지소비에서 발생하는 탄산가스 방출 감축을 위한 탄산가스 감축기술 개발이 강조되어 에너지 성을 중심으로 대대적인 연구가 수행되고 있다.

또한 켈러(C. F. Keller, 2000, http://www.igpp.land1.gov/climate.html)에 따르면 1920년까지는 아직도 추운 날씨이었으나 1920년부터는 증가하는 추세에 있고, 1920~1940년 사이에 급속하게 가온되고, 1940~1970년 사이에는 약간 서늘한 기후이었으나 1970~1985년 사이에 다시 급속하게 가온된 다음 1985~현재까지는 온도상승이 거의 없다고 보고하고, 1997년 UN의 교토회의에서는 대기층이 너무 엷고, 산소 동위원소로 빙하와 해저 침전물을 분석한 결과 과거 1만년동안 지표면 온도가 13.7℃정도로 낮았으나 산업혁명이후 과거 100년 동안 지표면온도가 14.2℃로 상승하여 온실효과의 주범은 탄산가스로 보이므로 지구온난화에 의한 기후변화를 예방하려면 화석연료에 의한 탄산가스 배출량을 줄여야 한다고 주장하였다.

따라서 어떤 원인이던지 간에 대기 온도와 강우량 및 바람의 세기와 같은 기상요소가 변하면 생태계, 특히 인간을 포함한 생태계의 먹이를 생산하는 녹색식물의 생존에 치명적인 영향을 미칠 수 있기 때문에 인류의 미래가 불투명해진다. 따라서 UN은 IPCC(Intergovernmental Panel on Climate Change)를 구성하여 $CO_2$ 방출량 조절과 규제에 대하여 논의하고 있다.

다시 말하면 대기온도는 대류권에서 표고차 100m당 0.5~0.6℃씩 변하고, 위도차로 100㎞당 0.5℃ 정도 변한다고 한다. 즉 지구 온실 가스에 의하여 대기온도가 1℃ 변화($\triangle T$ = 1℃)하면 표고차로 200m의 생태계 이동을 가져오고, 남북으로는 200㎞의 생태계 이동을 가져 올 것이다. 따라서 선진국들은 대기온도와 강우량 및 바람으로 구성되는 기후(climate)에 변화를

유도하는 지구촌을 온난화시키는 온실가스(주로 $CO_2$)의 방출 규제방법을 심각하게 고려하고 있다.

### (4) 기온의 지리적 분포와 산맥(山脈: Mountains)의 영향

한편 과학자들은 지구촌이 냉각되어 대기 온도가 100℃ 이하로 떨어져 $H_2O$가 용액상태로 존재할 수 있고, 물은 동결하더라도 체액이 동결하지 않는 영하 50℃의 대기까지 대기온도가 조절된 후에야 생명체가 탄생하였다고 하지만 생태계에 필요한 요소는 유동성 수분으로서 탄수화물을 생합성하는 녹색식물도 50~70% 이상이 물로 구성되고, 그 생명체들이 활동하는 대기온도는 영상으로 오르면 활동하기 시작하고 최대 40℃까지 활동하나 최대 광합성을 나타내는 온도는 32~35℃범위이며, 온도가 상승함에 따라 광합성량도 조금씩 증가하나 16~29℃범위에서는 기온의 영향이 적다고 한다.

환언하면 기후조건에 적응하고 있는 생태계는 수종에 따라 최적기온의 범위가 다르지만, 한계 온도이내에서는 고온일수록 광합성량이 높고, 그 온도를 초과하면 호흡량이 증가하여 비축된 순광합성량이 적어진다.

특히 식량을 다량 생산하는 녹색식물은 기온이 10℃ 이하이면, 바이오메스 비축활동을 하지 않으나, 10~30℃에서 광합성이 활발하여 바이오메스를 다량 비축하나, 기온이 40℃를 넘으면, 40℃ 이상에서는 생명체를 구성하고 있는 효소단백질이 변성된다. 식물체가 과도한 호흡으로 탈수현상이 일어나 시든다고 한다. 또한 공기 중의 습도는 70% 이상이 되면, 미생물의 번식이 왕성하여 병원균의 확산이 우려되고, 육상식물도 충분한 수분이 토양에서 공급되지 않으면, 고 습도로 인하여 성장이 빨라진다. 그렇지만, 식물의 뿌리도 수생식물이나 물고기와 같이 용수 중에 녹아 있는 용존 산소를 흡수하여 이용하기 때문에, 수분이 많아 공기와 접촉하지 못하는 수중 조건에서는 세포가 산소부족으로 죽게 된다고 한다. 따라서 논토양과 밭토양의 차이는 토양 중에 공기를 포함하는 공극량(void volume)에서 차이를 나타나고, 작물 종류에 따라 산소 흡수방법이 다르며, 산소요구량도 달라, 양수(陽樹)와 음수(陰樹) 수종. 습지식물과 건조지 식물 등으로 구분된다고 한다.

특히 크로닌(V. Cronin, 2000, http://www.uwm.edu/~vcronin/422-100.glaciers.html)에 따르면 지표면 온도가 현재보다 **기온이 5℃ 이상 낮아지면** 빙하기가 되어 현지표면의 10%를 점유하는 빙하가 29%까지 확장되고, 해수면 수위는 현재보다 **100~130m 이하로 낮아**지므로 아시아와 북아메리카대륙사이와 유럽과 영국사이의 해협이 육지로 연결된다. 나아가 두께 3km에 이르는 빙하는 그의 무게 때문에 지표면을 1km까지 압축시킬 것이며, 대기표면에서는 입사광의 반사율이 증가하여 지표면의 온도는 더 떨어질 것이다. 그러나 **지구가 온난화 되면, 극지방의 빙하를 녹여 해수면을**

**상승시킬 것이다.**

한편 태양계를 구성하고 있는 지구촌의 모든 에너지는 태양광 에너지를 비축한 것으로서 미국 항공우주국(NASA, SOHO FAQ :The SUN, 2005, http://sohowww.nascom.nasa.gov/explore/faq/sun.html)에 따르면 태양(Sun)은 27일의 공전주기(rotational cycle)와 11년의 흑점주기(Sun Spot cycle)를 가지고 변하는 커다란 별로서 하나의 수소 폭탄이며, 태양계를 구성하고 있는 지구(Earth)는 끝임 없이 폭발과 융합을 반복하는 태양활동으로 방출(emission)되는 태양광선을 받아 반사하지만 일부 흡수하여 비축된 에너지가 지구 온도를 상승시킨다고 한다.

특히 〈그림 2.1-18〉의 세계지도에서 우리나라를 기준하여 계절의 변화를 설명하면, 지구의 공전궤도에 23.5도 경사진 지구가 자전하면서 지표면에 수직인 태양 고도가 23.5°N의 북회귀선에 수직인 입하(立夏)가 되면 여름이 시작되어 북태평양에서 발생한 열대성 몬순(Monsoon) 기후의 선단이 [ 23.5°N + 30°N = 53.5°N ]에 이르기 때문에 38°N에 위치한 한반도가 스콜(Squall) 형의 장마철에 속하게 되고, 겨울에는 반대로 지표면에 수직인 태양고도가 23.5°S에 수직이 되어 태양고도가 적도에 수직인 봄과 여름과는 달리 북극지방의 극동풍 선단이 [ 60°N - 23.5°N = 36.5°N ]이 되어 서울 근방에 이르기 때문에 한 반도에 혹독한 겨울 한파가 발생한다고 한다.

특히 구글어스(Google Earth, 2007, http://maps.google.com/)의 항공사진(〈그림 2.1-19〉)에서 보는 바와 같이 우리나라는 온대에 속하고, 남북으로 이동하는 〈그림 2.1-10〉의 기류대를 고려할 때, 편서풍지대에 속하기 때문에, 구름과 함께 이동해 오는 빗물은 매분마다 호흡하는 공기 중의 산소는 인도양과 중국대륙에서 발생한 수증기와 산소가 이동해 오는 것으로 보인다.

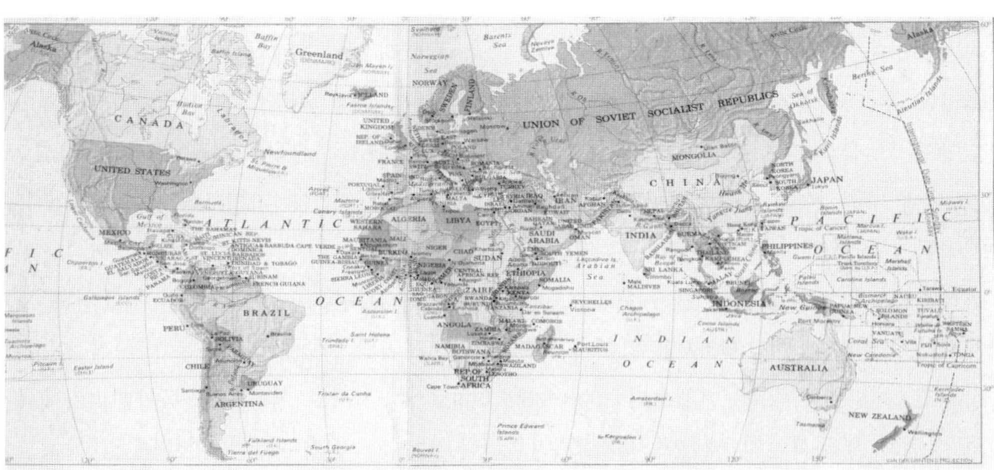


**〈그림 2.1-18〉** 세계 지도상의 국가별 위치와 위도관계

(출처: TIME, 1987, Concise Earth Book - World Atlas -, Geographic Learning Intern. Publ.)

**〈그림 2.1-19〉** 우주에서 본 우리나라

(Source: Google Earth, 2007,: http://images.google.co.kr/imgres?imgurl=http://www.kiliannakamura.com/blog-english/wp-content/homestar-pro-blue-earth-disc.jpg&imgrefurl=http://www.kilian-nakamura.com/blog-english/index.php/sega-homestar-pro-blue-earth-disc-software/&h=500&w=500&sz=84&hl=ko&start=223&um=1&tbnid=iTKLMy4E3RHwFM:&tbnh=130&tbnw=130&prev=/images%3Fq%3Dearth%26start%3D220%26ndsp%3D20%26um%3D1%26complete%3D1%26hl%3Dko%26lr%3D%26newwindow%3D1%26sa%3DN)

또한 구글어스(Google Earth, 2007, http://maps.google.com/)에 따르면, 지구상에는 아열대기후조건인데도 불구하고, 23.5°N의 북회귀선과 30°N사이의 북반구에서는 아프리카 사하라 사막, 인도사막지대, 미국과 멕시코의 시에라 사막이 전개되고, 23.5°S의 남회귀선과 30°S사이에는 아프리카의 칼라하리사막, 호주의 사막, 남미의 칠레와 아르젠틴의 사막지대가 발생하여 자연적으로 대륙마다 해발고발 1,000m 이하에서 사막이 발달되어 있다.

그러나 23.5°N의 북회귀선과 30°N사이에는 고도가 높은 유럽의 알프스산맥(해발 2,000~3,500m), 아시아의 히말라야 산맥(해발 8,000m)과 티베트 고원(해발 3,000m)은 지구자전방향에 수평인데 반하여 북미의 록키 산맥과 남미의 안데스 산맥에서는 지구 자전방향에 수직으로 놓여있어 온대 편서풍지대에 속하는 미국에서는 토네이도가 자주 발생하는 것으로 보인다. 특히 인도양에서는 높은 히말라야 산맥이 가로막아 집중 호우와 사이클론이 자부 발생하는 것으로 보인다.

따라서 북위 32°N~42°N사이에 위치한 우리나라는 지구 자전축이 23.5° 기우려져 있기 때문에, 여름에는 열대성 몬순(monsoon) 기후와 겨울의 시베리아 한랭한 기후가 서로 교차하여 4계절이 분명하고, 상승기류 형성에 도움이 되는 산맥이 많고, 삼면이 바다이기 때문에 여름에 강수량이 집중되고, 겨울에는 강설량이 집중되어 기후변화가 심한 것으로 보인다.

한편 로크(W. W. Locke, 2000, http://www.homepage.montana.edu/~geo1445/hyperglac/time1/)에 따르면 기후변동에 대한 원인으로 ① 태양의 광 에너지 방출량 변화, ② 태양계 내 지구궤도 변화, ③ 지구상의 대륙분포 변화, ④ 지구 대기 중의 온실 가스 농도 변화를 들고 있다. 즉 (a) 태양 흑점 변화에 의한 태양광 에너지 변화는 1 억년 주기로 발생하여 대빙하기가 초래되고, (b) 중간주기 빙하기는 1930년경 유고슬라비아 천문학자인 밀란코비취(M. Milankovitch)가 제안한 이론으로 100,000년 주기인 지구의 편심 공전궤도, 41,000년 주기의 지구자극 경사도 주기, 23,000년 주기의 지구 세차운동 주기에 의하여 빙하기가 도래된다는 가설이며, (c) 과거 160,000년 동안에 일어난 빙하기와 간빙기의 기온 변화는 일부는 밀란코비취의 이론으로 해석되나 나머지는 온실가스 농도에 의하여 기온이 변한 것으로 해석된다고 한다.

또한 일리노이스 주립 박물관(2000, http://www.clearlight.com/~mhieb/WVFossils/ice_ages.html)에 따르면 빙하기의 기온변화 원인은 주로 ① 지질학적인 면에서 대륙판 융기에 의한 조산운동으로 해류와 대기의 순환패턴 변화, ② 천문학적인 면에서 100,000년 주기로 돌아오는 지구의 공전편심과 41,000년 주기로 돌아오는 남북자극 경사각 및 21,000년 주기로 돌아오는 세차운동 주기로 지구가 받은 태양 에너지 수광 위치가 달라지고, ③ 기상학적인 면에서 대기의 탄산가스와 메탄가스에 의한 온실가스효과와 화산 폭발과 같은 다량의 먼지발생, 구름 및 극지방 얼음의 크기에 따라 달라지는 태양광 반사율 변화 등이라고 한다.

그리고 유에스뉴스(U.S. News, 08/18/97)는 ① 대륙의 판 이동에 의한 위치변경. ② 대륙판 이동과 융기에 의한 해수와 대기의 순환패턴 변경, ③ 생물과 해류 및 화산의 상호작용에 의한 대기 중 $CO_2$농도 감소가 대기온도 저하, ④ 태양계를 회전하는 지구의 공전 편심과 자극 경사도(22.2°~(23°)~24.2°) 및 세차운동으로 야기되는 지구 궤도 변화에 의하여 지구상의 기후변화가 일어날 수 있다는 것을 크게 보도하였다.

## (5) 빙하기의 특성과 빙하 발생원인

한편 오스타푹(P. Ostapuk, Page Paleontological Science Center, 2005, http://www.lakepowell.net/sciencecenter/paleoclimate.htm)에 따르면, 지구촌의 기후는 지구촌의 평균기온을 중심으로 <그림 2.1-20>에 나타낸 바와 같이 변하여, 지구촌의 연평균기온이 11℃에 접근하면 양극지방의 빙하가 확장되어 적도지방까지 차가워지고, 이때를 대 빙하기라고 하는 반면 연평균기온이 22℃에 접근하면, 지구촌이 온난화되고, 양 극지방의 빙하가 모두 녹는 시기라고 한다. 따라서 지구역사상 완전한 대빙하기는 4번 정도 발생하였으나, 일반적으로 말하는 빙하기는 인류가 진화한 최근 180만 년 전부터 발생한 중빙하기 또는 소빙하기를 말한다고 한다.

또한 피드워니(M. Pidwirny, Fundamentals of Physical Geography, 2005, http://www.physicalgeogrpraphy.net/

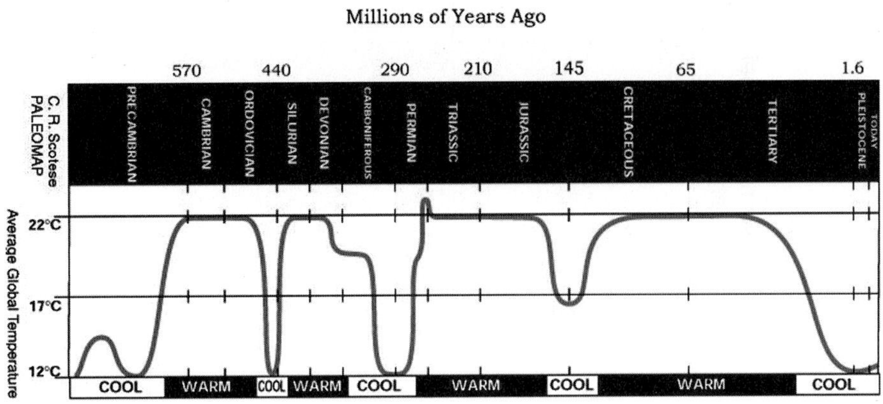


〈그림 2.1-20〉 지구촌의 연 평균기온과 기후변화

(Source: P. Ostapuk, Page Paleontological Science Center, 2005, http://www.lakepowell.net/sciencecenter/paleoclimate.htm)

fundamentals/10a.html)에 따르면, 지구촌의 원시기후는 시간에 따라 달라져, 지구촌의 기온이 대부분의 기간 동안 현재보다 8~15℃ 이상 높았을 것이나, 지구촌의 평균기온이 저하되어 빙하로 뒤덮인 기간도 있었다. 즉 그 빙하는 지구역사에서 9.25억 년 전, 8억 년 전, 6.8억 년 전, 4.5억 년 전, 3.3억 년 전, 200만 년 전에 시작되었는데, 그중에서도 가장 심한 빙하는 8억 년 전으로 적도 상 5도까지 이르렀다. 특히 인류에게 가장 중요한 최근의 주요 빙하기는 200만 년 전에 시작되어 북반구의 일부를 오랫동안 뒤덮은 홍적세(Pleistocene) 또는 빙하기(Ice Age)로서 홍적세 피크기에는 현재의 기온보다 4~5℃ 이상 낮아 추웠고, 이때 기온이 저하하여 빙하 판이 확장되는 빙하기(glaciation)와 기온이 상승하여, 빙하 판이 줄어드는 간빙기(interglacial)를 반복하고, 현재는 최근 간빙기로서 14,000년 전부터 시작하여 현재에 이르고 있으며, 현재의 빙하 판은 지구 육지의 10%를 점유하고 있으나 홍적세 최성기에는 30%에 이르렀다고 한다.

또한 제임스타운시(Jamestown, Geological History of Jamestown, Rhode Island, 2005, http://www.jamestown-ri.info/holocene.htm)에 따르면, 〈그림 2.1-21〉에 나타낸 바와 같이 지구촌의 평균기온이 15℃로 보면, 대빙하기 말기에는 평균기온이 10℃정도로 북극의 빙하가 얼음이 시베리아 남쪽까지 확장되고, 차가운 기후가 중국남쪽까지 확장되었으나 18,000년 전부터 기온이 상승하면서 해빙되고, 현재의 평균기온 15℃에서 나타난 기온차로 구분되는 소빙하기는 기원전의 소빙기와 기원후 1600년경의 소빙기를 보여주고 있다.

따라서 지구촌의 생물계는 지질학적인 증거를 통하여 확인된 것으로 유구한 역사적 과정을 통하여 〈그림 2.1-22〉에 나타낸 바와 같이 생물들이 진화하고, 현생 인류는 최근에 출현한 생물종으로서 빙하기를 통하여 진화하였다고 한다.

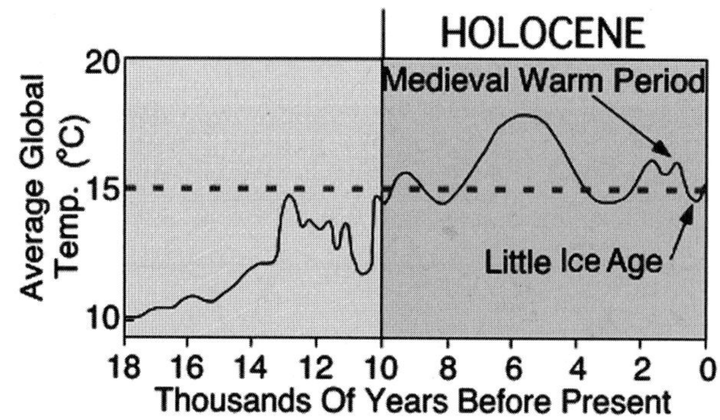


**〈그림 2.1-21〉** 빙하기의 해빙과정과 지구촌의 평균기온 변화

(Source: Jamestown, Geological History of Jamestown, Rhode Island, 2005, http://www.jamestown-ri.info/holocene.htm)

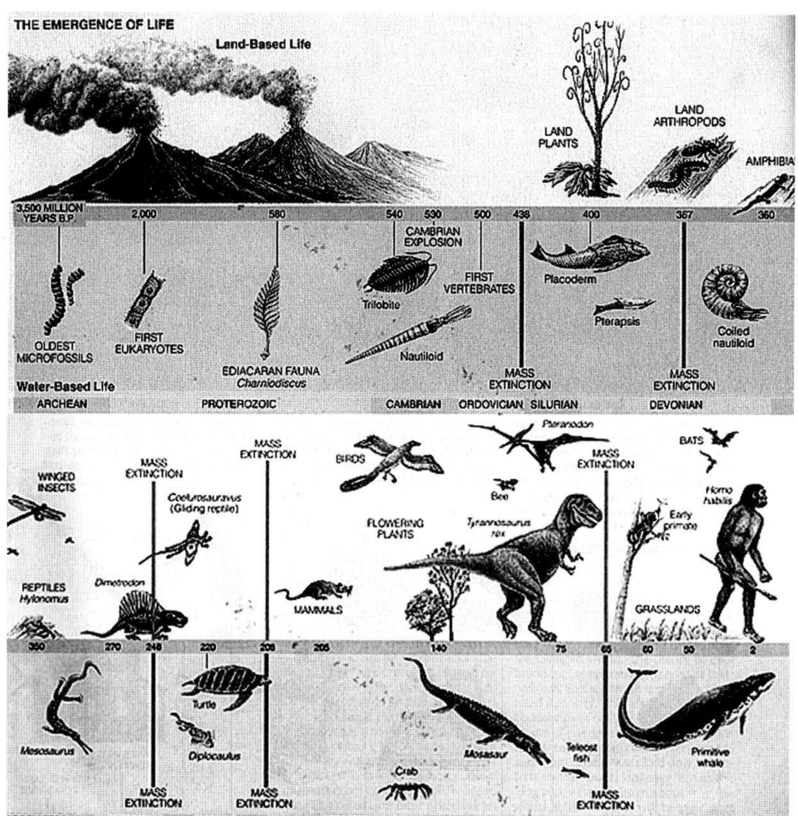


**〈그림 2.1-22〉** 지구촌의 역사와 생물진화 과정

(Source: EOS-Goddard Program Office (Code 420), 2008, http://www.fas.org/irp/imint/docs/rst/Sect2/Sect2_1b.html)

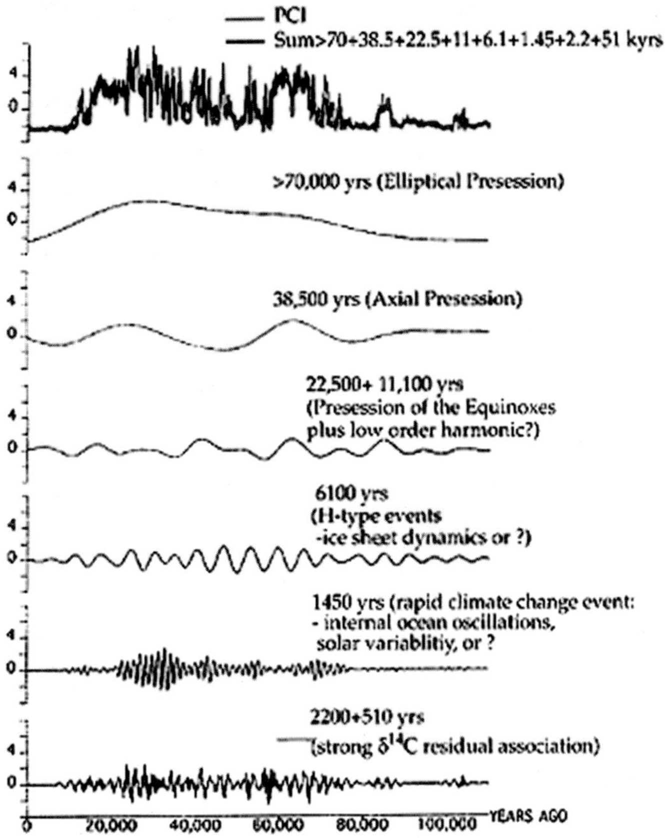


**〈그림 2.1-23〉** 미국 아이스 코아 연구팀이 모델화한 지구촌의 기후변화 인자들(PCI: polar circulation index)

(Source: Ice Core Working Group, National Ice Core Laboratory, University of New Hampshire, 1998, Ice Core Contributions to Global Change Research: Past Successes and Future Directions, 2005, http://www.nicl-smo.sr.unh.edu/documents/1998/icwghtml.html)

또한 푸켓(M. J. Fouquette, 2004, BIO 428: Biogeography, 2005, http://lsvl.la.asu.edu/bio428/jfouquette/Outlines/1.18.GlacCause.html)에 따르면, 홍적세인 방하형성 가능한 가설들은 ① 태양광에너지 수광량 감소에서 출력변화(증거 없음), 흑점변화(증거 없음), 행성간의 먼지로 입사량 변화(순수가정), ② 지구의 자장변화(상관관계 없음), ③ 화산활동으로 입사광진로에서 번지와 회분 농도변화(신생대에서는 중요한 변동 없음), ④ 대기 중의 $CO_2$ 농도변화(조산운동은 $CO_2$방출, 기온상승; 풍화작용은 $CO_2$ 증가, 온도감소), ⑤ 대륙이동(북극과 적도사이의 지각불럭 순환의 북향 변위는 더 차가운 북극기온을 야기함), ⑥ 밀란코비치(M. Milankovitch)의 지구 궤도변화 이론 등을 제시하고 있다.

즉 지구촌의 빙하는 지구표면이 받는 태양에너지 수광량 변화로 발생한 지구촌의 기온강하로 발생하고, 상술한 인자들이 서로 중첩되면, 가속되어 심화된다고 한다. 즉 뉴햄프셔 대학의 국립 아이스코아 실험소, 아이스코아 작업팀(Ice Core Working Group, National Ice Core Laboratory, University of New Hamphsire, 1998, Ice Core Contributions to Global Change Research: Past Successes and Future Directions, 2005, http://www.nicl-smo.sr.unh.edu/documents/1998/icwghtml.html)에 따르면, 〈그림 2.1-23〉에 나타낸 바와 같이 태양계의 활동변화와 자전하는 지구의 자극(磁極) 변화에 따른 회전축 변화 및 화산 활동변화가 발생하면, 지구촌의 환경 인자가 변하여 지구표면의 태양광에너지 수광량을 변화시키기 때문에, 이들 인자들이 시간적으로 서로 중첩되어 지구촌의 수광량을 감소시키는 방향으로 진행되면, 지구표면의 기온이 강하하여 빙하가 확장되고, 반대로 수광량을 증가시키는 방향으로 중첩되면, 지구촌의 기온이 상승하여 빙하가 감소할 것으로 보고 있다. 따라서 현재 각 인자들이 각각 어느 방향으로 변하고 있는지에 대한 연구가 활발하게 진행되고 있다.

따라서 북반구의 23.5°N의 북회귀선과 30°N사이 및 남반구의 23.5°S의 남회귀선과 30°S사이의 고기압 대에는 대륙마다 사막화가 전개된 지역이고, 그 이상의 위도에서는 온대의 초원지대를 이루고 있다.

최근 탄소동위원소를 이용한 빙하기의 연대를 조사하여 빙하기의 특성지도를 작성한 애덤스와 포레(J. M. Adams & H. Faure, 1995, Review and Atlas of Palaeovegetation: Preliminary Land Ecosystem maps of the World Since the Last Glacial Maximum, 2005, http://www.soton.ac.uk/~tjms/adams1.html)와 미국 오크리지 국립실험소(Oak Ridge National Laboratory: ORNL, Global land environments since the last interglacial, 2005, http://www.esd.ornl.gov/projects/qen/nerc.html)에 따르면, 현재보다 여름에 6℃~10℃ 이상 높았던 130,000~120,000년 전의 이에미안 간빙기(Eemian Interglacial)를 지난 후, 지구가 갑자기 냉각하기 시작하여 현재와 같은 기후조건을 단시간에 지나 추워지면서, 70,000~55,000년 전에는 제4단계의 빙하기에 이르고, 18,000~14,000년 전에는 최대 빙하기에 이르러 시베리아에 빙하가 생성되면서 중국내륙에는 〈그림 2.1-24〉에 나타낸 바와 같이 준 사막의 스텝-툰드라(steppe-tundra)가 형성되어 극권 산림(Boreal Forest)가 형성되고, 그 후 다시 온난화되어 빙하가 물러나고, 서서히 기온이 상승하는 시기가 반복되면서 현재에 이르고 있다고 한다.

즉 18,000년 전에는 양자강 중하류까지 사막과 준사막조건이 확산되어 모래언덕이 많았고, 소나무와 분비나무 및 가문비나무가 무성하였으며, 타이완은 대륙과 연결되어 건조한 사막지대에는 스텝 식생이 점유하였다고 한다. 그러나 현세(Holocene)가 시작된 약 8,000~7000년 전에는 갑자기 현재보다 상당히 따뜻하고, 다습하여 현재 시베리아를 상징하는 자작나무를 몰아내고, 교목들이 번식하고, 북쪽과 서쪽으로 확산되었으며, 작은 빙하기와 온난화가 반복되고, 약 5,000년 전에도 갑자기 현재보다 온난한 기후가 되었으며, 그 후 비교적 안정한 기후가 현재에 이르고 있다고 한다.

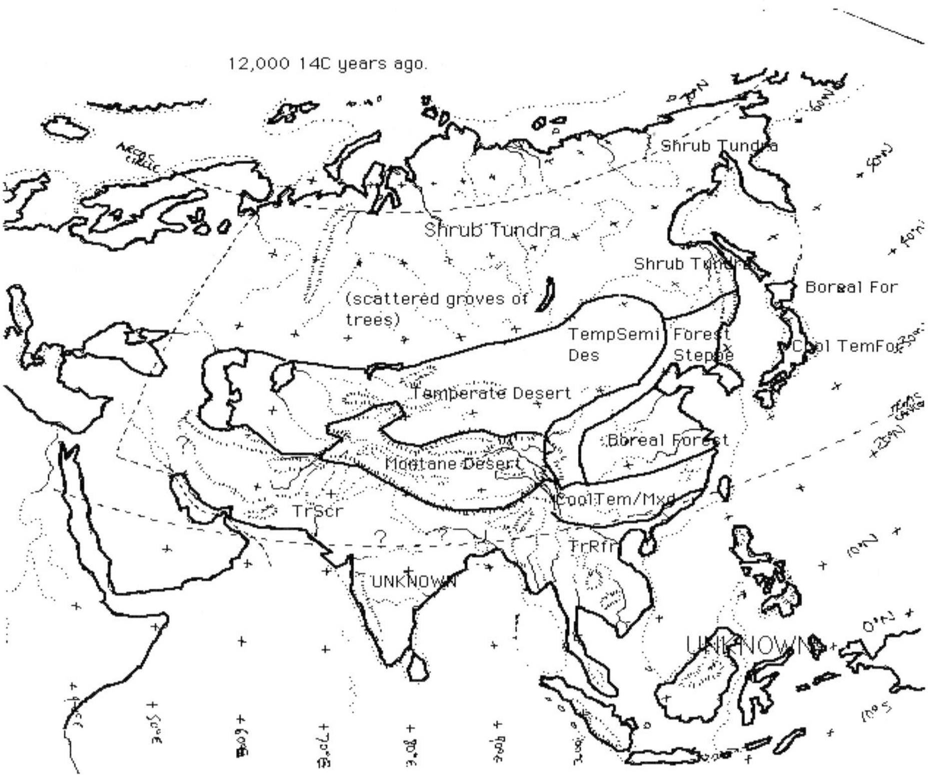


12,000 14C years ago; following initial warming at around 13 14C ya, forest begins to return to China. However, the northern latitudes remain as a moist shrub tundra with Betula.

**〈그림 2.1-24〉** 신생대 제 4 빙하기의 유라시아, 특히 중구대륙의 식생분포

(Source: J. M. Adams & H. Faure, 1995, Review and Atlas of Palaeovegetation: Preliminary Land Ecosystem maps of the World Since the Last Glacial Maximum, 2005, http://www.soton.ac.uk/~tjms/adams1.html & Oak Ridge National Laboratory: ORNL, Global land environments since the last interglacial, 2005, http://www.esd.ornl.gov/projects/qen/nerc.html)

따라서 지구상의 빙하는 23억 년 전에 최초로 시작되었고, 지구 역사상 대 빙하기는 11회까지 발생하였으며, 가장 최근의 대 빙하기는 3,200,000년 전에 일어났으며, 그사이에 15~20회 걸친 주요 빙하기가 발생하였고, 가장 최근의 빙하기는 25,000년 전에 시작하여 18,000년 전에 피크에 이른 후 11,000년 전부터 기온이 상승하면서 최후 빙하가 퇴조하기 시작하였다. 이러한 간빙기에도 북유럽에서는 대기온도가 떨어져 1400년대와 1800년대에 작은 빙하기가 발생하였다고 한다.

그러나 중동지역의 사막과 중앙아시아 및 중국과 몽골지역에 걸쳐 있는 사막들은 역사적으로 문명의 발달로 발생한 인간의 빈번한 전쟁에 의하여 발생한 것으로 생각된다.

최근 영국의 가디안(Guardian Unlimited, Sunday February 22, 2004, Now the Pentagon tells Bush: Climate Change Will Destroy Us, 2007, http://www.guardian.co.uk/climatechange/story/0,12374,1153547,00.html)지에 따르면, 교토의정서를 탈퇴한 미국 국방성의 기후변화 비밀 보고서(P. Schwartz and D. Randall, 2003, An Abrupt Climate Change Scenario and its Implications for United States National Security, 2007, http://www.environmentaldefense.org/documents/3566_AbruptClimateChange.pdf)에서는 지금과 같이 온실가스 방출이 심화되어 기후변화가 가속되면, 대기권의 에너지 균형 때문에, 태양 복사선의 2/3을 흡수하는 바닷물 온도가 증가하여 〈그림 2.1-25〉와 같이 태평양 연안은 건조한 몬순 기후로 변하는 반면 대서양 연안은 추어지면서 건조하고, 바람이 많아지며, 그 사이에 위치한 중앙아시아 지역은 습하고, 폭풍우도 증가할 것으로 예측하고, 만약에 이러한 기후변화가 발생한다면, 인구가 집중된 많은 지역이 식량 공급과 식수 및 에너지 공급에 많은 문제가 발생하여, 확산될 수 있는 폭동과 핵전쟁 발생을 경고하고(Secret report warns of rioting and nuclear war), 20년 이내에 영국은 시베리아와 같이 될 것이며(Britain will be 'Siberian' in less than 20 years), 세계를 기후변화 위협이 테로 보다 더 클 것(Threat to the world is greater than terrorism)이라고 폭로하고 있다.

**The Regions: 2010 to 2020**

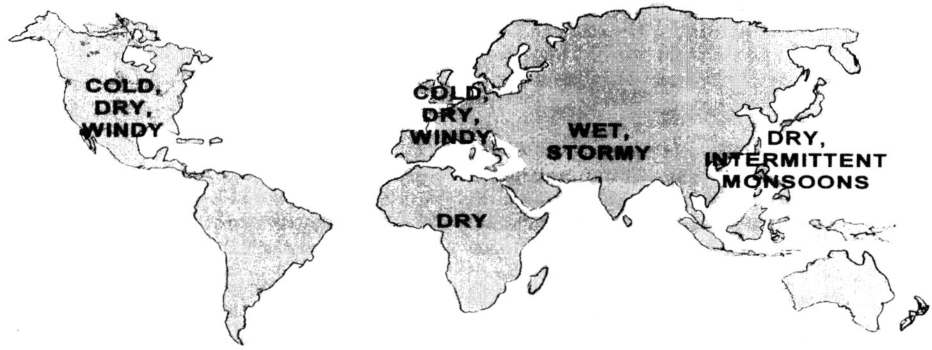


**The above graphic shows a simplified view of the weather patterns portrayed in this scenario.**

**〈그림 2.1-25〉** 2010-2020의 예측된 기후변화 영향

(Source: P. Schwartz and D. Randall, 2003, An Abrupt Climate Change Scenario and its Implications for United States National Security, 2007, http://www.environmentaldefense.org/documents/3566_AbruptClimateChange.pdf)

## 2.2. 가이아 이론(Gaia Theory)과 산림 생태계의 역할

### (1) 생태계(Ecosystem)의 구성과 생명체(Living Thing)의 화학적 특이성

특히 전술한 바와 같이 화학적으로 118개의 원소가 알려져 있지만, 유기물을 구성하고 있는 화학원소가 10여 가지에 불과하고, 이들 비금속 원소들이 만든 분자들이 현재 1,500만 종 정도 밝혀져 있으나 생명체를 구성하는 분자들은 〈표 2.2-1〉에 나타낸 바와 같이 탄수화물(carbohydrate)과 단백질(protein) 및 지방(fats)외에 식물체를 구성하는 셀룰로오스(cellulose)와 리그닌(lignin)등 몇 가지에 불과하다. 즉 대기 중의 탄산가스와 토양중의 수분을 흡수하여 탄수화물을 광합성하여 동물과 미생물에게 먹이로 이용되는 녹색 식물체는 셀룰로오스와 리그닌으로 구성되어 쉽게 파괴되거나 분해되지 않지만 연소시키면 모두 가스로 변하여 휘발하고, 잔류하는 회분이 1% 이하로서 극히 적으며, 자연계에서 쉽게 생분해되면서 제거된다.

또한 지구촌의 생태계는 폐쇄된 공간에서 대기 중의 탄산가스를 흡수하여 광합성으로 탄수화물로 고정하는 녹색식물에 의하여 고정된 비축에너지로 전환되고, 대기 중의 탄소가 식물체로 고정된 바이오메스는 소비자인 동물의 먹이가 되고, 이어서 미생물에 의하여 다시 탄산가스로 분해되어 대기 중으로 순환되거나 수자원에 용해된 칼슘이나 마그네슘에 의하여 탄산염으로 침전하여 암석을 이루기도 하지만 이러한 탄소화합물들은 〈그림 2.2-1〉과 같이 순환되고 있다.

특히 생태계에서 태양에너지를 탄소에 고정하여 에너지원으로 제공하는 생태계(biosphere)를 중심으로 주위에 산재한 대기권(atmosphere)과 생수자원(hydrosphere) 및 토양계(lithosphere)는 하나의 환경을 이루고 있으며, 그중에서도 지구온난화를 주도하고 있는 공기(air) 중의 탄산가스를 제거하는 생태계는 녹색식물(green plants)로서 주변의 환경과 하나의 고리를 이루어 지구촌의 탄소 사이클(Carbon Cycle)을 완성하고, 대기 중의 질소(N)는 생명체를 구성하는 단백질(protein)을 구성하는데 필수적인 원소이나 성장과 지속가능한 후손 생산에 필수적인 유전자(gene)를 구성하는 인(P)은 어느 화합물도 표준상태에서 휘발하지 못하기 때문에, 대기 중에 있는 것이 아니라 토양(soil) 중에서 흡수하여야 한다.

다시 말하면, 생명을 지속하는 살아 있는 생명체, 특히 동물이나 인간은 주로 80% 이상의 물(water: $H_2O$)과 질소(N)로 구성된 단백질(protein)과 인(P)으로 구성된 핵산(nucleic acid )으로 구성되어 있기 때문에, 죽어서 부후(decay)하거나 연소(combustion)되면, 질소(N)는 〈그림 2.2-2〉와 같이 대기 중으로 휘발할 수 있으나 인(P)은 인산으로 존재하여 분자량이 크기 때문에, 토양 중에 침전하거나 재(ash)로 남아 〈그림 2.2-3〉에 나타낸 바와 같이 하천유역의 수질

〈표 2.2-1〉 생태계별 화학조성

| 생태계 | 계 | 수종 | | 회분 (%) | 골격구성성분(%) cellu-lose | hemicellu -lose | lignin | 탄수화물 (%) | 단백질 (%) | 에테르 추출물 (%) | 합계 (%) |
|---|---|---|---|---|---|---|---|---|---|---|---|
| 식물 (생산자 : 온대) | 침엽수림 | 성숙목재 | | 0.3 | 43.5 | 14.5 | 30 | 1.1 | 1.3 | 7.7 | 98.4 |
| | | biomass | | 4.2 | 44.1 | 8.7 | 18 | 15.5 | 4.0 | 5.8 | 100.3 |
| | 활엽수림 | 성숙목재 | | 0.3 | 46.6 | 24 | 20 | 0.8 | 2.5 | 1.8 | 96 |
| | | biomass | | 4.2 | 37 | 14.4 | 12 | 22.5 | 6.4 | 2.8 | 99.3 |
| | 초원 | 지상부 biomass | | 7.6 | 30.8 | | | 50.2 | 8.7 | 2.7 | 100 |
| | 호수 | 플랑크톤 | | 14 | 18 | | | 50 | 17 | 1.5 | 100 |
| | | macro phytes | | - | 14-20 | | | 43-60 | 8-19 | 1-2.5 | 100 |
| | | benthic algae | | - | 9-17 | | | 36-44 | 5-18 | 0.7-2 | - |
| | | typha | | - | 30-39 | | | 38-48 | 7-12 | 1.5-3.5 | - |
| | | scirpus | | 6.6 | 33 | | | 53 | 7 | 0.5 | 100 |
| 동물 (소비자 : 온대) | 산림 | Isopodae | | 6 | chitin: 9 | | | 19 | 63 | 3 | - |
| | | Homopterae | | 3 | chitin: 10 | | | 10 | 73 | 4 | - |
| | | Coleopterae | | 3 | chitin: 4 | | | 18 | 71 | 5 | - |
| | | Dipterae | | 6 | chitin: 6 | | | 24 | 61 | 3 | - |
| | | Formicidae | | 2.6 | chitin: 6 | | | 24 | 67 | 3 | - |
| | | Caponotus sp | | 28.5 | chitin+carbohydrate: 36 | | | | 30 | 5.5 | 100 |
| | | Turkey(edible) | | 2 | 〃 : ? | | | | 63 | 35 | 100 |
| | | Ox(total) | | 17 | 〃 : ? | | | | 56.4 | 25.6 | - |
| | 초원 | Insect | | 3 | 6 | | | 24 | 67 | 3 | 103 |
| | | chicken(edible) | | 8.6 | ? | | | ? | 49 | 38 | 95.6 |
| | | cattle | | 11 | ? | | | ? | 41 | 47 | 99 |
| | | sheep | | 8-10.5 | ? | | | ? | 33-47 | 42-57 | - |
| | 호수 | zooplankton | | 15 | 9 | | | 16 | 50 | 10 | 100 |
| | | carp(edible) | | 8.4 | ? | | | ? | 89.5 | 3.1 | 100 |
| | | salmon(edible) | | 3.4 | ? | | | ? | 71.4 | 25.2 | 100 |
| | | fish(total) | | 4-16.3 | ? | | | 19 | 50-64 | 1.2-13 | - |
| 미생물 (분해자) | 활엽수림 | Lumbricus | | 15--23 | chitin+carbohydrate: 16-18 | | | | 53-64 | 5-6 | |
| | | Eisenia sp | | 16 | 〃 : 19 | | | | 61 | 4 | 100 |
| | | Fungimycelia | Gliocladium | ? | 8.4 | | | 34.4 | 21 | 22.4 | 86.4 |
| | | | Rhizopus | 5.5 | 2 | | | 2 | 39 | 9.7 | |
| | | | Penicilium | ? | 5.5-10.6 | | | 45-60 | 12-16 | 1.4-34.5 | |
| | | | Phymatotricum | 6.2 | ? | | | 32.4 | 24 | 4.5 | |

(출처: H. Lieth, 1975, Some Prospects beyond Production Measurement, in "Primary Productivity of the Biosphere", de. by H. Lieth and R. H. Whittaker, Springer Verlag, Berlin, pp285-304)

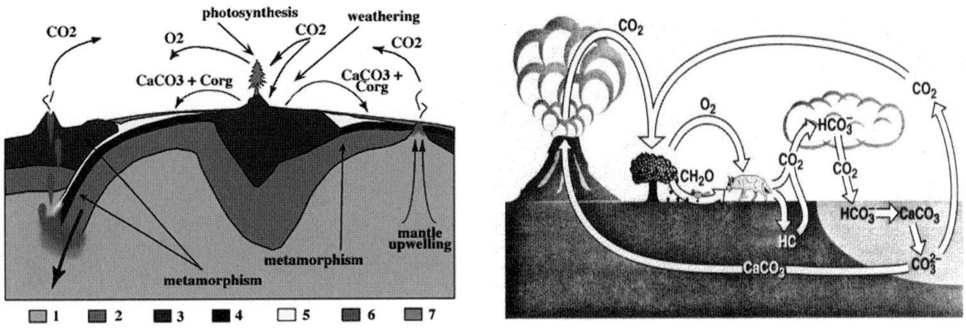


〈그림 2.2-1〉 지구촌의 탄소 순환과 탄산염의 기능

(Source: I. N. Sokolik, Lecture 12: Global biogeochemical cycles of carbon, 2005, http://irina.eas.gatech.edu/lectures/Lec12.html)

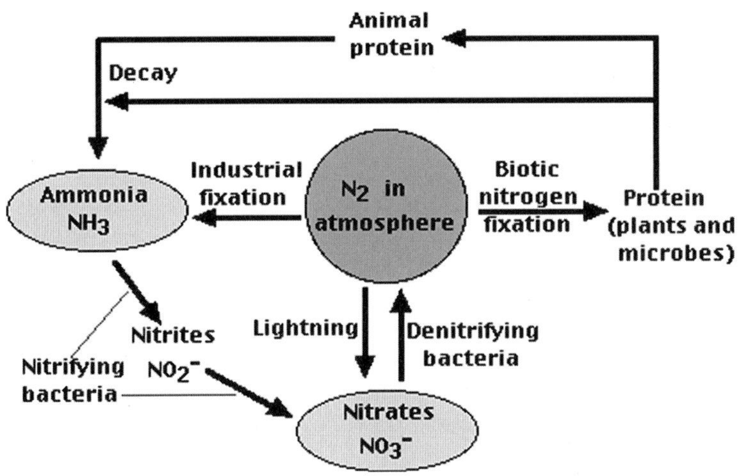


〈그림 2.2-2〉 생태계의 질소순환(Nitrogen Cycle)과 수질관계

(Source: Kimball, Nitrogen Cycle, 2008, http://users.rcn.com/jkimball.ma.ultranet/BiologyPages/N/NitrogenCycle.html)

에 지대한 영향을 미친다. 따라서 환경과학에서는 수질 중의 질소(N)와 인(P)을 부영양 원소(eutrophic element)라고도 부른다.

특히 살아있는 생명체의 80%에 달하는 물(water)은 생존에 필수적인 자원으로서 〈그림 2.2-4〉와 같이 태양에너지에 의하여 바다에서 증발하여 구름을 형성하여 이동한 비구름에서 공급되기 때문에 태양빛을 차단하는 스모그(smog) 현상은 인체에 치명적인 결과를 초래하기 때문에, 도시환경의 중요한 지표가 되기도 한다.

특히 질소(N)와 인(P)은 지구촌의 살아 움직이는 생명현상을 지배하는 탄소(C)와는 달리

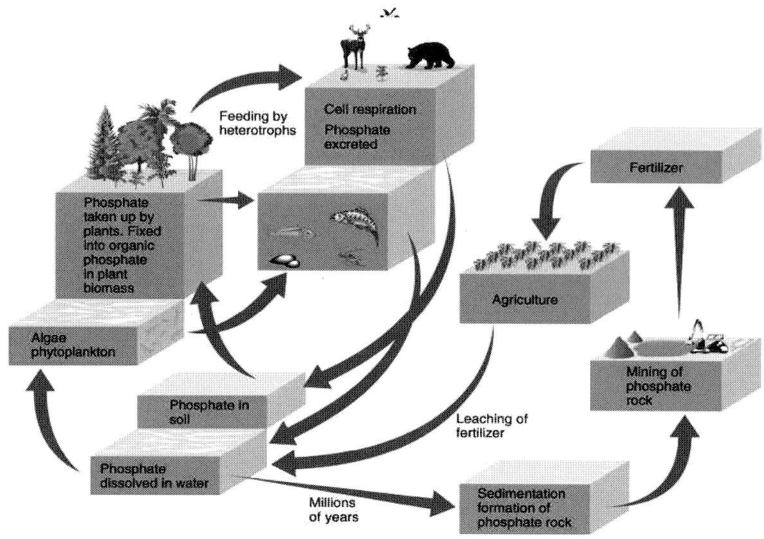


**〈그림 2.2-3〉** 생태계의 인(P) 순환과 수질(water quality)관계

(Source: 2008, http://arnica.csustan.edu/carosella/Biol4050W03/figures/phosphorus_cycle.htm)

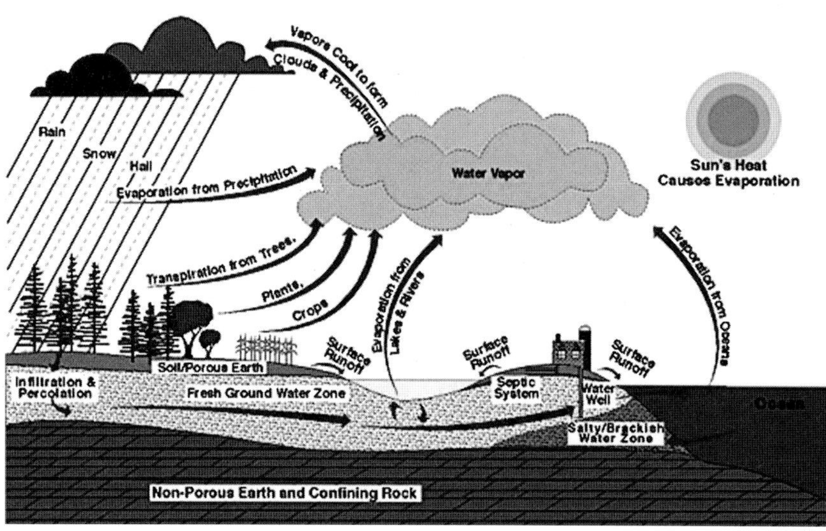


**〈그림 2.2-4〉** 물의 순환(water cycle)

(Source: 2008, http://www.co.greene.pa.us/secured/gc/depts/ed/conserv/wms.htm)

생명체를 구성하는 원소로서 그의 화학 구조적 변화와 증식이 생명체의 진화와 번영을 지배하는 생명 형상 구현하는 필수적인 원소이다.

따라서 다양한 형태로 진화된 각종 생명체로 구성된 생태계가 지구촌에서 번영하려면, 생명체는 각종 먹이(food)외에도 작열하는 태양광선하에서도 살아남을 수 있는 적절한 주변 기온과 생명체의 2/3을 점유하고 있는 물(water)이 필수적 조건이기 때문에 키가 큰 나무들이 숲을 이루어 동물들의 생활조건을 조절해 준다.

그러나 태양계를 구성하고 있는 둥근 구형의 지구는 태양에 대하여 23° 기울어 자전하기 때문에, 어 지구의 적도를 중심으로 내려쬐는 태양광선 때문에 지구상의 위치에 따라 기후 조건이 달라, 전술한 바와 같이 그 지역의 기후조건에 따라 서로 다른 군락(群落: community)을 이루고 있는 입목(立木)과 랜드스케이프(landscape)를 이루고 있다.

### (2) 러브록(Lovelock)의 가이아(Gaia) 이론과 탄소 사이클(Carbon cycle)

특히 생명체는 자신의 생명현상을 유지하기 위하여 녹색식물이 광합성 한 탄수화물을 영양원으로 소화 흡수하고, 호흡을 통하여 흡수된 고 산소 공기를 흡수하여 체내에서 산화 분해시켜 발생한 열에너지를 체온유지와 생리대사에 필요한 힘으로 사용하여야 한다. 따라서 지구상의 생태계를 구성하는 각종 생명체를 건강하게 유지하는 또 하나의 필수 성분은 호흡에 필요한 깨끗한 산소 공급이다. 이러한 산소는 생태계의 생명유지에만 필요한 것이 아니라 인간 환경 보존을 위한 폐기물 소각처리에도 산소가 다량 필요하다.

따라서 인간의 생존에 필요한 깨끗한 환경보존은 대기 중의 산소를 대량생산하는 녹색식물의 광합성이 필요하며, 또한 녹색식물은 대기 중의 온실가스인 탄산가스를 흡수하여 태양광선으로 탄수화물을 합성하여 온실가스를 감축시킴과 동시에 생존에 필요한 탄수화물과 깨끗한 산소($O_2$)를 동시에 공급하는 가이아(Gaia)의 기본 자원이기 때문에 녹색식물의 확보·유지·육성이 필수적이다.

또한 스텐리(D. Stanley, 2000, http://www.magna.com.au/~prfbrown/gaia_int.html)에 따르면 1960년대 말과 1970년대 초에 영국의 화학자인 러브록(J. Lovelock)과 미국의 미생물학자인 마굴리스(L. Margulis)가 NASA가 추진하던 화성과 금성 상의 생명체연구에 관한 가설로 자연환경과 생태계가 상호 작용하면서 진화한다는 공진화(Co-Evolution)이론을 중심으로 한 가이아(Gaia)가설을 제시하였다.

즉 가이아는 카오스(Chaos)에서 질서정연하게 살아 움직이는 생명의 세계를 만들어낸다는 대지의 여신이라는 그리스 신화에서 나온 말로서 지구촌은 수억 년 동안 대기 중의 탄산가스를 먹어치우는 녹색식물이 광합성으로 생산한 산소를 대기 중에 발산하여 평형을 이루면서 공진화하여 생태계의 먹이사슬이 만들고, 그로 인하여 태양광에 의하여 기온과 대기조성 및 생태계가 서로 작용하면서 진화하였다는 것이다.

따라서 러브록(J. E. Lovelock, 1979, Gaia: A New Look at Life on Earth, 2004, http://www.ozi.com/ourplanet/gaia.html)은 그리스 신화 중 지신(地神: Gaia)을 인용하여 대기 중의 탄산가스농도에 따라 기후가 변한

다는 가이아 이론(Theory of Gaia)을 제시하였다. 즉 대기 중의 탄산가스농도는 생태계를 구성하고 있는 생산자인 식물과 소비자인 동물 및 분해자인 미생물의 먹이사슬과 평형을 이루고 있기 때문에 식물의 광합성이 핵심역할을 하고 있다. 따라서 기후 변화로 발생한 지구촌의 역사는 대기 중의 탄산가스 농도가 올라가면, 기온이 상승하기 때문에 대기 중의 탄산가스 농도를 추적하면 과거의 기온변화를 추적할 수 있다고 한다.

한편 지구촌의 에너지자원인 탄소자원은 지각 중에 다량 존재하며, 암석 중에는 탄산염(carbonates)으로 존재한다. 그러나 식물과 동물 및 미생물로 구성된 생태계의 생명체는 대기 중의 탄산가스를 광합성을 통하여 탄수화물로 고정한 식물체를 영양원으로 하여 생존하는 먹이사슬로 구성되어 있다.

〈그림 2.2-5〉에 나타낸 바와 같이 대기 중의 탄산가스는 빗물과 바다생물의 대사를 통하여 지중에 침전하고, 지진과 같은 지각변동을 통하여 마그마에 이르면, 화산을 통하여 다시 대기 중에 분출되어 순환한다.

또한 데너(D. Denner, 2000, The Primitive Atmosphere, http://www.answersin genesis.org/docs/3813.asp)와 프리토마스(E. Thomas, History of Life on Earth, 2005, http://ethomas.web.wesleyan.edu/ees104/lect12.html)에 따르면,

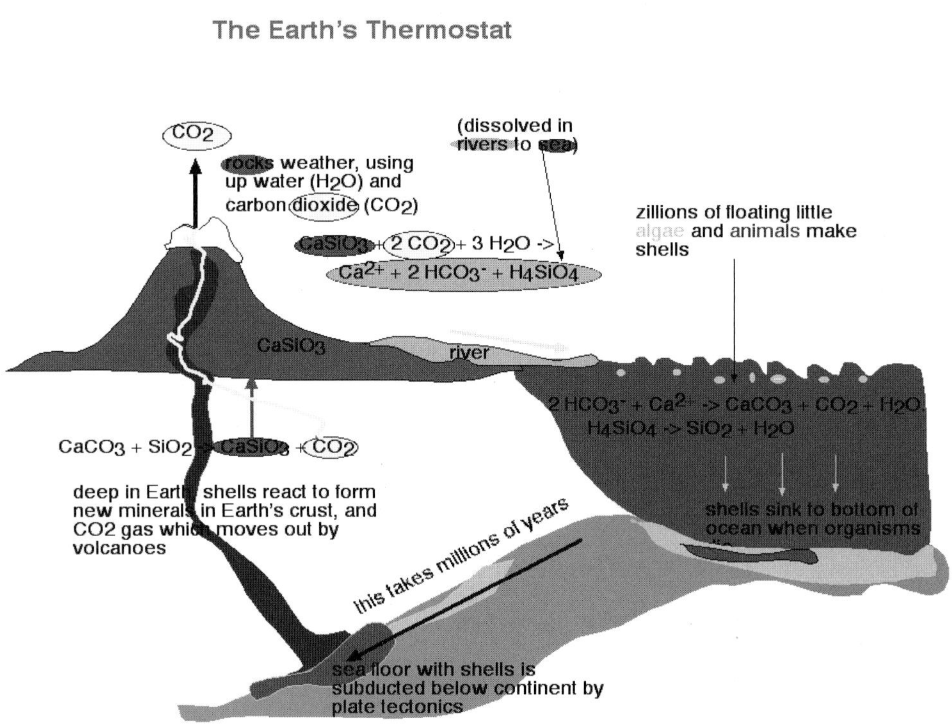


**〈그림 2.2-5〉** 지각의 열에너지 함량과 탄산가스의 지각 중 이동

(Source: E. Thomas, History of Life on Earth, 2005, http://ethomas.web.wesleyan.edu/ees104/lect12.htm)

**〈표 2.2-2〉** 태초의 대기 조성과 진화 과정별 농도 변화

| | | 탄소(C) | 수소(H) | 질소(N) | 산소(O) | 유황(S) | 할로겐원소(X) |
|---|---|---|---|---|---|---|---|
| 태초의 대기조성 (이론적 환원조건) | | $CO + CH_4$ | $H_2$ | $NH_3 + N_2$ | $H_2O$ | - | - |
| 2차 대기 | 화산폭발 가스조성 | $CO_2 + CH_4$ | $H_2$ + $H_2O$(95%) | $N_2 + NH_3$ | 0 | $H_2S + SO_2 + S + SO_3$ | HCL + HF |
| | 2차대기 조성 | $CH_4 + CO_2$ | $H_2O$ | $NH_3$ | 0 | $H_2S$ | 0 |
| 현재 (3차 대기조성) | | 0.03%$CO_2$ | 0~4%$H_2O$ | 78.1%$N_2$ | 20.9%$O_2$ | 0 | 0 |

(Source: Denner, D, 2000, The Primitive Atmosphere, http://www.answersingenesis.org/docs/3813.asp; Anm,, 2000, http://www.science.siu.edu/microbiology/mivr425/425Notes/14-OriginLife.html; Pridwirny, M.J., 2000, Fundamentals of Physical Geography, http://www.geog.ouc.bc.ca/physgeog/contents/table.html)

드워니(M. J. Pridwirny, 2000, Fundamentals of Physical Geography, 2005, http://www.geog.ouc.bc.ca/physgeog/contents/table.html)에 따르면 지구상의 대기조건은 〈표 2.2-2〉에 나타낸바와 같이 변하였다고 한다. 즉 탄소(C)와 수소(H) 및 산소(O)와 질소(N) 그리고 유황(S)으로 구성된 생명체 분자인 단백질을 합성하려면 생명체가 탄생하는 대기조건이 환원조건이라 하고, 현재와 같은 산화조건에서는 합성될 수 없다고 한다. 따라서 현재와 같은 산화조건의 지구상에서도 생존하는 생명체가 탄생한 생명의 기원은 대기 중의 탄산가스($CO_2$)를 흡수고정하고, 다음 식과 같이 산소($O_2$)를 부산물로 방출하는 광합성(photosynthesis)기능을 갖춘 녹색식물이 탄생한 후에야 대기 중의 산소가 증가하고, 나아가 그 생명체의 진화과정을 통하여 누적된 산소가 현재와 같은 산소농도를 나타낸다는 것이다.

$$6 \times CO_2 + 6 \times H_2O \rightarrow\rightarrow\rightarrow (\text{녹색식물의 광합성}) \rightarrow\rightarrow\rightarrow C_6H_{12}O_6 + 6 \times O_2$$

또한 크로닌(V. Cronin, 2000, http://www.uwm.edu/~vcronin/422-100.glaciers.html)에 따르면 빙하기는 현재보다 5℃ 이상 강하하면 빙하기가 되어 현재 지표면의 10%를 점유하는 빙하가 29%까지 점유하고, 해수면의 수위는 현재보다 100~130m 이하로 낮아지고, 아시아와 북아메리카대륙사이와 유럽과 영국사이가 육지로 연결되며, 지구가 계속 온난화되면 빙하를 녹여 해수면을 상승시킬 것이다. 나아가 두께 3km에 이르는 빙하는 그의 무게 때문에 지표면을 1km까지 압축시킬 것이며, 대기표면에서는 입사광의 반사율이 증가하여 지표면의 온도는 더 떨어질 것이라고 한다.

즉 베크리(G. Bechly, 2000, http://www.bechly.de/paleodat.html)에 따르면 160억 년 전에 대폭발(Bib Bang)로 우주 탄생(Cosmo-Genesis)이 발생 후 60억 년 전에 물질 탄생(Terra-Genesis) 이 있었고, 50억 년 전에 지구 탄생(Litho-Genesis), 46억 년 전에 생명체탄생(Bio-Genesis)이 시작된

후 최초의 빙하가 25억 년 전에 시작되었고, 지구 역사상 대 빙하기는 11회까지 발생하였으며, 가장 최근의 대 빙하기는 3,200,000년 전에 일어났고, 그사이에 15~20회 걸친 주요 빙하기가 발생하였으며, 가장 최근의 빙하기는 25,000년 전에 시작하여 18,000년 전에 피크에 이른 후 11,000년 전부터 빙하가 퇴조하기 시작하였다. 이러한 간빙기에도 북유럽에서는 대기온도가 떨어져 1,400년대와 1,800년대에 작은 빙하기가 발생하였다고 한다. 이러한 기후변화를 한반도의 역사에 적용하면 이조 500년의 역사와 유사한 결과를 나타낼 것이다.

또한 데너(D. Denner, 2000, http://www.answersingenesis.org/docs/3813.asp)에 따르면 태초부터 지구상에 물과 메탄가스 및 일산탄소가 많아 광합성 생명이 탄생되고, 이어서 대기 중에 태양광을 흡수한 지구가 가열된 온도에 의하여 발산하는 적외선을 가장 많이 흡수하는 것이 수증기이나 냉각 응축하여 쉽게 분리되기 때문에 수증기 다음으로 자외선 흡수력이 강한 탄산가스가 증가하여 대기 중의 온도가 상승하여 현재에 이르고, 생물이 생존하기에 쾌적한 영상 15℃에 이르렀다고 한다.

### (3) 산림 생태계의 태양에너지 비축과 목재 바이오에너지 자원

특히 최근에는 식량부족으로 인구의 1/3이 굶거나 기아상태에 있는 아프리카 주민의 인권문제가 등장하여 식량 증산이 시급하게 필요하지만 기후변화로 야기되는 극심한 가뭄으로 기아와 기근상태가 이어지는 식수 부족과 전염병이 확산되고 있다.

그러나 학문적으로는 태양광선이 과도하게 내려 쬐는 사막이라도 생수자원과 에너지자원만 충분하면 지구촌의 어느 곳에서나 식물의 생육조건을 인공적으로 조절할 수 있는 온실내에서는 농작물의 광합성을 통하여 식량을 생산할 수 있다. 그러나 각지에 분포한 각자에게 필요한 다량의 식량을 생산하는 농작물은 지역적 기후조건에 좌우되는 넓은 토지이기 때문에 그의 생산량은 재배하는 농작물의 종류와 토양 및 기후조건에 따라 좌우된다. 특히 식량으로 이용되는 전분을 다량 생산하는 농작물은 식물이기 때문에 그 지역 기후조건에 적응하면서 자가 합성한 열매를 생산하고, 바람이나 곤충에 의하여 이동하기 때문에 이동할 필

**〈표 2.2-3〉** 지구촌의 탄소 자원 분포

| | 탄소 저장고 | | | | | | 지하 화석 연료 | | | | 합계 |
|---|---|---|---|---|---|---|---|---|---|---|---|
| | 대기 | 산림 | 토양 | 해수면 | 심해 | 소계 | 석탄 | 석유 | 천연가스 | 소계 | |
| 크기 (Gigaton C) | 750 | 610 | 1,580 | 1,020 | 38,100 | 42,060 | 4,000 | 500 | 500 | 5,000 | 47,060 |

(출처: J. F. Kasting, 1998, The Carbon Cycle, Climate, and the Long-Term Effects of Fossil Fuel Burning; http://www.gcrio.org/CONCEQUENCES/volo4no1/cabcycle.html)

요가 없지만 그의 생산량은 그 지역의 기후조건에 좌우되기 때문에 전분으로 먹이로 이용하는 동물, 특히 인간은 이동하지 않으면 안 된다. 따라서 인간이 한 지역에 정착한 농업사회가 되면서 부터는 다량의 식량생산을 위한 그 지역에 적합한 농작물을 재배하여야 하기 때문에 적지적수(適地適樹) 선택이 중요하게 된다.

주요 온실가스로 주요 지목되고 있는 탄산가스의 방출을 억제하기 위하여 지구촌의 탄소분포를 연구한 카스팅(J. F. Kasting, 1998, The Carbon Cycle, Climate, and the Long-Term Effects of Fossil Fuel Burning; http://www.gcrio.org/CONCEQUENCES/volo4no1/cabcycle.html)에 따르면 지구상의 탄소는 〈표 2.2-3〉에 나타낸 바와 같이 심해가 대부분을 흡수하고 있으며, 인간의 활동으로 연소시 발생하는 탄산가스는 〈표 2.2-4〉에 나타낸 바와 같이 북반구가 남반구보다 인간 활동이 많아 대기 중의 $CO_2$농도가 약간 높지만 평균하여 358ppm이기 때문에 대기 중의 탄소 함유량은 750 Gtc에 달하며, 과거 10여년 간 조사결과 연간 1.5ppm씩 증가하기 때문에 1999년 초에는 365ppm으로 765 GtC에 달한 셈이다. 따라서 매년 화석연료 소각과 산림벌채로 발생하는 탄산가스 7.1 GtC중 거의 절반인 3.3 GtC는 대기 중에 축적되고, 나머지 3.8 GtC가 복합적인 자연적 과정에 의하여 제거되어야 하는데 해수면이 2.0 GtC 정도 흡수한다면 나머지 1.8 GtC은 어디로 갔을까?

왜냐하면 질량보존의 법칙에 따라 지구상의 탄소량을 평가하면 육지의 산림은 연간 0.5 GtC정도 합성하므로 이를 뺀 나머지 1.3 GtC를 토양이나 심해가 흡수하여야 하나 1년의 짧은 기간에 모두 흡수하는 것은 어렵다고 평가된다. 즉 방출된 탄산가스가 지구상에서 평형을 이루려면 전술한 바와 같이 다른 흡수. 고정 요소가 참여하지 않으면 화학적 평형을 이루지 못할 것이다.

환언하면 화석연료의 과대소비로 늘어나는 탄산가스는 온난화를 초래하는 온실가스로서 대기 중의 $CO_2$ 농도를 증가시켜 기후를 변화시킬 것이다.

한편 우드 홀 연구센터(Wood Hole Research Center: WHRC, 2000, http://www.whrc.org/science/carbon/

**〈표 2.2-4〉** 지구촌의 탄소 자원 분포

| | $CO_2$ 발생량 | | | $CO_2$고정 | | | | |
|---|---|---|---|---|---|---|---|---|
| | 화석연료 소각 및 시멘트제조 | 열대림 벌채 | 소계 | 대기 중 저장 | 해수면 흡수량 | 북반구산림 연간 성장량 | 기타육지고정량 ($CO_2$ 비료, 질소비료후효과) | 소계 |
| 크기 (Giga-ton C/yr) | 5.5 | 1.6 | 7.1 | 3.3 | 2.0 | 0.5 | 1.3 | 7.1 |

(출처: J. F. Kasting, 1998, The Carbon Cycle, Climate, and the Long-Term Effects of Fossil Fuel Burning; http://www.gcrio.org/CONCEQUENCES/volo4no1/cabcycle.html)

missingc.html)에 따르면 각종 간접적인 방법으로 측정한 지구화학적 데이터를 종합하면 다음과 같이 종합되는데 육지생태계가 방출한 탄산가스량은 토지를 농업이나 다른 용도로 전환시킨 파괴되지 않은 산림생태계가 고정한 양을 감한 값이 되어야 평형에 될 것이다. 따라서 1980년대의 지구촌 탄소 사이클에서 미싱 탄소 싱크(missing carbon sink)는 측정되지 않은 탄소 비축 분으로서 1980년대에 연간 화석 연료소각에서 방출된 5.5±0.5 PgC 와 주로 산림벌채를 의미하는 토지용도변경으로 방출된 1.6±0.7 PgC를 더한 합계 7.1 PgC의 탄산가스량이 이를 흡수 분리하는 대양 흡수량 2.0±0.8 PgC와 생태계 고정량 3.3±0.2 PgC를 더한 합계 5.3 PgC 보다 많아 1.8PgC가 추가되어야 수지가 맞게 되는데 이는 농업과 임업이 기여한 것이라고 한다.

그러나 이러한 식물체가 성장하는데 필요한 기후요소 중에서 측정이 용이한 기온에 대한 연구결과 하루 평균 기온이 영상 10℃ 이상에서 성장을 시작하고, 38℃까지 성장량이 증가하나 그 이상의 온도에서는 과다한 호흡으로 성장이 감소하여 말라 죽는다고 한다.

특히 자연적인 기후변화 원인 물질은 78%의 질소($N_2$)와 21%산소($O_2$) 및 0.9%아르곤(AR)이고 극소량의 수증기($H_2O$)와 탄산가스($CO_2$)이므로 지구촌의 생태계를 살아남게 한 생수순환의 일환으로 일어나는 강수량으로 내리는 물($H_2O$)을 제외하면 기온 변화를 초래하는 주요 온실 가스는 $CO_2$이라고 한다.

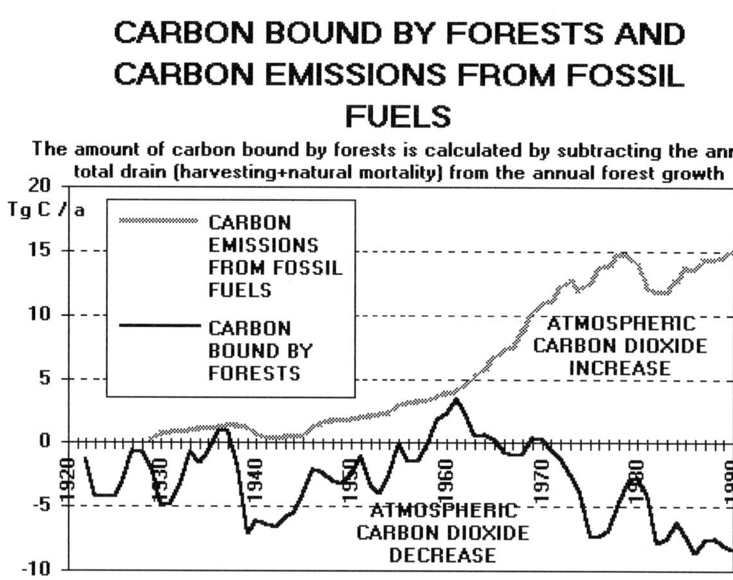


**〈그림 2.2-6〉** 지구촌의 탄소 사이클과 산림자원의 탄소고정효과

(Source: J.W.Kimballs, 2002, http://www.ultranet.com/~jkimball/BiologyPages/C/CarbonCycle.html)

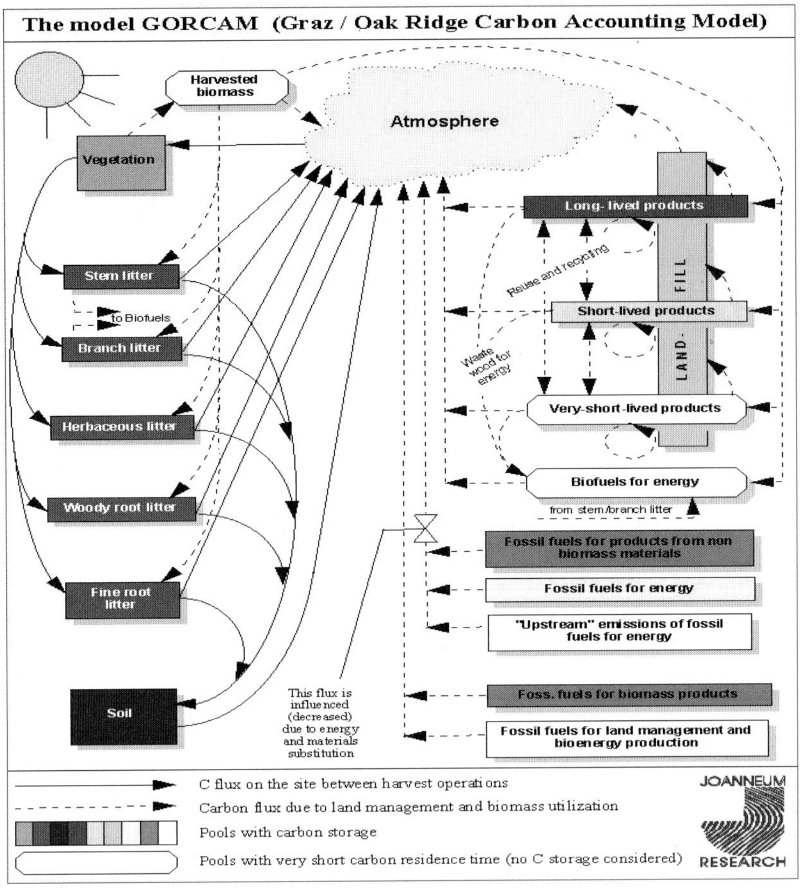


〈그림 2.2-7〉 목질 바이오메스의 생산과 분해과정

(Source: Oak Ridge National Laboratory, 2000, http://www.joanneum.ac.at/iea-bioenergy-task38/model/gorpic1.html)

더욱이 광합성으로 고정된 탄산가스는 나무에 비축될 때 장기적으로 분리할 수 있다. 따라서 대기 중의 탄산가스는 〈그림 2.2-6〉에 나타낸 바와 같이 자연적인 발생량은 산림생태계 채굴하여 연료로 사용한 산업혁명이후에는 화석연료의 영향으로 대기 중의 탄산가스농도가 증가하였다고 한다.

그렇지만 장시간 생존하는 바이오메스 에너지는 나무로서 〈그림 2.2-7〉에 나타낸 바와 같이 매년 발생하는 낙엽과 죽은 가지 및 탈락하는 조직들이 땅에 떨어져 토양 중의 부식질로 저장되어, 후세대의 영양분으로 이용된다.

## (4) 환경 정화를 위한 산소($O_2$) 생산과 산림 생태계의 역할

지구촌의 생명체는 누구나 건강한 삶을 위하여서는 다량의 산소($O_2$)를 필요로 하기 때문에, 산업적으로 산소를 생산하면, 돈을 벌 수 있을 것이나 화석연료를 사용하여서는 비경제적이다.

그러나 골드스미스와 프리버그(J. R. Goldsmith & L. T. Friberg, 1977, Effect of Air Pollution on Human Health, in "Air Pollution, 3rd ed. by A. C. Stern, Vol. II, Academic Press, p 458)에 따르면 인간은 먹지 않고 5주를 살 수 있고, 마시지 않고 5일을 살 수 있지만 공기($O_2$)없이는 5분도 살지 못 한다 (A man can live for 5 weeks without food, for 5 days without water, but for only 5 minutes without air (oxygen))고 한다.

또한 젠킨스와 크리스텐센(D. Jenkins & L. Christensen, 2000, http://www.ohscanada.com/ConfinedSpaces/dangerous_places.html)에 따르면 대기 중의 산소농도가 21%에 불과하나 환기가 불충분한 밀폐 공간에서는 산소농도가 19.5~22.5%에 이르러야 작업 가능하고, 이보다 낮으면 산소결핍으로 생리대사에 영향을 미쳐 고통을 받는다고 한다. 더욱이 18% 이하이면 인체에 의식장애가 일어나 근육이 기능을 할 수 없고, 무 산소 상태에서 3~5분이 지나면 뇌 세포가 죽기 시작한다고 한다.

그 이유는 전술한 바와 같이 지구촌의 생명체가 대기 중의 산소농도에 따라 진화하고, 그로 인하여 멸종하기도 한 성분으로서, 지구촌의 어느 곳이라도 바람에 의하여 고루 분배되어 지역적 차이가 없고, 쉽게 포집하여 상품화할 수 있는 성분이 아니다. 만일 기술이 있어 산소를 공급하여 돈을 버는 기술을 갖추었다 하여도, 지구촌의 생명체에게는 누구에게나 매 순간 필요한 대기 중의 산소가 매 순간 부족하면, 매 순간 생사가 왔다 갔다 하는 물질이기 때문에 기술자 본인에게도 동일한 개수의 산소분자가 필요하다. 또한 이러한 산소는 지구촌에 표변에 널리 퍼진 녹색식물의 광합성으로 매순간 다량 생산되고, 바람(wind)으로 분배되기 때문에 국지화된 산업적 생산은 산림자원의 산소생산량을 따라갈 수 없다.

특히 녹색식물의 광합성은 태양광에너지를 온실가스로 알려진 탄산가스를 화학적으로 분해하여 바이오메스(biomass)로 고정하여 비축하는 매 순간, 생존에 필수적인 산소를 생산하기 때문에, 유구한 역사를 통하여 생물진화에 결정적인 역할을 하였으며, 현재에도 인간 생존과 주변 환경 정화에 필수적인 21% 산소의 대기조건을 만들고 있다.

한편 현재는 핵물리학의 발전으로 지각 중의 암석분석과 만년설 내의 빙하분석 및 고령목의 나이테분석에서 구성 원소 중 탄소와 산소의 동위원소를 추적하여 과거의 기후변화를 추적하고, 방사선 동위원소의 반감기를 계산하여 지구의 역사를 추정하고 있다.

즉 미시간 대학의 지구변화 강좌(Global Change, 2005, http://www.sprl.umich.edu/GCL/climate_rec.html)에 따르면 산소 동위원소는 현재 원자량 16의 O-16이 99.76%, 원자량 17의 O-17은 0.035%인데 반해 원자량 18의 O-18은 0.20%이기 때문에 바다에서 증발한 수증기가 바람에 의하여 대륙으로 이동하여 만든 빙하중의 산소 동위원소는 옛날의 바다에서 나온 것으로서 빙하 코아

〈표 2.2-5〉 대기 중 산소농도 25v/v%가 되기 위한 광합성량 변화

| | 21v/v%$O_2$ 대류권(Tton) | 21v/v%$O_2$ 대류권(Mmol) | 22v/v%$O_2$ 대류권 | 23v/v%$O_2$ 대류권 | 24v/v%$O_2$ 대류권 | 25v/v%$O_2$ 대류권 |
|---|---|---|---|---|---|---|
| 총량 | 4,750 | 162T | 162T | 162T | 162T | 162T |
| 질소량($N_2$) | 3,527 | 126T | 126T | 126T | 126T | 126T |
| 산소량($O_2$) | 1,093 | 34T | 35.6T | 37.2T | 38.9T | 40.46T |
| 아르곤량(Ar) | 61 | 1.53T | 1.53T | 1.53T | 1.53T | 1.53T |
| 탄산가스량($CO_2$) | 1.9 | 0.043T | 0.041T | 0.039T | 0.038T | 0.036T |
| 특 징 | 0.03v/v%$CO_2$ | 0.03v/v%$CO_2$ | 0.028v/v%$CO_2$ | 0.027v/v%$CO_2$ | 0.026v/v%$CO_2$ | 0.025v/v%$CO_2$ |

(단위: 1T = 1 teraton = $1\times10^{12}$ton)

중에 포집된 O-18의 함량변화를 측정하고, 통계처리로 1ppm의 변화는 1.5℃의 온도변화와 상관관계를 갖는 것을 발견하여 과거의 대기온도를 계산한 결과 빙하기와 간빙기가 수차례 존재하였음을 증명하였다.

포이어바커(A. Feuerbacher, 2000, http://www.geocities.com/Athens/Academy/6040/flood16.html)에 따르면 빙하기에 일어난 또 하나의 증거는 북대서양 심해 코아에 포함된 산소 동위원소의 함량 비 변화로서 바다 침전물 중 O-18이 증가하면 O-16보다 무겁기 때문에 차가운 기후를 의미하므로 이의 분석결과 115,000년 전 빙하기가 시작될 때의 북대서양은 75,000년 전 끝날 때의 온도보다 훨씬 높았으며, 마지막 간빙기인 3,000~5,000년간의 기후변화 추적이 주요 테마이었다고 한다.

그러나 전술한 바와 같이 지구촌의 산소농도는 지구역사에 따라 달라지고, 최고 38%까지 증가한 경우도 있다. 따라서 생명체의 생로병사를 완전하게 기체로 순환시키는데 필요한 산소농도는 생명체 구성 주성분인 단백질을 완전 연소시키는 산소농도가 될 것이다. 즉 전술한 폐기물 소각에서 설명한 바와 같이 지구상에서 생명체의 기본 구성물질인 단백질을 완전 산화 분해시키는데 필요한 한계 산소지수(LOI)가 25%v/v산소의 대기조건이기 때문에 이 농도에 이르면서 수분이 없어 건조하면, 자연발화가 발생할 것이다.

환언하면 현재의 산소농도가 20.9%v/v이기 때문에 원활한 지구촌의 질소 순환과정을 고려하면, 대기 중의 산소농도를 4.1%정도 높여야 25%v/v가 되고, 녹색 식물, 특히 산림자원의 의 광합성 기능을 이용하면, 질량불변의 법칙에 따라 계산하면, 〈표 2.2-5〉와 같이 된다. 즉 대기 중의 탄산가스를 다량 고정하는 산림자원을 대량 육성하여야 필요한 대기 중의 산소농도에 이를 수 있다.

## (5) 생수 자원과 토양 보존을 위한 숲(forest)의 역할

인간이 속해 있는 생태계는 생명체의 2/3을 점유하여 생리대사 매체가 된 물($H_2O$)은 육상새물의 경우 하늘에서 떨어지는 비와 눈으로 공급된다. 따라서 어느 나라 기상대라도 하늘에서 내리는 비와 눈의 수량을 측정하여 연간 강수량을 발표한다. 즉 하늘에서 떨어진 비와 눈물이 육상생물의 생존매체이며, 생명체의 50% 이상을 구성하기 때문이다.

도날드(L. Donald, 2000; http://www.sprl.umich.edu/GCL/paper_to_html/evolut_clim.html)에 따르면, 육상생명체의 생명활동에 필수적인 생수(fresh water)는 대기 중에 함유된 수분을 평균하여 강우량으로 환산하면 지구 표면을 25mm정도 덮는 수량으로서 매일 2.7mm/day의 비가 내리는 셈이기 때문에 평균하여 25mm/2.7mm/day = 9.3days 간대기 중에 머문다고 한다. 그리고 유전자물질인 DNA는 250nm근방의 자외선(UV)에 크게 영향 받기 때문에 오존층의 역할이 크다는 결론이다.

전술한 바와 같이 인류문명은 먹이 피라미드와 먹이 사슬로 얽혀 있는 생태계가 생태학적으로 [ 자연환경 → 녹색식물계 → 동물계 → 미생물계 → 자연환경 ]으로 순환하는 하나의 탄소 사이클을 기준으로 탄소 에너지 변화량을 화학적으로 분석하면 미래의 식량과 에너지 소요량을 정량적으로 예측할 수 있다.

그러나 생존에 필수적인 생수자원은 일상생활뿐만 아니라 생존에 필수적인 식량생산에 다량의 필요하고, 산업발전을 위한 에너지 자원 확보와 기술개발에도 생수자원 확보가 필수적이며, 나아가 살아있는 주변 환경의 유지 보존에도 생수 자원이 필수적이다. 따라서 전술한 바와 같이 지구촌의 생태계가 에너지를 나타내는 기온과 생수자원을 나타내는 강수량의 상호작용에 따라 구분되는 것도 이 때문이다.

최근 수자원확보를 위하여 콘크리트 인공 댐건설보다 산림생태계의 확보와 보호육성이 강조되는 것도 이 때문이다. 즉 거대한 인공 댐이라도 집수 구역 내에 지하수자원을 확보하는 산림자원을 확충하지 못하면, 강력한 콘크리트 댐일지라도 구조적 수명을 다하기 전에 빗물로 흘러내린 유실토사로 매몰되고 말기 때문이다.

역사적으로 인류문명의 발상지는 충분한 생수자원이 확충된 거대한 강 하구에서 발생하였는데 인간이 정착하여 모아 살기 위하여 필요한 비옥한 농경지와 보온에 필요한 에너지용 연료 확보가 용이한 산림자원이 근처에 존재하였기 때문이다. 따라서 오랜 역사를 가진 대도시 주변은 날로 늘어나는 도시인구의 식량 확보를 위한 농경지 확장과 과도한 연료재취로 주변의 산야에는 나무가 거의 없는 황폐지로 변한 곳이 많다.

또한 역사적으로 산업이 발전 곳일수록 도시가 확장되면서 황폐화되어 사막화된 곳이 많다. 즉 나일강유역의 아프리카나 유프라테스 강과 티그리스 강 유역의 중동지역이 그러하며,

카스피 해 주변의 중앙아시아는 매몰된 하천 때문에 식물이 자랄 수 없을 정도로 토양 수분 중 염도(salinity)가 높아 사막화를 가속시키고 있다고 한다.

한편 그레이와 데네크(G. W. Grey & F. J. Deneke, 1986, Urban Forestry, Wiley)에 따르면 도시에서 나무가 존재하면 직사광선을 차단시키고, 키 큰 나무의 꼭대기 기온이 36℃에서 습도가 33%인 경우 지상에 만들에 준 그늘 속 지표면 온도는 22℃에 습도가 87%에 이르러 기온을 낮추어 동물에게 쾌적한 서식 환경을 만들어 주며, 집중된 강우량을 침엽수는 최대 60%까지, 활엽수는 최대 80%까지 분산시켜 지하수로 만들기 때문에 생수자원의 보고이면서 동시에 홍수를 방지하고, 홍수와 강풍의 진로를 분산시켜 수변 구역(watershed)과 농경지의 토양유실을 막아주며, 지속적인 가뭄에는 저장된 생수를 방출하여 가뭄을 완화시키고, 흐르는 폐수를 정화시킨다.

또한 키 큰 나무는 거대한 공기덩이의 이동을 분산시켜 태풍이 불 때는 나무높이(樹高)의 30배까지 보호해 주고, 30m폭의 산림을 조성하면 자동차 소음도 차단하기 때문에 도시에서는 소음차단에 이용되며, 대기오염을 정화시킨다.

따라서 각종 도시계획과 공단건설 및 도로건설에서는 일정량 이상의 녹지대를 분산시켜 남겨 두어야 사막화를 예방하고, 주거환경을 보호할 수 있으며, 발생한 대기 및 수질오염을 예방하기 위하여 나무를 심어 경관을 조성하도록 규정하고 있다. 나아가 키 큰 나무는 그 지역의 아스팔트의 광 반사를 방지하고, 도시 미관을 개선하며, 소음을 감축시키고, 교통 기준용으로 활용되기 때문에 키가 큰 교목(喬木)을 조림 및 보호 육성하며, 커다란 노거수(老巨樹)는 그 지역의 역사적 기념물이 되기도 한다.

환언하면 원래 지구는 산림으로 뒤 덮여 있었으나 생태계가 안정적으로 지속가능한 생활을 하던 것이 인류가 태어나면서 산림생태계를 파괴하기 시작하여 현재에 이르렀기 때문에 인류가 자자손손 후세대까지 지속가능하게 생존할 수 있는 환경을 남겨주려면 현재의 산림 생태계가 과도하게 파괴되었기 때문에 현재의 산림 생태계를 보존함과 동시에 육성하기 위하여서는 현재의 화석에너지를 바이오에너지로 전환하면서 산림생태계를 복원함과 동시에 육성하여야 한다는 결론이다.

또한 사람이 사람을 살상하는 전쟁을 피하고, 평화를 유지하면서 자유스런 의사소통과 교류를 통하여 지속 가능한 사회를 만들자는 UN의 의제 21도 건강한 인류의 생존을 위하여 충분한 식량과 에너지자원을 확보하는데도 우선 충분한 생수자원이 경제적으로 확보되어야 가능할 것이다.

## 2.3. 생태계의 진화(Ecolution)와 산소($O_2$)의 역할

### (1) 생명체(Living Thing)의 진화와 산소($O_2$)의 역할

Wikipedia(History of the Earth, 2008, http://en.wikipedia.org/wiki/History_of_Earth)에 따르면, 태양계(Solar System)의 일부로 형성된 지구(Earth)는 빅뱅(Big Bang)에서 생성된 각종 소립자에서 핵융합 반응(nuclear fusion reaction)을 통하여 생성된 수소(H)와 헬륨(He) 뿐만 아니라 초신성(超新星)에서 분출된 보다 무거운 원소들의 성간물질로 구성되고, 가까운 초신성 폭발로 발생한 충격파에 의하여 46억 년 전에 자전하는 각운동량(angular momentum)을 갖춤과 동시에 입자들로 구성된 먼지구름들이 마찰회전하면서 서로 응집하여 지구(地球)라는 구형의 용융 물질덩이가 형성되면서 발생하는 중력에 의하여 무거운 원소들은 중심으로 가라앉고, 가벼운 원소들은 표면으로 부상하여 오늘날의 지구형태가 되었다고 한다.

또한 Wikipedia(Origin of Water on the earth, 2008, http://en.wikipedia.org/wiki/Origin_of_water_on_Earth)에 따르면, 아직 분명화지는 않지만, 지구촌에서 생명과 에너지의 근원이 되는 수분(水分: $H_2O$)은 혜성에서 왔다는 설이 우세하나, 현재의 바다는 (1) 원시지구가 냉각할 때 안정화에 필요한 충분한 대기압에 의하여 액상으로 잔류하고, (2) 외계에서 온 혜성이나 고수분의 소행성들이 역사이전의 지구와 충동하여 지구에 물을 가져오며, (3) 풍화와 광합성을 통한 생화학적 반응에 순환하고, (4) 지구암석 중의 수성 광물에 저장된 수분이 누출되며, (5) 표면에 결합된 수분을 광분해 시켜 공급하면서 유지된다는 것이다.

한편 벨(R. Behl, GEOL 300i; Earth Systems and Global Change, 2008, http://seis.natsci.csulb.edu/rbehl/300i-L06.html)에 따르면, 지구촌의 대기 층 공기는 고형의 지구에서 발생한 화산(volcano) 분출에서 휘발한 가스가 시원물질이며, 대륙판(plate tectonic) 이동과 혜성 충돌 시 발생한 화산활동으로 발생하고, 고형화 된 지구표면에 혜성(彗星: comet)의 충돌로 달 형성 충돌이후 어느 경우나 화산이 발생하면서 발생한 이들 가스가 지구촌에 축적되었으며, 그의 화학적 성분은 주로 [ $H_2O$, CO, $CO_2$, HCl, $CH_4$, $NH_3$, $N_2$ ] 와 미량의 유황(S) 가스가 함유되어 고대의 공기는 화학적으로 유리산소(遊離酸素: free oxygen)가 없는 환원성 대기(reducing atmosphere)이었다고 한다. 즉 우주와 태양계에 가장 많은 수소(H)와 헬륨(He) 원소들은 가벼워서 우주로 휘발하여 성간물질이 되고, 지구의 중력(重力: gravity)에 의하여 지구촌의 대기권을 이루는 수분(H2O)은 태양광선의 UV선에 의하여 분해가 일어나 수소($H_2$)와 산소($O_2$)로 분해되면서 생성된 수소가스는 우주로 이탈한 반면 원자량이 높은 산소분자는 무거워 지구촌에 남아 대기 중의 [ CO, $NH_3$, $CH_4$, $H_2O$ ] 와 반응하여 환원성 대기(reducing atmosphere)를 산화성 대기로 만들었다는 것이다.

이러한 증거는 지질연구에서 밝혀진 것으로서 강이나 사막 또는 사구나 충적층에서 선캄브리아기(Precambrian)에 속하는 퇴적층에 철분(Fe)이 풍부한 적색퇴적암층(red beds)이 18~25억 년 전에 사라진 것으로 보아 산소를 함유하고 있는 아미노산과 DNA와 같은 생명체부분이 존재할 수 없었을 것이다. 따라서 매우 간단한 박테리아나 혐기성 조건에서 살 수 있는 시생대 생명체들은 산소에 중독되어 죽었을 것이다.

그렇지만 오늘 날과 같이 다양한 생명과 자연이 공존하는 부피기준으로 [ 78%$N_2$ + 21%$O_2$ + 1%Ar + 0.03%$CO_2$ + 소량의 수증기 ($H_2O$) ]가 대기조건이 된 것은 아마도 장시간에 걸친 풍화작용(風化作用: weathering)으로 생성된 토양성분이 [ $CaSiO_3$ + $CO_2$ ↔↔↔ $CaCO_3$ + $SiO_2$ ]와 같은 반응을 통하여 대기 중의 탄산가스를 감소하고, 광합성 자가생물인 녹색식물의 번성으로 대기 중의 탄산가스를 감소시키면서 노폐물인 산소를 방출하였지만, 충분하지 않았을 것이다. 따라서 안정화된 평형을 유지하기 위하여서는 매몰되거나 죽은 사체 유기물의 산화와 광합성의 균형화로 오늘날의 대기조건인 산소 15%~30% $O_2$를 유지하는 안정적 조건이 형성되었다. 즉 다양한 생명체가 진화하면서 [ 대기 + 대양 + 육지(퇴적층과 지각) + 생태계 ]로 구성되는 탄소(C)와 질소(N) 저장고의 크기변화가 단기간의 변동을 조절한다는 결론이다.

또한 미국 지질 조사소(USGS, Radiometric Time Scale, 2005, http://pubs.usgs.gov/gip/geotime/radiometric.html)에 따르면, 프랑스 물리학자인 베퀘렐(H. Becquerel)이 1896년 우라늄(U)의 자연적인 방사능붕괴를 발견한 이래, 1905년 영국 물리학자 Rutherford 경이 원자구조를 밝히면서, 1907년 미국 예일대학의 방사능화학자인 볼트우드(B. B. Boltwood)가 지구를 구성한 원소들의 방사능에 기초한 지구연대를 출판하면서 방사능물질의 자연붕괴에 따른 지구의 절대 연대연구가 확산되어 오늘날에는 상당히 정확한 절대연대를 추정하고 있다.

따라서 미 일리노이 대학의 웨블스(D. Wuebbles, 2005, ATMS449 Biogeochemical Cycles Lecture 3: Origin of Earth's Atmosphere, 2005, http://www.atmos.uiuc.edu/courses/atms449-sp05/documents/ATMS449Lecture3.pdf)에 따르면, 현재와 같이 살아있는 지구를 그리스신화에 등장하는 가이아(Gaia)라고 부른 러블록(J. Lovelock)의 가이아(Gaia) 이론과 지구상의 화학원소분포 및 지각중의 생물 화석을 비교하여 추정할 때, 현재와 같은 지구는 45.56억 전에 빅뱅(Big Bang)으로 만들어진 우주의 먼지들이 서로 응집하여 지구가 만들어졌으나 중력이 너무 약하여 기체상의 작은 원소들을 응집할 수 없었고, 약 44억 전부터 지구가 냉각되면서 가벼운 원소는 표면으로 상승하고, 무거운 철분과 우라늄은 지구중심으로 가라앉았으며, 가장 가벼운 지구의 대기 성분은 [ CO + $CH_4$ + $H_2O$ + $N_2$ + $H_2S$ + $NH_3$ + HCL + Ar + HCH ] 등의 환원조건이었고, H나 He과 같은 가벼운 원소들은 지구를 이탈하여 우주로 가버렸다고 한다. 따라서 40억- 33억 년 전에는 주요 대기성분이 [ $H_2O$ + $N_2$ + $CO_2$ ]로 구성되고, CO나 $SO_2$ 또는 Ar, He는 미량성분이었으며, 이때 최초의 살아있는 단세포 생물인 시아노박테리아(Cyanobacteria)가 발생하여 최초로 유리산소($O_2$)

가 발생하여 물속과 대기 중에 존재하기 시작하였다고 한다. 따라서 생물이 살 수 있는 대기 조건은 33억 년 전부터 조성되어 현재에 이르는데 그 사이에 대기 중의 탄산가스농도와 산소농도 사이에 균형으로 이루면서 기후변화가 야기되었다고 보고 있다.

또한 도날드(L. Donald, 2000;http://www.sprl.umich.edu/GCL/paper_to_html/evolut_clim.html)에 따르면 지표면에서 산소농도가 0.2~1% 이하에서도 생존하는 핵막이 없는 원시세포(Prokaryotes)와는 달리 광합성으로 발생한 산소(oxygen toxicity)독을 방지하기 위하여 핵막을 가진 진핵세포(Eurokaryotes)가 생존할 수 있는 조건은 태초에 광합성 원시 세포들이 대기 중의 산소농도를 1%까지 증가시킨 다음에 진핵세포들이 발생하고, 대기 중에 충분한 산소들이 축적된 후에야 오존층이 발생할 수 있으며, 이어서 진화된 진핵세포들에 의하여 산소농도가 조절되었을 것으로 보고 있다.

즉 대기 중의 산소농도가 15%$O_2$ 이하이면 유기물이 연소되지 않아 생명체가 살기 어려우나 25%$O_2$ 이상이 되면 물기가 가득한 유기물이라도 연소될 수 있으며, 35% 이상이 되면 벼락이 떨어지면 산화(山火)가 발생하므로 그의 중간이 산소농도 20% 정도를 유지하는 것은 생태계와 환경간의 어느 균형점으로 보고 있다.

특히 기후변화에 대한 강좌를 개설한 미시간대학(Evolution of the Atmosphere: Composition, Structure and Energy, 2005, http://www.globalchange.umich.edu/globalchange1/current/lectures/samson/evolution_atm/)에 따르면, 현재 태양계를 구성하고 있는 금성(Venus)에는 산소가 없으나, 화성(Mars)에는 2.5%의 산소가 존재하고, 그 사이에 낀 지구(Earth)에는 21%에 달하며, 지구도 태초에는 산소가 없었으나 광합성을 할 수 있는 시아도 박테리아가 출현하면서 산소농도가 증가하고 오늘과 같이 21%가 된 이유는 지구촌의 역사와 밀접한 관계가 있다고 한다. 또한 미시간대학은 대기 중의 산소농도가 15% 이하이면, 연소가 일어나지 않으며, 25% 이상이면, 습윤한 유기물도 연소된다고 한다. 또한 하이빔리써치(HighBeam Research, Changes in the Air: Variations in atmospheric oxygen have affected evolution in big ways, 2005, http://www.highbeam.com/library/docfree.asp?DOCID=1G1:140560920&ctrlInfo=Round20%3AMode20b%3ADocG%3AResult&ao=)에 따르면, 공룡시대에는 지구상의 산소농도가 35%에 이르렀고, 산소농도가 다른 조건에서의 배 발달시험결과 산소농도 16%에서는 배 발달이 21%의 정상 산소농도보다 거의 일주일 지연되고, 27%의 산소농도에서는 배의 사망률이 거의 두 배에 이르렀다고 한다.

또한 위블(D. Wuebbles, 2005, ATMS449 Biogeochemical Cycles Lecture 3: Origin of Earth's Atmosphere, 2005, http://www.atmos.uiuc.edu/courses/atms449-sp05/documents/ATMS449 Lecture3.pdf)에 따르면. 지각단층에서 발견된 화석생물을 근거로 대기 중의 산소농도를 추정하여 생물의 진화에 따라 화석을 배치하면 〈그림 2.3-1〉과 같다고 한다. 즉 진화된 생물이 생존할 수 있는 환경요소 중에서, 특히생존에 필요한 산소농도에 따라 배열하고, 이를 수집된 화석생물과 연결시키면, 〈그림 2.3-2〉와

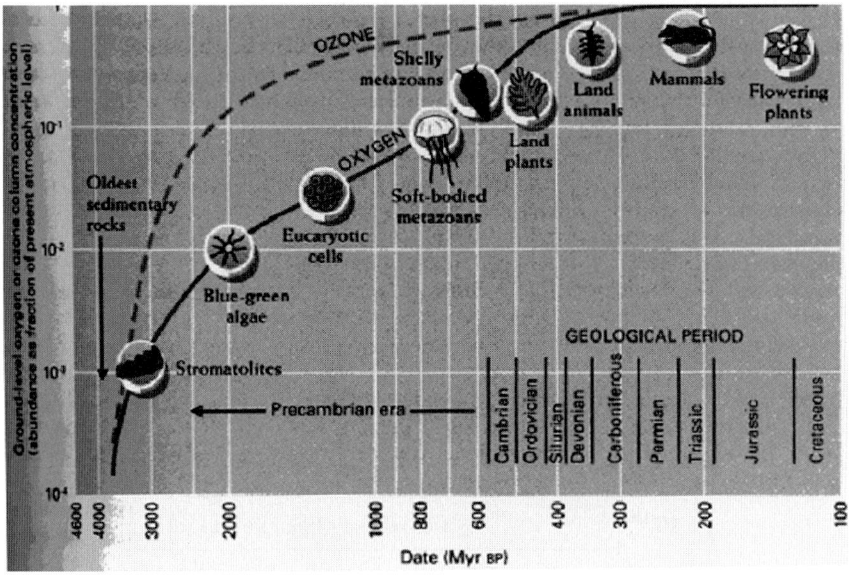


〈그림 2.3-1〉 지각중의 생물화석과 지질시대

(Source: D. Wuebbles, 2005, ATMS449 Biogeochemical Cycles Lecture 3: Origin of Earth's Atmosphere, 2005, http://www.atmos.uiuc.edu/courses/atms449-sp05/documents /ATMS449Lecture3.pdf)

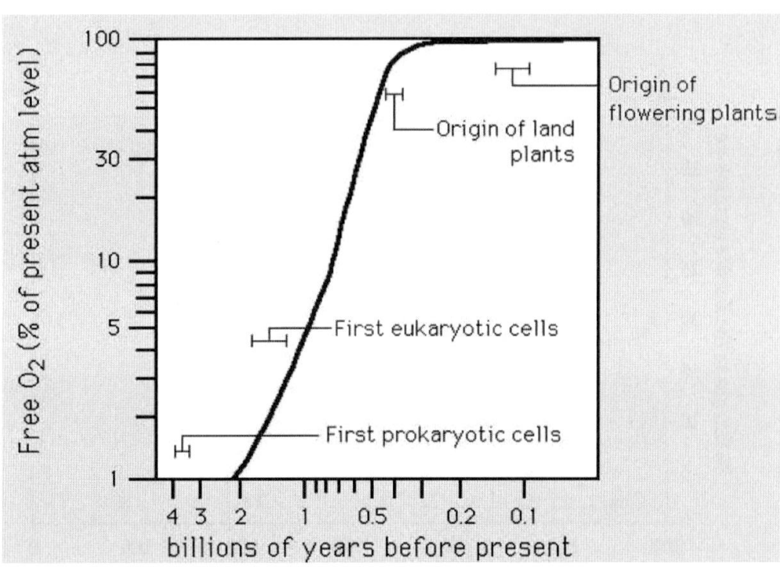


〈그림 2.3-2〉 생물의 종류와 대기 호흡에 필요한 산소농도 관계

(Source: D. Wuebbles, 2005, ATMS449 Biogeochemical Cycles Lecture 3: Origin of Earth's Atmosphere, 2005, http://www.atmos.uiuc.edu/courses/atms449-sp05/documents /ATMS449Lecture3.pdf))

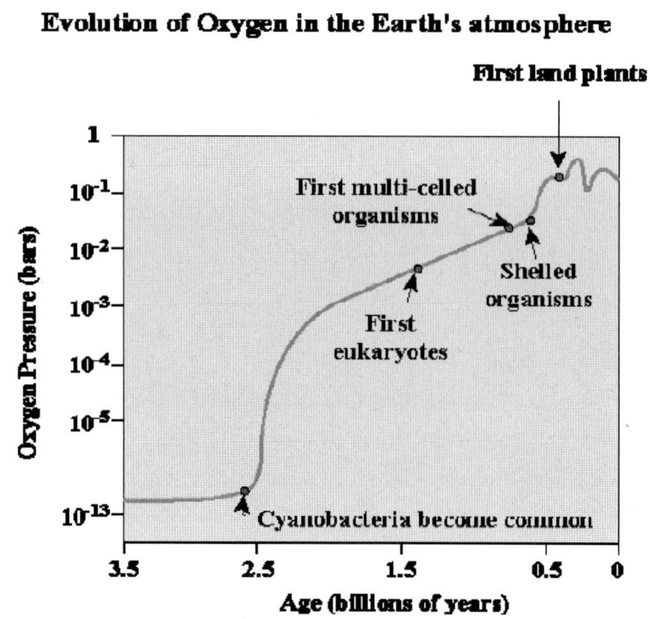


〈그림 2.3-3〉 화석생물의 진화과정과 대기 중의 산소분압 변화

(Source: D. Wuebbles, 2005, ATMS449 Biogeochemical Cycles Lecture 3: Origin of Earth's Atmosphere, 2005, http://www.atmos.uiuc.edu/courses/atms449-sp05/documents /ATMS449Lecture3.pdf))

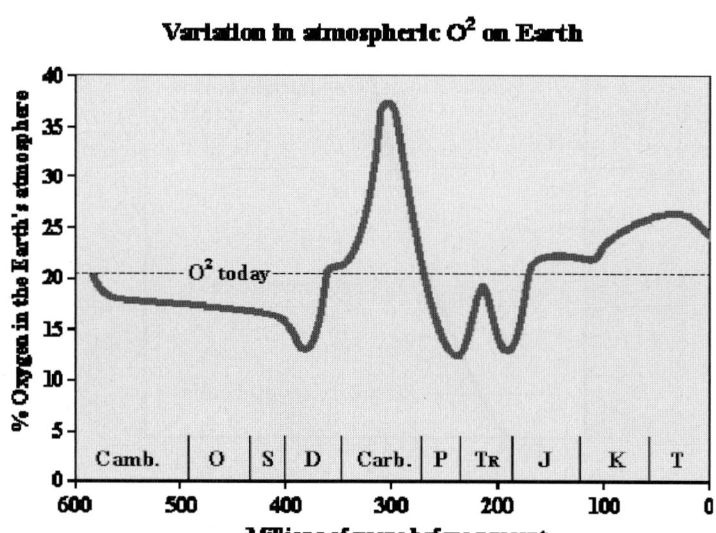


〈그림 2.3-4〉 지질시대별 Biomass 농도와 산소농도의 상호관계

(Source: D. Wuebbles, 2005, ATMS449 Biogeochemical Cycles Lecture 3: Origin of Earth's Atmosphere, 2005, http://www.atmos.uiuc.edu/courses/atms449-sp05/documents /ATMS449Lecture3.pdf))

같이 배열되어 〈그림 2.3-3〉과 같은 배치가 얻어진다. 따라서 이들 화석생물의 번성기시와 대기 중의 산소농도를 추정하면 〈그림 2.3-4〉와 같다고 한다.

즉 삼손(P. Samson, Introduction to Global Change 1: Physical Processes, 2205, http://www.globalchange.umich.edu/lobalchange1/current/lectures/samson/evolution_atm/#composition) 등의 지질학자에 따르면, 지구상의 유리산소($O_2$) 생성은 3단계로 진행되고, 생물시대가 시작되면서 형성된 것으로서 대기 중의 탄산가스($CO_2$)를 생물체의 먹이로 고정하는 다음과 같은 식물의 광합성이 시작되면서 산소가 형성 비축되기 시작되고, 기후가 안정화되면서 증감이 지속되면서 현재에 이른 것이라고 한다.

$$6 \times CO_2 + 6 \times H_2O \rightarrow\rightarrow\rightarrow \text{(photosynthesis: green leaves)} \rightarrow\rightarrow\rightarrow C_6H_{12}O_6 \text{ (glucose)} + 6 \times O_2$$

즉 (1) 빅뱅(Big Bang)으로 발생한 우주먼지들이 응집한 최초의 지구 대기(atmosphere)는 중력이 약하여 현재의 태양과 같이 주로 수소(H)와 헬륨(He)으로 구성되었으나

(2) 이어서 냉각으로 발생한 지각은 오늘날의 화산(volcano) 가스와 같이 대기 중에는 유리산소(O)가 없이 수분($H_2O$) 탄산가스($CO_2$). 아황산($SO_2$), 일산화탄소(CO), 유황가스($S_2$), 염소가스($Cl_2$), 질소($N_2$), 수소($H_2$), 암모니아가스($NH_3$) 및 메탄가스(CH4)로 구성되고, 지구가 더욱 냉각되면서, 대기 중의 수분이 액체로 변하여 바닷물이 되어 되돌아 올 것이다.

(3) 최초의 생명은 태양광선 중 UV를 차단할 수 있는 바다 속에서 탄생하고, 이때 대기 중에는 유리산소($O_2$)는 대기 중의 수분($H_2O$)이나 탄산가스($CO_2$)가 태양광선 중의 자외선(UV) 광분해(photolysis)로 생성되기 때문에 현재의 0.2 - 1% 정도에 불과하였으며, 현재와 같은 육상생물은 살 수 없는 대기환경이었다. 즉 약 20억 년 전의 일로서 발생한 수소는 지구의 약한 중력 때문에 지금의 공기성분과 같이 지구공간에 묶여 있지 않고, 지구 밖으로 이탈한 반면, 산소는 중력 때문에 묶였을 것이며, 이때 세포핵을 갖춘 진핵세포생물(Eukaryotes)이 물속에서 출현하여 유리산소를 다량 생산하면서 대기 중에 산소가 비축되었다고 한다.

(4) 또한 대기 중에 비축된 유리산소($O_2$)는 성층권까지 충분히 비축되자, 약 4억 년 전에 태양광선 중의 UV가 산소에 작용하여 오존(ozone: $O_3$)을 형성하여 성층권을 형성하여 오늘날과 같이 태양광선 중의 UV를 차단하면서 육지 상에 최초의 유관속식물이 출현하여 번성하고, 이에 따라 대규모의 유리산소($O_2$)를 생산하였다고 한다.

(5) 이어서 어느 정도 안정된 기후에서 소행성이나 해성과 같은 충돌이 없는데도, 기후가 변한 것은, 특히 기온이 변하여 빙하기와 해빙기가 반복된 것은 녹색식물의 광합성 정도에 따른 대기 중의 탄산가스($CO_2$)와 산소($O_2$) 농도 증감에 따라 변한 것이라고 한다. 즉 녹색식물의 광합성을 통하여 대기와 생명체가 균형(balance)을 이루는 살아있는 지구(Earth)인 가이아(Gaia)가 녹색식물이 증가하여 대기 중의 온실가스인 $CO_2$를 다량 고정시키면, 대기 중에

$O_2$가 증가하여 기온이 떨어지고, 반대로 고정된 지각의 탄소가 산화되어 $CO_2$를 다량 방출하면, 기온이 상승하여 해빙된다고 한다. 왜냐하면, 녹색식물의 광합성만이 대량 $O_2$를 공급할 수 있기 때문이다.

**특히 대기 중의 산소($O_2$)농도가 15% 이하가 되면, 탄소로 구성된 유기물이 불꽃을 유지하지 못하고, $O_2$ 〉 25% 이상이 되면, 물에 젖은 유기물이라도 대기 중에서 연소하기 때문에 인간이 생존하기 위하여서는 탄소(C)와 수소(H) 및 질소(N)로 구성된 생명체의 선형고분자들이 완전 연소 가능한 공기조건은 없었으나,** 어떤 이유에서이든지 대기 중의 기온이 변하면, 빙하기와 해빙기가 발생하여 생물이 진화하였으며, 특히 항온동물인 인간의 생명이 존재하는 데 필수적인 환경조건은 전술한 충분한 산소($O_2$)외에도 적절한 기온(T℃)과 습도($H_2O$)와 생수(生水)가 필요하기 때문에, 대기와 생태계의 먹이사슬이 연결된 탄소 사이클(carbon cycle)이 완성되어 녹색식물의 광합성(photosynthesis)이 왕성하였다 그러나 대기 중의 탄산가스가 감소하면, 산소농도가 증가하고, 반대로 생태계가 파괴되어 대기 중에 탄산가스농도가 증가하면, 탄산가스의 온실효과로 기온이 상승하여 지구가 따뜻해지고, 이때 소비자인 동물들이 진화하여 광합성 된 Biomass를 다량소비하면, 대기 중의 산소를 과도하게 소비하여 다시 기온이 저하하는 등 생명체가 기후를 조절하는 살아있는 지구가 된다는 것이 가이아(Gaia) 이론이다.

즉 영국의 기상 서비스(UKweatherworld, Global Warming - Answers to Frequently Asked Questions, 2005,

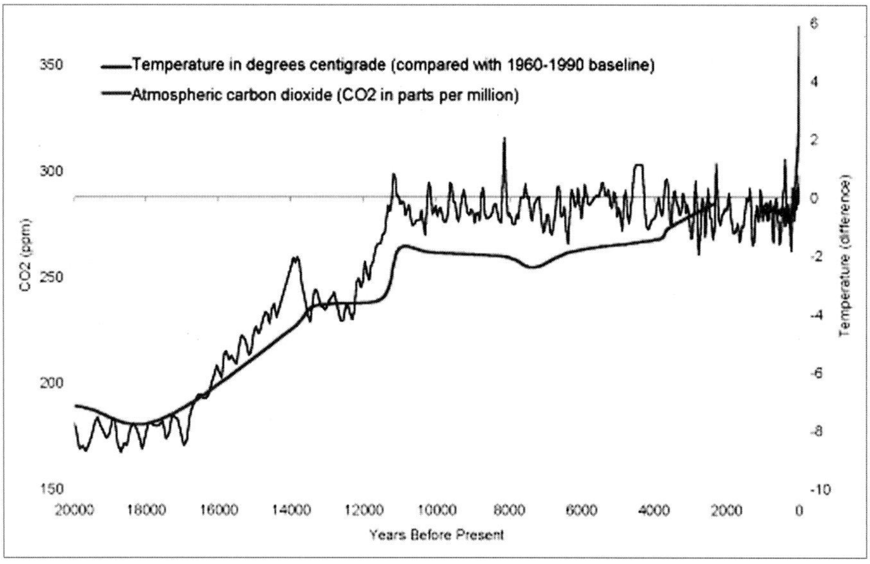


**〈그림 2.3-5〉** 과거 대기 중의 탄산가스농도와 기온변화 관계

(Source: UKweatherworld, Global Warming - Answers to Frequently Asked Questions, 2005, http://www.brighton73.freeserve.co.uk/gw/globalwarmingfaq.htm)

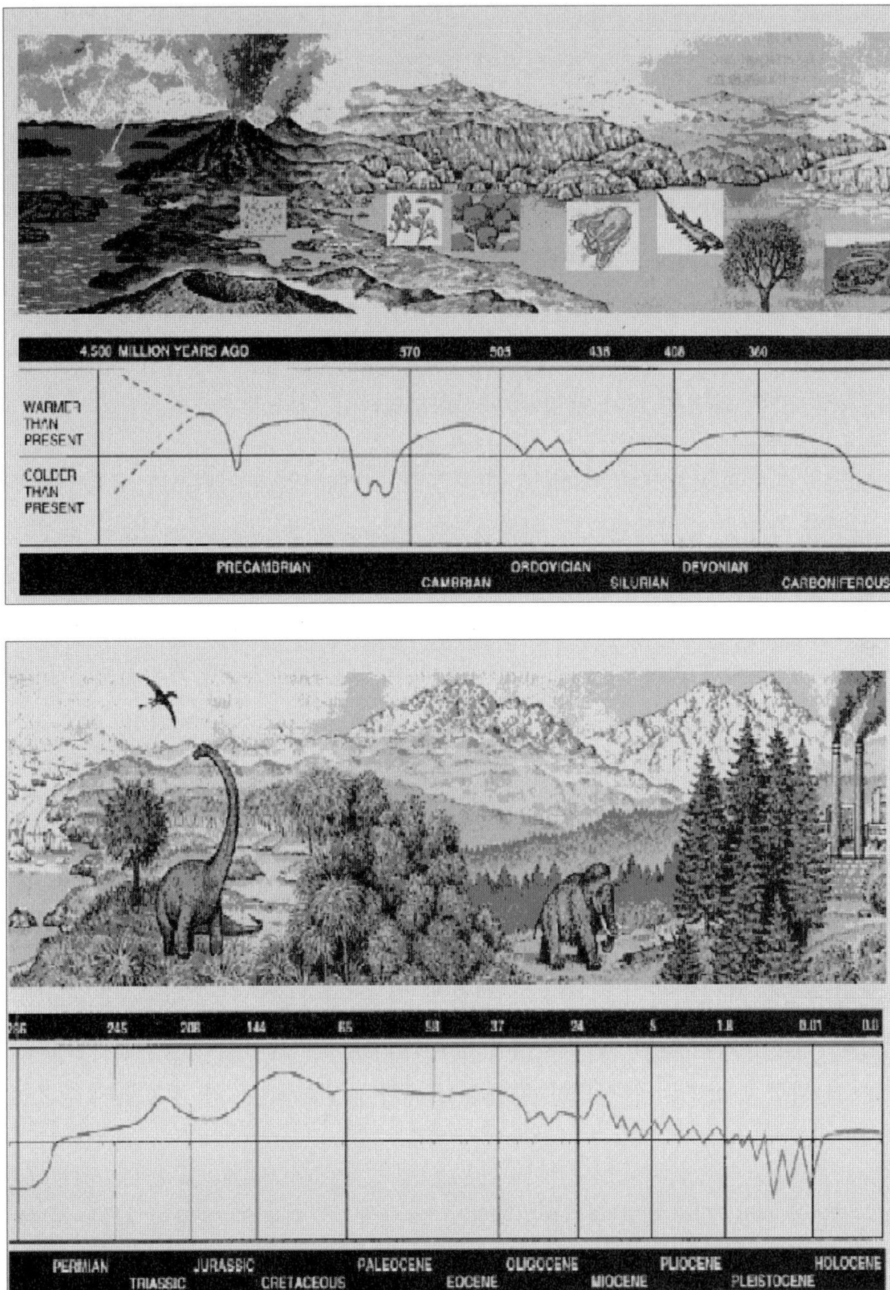


**Climate fluctuations beginning in the Permian to the present day.** From: Revolutions in Science Evolution of the Earth, Scientific American, 2000.

**〈그림 2.3-6〉** 지질시대별 지표면의 기온변화와 생물종의 관계

(Source: D. Wuebbles, 2005, ATMS449 Biogeochemical Cycles Lecture 3: Origin of Earth's Atmosphere, 2005, http://www.atmos.uiuc.edu/courses/atms449-sp05/documents/ATMS449Lecture3.pdf))

http://www.brighton73.freeserve.co.uk/gw/globalwarmingfaq.html)에 따르면, 〈그림 2.3-5〉에 나타낸 바와 같이 과거 대기 중의 탄산가스농도가 기온변화에 영향한 것을 보여주고 있다. 즉 가이아 이론과 같이 대기 중의 탄산가스농도가 증가하면서 기온이 상승한 것을 보여주지만, 생명체의 생존에 필수적이고, 주변 환경을 정화해 준다는 대기 중의 산소농도 변화에 관한 데이터가 아직 없다. 따라서 대기 중의 산소농도변화에 따른 인체에 미치는 영향에 관한 연구뿐만 아니라 산소농도가 기후변화에 미치는 영향도 다각도로 연구하여야 할 것이다.

또한 먼디 클럽의 탄소경제학(Mundi Club, 2004, Carbonomics X: The Essence of the History of the Earth - The Beginning and End ogf the Earth's Life)에 따르면 태초에는 지구(地球: Earth)라는 것이 없었으나 〈그림 2.3-6〉과 같은 과정을 거쳐 생명체가 진화하였다고 한다.

(i) 지구표면의 생명 출현(3,600,000,000년 전)　지구상에는 언제 어디서나 생명이 시작될 수 있지만, 사실상 생명은 대양표면으로 이동하였다. 'The Day the Earth was Born'에 따르면 지구가 생성된 후 950,000,000년에서 3,600,000,000년 전이라고 한다. 대 폭발도 끝나고, 태양계 중의 대부분의 먼지들이 제거되고, 지구에 대한 격렬한 충격도 거의 없었다. 미생물은 보호막으로 숨겨진 장소에서 튀어 나올 수 있어, 표면 근처에서 번성하기 시작하고, 새롭고 강력한 에너지원으로 태양광을 이용하기 시작하였다. 이 박테리아들은 광합성을 통하여 태양에너지를 흡수하고, 탄산가스($CO_2$)를 탄수화물(carbohydrate)로 전화시킬 수 있는 녹색 안료인 클로로필(chlorophyll)을 진화시켰다. 지구가 냉각되면서 이 세포들의 새로운 세대들이 대양을 가로질러 확산되기 시작하고, 거대한 녹색 슬라임 콜로니(green slime colony)들이 세계를 뒤덮어 지구역사상 가장 위대한 변형(transformation)이 일어나기 시작하였다.

(ii) 최초의 광합성 자　알려진 최초의 광합성 자는 시아노박테리아(Cyanobacteria)이었다. 이 미생물은 전술한 바와 같이 대기 중에서 황화수소($H_2S$)를 흡수하여 광선을 에너지로 전환시키고, 그의 광합성 속도는 안정적인 황화수소 공급에 좌우되며, 탈 수소화된 유황(S)은 토양 중에 비축된다.

(iii) 지구표면의 산화: 대상 철분 형성층의 광합성 적 생성　새로운 타입의 시아노박테리아가 출현하기 시작하면서, 어떤 것은 황화수소 대신에 물($H_2O$)을 이용하여 산소($O_2$)를 주변 환경에 방출하는 광합성 수행 능력을 개발하였다. 광합성으로 방출된 산소는 대기권/성층권에 즉시 축적된 것이 아니라 바닷물 중에 용해된 철분을 산화시켜 녹을 형성한 다음, 바다바닥에 가라앉게 되었다. 이러한 현상은 지구 생성 후 1,000,000,000년경으로 3,550,000,000년 전이며, 이때 지구는 가장 중요한 변화가 시작되었다. 즉 스트로마톨라이트(stromatolite)가 전 지구를 가로질러 확산되고, 에너지를 유도하기 위하여 그들은 대기로부터 태양광선과 탄산가스를

흡수하고, 바다에서 불을 흡수하여 전체 지구를 변형시킬 수 있는 폐가스인 산소($O_2$)를 생산하였다. 이때 먼저 생산 모든 산소는 바닷물에 흡수되어, 바닷물에 용해된 철분과 화학적으로 반응하여 미소한 산화철을 입자를 형성하여 바다바닥에 떨어져 가라앉았다. 그 후 7억년이 지나면서 지구는 글자 그대로 녹이 슬었고, 지표면의 모든 철은 가장 중요한 무기원료인 철광석으로 변하고, 나머지는 산화철 층을 건설하였다.

오늘날 세계 각지에는 철분함량이 높은 층과 낮은 층을 교대로 하는 지질층이 발견된다. 이러한 띠 모양의 철 형성층을 대상 철형성층이라 한다. 계절에 따라 수온이 변하면, 시아노박테리아의 산소생산량도 변한다. 따라서 암석중의 서로 다른 산화철 함량은 연간 계절에 따라 비축량이 달라 분명한 층을 만든다. 이것은 지구적 현상으로 광선이 비추지 못하는 심해저의 바닥 단위당 시아노박테리아의 인구수증가는 유리산소를 그 만큼 방출하여 지구가 빨갛게 되었다. 이는 지구 형성 후 2,470,000,000년으로 약 20억 년 전이 된다. 따라서 지구상의 대상 철분형성층은 대부분이 25억 년 전에서 18억 년 전에 퇴적된 것으로 추정된다. 이것이 암시하는 것은 18억 년 전 이전에는 대기 중의 산소 농도를 비축할 수 없었다는 것이다. 즉 거의 10억 년 동안 바다의 광합성자는 산소를 방출하여 6000억 톤으로 추정되는 산화철을 만들었다는 것이다.

또한 광합성 자가 방출하는 산소는 대기 중의 수소와 반응하여 물을 생성하고, 일부는 시아노 박테리아가 방출하는 유황과 반응하여 아황산가스를 만들고, 나머지는 화산폭발로 분출된 무기물이나 암석과 반응한다. 화산분출로 원료 철이나 기타 산화되지 않은 무기물 또는 가스들이 지표면으로 끌어올려지면, 대기 중의 유리산소를 끌어들여 화학적으로 반응할 것이다.

(iv) 대기의 산소화　　산소가 대기/대양 중에 비축될 수 있었던 것은 광합성미생물에 의하여 방출된 산소가 거대 양의 수소(H)와 유황(S) 및 철분(Fe)을 산화시킨 이유라는 것이다. 즉 환원된 철이 고갈되면, 생물학적으로 계속 급증하는 산소를 보존할 정도로 충분히 큰 화학적 싱크가 없기 때문에 이 산소 가스는 우선 물에 용해되고, 이어서 대기 중으로 이탈하여 축적되었다는 것이다. 가이아 이론을 쓴 L. Margulis와 J. Lovelock은 약 20억 년 전에 원핵 미생물(Cyanobacteria)이 원래 산소를 함유하는 대기로 전환시킨 것이 거의 확실하다고 주장한다. 그러나 산소가 대기 중에 비축되는 정확한 속도는 알려져 있지 않다. 환언하면 반응할 철분이 없을 때는 스트로마톨라이트로부터 생산된 과잉의 산소는 대기 중에 축적되기 시작하였다. 따라서 느리기는 하지만 확실하게 지구라는 행성은 변형되었다. 즉 대기 중의 산소농도는 1% 이하에서부터 21%까지 상승하였다.

따라서 Lovelock은 녹색식물의 광합성이 지구상의 유일한 산소 생산방법이라고 주장한다.

(v) 지구상 수분의 광합성적 보존　Lovelock은 또한 광합성 자가 지구상에 수분($H_2O$)을 보존하다고 제안하였다. 이 전제에는 반대도 상당히 많다.

즉 지구상에 물($H_2O$)이 존재하는 과학적인 기존 가설들은 (1) 물의 순환(water cycle)은 지구의 지배적인 현상이고, (2) 광합성보다 오히려 물의 순환이 지구의 기후를 안전화사키며, (3) 지구상에서 일차적인 생명지속 과정은 물이고, 광합성은 2차적이라는 것이다,

그러나 Lovelock은 만일 물이 광합성자를 위하여 존재하지 않았다면, 이 지구는 급속하게 자신의 물을 잃었을 것이다. 따라서 지구상의 물은 생명현상을 가능하게 만들지만, 생명이 없으며, 지구는 현재 말랐을 것이다. 생명과 산소가 없다면, 지구상의 바다는 지구의 태초 10억 년이 지나면서 영원히 사라졌을 것이라고 주장한다.

즉 Lovelock은 지구상 물 순환의 주성분인 구름과 빙하 및 대양은 모두 광합성에 좌우되고, 물의 증발로 구름이 생기는 것이 아니라고 주장한다. 왜냐하면 바다에서 증발한 수분은 즉시 바다로 되돌아가는 대형의 물방울을 형성한다. 그러나 그 물방울이 구름을 형성할 정도로 충분히 작기 위하여서는 응축 핵이 존재할 때뿐이고, 이렇게 충분히 작은 수증기의 응축 핵은 해조류(海藻類)로부터 나온다. 즉 바다생물의 산물인 이러한 수증기 응축 핵이 없으면, 지구는 구름이 거의 없기 때문에, 현재보다 10~12℃ 정도 더 뜨거울 것이다. 또한 지구 표면의 70%를 점유하는 바다가 어두워 태양광선을 강열하게 흡수하지만, 구름은 백색으로 태양광선을 반사하기 때문에 기온이 낮다. 바다에 구름이 없으면, 우리가 알고 있는 생명은 존재할 수 없을 것이다. 환언하면 바다가 아니라 지구를 냉각시키는 구름을 창조하는 것은 녹색식물의 광합성이고, 광합성이 물의 순환을 통하여 기후(climate)를 결정한다는 것이다.

(vi) 지구상의 수자원 보존을 위한 광합성의 역할　또한 Lovelock은 광합성 자가 지구상의 수자원을 보존하기 때문에 바다생물 뿐만 아니라 지구상의 다른 생물에도 필수적이라고 주장한다. 만일 현재의 바닷물이 25% 정도만 말라 없어져도 바다생명은 대부분의 생물에게 불가능할 것이라고 한다.

(vii) 수소자원의 광합성 적 보존　또한 광합성 자는 지구상에 물($H_2O$)을 보존하기 때문에 결과적으로 지구상에서 가장 가벼운 원소 중의 하나인 수소($H_2$)가 대기 중 떠다니다가 우주공간으로 이탈하는 것을 예방해준다. 즉 수소의 이탈을 예방하는데 중요한 광합성자의 역할은 첫째로 물의 형태로 대기에서 추출한 수소를 추출하여 모든 생물의 영양분인 탄수화물을 합성하고, 둘째는 수소와 반응하여 물을 형성하게 하는 산소를 주변 환경에 방출한다는 것이다. 만일 수소가 지구상의 대기 중에서 우주공간으로 이탈한다면, 지구는 사실상 그의 생존에 필요한 물을 잃게 되고, 지구가 만일 미래에 광합성능력을 잃는다면, 그 수소는 대기를 통하여 우주공간으로 이동하여 지구는 건조되기 시작할 것이다.

(viii) 화강암(granite) 대륙형성과 광합성 광합성 때문에 보존되는 지구상의 생수자원은 화산(火山)으로 생긴 섬을 살아있는 생명의 대륙으로 성장시키는데 중요한 역할을 하였다. 화산폭발이 바다 속에서 일어나면, 바닷물을 가열하여 증류수를 생성하고, 지구 대륙의 기초가 되는 화강암을 형성하기 때문에 화강암에는 현무암(basalt)을 함유하고 있다.

(ix) 진핵 생명체 창조에서 광합성의 역할 바다와 대기 중의 유리 산소(free oxygen) 존재는 진핵세포(eukaryotic cells)의 출현인 중요한 유전적 도약을 유도하였다. 즉 세상은 약 2,000,000,000년 전에 광합성 자를 통하여 충분히 산소화 되면서 유핵 세포(nucleated cell)의 발전에 적합하게 되었다. 핵이 없는 세포로 구성된 원생 생명체인 박테리아는 더 복잡한 형태의 원생생물(protista)의 진핵세포들에게 자리를 내주었다.

(x) 탄소의 광합성 고정 최초의 진핵 생명체인 원생생물(Protista)들은 연한 바다의 무척추생물로서 그중 어떤 것은 광합성 능력을 획득하였다. 시아노박테리아와 광합성 원생생물은 대기 중 탄소성분을 추출하지만, 그 탄소성분은 그 개체들이 죽은 다음, 몸체에 포함된 탄소성분이 대기로 되돌려진 다음에만 추출하였다. 약 1,000,000,000년 전에는 광합성 바다 원생생물이 광합성을 통하여 얻어진 탄소성분을 이용하여 껍질을 성장시키는 능력을 개발한 것으로 생각된다. 이것은 완전하게 그 몸체에 포함된 탄소성분의 목적지를 변경시켜, 지구상의 대기와 기후에 영향을 미치게 되었다. protoctist만 해도 foraminifera는 다양한 그룹의 화석형성 미생물 중의 하나일 뿐이다. 이들의 복합적인 단세포생물에 의하여 다양한 크기의 거대한 껍질들이 만들어진다. 결과적으로 죽은 조류 껍질들이 바다바닥에 가라앉아 대기 중의 탄소성분을 영원히 제거하였다. 탄소껍질들의 매장은 동일 당량의 산소를 유리시켜 대기 중에 축적시켰다. 따라서 약 18억 년 전에 대상 철분형성층이 중단된 후 까지도 지구사의 대기 중에는 산소 축적이 시작되지 않았다. 즉 미생물이 탄소를 바다 바닥에 영원히 매장한 껍질을 개발한 것은 10억 년 전까지도 없었다.

(xi) 암석 중 침전석회암층의 광합성 적 생성 100만 년 이상 동안 거대한 조류 껍질들이 바다바닥 축적되면서 그 위의 물과 자신의 무게로 깨져 석회암층으로 변하였다. 이러한 침전층은 거대한 바다 바닥을 덮고 있는데, 생물에 의하여 생산된 탄산석회가 대륙지각의 10%를 덮게 되었다. 따라서 시간이 지나면서 지구가 변할 때 지구대양의 바닥에 있는 침전 암석층은 부적절한 장소에서는 끝나게 되고, 어느 곳은 대양수준의 하강으로 노출되어 현재와 같은 다양한 랜드스케이프(landscape)를 형성하였다. 또한 다른 곳은 지각판 사이의 충돌 후 산꼭대기에 끝났기 때문에 침전된 석회암이 히말라야산 꼭대기에서도 발견될 수 있다.

(xii) 육지에 번성한 광합성 자들 화강암 대륙에 석회암 섬이 성장하면서 미생물과 식물

이 그곳에 침입하였다. M. Benton은 4.39억 년 전의 실루리아기(Silurian period: 439,000,000 - 409,000,000년 전) 동안에 쿡소니아(Cooksonia)와 같은 단순하고, 작은 형태의 식물이 처음으로 육지로 이동하였다고 한다.

(xiii) 지구의 녹화사업 R. Fortey는 실루리아기가 끝난 후에도 육지는 녹화되지 않았고, 4.09억 년 전의 데본기(Devonian period: 409,000,000 - 363,000,000년 전)에 지구가 녹화된 이후 많은 변화가 있었다고 한다. 즉 지구의 녹화는 주요한 것은 그것이 지구적 규모의 광합성을 촉진하였기 때문이다. 환언하면 미생물과 식물이 육지를 침투한 다음, 이어서 얼마 후에 바다 동물들이 상륙하였다. 따라서 식물의 뒤를 따라 등뼈동물들이 육지에서 여행하였다. 따라서 Fortey는 진화과정에서 세계의 녹화가 육지에서 일어난 모든 일에 길을 만들어준 사건보다 더 중요한 사건은 있을 수 없다고 말한다. 녹색식물의 광합성에 바다의 녹화도 육지의 녹화만큼 중요하였다.

(xiv) 동물의 창조를 위한 광합성의 역할(1,000,000,000 - 600,000,000년 전) 생물들이 지구를 지배하던 거대한 시간이 지난다음, 광합성 자들은 중요한 진화론적 변화를 가져오는데 도움을 주었다. 즉 광합성으로 생산된 산소는 동물의 출현이라는 제2의 유전적 변화를 불러왔다. 산소($O_2$)가 없는 세상에서 일생(life cycle)을 완성할 수 있는 동물(metazoa)에 관한보고는 아직도 없다. 모든 동물은 체세포분열을 통하여 성장하는 세포로 구성되고, 체세포분열에 산소가 필요하며, 호흡에도 산소가 필요하다. 동물세포분열에는 대기 중 산소가 없이는 결코 가능하지 않을 것이다.

10억 년 전에 최초의 동물의 진핵세포가 출현하였으나 동물의 화석 적 증거는 6억 년 전의 암석에서 처음으로 단세포가 아닌 다세포동물이 나타난다.

### (2) 식물의 광합성(Photosynthesis)과 생존 기후의 안정화

또한 먼디 클럽의 탄소경제학(Mundi Club, 2004, Carbonomics X: The Essence of the History of the Earth - The Beginning and End ogf the Earth's Life, 2005, http://www.geocities.com/carbonomics/MCcarbon/Carbonomics/13c10/13c10a.html)에 따르면 태초에는 지구(地球: Earth)라는 것이 없었으나 다음과 같은 과정을 거쳐 우주에서 생명체가 태어나고, 이어서 현재의 기후조건이 형성되었다는 것이다.

(i) 광합성과 대기 중 탄소 고정 지구와 금성 및 화성은 동시에 동일한 과정을 통하여 생성되었다. 그들은 냉각된 다음, 지구의 대양과 유사한 것을 포함하고, 대기 중에는 다량의 탄소성분을 함유하고 있었으나 지구를 제외한 금성과 화성은 대기 중에 탄소성분은 보존하고 있으나 그들의 표면수를 잃었다. 반면 지구는 대양을 아직도 보존하고 있으나 대기 중에 탄소

성분은 거의 없다. 이러한 차이는 지구상에서는 광합성이 대기로부터 탄소성분을 이용하면서 수자원을 보존하기 때문이다. 즉 영겁을 지나면서 지구의 광합성 자는 대기 중에서 탄산가스를 이용하여 그의 농도를 30%에서 0.04%까지 감소시켰다. 즉 화성과 금성 및 생명이 없는 가상의 죽은 지구는 모두 화학적으로 안정한 대기를 가지고 있고, 탄산가스가 95% 이상일 것이다. 그러나 우리가 살고 있는 지구만이 대기에 안정한 이 가스를 0.03% 가지고 있다. 이러한 예외는 대부분 광합성 때문이다. 즉 박테리아와 조류 및 식물은 광합성을 통하여 공기 중에서 탄산가스를 계속 제거하고, 가스 중의 탄소를 석회석 톱이나 동물껍질 또는 식물체와 같은 고체구조로 전환시키고 있다.

한편 T. Radford는 지구상의 광합성 자가 지구역사를 통하여 대기로부터 10,000,000,000,000,000톤의 탄소를 추출한 것으로 추정하고 있다. 광합성 자는 이러한 탄소를 지구상으로 끌어내려 생명체나 토양, 산, 절벽, 토지, 해저 등으로 변형되었다.

(ii) 지구를 냉각시키는 광합성 자 광합성 자가 대기 중에서 탄소를 추출하는 중요한 또 다른 결과는 지구를 냉각시킨다는 것이다. 요약하면 지구촌의 기후안정성을 창조한 것은 광합성이다, 광합성이 없으면, 지구의 대기는 아직도 금성이나 화성과 같이 탄소성분이 지배하여 그의 평균온도는 현재 평균값의 3배에 이를 것이다. 즉 지구는, 생명이 없으면, 98%의 탄산가스($CO_2$)와 1.9%의 질소($N_2$) 및 극소량의 산소($O_2$)로 구성된 금성과 유사하여 기압은 살아있는 지구보다 60배에 달하고, 표면의 평균기온은 240℃에서 340℃사이가 되었을 것이다.

(iii) 과도한 광합성과 빙하기 출현의 위험성 또한 지구의 역사에서 광합성 자들은 지구를 단순생명체에 적합한 거주지에서부터 보다 복잡한 생명체가 거주할 수 있는 행성으로 변형시켰다. 또한 광합성 자들은 대기 중에서 모든 탄소성분을 추출제거하여, 지구라는 행성을 빙하기 또는 영구적인 동토로 밀어 넣는 위험을 야기하였다. 그리하여 지구는 시간에 따라 빙하기를 경험하였지만, 영구적인 동토로 변한 때는 전혀 없다. 다행이도 지구의 기후안정성을 위하여 식물체가 증가하면, 미생물들이 이를 분해하여 온실효과를 가지고 있는 탄산가스와 메탄을 바다와 대기 중으로 방출시킨다. 이것은 아직도 지구기후의 안정화 시스템에 가장중요한 부분이다. 광합성자만 가지고 있는 세계는 불안정하다. 즉 광합성 자는 대기 중의 유용한 탄소를 대부분 몸체에 가두어두면서, 탄산가스 제거가 온실효과를 약화시켜 세계를 동결하고, 생명을 죽게 만들 것이다.

그러나 광합성 자를 포함하여 모든 생명체들은 주변 환경에서 탄소를 흡수하고, 이용 후 이를 주변 환경에 되돌린다. 지구 기후가 안정화되기 위하여서는 광합성 자와 같은 탄소 흡수 자에 대하여 평행추가 될 탄소생산자가 필요하다. 필요하지 않는 것은 무제한적인 탄소오염이다. 과거에는 광합성 자가 대기로부터 너무나 많은 탄소성분을 제거할 때, 지구의 대부분이 동결되었다. 최근 몇 겁에 걸쳐 태양의 태양광 복사선이 증가되었지만, 지구가 빙하기로 빠져드는 것을 예방하기 위하여서는 온실가스 도움 없이 태양열만으로 유지하는 것은 아직은 충분하지 않다.

(iv) 광합성과 지구의 평균기온 유지　대기 중의 탄소성분이 과도하면, 기온이 높아지고, 광합성 자가 증가하여 대기 중의 탄소성분을 과도하게 제거하면, 기온이 저하되어 빙하기가 된다. 환언하면 광합성 자는 대기 중의 탄소성분을 추출함으로써 기온을 저하시키기 때문에 적절한 광합성 자 보존은 생존에 필요한 기온을 유지해주기 때문에 대기 중에 탄소성분을 과도하게 방출하는 환경오염은 지구적인 재난을 야기할 위험을 가지고 있다.

(v) 광합성 자는 지구를 계속 변형시킨다.　또한 광합성은 지표면의 pH를 변화시키고, 그로 인하여 바다물의 pH도 변화시킨다. 3.6억 전에는 광합성이 석탄과 석유의 원료이었고, 오존층에도 영향을 미쳤으며, 안정한 산소대기는 최근 3억년 동안에 이루어진 것이다. 따라서 암석의 풍화를 촉진시켜 비옥한 토양을 만들었다.

(vi) 기후 안정화　지구의 생명지원시스템에 대한 광합성의 다양한 기능 중에서 가장 중요한 것은 지구 기후의 안정화이다. 광합성은 모든 생명의 생존에 필수적인 산소를 생산하기 때문에 대류권의 산소농도, 성층권의 오존층 형성, 대부분의 생명체가 의존하고 있는 먹이사슬에 필수적이며, 진핵세포의 진화에 중요한 역할을 한다. 그러나 이것들보다 더 중요한 것은 기후 안정화이다.

태양의 복사량 증가에 직면하면서, 광합성 자가 대기 중 탄소성분을 추출한 것은 최근 2내지 3겁 동안 중요한 지구의 기후 안정화 메커니즘이다. 즉 광합성 자가 대기 중의 탄소 추출에 의하여 지구를 냉각시켰기 때문에 기후를 안정화하였지만, 기후안정화에 대한 그의 기여도는 이보다 훨씬 많았다. 예를 들면,

- 해양 광합성 자는 바다의 구름형성을 개시하는 응축 핵을 방출한다.
- 육상 식물들은 대륙의 구름형성을 개시하는 응축 핵을 방출한다.
- 육상식물, 특히 나무들은 대기 중에서 탄소성분을 추출하여 토양으로 펌프질하고, 화학적 풍화 후에는 그것이 영양분으로 변하여 바다로 흘러든다.
- 육상식물의 태양광 반사는 기후를 냉각시킨다는 등이다.

대기 중에서 탄소성분을 추출하는 광합성자의 광합성 효과가 지구를 냉각시키는데 기여한 것보다 더 중요한 것은 알려져 있지 않으나, 대기 중에서 탄소를 추출하는 것은 기후변화에 치명적이었다. 이러한 과정이 없었다면, 지구는 냉각되지 않았고, 지구상의 생물 종 다양성도 훨씬 더 적었을 것이다. 거대한 지구 역사 동안에 광합성은 지속적인 태양복사선 증가에

맞추어 지구의 대기 중 탄소를 지속적으로 제거하는 방법으로 기후변화에 지능적으로 대응하는 것 같다.

따라서 지구는 지구적인 고정된 평균온도와 같이 결코 정지 상태 기후를 가지고 있지 않다. 화산폭발이나 소행성의 지구 충돌과 같은 외적 인자로 유도된 기후적 재앙으로부터 초기에 지구 기후의 안정성을 매우 많이 파괴하였지만, 광합성은 항상 지구가 회복하는데 도움을 주었다.

**(vii) 지구촌에 대한 생명의 역할** 기존 과학자의 견해에 따르면, 지구는 차가운 우주 공간주위를 운동하는 하나의 따뜻하고, 잘 절연된 우주선이다. 이러한 견해는 지구의 대기 중에 더 많은 탄소를 펌핑하는 것이 외계의 차가운 공간에 대하여 지구를 따뜻하게 유지하는 중요한 수단이라는 상식을 만들고 있다. 더욱이 세계기상기구(World Meteorological Organization: WMO)와 유엔 환경계획(United Nations Environment Programme: UNEP)이 공동으로 1988년 조직한 기후변화에 대한 정부 간 위원회(Intergovernmental Panel on Climate Change: IPCC)는 지구적 온난화가 존재하지 않으면, 지구의 평균기온이 영하 - 19℃까지 떨어지기 때문에 거주에 부적합하게 된다는 이론을 강조하고 있다.

지금까지 지구는 대기 중의 물이나 탄산가스 또는 메탄에 의하여 지구적으로 온난화되어 왔다. 따라서 지구는 역사적으로 지구를 냉각시키기 위하여서는 대기 중의 풍부한 수분과 탄산가스를 광합성식물로 제거하여야 했다.

그러나 인간은 대기 중에 너무나 많은 탄소를 버리기 때문에 지구가 날이 갈수록 지구적 화마재난(地球的 火魔災難: global burning disaster)으로 몰리고 있는 데도 IPCC와 그와 유사한 이론들은 차가운 우주 공간에 대한 공포만을 증폭시키고 있다. 즉 대기 중에 다량의 탄소가 존재하더라도, 생명체(living matter)가 없으면, 지구의 온도는 200℃ 이상에 이를 것이다.

따라서 지구표면을 뒤덮고 있는 광합성 자가 지구온도를 거주가능 수준까지 저하시킨다는 지구중심의 생명관(geocentric view of life)이 필요하다.

또한 지구역사에서 생명은 지구의 온도를 계속적으로 저하시키는데 큰 역할을 하였다. 즉 식물체는 대기 중의 탄소를 추출하여 기온을 낮춤으로써, 태양이 지구를 과열시키는 것을 예방하고, 동시에 수분이 바다와 구름 및 빙하 형태로 존재하도록 만들고 있다. 따라서 지구의 기온을 거주 가능 수준으로 유지하려면, 대기 중의 탄소 추출과 동시에 적절한 탄소공급으로 평형을 이루어야하기 때문에, 지구상에는 먹이사슬(food chain)을 유지할 수 있는 생물종 다양성이 보존되어야 한다.

**(viii) 지구촌의 광합성 자는 숲(forest: 山林)** Lovelock에 따르면, 침엽수와 같은 대형 목재는 석탄기(Carboniferous Period: 363,000,000 - 290,000,000년 전)에 출현하기 시작하여 지구상에

숲이 퍼지면서 육지와 바다의 토양 중에 탄소를 저장하여 지구를 냉각시키는데 커다란 역할을 하였다. J. Robinson에 따르면, 숲속의 목재는 육중한 리그닌(lignin) 생산자가 되었으며, 식물에 의한 합성된 페놀성 리그닌을 효과적으로 분해하는 리그닌 분해효소를 생산하는 다른 생물이 진화할 때까지 100,000,000년이 걸쳐, 대량의 탄소가 아마 매장되었을 것이다. 따라서 이러한 지연시간이 대기 중의 산소농도를 상승시키고, 오늘날 보다 높고, 다시는 이를 수 없는 아마 50%까지 산소농도를 상승시켰을 것이다.

그러나 숲은 대기 중에서 탄소를 추출한 것 외에도 다른 방식으로 기후에 수많은 영향을 미친다. 즉 숲은 그의 광 반사 효과로 지구를 냉각시키는 구름을 형성하는데 도움이 되는 수증기 응축 핵을 방출하고, 또한 숲은 매장된 탄소량을 해양바닥에 증가시키는 바다 광합성을 증가시켜 암석의 풍화를 촉진시킨다.

(ix) 홍적세(Pleistocene)와 빙하(glaciers)   중생대말기에 해당하는 백악기(Cretaceous Period: 144,000,000 - 66,400,000년 전) 말기에 지구는 5번째 멸종이라는 고통을 받았다. 그러나 지구의 생물 종 다양성은 그러한 재앙으로부터 점점 회복되어 신생대(Cenozoic Era: 64,000,000년 전 - 현재)에는 다양한 생명형태의 출현으로 생명 극치로 간주될 정도이다. 따라서 광합성 자는 지구상의 기후를 2겹에 걸쳐 안정화시키고, 지구상의 생명번성에 크게 기여하였다.

## 2.4. 지구촌의 기후조건과 생태계의 지리적 분포 관계

### (1) 식물의 성장조건과 지리적 기후차이

지구촌의 탄소 사이클에서 대기 중의 탄산가스 농도를 감축시키는 녹색식물은 광합성을 통하여 생태계의 먹이를 생산하기 때문에 생산자라고 한다. 그러나 이 식물들은 소비자인 동물이나 분해자인 미생물과는 달리 하나의 장소에 고정되어 바이오메스를 생산하기 때문에 지구촌의 기후조건에 따라 분포가 다르고, 생물종과 성장속도가 달라 그의 크기도 서로 다르다.

즉 지구상의 생물분포는 기후조건에 따라 다르다. 즉 레빈과 클링(Source: G. Kling, 2002, http://www.globalchange.umich.edu/globalchange1/current/lectures/kling/ecosystem/ecosystem.html)에 따르면 〈그림 2.4-1〉에 나타낸 바와 같이 기후조건인 기온과 강수량에 따라 생태계, 특히 산림 생태계의 분포가 다르다. 이를 기후대에 표시하면 위도에 따라 다르게 배치된다. 즉 생태계의 먹이사슬에서 생산자에 속한 식물계가 기온과 강수량에 따라 그의 성장과 비축량이 다르기 때문에, 지오석세스(Geosuccess, 2002, http://www.geosuccess.net/Geosuccess/Biome%20classification/main.html)는 인공위성으로 측정한 자료를 지표면에 맞춘 지리정보시스템(GIS: Geographical Information System)에 의하여 〈그림 2.4-2〉와 같은 분포를 제시하였다.

환언하면 현재 비축되어 남아 있는 주요 바이오메스는 주로 산림자원으로 기온이 높고, 강수량이 많은 적도를 중심으로 한 상록 활엽수의 열대 다우림(tropical evergreen forest)에 많고, 추운 기후조건으로 사람이 살기 어려워 인구가 적은 한대의 타이가 림 (Taiga forest)에 많다.

그러나 이들 삼림자원은 수 100년 이상 비축되어야 하며, 기후조건이 변하여 연평균 기온이 0.5℃만 변하여도, 산림생태계의 선단이 적도를 중심으로 남북으로 100km 확장되거나 수축하고, 표고로는 100m 증감한다. 따라서 적도에 가까운 지역에 자라는 산림 자원일지라도, 토양위치가 높은 산에서는 온대림에서 한대림으로 변하여 고위도의 식물상과 유사하게 된다. 즉 티베트 고원의 히말라야 산맥이나 유럽의 알프스산맥, 북아메리카의 럭키산맥, 남아

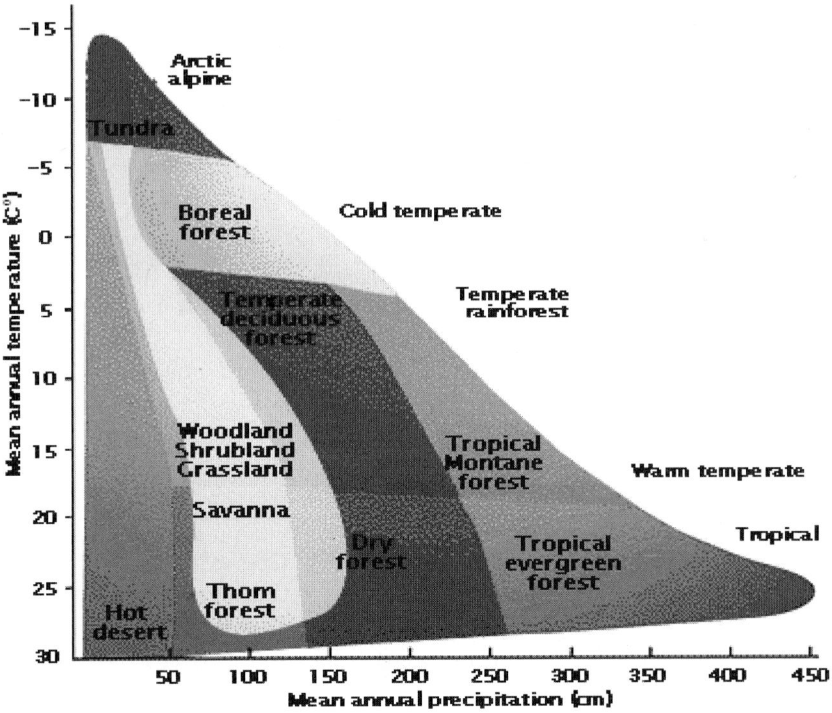


〈그림 2.4-1〉 지구촌의 기온과 강수량에 따른 생태계의 지역별 분포

(Source: G. Kling, 2002, The Concepts of Ecosystems, 2002, http://www.globalchange.umich.edu/globalchange1/current/lectures/kling/ecosystem/ecosystem.html)

메리카의 안데스 산맥, 아프리카의 킬리만자로산 정상에는 만년설이 뒤덮여 있어 기온이 낮아 한대이지만 수분이 공급되기 때문에 한대림이 번성한다.

따라서 같은 위도라도 랜드스케이프(landscape)가 중요하며, 표고가 높은 산은 지형에 따라 하천을 만들어 강수량이 집중되면, 산사태(slide)뿐만 아니라 하류에서는 홍수와 같은 환경재난을 발생하기도 한다.

또한 늘 봄 산악회(Nulbom Alpine Clubs, 2002, http://www.wonsam.or.kr/newfile87.html)에 따르면, 높은 산에 오르는 도중 약 2,500m 이상의 고도에 이르면, 두통과 권태감을 느끼고, 심하면 구토를 하게 되고, 힘이 빠지게 되며, 물이 빨리 끓고, 밥이 설어서 맛이 없게 되는데, 이런 현상은 표고가 높아질수록 기압이 낮아지기 때문이며, 표고 10m을 오를 적마다 기압이 대략 1.1mmHg정도 저하된다고 한다.

또한 기온은 보통 100m 상승하면 0.6℃ 씩 저감(低減)되고, 표고가 높을수록 습도가 낮아지므로 가을과 같이 서늘하고 상쾌하다고 한다. 그리고 평지에서는 건물, 삼림(森林) 등 여러 장애물이 있어 바람이 약해지지만 산정상과 능선은 앞에 장애물이 없는 한, 바람이 직접 불어온다. 즉 겨울철 또는 태풍이 올 경우 풍속이 초당 50m을 넘을 때가 있고, 그 위에 돌풍이 곁들이면 사람이 바람에 날아가 불상사가 발생하는 예가 있다고 한다. 특히 '푄풍(foen)'은 대

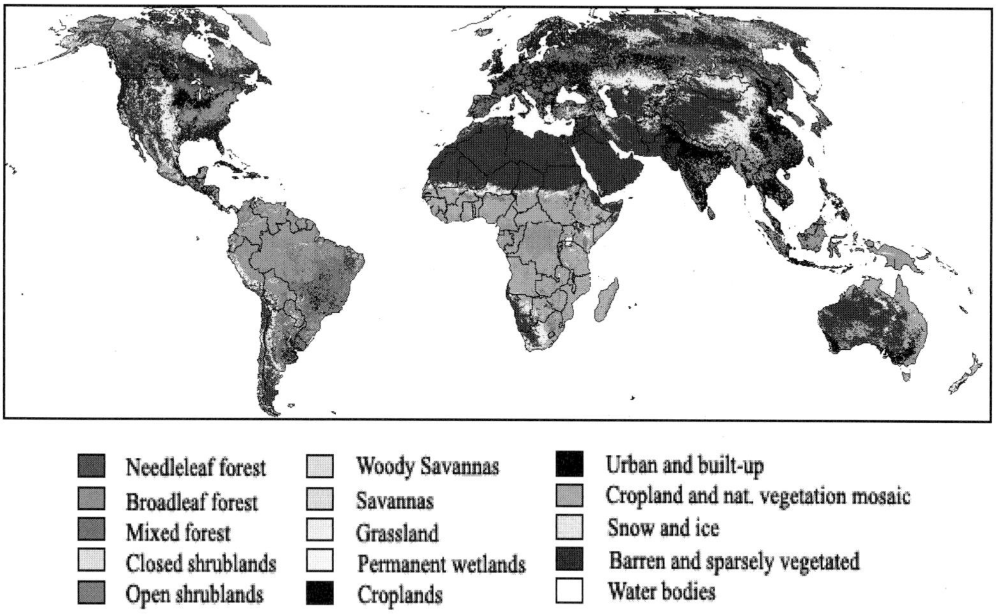


**〈그림 2.4-2〉** 지리정보시스템(GIS)으로 측정된 지구촌의 생태계분포

(Source: http://www.geosuccess.net/Geosuccess/Biome%20classification/main.htm)

체로, 상승할 때, 1,000m당 기온이 약 5~6℃씩 내려가고, 하강할 때는 건조한 공기가 1,000m당 10℃씩이 올라가며, 산에서는 비가 오면 바위가 많아 쏟아진 비가 땅에 흡수되지 않고 바위틈으로 흘러서 급류가 되고, 산길이 변하여 격류가 되는 수가 많다고 한다.

한편 생태계의 생존과 성장에 필수적인 기온과 강수량을 지배하는 기상조건을 대기 중의 탄산가스($CO_2$) 농도가 지배한다는 러블록(Lovelock)의 가이아(Gaia) 이론에 따라 탄소경제학(Carbonomics)을 만들어가고 있는 먼디클럽의 특별 보고서 No.6 (Mundi Club, 2002, Special Publications No.6 (3rd Edition): The Destruction of the Earth's Photosynthetic Capacity - the Earth's Life Supporting System)에 따르면, 북아프리카의 사하라 사막은 BC 2000말까지도 모로코에서 아프가니스탄까지 울창한 산림이 전개되고 있었고, 파키스탄도 예수가 태어날 때까지도 침투가 불가능한 밀립지대이었으며, 중국도 원래는 3.4를 산림으로 덮여 있었으며, 미국도 1790년까지도 산림면적이 100만 평방마일에 달하였다고 한다. 또한 서유럽과 중앙 유럽도 원래는 95%가 산림으로 덮여 있었으나 중세(AD 700 - 1500) 식민지시대 말에는 20%까지 감소하였다고 한다. 즉 프랑스는 1789년에 산림이 국토의 14%에 불과하였다고 한다. 특히 열대우림의 경우도 2000년 전에 550억 에이커 이상에 달하여 지구표면적의 12%를 커버하였고, UNEP는 농경문화가 시작되기 전에 총 13억 헥타에 달한 것으로 추정하고 있다고 한다.

그러나 인간의 문명이 발달하여 농업사회가 시작되면서 정착하고, 인구가 증가하면서 농경지 확대로 벌채되고, 나아가 산업혁명으로 중생대의 지각변동으로 지하에 매장된 석탄과 석유를 채굴하여 산업혁명을 창조하면서 대기 중의 탄산가스농도가 증가하여 기온이 상승하고, 기후가 변하여 각종 환경재난을 야기하고 있다고 한다.

또한 현재 각종 화사문제를 야기하고 있는 중앙아시아와 몽고평원도 필자의 추정으로는 마지막 빙하 판이 물러나면서 형성된 산림이 현재 시베리아 산림지대와 같이 광활한 평원을 뒤덮고 있었으나 종족간의 영역다툼으로 전쟁이 시작되면서 황폐화된 것으로 추정되기도 한다.

환언하면 생태학자인 스미스와 스미스(R. L. Smith & T. M. Smith, 1998, Elements of Ecology, Addison Wesley Longman, N.Y., p383)에 따르면 식물체 성장에 필요한 토양중의 무기 영양분과 생수량과 기온에 따라 성장속도가 달라지기 때문에 기후조건이 지배적이라고 한다. 따라서 생태계에서 생산자에 속하는 식물계의 성장을 지배하는 생수자원인 강수량과 대기온도인 기온(氣溫)이 지구촌의 지리적 위치에 따라 서로 다르고, 그에 따라 생존한 수종과 크기가 다르다고 한다.

## (2) 산림 생태계의 분포와 종류

레빈(D. A. Levin, 2000, BIOLOGY 304: Ecology and Evolutionary Biology)와 미국 항공우주국(NASA, 2004, http://earthobservatory.nasa.gov/Laboratory/Biome/graphs.html)이 측정한 클리모그라프(climograph)에 따르면 각 식물군의 특징과 분포는 다음과 같다.

(i) 툰드라(Tundra)　　툰드라는 극지방의 영구 동토지역과 침엽수림인 타이가(taiga)림 사이에서 발생하고, 연간 강수량은 250 mm 이하로서 대부분의 기간 동안 생존에 필요한 수분이 충분하지 못하며, (북극의 경우 대부분 7월에서 8월 사이) 여름동안만 토양의 상층부만 행동되고, 지하 50cm 이하는 아직도 동토로 잔유 한다. 영구동토의 짧은 여름과 긴 겨울 때문에 툰드라에서는 키가 큰 나무가 자라지 못한다. 따라서 늪지와 연못 및 잡초 그리고 수10억의 모기들이 랜드스케이프(landscape)를 구성하고, 극소수이지만 나무라 해야 왜성 자작나무나 극지 버드나무 정도가 자라기도 한다.

- 분포는 알라스카 북단, 아시아 북단, 콜리마(Kolyma) 지역의 순록, 스웨덴의 소택지, 등
- NASA가 러시아의 야쿠츠크지방에서 측정한 강수량과 기온분포는 〈그림 2.4-3〉와 같다.

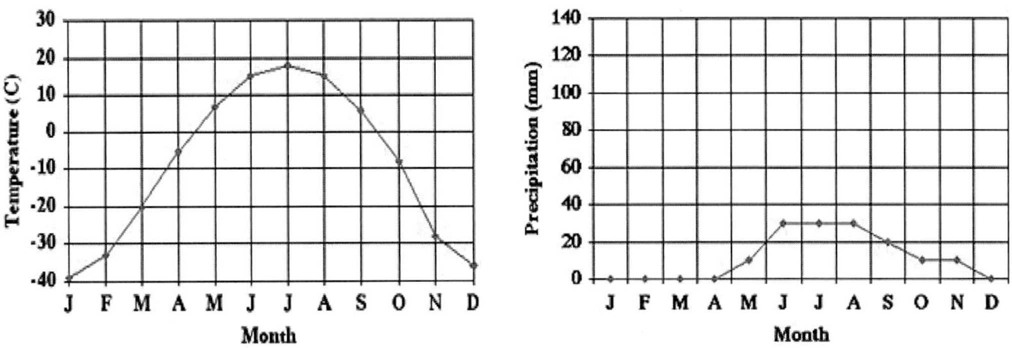


**〈그림 2.4-3〉** 러시아 야쿠츠크(Yakutsk) 툰드라의 기온과 강수량 분포

(NASA, 2004, http://earthobservatory.nasa.gov/Laboratory/Biome/graphs.html)

(ii) 타이가 림 (Taiga Forest)　　타이가림은 침엽수림지대로서 북미와 유라시아 대륙에서 툰드라와 낙엽활엽수림의 온대림사이에 분포한다. 이곳은 툰드라지역보다는 길지만 짧고 서늘한 여름기간과 길고 건조하며, 차가운 겨울기간을 특징이다. 연간 강수량은 300～500mm 정도로 적으나 대부분이 눈 형태로 존재하며, 토양 상층부가 녹기 전에 눈이 녹기 때문에 대부분의 수분은 지하로 흡수되는 대신에 으며, 하천이나 강을 따라 흐른다. 전형적인 나무들은 전나무, 가문비나무, 잎갈 나무들이며, 남쪽으로 갈수록 자작나무들과 혼재한다. 토양은

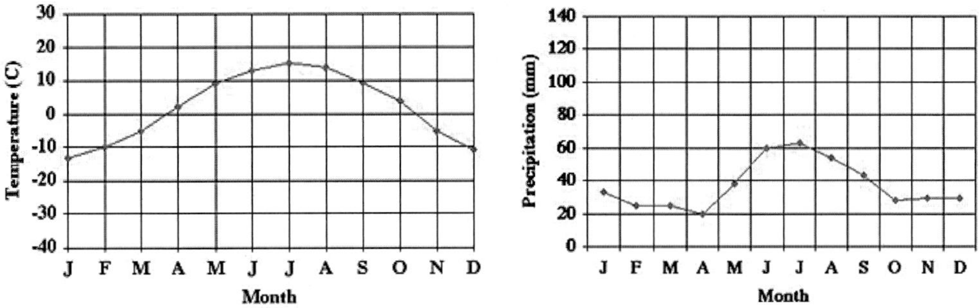


**〈그림 2.4-4〉** 캐나다 알바타의 비버롯지(Beaverloadge)의 기온과 강수량 분포

(NASA, 2004, http://earthobservatory.nasa.gov/Laboratory/Biome/graphs.html)

매몰된 낙엽 층으로 회색이며, 깊이는 다르지만 다양한 동토 층을 가지고 있어 토양이 척박하고, 산성이다.

- 분포는 캐나다의 타이가림, 알라스카 황양지역의 호수주변, 서부 시베리아, 중국 산 아리 지방 침엽수림, 핀란드 등의 산림
- NASA가 캐나다 알바타의 비버롯지 지방에서 측정한 강수량과 기온분포는 〈그림 2.4-4〉와 같다.

(iii) 온대 낙엽활엽수림(Temperate deciduous forest)  온대 낙엽수 활엽수 립 연간 강수량을 600~2500mm를 받고, 연간 다소 균일하게 분포하며, 연간 1500mm 이상인 곳에서는 미국 북서부 Cascade Range지역에서는 온대 우림(temperate rainforest)을 형성하고 있다. 겨울은 타이가림보다 온화하고, 동토기간은 1~2개월로 짧다. 특징적인 수종은 참나무 류, 물푸레나무, 너도밤나무, 단풍나무, 느릅나무 등이며, 특히 봄에는 하층식생인 관목과 잡초들이 풍부하며, 대부분이 봄과 여름에 성장하는 계절적 변화를 나타낸다. 토양은 발달되어 두꺼운 부

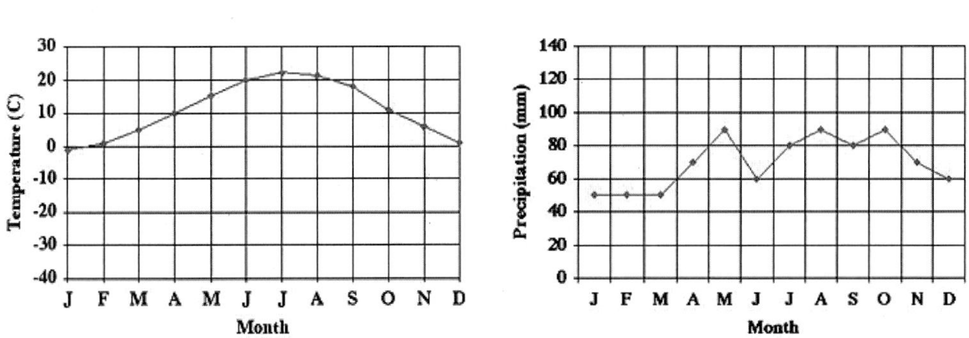


**〈그림 2.4-5〉** 미국 버지니아주 스타운톤(Staunton) 지방의 기온과 강수량 분포

(NASA, 2004, http://earthobservatory.nasa.gov/Laboratory/Biome/graphs.html)

식토 층을 가지고 있어 갈색이나 많은 강우 때문에 토양은 산성이다.

- 분포는 그레이드 스모키 산맥, 북미의 너도밤나무림, 중국의 낙엽활엽수림, 뉴질랜드의 너도밤나루림 등.
- NASA가 미국 버지니아주의 슽타운톤(Staunton)지방에서 측정한 강수량과 기온분포는 〈그림 2.4-5〉와 같다.

(iv) 온대 초원지대(Temperate Grasslands)　　온대 초원지대는 일반적으로 활엽수림과 사막사이에서 발생하는데 연간 강수량이 250~600mm에 이르고, 대부분이 여름동안에 집중 강수한다. 겨울은 서늘하고, 건조하며, 낙엽의 분해가 느려 토양은 다량의 부식질(humus)이 축적되어 흑색 층이 1m 이상에 이른 곳도 있다 (따라서 토양이름이 흑색토, 또는 chernozem이라고 부른다). 적은 강수량이 임목성장을 지원하지 못하지만 초본류와 잡초들은 풍부하다. 강우량에 따라 다르지만 톨 그라스(tallgrass) 평원, 혼합 그라스(mixed grass) 평원 또는 숏 그라스(short) 평원이나 대 초원(steppe)들이 다양하게 존재한다. 대초원지대에는 건조기후에 강한 피더그라스(feathergrass)와 버팔로그라스(buffalograss)와 같은 초본류와 일년생 식물들이 지배적이다. 대초원을 미국에서는 프레리(prairie), 유라시아에서는 스테페(steppe), 헝가리에서는 푸츠타(puszta), 남미에서는 팜파(pampa)라고 부른다. 이 대초원은 영양, 말, 미국 들소로부터 생쥐, 땅 다람쥐까지 다양한 초식동물을 먹여 살리고 있다.

- 분포는 미국 캔자스주의 톨 그라스 초원, 남다코타와 텍사스 주의 숏 그라스 초원, 남부 러시아의 혼합그라스 초원, 남동부 우크라이나의 혼합 그라스 초원, 헝가리의 푸츠타, 몽고와 만주지역의 숏 그라스초원, 남미의 팜파 등
- NASA가 아르젠틴 인제니어 화이트(Ingenier White)지방에서 측정한 강수량과 기온분포는 〈그림 2.4-6〉과 같다.

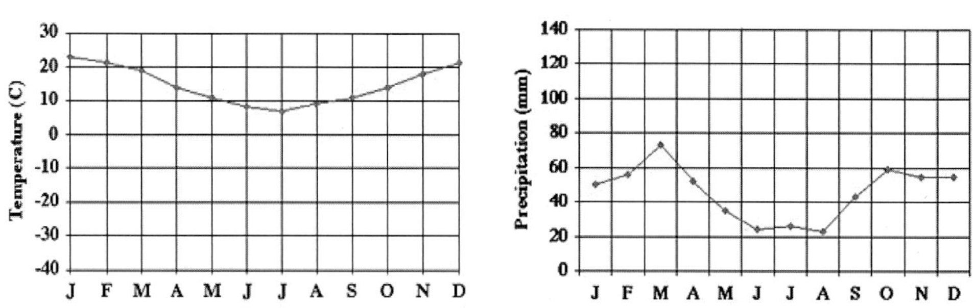


**〈그림 2.4-6〉** 아르젠틴의 인제니어화이트(Ingenier White) 지방의 기온과 강수량 분포

(NASA, 2004, http://earthobservatory.nasa.gov/Laboratory/Biome/graphs.html)

(v) 사막(Deserts)　　사막은 연간 강수량이 250mm 이하의 지역이다. 사막지대에서는 강수 시기를 예측할 수 없고, 건조시간이 8년에서 10년간 지속되기도 한다. 소노라 사막 (Sonoran desert), 치화화사막(Chihuahuan desert), 사하라사막(Saharan desert)과 같은 저위도 사막에서는 빙점 이하의 기온일수가 거의 없어 극히 온화한 겨울을 경험하지만 중국북부의 타클리마칸(Taklimakan)과 고비(Gobi) 사막과 같은 고위도 사막에서는 빙점 이하의 겨울시간이 늘어난다. 식물이 자라는 곳은 흩어져 있고, 건조에 강한 관목 총림이나 선인장과 같은 다육식물 또는 일년생 식물들이 존재한다. 사막에는 특히 뱀이나 도마뱀과 같은 파충류와 게르빌 쥐, 날 쥐, 캉가루쥐와 같은 설치류 등이 풍부하나 대부분이 야행성이다. 토양은 영양분이 없고, 부식토층이 없거나 거의 발달되지 않았다.

- 분포는 미국의 사막들, 멕시코의 소노라사막, 칠레의 아타카마 우주베키스탄의 카라쿰 사막, 카자흐스탄의 사막 모래더미, 몽골의 고비사막, 중국서부의 타클라마칸과 터판 베진사막, 인도의 타르사막, 아프리카의 사막들, 호주사막들
- NASA가 이집트 엘아오스르 엘아크다르(El-Oasr el-Akhdar))지방에서 측정한 강수량과 기온분포는 〈그림 2.4-7〉과 같다.

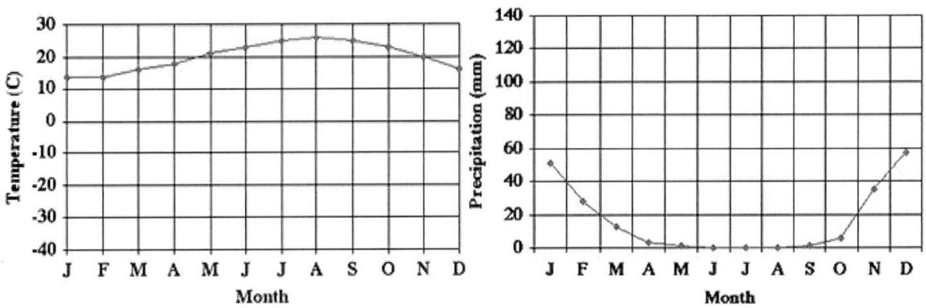


〈그림 2.4-7〉 이집트의 엘오아스르엘아크다르(El-Oasr el-Akhdar) 지방의 기온과 강수량 분포

(NASA, 2004, http://earthobservatory.nasa.gov/Laboratory/Biome/graphs.html)

(vi) 사바나(Savanna)　　적도지방으로 갈수록 사막과 열대 다우림 사이에 초원의 사바나와 가시덤불로 구성된 중간의 생물군이 존재한다. 연간 강수량은 900~1500mm에 이르러 집중강우로 비가 많고, 습하나 건기가 거의 균일하게 길다. 매년 건기의 높은 기온이 길어 건기 동안에 건조하여 대부분의 나무들이 말라 죽는다. 전형적이 나무들은 건조에 강한 아카시아나 하오밥(haobab)이며, 토양은 우기동안의 집중호우로 유실되어 비교적 척박하다. 나무들은 널리 흩어져 있고, 주요 식생은 다양한 초본류들이다. 사바나를 유지해 주는 중요한 인자는 산불로서 많은 수종들이 불에 견디는 수종이며, 발아와 성장을 위하여 필요한 토양중의 유기성분을 얻기 위하여 산불이 필요하기도 하다.

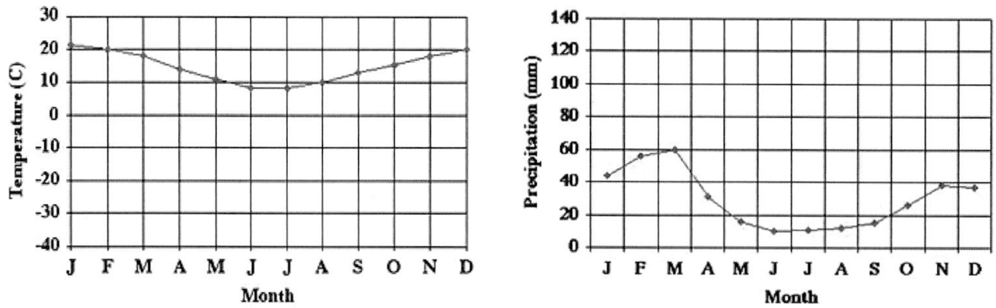


**〈그림 2.4-8〉** 남아프리카 미델부르그(Middelburg) 지방의 기온과 강수량 분포

(NASA, 2004, http://earthobservatory.nasa.gov/Laboratory/Biome/graphs.html)

- 분포는. 동아프리카의 사바나들, 인도의 사바나, 부라질의 사바나 등.
- NASA가 남아프리카 미델부르그(Middelburg) 지방에서 측정한 강수량과 기온분포는 〈그림 2.4-8〉과 같다.

(vii) 열대 다우림(Tropical rainforests)    열대 다우림은 연간 기온 변화가 거의 없고, 강수량 분포가 다소 균일한 적도근방에서 발생한다. 연간 강수량은 2000~5000mm(17피트까지)에 이르러 그 결과 습도가 극히 높다. 죽은 목질부의 신속한 분해와 과도한 강수량 때문에 토양 중의 영양분을 거의 없다. 대부분의 유기물질은 죽은 나뭇가지거나 살아있는 생물체로 존재한다. 저지대의 다우림(정글: jungle)은 바닷물 수준에 위치한 반면 높은 산에는 산악 다우 림 또는 운무림(cloud forest)이 발달되어 있다. 식생은 무수히 많은 다양한 생명체를 지원하고 있는 수관(樹冠: canopy)중에 수많은 층을 구성하여 다양하고 풍부하다.

- 분포는 코스타리카, 브라질, 말레이시아, 스마트라, 칼리만 카탄, 뉴기니아, 중앙아프리카, 우간다의 운무 림, 마다가스카르 등

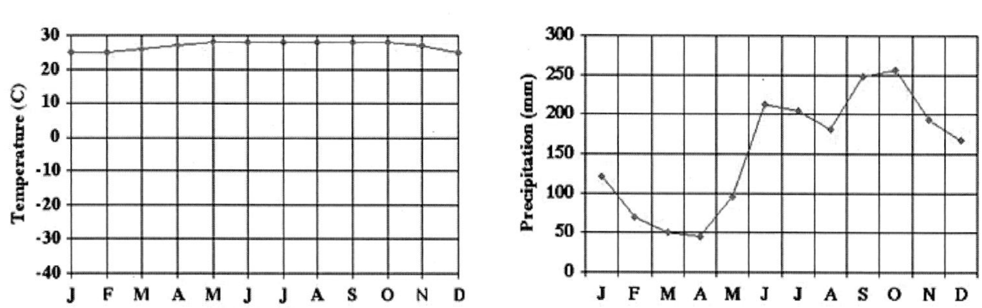


**〈그림 2.4-9〉** 벨리즈 캄파피타(Campa Pita) 지방의 기온과 강수량 분포

(NASA, 2004, http://earthobservatory.nasa.gov/Laboratory/Biome/graphs.html)

■ NASA가 중앙아메리카 벨리즈의 칸파피타(Campa Pita)지방에서 측정한 강수량과 기온분포는 〈그림 2.4-9〉와 같다.

### (3) 산림 생태계의 구성과 생물 다양성(biodiversity)의 가치

킴발(J. Kimball, 2003, Biome, 2004, http://users.rcn.com/jkimball.ma.ultranet/BiologyPages/B/Biomes.html)은 세계적으로 150가지의 ecoreion으로 구분되나 기온과 강수량에 따라 (i) 툰드라, (ii) 침엽수 타이가림, (iii) 온대 낙엽활엽수림, (iv) 관목림, (v) 초원지대, (vi) 사막, (vii) 열대 다우림, (viii) 온대 다우 림 등 8가지로 구분된다고 하고, 쉘포드(V. E. Shelford)는 〈그림 2.4-10〉과 같이 12가지로 구분하기도 한다(Source: R.L. Smith & T.M. Smith, 1998, Elements of Ecology, Addison Wesley Longman, N.Y., p.379).

이러한 구분은 높은 산에 올라 발아래를 내려다보거나 비행기에서 내려다보면 한눈에 구분할 수 있는 자연 환경자원으로서 각 생물군 계(biome)의 특징은 미국의 경우 〈그림 2.4-11〉과 같이 다양하다고 한다. 이점에서 한반도는 주로 낙엽활엽수림이 점유하고 있는 온대지방에 속하고, 남부 일부만이 아열대의 북단에 속하여 남해안과 제주도는 이국적인 풍경을 제공한다.

또한 산림생태계는 먹이사슬(food chain)로 인하여 토양 속에서부터 나무꼭대기에 이르기까지 다양한 생물이 살고 있다. 이 중에서 인간의 생명(life)이 속하는 동물의 종이 지속가능(sustainable)하기 위하여서는, 동물의 먹이가 되는 탄수화물을 광합성하여 비축하는 녹색식물(green plant)이 풍부하여야 한다. 따라서 생태학(ecology)에서는 녹색식물을 생산자(producer)라 하고, 동물을 소비자(consumer)라 하며, 동식물의 사체를 먹고, 탄산가스와 수분으로 분해하는 미생물을 분해자(decomposer)라고 부른다. 분해자 또한 지역의 기후특성에 따라 번식정도가 다르기 때문에 지역에 따라 죽은 시체의 매장방법도 다르다.

특히 생태계의 상호관계를 명확하게 인식하지 못하고 있는 국민에게 생물 다양성의 가치를 홍보하는 호주정부(2000, http://www.environment.gov.au/life/general_info/op1.html)에 따르면 지구촌의 생태계를 먹이사슬에 따라 생물의 유전적 다양성, 종의 다양성 및 생태학적 다양성으로 계층화하고, ① 생태계 다양성이 제공하는 서비스는 수자원보호, 토양형성과 보호, 양분 저장과 순환, 오염물질 분해와 흡수, 기후안정화에 기여하고, 생태계 보존, 예상치 않은 환경재난에서의 회복력 등이고, ② 생물자원으로서 기능은 식량생산 공급, 의약품자원, 목재 자원, 조경 식물자원, 서식지 및 생물 종의 보고이면서 동시에 미래의 유전자원이며, ③ 사회적 공익은 레크리에이션 장소 제공, 문화적 가치제공, 개발하지 않은 미래 가치 제공 등을 열거하고, 생물 다양성 보존 운동이 충격에 대한 소극적 보호가 아니라 적극적인 보호육성이 필요하다고 지적하고, 세계 환경보존 행동센터인 미국 캘리포니아 대학의 브리안트(P. J. Bryant, 1999, Biodiversity and Conservation, 2000, http://darwin.bio.uci.edu/~sustsain/bio65/Titlpage.html)에 따르면 호주와 캐나다의 생물다양성 보존 가치를 인용하면서 (1) 식량자원, (2) 유전자원, (3) 생물학적 조절자, (4) 생약자원, 환경적 서비스, (5) 자연재해 경고표지, (6) 자연과학의 모델시스템 제공, (7) 아름다운 야생동물 보존 등의 역할을 하기 때문에 생물다양성보존은 미래의 선택 문제라고 한다.

또한 국제 생태경제학회(International Society for Ecological Economics, 2000, http://darwin.bio.uci.edu/~sustsain/bio65/Titlpage.html)에서는 코스탄자 등(R. Costanza et al)의 주관 하에 지금도 "자연 자본과 생태계 써비스의 가치(The Value of the World's Ecosystem Services and Natural Capital)"라는 제

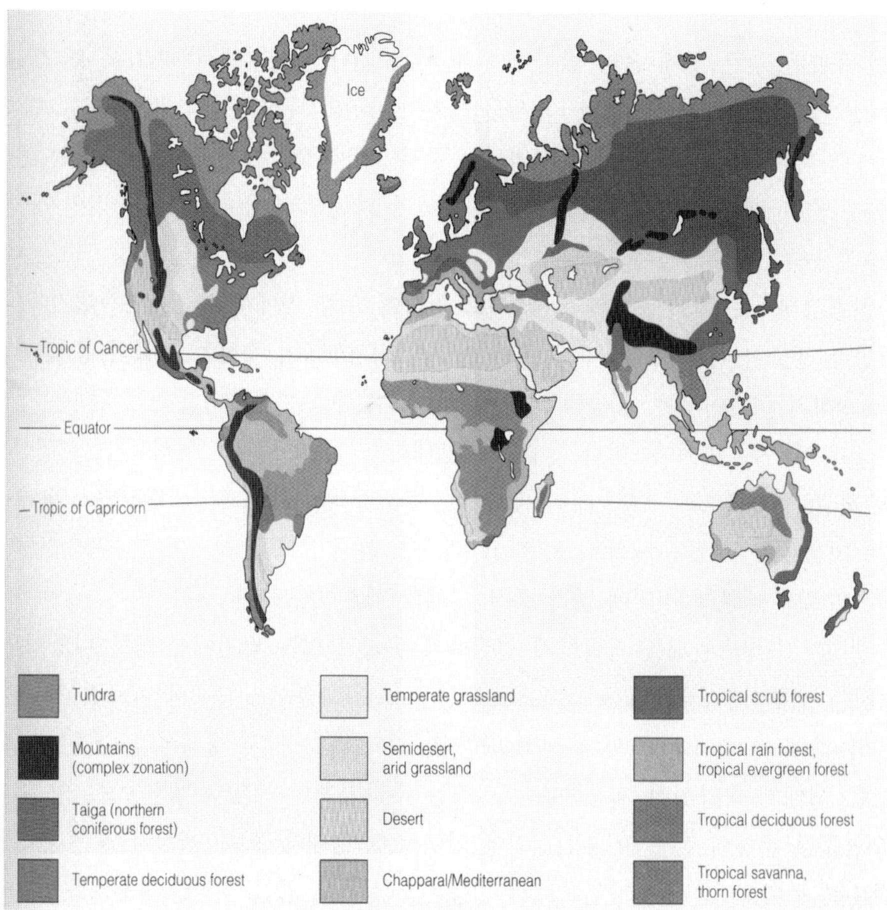


**〈그림 2.4-10〉** 지구상의 생물 군계(Biome) 분포

(Source: D. D. Chiras, 1998, Environmetal Science - A Systems Approach too Sustainable Development -, Wadsworth Publ. N.Y., p53)

※ ⓐ = 툰드라, ⓑ = 타이가림, ⓒ = 온대 낙엽활엽수림, ⓓ = 초원지대, ⓔ = 사막지대

**〈그림 2.4-11〉** 북미에서 발견되는 주요 5가지 생물군계(biome) 사진

(Source: D. D. Chiras, 1998, Environmetal Science - A Systems Approach to Sustainable Development -, Wadsworth Publ. N.Y., p54)

하에 생물다양성의 경제적 가치에 대하여 국제적 논의를 계속하고, 달리(H. Daly)는 "성장을 넘어서(Beyond Growth)"라는 제하에 에코세금부과(Eco-Taxation)에 대한 논의를 계속하고 있다.

더욱이 근대 산업사회가 되면서 환경오염과 과도한 경쟁사회로 발생한 각종 질병이 인간사회를 파괴하고, 최근 발전한 전자공학기술로 인간의 뇌 구조와 기능 및 심리상태를 연구할 수 있게 된 의학 분야, 생태학과 분자 생물학의 발전으로 다윈의 진화론이 지배하는 진화론적 다윈 의학(Darwinian Evolutionary Medicine), 진화 문화론(Evolutionary Cultures) 등이 등장하여 생명의 진화가 돌연변이(Mutation)에 기초한다는 유전공학적 주장을 토대로 인류 운명의 진화를 해석하는 현대과학은 종교에서 말하듯이 하나님이 창조할 때 지정한 길을 따라 일정하게 정해진 것이 아니라 환경에 따라 일부가 변하면서 진화한다는 것이다.

최근에는 유전 공학적인 운명론과 생태학적인 생물 다양성이 마주치면서 돌연변이(Mutation)에 대한 관심이 집중되고 있어 각종 영화에서 인간 같지 않는 괴상한 인간들이 자주 등장하는데 환경변화로 야기되는 돌연변이 후손을 바라는 사람은 아무도 없을 것이다.

생수권 및 토양권으로 구성된 주변 환경과 조화를 이루면서 항상성을 유지하고, 오늘의 역사(Zeitung)가 자손만대의 후손에게까지 지속 가능할 것이기 때문에 생존기반이 되는 생물 다양성이 보존되어 나아가 생물 다양성을 보존하기 위하여서는 생태계를 구성하는 각종 생물에게 식량이 되는 녹색식물의 광합성량이 감축되면 환경요소에 영향을 미쳐 먹이사슬로 연결된 생물체들이 감축되고, 생물 다양성이 없어지기 때문에 지구촌의 생태계 보존을 위하여서는 충분한 먹이를 공급하기 위하여 녹색식물 자원의 보호육성이 중요하게 된다.

### (4) UN의 지속가능한 사회개발과 산림원칙(Forest Principles) 협약

한편 우리나라 산림청(1989)에 따르면 우리나라는 북반구의 33°N에서부터 43°N사이에 남북으로 놓여 있는 한반도는 연평균 강우량이 500~1,500㎜이고, 연평균 기온이 5℃~14℃범위로서 주로 온대지역에 속하나 산림대는 연평균기온이 14℃ 이상인 35°N이남의 남해안과 제주도는 난대림(暖帶林)지대에 속하여 화왜나무, 녹나무, 가시나무, 비자나무, 층층나무 등의 상록활엽수림이 자생하고, 연평균기온이 6℃~13℃에 달하는 35°N~43°N한반도는 온대림(溫帶林)지대에 속하여 졸참나무, 박달나무 등 낙엽활엽수림이 특징수종이나 대부분이 파괴되어 조림한 것으로 소나무 림으로 변하였으며, 연평균기온이 5℃ 이하인 북한의 고원고지대는 한대림(寒帶林)에 속하여 가문비나무, 분비나무, 잣나무, 전나무와 같은 상록 침엽수림이 특징이다.

또한 표고차에 따른 수직분포는 제주도 한라산의 경우 표고 600m 이하는 난대림에 속하나 표고 600~1,500m사이는 온대림이며, 1,500m 이상은 한 대림이며, 중부지방에 속하는 지리산, 설악산, 금강산에는 난대림이 나타나지 않고, 표고 1000~13,00m 이상에서 한 대림이 나타나며, 낭림산과 백두산에서는 표고 900m 이상에서만 한대림이 나타난다.

그러나 연평균기온이 $\triangle T = 1℃$ 증가하면 식물 분포가 북쪽으로 200km 정도 북상하는 점을 고려할 때 우리 나라의 연평균 기온이 3℃상승하면 현재 전남 광주를 지나는 35°N을 북방한계선으로 하고 있는 난대림 선단이 600km북진하여 평양이나 신의주에 이르러 대부분의 한반도가 아열대의 상록 활엽수림 지대가 되고, 만주와 시베리아 지방은 벼농사를 지을 수 있어 유리할 수도 있으나 반대로 북극지방을 뒤덮고 있는 빙하가 녹아 호수로 변하고, 늘어난 해수가 한반도 해안에 이르러 저지대를 침수시키는 자연 재해가 발생할지도 모른다.

더욱이 용수가 충분하더라도 황무지에서 현재의 산림상태를 이루려면 100~200년간 방치되어야 현재와 같은 산림생태계가 얻어지므로 한반도의 기후변화 속도에 근사한 새로운 산림 생태계가 복원되지 않으면 갑작스런 이상기후 발생으로 지금까지 가꾸어 놓은 항만과 도시 및 공장이 파괴될 수도 있다. 따라서 지구 온난화에 대한 피해 예방을 위하여 선진국들은 심각하게 연구하고, 예방하는 방법을 찾고 있다.

반대로 기후변화로 지구 냉각화로 진행되면 더 큰 나쁜 영향을 미치게 될 것이다. 즉 평균기온보다 3℃만 낮아져도 백두산 중턱의 북방 한 대림선단이 서울에 이르고, 북극의 빙하 전선이 백두산에 이르게 되어 황해가 다시 결빙되는 단군이전 시대의 기후로 되돌아갈지도 모른다.

따라서 UN은 1992년의 아젠다 21의 부속협약으로 체결된 기후변화 협약에 따라 기후변화 기본협약(FCCC)과 생물종 다양성협약에 이어 산림경영원칙(Forest Principles)을 체결하여 원시 산림자원의 중요성을 강조하고 있다.

특히 전술한 바와 같이 1997년 12월 일본 교토에서 개최된 제 3 차 당사자 회의(Third Conference of the Parties: COP-3)에서 가입국 38개간에 기후 변화에 대한 정부 간 회의 (Inter-governmental Panel on Climate Change: IPCC)의 보고서를 토대로 작성한 교토의정서(UNFCCC, 2000, Kyoto Protocol)를 체결하면서 탄소에너지를 근간으로 하는 현대사회의 지속가능성에서 바이오메스에너지의 중요서이 더욱 강조되고 있다.

즉 교토의정서는 인공적으로 기후변화를 초래하는 온실가스로 탄산가스($CO_2$)를 필두로 6가지를 지정하고, 가입국들이 2008~2012년까지 5년 동안에 1990년 수준의 5%를 감축하기로 하고, 이를 각국의 사정에 따라 강제 배정한 내용으로서 산림자원이 많으나 인구가 적은 호주, 아이슬란드, 뉴질랜드, 노르웨이, 러시아, 우크라이나를 제외하면 모두 1990년 수준보다 8~5%까지 감축시켜야 한다는 내용이다.

기후변화 지식 망(CCKN: Climate Change Knowledge Network, 2001, http://www.cckn.net/compendium/int_lulucf.asp)에 따르면 아제다 21의 협약 후 추진된 재생에너지 자원개발을 포함하여 다양한 방법을 연구하였으나 장기간 안정적으로 환경 친화적으로 탄산가스를 고정할 수 있는 과학적 기술이 없어 생태학적 탄소고정 분야가 제 3 조에 도입되어 임업을 토대로 한 토지용도 변경과 농업토양의 역할이 강조되고, 제 12 조에는 생태계 복원에 적합한 메커니즘으로 클린 개발 메커니즘(Clean Development Mechanism: CDM)이 도입되어 농림업의 역할이 강조되고, 1990년의 COP-4에서 합의에 따라 2000년에는 IPCC가 토지이용과 토지이용변경 및 임업(Land use, Land use change and Forestry: LULUCF)에 관한 특별 보고서가 제출하였다고 한다.

최근에는 IPCC의 워킹 그룹(working group) 보고서로 기후변화의 과학적 기초를 연구한 제 1 워킹 그룹 보고서, 기후변화의 환경적 영향과 적응 및 취약성을 분석한 제 2 워킹 그룹 보고서, 온실가스 감축방안을 연구한 제 3 워킹 그룹 보고서 및 정책 결정자용 요약본으로 구분하여 수 1,000 페이지에 달하는 연구보고서인 기후변화 2001(Climate Change 2001: 2001, http://www.ipcc.ch/)을 UNFCCC에 제출하였다.

따라서 UNFCCC가 지구촌의 기후변화를 예방하기 위하여 온실가스, 특히 탄산가스 감축을 강조하고, 각국이 효율적인 온실가스 감축 정책을 수립하여 추진하도록 권고하고 있기 때문에 WTO가 ISO 14,000의 기준에 따라 규제하는 방안을 강구할지도 모른다.

# 3장 | 문명의 발달과 인구문제

## 3.1. 인구 증가와 문명의 발달 관계

==〉 에너지(energy)와 식량(food) 문제 ==〉 전쟁(war) 발생

### (1) 인간의 특이성과 인구 성장 과정

전술한 바와 같이 대기 오염물질의 영향을 연구한 골드스미스와 프리버그(J. R. Goldsmith & L. T. Friberg, 1977, Effect of Air Pollution on Human Health, in "Air Pollution, 3rd ed. by A. C. Stern, Vol. II, Academic Press, p 458)에 따르면 인간은 먹지 않고 5주를 살 수 있고, 마시지 않고 5일을 살 수 있지만 공기($O_2$)없이는 5분도 살지 못 한다 (**A man** can live for **5 weeks** without **food**, for **5 days** without **water**, but for only **5 minutes** without **air** (oxygen))고 한다. 즉 인간은 이러한 물리화학적 기초위에서, 다양한 물품을 생산 분배하여 소비하는 주체이기 때문에 주어진 자원을 이용하는 인간의 문명사회는 인구증가가 중요한 인자가 문제가 된다.

한편 인구증가 속도에 대하여 연구한 돌핀(L. Dolphin, 2000, http://www.ldolfhon.org/popul.html)에 따르면 우선 남편과 아내가 되는 아담(Adam)과 이브(Eve)가 존재한 후에 동침하여 10개월의 임신기간을 지나면 하나의 자신이 출산되는 것이 보통이다. 또한 부모는 생로병사(生老病死)의 인생행로를 통과하고, 출생한 아들이나 딸은 부모가 죽기 전에 육체적으로 성숙하여 결혼한 후 임신하면 다시 후손을 출산하여 부모와 똑 같은 형태의 인간을 생산함으로서 하나의 가계를 지속적으로 유지하게 된다. 따라서 인간은 동물과 달리 가족사를 만들고, 씨족의 경우는 족보를 만들며, 민족의 경우는 민족사를 만들게 된다.

이때 한 가정을 이루고 있는 부모가 아들(C1)과 딸(C2)의 두 자녀(C)만을 낳았다면 그 가정의 인구수[S(n)]은 [2*C + 2]가 된다. 이어서 자손이 결혼하여 두 손자를 보았다면 그 가정의 인구수는 [$2*C^2$ + 2]가 되고, 세대수(n)는 [n = 2]가 될 것이다. 마찬가지로 손자인 아들이 증손자를 두 자녀만 얻었다면 인구수는 [$2*C^3$ + 2]가 될 것이다. 따라서 그 가정의 인구수는 다음과 같은 조합 식에 따라 계속 증가할 것이다. 여기서 양변에 C를 곱한 다음 앞 식에서 빼면 다음 식과 같이 전개된다.

$$\text{총 인구수}[S(n)] = 2 + 2*C^1 + 2*C^2 + 2*C^3 + .....+ 2*C^n = 2*[C^{(n+1)} - 1] / (C-1)$$

그러나 부모의 수명은 수100년 또는 수1000년이 될 수 없다. 따라서 평균 수명(壽命)이 지나면 부모는 사망하므로 그 가정의 인구수는 그만큼 감소하므로 살아남은 세대수를 [x]라고 하면 n번째 세대가 지난 (n - x)세대에 속한 사람은 모두 죽었을 것이다. 따라서 (n - x)세대 동안 죽은 사람의 인구인 식(1)중의 S(n - x)를 총인구수[S(n)]에서 빼면 살아남은 인구수[P(n)]는 식(2)와 같이 될 것이다. 따라서 다음과 같이 전개될 것이다

여기서 부모의 평균수명이 지나는 기간에도 한 부부의 자녀수가 (2C) = 1 이라면 인구성장은 제로(zero, 0)가 되어 멸종되고, (2C) = 2 이면 한 부부만이 지속되어 인구성장을 없을 것이다. 따라서 인구가 성장하려면 부부의 자녀수가 (2C) 〉 2 이라야 하므로 과거 2000년 동안 평균치가 2.0026명에 이른다. 따라서 전형적인 가정에서는 2*C = 2.1명 정도가 합리적일 것이라고 한다.

죽은 인구수 $[S(n-a)] = 2*[C^{(n-x+1)} - 1] / (C-1)$ ······ (1)

생존 인구수 $[p(n)] = S(n) - S(n-x) = 2*[\{C^{(n+1)} - 1\} - \{C^{(n-x+1)} - 1\}] / (C-1)$

$= 2*[(C^{(n+1)}) - (C^{(n+1)})*(C^{(-x)})] / (C-1)$

$= 2*[(C^{(n-x+1)}) \times (C^{x} - 1)] / (C-1)$ ······ (2)

여기서 n = 총 세대수;

2*C = 총 자녀수( C1= 남자, C2=여자);

x = 살아남아 있는 평균세대수(평균수명기준)

$$Pn = \frac{2\ [C^{n-1+1}]\ [C^{x-1}]}{[C - 1]}$$

n generation

2C childen (C boys and C girls)

x = average number of generations alive

특히 그는 맬서스(Malthus)의 이론과 같이 인구는 기하급수적으로 증가하므로 성경을 근거로 추리한 지구촌의 인구는 다음과 같이 계산되기 때문에 노아의 홍수이전에 이미 90억에 달하였을 것이라고 한다. 즉 성경의 창세기 4장과 5장에 따르면 아담으로부터 노아(Noah)의 홍수시기까지 평균 수명이 900세이고, 8세대 동안 최소한 1656년이 지난 후이나 자세한 세대 추적이 어려움으로 현재와 같이 평균수명을 100세로 하고, 가족크기를 8명으로 하면 〈그림 3.1-1〉과 같이 노아(Noah)의 홍수이전에 90억 명에 달한다고 한다.

따라서 노아의 홍수와 같은 기후변화가 환경파괴로 야기될 수도 있으므로 성경은 환경파괴로 생길지도 모르는 인류의 미래를 잘 나타내 주고 있으며, 돌핀의 가설이 맞는다고 가

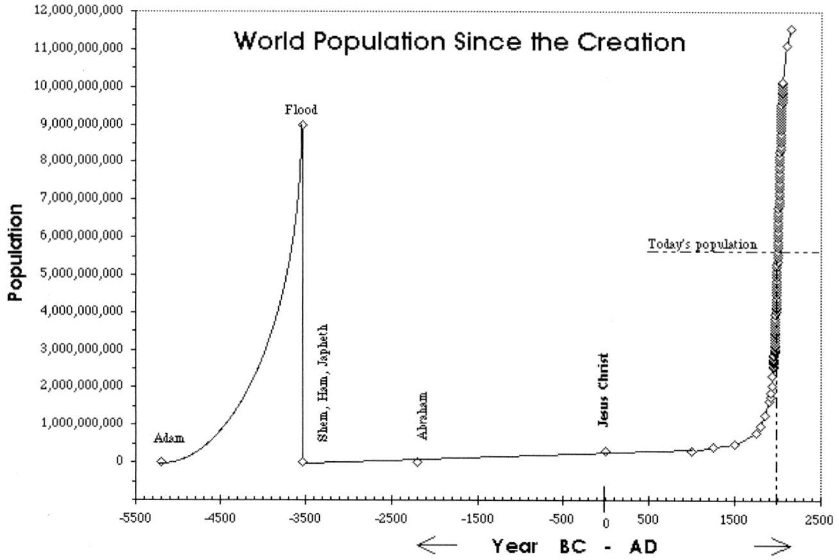


〈그림 3.1-1〉 돌핀이 제시한 인류 역사와 인구 증가 모델

(출처: Dolphin, L., 2000, http://www.ldol[hon.org/popul.html)

정하면 정복할 수 없는 거대한 자연의 힘에 굴복하여 경외감을 느낀 선조들의 전설과 신화들도 대부분 자연 현상을 대한 경외감을 표현한 것으로 보인다. 즉 우리나라의 단군 신화도 과거 대 자연의 변화를 상징적으로 표현한 것으로 생각된다.

## (2) 문명사의 발달과 인구의 식량 제한

루멜(R. J. Rummel, 2000, http://mega.nu:8080/ampp/rummel/waj.art.html)에 따르면 전쟁에 의한 사망자보다 정부의 정치적 압제와 제도적 잘못에 의한 사망자가 더 많다고 한다. 특히 식량부족에 따라 발생한 기아와 기근으로 면역체계와 체력이 허약해지면 전염병에 의한 면역 저항성이 떨어져 사망자가 급격하게 증가한다고 한다. 즉 전쟁에 의한 사망자는 자유주의 정부에서는 평균 1000명당 2.2명 정도인데 반해 공산주의나 비 공산국가의 독제 정부에서는 35~50명에 달한다고 한다.

예를 들면 룸멜(R. J. Rummel, 2000, http://www.mega.mu:8080/ampp/rummel/com.art.html)은 1917~1987년 사이의 소련 공산당치하에서는 61,911,000명이 사망하고, 1944~1987년 사이의 유고슬라비아 공산 공산당치하에서는 1,072,000명이 사망하였으며, 1949~1987년의 중국 공산당치하에서는 35,236,000명이 사망하고, 1945~1987년 사이의 베트남 공산당치하에서는 1,670,000명이 사망하였으며, 1948~1987년 사이의 북한 공산당 치하에서는 1,663,000명이 사망하는 등 사망자가 월등하게 높아 정치적 사망자가 자유주의 정치 체제보다 높았다고 한다.

이러한 현상은 인권이 무시된 과거 역사에서는 더욱 심하였을 것이다. 즉 지구상의 바이오메스(Biomass)와 순 광합성량을 조사한 하이테커와 리켄(R. H. Whittaker .& G.E. Likens, 1975, The Biosphere and Man, in "Primary Productivity of the Biosphere, ed. by H. Lieth and R.H. Whittaker, Springer-Verlag, Berlin, p305~328)는 〈그림 3.1-2〉와 같이 식량부족으로 야기된 전쟁과 기아로 인구증가가 감소하고, 민족대이동과 같은 역사적 사건들이 발생한 것으로 보고 있다.

처음으로 녹색 평화봉사단(Green Peace)을 조직한 독일 녹색당(Green Party, 2000, http://www.hrz.uni-oldenburg.de/~oliver/bg/history.html)에 따르면 2차 대전 후 1950년과 1960년대에 냉전이 고조되던 때 날로 첨예화되던 지역주의 파괴운동하기 위한 반 핵 평화운동으로 생태학적인 녹색운동을 목표로 1968년 조직된 학생운동으로 시작되어 1969년 브란트 수상의 데탕트정책(detente)으로 반영되고, 1970년대의 로마클럽보고서로 확인되면서 풀뿌리민주주의(grass- root democracy)라 부르면서 추진하였으나 정책결정에서 변화가 없으면 실천할 수 없다는 결론에서 1980년 1월 13일 창단하여 현재 전세계로 확산되었다고 한다.

또한 미국의 로키 산맥 연구소(Rocky Mountain Institute, 2000, http://www.rmi.org/)에 따르면 1973년의 1차 석유파동과 1979년의 2차 석유파동 및 1989년의 걸프전을 통하여 자연 자원 자본주의를 확인한 후 호큰(P. Hawken)의 주관으로 직장창출과 환경 복원 및 사회적 안정성 촉진의 방안으로 자연 자본주의(Natural Capitalism)를 주창하고, 이어서 자연법 정당(Natural Law Party)이 출현한 것으로 보인다. 즉 자연 자본주의는 석유파동으로 야기된 자원 민족주의를 극복하는 방법으로 각국이 소유하고 있는 자연 환경 자원을 최대한 보존하고, 복원하는 자연주의에 자본주의의 시장경제를 도입하자는 것으로 보인다. 그러나 늘어난 인구문제를 어떤 식으로 해결하자는 제안은 없는 것 같다.

따라서 현재와 같은 먹이 전쟁을 피하고, 평화를 유지하면서 인권이 존중되는 민주주의 사회를 유지하기 위하여서는 우선적으로 생존에 필수적인 물과 식량을 생산하는 농업환경이 보존되어야 하고, 경제성장에 필요한 물자와 에너지가 환경파괴 없이 자연에서 자급되어야 전쟁이나 독제 정치에 의한 먹이 전쟁이 없어지고, 평화가 유지될 것이다.

그러나 영국의 사회학자인 트레노(P. Treanor, 1997, Structure of Nationalism, 2000, http://web.inter.nl.net/users/Paul.Treanor/nation.structure.html)는 민족주의의 구조를 분석한 다음 기존의 민주주의가 개인적으로 잘못되고, 인권도 잘 못 정의되어 세르비아 민족주의와 같은 종족 말살 정책이 나타나기 때문에 자신이 설정한 새로운 인권선언을 제시한 것으로 보인다.

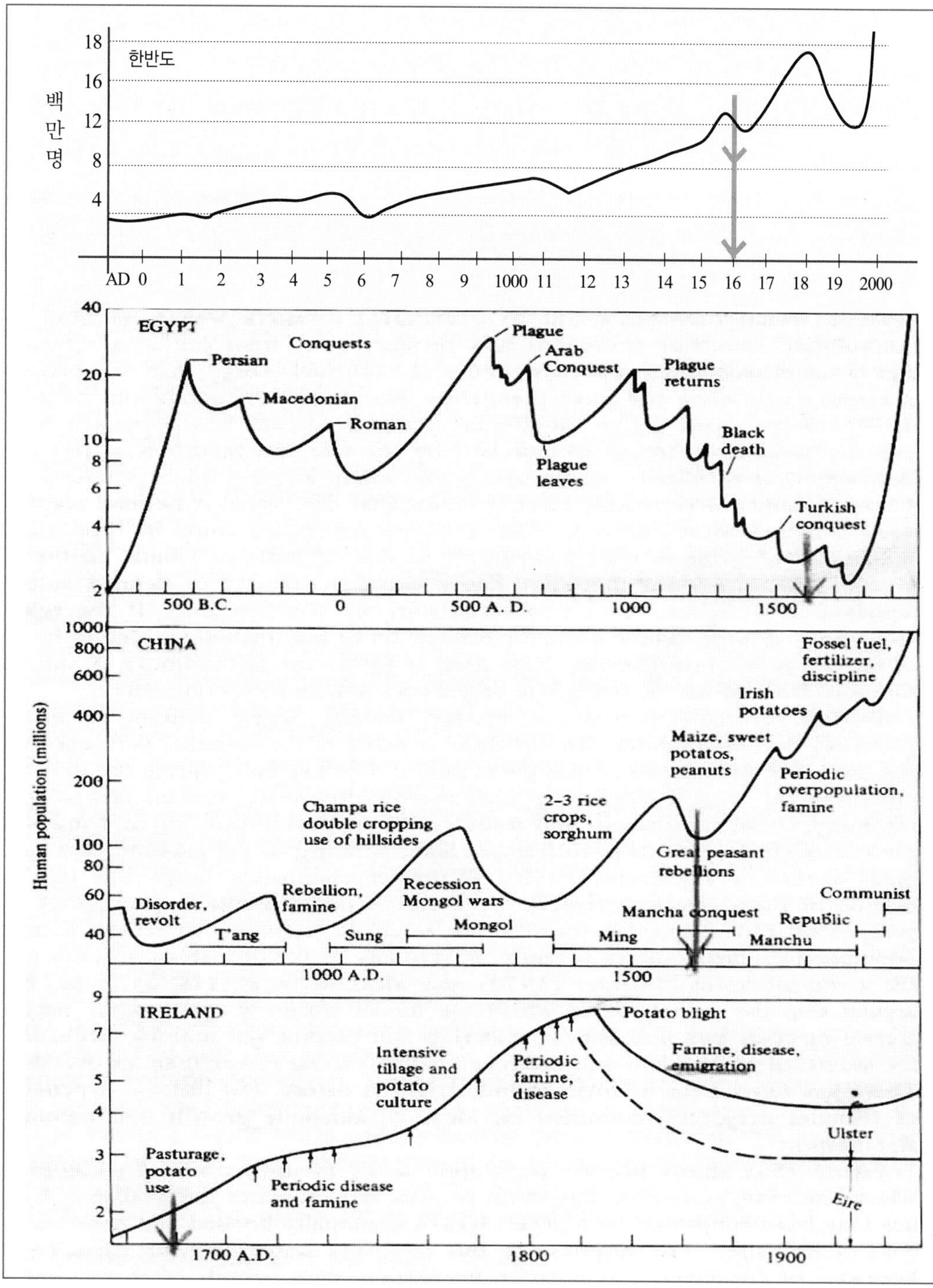


**〈그림 3.1-2〉** 이집트, 중국 및 아일랜드와 한국의 역사적 과정과 인구변화 모형

(출처: Whittaker, R. H.& G.E. Likens, 1975, The Biosphere and Man, in "Primary Productivity of the Biosphere, ed. by H. Lieth and R.H. Whittaker, Springer-Verlag, Berlin, p305~328)

## 3.2. 현세 인류의 진화와 중국대륙의 기후 변화 관계

### (1) 문명의 발달과 인구이동

인구의 소멸과 증가가 반복되는 인류의 역사는 인구증가에 대한 자연자원의 부족으로 야기된 것으로서 전쟁이 발생하고, 그에 따라 문명이 발달한 것으로 보인다.

고대 문명에 대한 예루살렘 포럼(Jerusalemites, Ancient History, 2005, http://www.jerusalemites.org/jerusalem/cultural.dimensions/2.html)에 따르면, 탄소연대 측정결과, 200만 년 전부터 1만 년 전 사이에 4번의 빙하기와 간빙기가 존재하고, 대략 50,000년 전에 발생한 마지막 빙하 피크 때는 북극의 눈과 빙하가 말틱해안의 유럽과 테이즈 강의 영국, 뉴 잉글랜드와 오하이오의 북미대륙까지 뒤덮고 있어, 바닷물이 축소되어 현재 분리된 대륙들이 랜드브리지로 연결되어, 영국이 유럽대륙과 연결되고, 아프리카가 지브랄타와 시실리를 통하여 유럽과 연결되고, 북아시아는 베링해협(Bering Straits)을 통하여 북미대륙과 연결되고, 호주는 남아시아의 보르네오와 인도네시아, 뉴기니아와 연결되어 있었기 때문에 인류가 전세계에 확산되었으며, 그 후 수세기동안 기온이 상승하여 빙하선단이 북극 쪽으로 퇴조하였다. 즉 스칸디나비아 빙하 판의 경우 약 10,000년 전에 마지막 빙하 판이 퇴조하였으나 북위 61oN 이상의 스웨덴과 러시아 및 핀란드에서는 BC 7,000년경에 출현한 신석기 문명유물만 출토되고, 그 이전의 구석기 유물은 발견되지 않는다고 한다. 따라서 동북아의 경우도 우리나라와 만주 및 중국에서는 구석기 문명유물이 발견되나 일본에서는 발견되지 않는 것은 마지막 빙하기의 빙하 영향으로 생각된다.

또한 예루살렘포럼은 인류는 코카사스인(Caucasian)이라 부르는 백인종이 북부 블론드와 남부 흑백지중해인 또는 이베리아인존(Iberian race)로 구분되는데, 이때 흑백의 지중해 인종은 신석기 인종으로서 동쪽과 서쪽 및 남쪽으로 으로 이동하여 동쪽으로 간 황인종, 서쪽으로 간 백인종, 남쪽으로 간 흑인종으로 진화하였다고 한다.

따라서 지질연대에 이집트 역사(African Travel, 2000, http://touregypt.net/ehidtory.html)와 동아 대 백과사전(1982), 미즈무라(M. Mizumra저, 박선희 역, 1997, 90분만에 꿰뚫는 세계사, 아선미디어), 정수일(鄭守一기, 2001, 고대 문명 교류사, 사계절), 실크로드와 한국문화(국제한국학회, 1999) 및 최성락 (철기시대, 2002, http://mnum.mokpo.ac.kr/ruslee/class/교약2-철기.html) 등의 자료를 맞추어 대략적으로 정리하면 〈표 3.2-1〉과 같다.

환언하면 진화론자들이 주장한 바와 같이 인간은 약 650만 년 전에 진화한 포유류 중 원숭이 계통이 200만 년 동안 진화한 후 대륙이 이동하여 오늘날과 같은 대륙이 배치된 다음 약 300만 년 전 신생대 제4기에 최초인류로 직립 보행하는 오스트랄로피테쿠스(Australopi-

〈표 3.2-1/A〉 지구의 역사와 인간의 탄생

| | 지질사 | 인류 진화와 문명의 발달 | 연료/기술 |
|---|---|---|---|
| | 별의 대폭발 | (Big Bang) | |
| 46억 년 전 | 태양계탄생 | (지구탄생) | |
| 44억 년 전 | 수분응축 | (지구냉각) | |
| 35억 년 전 | 생명탄생(始生代) | (아마 고온균 탄생) | |
| 30억 년 전 | 광합성 균 탄생 | (혐기성 광합성 균 탄생) | |
| 25억 년 전 | 산소($O_2$)가스 출현 | (Cyanobacteria) | |
| 15억 년 전 | 진핵 균 탄생(원생대) | (원시 algae 탄생) | |
| 10억 년 전 | 다세포 생물 탄생 | | |
| 6억 년 전 | 척추동물탄생(古生代) | (화석 증명) | |
| 2억5천만 년 전 | 中生代 | ■ 공룡, 시조새, 암모나이트 /- 대륙이동 | |
| 7500만 년 전 | 新生代(제3기)<br>Paleocene | ■ (포유동물탄생)-신생대 시작 | |
| 5800만 년 전 | 신생대(제3기)<br>Eocene | ■ 대륙이동/조산(造山)운동 계속<br>■ Notharctus(類人猿)출현 | |
| 900만 년 전 | 신생대(제3기)<br>Oligocene | ■ 유라시아 판이 인도판과의 충돌로 히말라야산맥-파미르고원-천산산맥-타림분지(Tarim Basin) 출현 | |
| 2800만 년 전 | 신생대(제3기)<br>Miocene | | |
| 1200만 년 전 | 신생대(제3기)<br>Pliocene | ■ Ramapithecus(類人猿)출현<br>(아프리카 중부 빅토리아 호 근처) | |
| 400만 년 전 | | ■ Australopithecus: 아프리카에서 출현 | |
| 250만 년 전 | 신생대(제4기)<br>(Pleistocene) | ■ 빙하시작(3Mya) → 빙하퇴조시작(1.7Mya) | |
| 200만 년 전 | 〃 (빙하기) | ■ 빙하기(2,000,000년 전 - 1,650,000년 전 사이) | |
| 175만 년 전 | 〃 (간빙기) | ■ 간빙기(따뜻한 기후)<br>■ Homo habilis: 아프리카출현 | |
| 125만 년 전 | 〃 (간빙기) | ■ Homo erectus: 아프리카 출현 후 나일 강을 따라 북상하여 중동지역을 지난 각 대륙으로 이동 | |
| 80만 년 전 | 〃 (빙하기) | ■ 빙하기(900,000년 전 - 750,000년 전 사이) | |
| 70만 년 전 | 〃 (간빙기) | ■ 구석기 시대 시작(700,000 - 15,000BC) | 전기 구석기 시대 (타제석기, 불사용(목재)) |
| 50만 년 전 | 〃 (간빙기) | ■ 간빙기(250,000년 전 - 100,000년 전 사이) | |
| 40만 년 전 | 〃 (빙하기) | ■ 빙하기(400,000년 전 - 250,000년 전 사이)<br>■ Homo sapiens: 하이델 베르그인; 북경원인; 자바인; 한반도 구석기문명 | |
| 20만 년 전 | 〃 (간빙기) | ■ 간빙기(250,000년 전 - 100,000년 전 사이)<br>■ Homo sapiens neanderthalensis 출현 | |
| 15만 년 전 | 〃 (빙하기) | ■ 빙하기(100,000년 전 - 11,000년 전 사이)<br>■ Homo sapiens sapiens: 아프리카에서 출현: 중동은 H. sapiens, 아시아는 H. erectus분포 | 중기 구석기 시대 |
| BC 70,000 | 新生代(제4기)<br>(빙하기) | ■ 75,000년 전 Sumatera섬의 대규모 화산폭발로 빙하발생(Taba호 생성)<br>■ Homo sapiens sapiens = 현세인: 크로마뇽인; 각 대륙에서 흑인종, 백인종, 황인종으로 진화; 한반도 홍수아이 | 후기 구석기 시대 |
| BC 20,000 | 기온상승 | | |
| BC 10,000 | Holocene | ■ 광의의 실크로드(Silk Road) 형성 | 신석기시대 (농경문화 / 마제석기 / 부족사회) |
| BC 7,000 | | ■ (중동)메소포타미아지역에 정착하여 농경업과 목축업 시작 | |

〈표 3.2-1/B〉 지구의 역사와 인간의 탄생

| 년대 | 지질사 | 인류 진화와 문명의 발다라 | 연료/기술 |
|---|---|---|---|
| BC 5,000 | | ■ (중동) **나일강변 도시형성**/철기사용 | - 청동기시대 (부족연맹체 사회) |
| BC 4,000 | | ■ (중동) **유프라테스강변 도시형성** | |
| BC 3,000 | | ■ (중동) 유프라테스강변 **스메르지방에서 제철(製鐵)기술 개발** /-(인도) **인더스강변 도시형성**/(중국) **황하강변 도시형성** | |
| BC 2,000 | | ■ (이집트) 술, 유리, 철기제조 /-(중국)는(殷) /(만주/한반도)古朝鮮 | |
| BC 1,000 | | ■ (그리스) 철제무기로 인접국정복 /-(중국)주(周: 西周) | |
| BC 800 | | ■ (중국) 西周의 東遷으로 春秋時代시작 | |
| BC 500 | | ■ **페르시아 제국; (그리스) 4원소설(흙, 공기, 불, 바람)** | |
| BC 400 | | ■ 의료학교설치(히포트라테스) /(중국) 약육강식의 戰國時代시작 | |
| BC 300 | | ■ **(그리스) 헬레니즘세계 /남성유전(아리스토텔레스) /-(중국) 음양 5행설 (土,木,火,金,水); (인도) 마우리아 왕조** | |
| BC 200 | | ■ (유럽) **로마제국건설(포에니전쟁)** /(중국) **秦의 중국 통일(만리장성)** / | - 철기시대) (목탄제철 /민족국가 형성) |
| BC100 | | ■ (유럽)**로마제국건설** /(중국) **漢나라통일/(만주)부여/(한반도)3한** | |
| -0- | | ■ (유럽)로마제국(**기독교 예수탄생)/불교전파/(만주-한반도)3국시대** | |
| AD 200 | | ■ (유럽)로마제국/(인도)굽타왕조 /(중국)삼국시대 /(한반도)삼국시대 | |
| AD 400 | | ■ (유럽)**민족이동**(훈족, 게르만민족, 슬라브민족) /-로마제국 분열 | |
| AD 500 | | ■ (유럽)로마제국멸망/이슬람제국발전 /(중국) 隋통일 | |
| AD 600 | | ■ (유럽)프랑코왕국건설 /(중국) 唐통일 /(한반도) 신라통일 | |
| AD 1,200 | | ■ 몽고의 유럽정복/중국점령(元나라) /(한반도)고려시대 | |
| AD 1,400 | | ■ 북아메리카발견(Columbus)/-발효알코올의 증류기술확산/-렌즈사용(de Vinci)/-천체관측(Copernicus)/-(중국: 명나라)/(한반도: 조선건국) | |
| AD 1,500 | | ■ 의료 화학 출판(Parcelsus 화학사용)/-마찰전기발견(Gilbert)/-세계일주항해성공(Magellan) | |
| AD 1,600 | | ■ **지동설(G.Galilei)**/-동식물의 유성번식 발견(Harvey)/-세포구조발견(Hook) /-(영국)**세계정복**/(중국)**청의 통일**/한반도 **임진왜란** | |
| AD 1,700 | | ■ 음양전기발견( Frnklin)/-증기기관철도(Watt) /-전지발명(Volta) /-**자본주의국부론제창(A.Smith)** | (석탄제철) |
| AD 1,800 | | ■ **원자설(Dalton)/-정수비례의 법칙(Proust)/-다중비례법칙(Dalton) /-Avogadro가설/-열함량계산(Dulong)-전기분해(Faraday)** | |
| AD 1,900 | | ■ 일본의 한반도침략/독일의 1차대전/-대공항(1930)/독일의 2차대전/-원자탄개발(미국)/-한국전쟁(1950)/-DNA의 나선구조발견 | (석유시대/ 원자력시대) |
| AD 2,000? | | | |

출처: ① 동아대백과사전(1982); ② Mizumura, M. 저, 박선희역, 1997, 90분만에 꿰뚫는 세계사, 아선미디어; ③ 정수일, 2001, 고대문명 교류사, 사계절; ④ J. N. Loule, Geology, 2005, http://www.seismo.unr.edu/ftp/pub/louie/class/plate/composition.html; ⑤ D. P . Clark, BIOCHEMISTRY AND PHYSIOLOGY OF MICROORGANISMS, 2005, http://www.cience.siu.edu/microbiology/micr425/425Notes/14-OriginLife.html; ⑤ D. O'Nell, Physical Anthropology, 2005, http://www.ucmp.berkeley.edu/exhibit/geology.html; ⑥ G. Bothun, The Electronic Universe, 2005, http://zebu.uoregon.edu/1996/ph123/galaxies.html; ⑥ USGS/Cascades Volcano Observatory, DESCRIPTION: Ice Sheets and Glaciations, 2005, http://vulcan.wr.usgs.gov/Glossary/Glaciers/IceSheets/description_ice_sheets.html), ⑦ Egypt history, 2001, http://touregypt.net/ehidtory.html), ⑧ Jerusalemites, Ancient Histroty, 2005, http://www.jerusalemites.org/jerusalem/cultural_dimensions/2.htm; ⑧ Wikipedia, Ice Age, 2005, http://www.en.wikipedia.org/wili/Ice-Age)

thecus)가 출현하여 도구로 타제석기(打製石器)를 사용하고, 불을 사용하였으며, 활과 화살로 수렵생활을 한 구석기(舊石器)시대를 시작하고, 나일 강 유역을 따라 북쪽으로 내려오면서 부족한 식량을 찾아 아라비아 반도를 거쳐 북상한 것이 중앙아시아에 이르고, 북상 중 서쪽으로 이동한 민족이 서 유럽인이고, 카자흐스탄의 고원지대를 넘어 동쪽으로 이동한 민족이 몽골리언 계의 황색인종이 된 것으로 보인다. 또한 빙하기와 간빙기가 반복된 후 마지막 제4 간빙기인 4만 년 전에 현생인류의 조상인 호모사피엔스 사피엔스(Homo sapiens sapiens)라고 부르는 크로마뇽인이 출현한 후 1만 년 전 마제석기(磨製石器)와 토기를 사용하고, 정착하여 농경생활을 영위한 신석기(新石器)시대가 이어진 다음, 기원전 3000년경부터 티그리스와 유프라테스 강 유역의 메소포타미아 문명, 나일 강 유역의 이집트 문명, 황하 강 유역의 중국문명, 인더스 강 유역의 인도문명이 발생하고, 부족장이 발생하였으며, 문자가 사용되면서 역사시대가 시작되었다고 한다. 또한 BC 1,000년경부터 관계농업이 시작되고, 청동기(青銅器)가 제작되고, 도시 국가가 되면서 문자가 통일되고, 족장이 군부가 되는 제정일치 시대가 되면서 국가적 형태가 형성되었다고 한다.

올림푸스넷(Olympus.Net 2005, The Politically Incorrect Fish, 2005, http://www.olympus.net/personal/ptmaccon/pif/time_lines/time_line3.html)에 따르면, 470만 년 전에 아프리카에서 출현한 원시인류인 Australopithecus가 진화하고, 이어서 250만 년 전에 Homo habilis로 진화한 다음, 200만 년 전에는 직립원인 (Homo erectus)로 진화하였으며, 100만 년 전에 나일 강을 따라 북상하여 아프리카를 떠나 중동지역을 거쳐 각 대륙으로 확산되고, 40만 년 전에 Homo sapiens로 진화하고, 이어서 20만 년 전에 Homo sapiens neanderthalensis로 진화하고, 구석기시대를 시작하여 3만 년 전까지 발전하였으나 소멸되었으며, 15만 년 전에 진화한 현세 인류(Homo sapiens sapiens)가 중기 구석기시대를 발전시킨 다음, 신석기시대를 거쳐 현재와 같은 금속시대에 이르고 있다고 한다.

또한 위키페디아(Wikipedia, Historical Migration, 2008, http://en.wikipedia.org/wiki/Historical_ migration)에 따르면, 〈그림 3.2-1〉에 나타낸 바와 같이 인류의 탄생은 약 100만 년 전에 아프리카에서 탄생하여 진화한 호모에렉투스(Homo erectus)가 아프리카를 떠나 사우디아라비아반도를 지나 유라시아(Eurasia)로 퍼졌고, 이어서 15만 년 전에는 아프리카 태어나 전역에 부족을 이루었던 호모사피엔스(Homo sapiens)가 약 8만 년 전에 아프리카를 벗어나 유라시아까지 확산되고, 약 4만 년 전에는 호주대륙까지 확산된 것으로 정리된다고 한다. 또한 미국대륙까지의 확산은 약 1.5~2만 년 전에 일어나고, 1000년까지 확산되어 태평양의 모든 섬에 인류가 살게 되었다고 한다.

즉 현세 인류는 신생대 제 4 빙하기를 지나면서 기후적으로 현재와 같이 온화해진 제 4 간빙기 중에 진화한 인류로서 모든 만물을 창조하였다고 믿는 창조신이나 태양신을 숭배하

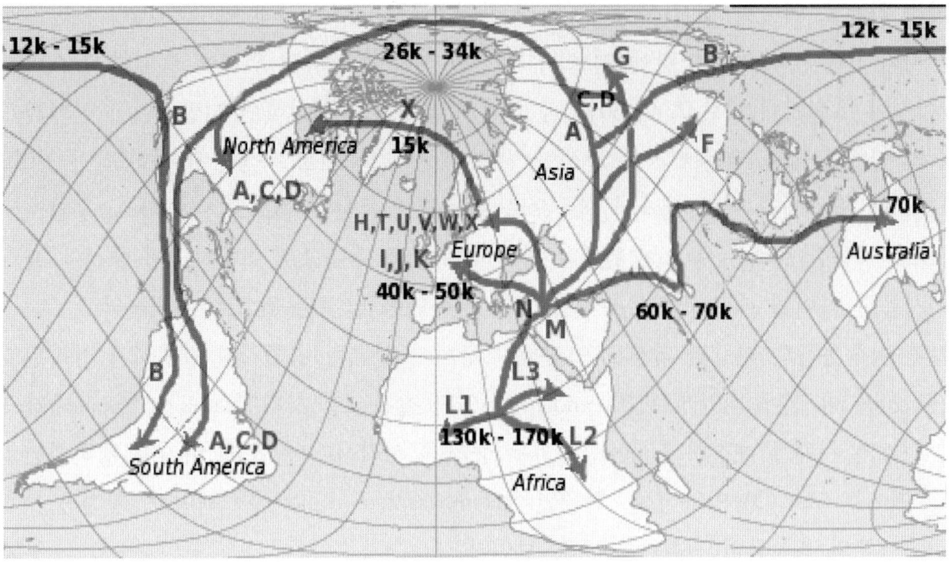


**〈그림 3.2-1〉** 현세 인류의 진화와 확산과정

(Source: Wikipedia, Historical Migration, 2008, http://en.wikipedia.org/wiki/Historical_migration)

는 종교가 발전하여 씨족사회를 구성하다가 인구가 증가하면서 부족사회가 되어 타협의 정치사회가 발전하고, 제정 일치시대를 거치고, 이어서 권력다툼으로 부족한 식량공급을 위하여 다른 부족을 지배하는 전쟁이 발생한 것으로 보인다. 즉 다른 부족보다 과학기술이 발전하여 새로운 무기와 농경 기계장치, 특히 도구로 사용한 철기사용과 정보전달을 위한 문자발명과 통일이 빠른 부족들일수록 부족한 식량과 농경지 확보를 위하여 집단 결속력과 무력이 강한 부족이 지배층을 이루면서 약소부족으로부터 조공(租貢)을 받거나 아니면 침략하였을 것이다.

특히 KBS(KBS, 2005, HD역사스페셜 제 1편, 한반도의 첫 사람들, 2005, http://www.kbs.co.kr/1tv/sisa/hdhistory/vod/vod/index,1,list,2.html)에 따르면, 유라시아대륙의 동쪽 끝에 위치한 한반도에도 구석기문명이 존재하였다고 한다. 즉 북한의 상원군 검은 머루 구석기 유적에서는 약 100만 년 전의 아열대 기후에서 서식하는 쌍코뿔이와 하이에나 뼈들이 발견되고, 충북 청원군 두루봉 구석기 유적에서는 약 20만 년 전의 아열대 기후에서 서식하는 쌍코뿔이 턱뼈와 하이에나 뼈, 코끼리 상아 등이 발견되고, 이어서 완전한 인골로서 어린아이 뼈를 발견하여 재구성한 결과 4만 년 전의 현세인류인 홍수아이가 발견됨에 따라 한반도에도 원시인류가 존재하여 중기 및 후기 구석기 문명을 이룩한 것이 증명되었다고 한다.

따라서 구석기 문명의 유물로 보면 신생대 제4기에 아프리카 중부의 빅토리아 호 근처에서 약 250만 년 전에 진화된 원시인류가 아프리카 나일 강을 따라 펼쳐진 풍요로운 농경지를 따라 하류로 이동한 것이 북상이동의 시작이고, 200만 년 전에 이미 아라비아 반도에 위치한 시리아를 지나 터키-이란에 이르고, 식량을 찾아 북상하던 인류는 흑해와 카스피 해의 중앙아시아 초원지대 이르고, 약 50만 년 전에 하늘이라고 생각하던 히말라야야 산맥과 천산산맥 및 티베트 고원 때문에 자주 발생한 빙하 때문에 더 이상 북상하지 못하고, 중앙아시아 카자흐스탄 평원에서 우랄 산맥의 서쪽으로 이동한 인류는 유럽으로 이동하고, 우랄 산맥의 동쪽으로 이동한 종족은 몽고 평원에서 남하하여 중국 대륙으로 이동하였기 때문에 불과 언어를 사용한 하이델 베르그인과 북경원인 및 자바인이 발견된 것으로 추정된다.

그 후 야생동물의 사냥과 낚시로 연명하던 구석기 인류는 빙하기와 간빙기가 반복된 기후변화로 20만 년 전에 네안데르탈(Neanderthal))인과 같은 호모사피엔스(Homo sapiens)가 출현하여 선조의 시체를 매장하고, 종교를 만든 중기 구석기시대를 열고, 마지막 빙하기인 약 4만 년 전에는 크로마뇽인과 같은 현세인류(Homo sapiens sapiens)가 백인종, 황인종, 흑인종 등 현세인류의 조상들이 진환한 것으로 보인다.

따라서 BC 10,00년경에 정착하는 농경문화가 발생하고, BC 7,000년경에는 유프라테스 강과 티그리스 강이 합류하는 삼각주인 메소포타미아지역에서는 흙으로 빚은 벽돌로 건설된 도시국가가 출현하고, 청동기시대를 지나 BC 3,000년경에는 목탄으로 제철하는 기술이 발달하여 철기시대가 시작되었으며, BC 4,000년경 중국의 황화문명이 시작되고, BC 2,300년경에는 인더스 강 유역에서 인도문명이 발생하고, BC 2,000년경에는 그리스를 중심으로 발전한 에게문명이 발생한 것으로 보인다.

환언하면 목탄으로 제조된 철제무기(鐵製武器: 칼과 화살촉)를 갖추면서 전쟁이 시작된 것으로 생각된다. 즉 인구증가로 좁아진 국토를 지배하던 메소포타미아 문명과 이집트 문명 및 에게 문명이 지중해에서 충돌하여 하나의 지중해 문명으로 통합되고, BC 300년경 성장한 로마가 지중해 해상권 때문에 충돌하면서 BC 64년 아랍지역을 점령하고, BC 27년에는 로마제국이 되었으며, 중국에서는 청동기시대에 유라시아를 거쳐 전파된 아랍지역의 철제 무기 기술이 돈황을 통하여 제일 먼저 수입한 주(周: 西周)나라가 강성해지면서 BC 770년 기름진 황하 강 중류의 낙양(洛陽)으로 동천(東遷)하면서 춘추시대(春秋時代)가 중국을 최초로 통일하고, 반복된 전쟁으로 현재는 사막으로 변하여 없어졌지만 몽고초원지대에서 자주 침략하던 흉노(匈奴)족의 침입을 막기 위하여 처음으로 황하 강북 쪽에 만리장성(萬里長城)을 축조한 것으로 보인다.

또한 김과 김(사마천 지음, 김진연과 김창 편역, 2001, 한권으로 본 사기, 서해문집)에 따르면 중국대륙은 삼황오제(三皇五帝)를 지나고, 夏나라와 殷나라를 지나 周시대에 이르렀을 때 周나라가 기존의 수도를 황하 강 중상류에서 중하류의 낙양(洛陽)으로 동천(東遷)하면서 인접 부족국가들과 충돌하여 춘추전국시대(春秋戰國時代)가 발생하고, 황하 강 중상류에 위치한 진

(秦)이 전국시대를 평정하여 중국 최초의 통일국가를 이룩하였다고 하였으며, 전설적인 삼화오제(三皇五帝)시대에는 대홍수를 다스린 신농(神農)씨가 등장한다.

그러나 서양에서는 신(神)이 지배하는 하늘을 관찰하여 얻어진 과학적인 의문에 따라 이를 증명하려는 인간의 노력으로 콜럼버스(Columbus, 1446~1506)의 아메리카 대륙 발견, 마제란(Magellan, 1480~1521)의 세계일주 성공으로 지구가 둥글다는 것을 증명하고, 코페르니쿠스(Copernicus, 1473~1543)의 지동설제창, 갈릴레오(Galileo, 1564~1642)의 지동설제창, 뉴턴(Newton, 1642~1727)의 만유 인력법칙과 힘의 법칙 발견, 와트(Watt, 1736~1819)의 증기기관차 개량, 쿨롬(Coulomb, 1736~1806)의 전기 인력법칙 발견, 라보아제(Lavoisier, 1743~1794)의 산소 발견, 돌턴(Dalton, 1766~1844)의 원자설 제창 등을 통하여 문자로 누적된 과학기술적 지식을 통하여 전술한 바와 같이 지구가 몇가지 원소로만 구성되었음을 증명하기에 이르렀다.

따라서 최근에는 지구상에 존재하는 원소가 90개에 불과하고, 인공 합성한 원소까지 포함하여도 103가지에 불과한 것이 밝혀졌고, 측정단위도 상대적이기 때문에 발명자의 이름을 본떠 부르게 된 것으로 생각된다.

### (2) 중국대륙의 기후변화와 인구이동 관계

한편 미국 미시간대학의 스트레이(B. Straigh, Dates and Geographic Distribution of Major Hominoid and Hominid Fossil Groups, 2006, http://homepages.wmich.edu/~bstraigh/AN120/AN120visuals/HominidHistory.htm)에 따르면, 〈표 3.2-1〉에 정리된 바와 같이 화석을 통하여 증명된 것이지만, 주로 아프리카대륙에서 진화하였으나, 160 - 30만 년 전에 존재하였던 Homo erectus는 아프리카 대륙뿐만 아니라 아시아와 유럽에서도 발견되어 홍적세에 전판된 것으로 알려져 있다. 홍적세의 각종 크기의 빙하기를 거쳐 약 1만 년 전부터 기온이 상승하여 현세에 이르면서 농경문화가 시작되어 정착하면서 자급자족을 위한 식량을 생산한 것으로 알려져 있다.

특히 우리나라와 관계가 많은 중국대륙은 구글어쓰(Google Earth, 2007, http://maps.google.com/)에 따르면, 〈그림 3.2-2〉에 나타낸 바와 같이 지형적으로 북서부지역에 세계의 지붕이라고 부르는 평균 해발고 3,000m 이상의 티베트 고원에는 높이 8,000m에 달하는 히말라야 산맥과 해발 7,000m에 달하는 곤륜 사맥 및 5,000m에 달하는 천산산맥(天山山脈)의 만년설에서 흘러내린 물이 그의 북쪽에 위치한 해발 1,000m 의 몽골고원으로 막히고, 바다보다 154m이 낮은 트루판을 포함한 타클리마칸 사막지대에서 지하로 스며들어 황하강의 본류를 구성하고, 티베트고원과 북쪽의 몽고원 사이에 낀 중국대륙은 표고차 2,000m에 달하는 고비사막과 대흥안령 산맥(大興岸嶺山脈)이 동북쪽까지 연결되어, 서북쪽이 높은 산맥들로 둘러싸여 있기 때문에 중국대륙의 선사인류(先史人類)는 중국남부에서 북상한 현세인류이고, 이들이 석기시대를 연 것이라고 한다.

즉 중국고대사를 연구한 스웨덴의 닐슨(Jan-Erik Nilsson, THE HISTORY OF CHINA, 2005, http://www.gotheborg.com/index1.htm? http://www.gotheborg.com/chronology/paleolithic.shtml)에 따르면, 우리나라와 관계되는 중국대륙에 인류가 확산된 것은 〈그림 3.2-3〉에 나타낸 바와 같이 마지막 대빙하가 해빙하기 시작한 이후라고 한다. 따라서 중국대륙의 역사는 온난한 아프리카 대륙에서 200만 년 전에 출현한 직립원인(Homo erectus)이 북상하여 전 세계로 확산되었으나, 180만 년 전부터 시작된 빙하기에는 시베리아근처에서 살던 인류들이 남하하여 중국대륙과 적도 근방으로 이동하고, 열대와 아열대지방을 중심으로 35만 년 전 대빙하기에 출현한 현세인(Homo

**〈표 3.2-2〉** 화석으로 증명된 인류의 진화와 확산과정

| 인류화석 그룹 | 시대(100만 년 전) | 분포 | 도구사용 | 지질시대 |
|---|---|---|---|---|
| Dryopiths | 30-10 | 동아프리카, 유럽 | | |
| Ramapiths | 19-7 | 아프리카, 유럽, 아시아 | | |
| 〈Homonids〉 | | | | |
| Australopithecjnes | | 아프리카 | | |
| A. afarensis | 3.8 - 3.0 | 동아프리카 | | |
| 〈Robusts〉 | | | | |
| A. robustus | 3 - 2 (?) | 남아프리카 | | |
| A. boisei | 2.5(?) - 1.2 | 동아프리카 | | |
| 〈Graciles〉 | | | | |
| A. africanus | 3 - 2 (?) | 남(동?) 아프리카 | | |
| 〈Homo〉 | | | | |
| H. habilis | 2.0 - 1.6 | 동아프리카 | Oldowan tools | Lower Pleistocene |
| H. erectus | 1.6 - 0.3 | 아프리카, 유럽, 아시아 | Oldowan /Acheulian | Middle Pleistocene |
| 〈H. sapiens〉 | | | | |
| 최초 H. sapiens | 0.3 - 0.13 | 아프리카, 유럽, 아시아 | | |
| 고대 H. sapiens | 0.13 - 0.035 | 아프리카, 유럽, 아시아 | 중기구석기문명 | Upper Pleistocene |
| H. sapiens Neanderthalensis | 0.075 - 0.035 | 유럽과 중동 | 중기구석기문명 | |
| H. sapiens sapiens | 0.035 (?) - 0.010 | 전 세계분포 | 동굴벽화, 금속비드 | Upper Pleistocene |
| H. sapiens sapiens | 0.010 - 현재 | 전 세계분포 | 식량생산 | Holocene |

(Source: B. Straigh, Dates and Geographic Distribution of Major Hominoid and Hominid Fossil Groups, 2006, http://homepages.wmich.edu/~bstraigh/AN120/AN120visuals/HominidHistory.htm)

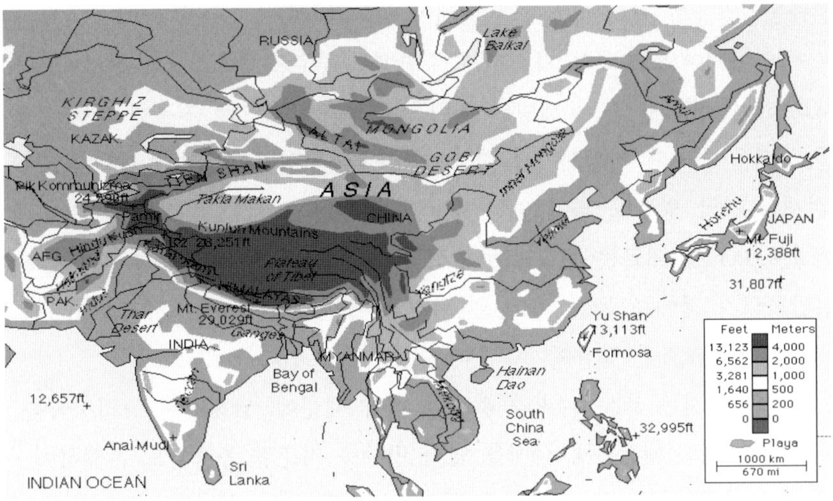


〈그림 3.2-2〉 실크로드 주변의 지형과 표고 차

(Source: China: Dim Sum: A Connection to Chinese-American Culture Website, Maps of the Silk Road, 2005, http://www.newton.mec.edu/Angier/DimSum/Silk%20Rd.%20Maps.html)

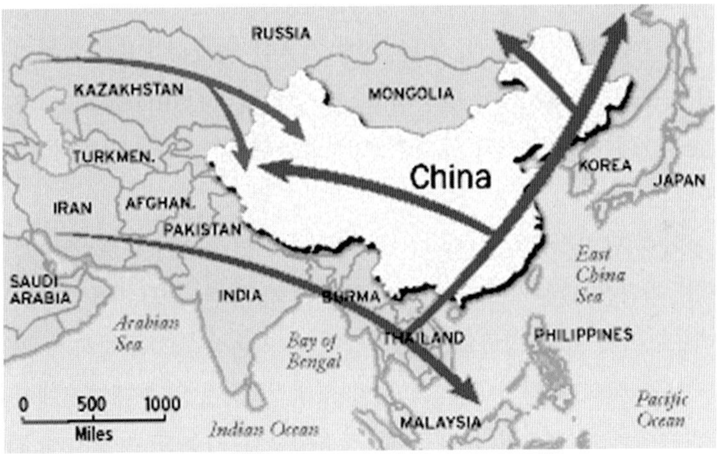


〈그림 3.2-3〉 중국대륙으로의 민족이동과 구석기 문명

(Source: Jan-Erik Nilsson, THE HISTORY OF CHINA, 2005, http://www.gotheborg.com/index1.htm? http://www.gotheborg.com/chronology/paleolithic.shtml)

sapiens sapiens)이 10,000년 전부터 대기 중에 축적된 온실가스에 의하여 기온이 올라가는 현세(Holocene)가 시작되면서, 양자강 이남의 열대와 아열대지방에서 북쪽으로 이동하고, 티베트 고원과 천산산맥 및 타림분지를 뒤덮고 있던 빙하가 녹기 시작하면서 민족 대이동이 발생한 것으로 보인다.

그러나 중동지역에서 진화한 일단의 현세인 들은 티베트 고원보다 해발고가 낮아 빙하가 일찍 녹은 중앙아시아의 흑해와 가스피해 주변에서 투르크메니스탄과 우즈베키스탄의 아랄해와 카자흐스탄의 평원을 거쳐 해빙된 평원을 통하여 동방으로 진출한 민족은 높은 산으로 추운 천산 산맥을 피하여 천산산맥 북단과 시베리아의 알타이산맥사이의 낮은 평원으로 이동하고, 현재는 중국 영토로 되어 있는 우룸치 북쪽에 위치한 창길(昌吉) 북쪽의 저지대를 통하여 해발 1,000m에 이르는 몽고고원에 도달한 것으로 보인다. 특히 식민지 확대를 위한 전쟁이 일반화되기 전에는 몽골리언들은 문명의 발전이 앞선 중도지역과의 교역을 위하여 눈바람을 피하여 은거지를 알타이 산맥에 둔 것으로 보인다.

따라서 동양의 역사는 추운 날씨와 부족한 식량 때문에, 남하하여 고비사막을 넘어 황하 강 중상류에 진출하고, 대흥안령 산맥을 넘어 만주로 지춘란 종족들도 존재하여 구석기시대를 연 것으로 보이며, 난대지방에 속하는 황하 강 유역을 서로 점령하기 위하여 북방의 몽고 민족과 남방의 해양민족이 식량과 자존심 때문에 항상 충돌하는 역사를 이룬 것으로 보인다. 또한 이러한 역사는 한반도도 예외는 아닌 것으로 보인다.

특히 최근 지구촌의 온실가스를 연구하기 위하여 그린란드의 빙하 층을 굴착하여 얻어진 아이스 코아(Ice Core)내 성분들을 분석한 결과, 최종 빙하기는 18,000년 전이었으며, 기온이 서서히 상승하면서 해빙하였으나, 11,500년 전에 기온이 급상승하면서 기후가 급변하여 당시에 번성하던 매머드(mammoths)들이 멸종하고, 당시의 유라시아(Eurasia) 대륙의 식생을 구성한 결과 〈그림 3.2-4〉에 나타낸 바와 같이 바이칼 호 주변은 툰드라지역이고, 동부 몽골과 만주 및 한반도지역은 한대 및 온대 사막지대이었다고 한다.

그러나 1만 년이 지난 8,000년 전에는 기온이 상승하여 침엽수와 활엽수가 혼재하는 온대지역으로 변하고, 지금은 탄산가스농도가 급증하여 지구 온난화로 아열대로 변하고 있다고 한다. 특히 티베트고원이 만년 빙하로 덮여있었다면, 기온상승으로 방하가 녹으면서 현재 사막으로 변한 중앙아시아와 타클라마칸 사막 및 고비 사막 등은 한대기후에서 온대기후로 변하면서 생수자원이 공급될 수 있기 때문에, 식량생산이 가능한 농경지가 확산되어 식량을 자급자족하였을 것이다.

즉 문명이 시작된 1만 년 전부터는 중국 문명을 발전시킨 황하 강의 물은 천산 산맥과 쿤룬 산맥의 빙하가 녹아 흐르는 강물이 타림분지 호수를 채우고, 한대림으로 울창한 숲을 이루었으나. 황하 강 상류를 통과하는 실크로드를 통한 현세인류의 빈번한 왕래와 문명발달로 타림분지가 황폐화되면서 과도한 증발과 지하 침투로 사막으로 변하고, 이어서 황폐화된 농경지를 빈번하게 발생하는 집중호우와 대홍수에 물 관리를 잘한 부족연맹의 군주인 신농(神農)씨가 중국 창설의 시조로 추앙 받게 된 것으로 생각된다.

환언하면 타림분지의 황폐화로 황하 강 중・하류에서 청동기시대에 도시문명을 이룬 은

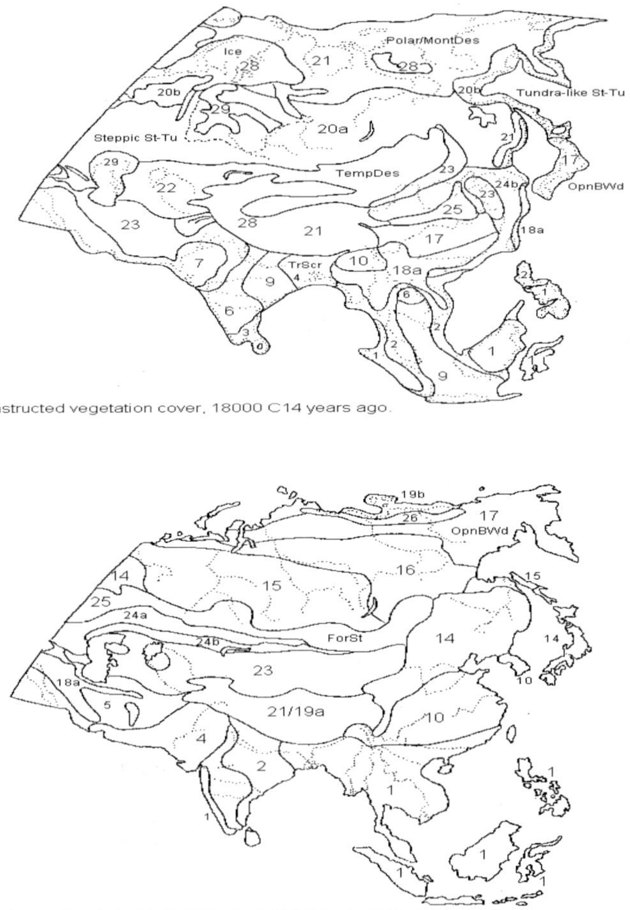


Reconstructed vegetation cover, 18000 C14 years ago.

Reconstructed vegetation cover, 8000 C14 years ago.

1. Tropical Rain Forest
2. Monsoon Forest
3. Tropical Woodland
4. Tropical Thorn Scrub
5. Tropical Semi-Desert
6. Tropical Grassland
7. Tropical Desert
8. Savanna/Forest Mosaic
9. Tropical Savanna
10. Warm Temperate Forest
11. Giant Conifer Forest
12. Tropical Montane Forest
13a. Mediterranean Forest
13b. Mediterranean Scrub
14. Cool Temperate Forest
15. Southern Taiga
16. Mid Taiga
17. Open Boreal Woodland
18a. Temperate Woodland
18b. Temperate Scrub
19a. Mtn/dry Tu
19b. Lowl Tu
20a. Steppic Steppe-Tundra
20b. Tundric Steppe-Tundra
21. Polar/Montane Desert
22. Temperate Desert
23. Temperate Semi-Desert
24a. Moist Steppe
24b. Dry Steppe
25. Forest Steppe
26. Forest Tundra
27. Bog/Swamp
28. Ice
29. Rivers/Lakes

**〈그림 3.2-4〉** 최후 빙하기의 유라시아의 식생분포와 한반도

(Source: J. M. Adams and H. Faure, Quaternary Environments Network (QEN), GLOBAL ATLAS OF PALAEOVEGETATION SINCE THE LAST GLACIAL MAXIMUM; 2008, http://www.esd.ornl.gov/projects/qen/adams4.html)

(殷) 왕조가 있었으나, 실크로드를 통하여 황하 강 중·상류의 섬서성(陝西省) 기산(岐山) 부근에서 서역의 금속 문명을 먼저 받아들여 주(周)나라는 먼저 발달하여 반복되는 홍수와 한발을 피하여, 동진하면서 기름진 낙양(洛陽)을 점령하고, 수도를 이곳으로 동천(東遷)함에 따라 각 지역을 지배하던 토호세력들이 춘추전국시대(春秋戰國時代)를 전개하고, 중국을 통일한 한(漢)나라가 완성된 것으로 보인다.

그러나 〈그림 3.2-5〉에 나타낸 실크로드에서 보는 바와 같이 BC 3,000년경에 이라크의 수메르 지역에서 발명된 철기 문명들이 그 이전에 이미 개설된 실크로드(silk road)를 통하여

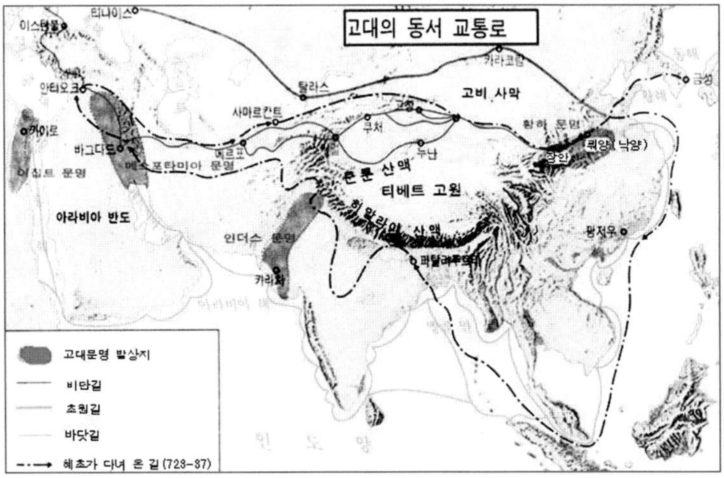


**〈그림 3.2-5〉** 동 · 서양을 연결하는 실크로드(Silk Road)와 통일신라시대의 혜초(慧超) 여행길

(Source: Netian, 4대문명 발상지와 실크로드 및 혜초의 여행길, 2005, http://instory.netian.com/map/41-4%20civili,%20silk%20road.jpg)

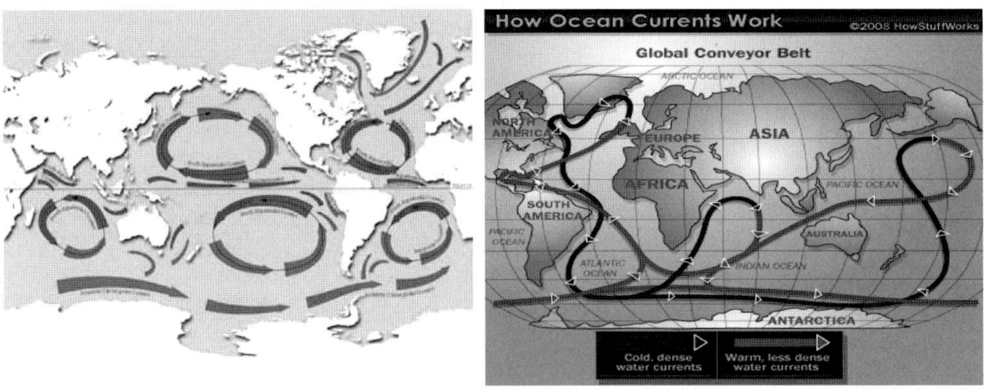


〈표층 해수의 흐름〉 〈심 해수의 흐름〉

**〈그림 3.2-6〉** 지구자전에 의한 지구촌의 해류와 표층 해수 흐름

(Source: http://www.kidsgeo.com/geography-for-kids/0145-ocean-currents.php)

서역(西域)에 공급되고, 이들 철제무기를 중국 최초로 받아들인 주(周) 나라가 아직도 청동기로 살고 있는 다른 군주들을 무력으로 점령한 것으로 보인다. 즉 난방과 무기생산을 위한 연료로 원시림을 과벌하고, 부족한 식량자급과 식민지 확대를 위하여 민족 간에 전쟁이 빈번해지면서 카클리마칸 사감이 발생하고, 이어지는 각종 전쟁과 분쟁들은 철제무기 제조방법과 이를 생산하는 기술과 자원 확보 정도에 따라 부족의 운명이 달라진 것으로 생각된다.

고고학자인 김(김병모, 2009, 8.20. KBS 아침마당)에 따르면, 알타이산맥을 중심으로 거주하던 우랄-알타이민족이 동방으로 진출한 몽고민족이 중국의 하은주(夏殷周)시대에 진시황의 전사(戰士)로 고용되어 중국대륙을 통일일한 다음, 전쟁이 필요 없게 되자 무기를 회수하면서 중국내부로 이주한 북방의 몽고 민족들이 세력을 잃고, 중국미족에게 쫓겨 한반도로 이주하면서 원래의 마한(馬韓)지역의 동쪽에 진한(辰韓)과 변한(弁韓)이 형성되어 남방인과 북방인이 혼합된 혼혈족이 한반도의 역사를 형성하고, 그 후 식량 자급을 위한 삼국시대의 영토싸움에서 북방민족인 신라가 통일하면서 통일신라시대부터 우랄-알타이 언어를 공용어로 상용하는 한(韓) 민족이 되었다는 것이다. 즉 ≪삼국유사≫에 따르면, 마한이 진나라 또는 연나라에서 망명한 사람들에 동쪽 땅을 떼어주었다고 한다.

따라서 이를 전술한 중국대륙의 기후변화와 비교하면 아마도 우리나라의 민족은 빙하기에 천산 산맥과 알타이 산맥 사이의 해발 1000m 고지 평원이 눈과 빙하로 쌓여 사람이 오갈 수 없는 추운 빙하기에 〈그림 3.2-6〉 및 〈그림 3.2-7〉에 나타낸 바와 같이 흐르는 해류, 즉 표층해수 흐름에 따라 쌀(rice)을 주식(主食)으로 하는 적도 근방의 남방민족이 북상하여 한반도에 이르러 선점한 구석기시대에 지구촌의 온도가 상승하는 간빙기가 시작되면서 천산 산맥과 알타이 산맥사이의 고원지대에 쌓여있는 빙하가 녹아 없어지면서 우랄-알타이 산맥의 중앙아시아에 거주하던 훈(Hun)족인 흉노족이 몽고고원으로 진출하고, 진시황시대에 전사로 용병되면서 중국대륙의 전쟁사와 함께 한반도로 이주한 것으로 보인다. 물론 그 이전에 몽고와 만주사이에 존재하는 대흥안령 산맥을 통과한 부여족이 고조선이 있었지만 말이다.

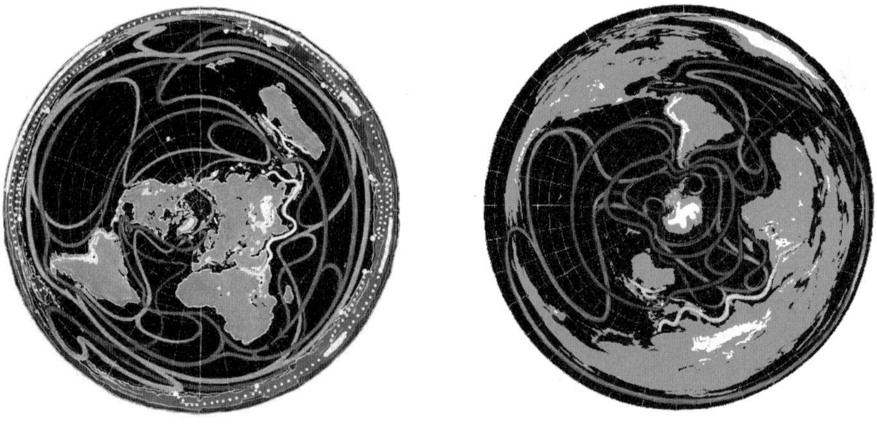

〈북극지방〉 〈남극지방〉

[SURFACE, MID-LEVEL, and BASEMENT CURRENTS in Red, Green and Blue respectively. SEASONAL REVERSABLE CURRENTS (culled from several sources) are in Yellow. LAND is Grey, with land and ICE 10,000 feet and more above sea level in White.]

**〈그림 3.2-7〉** 북극지방과 남극지방에서의 해류 흐름

(Source: http://rightbasicbuilding.com/earth-ocean-currents-polar-views/)

## 3.3. 현재의 기후변화와 환경 에너지 자원 문제

### (1) 현재의 기후 변화와 환경 문제

(i) 또 다른 방하기로의 회귀 문제 많은 과학자들은 인간이 여기에 존재하지 않았다면, 현재의 간빙기는 끝을 향하여 가고 있다는 것을 알고 있다. 그들은 지난 중세기동안의 작은 빙하기가 다음 빙하기의 시작점이었다고 추리하고 있다. 지구 기후의 근저 경향이 무엇이든지 간에 빙하기가 이미 시작되어 또 다른 방하기로 후퇴하고 있는 것인지 또는 곧 후퇴할 것인지는 모르지만, 인간이 발생한 지구적 화재가 다음의 빙하 사이클을 지연시켰다. 이러한 지연이 또 다른 2세기 동안만 존재할지 모른다. 그러나 인간이 지구의 생명지원 시스템을 파괴하는 범위에 따라 모든 생명을 파괴하고, 또 다른 빙하기로의 회귀를 영구히 예방하는 지구적 화재재난을 시작할 가능성이 존재한다.

(ii) 플라이스토센과 플란드리아의 토론 몇몇 과학자들은 최근 약 10,000년 동안 사람들이 온화한 기후 속에 살았다는 사실로 인하여 우리가 살고 있는 시대가 지질학적 시간이 프라이스토센에 속하지 않는다고 주장한다. 그 결과 그들은 사람들이 홀로센(Holocene)이라고 부르는 새로운 지질시대에 살고 있다고 주장한다. 그러나 다른 과학자들은 우리는 아직도 플라이스토센에 살고 있어 현재를 간빙기라 부르고, 사실상 또 다른 빙하기로 대체될 플란드리안(Flandrian)이라고 부르기도 한다.

(iii) 지구의 기후위기를 촉진시키고 있는 인간들(oomans) Lovelock에 따르면, 현재 지구의 간빙기 열병은 지구상에서 생명이 살아남는 데 충분히 나쁜 징조이다. 그러나 그때 인간이 등장하였다. 만일 그들이 산림을 농작물과 목초지로 대체시킨 농업혁명을 개시하여, 생태학적 폐허지를 대기로의 탄소배출을 증가시키는 산업혁명과 복합시키지 않았다면, 그들의 존재는 견뎌낼 수 있었을 것이다. 인간들은 이러한 사회적 경제적 혁명을 통하여 현재의 플란드리안 간빙기를 영구화 시키고 있다. 지구의 기온이 인간이 대기 중에 배출한 탄소량과 산림 파괴량으로 예측한 만큼 상승하지 않을지도 모른 이유는 지구의 기본적 기후변화 추세가 또 다른 빙하기 방향에 있기 때문이다. 그러나 인간들은 플란드리안 간빙기를 영구화시킬 뿐만 아니라 플라이스토센의 빙하기 진동을 중단시키는 수준을 위협하는 범위까지 지구기온을 상승시키고 있다.

(iv) 지구 기후를 불안정화 시키는 동물 노예산업 산업혁명의 결과로 생긴 기후 불안정화는 농업혁명으로 생긴 불안정화에 비하여 아무것도 아니다. 인간이 야생동물을 가축으로 키우

기 시작한 순간부터 동물노예산업은 지구의 광합성능력을 황폐화시키고, 지구적 화재를 촉진시키고 있었다. 축산업의 산업화는 황폐화 규모도 극적으로 증가시켰다. 축산업은 다음과 같은 문제점을 가지고 있다. 즉

- 목초지를 창조하기 위하여 점점 더 많은 산림을 벌채하고, 파괴하고 있다.
- 점점 더 많은 목초지가 사막으로 전환되고 있다.
- 점점 더 많은 비옥한 토양을 시멘트로 숨 막이게 하고 있다.
- 제약 산업을 위하여 광산업과 제조 산업이 기계장치를 대량으로 만들어내면서, 광산폐기물과 산업 쓰레기로 만들어진 거대한 쓰레기더미 밑의 토양을 점점 더 많이 숨 막히게 하고 있다.
- 다량의 토양과 분뇨를 바다에 버리고 있어, 악취를 발생하고, 독성의 질식성 박테리아 덩이를 창조하여 과도하게 산업화된 세계의 해안들을 괴롭히고 있다.
- 사실상 미소스케일로 보면, 이들 생명체에 의존하고 있는 식물체를 상상할 수도 없이 많이 파괴시키고 있는 무자비한 대량 살상으로 지구 주위의 모든 생명체를 말살키고 있다.

동물 노예산업이 지구표면에서 생명시스템을 연소시키거나 독살시키고, 또는 질식시켜 생긴 토지를 콘크리트와 같은 죽은 시스템이나, 기껏해야 농작물이나 목초와 같은 혼수상태 시스템으로 대체한다면, 이렇게 한 모든 것은 지구적 화재를 촉진시키는 것이다. 결과적으로 축산업은 지구의 생명나선을 반전시키고 있다. 즉 그것은 지구의 기후를 강제로 초기의 지구 상태에서 발견된 조건 - 극지방에 빙하가 없는 바다와 주로 탄소성분으로 구성된 대기이나 광합성이 없는 지구 - 으로 위축시키고 있다. 인간은 원래상태로 회복시키려는 기회를 만들지 않고, 스스로 쇠퇴하고, 지구를 무생물로 만드는 위협만 가중하고 있다.

(v) 현재의 기후 상황　　지구가 하나의 방하기에 존재할 필요가 있다면, 현재는 간빙기이다. 북극을 가로질러 빙하 판이 펴져있고, 기온 10℃로 안정화된 지구기온 대신에, 현재의 지구는 불안정한 15℃이다. Lovelock에 따르면, 현재의 지구는 기후 안정점보다 5℃가 높다. 이러한 곤경을 악화시키는 것은 지구 평균기온이 18℃ 이상으로 상승하면, 광합성자의 생존이 점점 더 어려워진다는 것이다. 이런 현상은 지구기온을 점점 더 증가시킬 수 있다는 있다. 환언하면, 만일 인간이 지구온도를 계속 상승시킨다면, 머지 않는 장래에 진행되고 있는 지구적인 화재재난을 점화시킬 수 있다. 이와 같이 종말을 고하는 대재난이 예측된다면, 인간은 지구온도가 18℃ 이상으로 상승하는 것을 막아야 한다. 환언하면, 스스로 영구화되고 있는 지구적인 화마(火魔)의 시작점에서 3℃밖에 떨어져 있지 않은 셈이지만, 현재의 인간은 이를 정지시킬 수 없다는 것이 문제이다.

## (2) 현행 기후의 특유한 위험 사항들

(i) 진행되고 있는 지구적 화재 재난의 아이디어　대부분의 기상학자들은 Lovelock의 지구생리학적 분석방법을 지지하지 않고 있다. 그들은 지구 평균기온이 10℃ 정도인 빙하기 동안에는 지구가 안정하다는 것을 부정하고, 현재의 평균기온이 기후 안정성을 대표하기 때문에, 기후 안정성 수준보다 5℃ 높다는 것도 부정하며, 또한 18℃의 지구 평균기온이 스스로 영구화되는 지구 화재 재난에 관한 광합성 가이드의 전환점이 될 것이라는 것도 부정하고 있다. 또한 그들은 인간이 기후적 재난으로부터 3℃ 정도 떨어져 있어 기후적 재난의 길에서 5/8 정도에 이르렀다는 것을 부정하고, 마지막으로 스스로 영구화되는 지구적 화재와 같은 어떤 일이 존재한다는 것도 부정하고 있다.

그러나 기존의 기상학자들은 그의 모델에서 광합성능력의 역할을 고려하지 않고 있기 때문에 Lovelock의 분석법을 채용하지 않고 있다고 한다. 따라서 그러한 주장은 놀라운 일이 아니라고 한다.

(ii) 축산업이 지구의 광합성을 촉진 시킨다는 주장　몇 가지 사례에서는 축산업이 지구의 광합성능력을 촉진시켜 기후의 안정화에 도움을 주고 있는 것이 사실이나 그것이 야기하는 손상에 비하면, 아주 작다는 것이다.

(iii) 과거는 더 추었을 것이다. 그래서 어쨌다는 것인가?　많은 사람들은 그동안의 추운 기후조건을 견뎌냈다. 그러나 점점 더 뜨거워지는 기후에는 생리적으로 살아남을 수 없다.

(iv) 과거에 더 뜨거웠으나 기후는 안정하였다는 주장　지구의 평균기온이 과거에는 현재보다 더 높았다는 것은 사실이다. 그러나 현재의 기후조건은 과거보다 온도변화에 훨씬 더 취약하다. 즉

- 현재의 지구기온이 결코 높은 것은 아니나, 그의 증가속도가 특이하다. 소행성의 충돌시기를 제외하면 현재의 지구온도 증가 가속도가 지구 역사상 아마 특이할 것이다.
- 지구가 현재보다 더 뜨거웠든 과거에는 대기 중에 상당량의 탄소성분이 존재하여 광합성능력이 건전하고, 건강한 조건이었다.
- 현재 지구의 광합성능력은 과거보다 훨씬 더 취약한 상태이다.
- 현재의 태양복사선이 과거보다 더 강하다.
- 결론적으로 지구의 생명지원시스템은 과거보다 훨씬 더 불안정하고, 더 많은 태양복사선을 받고 있기 때문에 이들 조건이 현재의 지구를 기온상승에 훨씬 더 취약하게 만들고 있다.

(v) 인간이 지구 평균기온 30℃에 적응할 수 없다는 주장　인간이 평균온도 30℃인 지역에서도 살 수 있기 때문에, 만일 지구의 평균온도가 30℃ 이상이 되더라도, 인간이 살아남을 수 있다는 전제는 잘 못이다. 왜냐하면 태양광선을 받아야 하는 지구는 지역에 따라 온도가 다르기 때문에 평균한 기온은 어느 지역은 매우 뜨거워 살 수 없는 곳인 반면, 양극지방도 기온이 높아야 한다. 따라서 지구의 평균 기온 30℃는 양극지방의 빙하 판이 상당히 녹고, 바닷물의 열팽창을 야기하여 지대가 낮은 많은 해안가가 침수되고, 지역적 온도차는 지구의 생명지원시스템에 피해를 줄 수 있는 폭풍우나 허리케인, 토네이도 등이 지구표면을 휩쓸 것이다. 또한 대부분의 지구촌 산림은 자연화재로 소각될 것이다,

인간은 지구평균온도가 15℃ 정도이고, 기후가 비교적 안정될 때, 지구의 따뜻한 곳에서 살 수 있는 동물이다. 따라서 지구의 평균온도가 30℃이고, 기후가 불안정한 지구상의 어느 곳에나 인간이 살아남을 수 있다는 전제는 전혀 다른 것이다.

(vi) 지구의 기후가 평균기온 30℃에서 안정화될 수 없다는 주장　지구기후는 평균기온 30℃로 안정화될 수 없다. 지구의 기후는 전술한 바와 같이 10℃에서 안정화되기 때문이다. 만일 지구의 기온이 18℃로 상승하면, 광합성 능력이 붕괴되기 시작하여, 지구 기온의 상승을 가속시킬 것이다. 이러한 기후적 조건변화는 인간에게 적대적이다. 이 이상의 기후조건을 안정화시킬 수 있는 지구생리학적 인자는 없다. 지구온도가 30℃에 이르면, 진행 중인 지구 화재가 시작되어 머지않은 장래에 지구의 생명지원시스템을 좀먹을 것이며, 만일 지구온도가 현재 수준보다 3℃만 올라도 지구화재는 머지않을 것이다.

(vii) 인간에 의한 지구의 손상이 소행성 충돌에 의한 손상보다 나쁘다는 주장　광합성은 기후안정화 뿐만 아니라 생태계에 속하는 인간의 먹이를 생산하기 때문에 생물 종 다양성에 대한 지속적인 인간의 영향은 일시적이고 국지적인 해성의 충돌이나 지진에 의한 쓰나미(tsunami), 화산폭발에 의한 생물다양성 피해보다 크다. 이러한 자연재해는 원상회복이 가능하나 지속적으로 야생동물을 살육하고 있는 현재 인간은 지구역사에서 6번째로 큰 야생동물 멸종을 수행하고 있기 때문이다.

또한 인간은 지구의 광합성능력을 빙하시대보다 더 많이 파괴하고 있다. 즉 빙하시대에는 대부분의 북반구가 얼음으로 덮였으나 열대지방에서는 산림이 출현하여 광합성이 증가하였지만, 현재 인간은 열대와 한대의 산림자원을 모두 파괴하고 있다.

(viii) 기후변화에 대한 인간의 영향　위기에 처한 주요 문제 중의 하나는 지구의 생명지원시스템에 가하는 인간의 피해규모와 지구생리학적 붕괴에 대한 가해정도이다. 이에 대한 몇 가지 시나리오를 제시할 수 있다.

- 인간은 심각한 기후 불안정화를 초래하여 지구적으로 자본을 붕괴시키지만 인간의 멸종은 극소에 불과할 가능성이 있다.
- 인간이 지구의 기후를 심각하게 불안정화 시켜, 자신을 포함한 대부분의 포유동물을 쓸어낼 수 있다.
- 인간은 미생물을 제외한 모든 생명체를 파괴시킬 정도까지 지구의 기후를 불안정화 시킬 수 있다.
- 마지막으로 인간은 지구상의 모든 생명을 파괴할 정도로 들끓고, 불안정한 기후로 종말을 고하는 지구적으로 지속적인 화재재난을 야기할 수 있는 능력을 가지고 있다는 것이다.

## (3) 인구 증가와 에너지 자원 고갈 문제

한편 1998년 창립된 오리건 주의 성장에 대한 대안협회(Alternatives to Growth Oregon: AGO, 2002, About Growth, 2002, http://www.agoregon.org/growth/)에 따르면, 개발에 따른 인구 증가는 출산율이 사망률을 초과하는 자연적 성장으로서 (i) 청소년 빈곤문제, (ii) 성적 문란, (iii) 불충분한 가족계획서비스, (iv) 국내이민에 대한 보조금지원으로 인구가 증가하여 사회적으로는 (i) 대기오염, (ii) 수질오염, (iii) 식수 부족, (iv) 소음증가, (v) 교통문제, (vi) 야생동물 서식지파괴, (vii) 경관과 개방 공간 부족, (viii) 주택비 상승, (ix) 생활비 증가, (x) 자유와 민주주의 파괴, (xi) 범죄증가, (xii) 안정성 감소 및 (XIII) 지역사회성 파괴 등이 발생하고, 경제적으로는 (i) 학교, (ii) 하수처리, (iii) 홍수피해, (iv) 수자원, (v) 도서관, (vi) 경찰, (vii) 개방 공간, (viii) 일반 행정서비스, (ix) 전력생산과 분배, (x) 천연가스 분배, (xi) 고형폐기물 처리 등에 비용이 증가하며, 그로 인하여 (i)세금 증가, (ii) 재정적자 증가, (iii) 공공시설 유지보수비 증가로 인하여 (iv) 공공서비스가 감소함에 따라 아이러니 하게도 오리건 주 기획자와 정치가들은 인구성장을 중단시키는 대안을 모색하는 단체가 만들어졌다고 한다. 그래서 개발론자 들이 주장하는 성장에 대한 12가지 미신 (12 Myths of Growth)을 다음과 같이 비판하고 있다. 즉 ① 성장이 필요한 세금수입을 마련해준다, ② 우리는 직장 창출을 위하여 성장해야 한다, ③ 우리는 직장창출을 가져오는 기업성장을 촉진하고, 보조해야 한다, ④ 우리가 만일 인구성장을 제한하려 한다면 주택가격이 상승할 것이다, ⑤ 환경보호가 경제를 해친다, ⑥ 성장이 불가피하다, ⑦ 우리가 만일 성장을 좋아하지 않는다면 당신은 내 뜰에는 안된다는 님비(Nimby) 또는 모든 일에 반대하는 안티(Anti) 또는 당신이 승선한 후에야 좋다는 건널 판 조작자(gangplank-puller)가 된다, ⑧ 대부분의 사람들은 환경보호를 지지하지 않는다, ⑨ 우리는 성장하지 않으면 죽어야한다, ⑩ 공터는 곧 바로 폐기된다, ⑪ 아름다움이 정치의 근간이 아니다, ⑫ 환경론자들은 또 다른 별종이다는 말을 비판하고 성장의 대안을 찾도록 시민의견을 수렴하고 있다.

한편 피멘텔 등 (D. Pimentel, O. Baily, P. Kim, E. Mullancy, J. Calabrase, L. Walman, F. Nelson & X. Yao, 1999, Will Limits of the Earth's Resources Control Human Numbers ?, 2000, http:dieoff.org/page174.html)은 인구증가가 환경자원의 소비량을 촉진시키고, 경제발전은 이를 가속시키기 때문에 현재 세계인구가 60억 명이나 46년이 지난 2050년에는 120억 명에 달할 것으로 예측되기 때문에 유한한 자연자원이 근원이 되어 인구수를 사회가 자발적으로 조절하거나 질병이나 영양실조 또는 환경재난과 같은 자연력이 인구수를 조절할 것이라고 한다. 특히 산업도시의 증가로 인구수가 증가하지만 병원성 미생물과 화학약품으로 식품과 생수 및 토양 오염뿐만 아니라 대기오염이 증가하여 환자수가 급격하게 증가하고 있으며, 현재 30 억 명 이상이 영양실조에 빠져 가장 심각하고, 매일 40,000명의 어린이가 영양실조와 질병으로 죽어가고 있다고 한다. 따라서 급격하게 증가하는 인구수에 필요한 환경자원의 평가와 육성방법을 시급하게 요구하는 환경문제들이 발생하고 있어 과거와 같은 폐쇄 국가체제에서 발생하던 자연력에 의한 인구조절보다는 자발적인 인구조절과 극복방법을 제시하기 위하여 본 논문을 작성하였다고 한다.

특히 그들은 자연환경자원인 국토크기로 비교하여 미국은 2.7억 명이 살고 있는데 반해 중국에는 13억 명이 살고 있으며, 인도는 미국이나 중국의 1/3에 불과한 면적에 10억 명이 살고 있어 빈부의 차이가 커서 후진국일수록 보건환경이 크게 파괴되었으며, 해외자원을 개발 수입하여 경제를 발전시킨 선진국들은 과도한 자원 소비로 후진국 환경까지 파괴하고 있다는 것이다.

그 중에서 생존에 필수적인 자원이지만 고갈되고 있는 자원은 생산성 토지자원과 생수자원 및 에너지 자원과 생물자원으로서 유럽사회의 보건환경을 유지할 수 있는 수준을 가정하면 지속가능한 인구수가 20 억 명으로 추산되고, 부부 당 1.5명의 자녀를 허용하여 100년간 추진하면 달성할 수 있어 지속 가능한 사회구조가 된다고 한다. 그러나 이때 100억에서 120억 명을 감축시켜야 하기 때문에 정치적 문제가 클 것으로 예상되고, 2010년 이후부터는 화석연료 생산량이 감축되기 때문에 정치 경제적으로 긴장이 고조될 것으로 예측하였다.

또한 피멘텔(D. Pimentel, 1994, Natural Resources and an Optimum Human Population; http://www.insular.com/~tmc/population/naturres.html)은 생존에 필요한 다양한 동물성과 식물성 식품을 생산하려면 1인당 대략 0.5ha/capita의 농경지가 최소한 필요한데 미국은 이러한 수준에 이르나 세계 평균은 0.28ha/capita로 미국의 1/2에 불과하고, 매년 10,000,000 ha 이상의 농경지가 훼손되거나 포기되고 있는데 반해 5,000,000ha 정도가 매년 새로운 농경지로 편입되고 있어 매년 92,000,000명씩 증가되는 인구를 먹여 살리는 식량 생산을 위하여서는 매년 15,000,000ha정도의 산림이 파괴되고 있다고 한다.

그리고 세계적으로 일어나는 벌채(deforestation) 면적의 80%가 식량생산을 위한 농경지로 전환되고 있다는 것을 의미하기 때문에 현재의 산림 파괴는 날로 늘어나는 인구를 위한 식량 증산 때문이라고 한다. 그러나 선진국인 미국이 화석연료 소비량 중 25%를 사용하고, 기타 선진국이 55%를 사용한데 반해 세계 인구 75%를 점유하는 개발도상국이 20%를 사용하고, 현재의 경제적 부가 에너지소비량과 밀접한 관계가 있어 미국의 솔선수범이 필요하다고 한다.

즉 세계은행(World Bank, 2000, Beyond Economic Growth, 2003, http://www.worldbank.org/depweb/beyond/beyondco/beg_09.pdf)에 따르면 고소득 국가의 경우 농업인구 2% + 공업인구 32% + 서비스업인구 66% 노동인구를 갖추게 되어 생산업에 종사하는 농업과 공업이 34%에 불과한 반면 제품 연구개발과 수송 및 판매에 종사하는 인구가 2/3에 달하여 생산노동자의 노동 가치로 추가된 부가가치보다 유통과 분배과정에서 추가되는 노동가치가 폭발적으로 증가하여 인권이 보장되고, 소득이 평등하게 분배되는 가치체계는 이미 붕괴된 셈이다. 즉 역으로 소득이 평등하게 분배되는 사회주의적 이상 사회를 실현하려면 농업과 공업에서 생산되는 각종 제품의 생산원가가 턱없이 낮아야 하기 때문에 원가절감을 위한 로봇 생산체제로 전환되어야 하고, 그러면 그럴수록 개인소득은 향상되나 환경자원을 근간으로 생산되는 농업과 공업은 기계로 자동화되어야 유지할 수 있게 될 것이다.

그러나 생명현상을 이용하여 식량을 생산하고 있는 농업이 로봇으로 자동화될 수 있을지 의문이다. 더욱이 UN의 아젠다 21에서 지속가능한 사회개발을 위하여 환경보존을 강조하고, 기후변화로 야기될 수도 있는 위기극복을 에너지의 전환으로 극복하자고 강조하고 있는데 이러한 생태환경들이 모두 로봇으로 대체될 수는 없을 것이다. 그런 이유에서 지금과 같은 자본주의가 지속가능하는 길은 인구를 감축시키는 길일 것이다. 따라서 (동아일보, 2003년 6월 25일)에 따르면 앤서니 기든스(A. Giddens)가 좌파 정치인이지만 좌파편향을 탈피한 제3의 길(The Third Way, 1998)을 저술하고, 노동자의 해고와 고용이 유연해야 선진사회가 된다고 주장하고 있다고 소개한지도 모른다.

따라서 써로우(L. C. Thurow)가 쓴 제로섬사회(Zero Sum Society, 1980)와 자본주의 미래(Future of Capitalism, 1997)를 고려할 때 선택할 수 있는 미래의 길은 실업에 따른 사회보장과 함께, 고용과 해고가 유연한 제 3의 길이라야 전쟁과 같은 살육경쟁을 피하면서 경제가 성장하는 지속가능한 시스템으로 전환될 것으로 생각된다.

더욱이 석유를 먹고 사는 인간(Eating Oil)을 쓴 존스(A. Jones, 2001, Eating Oil: Food Supply in a Changing Climate, 2007, http://www.sustainweb.org/pdf/3eatingoil.pdf)에 따르면, 식품생산을 위하여 투입된 에너지에 대하여 식품내의 열에너지 함량을 비율로 계산한 결과. 산업화 전의 전통적인 농업에서는 100배에 이르렀으나 현재는 1 이하로 저하되고, 주로 사용되는 연료가 화석연료라고 한다. 즉 농촌에서 생산하여 도시로 공급하는 현재의 농산물 시스템에서 수송에 소비된 에너지를 고려하지 않아도, 현재 과실과 채소류는 그의 비율이 0.1~2이고, 집약적인 소고기 생산에서는 0.03~0.1이며, 겨울에 온실에서 재배된 채소류는 0.002에 이른다고 한다. 따라서 수송거리와 수송수단에 따라 다르겠지만, 수송에 소비된 에너지를 고려하면, 현재 도시에서 만끽하고 있는 모든 식품들은 석유를 먹고 자란 것이기 때문에, 우리는 석유를 먹고 있다는 것이다. 특히 최근 신자유주의에 따라 체결된 FTA로 농산물의 수출입도 개방되면서 선박이나 비행기로 수송하는데, 이러한 장거리 수송에는 막대한 석유에너지를 소비하기 때문에 기후변화를 가속시킬 뿐만 아니라 에너지 면에서 비경제적으로 석유가 고갈되어 가격이 상승하면 농산물 가격도 급등하게 될 것이라고 한다.

또한 화석연료를 먹고사는 인간(Eating Fossil Fuels)을 쓴 파이퍼(D. A. Pfeiffer, 2003, Eating Fossil Fuels, 2007, http://www.fromthewilderness.com/free/ww3/100303_eating_oil.html)에 따르면, 다른 동물과 같이 인간도 그들이 먹는 식량으로부터 에너지를 얻는데, 19세기까지는 식물을 먹고 자란 동물고기와 식물로 만들어진 모든 식품 에너지가 궁극적으로는 광합성을 통한 태양에너지로부터 나왔으나, 현대에는 곡물과 채소를 제외한 모든 고기가 농업에서 생산된 곡물과 식물을 먹고 자란 다른 가축의 폐기물로 사료로 하여 사육되기 때문에, 사료제조 과정에 막대한 화석에너지가 투입되어 생산성이 향상됨에 따라 각종 식품생산에 화석연료 소비량이 증가하고 있다고 한다.

더욱이 미국에서 2차 대전이후 녹색혁명으로 곡물 생산량이 250% 증가하였지만 이는 산업화된 농업으로 천연가스로 제조하는 비료와 석유로 제조하는 농약 그리고 석유로 가동되는 관계배수용 펌프와 기계화로 증가한 것으로 현재에는 미국인 한 사람을 먹이는 식량을 생산하는데 400갈론 상당의 석유가 소비되고 있고, [ 비료제조용 석유 31% + 농기계 조작용 석유 19% + 수송용 석유 16% + 용수펌프용 석유 13% + 가축 사용용 석유 0.8%(사료 제외) + 곡물 건조용 석유 0.5% + 농약용 석유 0.5% + 기타 소비 석유 = 100.0% ]에 이른다고 한다. 여기에는 생산된 농산물의 포장과 냉장보관, 소매점까지의 수송과 가정에서의 요리에 사용되는 석유는 고려하지 않은 수치라고 한다.

제2편

# 지구촌의 기후변화와 UN의 아젠다 21

# 4장 | 경제성장과 에너지 및 환경오염 문제

## 4.1. 경제 성장과 에너지 소비 구조 변화

### (1) 문명의 발달과 에너지 소비량 변화

한편 지구촌의 모든 나라는 서양과 같이 과학기술을 발전시켜 경제성장을 야기하는 산업사회를 만들어, 부유한 국가가 되기를 열망한다. 그러나 투자비용의 효율성과 이익만을 고려하는 자본주의적 산업 개발은 막대한 에너지를 소비하고 있다.

더욱이 기존의 국내시장은 규모의 경제성 때문에 소규모 산업은 소멸되거나 규모화 하여 수출하는 것이 일반적이며, 우리나라와 같이 국토가 작으면서 인구가 많은 소규모 국가일수록 수출을 목표로 하는 설정하는 경우가 많다.

그렇지만 산업화는 새로운 기계장치 사용과 자동화로 인력을 감축하여 비용을 줄일 수 있지만 동시에 더 많은 에너지를 소비하게 된다.

Cook(1971)에 따르면 〈표 4.1-1〉에 나타낸 바와 같이 문명이 발달할수록 에너지 소비량이 기하급수적으로 증가하였다. 즉 산업혁명이전인 17세기 이전에는 목재 가공 후에 남는 폐목재나 장작과 같은 임산 연료를 사용하였으나 석탄을 연료로 사용하면서, 증기기관차와 같은 고성능 열기관이 개발되어 산업혁명을 가져 왔고, 자동차와 비행기가 일반화되면서 석유나 천연가스와 같은 유체연료가 필요하게 되었으며, 날로 발전한 석유화학은 각종 고분자재료가 합성하면서 석유 수요를 더욱 증가시켰으며, 전자공업의 발전으로 전기에너지 수요가 급증하여 중유발전소가 증설되고, 나아가 부족한 에너지 자급을 위하여 우라늄을 연료로 하는 원자력발전이 증가되는 과정을 거치고 있다.

이러한 현상은 〈그림 4.1-1〉에 나타낸 바와 같이 1인당 국민소득이 높은 부유한 국가일수록 1인당 에너지 소비량이 거의 직선적으로 증가하고 있어 소득을 증가시키려면 그만큼 많은 에너지를 소비하여야 한다는 것을 보여준다.

그러나 이러한 에너지는 주로 석탄이나 석유와 같은 화석연료로서 재생되지 않는 한정된 자원이기 때문에 소비량이 증가할수록 채굴량이 증가하여 고갈되고 있다. 따라서 소득증가와 인구증가로 날일 갈수록 고갈속도가 증가하고 있는 에너지를 자급하기 위하여서는 에너지원, 특히 연료자체를 변경시켜야 한다. 따라서 다가오는 21세기에는 어떤 형태의 연료가 일반화될지 궁금하다.

한편 현재 세계적으로 소비하는 에너지 형태는 〈표 4.1-2〉에 나타낸 바와 같이 석유와 석탄과 같은 화석연료가 2/3을 점유하여 산업적으로 중요한 연료이며, 1980년부터 발전한 전자공업과 정보산업의 확산으로 **고급에너지인 전기 에너지 소비량이 급증하여 총 에너지 소비량의 30%를 초과하고,** 그의 생산량은 〈표 4.1-3〉과 같이 2,614 GWe에 달한다고 한다. 즉 세계 인구 1인당 매 순간 436We를 소비한 셈이나 선진국은 주로 전기에너지를 이용하여 각종 산업제품과 일상생활을 영위하나, 전기에너지가 없는 후진국에서는 우리나라의 일제 강점기나 이조시대와 같이 태양에너지를 이용하는 농업이 주요 산업이고, 밤에는 호롱불을 이용하고 있어 국가 간에 기술격차가 너무 크다.

또한 호주의 우라늄 정보 센터(UIC: Uranium Information Center, Ltd. 2000, http://www.uic. com.au/neg.html)에 따르면 전기에너지가 세계 총 에너지 소비량의 40%에 이르고, 발전에 소비하는 연료의 40%가 석탄이지만, 온실가스를 거의 발생하지 않는 우라늄(U) 원자력발전은 16%를 점유하고 있다고 한다. 특히 1,000MWe의 전기를 생산하는 발전소가 석탄을 사용하면, 가동률 80%에서 발열량 24MJ/kg = 5,733kcal/kg의 흑탄을 사용하면 연간 3,200,000tonCE를 소비하고, 8.15MJ/kg = 2,000kcal/kg의 갈탄을 사용하면 연간 9,300,000tonCE를 소비하나, 우라늄을 사용하는 핵발전소는 연간 27tonU에 불과하여 무게 면에서 12만~35만분지 1에 불과하고, 온실가스방출이 거의 없다는 점을 강조하고 있다.

또한 UIC(2000, http://www.uic.com.au/ne.html)는 선진국에서 연간 1인당 소비하는 전기에너지 8,000 kWh를 생산하는데 소비되는 석탄은 연간 3ton에 이르고, 300kg의 분진과 8ton에 달하는 $CO_2$와 $SO_2$ 등을 방출하나 우라늄을 사용하면 연간 30~70kg의 우라늄을 광을 처리하여

**〈표 4.1-1〉** 문명 발달과 에너지 소비구조 변화

| 시 대 | 사회구조 | 에너지소비구조(kcal/day/capita)<br>식량 + 난방 + 농공업 + 교통기관 = 합계 | 비 고 |
|---|---|---|---|
| 100만 년 전 | 원시인 | 2,000 + 0 + 0 + 0 = 2,000 | - |
| 1만 년 전 | 수렵인 | 3,000 + 2,000 + 0 + 0 = 5,000 | 불 발명/목재 연료 |
| BC 5천 년경 | 원시 농업인 | 4,000 + 4,000 + 4,000 + 0 = 12,000 | 비옥한 중동지방거주인 (일부 가축사육) |
| AD14,000경 | 진보된 농업인 | 6,000 + 12,000 + 7,000 + 1,000 = 26,000 | 서유럽거주인 (일부 석탄사용) |
| AD1850/70 | 공업인 | 7,000 + 32,000 + 24,000 + 14,000 = 77,000 | 영국/독일/미국거주인 (증기기관 사용) |
| AD1970년 | 기술인 | 10,000 + 66,000 + 91,000 + 63,000 = 230,000 | 미국 거주인 (상당부분이 전기에너지임) |

(출처: Cook, E. (1971). The Flow of Energy in an Industrial Society, Scientific American, 224(3): 135-144)

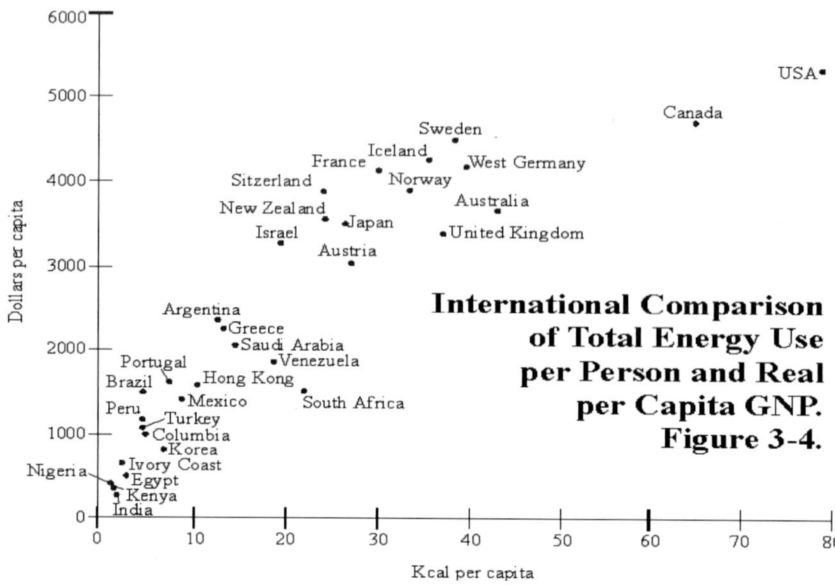


**〈그림 4.1-1〉** 국민 1인당 GNP에 대한 에너지 소비량관계

(출처: 2000, http://www.dieoff.org/page122.html)

**〈표 4.1-2〉** 현재의 1차 에너지 소비량 (세계 전체)

| 구 분 | | 1985 | 1990 | 1995 | 연평균 증가율 | | |
|---|---|---|---|---|---|---|---|
| | | | | | '86-'90 | '91-'95 | '95/'94 |
| 탄소 계 | 석탄 | 2,083.2(30.2) | 2,230.1(28.6) | 2,210.7(27.2) | 1.4 | -0.2 | 1.2 |
| | 석유 | 2,806.6(40.6) | 3,121.3(40.0) | 3,226.9(39.7) | 2.1 | 0.7 | 1.2 |
| | 천연가스 | 1,479.1(21.4) | 1,760.6(22.6) | 1,883.6(23.2) | 3.5 | 1.4 | 2.5 |
| 원자력 | 원자력발전 | 369.0( 5.3) | 510.9( 6.5) | 596.4( 7.3) | 6.7 | 3.1 | 4.0 |
| 수력 | 수력발전 | 169.8( 2.5) | 183.1( 2.3) | 218.5( 2.7) | 1.5 | 3.6 | 6.0 |
| | 합계 | 6,907.7(100) | 7,806.0(100) | 8,135.8(100) | 2.5 | 0.8 | 1.8 |
| 1인당 에너지소비량 | | ? | ? | 1.36TOE | | | |

〈세계인구: 60억 명, (2020년에 80억)〉

('97통상산업백서, 제6편 에너지. 자원부분; 단위: $10^6$TOE; ( )=구성비)

230g의 산화우라늄($U_3O_8$)연료를 제조하여 사용하기 때문에 발생한 핵폐기물이 230g에 불과하여 환경 친화적이라고 한다.

즉 열에너지를 이용한 발전기의 전기에너지 생산효율을 33%로 보고, 발전기 출력에너지(kWh)를 [ 1 MJ = 0.0925 kWh ]로 환산하여 발전에 필요한 연료량을 계산하면, 연료무게가 [ 1 kWh ≒ 11 MJ ≒ 0.45kg Black Coal ≒ 1.35kg Brown Coal ≒ 0.029g U ]가 되어 핵발전소

〈표 4.1-3〉 Electric Power Generation (1995) (단위: GWe)

| 에너지원 | Oil | Gas | Coal | Hydro | Nuclear | Other | Total |
|---|---|---|---|---|---|---|---|
| Anglo America | 67.4 | 205.4 | 352.9 | 156.0 | 122.9 | 29.9 | 934.5 |
| Latin America | 44.3 | 11.4 | 7.8 | 113.7 | 3.0 | 5.0 | 185.2 |
| Western Europe | 70.8 | 57.3 | 146.4 | 151.4 | 122.8 | 23.5 | 572.2 |
| Asia Pacific | 118.8 | 64.8 | 271.4 | 149.9 | 60.0 | 60.7 | 725.6 |
| Africa | 20.9 | 10.1 | 33.5 | 21.6 | 1.9 | 1.9 | 90.0 |
| middle East | 55.1 | 38.2 | 3.1 | 6.0 | 0.0 | 4.1 | 106.5 |
| Total | 377.4 | 387.2 | 815.2 | 598.6 | 310.6 | 125.1 | 2614.1 |
| Total (%) | 14.4% | 14.8% | 31.2% | 22.9% | 11.9% | 4.8% | 100.0% |

(출처: James & James, (1998), Renewable Prospects in Today's Conventional Power Generation Market)

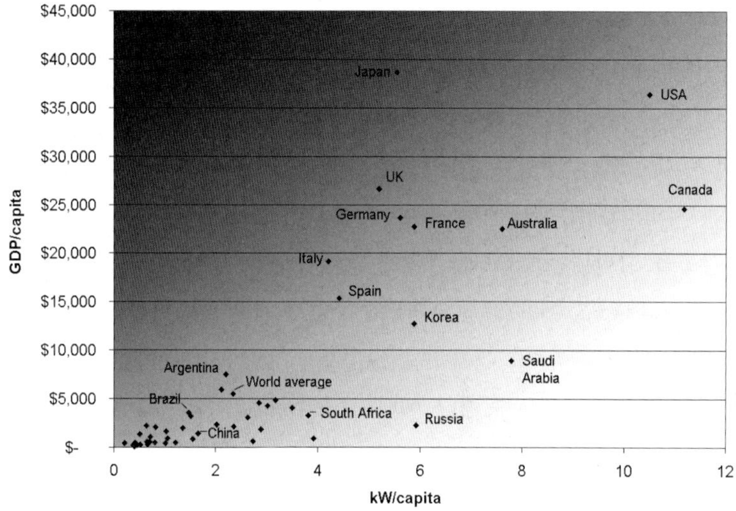


〈그림 4.1-2〉 국민소득과 에너지 소비량과의 관계

(Source: 2007, http://en.wikipedia.org/wiki/World_energy_resources_and_consumption)

가 경제적이라고 한다.

따라서 날로 증가하는 전기에너지 수요를 충족시키기 위하여 전기에너지를 생산하는 화력발전소가 증설되고 있지만, 그에 따라 발생하는 환경 오염문제가 강조되면서 수력발전소와 원자력 발전소를 증설하고 있다.

그러나 핵폐기물의 안전성 문제 때문에 우라늄 핵연료는 대체 에너지에서도 제외되고 있는 경향이며, 우라늄(U)이 재생 불가능한 지하자원이기 때문에 재생가능 에너지에는 포함시키지 않는다.

더욱이 선진국들은 효율적인 전기에너지 이용 장치를 개발하여 경제성장에 필요한 각종 기계장치를 에너지 이용 효율성을 높였기 때문에 <그림 4.1-2>에 나타낸 바와 같이 단위 소득 증대에 필요한 에너지 소비량을 감축시키면서도, 경제성을 향상시키고 있는 반면, 개발도상국들은 단위 소득증가에 막대한 에너지를 소비하고서도 경제성장이 둔한 것은 구형 기계장치 때문이라고 생각된다,

### (2) 우리나라의 경제 성장과 에너지 자급자족 문제

특히 우리나라는 기계화와 자동화된 최신 공정을 도입하여 대량 생산한 후 수출하는 전략을 채용하여 경제발전을 이룩하였기 때문에 에너지 소비량이 기하급수적으로 증가하였다. 나아가 이어지는 강성 노조와의 노사분쟁이 심해지면서 생산비중 인건비 절감을 위하여 로봇화된 자동화를 추진한 결과, 노동자 1인당 생산성은 증가하였지만, 그만큼 많은 일자리를 로봇이 점유하고, 그에 따라 고급의 전기에너지가 소비량이 증가하고 있다.

따라서 우리나라는 수입에너지가 총에너지 소비량 중 90%를 초과하고, 우리나라의 산업과 생활이 선진국과 같이 전기에너지에 의존하고, 사용이 용이한 석유에 의존하기 때문에 <표 4.1-4>에 나타낸 바와 같이 우리나라 총 에너지 중 82%를 수입에 의존하고 있어 중동 분쟁은 우리나라 경제에 치명적인 영향을 미치고 있다.

또한 경제성장률을 나타내는 GNP 증가율에 대한 에너지 소비량 증가율로 표시하는 에너지 탄성치를 보면, <표 4.1-5>에 나타낸 바와 같이 선진국은 1.0 이하이나 우리나라는 1.0 이상으로 비효율적임을 보여준다. 즉 경제가 성장하려면, 에너지 소비량이 증가하는 것은 당연하나, 선진국의 경우 경제 성장률에 대한 에너지 소비량 증가율이 낮아 에너지 탄성치가 1.0 이하로서 에너지 효율적인 사회 시스템을 갖추어 가는데 반하여, 우리나라와 같은 개발도상국이나 후진국들은 에너지 탄성치가 1.0 이상으로 비효율적인 산업구조를 갖추고 있음을 보여준다.

환언하면 사용이 편리한 석유자원이 없거나 부족한 개발도상국들은 선진국들보다 에너지

**<표 4.1-4>** 1995-96년도 우리나라의 석유 수입량과 의존도

| 구 분 | 1995 | 1996 | 증가율 | 비고 |
|---|---|---|---|---|
| ■ 총 에너지수입액 ($10^6$\$) | 18,646 | 24,094 | 29.2% | |
| - 석유수입액($10^6$\$) | 15,265 (82%) | 19,712 (82%) | 29.1% | |
| - 석유도입량($10^6$bbL) | 849.4 | 952.8 | 12.2% | |
| ■ 총 수입액중 에너지 수입비중(%) | 13.8 | 16.0 | - | |

('97통상산업백서, 제6편 에너지. 자원부분)

**〈표 4.1-5〉** 한국의 경제 성장률과 에너지 소비 증가율의 관계

| 구 분 | 1980-85 | 1986-90 | 1990 | 1992 | 1994 | 1995 | 1996 |
|---|---|---|---|---|---|---|---|
| 1차 에너지 소비 증가율(%) | 4.5 | 10.6 | - | 12.0 | 8.2 | 9.8 | |
| 경제성장률(GNP 기준: %) | 6.2 | 10.5 | - | 5.0 | 8.4 | 8.7 | 6.9 |
| **에너지/GNP 탄성치** | 0.73 | 1.01 | - | 2.40 | 0.98 | 1.10 | 1.42 |
| 1인당 GNP(1990년=100) | 38.1 | 88.6 | 100 | 119.1 | 144.2 | 171.3 | 179.3 |
| 에너지가격(1990년=100) | 141.0 | 102.0 | 100 | 110.5 | 115.5 | 121.4 | 137.9 |

('97통상산업백서, 제6편 에너지. 자원부분)

효율성이 낮은 기계장치나 가전제품을 사용하고 있기 때문에, 에너지 탄성치가 1.0 이상을 나타낸 것으로서 보이고, 나아가 에너지 자원에 대한 경제적 인식과 의식이 후진국일수록 낮아, 비효율적인 것으로 생각된다. 특히 경제적 부(富: wealth)를 나타내는 지표로 국민 1인당 소득으로 GNP를 사용하여 국가 간의 부(富)의 정도 또는 발전(發展)의 정도를 비교하여 빈부격차(貧富隔差)를 나타내어 경쟁하고 있지만, 모든 활동의 근원에는 눈(目)에 보이지 않는 에너지가 소비되고 있기 때문에, GNP의 증가는 에너지 소비량 증가를 나타내고 있다. 따라서 경제적으로 부유한 국가와 GNP 성장률이 높은 국가들은 단기간에 그 만큼 많은 에너지를 소비하고, 나아가 환경오염물질을 그만큼 많이 배출하고 있다는 것을 나타낸다. 환언하면 GNP 계산의 근거가 되는 인구문제가 중요할 것이다. 즉 인구가 감소하면, GDP가 증가하고, 그에 따른 GNI(Genuine National Income)도 증가할 것이다.

한편 인간의 모든 활동, 즉 일상생활에 필수 불가결한 에너지나 연료가 값이 싸다는 이유에서 그의 경제적 가치를 무시하거나 등한시하고 있지만, 지구촌의 에너지 흐름을 전술한 에너지 보존법칙과 질량보존 법칙에 따라 계산하면, 실제적으로 경제적으로 이용되고 있는 에너지양은 지역에 따른 기후조건차이로 달라지고, 이용기술에 따라서도 달라진다.

즉 한대지방에서는 체온보다 낮은 기온 때문에 많은 에너지를 소비하지만, 활동량이 적고, 열대지방에서는 과도한 태양에너지 에너지 때문에 봄과 가을철에 피서(避暑)를 실시해야 하며, 온대지방은 추운 겨울에는 두꺼운 오버와 외투를 입고, 난방을 실시하여야 하는 반면, 여름철에는 무더위 때문에 바닷가나 숲속으로 피서하기 위하여 자동차나 비행기를 타기 때문에 석유를 소비하고, 높은 기온 때문에 에어컨(air conditioner)을 가동하기 때문에, 에너지 면에서 비효율적인 전기에너지를 막대한 양을 소비하고 있다. 따라서 경제적으로 생산된 부가가치를 분배하는 서비스산업에 속하는 관광(觀光: sight-seeing)과 레저(leisure) 산업도 현재에는 막대한 양의 전기에너지와 석유를 소비하기 때문에 원시적인 체험관광으로 전환하는 것이 에너지 효율적일 것이다.

### (3) 전기에너지의 정보화 사회와 에너지 자급 문제

특히 1980년대부터 전자공업과 컴퓨터가 발전하여 이룩한 정보화 사회(Information society)는 제3의 물결(Third Wave)이라는 이름으로 세계화되고 있지만 효율성이 낮은 석탄 화력발전소가 생산하는 전기에너지를 근원으로 작동하기 때문에 환경 친화성이 문제되고 있다.

즉 날로 급증하는 전기 에너지 생산을 위하여 화석연료를 사용하는 화력 발전소와 우라늄을 사용하는 원자력 발전소가 증설되고 있으며, 특히 국민소득이 높은 미국은 1999년 말에 총 에너지 소비량중 전기 에너지 소비량이 40%를 넘고 있어 그만큼 화력발전소나 원자력 발전소가 증설되었다는 것을 보여준다.

우리나라의 경우도 수입에 의존하는 석유 의존도를 낮추기 위하여 원자력 발전소 증설로 전기에너지의 절반을 생산하고 있으나 환경적으로는 핵폐기물과 고온 배수로 국부적이지만 수질을 오염시키고, 고온 배기가스와 각종 분진들이 대기를 오염시켜 국지적 미시 기후를 변화시키고 있다.

따라서 우리나라가 추진하고 있는 정보화 사회 건설은 문명의 추세에 따라 IT강국이 되고 있지만, 에너지 면에서 비효율적이기 때문에 그에 따른 전기 기계장치를 값싸게 생산하기 위하여 화석연료나 핵연료 수요가 날이 갈수록 증가할 것으로 보인다.

그렇지만 전술한 바와 같이 화석연료나 핵연료 사용이 증가할수록 환경오염 물질의 방출량도 증가하여 주변 환경을 더욱 오염시켜 생존환경이 더욱 악화될 것으로 보인다.

만약 한반도의 수도권이 역사적으로 동북아의 정치 중심지가 되었던 북경(北京: Beijing)과 같이 생존 환경이 오염되어 대기 오염 뿐만 아니라 생수자원까지 부족해져 살 수 없는 지경에 이른다면, 이 나라의 미래는 어떻게 진행되고, 민족의 장래는 어떻게 다가 올 것인지 의문이다.

다행이 우리의 서울(Seoul)은 위도 상 북반구 온대에 속하여 4계절이 분명하는 아름다운 곳이면서도, 북경과는 달리 동서에 넓은 바다를 끼고, 남북으로 좁고, 길게 뻗은 한반도의 중심에 위치하고, 편서풍지대에 위치하여 그 편서풍으로 서해(西海)에서 수증기를 공급받아 형성된 안개와 구름이 동쪽으로 이동하면서 동쪽에 위치한 높은 태백산백이 이동하는 수증기와 비구름을 막아 비바람으로 강수(降水)시키기 때문에 계절적으로 홍수가 발생하지만, 풍부한 생수자원을 남북에서 공급하는 한강을 끼고 있기 때문에 청명한 기후조건이 지금까지 깨끗한 도시로 발전시켰으나, 앞으로도 이러한 청명한 기후조건이 지속될 수 있을지는 의문이다.

한편 20세기말에 발전한 전자공업을 기반으로 개발된 컴퓨터가 각종 data를 수집하고, 이를 통계 처리하는 프로그램들의 개발로 정보화 사회로 발전하였다. 그러나 정보화 사회는 고품질의 전기에너지를 소비하고 있다. 따라서 에너지 면에서 보면, 정보화 사회를 유지하기 위하여 자연재난과 같은 불가항력의 재난으로 단전(斷電)되는 경우를 제외하더라도, 고품질의 전기에너지를 생산하는데는 소비된 전기에너지의 3배에 달하는 화학에너지를 소비하여야 한다.

한편 IT산업으로 무장한 정보화 사회는 많은 인력을 감축시켜 원가(原價)를 절감시킨다. 즉 많은 회계 인력이 요구되던 각종 서비스 산업에서 사람을 대신하는 컴퓨터가 도입되면서 높은 임금을 요구하는 지식 노동자들을 대신하게 되었다. 특히 경제적으로 최대 이윤을 추구하는 각종 기업들은 이들 분야에 컴퓨터를 도입하여 서비스 분야를 통제할 프로그램 개발에 열중하고, 산업분야에서는 컴퓨터를 이용한 로봇(robot)을 개발하여 공장이나 가정생활에 필요한 노동력을 대신하는 완전 무인 자동화 시스템을 개발하는데 많은 예산과 에너지를 투입하고 있다. 따라서 앞으로는 부가가치를 생산하는 인력수요는 예술문학과 같은 가상세계에서 발생하고, 이를 가시화하는 만화 세계에서 창조되고 있는 듯하다.

또한 이를 실현하는 현실 세계에서는 많은 기계장치와 로봇들의 정밀하고 정확한 작동을 위하여서는 대부분이 석탄과 석유로부터 생산되는 전기 에너지(electric energy)를 사용하고, 지금까지 발견되지 않은 한계 이상의 극한 조건에서 제조된 소재를 사용하기 때문에, 결과적으로 효율성이 고부가가치제품들은 에너지 효율성에서 가장 낮은 전기에너지를 다량 소비하게 만들고, 부가가치를 창출하기 위하여서는 높은 이윤 보장이 필요하기 때문에, 희귀제품으로 등장하여 부유한 소수만이 이용할 수 있는 고가제품으로 등장할 것이다.

반면 하나뿐인 지구촌의 폐쇄시스템에서 에너지와 질량 보존법칙($E = mc^2$)에 따르면, 이용가능한 에너지자원이 제한되어 있기 때문에, 그에 따른 에너지 자급률은 급격하게 감소

**〈표 4.1-6〉** 화석 연료 대체를 위한 Biomass의 잠재력

| Biomass Potential |
|---|
| ■ $1.3 \times 10^9$ (billion) dry tons per year (U.S.)<br>■ Equivalent to $3.5 \times 10^9$ barrels of oil (boe)<br>■ 1 boe = $5.8 \times 10^6$ (million) BTU = $6.1 \times 10^9$ J<br>■ Equivalent to $20 \times 10^{15}$ (quadrillion) BTU/year<br>■ U.S. energy consumption = $140 \times 10^{15}$ BTU/year<br>■ U.S. biomass potential = 15%<br>■ Global biomass production = $95 \times 10^{15}$ BTU/year<br>■ Woody biomass production = $40 \times 10^{15}$ BTU/year<br>■ Global energy consumption = $315 \times 10^{15}$ BTU/year<br>■ Global biomass potential = 30% |

(Source: J. A. Dumesic, 2004, Catalytic Production of Hydrogen, Fuels and Chemicals from Biomass-derived Oxygenated Hydrocarbons, 2007, http://www.scifun.org/GenChem/Enrichment/Biomass_Conversion-Dumesic.pdf)

〈표 4.1-7〉 화석 연료 대체를 위한 Biomass의 잠재력

| Biomass - Transportation Sector |
| --- |
| ■ Total energy consumed in U.S. = 140 quads<br>■ Residential = 22 quads (16%)<br>■ Commercial = 18 quads (13%)<br>■ Industrial = 32 quads (23%)<br>■ Transportation = 28 quads (20%)<br>■ Electric Power = 41 quads (29%)<br>■ Biomass = 20 quads<br>■ Biomass potential = 70% of transportation |

(Source: J. A. Dumesic, 2004, Catalytic Production of Hydrogen, Fuels and Chemicals from Biomass-derived Oxygenated Hydrocarbons, 2007, http://www.scifun.org/GenChem/Enrichment/Biomass_Conversion-Dumesic.pdf)

할 것이다. 미국 위스콘신대학의 듀세믹(J. A. Dumesic, 2004, Catalytic Production of Hydrogen, Fuels and Chemicals from Biomass-derived Oxygenated Hydrocarbons)에 따르면, 〈표 4.1-6〉에 나타낸 바와 같이 매년 녹색식물의 광합성으로 생산되는 biomass로 대치체할 수 있는 수량은 30%에 불과하다고 한다. 특히 지구촌의 총 에너지 소비량 중 1/4를 세계인국 5%에 불과한 미국이 소비하고 있는데 자급할 수 있는 Biomass 잠재력이 15%에 불과하다고 한다. 환언하면 지구촌의 지속가능한 생활을 위하여 화석연료에 고갈에 따른 화석연료를 대체할 수 있는 농산 및 임산 폐기물량이 30%에 불과하여 나머지는 태양광이나 풍력, 지열과 수력, 조력발전 자원도 개발하여야 한다는 것을 의미한다.

한편 미국의 에너지 소비를 분야별로 구분하면 〈표 4.1-7〉에 나타낸 바와 같이 부가가치 창출이 높은 제조업분야에서는 1/3을 소비한데 비하여 나머지 1/3은 주거생활과 상거래 및 수송 분야의 에너지로 소비되고, 1/3에 달하는 29%정도가 이들 전기에너지를 생산하는 발전소에서 발생한다고 한다. 여기서 대체에너지 자원 중 수송 분야에 소요되는 에너지형태는 화학적으로 저장된 연료가 필요하기 때문에, 인공합성 석유나 수소연료가 필요한데, Biomass의 잠재력은 70%에 이른다고 한다.

### (4) 정보화 사회와 자본주의 경제의 딜레마

한편 자본주의 시장 경제에서 이윤을 최대화하기 위하여 국제화된 다국적 기업의 폐해를 연구한 데이비드만(M. Davidmannm, Inflation, Balance of Payments and Currency Exchange Rates; Quality of Government (national and local); Standard of Living ad Worldwide Inequality; the Struggle for a bigger Share)에 따르면, 지금과 같은 저금리 하에서는 기업들이 이윤 최대화를 위하여 저개발된 저임금 지역에서 생산된 제품들을 대량 수입하여 선진국의 물가를 낮추기 때문에, 선진국에서는 인플레션이 발

생하지 않으나, 고용이 감소하여 실업자가 증가하여 사회문제를 야기하는 반면, 저개발국에는 고용이 증가하여 물가상승과 인금상승으로 인플레션이 발생하고, 국가 간의 이자율 차이가 커지면서 자본이동이 촉진되어 선진국의 저리 자금을 빌려다가 고금리로 저개발국에 투자하는 현상이 확산되어 저개발국에 높은 인플레션을 확산시키고 있다. 따라서 결국에는 21세기의 세계화도 돈(money)에 대한 제도적인 변화가 없으면, 20세기와 유사하게 발전할 것이기 때문에, 지속 불가능한 사회(unsustainable society)가 될 것이므로 지역적인 보조화폐의 개발이 필요하다고 한다.

따라서 선진국에서는 정보화 사회로 진입하면서 경제 사회적 활동을 지배하는 전기에너지 생산을 소비자가 책임을 지는 사회로 분권화되고 있다. 즉 경제적이라는 이유에서 추진되어 온 기존의 대규모 석탄이나 석유화력발전시스템이 재생 가능한 에너지원으로 민영화되고, 나아가 대규모 사업이나 국가 정책도 자유화함과 동시에 환경 영향평가를 강화하여 지역주민의 참여를 확대시키고, 가능하면, 각 개인이 자급자족하는 소규모 시스템으로 전환하는 민주화가 진행되고 있다.

환언하면 우리나라도 경제적이라는 이유에서 국가 기간산업인 에너지산업과 통신산업을 통제가 용이하도록 한국전력이나 한국통신에 독점시키고 있으나, 환경재난이나 전쟁과 같은 국가적 위기관리 면에서 보면, 매우 위험한 발상이다. 왕조 국가라면 몰라도, 민주화된 이제는 민영화하여 모든 분야를 국민이 책임을 지고 자급하는 방향으로 전환하여 다중 경쟁체제를 도입하여야 위기발생의 충격을 크기 줄일 수 있을 것이다. 특히 에너지의 90%를 수입에 의하여 고도로 산업화된 우리나라는 이러한 민영화에 앞서, 위기상황에서 자급자족할 수 있는 다양한 생활 교육과 환경재난에 대처하는 교육을 체험적으로 실시하여 예고 없이 갑자기 다가오는 에너지 위기의 충격을 감소시켜야 할 것이다

그렇지만, 현재의 자본주의적 정보화 사회는 시장경쟁에서 유리한 고지를 점유하기 위하여 원가(原價: cost) 절감을 위하여 기계화와 자동화가 가속되어 소비자의 고용기회(雇傭期會: job opportunities)를 감소시키면서 실업자를 증가시키고, 그에 따라 왕(王 → 國家元首 → 大統領 → 行政首班)은 통치할 수 있는 국민 수 유지를 위하여 에너지와 식량을 무상으로 공급하는 사회적 생존 보장 제도를 개발하여야 할 것이다.

환언하면, 국민을 구성하고 있는 소비자들은 보다 좋은 생존조건과 기회를 위하여 좋은 곳으로 이주하고, 나아가 이민(移民: migration)하기 때문에, 국가를 통지하는 왕(王)일지라도 다 같은 인간(人權: human rights)으로서 조폭(組暴)과 같은 조직을 만들어 개인 간에는 투쟁(鬪爭: fight) 하고, 민족 국가 간에는 전쟁(戰爭: war)하여 승리하여 지배하지 않으면, 차선책으로 국민들과 타협하여 공존하는 길을 찾는 방법 외에는 다른 방법이 없을 것이다.

그러나 타협의 결과로 이룩된 현대 산업 국가들은 실업(失業: unemployment)으로 인한 사

회적 부담도 증가하여 실업자에 대한 기업들의 경제적 부담이 증가하여 정치적 이슈로 발전한 노사분규가 증가하고, 이에 따라 정치적 불안이 증가하여 이러한 정보화 사회는 지속 불가능할(unsustainable) 것이다. 따라서 자연적인 인구감소가 이루어져야 할 것이다.

특히 경제학자들의 5가지의 기본 오류를 쓴 한슨(J. JHanson, Five Fundamental Errors, 2007, http://www.dieoff.com/[age241.htm)에 따르면, 근대경제학은 과학적 사회과학이 아니고, 정치학으로서 통계적 추론만 일삼는 사회적 다윈주의(Social Darwinism)에 불과하다. 즉 근대적인 신고전주의 경제학이론의 기본 오류는 다음과 같다.

**#1. 근본적으로 잘못된 방법:** 경제학자들이 사회적 거동(behavior)에 대한 과학적 방법이나 생물학적 이론이라기보다 통계학적 상관관계(correlation)를 이용하여, 시간적인 문제를 인과적인 문제로 혼동하고 있다. (A fundamentally incorrect "method": the economist uses "correlation" and "post hoc, ergo propter hoc" (after-the-fact) reasoning, rather than the "scientific method".)

**#2. 근본적인 내향적 세계관:** 경제학자들은 환경을 주변의 다른 길이라기 오히려 경제의 하부구조로 보고 있다. 환언하면, 경제학자들은 자연자원이 환경에서 오는 것이 아니라 오히려 시장에서 나오는 것이라고 믿도록 훈련되고 있다. 그의 필연적인 결과는 인간이 만든 자본이 자연 자본을 대체할 수 있다는 것이다. 그러나 열역학 제 1 법칙은 창조될 수 없다는 것을 말해주고 있다. 즉 인간이 만든 자본 같은 것은 없다는 것이다. 따라서 자본은 자연자본이며, 경제는 만사를 위한 주변 환경에 전적으로 의존하고 있다. (A fundamentally inverted worldview: the economist sees the environment as a subsystem of the economy, rather than the other way around. In other words, economists are trained to believe that natural resources come from "markets" rather than the "environment". The corollary is that "man-made capital" can substitute for "natural capital". But the First Law of thermodynamics tells us there is no "creation" -- there is no such thing as "man-made capital". Thus, ALL capital is "natural capital", and the economy is 100% dependent on the "environment" for everything.)

**#3. 돈에 대한 근본적인 착각:** 경제학자들은 돈이란 사회적 파워 - 정치적 권력으로 이라기보다 오히려 교환수단에 불과한 것으로 보고 있다. 그러나 우연한 즉석의 관찰자라도, 다른 사람을 매수하여 고용하는 정치를 포함하여, 돈이 사람을 매수할 힘을 가지고 있고, 그들이 원하는 일을 할 수 있기 때문에, 돈이 사회적 파워라는 것을 볼 수 있다. (A fundamentally incorrect view of "money": the economist sees "money" as nothing more than a medium of exchange, rather than as social power - or "political power". But even the casual observer can see that money is social power because it "empowers" people to buy and do the things they want - including buying and doing other people: politics.)

만일 고용주에게 노동자에게 정치적 권력보다 작은 것을 지불할 자유가 있다면, 고용주들은 스스로 정치적 권력을 더 많이 유지할 것이다. 한마디로 말해 돈은 강제력이고, 경제적 효율성은 돈을 가진 사람을 위한 사회적 파워를 보존해주도록 설계된 정치적 개념으로 - 정치적 강자를 더욱 강하게 만들고, 약자를 더욱 약화시키는 것으로 - 보는 것이 옳다. (If employers have the freedom to pay workers less "political power", then they will retain more political power for themselves. Money is, in a word, "coercion", and "economic efficiency" is correctly seen as a political concept designed to conserve social power for those who have it - to make the politically powerful, even more powerful, and the politically weak, even weaker.)

**#4. 그의 존재이유에 대한 근본적인 잘못된 견해:** 경제학자들은 경제적 동물(Homo economicus)을 원시인과 같은 지혜로운 인간(Homo sapiens)로가 아니라 오히려 바이에스(T. Bayes) 효용 최대화자로 보고 있다. 환언하면, 현재의 경제학과 계량 경제학은 바텀 업(bottom up)으로부터 잘못되었고, 경제학자들도 그것을 알고 있다. 경제학의 전반적 원칙이 거짓말에 기초하고 있고, 경제학자들도 그것을 알고 있다. 더욱이 만일 사람의 행동이 수학적 계산의 결과와 다르다면, 경제학자들은 원칙적으로 결코 정당화될 수 없다. (A fundamentally incorrect view of his raison d'etre: the economist sees "Homo economicus" as a "Bayesian utility maximizer", rather than "Homo sapiens" as a "primate". In other words, contemporary economics and econometrics is WRONG from the bottom up -- and economists know it. The entire discipline of economics is based on a lie -- and economists know it. Moreover, if human behavior is not the result of mathematical calculation -- and it isn't -- then in principle, economists will NEVER get it right.)

**#5. 경제적 생명의 약동에 대한 근본적인 잘못된 견해:** 경제학자들은 경제적 활동을 유한한 에너지 자원과 유한한 에너지 흐름의 함수로 보는 것이 아니라 무한한 돈의 창조함수로 보고 있다. 사실 경제는 이용 가능한 에너지에 전적으로 의존하고 있다. 에너지는 그래 왔고 앞으로도 그럴 것이다. 현재의 에너지상황에 대한 시놉시스를 보라. (A fundamentally incorrect view of economic elan vital: the economist sees economic activity as a function of infinite "money creation", rather than a function of finite "energy stocks" and finite "energy flows". In fact, the economy is 100% dependent on available energy - it always has been, and it always will be. See a synopsis of the current energy situation at http://dieoff.com/synopsis.htm.)

### (5) 정보사회의 경제적 발전(progress)과 지속 가능성(sustainability) 문제

더욱이 산업화에 따른 도시화로 인하여 생산과 소비가 조직화된 산업 자본주의 사회에서는 경제활동에 참여하는 모든 사람이 사회적 계약에 의하여 부가가치를 창출하여야 현대적 경제생활과 생존에 필요한 개인소득을 화폐(貨幣: 돈: money)로 얻을 수 있다. 이러한 부가가치는 〈그림 4.1-3〉에 나타낸 바와 같은 자유경쟁의 시장(市長: market)을 통하여 이루어지며, 수요과잉(需要過剩: demand surplus)을 기대하면서 생산(生産: production)하게 되고, 생산된 상품이 자유 시장(市長: market)의 경쟁가격(競爭價格: competitive price)에서 높은 가치(higher value)를 인정받아 생산에 소비된 비용(費用: cost)보다 훨씬 높은 가격(價格: price)을 받아야 생산자는 기업이윤(企業利潤: profit)을 얻을 수 있다. 즉 생산비보다 높은 가격을 받아야 생산을 위하여 지출된 비용으로 빌려 쓴 토지(土地: land) + 지대(地代: rent), 자본(資本: capital)과 이자(利子: interest), 노동임금(賃金: wages)등의 생산요소(生産要素)에 지불하고, 판매를 촉진하기 위한 광고비(廣告費: PR cost)와 사회적 부담인 세금(稅金: tax)을 지출하고서도 남는 이윤을 얻을 수 있다.

이때 시장에서 사용되는 가치(價値: value)의 기준은 돈(money), 즉 종이에 인쇄한 화폐로서 국가가 자의적으로 얼마든지 인쇄할 수 있는 수단이다. 따라서 원래는 물물교환의 불편함을 없애기 위하여 서로가 이해하고, 교환할 수 있는 교환수단으로 물품이 사용된 물품 화폐에서 출발하여, 귀금속을 매개로 한 금속화폐시대를 수천 년간 유지하다가, 20세기에는 정부가 보증하여 종이에 기록한 명목화폐시대를 지나 최근 21세기에는 전자화폐까지 등장하고 있다. 그러나 오랫동안 실질적으로 화폐의 근간이 되고 있는 것은 국제적으로 공인된 영국의 금 1 파운드(pound)를 기준으로 발행된 증서가 화폐로 발전한 것이라고 할 수 있을 것이다. 즉 종이에 기록 서명된 증서인 지폐를 가지고 은행에 가서 금을 요구하면, 금 1파운드를 교환해 주는 금태환(金兌換) 제도이었으나 1971년 미국의 일방적인 금태환 거부로 인하여 이제는 국가 신용도에 따라 그때그때 달라지는 변동환율제도가 시행되고 있다고 한다.

한편 현대의 산업사회는 지구촌의 자원을 활용하여 지구촌에서 획득한 원료를 가공하는

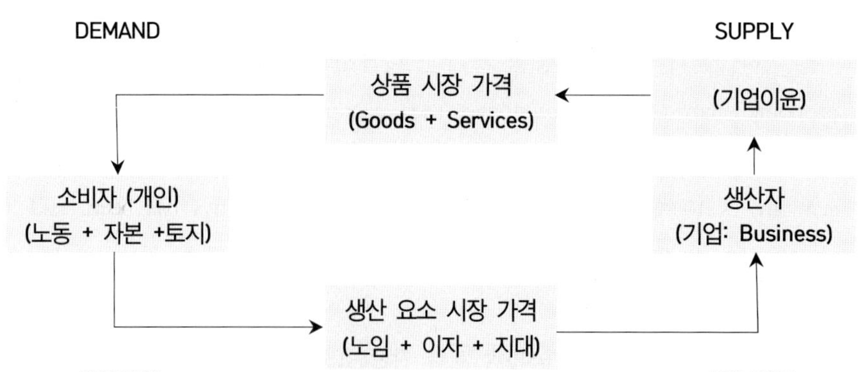


**〈그림 4.1-3〉** 기업의 생산요소와 소비가계 및 시장의 상호작용

기술은 물질의 순도와 기능을 증가시키는 산업 활동을 통하여 부가가치를 창출하고, 화폐로 얻어진 부가가치를 활용하여 시장에서 필요한 물건을 거래하고 있다. 따라서 화폐로 표시되는 상품의 부가가치와 거래되는 실물사이에는 다음과 같은 관계가 있다. 즉 실제로 거래되는 물품은 원료의 채취와 가공 및 수송판매과정이 열역학 법칙에 지배되고, 에너지 및 질량 보존법칙에 좌우되기 때문에, 물질적 수율(收率: yield)은 항상 100% 이하로 낮아지고, 용도가 다양할수록 희귀한 화학적 원소자원일수록 고부가 가치를 창출하는 경향이다. 따라서 일반적으로 고부가가치를 창출하는 자원일수록 화폐적 가치가 상승하여 시장에서는 다음과 같은 관계를 갖추게 된다.

물리적 수율(Yield) = [ 목적물무게 / 원료 무게 ] ≤ 1 ························ ①

제품의 시장가격비[Price (value) Ratio] = [ 목적물의 가치 / 원료의 가치 ] ≥ 1 ························ ②

경제사회적 이득(Income) = Yield × Price ≥ 1 ························ ③

또한 산업적으로 조직화된 산업사회는 원료를 생산하는 농림수산업을 1차 산업이라 하고, 생산된 원료를 가공하는 제조업을 2차 산업으로 구분하고, 기타 생산된 상품을 소비하거나 두뇌사업을 3차 산업으로 구분하여 재화(財貨: goods)와 용역(用役: services)을 화폐가치로 돈의 흐름을 측정하면, 산업별 상호의존성과 부가가치의 형성과정을 알 수 있다. 예로서 姜(강광하, 1985, 산업연관분석론, 비봉출판사, 서울, p24)에 따르면, 한국은행이 분석한 1980년도의 우리나라

**〈표 4.1-6〉** 1980년의 우리나라의 산업 연관 표(단위: 조원)

| 산출 / 투입 | | 내생부문 | | | | 외생부문 | | | | | 총 수요계 | 수입 (△) | 통 산출액 |
|---|---|---|---|---|---|---|---|---|---|---|---|---|---|
| | | 1차 산업 | 2차 산업 | 3차 산업 | 중간 수요계 | 민간 소비 | 정부 소비 | 투자 | 수출 | 최종 수요계 | | | |
| 내생부문 | 1차 산업 | 0.7 | 6.2 | 0.1 | 7.0 | 2.8 | - | 0.7 | 0.4 | 2.5 | 9.6 | 1.8 | 7.8 |
| | 2차 산업 | 1.3 | 25.5 | 9.4 | 36.2 | 11.8 | - | 4.8 | 9.2 | 25.8 | 62.0 | 13.5 | 48.5 |
| | 3차 산업 | 0.3 | 5.4 | 7.6 | 13.3 | 10.2 | 4.4 | 7.5 | 2.8 | 24.9 | 38.2 | 0.9 | 37.3 |
| | **중간 투입 계** | 2.3 | 37.1 | 17.1 | 56.5 | 24.8 | 4.4 | 11.6 | 12.4 | 53.2 | 109.8 | 16.2 | 93.6 |
| 외생부문 | 피용자보수 | 0.8 | 4.7 | 9.8 | 15.2 | | | | | | | | |
| | 영업잉여 | 4.4 | 2.9 | 8.2 | 15.5 | | | | | | | | |
| | 자본소모충당금 | 0.2 | 1.4 | 1.4 | 3.0 | | | | | | | | |
| | 순 간접세 | 0.03 | 2.4 | 0.9 | 3.4 | | | | | | | | |
| | **부가치계** | 5.4 | 11.4 | 20.3 | 37.1 | | | | | | | | |
| **총 투 입 액** | | 7.8 | 48.5 | 37.3 | 93.6 | | | | | | | | |

(Source: 강광하, 1985, 산업연관분석론, 비봉출판사, 서울, p24)

라 산업연관표(Industrial Input/Output Table: I/O Tables)는 〈표 4.1-6〉과 같다. 즉 생산자의 출하가격과 소비자의 구매가격을 별도로 조사하여 비교하면, 유통과정에서 발생하는 가격상승을 알 수 있고, 발생한 부가가치를 알 수 있다고 한다. 여기서 내생부문은 모형 내에서 값이 결정된다는 의미이고, 외생부문은 모형 밖에서 값이 결정되는 부문으로서 내생부문을 제외한 여타분야들이 포함된다고 한다. 이때 조사된 통계자료를 그 기간 동안의 인플레션으로 보정하여야 경상수지가 된다.

그러나 이러한 자유 시장기능이 보장되기 위하여서는 인위적인 제한이 없을 뿐만 아니라 자연적인 천재지변도 없어야 가능할 것이다. 즉 인간의 생존을 시시각각 지배하는 식량(food)이나 공기(air) 및 생수(freshwater)가 예상하지 않는 재난이나 인위적인 제한으로 물자 유통이 차단된다면, 생존에 필요한 물자를 쉽게 구할 수 없어 물가(物價)가 급등하고, 나아가 소비자의 생존을 위협할 것이다.

특히 경쟁이 치열한 자유 시장 가격을 기준으로 하는 자본주의 사회에서는 수용과 공급으로 가격이 결정되기 때문에, 과학기술이 첨가된 원가절감이 필요하다. 즉 소비자가 지불하는 자유 시장가격은 자연에서 아무런 무료로 채취한 **1차 산업**이 공급한 원료를 가지고 가공한 **2차산업(제조업)**이 시장에서 유용한 재료를 제조(manufacture)한 다음, 이를 가지고, 시장에서 유익한 기계장치를 제작(fabrication)하고, 이를 소비자가 기다리고 있는 시장에 수송하여 분배(distribution)하는 **3차 산업**의 물질의 흐름구조를 가지고 있다. 따라서 상품을 구매하는 소비자가 지불하는 시장가격에는 [ 1차 산업의 원가와 이윤 및 세금 ] + [ 원료비 + 2차산업의 이윤과 세금 ] + [ 상품원가 + 3차산업의 수송비와 이윤 및 세금 ]이 포함되어야 각 산업에서 종사하고 있는 노동자나 사업자들이 생활에 필요한 돈을 벌 수 있기 때문에, 구하기 어려운 희귀 자원이거나 복잡한 가공으로 가공 단계가 증가하거나 또는 복잡한 유통으로 유통단계가 증가하면 할수록 소비자가 지불하는 시장가격은 상승한다.

따라서 동일한 제품을 생산하는 수많은 생산자는 단시간에 대량 생산하는 기계화를 시도하여 제조원가를 낮추어야 동종의 다른 기업보다 높은 이윤을 창출할 수 있고, 그 기업만 소유하고 있는 희귀한 첨단기술만이 희귀한 고가제품을 만들 수 있어야 고부가 가치를 생산하여 높은 이윤을 창출할 수 있다. 따라서 산업화가 진행될수록 생산자는 기계화와 자동화를 이루어 원가를 낮추고, 나아가 소비자의 호감을 사기위하여 과장 광고(廣告)까지 실시하여 시장가격을 상승시키고, 나아가 더 많은 전기에너지를 소비하는 구조로 추진되어 명품가격으로 에스컬레이션(escalation)되고 있다. 즉 정보 사회가 구성되면 될 수록, 비싼 전기에너지를 사용하여야 하기 때문에, 고가의 비싼 제품을 생산하여야 높은 이윤을 창출하여 높은 부가가치(value added)를 창출하는 시스템으로 발전하여 3차 산업이 발전하고, 이에 따라 서비스산업에 속하는 3차 산업 종사자가 증가하여 선진국에서는 총 인구의 2/3정도가 3차 산업에 종사하여 앞으로 상품의 가격체계에 문제가 발생하여 생존을 위한 노동자의 임금과 사업가의 이윤결정에 사회적 문제가 제기될 것이라고 한다. 즉 수보티나(T. P. Suobbotyna with K.A.Sheram, 2000, Beyond Economic Growth - Meeting the Challenges of Global Development, World Bank; 2007, http://www.worldbank.org/depweb/beyond/beyondco/beg_all.pdf)에 따르면, 지속가능한 사회개발을 위하여 제기되는 문제로 (1) What Is Development?, (2) ComparingLevels of Development, (3) World Population Growth, (4) Economic Growth Rates, (5) Income Inequality, (6) Poverty, (7) Education, (8) Health and Longevity, (9) Growth of the Service Sector, (10) Urbanization and Urban Air Pollution, (11) Public and Private Enterprises, (12) Globalization and International Trade, (13) Foreign Aid and Foreign Investment, (14) Economic Development and the Risk of Global Climate Change, (15) Composite Indicators of Development, (16) Indicators of Develop- ment Sustainability 등의 항목을 설정하여 서비스산업 종사 인구증가문제를 제기하였다.

특히 인구에 비하여 국토가 넓은 미국 등의 농업 국가들은 국가적 지속가능성을 유지하기 위하여 생존에 필수적인 에너지(energy)와 식량(food)을 생산하는 농업을 안보차원에서 보호 육성하여 현재에 이르고, 고도로 발전한 정보화 사회를 발전시켜 생산자와 소비자의 직거래와 국제무역을 위하여 거래의 객관성과 은행의 발전을 위하여 투명한 회계방법을 도입하여 사회적 불신을 없애가고 있다. 특히 투명사회를 유지해가고 있다.

한편 지속가능성 경제학을 연구해 온 워모스(A. Warmoth, 2001, Sustainable Community Economics: Basis Theory, 2007, http:/www.skaggs-island.org/sustainable/awsustainable.html)에 따르면, 상품을 소비하는 가계(家計: household)는 경제학적으로 소득(所得: income)과 지출(支出: expenditure)이 동일하고, 그의 용도가 〈그림 4.1-4〉에 나타낸 바와 같이 예금(預金)으로 저축(貯蓄: saving)된 돈이 투자(投資: investment)되어야 하는데, 부가가치를 창출하는 기업들은 투자를 위하여 은행으로부터 빌려 쓴 돈(資金: capital)에 이자(利子: interest)를 붙여 일정 기간 후에 상환(償還: payment)하기로

**소득(Income) = 지출(Expense)**

$$W + S + T = C + I + G$$

**W** (임금: Wages (income to the factors of production) = **C** (소비: Consumption(purchases)
According to Say's Law :
**S** (저축: Savings) = **I** (투자: Investment)
**T** (세금: Taxes) = **G** (정부지출: Government spending)

**〈그림 4.1-4〉** 거시 경제의 지속가능한 원리

(Source: A. Warmoth, 2001, Sustainable Community Economics: Basis Theory, 2007, http:/www.skaggs-island.org/sustainable/awsustainable.html)

약정하였기 때문에, 보다 많은 이윤(profit)을 위하여 보다 높은 시장 가격(market price)을 책정하게 된다. 따라서 기업이 투자한 사업에서 이자율 이상으로 이윤을 창출하지 못하면, 세계화된 경쟁에서 살아남을 수 없다고 한다. 따라서 이자율 이상의 이윤 창출을 기대하는 기업들은 규모의 경제성과 문어발식 확장으로 도시화를 유도하면서 전통사회의 가치가 무너지고 있기 때문에, 전통적인 고향 지역경제의 파탄을 예방하기 위하여서는 지역 내에서 합의된 기술수준에 따른 노동비와 이자 없는 물물 교환으로 통용될 수 있는 지역 화폐(local currency)개발이 필요하다고 한다. 이는 전통적인 품앗이와 같은 지역화폐가 될 것이다.

### (6) 목질 바이오메스(woody biomass) 제품과 관련 산업의 전망

따라서 통계청에서는 자유 시장에 출현하는 각종 상품의 거래와 제조 산업 및 직업을 체계적으로 분류 하여 분기별로 그의 변동을 반료하고 있다. 이때 국가 간의 상품거래는 WTO의 전신인 GATT의 CCCN No를 기준으로 개정한다. HS Code를 사용하고, 이들 제품을 생산하는 각종 산업과 사회적 직종(職種)은 다음과 같이 분류한다. 이때 현재 목재(木材: wood)를 원료로 사용한 각종 제품의 부가가치는 〈표 4.1-7〉에 나타낸 바와 같이 용도에 따라 다르고, 제조기술 수준에 따라 다르다.

**〈표 4.1-7〉** 목제품의 종류와 부가가치(Values of Various Wood Products per Ton Dry Wood)

| Energy | Ethanol | Kraft Pulp & Energy | Sulfite Pulp & Energy | Sulfite Pulp & Ethanol, LS | Lumber & Wood Chips |
|---|---|---|---|---|---|
| $ 160 | ■ $ 200 (gasification)<br>■ $ 110 (fermentation) | $ 390 | $ 440 | $ 580 | $ 700 |

(Source: L. Magdzinski, 2006, Fibers & Polymers From Lignocellulosic Sources; 2008, http://www.agrifoodforum.com/2006/presentations/AFIF06-06-Magdzinski.pdf)

#### (i) GATT의 상품분류표(CCCN No)

✸ CCCN Customs Cooperation Council Nomenclature(**관세협력이사회 명명규칙**)

내년(2009)부터 수출입통계의 기초가 되는 관세. 통계통합품목분류표(HSK)가 아래와 같이 대폭 개편되었다. 참고로, HS(Harmonized System)란 국가별, 산업별, 경제권역별로 상이한 상품분류체계를 사용함으로써 야기되는 국제무역의 저해요인을 제거하기 위하여 CCC(Customs Cooperation Council, 관세협력이사회)가 주관이 되어 미국의 관세율 표(TSUSA), 캐나다의 관세율 표(CTS), 중국의 관세율표 등을 참작하여 CCCN(Customs Cooperation Council Nomenclature, 관세협력이사회 품목분류)에 각국의 관세율 표를 조화시켜 상품분류체계의 세계적인 일원화를 위해 제정한 통일된 상품분류제도로서 이를 국제통일상품분류시스템(Harmonized

Commodity Description and Coding System)이라고 하며, 약칭으로 조화제도(HS)라 한다.

HS는 1983년 6월 국제협약으로 채택되어 1988년 1월 1일부터 우리나라(Harmonized System of Korea, HSK)를 포함한 범세계적으로 시행되고 있는 분류체계로서, 무역상품이 하나의 상품 분류체계구역에서 다른 분류체계구역으로 이동할 때마다[예) 통관단계 → 육·해·공의 운송단계 → 보험 → 창고·항만의 보관단계 등] 별개 품목분류를 하는데 소요되는 시간과 노력을 대폭 절감하고 국제적 데이터 전송의 가능과 무역서식 표준화에 많은 기여를 하고 있다.

HS는 국제협약이 체결돼 이후 협약 개정에 따라 1992년, 1996년, 2002년, 2007년 등 약 5년을 주기로 개편되었으며, HSK는 국내 정책적 필요에 의해 1999년, 2000년, 2003년에도 각각 소폭의 조정이 이루어진 바 있다.

**<Commodity Classification: Harmonized System Codes (HS Code)>**

01-05 Animal & Animal Products
06-15 Vegetable Products
16-24 Foodstuffs
25-27 Mineral Products
28-38 Chemicals & Allied Industries
39-40 Plastics / Rubbers
41-43 Raw Hides, Skins, Leather, & Furs
44-49 Wood & Wood Products
50-63 Textiles
64-67 Footwear / Headgear
68-71 Stone / Glass
72-83 Metals
84-85 Machinery / Electrical
86-89 Transportation
90-97 Miscellaneous
98-99 Service

---

**44 WOOD & ARTICLES OF WOOD, WOOD CHARCOAL**

4401 fuel wood in logs etc, wood in chips, etc.
4402 wood charcoal, whether or not agglomerated
4403 wood in the rough, stripped or not of sapwood etc
4404 hoopwood, split poles, pickets and stakes etc
4405 wood wool (excelsior), wood flour
4406 railway or tramway sleepers (cross-ties) of wood
4407 wood sawn or chipped length, sliced etc, ov6mm thick
4408 veneer sheets etc, not over 6 mm thick
4409 wood, continuously shaped (tongued, grooved etc.)
4410 particle board & similar board of wood etc.

4411 fiberboard of wood or other ligneous materials
4412 plywood, veneered panels & similar laminated wood
4413 densified wood blocks/plates/strips/profile shapes
4414 wooden frames paintings, photographs, mirrors, etc
4415 packing cases etc of wood, pallets etc of wood
4416 casks, barrels, vats, etc. and parts, of wood
4417 tools, tool & broom bodies etc shoe last/trees wood
4418 builders' joinery and carpentry of wood
4419 tableware and kitchenware, of wood
4420 wood marquetry etc, jewel case etc & wood furn nesoi
4421 articles of wood, nesoi

**45 CORK & ARTICLES OF CORK**
4501 natural cork, raw or simply prep, waste cork etc.
4502 natural cork deback/rgh sqd in blocks/sheets/strips
4503 articles of natural cork
4504 agglomerated cork and articles thereof

**46 MANU. OF STRAW, ESPARTO, OR OTHER PLAITING MATERIALS, BASKETWARE AND WICKERWORK**
4601 plaits etc & products of plaiting materials
4602 basketwork, wickerwork of plaits etc, loofa article

**47 PULP OF WOOD, WASTE & SCRAP OF PAPER**
4701 mechanical woodpulp
4702 chemical woodpulp, dissolving grades
4703 chemical woodpulp, soda or sulfate, not dissoly gr
4704 chemical woodpulp, sulfite, not dissolving grades
4705 semichemical woodpulp
4706 pulps of fiberous cellulosic material nesoi
4707 waste and scrap of paper or paperboard

**48 PAPER & PAPERBOARD, ARTICLES OF PAPER PULP**
4801 newsprint, in rolls or sheets
4802 paper, uncoat, for writing etc, rolls, handmade paper
4803 toilet etc household/santry stock ppr roll/sheet ov 36cm
4804 kraft paper & paperboard, uncoat nesoi, rolls etc
4805 paper & paperboard, uncoat, nesoi, rolls or sheets
4806 veg parchment, greaseproof papers etc, rolls etc
4807 composite paper & paperboard, no surf coat, roll etc
4808 paper and paperboard, corrugated etc, rolls etc
4809 paper, carbon, self copy etc, rolls etc ov 36 cm w

4810 paper & paperboard, coated with kaolin etc, roll etc
4811 paper, paperboard, wad etc, coat etc nesoi, roll etc
4812 filter blocks, slabs and plates, of paper pulp
4813 cigarette paper, cut to size etc or not
4814 wallpaper etc., window transparencies of paper
4815 floor coverings, paper/paperboard base w/n cut to size
4816 paper, carbon, self-copy etc nesoi, boxed or not
4817 envelopes, postcards etc & boxes etc of stationery
4818 toilet paper, paper tissues, towels, napkins etc
4819 cartons etc paper, office box files etc, paper etc
4820 registers, notebooks, binders, bus forms etc, paper
4821 labels of paper or paperboard, printed or not
4822 bobbins, spools etc. of pap pulp, paper & paperboard
4823 paper, paperboard, cellulose wad to size & arts nesoi

**49 PRINTED BOOKS, NEWSPAPERS, PICTURES, MANUSCRIPTS, TYPESCRIPTS & PLANS**
4901 books, brochures & similar printed matter
4902 newspapers, journals & periodicals
4903 children's picture, drawing or coloring books
4904 music, printed or in manuscript, bound etc or not
4905 maps & hydrographic charts etc, atlases etc
4906 plans, drawings for architectural, etc purposes
4907 unused postage, check forms, banknotes, stock, etc
4908 transfers (decalcomanias, except toy)
4909 printed or illust post cards, greeting cards, etc.
4910 calendars, calendar blocks of any kind, printed
4911 printed matter nesoi, incl print pictures & photos

---

(ii) 한국 산업분류표

A 농업, 임업 및 어업
- 01 농업
- 02 임업
- 03 어업

B 광업
- 05 석탄, 원유 및 천연가스 광업
- 06 금속 광업
- 07 비금속광물 광업; 연료용 제외
- 08 광업 지원 서비스업

C 제조업
- 10 식료품 제조업
- 11 음료 제조업

12 담배 제조업
13 섬유제품 제조업; 의복제외
14 의복, 의복액세서리 및 모피제품 제조업
15 가죽, 가방 및 신발 제조업
16 목재 및 나무제품 제조업; 가구제외
17 펄프, 종이 및 종이제품 제조업
18 인쇄 및 기록매체 복제업
19 코크스, 연탄 및 석유정제품 제조업
20 화학물질 및 화학제품 제조업; 의약품 제외
21 의료용 물질 및 의약품 제조업
22 고무제품 및 플라스틱제품 제조업
23 비금속 광물제품 제조업
24 1차 금속 제조업
25 금속가공제품 제조업; 기계 및 가구 제외
26 전자부품, 컴퓨터, 영상, 음향 및 통신장비 제조업
27 의료, 정밀, 광학기기 및 시계 제조업
28 전기 장비 제조업
29 기타 기계 및 장비 제조업
30 자동차 및 트레일러 제조업
31 기타 운송장비 제조업
32 가구 제조업
33 기타 제품 제조업

**D 전기, 가스, 증기 및 수도 사업**

35 전기, 가스, 증기 및 공기조절 공급업
36 수도 사업

**E 하수 · 폐기물 처리, 원료재생 및 환경 복원업**

37 하수, 폐수 및 분뇨 처리업
38 폐기물 수집운반, 처리 및 원료재생업
39 환경 정화 및 복원업

**F 건설업**

41 종합 건설업
42 전문직별 공사업

**G 도매 및 소매업**

45 자동차 및 부품 판매업
46 도매 및 상품중개업
47 소매업; 자동차 제외

**H 운수업**

49 육상운송 및 파이프라인 운송업
50 수상 운송업
51 항공 운송업
52 창고 및 운송관련 서비스업

**I 숙박 및 음식점업**
55 숙박업
56 음식점 및 주점업
**J 출판, 영상, 방송통신 및 정보서비스업**
58 출판업
59 영상·오디오 기록물 제작 및 배급업
60 방송업
61 통신업
62 컴퓨터 프로그래밍, 시스템 통합 및 관리업
63 정보서비스업
**K 금융 및 보험업**
64 금융업
65 보험 및 연금업
66 금융 및 보험 관련 서비스업
**L 부동산업 및 임대업**
68 부동산업
69 임대업; 부동산 제외
**M 전문, 과학 및 기술 서비스업**
70 연구 개발업
71 전문서비스업
72 건축기술, 엔지니어링 및 기타 과학기술 서비스업
73 기타 전문, 과학 및 기술 서비스업
**N 사업시설관리 및 사업지원 서비스업**
74 사업시설 관리 및 조경 서비스업
75 사업지원 서비스업
**O 공공행정, 국방 및 사회보장 행정**
84 공공행정, 국방 및 사회보장 행정
**P 교육 서비스업**
85 교육 서비스업
**Q 보건 업 및 사회복지 서비스업**
86 보건업
87 사회복지 서비스업
**R 예술, 스포츠 및 여가관련 서비스업**
90 창작, 예술 및 여가관련 서비스업
91 스포츠 및 오락관련 서비스업
**S 협회 및 단체, 수리 및 기타 개인 서비스업**
94 협회 및 단체
95 수리업
96 기타 개인 서비스업
**T 가구내 고용활동 및 달리 분류되지 않은 자가소비 생산 활동**
97 가구내 고용활동
98 달리 분류되지 않은 자가소비를 위한 가구의 재화 및 서비스 생산 활동

**U 국제 및 외국기관**
99 국제 및 외국기관

---

**16 목재 및 나무제품 제조업 ; 가구제외**
161 제재 및 목재 가공업
1610 제재 및 목재 가공업
16101 일반 제재업
16102 표면가공목재 및 특정 목적용 제재목 제조업
16103 목재 보존, 방부처리, 도장 및 유사 처리업
162 나무제품 제조업
1621 박판, 합판 및 강화목제품 제조업
16211 박판, 합판 및 유사 적층판 제조업
16212 강화 및 재생 목재 제조업
1622 건축용 나무제품 제조업
16221 목재문 및 관련제품 제조업
16229 기타 건축용 나무제품 제조업
1623 목재 상자, 드럼 및 적재판 제조업
16231 목재 깔판류 및 기타 적재판 제조업
16232 목재 포장용 상자, 드럼 및 유사용기 제조업
1629 기타 나무제품 제조업
16291 목재 도구 및 기구 제조업
16292 주방용 및 식탁용 목제품 제조업
16293 장식용 목제품 제조업
16299 그 외 기타 나무제품 제조업
163 코르크 및 조물 제품 제조업
1630 코르크 및 조물 제품 제조업
16301 코르크 제품 제조업
16302 돗자리 및 기타 조물제품 제조업

---

**17 펄프, 종이 및 종이제품 제조업**
171 펄프, 종이 및 판지 제조업
1711 펄프 제조업
17110 펄프 제조업
1712 종이 및 판지 제조업
17121 신문용지 제조업
17122 인쇄용 및 필기용 원지 제조업
17123 크라프트지 및 상자용 판지 제조업
17124 적층, 합성 및 특수표면처리 종이 제조업
17129 기타 종이 및 판지 제조업
172 골판지, 종이 상자 및 종이 용기 제조업
1721 골판지 및 골판지상자 제조업
17210 골판지 및 골판지상자 제조업

1722 종이포대, 판지상자 및 종이용기 제조업
17221 종이 포대 및 가방 제조업
17222 판지 상자 및 용기 제조업
17223 식품 위생용 종이 상자 및 용기 제조업
17229 기타 종이 상자 및 용기 제조업
179 기타 종이 및 판지 제품 제조업
1790 기타 종이 및 판지 제품 제조업
17901 문구용 종이제품 제조업
17902 위생용 종이제품 제조업
17903 벽지 및 장판지 제조업
17909 그 외 기타 종이 및 판지 제품 제조업

---

**32 가구 제조업**
320 가구 제조업
3201 침대 및 내장가구 제조업
32011 운송장비용 의자 제조업
32012 매트리스 및 침대 제조업
32019 소파 및 기타 내장가구 제조업
3202 목재가구 제조업
32021 주방용 및 음식점용 목재가구 제조업
32022 나전칠기가구 제조업
32029 기타 목재가구 제조업
3209 기타 가구 제조업
32091 금속 가구 제조업
32099 그 외 기타 가구 제조업

---

## 4.2. 석유 자원 고갈과 경제·사회적 문제

### (1) 성장의 한계(Limit to Growth)와 석유시대 이후 문제

화이트헤드(J. R. Whitehead, 2000, http://www.cacor.ca/corhis.html)에 따르면 1970년 출범한 로마클럽에서 근무 할 때, 많은 과학자들은 "세계 인구가 1960년대에 이미 지속 가능한 수준을 넘었기 때문에, 세계정치가들이 상호 협조하여 인구 증가속도를 늦추도록 설득하기도 하였지만, 기존의 국제기구들이 너무 관료적이기 때문에, 인구증가 속도를 늦출 수 없다"는 판단에 따라 지구촌의 문제를 별도로 분석하여 해결점을 찾기로 결의하고, 로마클럽의 지원으로 연구계획서를 공모하여 1972년 매도스(D. Meadows)가 "성장의 한계(The Limit to Growth)"를 출판하여 지구촌의 자원과 인구 및 소비량관계를 처음으로 밝혀 지구촌 문제점을 제기하고, 이어서 페스텔(E. P. Pestel)과 메사로비치(M. Mesarovic)의 "전환점의 인류(Mankind at the Turning-Point)"(1974), 캐나다 IDRC의 "재앙 아니면 새로운 사회(Catastrophe or New Society)" (1976), 틴버젠(J. Tinbergen)의 "국제질서 재구성(Reshaping the International Order)"(1976) 등을 매년 지속적으로 출판하였다고 한다.

또한 한슨(J. Hansen, 2000, http://www.dieoff.org/)에 따르면 매도스 등(D. Meadows, et al)이 1992년에 발표한 "성장의 한계 이후(Beyond Limits)"에서는 석유 채굴량이 〈그림 4.2-1(A)〉과 같이 2000년대 초반에 1일 생산량이 1일 수요량을 미달할 것으로 예측하고, 이러한 추세가 지속되면, 〈그림 4.2-1(B)〉에 나타낸 바와 같이 석유고갈이 식량생산을 감소시켜, 결국에는 인구를 감소시키는 경제사회적 문제들이 발생할 것으로 예측하였다.

즉

"① 지속적인 인구증가로 현재 60억에 달하나 인구과잉도가 2~3배인데도 불구하고,

② 전자산업의 급속한 발전으로 많은 Entropy를 발생하여 전환효율이 20~30%에 불과한 전기에너지 소비가 급증하고,

③ 석유채굴에 소비한 에너지가 생산된 석유에 함유된 에너지를 초과하고 있으며,

④ 에너지 생산을 위하여 소비하는 석유량이 **2000~2005년경**에 석유 채굴량을 초과하여 석유가격이 급상승하고,

⑤ 농약과 비료 및 연료를 포함하여 석유계 에너지 비용이 90%를 점유하는 식량은 석유값 상승으로 원가를 상승시켜 식량생산 농업이 도산될 것이며,

⑥ 식량부족으로 야기되는 기아와 기근으로 환경 병이 만연하여 전쟁과 분쟁이 발생하여 인간 살상(democide)이 증가할 것이다.

⑦ 따라서 인권이 보장되는 자유 민주주의를 평화롭게 유지하려면 편중 분포된 석유자원을 대체하는 재생가능 에너지, 특히 태양에너지자원 개발이 시급하며,

⑧ 태양에너지를 비축한 바이오 에너지(bioenergy)자원의 개발이 시급히 추진되어야 현재와 같은 평화가 지속 가능할 것이다.

⑨ 나아가 환경자원을 소비하는 과도한 인구를 1/3로 감축시켜 환경자원의 수용 능력 범위 내로 감소시키기 위하여서는 산아제한을 지속적으로 200년 정도 실시하여 인구감소를 유도하는 여성 교육을 강화하여야 살아남은 후손의 인권이 보장되는 지속 가능한 환경이 조성되어야 지속 가능한 개발도 가능할 것이다"라고 예측하였다.

또한 던칸과 영퀴스트(R. C. Duncan & W. Youngquist, 1997, The world Petroleum Life-Cycle, 2000, http://www.dieoff.org/page133.htm) 및 영퀴스트(W. Youngquist, 1999, Post-Petroleum Paradigm and Population, 2002, http://www.dieoff.org/page171.htm)에 따르면 1998년 세계 석유생산량은 26.60 Gb/yr에 달하나 세계 석유 최대생산이 가능한 시기는 **2006년**이라고 추정하고, 캄벨(Campbell, 1997, The Coming Oil Crisis, 2000,

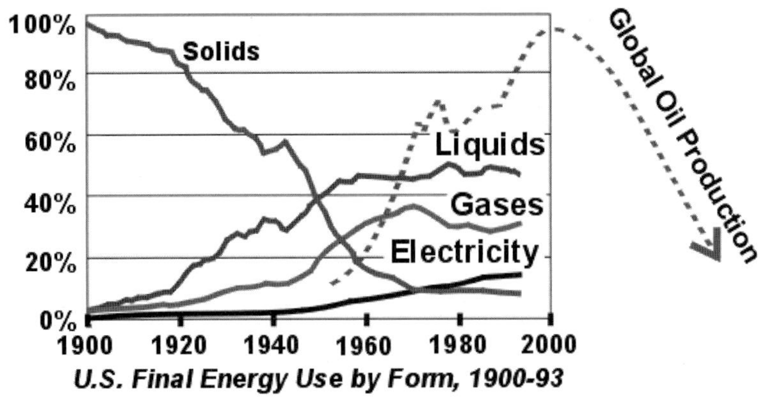


<A> 미국의 에너지 소비구조 변화

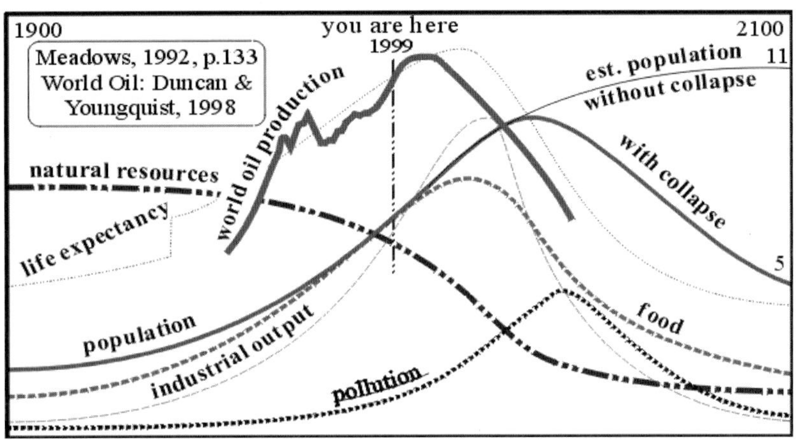


BEYOND THE LIMITS, Meadows, et al.;Chelsea Green Publishing Company, 1992. ISBN 0-930031-62-8. Phone: 800-639-4099 or 603-448-0317; FAX: 603-448-2576

<B> 예측되는 석유 고갈과 인구 문제

**〈그림 4.2-1〉** 예측된 석유고갈시기와 인구문제

http://www.dieoff.org/page131.html)은 2003년, 에드워드(Edwards, 1997)는 2020년, 국제 에너지처(International Energy Agency, 1998)는 2010년~2020년이 최고치에 이를 것으로 예측하고 있다. 따라서 대부분의 석유자원 학자들은 21세기 초반에 영구적인 석유 파동이 시작될 것임을 예고하고 있다.

특히 던칸(R. C. Duncan, 1996, The Olduvai Theory: Sliding towards a post-Industrial Stone Age, 2000, http://www.dieoff.org/page125.htm)은 지구촌의 제한된 에너지가 과잉의 인구증가를 감당하지 못하여 21세기의 인류미래는 〈그림 4.2-2〉와 같이 매우 암담함을 예측하고 있다. 즉 연간 평균 1인당 에너지소비량을 기준으로 산업문명의 기대수명을 측정한 결과 산업문명의 수명이 100년

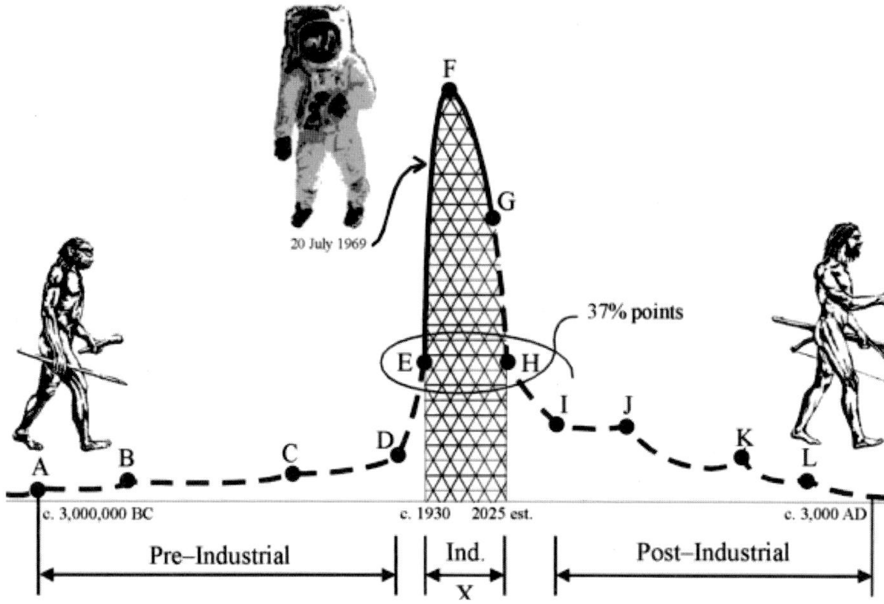


1. **Pre-Industrial Phase [c. 3,000,000 BC to 1765]**
   A = Tool making begins (c. 3,000,000 BC)
   B = Fire use begins (c. 1,000,000 BC)
   C = Neolithic Agricultural Revolution (c. 8,000 BC)
   D = Watt's steam engine, 1765
   Interval D-E is a transition period.
2. **Industrial Phase [1930 to 2025, estimated]**
   E = Industrial Civilization is defined to begin in 1930 when the leading-edge value of energy-use per person reached 37% of its peak value.
   F = Peak of Industrial Civilization, c. 1978: confirmed by historic data published by BP, IEA, USCB, UN, etc.
   G = World average energy-use per person continues to fall, 1996
   H = Industrial Civilization is defined to end when energy-use per person shrinks to 37% of its peak value, forecast to occur by 2025. Life-expectancy (X) is estimated to be less than 100 years.
   Interval H-I is a transition period.
3. **Post-Industrial Phase [c. 2100 and beyond]**
   J, K, and L = Recurring future attempts at industrialization fail.

**〈그림 4.2-2〉** 던칸의 미래 예측

(Source: R. C. Duncan, 1996, The Olduvai Theory: Sliding towards a post-Industrial Stone Age, 2000, http://www.dieoff.org/page125.htm)

이하로서 2030년경에 1930년 수준의 생활로 퇴조하고, 인구조절이 없으면 동굴에서 나온 인간이 에너지 다소비의 우주시대를 지나 다시 에너지 고갈로 인하여 동굴 속으로 되돌아간다는 것이다. 이때 인용된 올두바이는 올두바이 협곡(Olduvai Gorge)에서 따온 것으로서 툴렌대학(Tulane University, 2002, http://studentweb.tulane.edu/~cflicke/Olduvai.htm)에 따르면 올두바이 협곡은 탄자니아 북쪽 동 세렝게티 평원(Serengeti Plains)에 위치한 곳으로서 210만 연전부터 15,000년 전까지 살다가 소멸한 수렵인의 유골이 각 지층에서 각 시대별로 다량 발견되는 구석기 문화 유적지라고 한다. 즉 인구 감축을 야기하는 환경재난이 발생할 것을 예견하는 상황이다.

### (2) 석유 고갈과 대체 에너지 개발 문제

또한 트레이너(T. Trainer, 1997, The Death of the Oil Economy, http://www.dieoff.org/page116.html; 1999, Exploring Energy Solutions for Industrial Society, Energy & Environment, vol.10, No.3: 293~304)에 따르면 세계 석유생산과 공급이 연간 최대가 되는 시기는 빠르면 2000년에 이르고, 2025년에는 최대치의 절반으로 감소할 것으로 예측하여 2000년부터는 석유 값이 영구적으로 크게 상승할 것이라는 결론이었다. 따라서 그는

① 세계인구가 110억 명이 되는 2060년에 모든 인구가 호주 시민만큼 에너지를 소비한다면 세계 석유 생산량이 지금보다 30배까지 증가하여야 할 것이며,

② 석유산업의 자원 발견 율이 급격히 떨어져 매년 230억 배럴을 소비하고 있으나 발견량은 연간 70억 배럴 정도뿐이므로 2005년 이후에는 1 배럴의 석유를 발견. 채굴하는데 소비된 에너지가 1 배럴을 초과할 것이며,

③ 천연가스자원도 석유와 같이 제한된 자원이지만 최근 가스 사용량이 연간 9%씩 증가하고 있으며,

④ 원자력에너지로 110억 명의 인구를 세계 1등 시민의 생활수준으로 만드는 데는 100만 톤의 플루토늄(Plutonium: Pu)을 사용하는 핵발전소가 25만개 필요하며,

⑤ 핵 융합발전이 가능하다하여도 우리가 이미 당면하고 있는 현재의 지구 온난화를 훨씬 더 악화시키고, 110억 명의 윤택한 인구에게 공급하는 에너지 자원으로는 2030년에 가능할 것이라고 한다.

⑥ 따라서 그는 가능한 한 신속히 재생 가능한 에너지자원으로 전환하여야 하는 것은 의문의 여지가 없으나 어떤 청정에너지(Clean Energy)라도 모든 국민에게 자본주의적인 집중적 생활양식을 강요할 수는 없다. 즉 세계 무역의 수송 함대에게 연료를 공급할 충분한 식물자원이 없다. 만일 110억 명에게 부유 국이 이용하는 자동차를 공급한다면 지금보다 10배 이상의 수송용 연료가 필요할 것이다.

⑦ 그러나 석유 대체에너지 자원으로 등장한 풍력발전은 현 세계 전기 에너지 수요량의 5~30% 이상을 감당하지 못 할 것이며,

⑧ 북유럽의 겨울철 에너지 수요를 사하라 사막에 설치한 태양열 집광기를 이용하여 공급한다는 것도 에너지 전환과 수송과정에서 수집된 에너지의 90% 이상이 소실된다는 것을 알지 못하고 있으며,

⑨ 세계 1등 시민이 생태학적 기준으로 그들이 사용한 에너지 생산에서 발생한 모든 탄산가스를 흡수 고정하려면 생존에 필요한 식품과 식수, 주택과 공산품을 생산하는데 필요한 생산 농경지가 1인당 4.5ha가 필요하다. 따라서 2060년에 110억 명의 인구가 호주 시드니 수준으로 살기 위하여서는 생산농경지가 총 500억 ha가 필요하나 이는 지구촌 농경지의 6배에 해당되며,

⑩ 만일 2060년까지 세계인구가 경제적으로 공평해지기 위하여 연간 경제 성장률을 3% 유지하더라도 세계 경제는 현재보다 80배나 많은 것을 생산하여야 한다.

⑪ 더욱이 성장의 한계라는 주제가 학자들 사이에서 30년 이상 논의되었으나 매스컴은 이를 도외시하였다.

⑫ 따라서 우리는 이제 널리 퍼진 경쟁적인 성장경제 모델을 제거하고, 반대로 협력과 참여 및 조정을 강조하는 간단한 경제체제를 채용하여야 한다, 무엇보다도 우리는 안정적 성장이나 제로(zero) 성장의 경제로 이동하여야 한다. 후손에게까지 물려 줄 수 있는 지속 가능한 개발에 필수적인 새로운 정착촌 개발에 선구적인 것으로는 지구촌의 생태마을(Eco-Village) 운동이 있다고 한다.

결국은 현재 사용하고 있는 석유만큼 편리하고, 경제적인 고밀도의 대체 에너지 자원이 없기 때문에 대체에너지 개발도 용이하지 않다. 따라서 환경단체와 과학자들은 환경 친화적인 석유 대체에너지 자원으로 태양 에너지를 직·간접으로 이용하는 태양열 주택, 태양광 전지, 태양열 발전, 풍력발전, 수력발전, 해양에너지인 조력발전과 파력발전 및 심해 온도차 발전 그리고 녹색식물을 이용한 바이오메스 생산과 에너지화 등에 대하여 연구가 집중되고 있다.

### (3) 석유 고갈과 식량 생산문제

특히 중국과 미국을 비교한 피멘텔(D. Pimmentel, 1991, Land, Energy and Water: The Con- straints governing Ideal U. S. Population Size; http://www.dieoff.org/page136.html)에 따르면 미국은 1인당 0.6ha의 농경지와 1.3ha의 목야지 및 1.3ha의 산림 지를 합하여 3.2ha의 국토를 소유한 셈이나 중국은 p.1ha의 농경지와 o.3ha의 목야지 및 0.1ha의 산림지로 1인당 0.5ha의 국토를 소유하고 있어 6.4배 많으나 1인당 자원 소비량은 중국의 47배에 달하고, 식량을 생사하는 농업 노동은 미국이 ha당 10시간 일하는데 반하여 중국은 1200시간 작업한다고 한다. 그러나 현재 미국은 1kcal의 식량을 생산하는데 3kcal에 달하는 화석연료를 사용하고, 농업용수는 지표수 외에도 지하수를 보충량보다 25% 이상을 소비하여 고갈되고 있는 상태이므로 유기폐기물 재활용과 화학오염물질 분해 및 용수와 토양정화에 필수적이면서 농업과 임업용 유전자 보고인 생태계 보존이 필수적

이므로 화석연료를 태양에너지로 전환시켜야 한다고 하였다.

또한 그(D. Pimentel, 1994, Food, Population and the U. S. Economy, 2000, http://www.dieoff.org/page55.html)는 미국경제에서 국토와 식량 및 인구의 상호의존성을 분석하면서 농업은 1인당 다양한 식물 및 동물성 식품을 생산하는데 소요된 최소한의 농경지가 0.5ha/capita로서 미국은 0.7ha/capita인데 반해 세계 평균은 0.27ha/capita로 낮고, 미국 농업에서 옥수수 1 kg을 생산하는데 필요한 생수 1,400L중 중국은 69%를 소비하고 있으며, 1 kcal의 농산물을 생산하는데 필요한 농사용 화학비료와 관계배수 및 농약과 농기계 및 연료만을 포함하여 소비된 화석연료가 0.7kcal에 달하고, 일본은 3.3 kcal의 에너지를 소비한다고 한다.

즉 생존에 필요한 식량을 생산하는 농업에서도 화석연료가 점유하는 에너지가 70%에 이르러 석유의존도가 매우 높기 때문에 석유 자원 고갈은 선진국 산업에 에너지 부족을 초래하여 경제활동이 위축시킬 뿐만 아니라 농업 생산성도 저하시켜 기아와 기근발생을 증가시키고, 전염병 발생이 증가할 것으로 우려되어 인권 차원에서라도 식량자급을 위하여 생명공학과 유전자 공학적 기법을 시급히 발전시켜야 한다고 한다.

전술한 트레이너(T. Trainer, 1997, The Death of the Oil Economy, 2000, http://www.dieoff.org/age116.html)에 따르면 과거의 전문가들이 예측한 2025년을 정점으로 석유가 고갈될 것이라는 예측은 제 3세계의 석유 소비 증가율 예측이 빗나간 것으로 2005년에는 1 바렐(barrel)의 석유를 발견하여 채굴하는데 소비된 에너지가 채굴된 1 바렐의 석유에 함유된 에너지양을 초과하기 때문에 그 후부터는 경제성이 없어 석유 값이 상승할 것으로 예측하고, 바이오 메스로 대체할 경우 세계 일등 시민이 현재 수준의 식량과 식수, 주택과 공산품을 생산하는데 필요한 에너지를 생산하면서 동시에 발생한 탄산가스를 광합성으로 모두 고정시키는데 필요한 생산성 농경지는 1인당 4.5ha/capita가 필요하다고 한다. 따라서 이러한 생태학적 기준을 호주에 적용하면 시드니의 현 인구가 살아가려면 생산성 농경지를 현재보다 35배나 많이 확보하여야 한다고 한다.

따라서 농업용 에너지 자원인 비료와 농약 및 기계장치 운전에 필요한 총 에너지의 70% 이상이 석유계 연료에서 생산되고, 수입 에너지이고, 현재 필요한 에너지를 석유수입으로 공급하기 때문에 현재 옥수수 수확량이 에이커 당 130 bushel/acre정도이나 석유 고갈 시는 30 bushel/acre로 저하되고, 콩과 식물의 질소고정 작용마저 없다면 16 bushel/acre로 저하될 것으로 예측하고 있다.

즉 아젠다 21이 추구하는 지속 가능한 사회개발을 위하여서는 공업에 필요한 에너지를 제외하더라도 생존에 필요한 식량 생산 방법을 환경 친화적으로 전환하고, 에너지원도 자급 에너지로 전환하여야 석유의존에서 벗어날 수 있을 것이다.

## 4.3. 화석연료 소각과 대기오염 문제

### => 대기 중의 산소($O_2$) 농도와 인간건강 및 온실가스(GHG)문제

#### (1) 대기 중 산소($O_2$) 농도와 인간의 건강(Health) 관계

앞에서 인용한 바와 같이 대기 오염물질의 영향을 연구한 골드스미스와 프리버그(J. R. Goldsmith & L. T. Friberg, 1977, Effect of Air Pollution on Human Health, in Air Pollution, 3rd ed. by A. C. Stern, Vol. II, Academic Press, p. 458)에 따르면 인간은 먹지 않고 5주를 살 수 있고, 마시지 않고 5일을 살 수 있지만 공기($O_2$) 없이는 5분도 살지 못 한다 (A man can live for **5 weeks** without **food,** for **5 days** without **water,** but for only **5 minutes** without **air** (oxygen)). 따라서 인간은 생존을 위하여 잠시도 중단할 수 없는 것이 대기 중의 산소농도를 현재와 같이 21%로 유지하는 것임을 보여주고 있다. 즉 인간의 모든 활동에 필요한 에너지를 얻기 위하여서는 인간이 흡수한 영양분이나 산업용 연료라도 화학적으로 산화 분해시켜야 에너지가 발생하기 때문에, 산소(Oxygen: $O_2$)가 필요하다. 특히 모든 생명체는 필요한 에너지를 얻기 위하여 섭취한 모든 영양분을 이용하는 데는 호흡으로 공급된 대기 중의 산소를 이용하여 영양분을 산화 분해시켜야 에너지를 얻을 수 있기 때문에, 현재의 인간 생활을 지속적으로 유지하기 위하여서는 대기 중의 산소농도를 21%로 유지는 것이 필수적이다.

현대 가정 의학 백과(1982, 동아출판사)에 따르면 일반적으로 성인남자가 500mL의 허파로 1분에 16회 호흡하고, 들어 마실 때 공기 조성은 [78%v$N_2$ + 20%v$O_2$ + 1%vAr + 0.03%v$CO_2$] 인데 반해 내 뱉을 때의 공기조성은 [78%v$N_2$ + 16%v$O_2$ + 1%vAr + 4.03%v$CO_2$]이라고 하므로 1분당 8L/min의 신선한 공기가 필요한 셈이다. 그리고 매시 매초 마셔야 하는 신선한 공기는 1인당 하루에 11.5㎥이 필요한 셈이다.

그러나 공기 중의 산소농도가 18%$O_2$ 이하이면 보건 위생산 위험하고, 탄산가스농도가 1.5% 이상이면 노동과 산업 안전 및 위생상 출입을 금지하여야 하며, 일반적으로 공기 내 탄산가스 농도가 0.1% (1,000ppm) 이하이어야 하며, 3% 이상이면 여러 가지 중독현상이 나타난다고 한다.

특히 오투테크(주)(2003, http://o2tech.co.kr/sub2_2.html)에 따르면, 산소는 무색, 무취, 무미의 기체로서 물과 알코올에 잘 녹으나 산소자체는 가연성이 아니며, 다른 물체의 연소를 돕는 원인물질로서, 32억 년 전에는 자외선을 차단해 주는 오존층이 없었기 때문에 생명체가 살지 못했으나 물은 자외선을 차단해 생물을 보호해줄 수 있었기 때문에 물속에서 광합성을 할 수 있는 엽록소를 지닌 생명체가 산소를 만들기 시작했으며, 대기 중에 산소가 증가하여 약 8억 년 전부터 오존층이 생기기 시작하여 식물이 급격히 증가하게 되었으며, 이와 함께 공기 중의 산소 양도 급속도로 늘어났다.

즉 모든 식물의 푸른 잎은 엽록소를 통하여 대기 중에서 흡수한 이산화탄소와 뿌리에서 흡수된 물을 이용하여 태양 에너지를 이용하여 탄소 동화작용을 하는데 이때 나무는 부수적으로 산소를 만들어 내게 되고, 보통 큰 나무 한 그루가 두 사람이 하루 동안 숨 쉬는데 필요한 양보다 조금 더 많은 산소를 공급한다고 한다. 이처럼 식물이 매년 대기 속으로 방출하는 산소의 총량은 대략 2천억ton에 달한다.

그러나 산소는 동식물의 호흡뿐만 아니라 연료를 소각시킬 때도 소비되고, 여러 가지 화학반응에 참여하기 때문에, 현재 대기 중의 중량함량이 23%정도에서 일정하게 유지되고 있다. 만일 이러한 산소의 함량이 대기 중에서 변화하면 지구의 생태계는 예측하기 어려운 변화가 일어날지도 모른다.

따라서 우리는 부지런히 나무를 심고 가꾸어 「산소 제조공장」이 줄지 않도록 노력해야 할 것이다. 지금처럼 석탄, 석유 같은 화석연료 소비가 계속 늘어난다면 대기권의 산소는 앞으로 1만년 정도밖에 사용할 수 없다고 추측하는 학자들도 있다고 한다.

반면 인간의 건강을 위한 적절한 산소농도는 (i) 대기의 20.9%를 차지하는 산소는 조금만 적어도 몸에 이상을 끼친다. 일부 저명한 미국과 일본의 의학자들은 모든 질병의 원인이 '산소 결핍증'에서부터 비롯된다고 주장하기도 하고, (ii) 대기 중 산소 농도가 4% 이하이면 4분 안에 즉시 사망하고 19~20%에서는 가슴이 답답한 느낌을 떨칠 수 없으며 두통 식욕부진 구토 등의 증세가 동반되며, (iii) 체내 산소 수급에 가장 민감한 부분은 뇌세포로서 산소 공급이 부족하면 인지 능력이 떨어지고 태아의 경우 저능아나 기형아가 될 가능성도 있고, 에어컨이 켜진 사무실이나 차 속에 오래 머물러 있을 때 머리가 무거워지는 것도 산소 부족 탓이며, (iv) 산소농도가 21%를 넘어서면 상황은 반전된다. 30%까지는 산소농도 증가에 따라 비례적으로 운동 능력도 향상되고, (v) 산소발생기에 의해 순도 80%의 산소가 방 안에 주입돼 실내 공기와 섞이면 대략 35~50%의 산소 농도가 되어 호흡이 원활해지고, 단 시간 내에 피로가 가시는 효과를 얻을 수 있으며, (vi) 그러나 65%를 초과하면 산소중독증이 나타나 세포가 과다 산소로 인해 피해를 입게 되며, (vii) 먹는 물에도 산소 농도가 큰 영향을 미친다. 산소가 충분히 녹아 있는 물은 맛이 상큼하고 건강에도 좋다. 수돗물 등 일반적인 음용수의 산소 농도는 7~9ppm인데 반해 세계적 장수촌의 물은 산소 농도가 약 15ppm정도로 보통의 생활환경에서 호흡을 통해 체내에 공급되는 산소량은 폐의 용량 때문에 한계가 있기 때문에 산소가 포화된 물을 마시면 내장기관에 더 많은 산소가 공급돼 세포기능이 왕성해 진다고 선전하고 있다.

따라서 주택과 같이 밀폐된 공간에서 활동하는 사람을 위하여서는 1인당 매 시간당 25~30㎥의 신선한 공기를 공급하도록 설계하여야 하고, 겨울철 보온을 위하여 석유스토브를 사용하는 실내에서는 10~26㎡의 방에 석유스토브가 설치된 경우 1인당 매 시간당 80~100㎥의 공기를 환기하여야 한다고 한다. 즉 단위 시간당 필요한 환기량을 실내공간의 부피로 나눈 값을 시간당 필요환기 회수로 정의하면 거실의 경우 17~30㎥/hr/man이고, 침실은 10~15㎥/hr/man, 욕실은 2~3cycles/hr/man, 변소는 3~5cycles/hr/man, 부엌은 3~8cycles/hr/man정도라고 한다.

특히 주거지의 실내 공기는 방안에서 활동하는 사람의 호흡과 요리, 난방 등에 필요한 에너지를 얻기 위하여 연소 작업에 필요한 산소를 충분히 공급하도록 설계하고, 자주 환기하여야 한다. 즉 일반적으로 실내생활 성인남자는 18~20L/hr, 여자는 남자의 80%, 어린이는 50%정도 탄산가스를 배출하고, 취침 시는 활동시의 50%정도 배출한다고 하므로 식구 수에 따라 필요한 산소량을 공급하도록 설계하여야 한다.

또한 산소효과를 이용한 치료광고이기는 하지만 산소치료 설비와 산소 수를 공급하는 옥시스토어(Oxystore, 2000, http://www.oxytherapy.com/oxyfiles/oxy00009.html)에 따르면 고압 산소처리에 의한 에이즈와 암 치료 결과를 발표하고, 오존의 치료효과, 수혈용 혈액 정화에 산소를 이용한 산소 수의 효과를 소개하면서 현재의 근대적 생활습관을 비판하고 있다.

또한 산소 치료 마사지 시술소를 경영하는 미국의 던칸(S. Duncan, 2000, http://www.holisticbodyworker.com/oxyup.html)은 <그림 4.3-1>과 같이 공기 중의 산소농도가 1900년 이전에는 공기 중에 32%에 달하였고, 1900년 초에는 24%이었으나 20세기 후반의 대도시는 15%에 불과하고, 산업도시에는 10%에 불과하여 건강에 매우 위험한 상황이기 때문에 자신들이 경영하는 산소 치료실을 이용하도록 선전하고 있다.

즉 해변의 공기는 산소농도가 20%에 이르러 정상이나 도심에서는 숲 제거와 스모그현상으로 산소농도가 10%$O_2$까지 저하된 곳이 있으며, 나쁜 공기를 심하게 호흡하는 경향이 생겨 혈액 중 산소농도가 낮고, 연료의 불완전 연소로 발생하는 스모그 중의 일산화탄소(CO)는 공기 중의 전기적 불균형으로 반응하여 이산화탄소가 되면서 대기 중의 산소를 소비하기 때문에 혈액 중에 탄산가스농도가 높다고 한다.

젠킨스와 크리스텐센(D. Jenkins & L. Christensen, 2000, http://www.ohscanada.com/ConfinedSpaces/dangerous_places.html)에 따르면 대기 중의 산소농도가 21%에 불과하나 환기가 불충분한 밀폐 공간에서는 산소농도가 19.5~22.5%에 이르러야 작업 가능하고, 이보다 낮으면 산소결핍으로 생리대사에 영향을 미쳐 고통을 받는다고 한다. 더욱이 18% 이하이면 인체가 의식장애가 일어나 기능을 할 수 없고, 무 산소 상태에서 3~5분이 지나면 뇌 세포가 죽기 시작한다고 한다.

한편 심해 잠수병 치료사인 마틴(L. Martin,2000, http://www.mtsinai.org/pulmonary/books/scuba/sectionh.html)에 따르면 심해 잠수 후에 수면으로 떠오른 잠수부에게 순수한 고압산소를 이용하는 것은 산소독성 때문에 반드시 의사의 지시를 받으면서 치료하여야 하며, 호흡에 사용하는 산소통

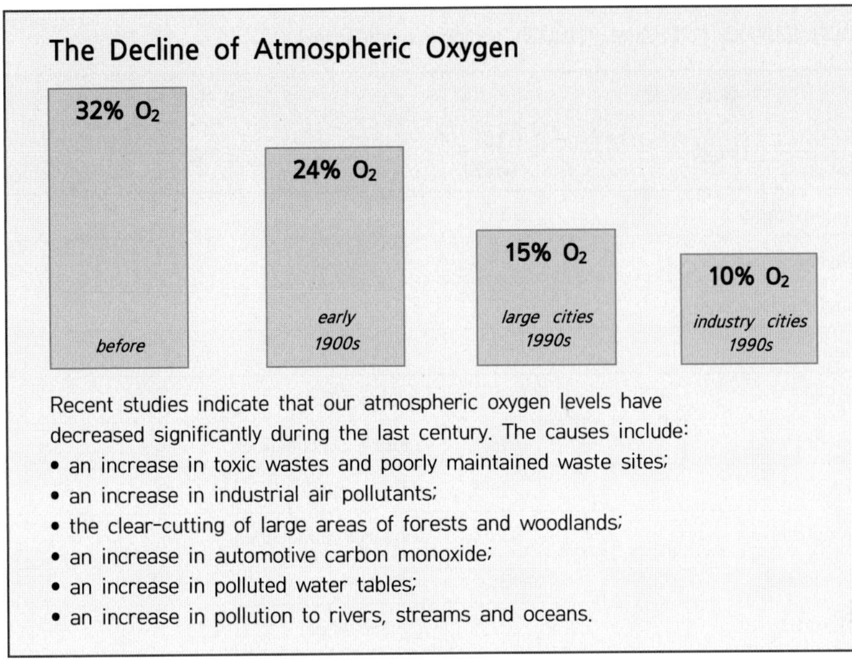


**〈그림 4.3-1〉** 환경오염과 대기 중의 산소농도 변화

(출처: S. Duncan, 2000, http://www.holisticbodyworker.com/oxyup.html)

은 40% 이하의 산소농도가 일반적이라고 한다.

특히 실내의 수도꼭지에서 나온 물은 파이프 속에서 산소와 접촉할 기회가 없고, 불순물로 혼합된 박테리아를 살균하기 위하여 첨가된 염소가스가 균을 죽일 때 용존 산소를 이용하여야 하기 때문에 용존 산소 농도가 낮아지며, 살균을 위하여 식수를 끓이거나 요리할 때 물을 끓이는 것도 식수의 온도를 높여 용존 산소를 날려 보내는 작업이라고 주장한다.

따라서 인간이나 동물은 녹색식물이 광합성한 식품이나 목재를 이용할 때도 녹색식물이 광합성에서 부산물로 생산한 산소를 다시 이용하여야 소비자에 불과하고, 건강한 생활과 면역체계를 유지하기 위하여서도 농림업을 근간으로 하는 생태마을 건설 유지가 필수적이다.

### (2) 연료 및 폐기물 소각과 대기 중 산소($O_2$) 농도 문제

그렇지만 현재의 대기 중 산소농도는 모든 유기물이나 폐기물을 산화 분해시킬 수 있는 농도가 아니다. 즉 레윈 등(Lewin, M., Atlas, S. M.,& Pearce, E.M., 著, 村上謙吉, 中田威夫, 共譯,(1984), 高分子材料の難燃加工(Flame-Retardant Polymeric Matrials, 地人書館, 東京, p.15)에 따르면 〈표 4.3-1〉에서 보는 바와 같이 유기물의 화학적 구조에 따라 소요되는 산소농도가 다르다. 즉 분자 구조에서 산소(O)를 포함하지 않는 고분자 중에서 탄소(C)와 수소(H)로 간단한 폴리에틸렌이나 고무성분과 산소를

〈표 4.3-1〉 합성고분자와 한계산소농도지수(LOI: limiting oxygen index)

| 봉상시료 | | 섬유상시료 | |
|---|---|---|---|
| 고분자 이름 | LOI (v/v%) | 고분자 이름 | LOI (v/v%) |
| poly(ethylene oxide) | 15.0 | | |
| poly(methylene oxide) | 15.3 | | |
| poly(methyl methacrylate) | 17.3 | | |
| polyethylene | 17.4 | | |
| polypropylene | 17.5~18 | cellulose fiber | 18~20 |
| polystyrene | 18.3 | celulose acetate fiber | 18.5 |
| polybutadiene | 18.3 | polypropylene fiber | 18 |
| polyisoprene(rubber) | 18.3 | polyacrylonitrile fiber | 19.9 |
| poly(vinyl alcohol) | 21.6 | poly(ethylene terephthalate) fiber | 20~21 |
| poly(vinyl carbazole) | 21.6 | nylone6 fiber | 20~21.5 |
| poly(3,3-bis(chloromethyl) -1,3-epoxyalkane(Pentone) | 23.2 | nylon6-6 fiber | 20~21.5 |
| poly(ethylene terephthalate) | 22~26 | wool | 25 |
| nylon 6 | 23~26 | | |
| nuylon6-6 | 24~26 | | |
| poly(arylene carbonate) | 26~29 | poly(m-phenylene isophthalamide)(Nomex) | 28~30 |
| poly(phenylene oxide) | 28.5 | | |
| poly(2,6-dimethyl-phenylene oxide) | 30.5 | poly(vinylchloride-co-acrylonitrile) (chlorinated modancryl) | 29~30 |
| poly(2,6-diphenyl-phenylene oxide) | 33.7 | phenol-formldehyde polymer(Kynol) | 35 |
| poly(bisphenol terephthalate) | 37.6 | | |
| poly(vinyl chloride) | 38~45 | polybenzimidazole | 40~42 |
| poly(vinylidene fluoride)(Kynar) | 43.7 | | |
| poly(vinylidene chloride)(Saran) | 60 | carbon/graphite fiber | 56~64 |
| poly(ethyelen-co-chloro-tri-fluoroethylene) (Halar) | 60 | | |
| poly(ethylene tetrafluoride)(Teflon) | 95.0 | | |
| poly(chlorotrifluoroethylene) | 95.0 | | |

(출처: Lewin, M., Atlas, S. M., & Pearce, E.M., 著, 村上謙吉, 中田威夫, 共譯(1984), 高分子材料の難燃加工 (Flame-Retardant Polymeric Matrials, 地人書館, 東京, p.15)

포함하고 있는 식물성 바이오메스 구성 성분만이 현재 대기 중 산소농도에서 완전 연소하고, 생명체 구성성분인 질소(N)나 유환(S) 또는 인(P)과 같은 다른 원소들이 포함되면, 완전 연소가 될 수 없음을 나타내고, 나아가 벤젠핵으로 구성된 탄화수소의 경우도 완전연소가 불가능함을 보여주고 있다.

더욱이 탄소와 수소 및 산소로 구성된 폐기물이나 화석 연료 소각 시에는 화염온도가 높은 경우 탄산가스($CO_2$)와 수분($H_2O$) 외에도 대기 중의 질소 때문에, 질소산화물(NOx)이 발생하고, 생명체 구성성분인 유황을 포함하면, 황산화물(SOx)도 발생하고, 불완전 연소하면, 독성이 강한 일산화탄소(CO)와 미세 먼지들이 형성되어 대기 중으로 분산되기도 한다.

즉 일상생활에서 다량 사용하는 각종 고분자폐기물을 소각할 때, 현재의 대기조건에서 완전 연소되는 고분자재료는 탄소 개수에 비하여 동일개수 이상의 수소를 함유하거나 산소를 함유한 재료만이 완전 연소되고, 탄소보다 수소가 적거나 수소와 산소이외 원소를 함유한 재료는 완전 연소는 불가능하다.

최근에는 폐기물 소각(燒却)시 일종의 농약구조를 하고 있는 다 염소화 벤젠(polychlorinated benzenes: PCB)류가 발생하고, 그 중에서 독성이 강한 다이옥신(Dioxin) 발생은 사회문제를 야기하고 있다. 일본 펄프종이기술협회(日本 紙パルプ技術協會(Japan TAPPI, 1992, 紙パルプ技術便覽, 東京, p.675-685)에 따르면 스웨덴에서 1988년 발표한 자료로서 폐기물 소각로(燒却爐)에서 가장 많이 발생하고 있고, 염소화합물을 다량 사용하는 펄프제지 공장에서는 공정별 처리로 발생량이 적다.

따라서 석유화학에서 생산하는 합성고분자도 폐기시 자연계에서 생분해 가능한 환경친화형 고분자 구조를 개발하고 있다. 그러나 자연 토양 중에서 미생물에 의하여 분해 가능한 화학구조를 갖추려면 자연 산의 셀룰로오스나 단백질 또는 지방산 구조와 같이 생리적으로 분해 흡수한 다음 효소분해가 가능한 화학구조를 갖추어야 할 것이다.

### (3) 인간의 주거 환경 조건과 물리적 환경오염 문제

한편 체온이 37.5℃인 항온의 포유동물로 분류되는 인간은 급변하는 자연의 기후조건을 피하여 정착하려면, 체온을 유지하기 위하여 기후변화로 야기되는 비바람을 막을 수 있는 주택을 만들고, 추운 곳에서는 연료를 소각하여 난방을 하여야 하고, 더울 때는 에어콘을 가동하여 냉방하여야 하며, 매일같이 충분한 식품을 섭취하여야 한다. 더욱이 종족을 지속적으로 보존하기 위하여서는 20여년 간에 걸쳐 건장하게 성장한 후, 결혼하여 후손을 낳아야 하고, 생산한 후손도 많은 것이 다복하다고 한다. 이러한 안락한 가정과 가족을 유지하기 위하여서는 안전한 주거지와 주택의 특성을 갖추어야 하지만, 생태계의 먹이사슬 때문에 주거지

환경은 생태계의 환경 시스템과 연결되어야 한다.

尹(윤장섭, 1992, 居住學, 교문사)에 따르면 사람들이 살고 있는 주거지(住居地: habitat)는 의식주(衣食住) 생활의 터전으로서 종족유지를 위한 부부생활과 자녀교육 및 인간형성을 위한 가족의 터전이고, 가정생활의 보호유지와 가족의 휴식과 노동력 재충전, 가족의 결합과 안락함, 그리고 가족의 보건과 가사노동의 터전이다. 따라서 주거는 가정생활을 영위할 수 있도록 만들어진 사회의 기본적 제도(institution)로서 인간생활의 기본적 안식처이고, 인간존재의 근거지이며, 인간 활동을 창조하는 공간이며, 외부로부터의 침해를 방어하여 평안을 유지하고, 노동의 재생산을 위하여 피로한 육체를 편히 쉬는 조용한 휴식처이며, 독립성을 갖춘 프라이버시(privacy)의 터전이라고 한다. 즉 주거지의 환경은 주택을 중심으로 〈표 4.3-2〉와 같이 분류하여 주택 외부의 공간적 환경으로 교통조건, 문화시설, 토지용도, 건물의 밀집정도, 주민의 생활 태도 등의 인공적 환경과, 일조, 통풍, 공해, 수질, 기후 등의 자연적 환경이 포함하여 지역 환경이라 하고, 실내 환경은 거주자의 정신적 심리적 건강과 쾌적성을 지배하는 건물내부의 기온, 습도, 조명, 소음, 색채, 가구 배치 등으로 구분한다.

나아가 尹(尹貞淑, 1995, 住居環境學, 문운당)에 따르면 인간, 인류가 살아가는 주거지 환경

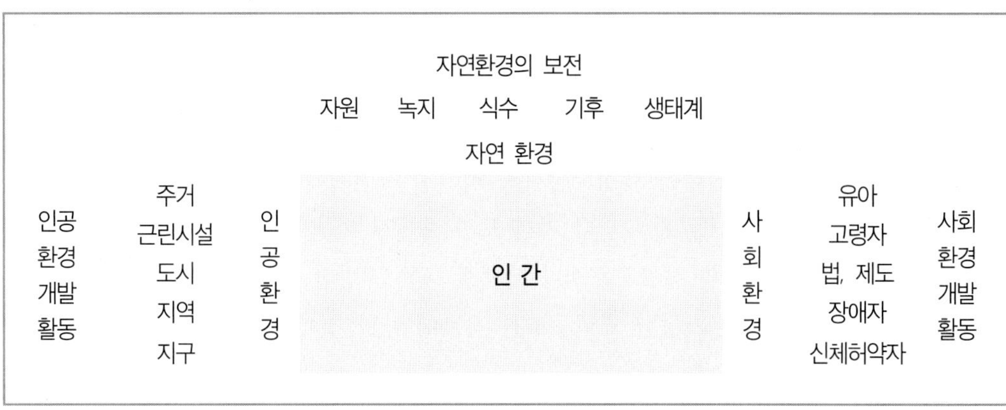


**〈그림 4.3-2〉** 인간과 환경의 상호작용

(출처: 윤정숙, 1995, 주거환경학, 문운당 p.4)

**〈표 4.3-2〉** 주거 환경 요소와 기준

| | | |
|---|---|---|
| **외부 환경** | 외부적 조건 | 교통조건; 문화시설; 토지용도; 건물밀집도; 주민의 생활태도; |
| | 자연적 조건 | 일조; 통풍; 공해; 수질; 기후조건 |
| **실내 환경** | 건강과 쾌적성 | 기온; 습도; 조명; 소음; 색채; 가구 배치 등 |

(출처: 윤장섭, 1992, 居住學, 교문사)

은 〈그림 4.3-2〉에 나타낸 바와 같이 구성되어 주변의 환경에 크게 영향 받는다. 특히 도시를 건설하는 토목 건축분야에서는 〈그림 4.3-3〉에 표시한 바와 같이 주로 인간 생활의 중심이 되는 주택에 관련된 사항을 들어 주거성(habitability)을 평가하고, 공간적 시간적 거리에 따라 실내 환경, 근린 환경 및 지역 환경으로 구분하여 말하기도 한다.

그러나 개인이 점유하고 있는 주택이나 지역에서 누리는 자유와 권리는 모두 개인이 행한 행동에 대한 결과도 책임져야 하기 때문에 개인적 손익으로 나타나는 보건 환경과 삶의 질에 직접 영향을 주는 실내 환경에 대한 관심은 높으나 이웃과 평화적으로 공존 공영하는 근린환경이나 지역 환경에 대하여서는 무관심한 공중도덕이 사회적 문제를 낳고 있다.

따라서 주거환경을 측정하기 쉬운 물리 화학적 특성과 연결하면 〈표 4.3-3〉에 나타낸 바와 같이 많은 환경 요소가 인간에게 영향을 미치고 있다는 것을 알 수 있다. 즉 태양계의 일원

**〈그림 4.3-3〉** 인간과 주거환경의 상호작용

(출처: 윤정숙, 1995, 주거환경학, 문운당 p.8)

**〈표 4.3-3〉** 인간-환경 시스템

| 인간-환경 계 | (1) 자연형 조절시시스템 | (2) 설비형 조절 시스템 |
|---|---|---|
| (1) 공간-인간 관계 | 공간의 조직(계획과 동선) | 정보를 위한 communication |
| (2) 태양 빛-인간 관계 | 채광과 일조량 | 인공조명 |
| (3) 소리-인간 관계 | 소음조절 | 방음설비 |
| (4) 열-인간 관계 | 연료, 보온과 단열 | 냉, 난방시설 |
| (5) 공기-인간 관계 | 환기, 통풍 | 공기조화설비 |
| (6) 수질-인간 관계 | 강우, 눈, 하천수, 광천수 | 상하수도설비도입 |
| (7) 에너지 저장, 이용, 폐기 | 급배수, 폐기물처리 | 에너지 시스템 도입 |

인 지구촌이 태양광에 반응하기 때문에 눈을 이용할 수 있고, 체온이 유지되며, 생존하는 데는 깨끗한 공기와 맑은 물을 마셔야 하며, 운동하기 때문에 넓은 공간이 필요하다. 나아가 인구성장으로 추운 지방에서도 살아 가야하기 때문에 보온을 위하여 의복이 생기고, 지속적인 번영을 위하여서는 특히 주거지를 만들어 정착하면서 주택이 필요하고, 늘어나는 인구를 먹여 살려야 했기 때문에 식량과 목재를 수집하여 불을 발견하여 보온과 요리기술이 발달하였을 것이다.

WHO에서는 주거환경의 기능으로 인간의 기본적인 생활 욕구를 충족시키기 위하여 풍수해나 지진 또는 화재나 폭발과 같은 외부재난에 대한 안전성(safety), 적절한 일조 조건과 깨끗한 공기 및 식수, 깨끗하고 조용한 환경, 공해로부터의 보호 등 건강(health) 조건, 시간적으로나 에너지 소비 면에서 경제적인 효율성(efficiency), 기온과 습도 및 소음 등을 고려한 쾌적한 환경뿐만 아니라 시각적 인 미적 요소 및 주변 환경의 안정감 등 주관적 평가가 많은 쾌적성(comfort)이 보장되어야 한다고 지적하고 있다.

또한 金 등(1973)에 따르면 미국의 경우 난방의 권장 기준온도는 18℃(65°F)이고, 냉방의 권장 기준온도는 24℃(75°F)이며, 독일에서는 난방 기준으로 병원, 가정, 사무실은 20℃를 권장하고, 박물관은 15℃, 공장은 13℃, 창고나 차고는 5℃를 권장하고 있다고 한다. 또한 일본은 습도가 50~70%일 때 거실과 식당은 18℃를 권장하고, 침실과 변소는 16℃, 욕실은 20℃, 현관이나 복도 및 홀(hall)등에는 15℃를 권장하고 있다고 한다. 따라서 주택을 지을 때는 냉난방에 소비되는 연료비와 전력비를 고려하여 일조량과 채광을 고려하고, 가능한 한 자연채광이 되도록 설계하여야 한다.

나아가 김(金聖三, 1973, 생활과 기후, 김광식 외 14인 저, 韓國의 氣候, 일지사, p.136~149)은 사람의 몸은 심장과 같은 중심부의 온도가 37.5℃이나 피부표면 온도가 32.5℃ 이하가 되면 추위를 느끼기 때문에 체온보호를 위하여 의복을 입어야 하고, 외기 온도가 26℃ 이하이면 반드시 옷을 입어야 살아갈 수 있다. 따라서 인체는 외부의 기온과 복사열, 바람과 습도에 직접 영향을 받기 때문에 인체와 외부 공기 사이에 단열성의 공기층을 만들어 의복 기후를 만들며, 외부기온이 25℃ 이하이면 긴 소매 옷을 입어 보온하고, 15℃ 이하이면 양복을 입어야 보온되며, 5℃ 이하이면 외투를 입어야 한다고 한다. 따라서 인간이 의복을 입고도 가장 쾌감을 느끼는 기후조건은 외부기온이 5~25℃이고, 습도가 50±10% 정도라고 한다.

### (4) 현재 건축의 새집 증후군(SBS)과 실내 환경 품질(IAQ) 문제

활동공간이 제한된 주택에서도 대기오염이 인체의 건강에 미치는 영향을 연구한 골드스미드와 프리버그(J. R. Goldsmith & L. T. Friberg, 1977, Effects of Air Pollution on Human Health, Academic Press, pp45

8~610)가 규정한 바와 같이, 건강한 성인 남자가 하루에 3 파운드(1.37kg)의 청결한 식량과 4.5 파운드(2,05kg)의 깨끗한 식수(食水)를 먹어야 하는데 비하여 130 파운드(13.64kg)의 깨끗한 공기를 마셔야 한다. 즉 서너 평의 좁은 주택이라도 인간의 생존조건을 지속적으로 유지하는 데 필요한 대기 중의 산소와 식수 및 식량이 자급되어야 하고, 그 외에도 공기의 온도와 습도 등의 적절한 대기 조건이 우리생활을 좌우한다.

우리나라와 같이 추운 지방에서 살아남기 위하여서는 많은 난방연료와 식품가공에 필요한 연료가 다량 필요하고, 산업이 발전하면서 열에너지 외에도 전기에너지가 필요하게 되고, 많은 양의 전기에너지를 생산하는데 다량의 화석연료를 소비하기 때문에 각종 대기오염물질들이 방출되어 공기를 오염시키고 있다.

특히 각종 건축물에 에너지를 다량 소비한 시멘트와 철근을 사용한 콘크리트 건물이 확산되고, 화석연료를 소각하여 열에너지를 획득하는 각종 환기 및 냉난방 장치 (HVAC)를 사용하면서 막대한 양의 산소가 필요하기 때문에 실내 공기 중의 산소를 소비하고, 불완전 연소시는 막대한 양의 탄산가스와 대일산화탄소 및 미세먼지와 같은 각종 대기오염물질을 방출한다.

따라서 우리나라도 선진국에서와 같이 최근 주택의 실내 환경에 대한 관심이 집중되면서 새집증후군(sick house syndrome: SHS) 또는 새건물증후군(sick building syndrome: SBS)에 대한 문제가 대두되고 있다. 특히 주택난 해결을 목적으로 전국적으로 대대적으로 추진된 5층 이상의 고층 철근콘크리트 아파트들이 확산되면서 도시 뿐만 아니라 농촌에서까지 문제되고 있다.

영국의 런던위험 센터(London Hazards Centre: LHC, SICK BUILDING SYNDROME: Causes, Effects and Control, 2004, http://www.lhc.org.uk/members/pubs/books/sbs/sb_toc.htm)에 따르면 건물관계 증후군을 〈표 4.3-4〉과 같이 구분하고, 에어컨 사용에서 발생한 레지오넬라 질병(legionnaires' disease)를 포함하여 실내 공기 중에서 발견되는 질병 원인 물질로 (a) 암모니아, (b) 석면, (c) 벤젠, (d) 살균제, (e) 탄산가스, (f) 일산화탄소, (g) 계면활성제분말, (h) 에탄올, (i) 유리섬유, (j) 포름알데히드, (k) 탄화수소 류, (l) 염산, (m) 메탄올, (n) 미생물, (o) 자동차 배기가스, (p) 산화질소 류(NOx), (q) 오존, (r) 페인트, (s) PCBs, (t) 살충제, (u) 광화학적 스모그, (v) 라돈, (v) 용매 류, (w) 훈증가스 류, (x) 산화황 류(SOx), (y) 담배연기, (z) 염화비닐 등을 들고 있고, 실내 미생물과 레지오넬라균들은 실내 공기의 온도와 습도 조절을 위하여 인공적으로 도입한 에어컨(air conditioning)의 잘못된 조절과 환기관리에서 자주 발생한다고 한다.

또한 미국 환경처가 발행한 실내 공기 품질 가이드(US EPA, 1995, The Inside Story: A Guide to Indoor Air Quality, 2003, http://www.epa.gov/iaq/pubs/insidest.html)를 인용하면 주거공간의 안정성과 쾌적성은 실내 공기의 특성으로 규정되고, 실내공기가 오염되면 단기간에 는 천식을 유발하나 장시간

**〈표 4.3-4〉** WHO(1983)에 제시된 건물과 관계된 의학적 증후군들

| 증후군 | | 증 상 |
|---|---|---|
| 새집증후군 | 타입 I | ■ 무기력과 피로감, ■ 두통, ■ 건식 코막힘, ■ 건식 눈아픔,<br>■ 목아픔, ■ 건성피부와 피부발진 등 |
| | 타입 II | ■ 눈물나고, 가려운 눈과 콧물 예로서 hay fever와 같은 알러지 증상들 |
| 가습기열 | 유행성감기 유사증 | ■ generalized malais, ■ aches & pains, ■ cough, ■ lethargy,<br>■ headache |
| | 민감 체질의 알레르기 반응 | ■ chest tightness, ■ difficulty in breathing, ■ fever, ■ headache |
| 직업적 천식 | | ■ wheeze, ■ chest tightness, ■ difficulty in breathing |

(Source: London Hazards Centre: LHC, SICK BUILDING SYNDROME: Causes, Effects and Control, 2004, http://www.lhc.org.uk/members/pubs/books/sbs/sb_toc.htm)

노출되면 만성병으로 전개되어 사람을 사망으로 이끈다. 그 오염물질원으로 주로 토양에서 나오는 방사성의 라돈(radon: Rn), 담배연기, 습기에 의한 생물학적 미생물 오염물, 난방 및 요리용 스토브와 히터 및 화덕과 연돌, 합성수지로 코팅된 가전제품, 실내가구에서 유리된 포름알데히드, 농약성분, 건축재로 사용된 석면(asbesto), 페인트나 연료 첨가제로 사용된 납(Pb) 등을 들고, 그의 건강에 대한 영향과 관리법을 제시하여, 가정의 실내공기 오염물질로 라돈, 담배연기, 생물적 오염물질, 일산화탄소(CO), 이산화질소($NO_2$), 유기휘발성분(volatile organic compounds: VOC), 호흡가능 분진(respirable particles), 포름알데히드(formaldehyde), 농약성분, 석면, 납(Pb) 등을 들고, 그의 감소대책을 〈표 4.3-5〉와 같이 제시하고 있다.

또한 캐나다 보건성(Health Canada, 2003, http://www.hc-sc.gc.ca/ehp/ehd/bch/air_quality/indoor_air.html)에서는 가이드라인에 포함된 실내공기성분은 17가지 성분에 대하여 규정하였으나 1989년에 라돈이 추가되어 18가지 성분으로 늘어났으며, 그 중에서도 제한농도가 규정된 성분은 알데히드(aldehydes), 이산화탄소($CO_2$), 일산화탄소(CO), 포름알데히드($CH_2O$), 이산화질소($NO_2$), 오존(O), 미세먼지(particulate matter), 이산화황($SO_2$), 수증기($H_2O$), 라돈(Rn) 등 이라고 한다.

따라서 건강한 삶을 영위하기 위하여서는 주변 환경, 특히 실내 환경에 대한 오염분석과 그의 원인제거에 대한 연구가 필요하다. 특히 일상생활을 지배하는 의식주(衣食住)생활에서 매일같이 접하고, 먹고 마시는 공기와 식수 및 식품에 대한 분석과 관리 및 조절이 필요하다.

건축재료로 이용되는 강철이나 시멘트보다 환경 친화적으로 알려진 건축용 목재제품이 포름알데히드를 방산하여 실내 오염제품으로 알려져 있어 이를 감축시키는 목재가공이 개발되어야 하고, 사용된 합성수지와 도료에서 방산되는 VOC 발생량도 감축시켜야 하며, 난방이나 조리용연료로 사용되는 임산연료도 스모크(smoke)를 발생하기 때문에 연소장치를 개량하여야 한다.

**〈표 4.3-5A〉** 주요 실내 공기 오염물질의 종류와 감축 대책

| 성 분 | 출 처 | 보건적 효과 | 가정 내 평균수준 | 감소 방법 |
|---|---|---|---|---|
| 〈1〉<br>라돈<br>(Radon: Rn) | 주택하의 토양과 암석; 지하수; 건축재료 | 즉각적 증상 없음; 매년 7,000~30,000명의 폐암 사망 원으로 추정; | 1991년 조사결과 실내는 1.3pCi/ℓ; 실외는 0.4pCi/ℓ | ■ 라돈함량측정<br>■ 실내수준이 4pCi/ℓ 이상이면 주택을 수리하라<br>■ 4pCi/ℓ 이하라도 위험하므로 감축시켜야 할 것임 |
| 〈2〉<br>일산화탄소<br>(CO) | 환기되지 않는 가열기 공간; 화덕과 굴뚝의 누출; 가스스토브, 난로 및 목재스토브; 자동차배기가스; 담배연기 | ■ 저농도에서 피로감; 심장병<br>■ 고농도에서 시각장애; 현기증; 정신착란; 구토감<br>■ 초고농도에서는 치명적임 | 가스스토브가 없는 집은0.5~5ppm으로 다양하나 가스스토브가 있는 집은 5~15ppm 수준이며, 잘 못 조절되면 30ppm 이상 까지 상승함 | ■ 가스기구를 적절하게 조절할 것<br>■ 환기공간을 고려하여 구입할 것<br>■ 가정용 보일러는 적합한 연료를 사용할 것<br>■ 가스스토브에는 실외로 배기하는 배출 팬을 설치할 것<br>■ 벽난로장소는 연소가스를 배출할 것; EPA가 인정하는 목재 스토브를 선택할 것; 가열시스템은 전문가의 검사를 받을 것<br>■ 차고 내에서 자동차의 공회전을 하지 말 것 |
| 〈3〉<br>이산화질소<br>($NO_2$) | 등유난로; 환기되지 않는 가스스토브와 가열기; 담배연기 | 눈, 코, 목 염증; 어린이의 폐 기능 약화와 호흡기질병 증가 가능 | 연소장치가 없는 실내 평균이 실외 수준의 절반 정도이나 연소장치를 갖춘 실내는 실외 수준을 흔히 초과함 | ■ 일산화탄소의 경우와 동일함 |
| 〈4〉<br>유기가스<br>(VOC) | 가정용 페인트, 페인트제거제, 기타 용매; 목재방부제; 에어로졸 분무기; 좀 퇴치제와 공기청정제; 저장된 연료와 자동차용 제품; 취미기구, 드라이클리닝 처리 등 각종 가정용 제품들 | 눈 코 목 염증; 두통, 협동기능장애, 구토; 간과 신장 및 중추신경 손상; 어느 성분은 발암성분 | 연구결과 VOC가 실내가 실외보다 평균 2~5배 높음; 페인트제거와 같은 특수 활동 후에는 실내 VOC가 실외보다 1000배에 달하기도 함 | ■ 가정용품은 제조업자의 지시에 따라 사용할 것<br>■ 가정용품 사용 시는 신선한 공기 공급을 확실하게 할 것;<br>■ 미사용이나 소량사용 용기들은 안전하게 폐기하고, 필요량만 구입할 것<br>■ 어린이나 애완동물들이 접근하지 못하는 곳에 보관할 것<br>■ 라벨이 지시가 없는 한 절대로 다른 가정용 제품과 혼합하지 말 것 |
| 〈5〉<br>포름<br>알데히드<br>($CH_2O$) | 압착목제품(활엽수합판, 파티클보오드, 섬유판)과 이들 제품으로 제작된 가구; 요소수지 폼 절연재; 연소장치와 담배의 연기; 내구성 가공섬유제품과 접착제 | 눈 코 목 염증; 헐떡거림, 기침; 피로; 피부발진; 심한 알레르기 반응; 발암가능(VOC 참조) | 요소수지 폼 절연재를 사용하지 않은 옛날 집은 일반적으로 0.1ppm 이하이나 압착 목제품을 이용 한 집은 0.3ppm 이상까지 이를 수 있음 | ■ (요소수지를 사용하지 않고 페놀수지를 사용한 ) 외장용 압착 목제품을 사용할 것<br>■ 적절한 온도유지와 습도감축을 위하여 에어컨과 탈습기를 사용할 것<br>■ 특히 새로운 포름알데히드방출원이 도입되면 환기를 증가시킬 것 |
| 〈6〉<br>연기<br>(Smoke) | 담배연기;<br>(임산연료) | 눈 코 목염증; 폐암; 심장병; 특히 어린이의 기관지염, 폐렴, 중이염; | 한 사람만 흡연하여 도 가정 내 미세 입자 수준이 실외보다 수배상승 | ■ 가정 내 담배피우는 것을 금지할 것<br>■ 특히 어린이가 있으면 긱연 금지할 것<br>■ 가정 내 긱연을 피할 수 없으면 환기할 것; |

(출처: USEPA, 1995, The Inside Story: A Guide to Indoor Air Quality, 2003, http://www.epa.gov/iaq/pubs/insidest.html)

**〈표 4.3-5B〉** 주요 실내 공기 오염물질의 종류와 감축 대책

| 성 분 | 출 처 | 보건적 효과 | 가정 내 평균수준 | 감소 방법 |
|---|---|---|---|---|
| 〈7〉 생물적 오염물 (Biologicals) | 습한 벽과 천장, 습한 카펫과 가구; 잘 못 조작된 습기와 탈습기 및 에어 콘; 침대; 애완동물 | 눈 코 목 염증; 호흡곤란; 현기증; 무기력; 발열; 소화불량; 천식, 감기야기 | 실내의 화분과 균류수준은 실외보다 낮으나 먼지 진드기 수준은 실외보다 높음 | ■ 부엌과 목욕실에 실외로의 배기 팬 설치<br>■ 건조기를 실외로 배기<br>■ 가습기를 청결 하게 할 것<br>■ 냉장고와 에어컨의 응축수를 비울 것<br>■ 물에 젖은 카펫을 청소할 것<br>■ 지하실사용은 충분한 환기시만 사용하고, 필요시는 습도를 30~50%로 유지하기 위하여 탈습기를 사용할 것 |
| 〈8〉 호흡가능 미세입자 (Respirable Particles) | 화덕(소각로); 목재스토브; 등유난로; 담배연기 | 눈, 코, 목 염증; 호흡기 감염과 기관지염; 폐암; 기타 담배연기 피해 | 스모크(smoke)가 발생하지 않는 실내의 미세입자 수준은 실외보다 낮거나 같은 수준임 | ■ 모든 연소장치는 실외로 환기할 것/ 환기되지 않는 공간의 가열기를 사용할 때는 모든 창문을 열러둘 것<br>■ EPA가 인정하는 적절한 규모의 목재스토브를 선택할 것<br>■ 매년 가열시스템(화덕과 연돌 및 연소가스이동로)을 전문가에 의하여 체크할 것<br>■ 중앙 냉난방시스템의 경우 제조업자의 지시에 따라 필터와 에어클리너를 교환할 것 |
| 〈9〉 농약성분 (Pesticides) | 가정에 사는 해충들을 죽이는 제품(살충제, 흰개비살의제, 살균제); 해충진입로가되는 잔디밭과 정원용 살충제들 | 눈 코 목 염증; 중추신경과 신장손상; 발암위험증가 | 예비연구결과 가정 내에도 잔류농약이 광범하게 존재함 | ■ 제조업자의 지시에 따라 엄격하게 사용할 것<br>■ 실외에서 혼합하거나 희석할 것<br>■ 추천된 수량만 사용할 것<br>■ 실내 사용 시 환기를 증가시킬 것; 식물이나 애완동물에 적용 시는 실외로 끌어내어 적용할 것<br>■ 가능하면 해충관리에 비화학적 방법을 사용할 것<br>■ 해충구제회사를 이용하면 주의 깊게 선택할 것<br>■ 불필요한 농약은 실내에 보관하지 말 것; 불필요한 농약상자는 안정하게 폐기할 것<br>■ 좀 퇴치 제를 뿌린 옷은 따로 환기되는 공간에 보관할 것<br>■ 악취와 해충문제를 피하기 위하여 실내공간을 깨끗하고, 건조하며, 환기가 잘 되도록 유지할 것 |
| 〈10〉 석면 (Asbestos) | 손상되거나 노화된 절연용, 방화용, 음향용 재료와 마루용 타일 | 즉각적 증상은 없으나 장기적인 폐암과 심장암 및 복부암 위험 증가; 긱연자는 석면에 의한폐암증가 | 석면함유건축재료가 노화되거나 손상되면 실내에도 급속도로 증가 | ■ 부서지지 않을 것 같을 때 손상되지 않은 석면재료를 떠나는 것이 가장 좋다.<br>■ 석면을 파손하는 청소나 조치는 훈련받은 유자격자에게 의뢰할 것<br>■ 석면을 함유한 목재스토브 개스킷 교환 시는 적절한 절차에 따를 것 |
| 〈11〉 납 (Pb) | 납 함유 페인트; 오염된 토양과 먼지 및 식수 | 납(Pb)은 시체의 모든 시스템에 영향을 미침; (100㎖의 혈액 중에 80㎍ 이상의 납을 함유 한) 높은 수준은 경련, 혼수상태, 사망까지 초래한다. 보다 낮은 농도에서는 중추신경계와 신장, 혈액 세포 에게 나쁜 영향을 미치며, 10㎍/dl의 낮은 수준에서도 육체적 정신적 발육을 저해 할 수 있다. | - | ■ 가능한 어린이놀이터에 먼지가 발생하지 않도록 유지할 것<br>■ 양호한 상태라도 납을 함유한 페인트를 그대로 놓아두고, 사포질하거나 소각시키지 말 것<br>■ 납 페인트는 당신 자신이 치우 지 말 것(전문가에게 의뢰할 것); 납 먼지들이 주택으로 들어오지 못하게 할 것<br>■ 당신이 납이 포함된 작업이나 취미기구를 다루었으며, 집에 들어가기 전에 옷을 갈아입고, 도와매트(doormat) 을 사용할 것<br>■ 칼슘과 철분이 많은 균형 잡힌 식단을 이용할 것 |

(출처: USEPA, 1995, The Inside Story: A Guide to Indoor Air Quality, 2003, http://www.epa.gov/iaq/pubs/insidest.html)

한편 라돈(Radon)은 건축재로 사용된 재료 중에서 방산되기 때문에 이의 감축이 중요하다고 한다. 그러나 한국원자력 안전기술원(2003, http://www.kins.re.kr/site/radon/radon1.html)에 따르면 라돈은 인공적으로 조절하기 어려운 성분으로서 천연적으로 존재하고 있는 방사성기체이고, 토양이나 암반 내에 천연적으로 존재하는 우라늄(U)으로부터 자연적으로 발생되며, 또한 수명(반감기: 3.8일)을 다하여 소멸하는 과정을 반복한다고 한다.

실내공기 중의 라돈은 토양, 모래, 암석, 광물질 및 이들을 원료로 이용하는 건축자재 등에 미량으로 함유되어 있는 우라늄의 붕괴 생성물로 생기기 때문에 토양선택이 중요하며, 건축재료와 같이 고체 매질에 존재하는 라돈은 압력과 온도차에 의한 확산 및 대류과정에 의하여 지상 또는 실내환경으로 방출되고, 방출된 라돈은 공기 중에서 자(子) 핵종으로 붕괴되면서 화학적으로 매우 활성적인 양이온 상태의 미부착 핵종으로 남아 있거나 곧 주변의 미세 먼지나 수증기에 부착되어 공기 중에 떠돌거나, 구조물의 벽이나 바닥에 침적된다. 따라서 이들 자핵종들이 호흡기를 통하여 폐에 침적될 경우 폐 기저세포가 방사선에 피폭된다고 한다.

따라서 실내에서의 라돈농도를 줄이기 위한 방법은 우선 건축재로 사용하는 흙과 시멘트의 선택과 더불어 환기량을 늘리는 방법이 가장 효과가 높다고 할 수 있으며, 실내에서 공기를 빼내는 형태보다는 실내에 공기를 주입하는 형태의 환기가 바람직하다고 하다고 한다. 그러나 추운 겨울과 같이 환기량을 높일 수 없는 경우에는 시공 시에 라돈 차단제를 콘크리트에 첨가하여 라돈의 방출속도를 억제할 필요가 있다고 한다.

또한 사하이(D. Sahai, Cement Hazards and Controls: Health Risks and Precausions in Using Portland Cement, 2004, http://www.saudeeseguranca.com.br/download/cement-hazards.pdf#search='chromium%20in%20cement')에 따르면 콘크리트나 모르타르에 사용되는 시멘트는 (1) 물과 접촉하면, 인체조직을 부식시키는 산화칼슘(CaO)과 같은 알칼리성 화합물이 생기고, (2) 먼지로 휘날리면, 피부와 접촉할 때 내마모성이고, 먼지로 폐에 호흡되면 폐를 손상시키는 극미량의 결정성 실리카(silica)가 존재하고, (3) 먼지에는 알레르기를 발생시킬 수 있는 극미량의 크롬(Cr)을 포함하고 있기 때문에 피부와 눈의 접촉을 피하여야 하고, 먼지를 발생시키지 억제하여 먼지를 호흡하지 않도록 작업관행을 개선하고, 작업자는 훈련을 받아야 한다고 한다. 따라서 영국의 안전뉴스(Safetynews, Ban on High-Chromium Cement, 2004, http://www.safetynews.co.uk/we140304/Ban%20on%20high%20chromium%20cement.htm)는 2002년에 건강에 해로운 물질 관리법을 개정하여 실내에서 피부 알레르기를 발생시키는 고농도 크롬 시멘트 사용 금지를 제안하고 있다.

또한 미국 펜실베이니아 주의 녹색정부위원회(Governor's Green Government Council: GGGC, Building Green in Pennsylvania, 2004, http://www.gggc.state.pa.us/)에 따르면 건축건설에 (1) 세계적으로 원료의 40%를 사용하고, (2) 미국에서 소비된 일차 에너지의 36%가 건축건설에 소비되고, (3) 미국에서 매년 1억 3600만 톤의 건설폐기물이 발생하며, (4) 미국에서 소비된 식수의 12%가 건축

건설에 소비되고, (5) 미국에서 총 온실가스 방출량의 30%가 건축 건설에서 발생한다고 한다.

더욱이 미국의 환경뉴스(Environmental News, 2002, WHITMAN ANNOUNCES TRANSITION FROM CONSUMER USE OF TREATED WOOD CONTAINING ARSENIC, 2004, http://yosemite.epa.gov/opa/admpress.nsf/b1ab9f485b098972852562e7004dc686/1a8cfb4970823b3885256b5e006ffd67?OpenDocument)에 따르면 미국 환경처장인 휘트만(Whitman)은 목재 파일로 사용되는 가압처리 목재에 흔히 사용하는 CCA(Copper-Chrome-Arsenate)에 독성이 강한 비소가 포함되어 있어 2년간 유예기간을 두어 2004년부터 CCA를 대체하는 방부제 개발 기간을 두어 주거지에서의 가압처리 목재사용을 허용하지 않을 것이라고 공표하였다고 한다.

### (5) 대기 오염과 환경 질병 발생 관계

한편 국제 지구과학 정보망 센터(Center for International Earth Science Information Network: CIESIN, 2000, http://www.ciesin.org/docs/001-012/001-012.html)에 따르면 세계보건 기구(World Health Organization: WHO, 1992, Our Planet, Our Health)는 경제적 개발(Development)과 환경보존(Environment)의 핵심과제가 보건환경(Health) 개선이어야 하나 환경정책이나 개발계획에서 보건 분야가 거의 배제되고 있으나 현재 개발도상국에서는 가장 심각한 문제는 오염된 식품과 식수에서 생긴 설사병으로 매년 400만 명이 죽고, 말라리아에 의한 사망률이 매년 100만 명에 이르고, 감염자가 2억 6700만 명에 이르며, 매년 수억 명이 기생충 피해를 당하고 있고, 선진국과 개발도상국 모두에게 해당된 환경 질병은 수 억 명이 실내와 실외를 막론하고, 대기오염에 의해 고통을 받고 있고, 매년 50만 명 이상이 죽고 그의 10배가 부상당하는 교통사고를 포함하여 가정이나 작업장 또는 주변 환경에서 불필요한 물리화학적 위험에 노출된 사람들이 수 억 명에 달한다. 또한 건강은 식품과 식수 및 주택을 얻을 수 있느냐에 좌우되기 때문에 10억 명 이상이 기초 욕구를 충족시킬 수 있는 소득이나 토지가 없고, 수 억 명이 영양부족으로 고통을 받고 있다는 것을 강조하면서 모든 생명체들이 상호의존하고 있는 지구촌의 개발과 환경 및 보건을 통합한 지구촌의 도전을 제시하였다.

특히 이 보고서는 지속가능한 인류사회의 발전을 위하여 산업 분야별로 발생하는 환경 오염원에 대한 조치와 대안을 권장하고, 안전한 주거생활보장 및 국경을 초월하는 산성비, 오존층 파괴, 위험물질 교역, 해양 오염 및 생물다양성 문제를 제기하고, 모든 사람에게 요구되는 보건환경의 인식과 환경 보존 및 보건관련 전문가들의 보건환경 개선운동이 필요하다고 하였다.

또한 WHO는 인구밀도가 증가하면 사람사이의 전염병 증가와 확산을 용이하게 만들기 때문에 고 밀도의 도시 인구는 흑사병이나 콜레라, 결핵균(tuberculosis: TB)이나 면역 결핍 바이러스(human immunodefficiency virus: HIV)와 같은 치명적인 인체 전염병과 필연적으로 관계가 있다고 한다. 즉 오늘날 세계 사망자중 37%가 전염병으로 죽는다고 하나 다양한 환경요인, 특히 생물 및 화학적 오염물질에 의하여 40%가 사망한 것으로 계산하고 있다. 그 외에도 WHO에 따르면 30억 명의 인구가 영양결핍에 있고, 오염된 식수와 식품으로 매년 400만 명의 어린이가 설사병으로 죽는다고 한다. 또한 WHO는 세계적으로 매년 수질 오염으로 50 억 명이 질병에 감염되고, 600만 명 정도가 사망하며, 대기오염은 50~50 억 명의 건강에 나쁜 영향을 미치고, 증가하는 인구 때문에 대기오염도 날로 증가하고 있어 대기오염에 의한 사망자도 늘고 있으며, 농약에 의한 질병도 만성적으로 누적되고, 식품오염과 영양실조로 질병이 늘고 있으며, 다양한 화학약품과 병원균에 의하여 오염되기 쉬운 토양은 직접접촉으로 전염되기도 하지만 식품이나 식수를 통하여 간접적으로 오염되고, 바람에 비산된 미세 분진이 눈이나 코에 흡입되어 확산되기도 한다. 또한 반대로 약품에 대한 내성이 강한 미생물이 발생하여 투약 효과를 감소시키는 새로운 질병이 다시 발생하고 있다. 특히 식품오염 질병은 미국만 해도 매년 650만 명이 발생하고, 대략 9000명이 사망하고 있으며, 세계적으로는 매년 2.4억 명이 발생한다고 한다.

나아가 지구촌 변동 학에 대한 대학원 교과과정을 갖추고 있는 미시간 대학(Instruction to Global Change II - Lecture Notes: The Urban and Industrial Environment: The Atmosphere; 1997, http://www.sprl.umich.edu/GCL/notes2/urban_indust_1.html)에 따르면 18세기 초부터 도시화가 일어났으나 19세기 중반까지는 수는 많았으나 규모가 작아 환경의 영향이 국지적인 기후변화와 식수 부족 외는 나타나지 않았다, 즉 1900년 말에는 50만 이상의 도시가 43개에 불과하고, 그 중에서 16개만 100만을 초과하였으나 1950년대부터 도시수가 급격하게 증가하여 100만 명 이상의 도시가 400개가 넘고, 수 1000만에 달하는 대도시(metropolitan)가 생겨나고, 칼카타, 봄베이, 카이로, 자카르타, 서울은 2000년에 1500~2000만 명에 달할 것 같다고 한다.

또한 토프(I. Tof, 2000, http://www.ozemail.com.au/~ilanit/darwinian.html)에 따르면 전통적인 질병의 원인으로 박테리아나 바이러스와 같은 병원체를 전제로 하여 병원균을 발견하고자 하였으나 만성적으로 진행되는 당뇨병이나 천식과 같은 만성적 환경 병을 해석하는 방법으로 윌리엄스(G. C Williams)와 네스(R.M. Nesse)가 1995년 "우리는 왜 병을 얻는가?: 새로운 다윈 의학(WHY WE GET SICK: The New Science of Darwinian Medicine)"이라는 단행본을 출판하여 일반화된 진화론적인 다윈 의학이 출현하기에 이르렀다. 즉 인간의 몸이 가이아의 이론에 따라 생태계와 환경조건이 상호 작용하여 공진화를 계속하였다면 현재의 환경에도 적응한 인체로 변화되었을 것이나 제4 빙하기를 무사히 생존하여 제4 간빙기를 살고 있는 우리는 석기시대의 인체로 고정되어 현재와 같이 급변하는 환경조건에 적응하지 못하여 만성적인 알레르기, 신경통, 당뇨병, 천식, 암, 설사병, 전염병, 암과 같은 각종 질병에 시달리고 있다는 것이다.

또한 엡스타인(P. R. Epstein, 1997, Climate, Ecology, and Human Health; 2002, http://www.gcrio.org/CONSEQUENCES/vol3no2/climhealth.html)는 새로 출현한 질병 30 여 가지를 보고한 WHO의 1976년 보고내용과 급속하게 번식하는 잡초 그리고, 비위생적인 각종 설치류와 곤충 및 미생물들의 증식현상, 도시화로 인한 녹나지와 농경지의 대면적화로 야기되는 야생동물들의 이동통로 차단과 생물다양성 상실, 환경 스트레스증후군 발생, 지구촌 전체로 번지는 유행병 발생 등이 모두 기후변화에 기인한 환경적 질병이라고 지적하기도 한다.

따라서 도시계획은 인간의 생존 환경을 구성하는 높은 산소농도를 갖춘 깨끗한 공기를 자급하고, 안전한 식수 공급체계를 갖추며, 나아가 위생적이고 안전한 폐기물 관리체계를 갖추어야 할 것이며, 특히 대도시에서 방출된 대기 오염물질은 도시의 대기를 오염시켜 광학적 스모그현상을 일으킬 뿐만 아니라 미시기후를 변화시켜 도로상에서는 강한 바람을 야기시키고, 정체공기에서는 열섬효과를 발생시켜 각종 환경 질병을 초래하고, 폐기물은 수질을 오염시켜 수인성 질병을 초래하기도 할 것이다.

한편 롱스트레드(J. D. Longstreth, 1991, Anticipated Public Health Cosequences of Global Climate Change, 2000, http://www.ciesin.org/docs/001-342/001-342.html)에 따르면 인간의 활동이 생태계에 수많은 스트레스를 주는데 그 중에서도 국경을 초월하여 다른 나라에 나쁜 영향을 미치는 기후변화의 온실가스 문제와 오존층 파괴문제 및 그의 상호작용을 설명하고, 국제적 규제를 강조하였다.

또한 UN의 환경프로그램(Environmental Programme: UNEP, 1992, The World Encironment 1972-1992, 2000, http://www.ciesin.org/docs/001-009/001-009.html)은 과거 20년 동안의 환경자료와 WHO의 가이드라인을 비교하여 더 많은 인구가 환경질병에 시달리고 있다는 통계자료를 제시하기도 하였다.

특히 CIESIN(2000, http://www.ciesin.org/docs/001-233/001-233.html)은 〈그림 4.3-4〉에 나타낸 바와 같이 대기오염에 의한 호흡기 질병으로 사망한 어린이가 가장 많고, 신생아 사망에 이어 수질오염으로 야기되는 설사병에 의한 사망인 점을 고려할 때 환경오염으로 야기된 인명 살상이 심각하다는 것을 보여주고 있다.

즉 1992년 브라질의 리오데자네이로에서 개최된 환경정상 회담에서 선언된 아젠다 21은 파괴된 환경 재앙으로 인류에게 발생하는 각종 환경질병을 막기 위하여 환경을 복원하자는 하나의 선언으로 살아남기 위한 궁여지책인 셈이다.

또한 피멘텔(D. Pimentel, 1998, Ecology of Increasing Disease - Population Growth and Environmental Degradation)에 따르면 최근 인구 증가율이 둔화되고 있는 원인이 환경오염에 기인한 것으로서 (1) 오염된 수질에 의한 수인성 질병 증가, (2) 대기오염에 의한 기관지 환자 증가, (3) 농약오염에 의한 질병증가, (4) 식품오염과 질병 증가 및 영양실조, (5) 재발한 질병 증가( AIDS 등) 등을 들었고, 월드 워치 연구소(1999, Beyond Malthus)에 따르면 최근의 인구감소를 초래하는 주요 사망 질병의 종류로 (1) 수자원 부족에 의한 수인성 질병 증가,

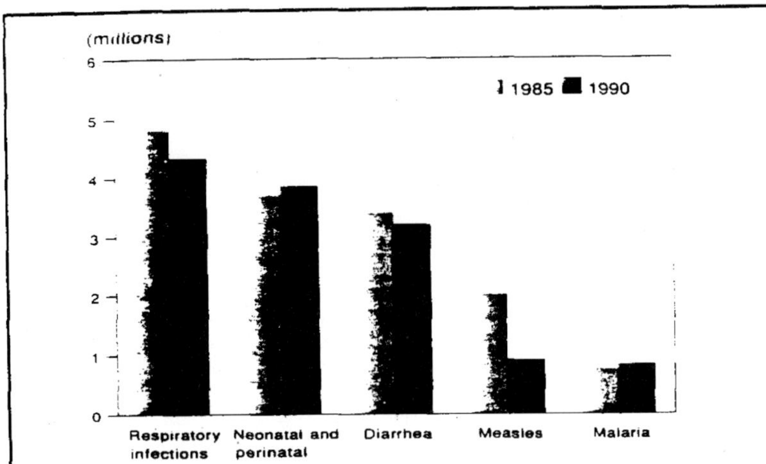


**Source**: Division of Epidemiological Surveillance and Health Situation and Trend Assessment, World Health Organization (WHO), *Global Estimates for Health Situation Assessment and Projections 1992* (WHO, Geneva, forthcoming).

**Notes**:

a. WHO attributes 400 million deaths in 1985 and 180 million deaths in 1990 to a combination of diarrhea and measles. Totals for diarrhea and measles both include deaths from combined diarrhea/measles.

b. Perinatal deaths refer to deaths from four weeks before delivery up to one month after birth; neonatal deaths refer to deaths after birth up to one month of age.

**〈그림 4.3-4〉** 어린이의 사망 원인과 환경의 영향

(출처: 2000, http://www.ciesin.org/docs/001-233/001-233.html)

(2) 농경지 감소에 의한 영양실조와 전염병 증가, (3) HIV 등이라고 하므로 연료에 의하여 발생하는 환경오염을 최소화하는 것이 중요하다.

### (6) 온실가스 방출과 기후온난화 문제

더욱이 산업화에 필수적인 화석연료 소각이 기후온난화를 야기하는 각종 온실가스(Greenhouse Gas: GHG)를 방출하여 날이 갈수록 특이한 이상기상현상을 발생하기 때문에, UN이 나서서 그의 영향과 감축방안에 대하여 심각하게 논의하고, 선진국에서는 이를 대체하는 에너지 자원과 활용 기술을 집중적으로 개발하고 있다.

특히 최근에는 온실가스에 의한 기후변화의 영향과 석유에 의존하는 식량문제가 커다란 재앙으로 다가올 것으로 심하게 우려하고 있다. 즉 UNEP의 정부 간 기후변화판넬(Intergovernmental Panel on Climate Change: IPCC, 2007, Climate Change 2007, 2007, http://www. ipcc.ch/)과 Stern 보고서(N. Stern, 2006, The Economics of Climate Change, 2007, http://www. hm-treasury.gov.uk/independent_reviews/stern_review_economics_climate_change/stern_review_report.cfm)에 따르면, 〈그림 4.3-5〉에 나타낸 바와 같이 지역적으

로 극한 기상이 발생하고, 해수면이 상승하면, 그에 따른 피해 복구비는 GDP의 15 - 20%까지 필요할 것이기 때문에 지금부터 온실가스 방출을 억제하여야 하며, 이에 소요되는 예산은 GDP의 1% 정도에 불과할 것으로 예측하고 있다.

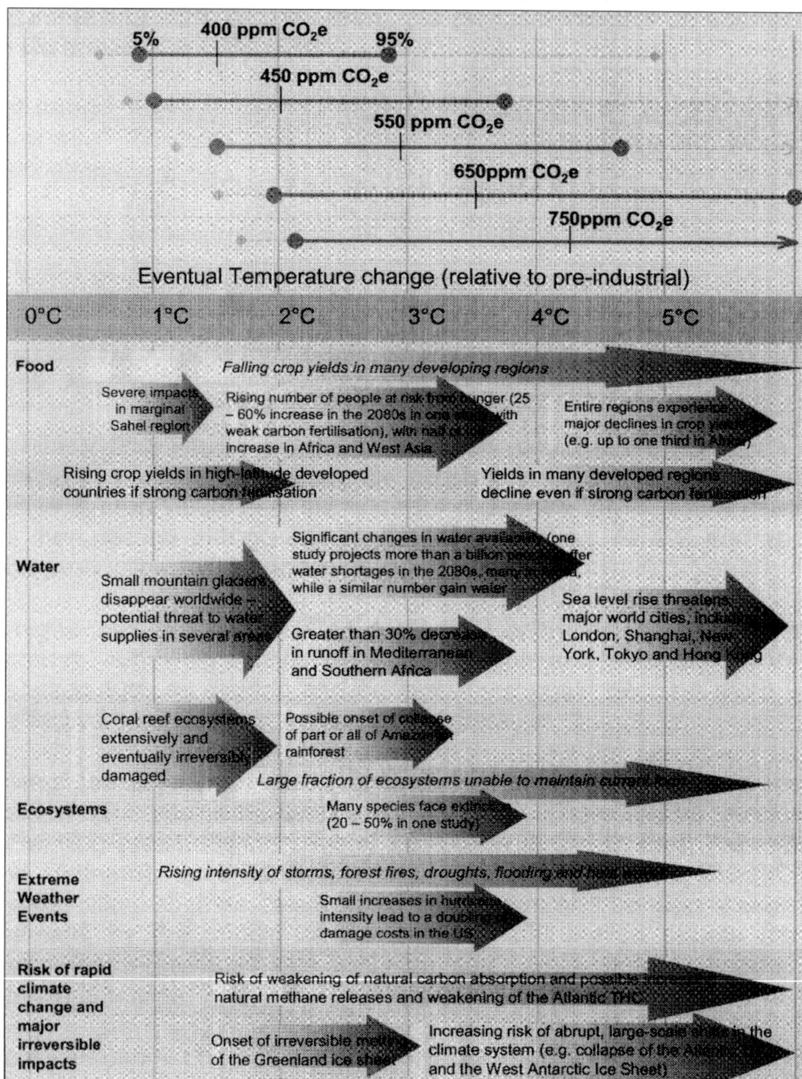


〈그림 4.3-5〉 예측된 기후변화의 영향

(Source: Intergovernmental Panel on Climate Change: IPCC, 2007, Climate Change 2007, 2007, http://www.ipcc.ch/) and N. Stern, 2006, The Economics of Climate Change, 2007, http://www.hm-treasury.gov.uk/independent_reviews/stern_review_economics_climate_change/stern_review_report.cfm)

## 4.4. 생수자원 고갈과 폐수처리 한계

=> 수질($H_2O$) 문제

### (1) 생수자원의 수요량과 생수 고갈 문제

한편 식량증산에 절대적으로 필요한 환경자원은 충분한 생수자원 확보이다. 즉 전술한 바와 같이 식물의 광합성에는 반드시 수분이 필요하고, 모든 생물체의 60~80%가 수분이기 때문에 생태계 보존에 반드시 생수자원이 필요하며, 식품 오염물질도 모두 물에 용해한 이온만이 흡수되기 때문에 수질관리가 중요하다.

최근 UN의 식량농업기구(Food and Agriculture Organization: FAO)는 식량생산의 유전자 보고인 생태계의 다양성 보존에 치명적인 영향을 미치는 수자원 고갈이 인구증가에 따른 식량부족으로 발생한 기아나 기근에 못지않게 수자원 부족으로 발생한 농경지 파괴와 식량부족 및 수인성 질병확산으로 닥칠 심각한 상황을 공표하기도 하였다. 즉 산업화로 날로 늘어나는 물(用水)소비량 증가가 급증하는 인구증가에 따라 가중되고 있기 때문이다.

특히 UN의 인구분과의 인구정보망(UN Population Information Network: POPIN, 1994, http://www.undp.org/popin/fao/water.html)에 따르면 <표 4.4-1>에 나타낸 바와 같이 생활수준에 따라 소비량이 다르지만 지구촌의 생수 순환량은 물리적으로 매년 거의 동일하다.

그러나 육지에서 살고 있는 인간이 소비한 생수 사용량은 인간의 생존과 관련된 식량에 소비한 용수량은 차이가 거의 없으나 문명생활의 수준을 나타내는 가정용수와 상공업 용수는 경제 발전정도에 따라 천차만별하다. 즉 미국은 아프리카보다 식량생산을 위한 농업용수 소비량은 4배에 불과하나 산업용수 소비량은 10배에 이르고, 인간을 중심으로 소비되는 가정용수는 65배에 이른다.

또한 국제 인구 행동 기구(Population Action International: PAI, 2,000, Sustaining Water)의 팔

**<표 4.4-1>** 세계인구의 연간 1인당 생수소비량 (단위: ton/capita/yr)

| | 세계 | 아프리카 | 아시아 | 북미 및 중미 | 남미 | 유럽 | 구소련 |
|---|---|---|---|---|---|---|---|
| <1> 가정 및 위생용수 | 148 | 12 | 42 | 782 | 110 | 385 | 346 |
| <2> 식량생산 및 농업용수 | 444 | 216 | 446 | 912 | 282 | 235 | 832 |
| <3> 상공업 용수 | 148 | 12 | 42 | 782 | 110 | 385 | 346 |
| <4> 합계 | 740 | 240 | 530 | 2,476 | 502 | 1,005 | 1,524 |
| 하루소비량(L/day) | 2,000 | 700 | 1,452 | 6,784 | 1,375 | 2,753 | 4,175 |

(출처: UN Population Information Networjk: POPIN, 1994, http://www.undp.org/popin/fao/water.html)

켄마크와 위드스트랜드(M. Falkenmark & C. Widstrand, 1992)는 한 가정이 위생적으로 건강을 유지하는데 필요한 최소 급수량이 1인당 하루에 100L/day정도이고, 농업과 공업 및 에너지생산에 필요한 용수를 충족시키려면, 그의 5~20배에 해당하는 용수가 필요함을 지적하고, 매년 생수 확보량이 연간 1인당 1,700ton/yr 이상이면, 수자원이 풍부한 지역이나, 1,700ton/yr 이하 지역은 주기적 물 부족이나 수자원 스트레스(water stress)를 받는 지역이며, 1,000ton/yr 이하의 지역은 만성적 수자원 고갈(water scarcity)지역이고, 재생되는 생수가 500ton/yr 이하의 지역은 절대 물 부족(absolute water scarcity)지역으로 구분하였다. 따라서 연간 지구촌 강수량을 현재 인구 55억 명으로 나누면 496 $GtH_2O$/5.5 billion = 90 ton/yr가 되어 세계적으로는 절대 물부족시대를 지내고 있다는 것이다. 즉 팔켄마크와 위드스트랜드의 기준에 따르면 생존에 필수적인 생수 자급량이 충분한 지역은 북미와 중미의 북아메리카 대륙뿐이고, 유럽과 구 소련은 용수스트레스를 받고 있는 대륙이며, 남미와 아시아 및 아프리카는 절대적인 물기근 국가에 속해 있다.

그러나 지구상의 생수자원은 〈그림 4.4-1〉에 나타낸 바와 같이 바다 물이 증발한 다음 하늘에서 비구름을 만든 후에 지구의 자전으로 형성된 바람에 의하여 육지로 이동한 비구름에서 떨어진 수분으로 매년 거의 일정한 순환과정을 거친다. 따라서 현재 육지에 떨어진 강수량이 496 $GtH_2O$에 불과하여 바다물의 수 100만분지 1에 불과하고, 육지 생태계가 소비하는

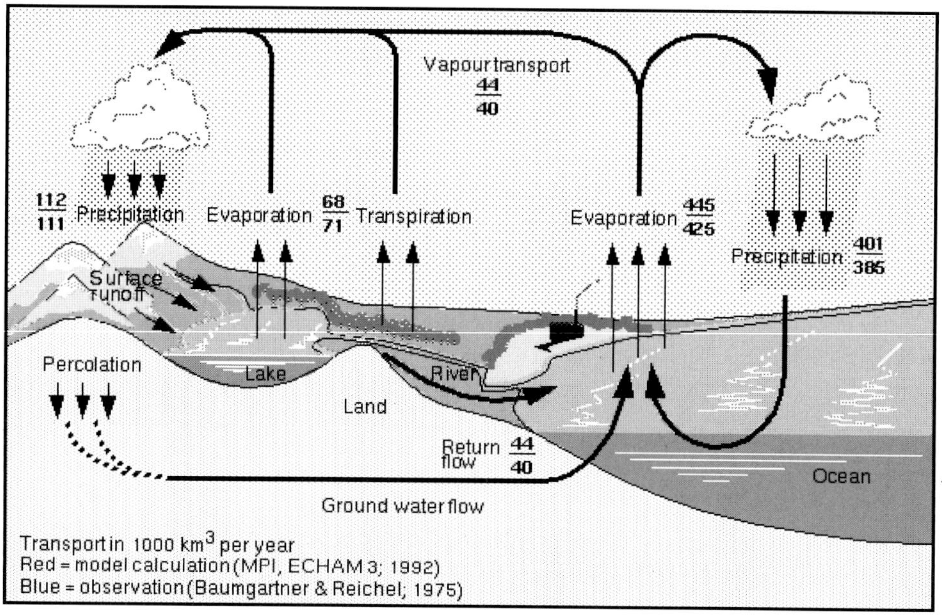


〈그림 4.4-1〉 지구촌의 생수 자원 순환과 지하수량

(Hamburg Model, 2000, http://www.dkrz.de/dkrz/broschuere-eng/research/water.html)

〈표 4.4-2〉 지구촌의 연간 물 순환 (단위: Gigaton$H_2O$)

| | | 연간 순환량($GtH_2O$/yr) | | | 저장량 | | |
|---|---|---|---|---|---|---|---|
| | | 증발량 | 강수량 | 증감 | 대기 중 | 모체 중 | 소계 |
| 바다 | (짠물) | 425 | 385 | ▽40 | 11,000$GtH_2O$ | 1,350,000,000$GtH_2O$ | 1,350,011,000$GtH_2O$ |
| 육지 (생수) | 지표수 | 71 | 111 | | 4,500$GtH_2O$ | 275,000$GtH_2O$ | 279,500$GtH_2O$ |
| | 빙하 | - | - | | | 27,500,000$GtH_2O$ | 27,500,000$GtH_2O$ |
| | 지하수 | - | (△40) | △40 | | 8,200,000$GtH_2O$ | 8,200,000$GtH_2O$ |
| | 소계 | 71 | 111 | | 4,500$GtH_2O$ | 35,975,000$GtH_2O$ | 35,979,500$GtH_2O$ |
| 합계 | | 496 | 516 | 0 | 15,500$GtH_2O$ | 1,385,975,000$GtH_2O$ | 1,385,990,500$GtH_2O$ |

(출처: http://www.dkrz.de/dkrz/broschuere-eng/research/water.html)

생수(生水: 단 물: 淡水)량은 〈표 4.4-2〉에 타나낸 바와 같이 자연계에서 순환하는 총 생수량에 근접하고 있어 머지 않는 장래에 수자원 고갈로 생길 생태계 파괴를 우려하고 있다.

특히 산업화로 향상된 문명생활로 늘어나는 용수소비 증가와 동시에 인구증가로 늘어나는 용수 소비가 기하급수적으로 증가하여 식량 자원 확보 못지않게 담수자원 확보가 필수적이나 과학기술 개발로 극복할 수 없고, 기후변화에 민감하게 좌우된다는 점이 극복하기 어려운 환경위기이다.

더욱이 질량 보존의 법칙에 따라 재생 강수량이 적다고 하더라도 현재기후가 유지되면 매년 내리는 강수량은 거의 일정할 것이나 그의 분포는 지구상의 위치와 지형조건에 따라 기후조건이 국가별 지역별 달라 강수량도 다르다. 따라서 강수량이 많은 아메리카는 산림자원이 많아 생수자원이 많은데 반해 열대의 말레시아나 방글라데시 지역은 몬순기후 때문에 많은 강수량이 짧은 기간에 집중되어 홍수가 발생하고, 아프리카의 북부지역은 가뭄이 계속되어 농경지가 파괴되고, 유럽과 중앙아시아, 중국과 우리나라 등 온대지방은 짧은 기간에 집중적으로 내리는 강수량 때문에 매년 홍수가 발생하여 농경지를 파괴하기도 한다. 따라서 수자원이 많은 국가나 지역은 물길을 조절하는 기술개발로 부유한 국가를 만들어 가는데 반해 수자원이 부족한 국들은 기술이 있어도 수자원 부족으로 농경지가 파괴되어 식량부족으로 기아와 기근이 번져가고 있다.

그러나 생태계의 생존에 필수적인 생수 자급량은 태양 에너지를 받는 상대적인 위도와 기후조건에 따라 수광량(受光量)이 달라 그곳의 기온이 달라지고, 해수면의 증발량을 변화시켜 지구자전과 온도차로 발생한 바람이 증발한 수증기를 운반하여 생수를 공급하는 강수분포를 지배하므로 지구촌의 물순환량은 매년 일정하지만 국가의 위치와 지형에 따라 발생하는 기후조건에 따라 비와 눈으로 공급되는 생수 자급량이 달라진다.

즉 세계 각국은 지구상의 상대적 위치와 지형에 따라 달라지는 기후조건에 따라 강수량이 다르기 때문에 생물 다양성 보존에 필수적인 생수 자급을 위한 노력은 일정한 순환 생수량을 최대한 유효하게 이용하는 기술개발과 동시에 기후변화를 초래하는 인간 활동을 규제하는 방향으로 극복해가고 있다.

특히 인류생존에 필수적인 깨끗한 생수자원 확보는 건강한 삶을 유지하고, 충분한 식량을 생산하여 자자손손이 지속 가능한 인류문명을 만드는데 필요한 식량생산과 에너지 생산에 필수조건이기 때문에 현재의 기후를 변화시키는 온실가스 발생에 대한 규제가 강화되고, 육지 생태계를 오염시킬지도 모르는 수질오염을 철저하게 규제하여 할 것이다.

### (2) 생수 자원 고갈과 경제 개발의 한계

현대 산업사회는 인간이 만든 공장이나 상가, 나아가 근대 주택이라도 모두 물을 용매로 사용하여 청소하고, 세척하며, 화학원료로도 이용한다. 즉 물을 피하여야 하는 강철이나 석유 플라스틱 등을 제조하더라도 세척이나 청소에는 물을 사용하여야 가장 경제적이고, 식품공장이 아닌 제철공장이나 정유공장도 물을 이용하여야 하며, 생명체를 구성하는 성분 중 70% 이상이 물이기 때문에 생태계의 생명활동을 유지하는 모든 분야 물이 필요하다. 특히 인간의 생존을 좌우하는 식량을 생산하는 농업은 막대한 생수자원이 필요하고, 공업이 발달한 선진국일지라도 총 생수 소비량 중 60% 이상을 소비하여 식량생산에 열중하고 있다.

그러나 전술한 PAI(2000)는 수자원 고갈에 미치는 인구의 영향을 평가하기 위하여 아프리카 대륙의 하천을 기준으로 연간 100만 톤의 용수 자급 구역을 기준으로 거주한 인구로 나타내는 생수자원 고갈도(water scarcity)를 발표하였다. 즉 강수량 100만 톤 집수 구역 하천에 거주하는 인구가 600명 이하이면 건기의 용수 공급과 수질에 문제가 있지만 심각하지 않았으나 600~1,000명이면 때때로 수질과 수량에서 심각한 문제를 야기하여 생수 스트레스(water stress)단계에 들어가고, 1,000~2,000명이 되면 인간개발과 경제개발에 필요한 용수부족으로 심각한 수자원 문제를 야기하는 생수 고갈(water scarcity)단계에 있었다. 따라서 인구가 수자원 이용에 영향을 미치는 최대 인구수를 연간 100만 톤의 생수자원마다 2,000명으로 평가하고, 이를 초과하면 생수자원 장벽 때문에 대책을 세울 수 없는 단계가 되어 자연적으로 인구 감축을 시도하게 된다고 평가하였다.

환언하면 UN의 이러한 기준을 적용하여 아프리카 대륙을 평가한 결과 생수 스트레스 단계가 15개국이고, 생수 고갈단계가 9개국에 이르며, 2025년에는 인구증가로 22개국이 2,000명이 넘어 모든 개발 활동이 수자원 장벽을 극복하지 못하여 추진될 수 없을 것이라고 평가하였다.

따라서 총 생수 자원에서 지하수 자원은 비가 오지 않는 건기(dry season)에 이용할 수 있는 수자원인데도 불구하고, 도시개발에서 식수공급원으로 지하수를 굴착하거나, 광천수 또는 생수라 하여 무계획적으로 굴착하여 시판되고 있다. 즉 지하수는 비가 오지 않는 계절에 이용할 수 있는 비축된 수자원으로서 지상과는 다른 수맥을 통하여 이동하는 데도 불구하고, 개인소유의 땅이라도 채광권이라는 명분으로 지하수를 과도하게 채굴한다면, 결국은 그 지역의 수자원 고갈을 초래하여 도시가 황폐화될 것이며, 역으로 수질이 오염되면, 수인성 질병의 확산으로 건설된 도시가 황폐화될 가능성도 높아질 것이다.

그러나 과학기술의 발전으로 지구표면의 2/3을 점유하는 바다 물을 정제하면, 그 정제수를 식수로 이용할 수 있다. 즉 사우디아라비아와 사막지대 국가들은 이글거리는 태양 광 에너지를 이용할 수 있지만, 경제성이 없기 때문에 매장된 석유를 팔아 식량을 구입함과 동시에 생수를 수입하고, 나아가 주변 해역에 산재한 바다 물을 기술적으로 정제하는 담수화 공장을 건설하여 국민이 필요로 하는 생수를 공급하고 있다.

그렇지만 바닷물의 담수화에 소비한 과도한 에너지 소비로 발생한 기후변화는 지역에 따라 다르겠지만, 과도한 홍수나 가뭄 또는 기온 변화를 야기하여 식량을 생산하여야 하는 농업에 영향을 미치게 된다면 1년에 한번 생산하여 다음 해를 기약하는 식량자급에 지장을 초래하여 생존질서에 막대한 지장을 초래하기 때문에 생태학자들은 기후변화가 우려되는 화석연료 사용을 제한하여야 한다는 것이다.

### (3) 생수자원 고갈과 폐수 재활용 기술의 한계

특히 생수자원은 인류의 생존과 경제 활동에 필수적인 매체이기 때문에 깨끗한 생수가 필요하나 전술한 바와 같이 지구촌의 생수자원은 [ **바다 증발 → 구름형성과 이동 → 비와 눈으로 강수 → 지표의 계곡에 집수된 하천 흐름과 지하수 → 바다** ]의 순환과정을 거치는 동안 토양이나 동·식물의 흡수와 증발로 눈에 보이지 않지만 물질면에서는 소멸되거나 없어지는 것이 아니다. 따라서 기후조건에 따라 지역적으로 생수자원이 부족한 지역이나 정착지에서는 쓰고 버린 폐수를 정화시켜 다시 사용하여야 지속가능하다. 따라서 오늘날의 도시는 흐르는 하천 유지 수나 저수지의 물을 바다로 흘러 내려가기 전에 직접 농업용수로 이용하여 식량을 생산함과 동시에 취수 후 정화 처리하여 식수로 만들거나 저질 하천수를 정제하여 공업용수로 사용하기도 한다. 이때 상류의 생활공간에서 발생한 각종 폐수를 하류의 주민들에게 충분한 수질까지 정화 처리하여 재활용하는 것은 경제적인 면에서 거의 불가능하다. 따라서 각 종 크기의 도시개발에는 우선적으로 청결한 상수원을 확보하는 것이 절대적인 조건이다.

현재 공동으로 물을 처리하는 공장이나 도시에서 사용하는 용수들은 대부분 여과분리법과 흡착분리법 및 살균처리법을 조합한 공정을 구성하여 오수를 정수 처리하여 사용하고, 사막

지역의 국가들은 바다 물을 분리하여 사용하기도 한다.

그러나 대량 발생하는 생활하수와 폐수처리는 이러한 기계장치로 시간 내에 경제적으로 처리하기 어렵기 때문에, 제한된 공간에 방류하여 생물학적으로 정화 처리한 후에, 자연하천에 방류하는 종말 하수처리장들이 건설되고 있다. 이는 하류지역 주민이 하천수를 사용할 때, 상류지역 주민과 마찬가지로 정화처리비를 부담하지 않고서도 각 공정에 이용할 수 있는 수질을 보장하여야 공평할 것이다. 즉 각 도시는 각 가정에서 발생한 생활하수와 분뇨처리에서 전문 처리업자가 분뇨를 분리 처리하고, 하수처리는 분리 관로를 건설하여 수집된 고농도의 오염 하수만을 정화 처리하는 종말 하수처리장을 갖추고 있지만, 그 처리하수는 하류 주민들의 식수원은 아니더라도, 적어도 농산물과 수산물생산을 위하여 점유하고 있는 넓은 지역에 사용할 수 있는 농업용수로 이용 가능한 수질이라야 인구분산을 유도할 수 있을 것이다.

이때 생수나 폐수를 정화 처리하는 방법은 태양열로 증발시키는 것이 기본적이나, 다량 발생한 폐수를 인위적 증발시키는 데는 막대한 에너지가 소비되기 때문에, 물리적으로 미세한 구멍을 갖춘 다공질 막(porous membrane)을 개발하여 여과 처리하는 방법과 다른 물질에 흡착 응고시켜 분리하는 흡착 분리법이 이용되고 있다.

따라서 최근에는 시간이 거리지만, 넓은 면적에 포집하여 강제로 산소(공기)를 공급하는 호기성 폭기(aeration)방법을 이용하고 있다. 또한 정화된 폐수는 슬러지와 분리하고, 이어서 여과법이나 흡착법으로 제거되지 않는 병원성 세균들은 염소 가스나 표백분, 오존 또는 자외선(UV: ultraviolet)으로 살균 처리한 다음, 다시 식수원으로 이용하는 폐수처리공정이 일반적이다.

그러나 이러한 폐수 처리과정은 도시 규모와 인구 규모가 증가할수록 하수 종말 처리장의 규모가 증가하고, 폐수 중에 혼입된 성분들이 다양할수록 처리단계가 복잡해지고, 처리장 규모도 커지게 되고, 농경지나 도시바닥 및 포장도로에서 발생하는 비점오염(non-point pollution) 때문에 상수도과 유사하게 하수 분리 관거를 별도로 매설하여야 환경 재난을 피할 수 있다.

즉 물의 용도에 따라 식수를 생산하는 상수도와 폐수를 분리하는 하수도가 주거지를 마디로 하여 하나의 시스템을 이루기 때문에, 상수도에 문제가 발생하여도 문제이고, 하수도에 문제가 발생하여도 환경재난을 부를 수 있다. 따라서 상·하수도는 건설의 경제성보다 고장시 발생하는 수리와 보수의 용이성과 시간단축을 고려하여 적정규모로 분산시켜야 예측하지 못한 환경재난을 면할 수 있을 것이다.

환언하면 경제적인 이유에서 신도시를 건설할 때, 경제적인 이유에서 도로망을 건설한 다음에, 상하수도를 건설하는 순서대신에, 우선적으로 거주민의 일상생활에 필수적인 상하수도를 확립한 다음에, 도로망을 구성하는 과학적인 인프라(infrastructure) 구축 방법이 요구된다고 할 수 있다.

## 4.5. 토양 오염과 식량 생산문제
### => 식품 안전성(Safe Food) 문제

### (1) 인구 1인당 식량 소요량과 에너지 소비 구조

건강한 삶을 위하여서는 누구나 <표 4.5-1>과 같이 깨끗한 생수뿐만 아니라 깨끗한 영양분을 매일같이 섭취하여야 하고, <표 4.5-2>에 표시한 바와 같이 매일 같이 하루에 3끼씩 식량이나 고기와 같은 농산물을 조리하여 먹어야 한다.

그러나 피멘텔과 피멘텔(D. Pimentel & M. Pimentel, 1991, Land, Energy and Water: The Constraints Governing Ideal U.S. Population Size; http://www.dieoff.org/page136. html)에 따르면 <표 4.5-3>에 나타낸 바와 같이 국토면적이 9억 헥타 정도로 유사한 미국과 중국에 인구는 미국이 2.5억 명인데 비해 중국은 11억 명이 살고 있어 1인당 점유면적이 미국은 3.2ha가 배당되는데 반해 중국은 0.5ha가 배당되어 1인당 국토점유율이 미국인이 중국인보다 6.4배에 불과하나 경제력은 47배에 달한다고 한다. 이러한 현상은 국토관리와 사회구조의 차이로 생각된다.

특히 정상인이 섭취하여야 할 영양 권장량이 평균하여 하루에 2,500kcal이므로 이를 기준으로 양국의 식생활을 평가하면 미국인은 1인당 연간 1,500kg에 달하는 곡물을 소비하여 매일 3,500 kcal을 소비하므로 과도하게 소비하는데 반하여 중국인은 590kg로 2,500kcal 정도이기 때문에 겨우 건강을 유지하는 수준의 식량을 생산하여 자급하는 셈이다. 따라서 그는 유목민계의 유럽인 답게 원래는 중국인도 미국과 같이 육식을 좋아하는 민족이었으나 인구과

**<표 4.5-1>** 1인당 하루에 섭취하여야 하는 영양분 종류와 권장량 (성인기준)

| 성분 / 성별 | 기준 체중 (kg) | 식수 (L/day) | 소요 열량 (kcal/day) | 탄수화물 (전분; g) | 단백질 (g) | 지방 (g) | 비타민 A (IU) | 비타민 지아민 (mg) | 비타민 나이신 (mg) | 비타민 리보플라빈 (mg) | 비타민 아스코빈산 (mg) | 미네랄 소금 (NaCL : g) | 미네랄 Ca (mg) | 미네랄 Fe (mg) |
|---|---|---|---|---|---|---|---|---|---|---|---|---|---|---|
| 남자 | 60 | 3 | 2,700 | 350~400 | 70~80 | 50~60 | 6,000 | 1.4 | 18 | 1.6 | 60 | 15~30 | 500 | 10 |
| 여자 | 52 | 3 | 2,000 | 350~400 | 70~80 | 50~60 | 6,000 | 1.0 | 13 | 1.2 | 50 | 15~30 | 500 | 18 |
| 발열량(kcal/g) | | | | 4.1 | 4.1 | 9.3 | | | | | | | | |

(출처: 동아출판사, 1982, 현대 가정 의학 백과, pp.1237-1348)

〈표 4.5-2〉 주요 식품 100g중의 영양가와 식단구성

| 성분 / 농산물 | 수분 (%) | 발열량 (kcal) | 전분 (g) | 단백질 (g) | 지방 (g) | 무기질 (g) | 비타민 | | | | | 미네랄 | | |
|---|---|---|---|---|---|---|---|---|---|---|---|---|---|---|
| | | | | | | | A (IU) | 지아민 (mg) | 나이신 (mg) | 리보플라빈 (mg) | 아스코빈산 (mg) | 소금 (g) | Ca (mg) | Fe (mg) |
| 쌀 | 14.1 | 340 | 77.5 | 6.5 | 0.4 | 0.5 | - | 0.10 | 1.5 | 0.05 | 0.0 | - | 24 | 0.4 |
| 밀 | 11.8 | 350 | 69.0 | 12.0 | 2.9 | 1.8 | 0.0 | 0.34 | 5.0 | 0.11 | 0.0 | - | 71 | 3.2 |
| 옥수수 | 13.4 | 349 | 68.9 | 9.4 | 4.1 | 2.1 | 0.0 | 0.30 | 3.0 | 0.10 | 0.0 | - | 21 | 2.0 |
| 콩(백) | 6.2 | 410 | 21.6 | 41.3 | 17.6 | 5.8 | 0.0 | 0.60 | 3.2 | 0.17 | 0.0 | - | 127 | 7.6 |
| 쇠고기 | 72.9 | 133 | 0.3 | 20.1 | 5.7 | 1.0 | 15 | 0.06 | 5.0 | 0.08 | 2.0 | - | 6 | 3.0 |
| 돼지고기 | 72.4 | 125 | 0.2 | 20.7 | 4.6 | 1.1 | 3 | 0.95 | 5.0 | 0.11 | 0.0 | - | 4 | 3.0 |
| 닭고기 | 73.5 | 126 | - | 20.7 | 4.8 | 1.3 | 8 | 0.09 | 5.0 | 0.15 | 0.0 | - | 4 | - |
| 계란 | 74.0 | 160 | - | 12.7 | 12.1 | 1.2 | 500 | 0.10 | 0.1 | 0.30 | 0.0 | - | 67 | 267 |
| 고등어 | 76.0 | 111 | 0.7 | 18.0 | 4.0 | 1.3 | 14 | 0.08 | 8.0 | 0.20 | 0.0 | - | 5 | 1.8 |
| 배추 | 91.9 | 18 | 2.7 | 1.3 | 0.2 | 0.8 | 153 | 0.06 | 0.4 | 0.09 | 28 | - | 70 | 63 |
| 된장 | 51.5 | 128 | 10.7 | 12.0 | 4.1 | 17.9 | 0.0 | 0.04 | - | 0.20 | 0.0 | - | 122 | 5.1 |
| 간장 | 71.7 | 28 | 4.4 | 4.3 | 0.4 | 19.2 | 0.0 | 0.03 | 1.2 | 0.10 | 0.0 | - | 62 | 5.2 |
| 고추장 | 47.7 | 176 | 25.9 | 8.9 | 4.1 | 19.9 | 0.0 | 0.35 | 1.5 | 0.35 | 0.0 | - | 126 | 13.6 |

(출처: 동아출판사, 1982, 현대 가정 의학 백과, pp.1237-1348)

잉으로 농업시스템이 자연환경의 최대 수용능력에 맞추어야하기 때문에 식생활이 필연적으로 채식주의로 전환된 것으로 보고 있다.

미국은 북아메리카 대륙에 이주한 유럽인으로서 특히 1850년 이후 과학기술의 이용으로 농업과 목재생산에 필요한 작업을 에너지로 인력을 대체하면서 경제성 때문에 비료와 농약뿐만 아니라 농사일까지 기계와 화석연료로 전환시켜 인력을 감축시킨 결과 현재 농사일에 필요한 인력이 미국은 10ha/ha에 불과하나 중국은 1,200hr/ha 소요된다고 한다.

더욱이 미국과 같은 선진국에서는 화석연료의 대부분이 주로 공업과 수송 및 가정 난방과 식품생산에서 사용하나, 중국은 공업 분야에만 주로 화석연료를 사용하고, 농업에서는 적게 사용한다. 따라서 미국인은 석유로 환산하여 연간 8,000L에 달하는 석유를 사용하여 중국인보다 20배나 되는 에너지를 소비하고 있다고 한다. 즉 1850년대만 하여도 미국은 에너지의 91%를 태양에너지의 간접적 이용인 목질 바이오 메스에 의존하였으나 점점 감소하여 현재는 바이오 에너지(Bioenergy)가 3%에 불과하고 나머지 92%가 화석연료에 의존하게 되었다.

그러나 녹색식물이 다음 반응식과 같이 대기 중의 탄산가스를 흡수하고, 토양에서 수용성 무기이온과 수분을 흡수하여 녹색잎에 존재하는 엽록소에서 태양광 에너지를 이용하여 고정

하는 광합성 메커니즘에 의하여 현재의 자연환경과 생태계가 균형을 이루고 있다는 가이아 이론(Gaia Theory)에 근거하여 계산하면 미국은 연간 54쿼드(1quad = $10^{15}$BTU)를 광합성으로 태양에너지를 고정하고 있으므로 광합성량보다 40%나 많은 에너지를 소비하는 미국은 경제 구조를 개편하여 시급히 재생 에너지 자원으로 전환하여야 한다고 한다.

$$6 \times CO_2 + 6 \times H_2O \rightarrow\rightarrow\rightarrow (\text{광합성}) \rightarrow\rightarrow\rightarrow C_6H_{12}O_6 + 6 \times O_2$$

이때 목질 바이오 메스로부터 에탄올 연료를 생산하기 위하여 생명 공학적 효소 당화를 이용하여 바이오 메스를 가수 분해시킨 후 알코올 발효하여 얻어진 알코올 연료의 경우 생산된 연료의 70%가 제조과정에서 투입된 에너지이고, 하나의 자동차가 연간 소비할 알코올 연료 생산용 옥수수를 생산하는데 6 ha 정도의 농경지가 필요하며, 100,000명의 도시가 연간

**〈표 4.5-3〉** 중국과 미국의 1인당 농산물 소비량과 토지이용

| 〈1〉 Food/Feed (kg/capita/yr) | | |
|---|---|---|
| | USA | China |
| Food grain | 69 | 269 |
| Vegetables | 112 | 204 |
| Fruit | 63 | 11 |
| Meat & Fish | 103 | 25 |
| dairy products | 265 | 3 |
| Eggs | 15 | 6 |
| Fats & Oils | 28 | 6 |
| Sugar | 66 | 6 |
| TOTAL | 721 | 530 |
| Feed grains | 801 | 64 |
| **GRAND TOTAL** | **1,522** | **594** |
| kcal/cap/yr | 3,500 | 2,484 |
| Water(1000kL/yr) | 2.5 | 0.46 |
| Fossil Fuel(kL oil) | 8.0 | 0.413 |
| Forestproducts(ton) | 14 | 0.03 |
| Grains(1985) = 8.5% for seeds & industr.+74% for food +17.5% for feed | | |

| 〈2〉 Resources utilized per capita per year | | | |
|---|---|---|---|
| Resources | | USA | China |
| Land (ha) | Cropland | 0.6 | 0.1 |
| | Pasture | 1.3 | 0.3 |
| | Forest | 1.3 | 0.1 |
| | TOTAL | 3.2 | 0.5 |

| 〈3〉 Land requirement for Energy Facilities (1 billion kWh/yr elect. for a city of 100,000 people) | |
|---|---|
| Electrical Ebergy Technology | Land (ha) |
| Sloar central receiver | 800 |
| Photovoltaics | 600 |
| Wind power | 2,700 |
| Hydropower | 13,000 |
| Forest biomass power | 330,000 |
| Solar ponds | 9,000 |
| Nuclear Power | 68 |
| Coal power | 90 |

(출처: D. Pimentel & M. Pimentel, 1991, Land, Energy and Water: The Constraints Governing Ideal U.S. Population Size; http://www.dieoff.org/page136.html)

필요한 전기 생산용 10억 kWh의 태양열 발전소를 건설하는 데는 2,700ha의 면적이 필요하지만 각 가정의 옥상에 광전지를 설치하면 소요 면적을 10%로 감소시킬 수 있다고 한다.

또한 그 (D. Pimentel, 1994, Food, Land, Population and the U.S. Economy; http://www.dieoff.org/page55.html)는 미국에서 1989년도에 1 kcal의 곡물을 생산하는데 비료와 농약, 관계배수와 농기계용 연료만 포함하여도 0.7 kcal의 화석연료를 소비하여 총 $850\times10^{12}$Kcal을 소비하였으며, 곡물건조와 농업자재 및 생산물의 운송 분야, 전기와 농사용 건물의 건설과 인프라 구축에 소비된 에너지를 포함하면 거의 1 kcal에 접근하여 농업부분에서 소비한 에너지가 총 에너지 소비량 중 5%인 $1\times10^{15}$ kcal을 초과하고 있다고 한다. 따라서 미국 농업은 국민 1인당 연간 0.4 tonTOE를 소비한 셈이기 때문에 530리터의 석유를 소비하고 있다고 한다. 즉 미국 국민은 1 kcal의 식품을 섭취하기 위하여 소비한 화석연료가 1 kcal이라는 등식이 성립하므로 결국 미국 농산물은 석유와 석탄을 곡물로 전화시킨 생 화학반응의 결과로 석유 값 상승이 곡물 생산에 치명적인 영향을 미치고, 나아가 세계 곡물가격에 크게 영향을 미친다는 결과가 된다.

특히 이런 계산은 곡물을 생산하는 농업부분만 계산한 것이지만 시판되는 식품은 가공과 포장 및 분배과정을 거치기 때문에 산업적 에너지 소비까지 포함하면 3배 이상이 되고, 공식적인 미국 통계에서 "주거용 에너지 사용량"이라고도 부르는 식품 쇼핑과 가정 조리에 소비된 에너지까지 포함시킨 전체 식품 공급시스템에서 소비된 총 에너지가 미국 총 에너지 소비량의 17%에 이른다고 한다.

환언하면 산업 사회에서 우리가 매일 먹는 가공식품을 에너지면에서 전 과정(Life-Cycle)을 평가하면 자연적인 녹색식물의 광합성 화학을 이용하더라도 생존을 위하여 먹는 가공식품의 열량은 외부에서 투입된 화석 연료량보다 훨씬 낮아 비경제적이므로 보다 경제적인 자연적 식품 공급시스템을 구축하는 에너지 시스템으로 전환되어야 한다.

특히 피멘텔과 피멘텔(D. Pimentel & M. Pimentel, 1991)에 따르면 **미국의 농업이 식품 1 kcal을 생산하는데 화석연료를 3 kcal 이상 소비하여야 하고, 지표수 외에도 지하수를 보충속도보다 25%나 많은 양을 소비하며, 화석연료 사용으로 방출되는 대기오염과 수질오염 및 독성물질이 정화하는 각종 유전자 보고인 생태계를 파괴하고 있기 때문에** 지속가능한 사회가 유지되려면 폐기물과 독성물질을 제거하여야 하고, 에너지원을 태양 에너지로 전환시켜야 하며, 현재의 기술수준으로 환산하여 지속가능한 생태계환경을 유지하면서 미국이 자급자족할 수 있는 인구는 1억 명 이하라야 한다고 한다. 그러나 현재의 생활수준을 지속적으로 유지하면서 자급하는 인구수는 이보다 더욱 감축하여야 할 것이다. 즉 이러한 태양 에너지 이용으로의 전환은 가치관이 전혀 다른 시스템이기 때문에 급격하게 전환할 수 없으므로 중간의 천이과정에서는 석탄을 에너지원으로 이용하여야 할 것이다.

결과적으로 토양과 수자원 및 생물자원을 지속가능하게 보존하는 건전한 에너지보존정책과 환경보존정책을 유지할 경우 미국은 고품질의 환경을 유지하면서 태양에너지 이용 사회로 전환하여 자급자족할 수 있는 인구는 0.4~1억 명 정도이다. 따라서 이러한 미래를 다루는 것은 실질적인 비극을 후손에게 전가하기 전에 할 수 있는 유일한 길이기 때문이다. 정당한 인구조절, 건전한 자원정책, 과학기술 개발의 지원 및 함께 일하는 모든 국민에 대한 교육을 실시하여야 미국인들은 낙관적이고, 자부할만한 미래를 맞이할 수 있을 것이라고 한다.

이러한 현상은 미국에게만 국한된 것이 아니다. 지구촌을 구성하는 모든 지역사회와 국가들이 당면한 과제이다. 즉 피멘텔과 피멘텔(D. Pimentel & M. Pimentel, 1991, Land, Energy and Water: The Constraints Governing Ideal U.S. Population Size; http://www.dieoff.org/page136.html)에 따르면 미국은 이미 국민이 녹색식물의 광합성으로 고정된 총 태양에너지의 1/2 이상을 관리하면서 이용하고 있고, 이것도 수요에 부족하여 화석연료를 사용하여 그의 3배에 달하는 사용하고 있어 미국 내 모든 식물이 광합성으로 고정한 순 광합성량보다 40%나 더 많은 에너지를 소비하고 있다. 따라서 이런 조건은 지속 가능한 사회가 아니며, 미국의 자연자원이 생활수준의 급격한 감축 없이는 현재와 같은 많은 인구를 유지할 수 없다. 따라서 우리의 사회구조는 환경과 자원 및 인구문제를 성공적으로 다룰 수 없는 것으로 보인다.

또한 피멘텔(D. Pimentel. 1994. Food, Land, Population and the U.S. Economy; http://www.dieoff.org/page25.html)에 따르면 지구촌에 60억의 인구가 살고 있으나 생존에 필수적인 곡물생산에 이용되는 농경지가 1인당 평균 0.27ha/capita이나 식량자급에 필요한 농경지는 0.5ha/capita로서 그의 절반에 불과하여 50%정도의 인구가 영양실조 내지 기근에 허덕이고 있으며, 미국은 현재 1인당 평균 0.7 ha/capita이기 때문에 곡물을 자국민이 필요로 하는 곡물량 이상으로 생산하기 때문에 수출하고 있는 셈이다. 즉 세계적으로 곡물을 수출하는 국가는 아메리카대륙의 미국과 캐나다, 브라질과 아르헨티나, 호주, 그리고 열대지방의 태국과 베트남 등 몇 개국에 불과하고, 아프리카대륙은 건조한 기후 때문에 물이 부족하여 농사를 지을 수 없어 생존에 필수적인 식량이 부족하여 영양실조가 심화되고, 그로 인하여 기아 및 기근으로 죽는 사람들이 늘고 있는 것을 보고 있다.

특히 트레이너(T. Trainer, 1997, The Death of the Oil Economy; http://www.dieoff.org/page115.html)는 시드니와 같은 세계 일등시민이 1인당 소비하는 모든 식품과 공산품생산에 사용된 에너지 때문에 발생한 탄산가스를 모두 흡수. 고정하는데 필요한 녹색 식물 지대가 1인당 4.5ha (11acres)/capita에 이른다고 한다. 따라서 이를 기준으로 지구촌의 인구 수용능력을 계산하면 세계 인구는 2 억 명 정도로 현재 인구를 식량자급인구 20억 명보다 1/10이고, 현재인구의 1/25정도에 불과하다.

따라서 과잉인구로 인한 먹이 쟁탈전인 전쟁과 질병으로 죽어 가는 사람이 없이 공평하게 인권이 존중되면서 세계평화를 유지하기 위하여서는 생존에 필수적인 식량이 우선 확보되어야 하나 광합성능력을 갖춘 농경지가 경제적이라는 이유로 날이 갈수록 아스팔트가 뒤덮인 산업 단지와 도시로 전환되어 녹색지대가 독나지도 변하면서 사막과 같은 지역으로 전환되기 때문에 식물 광합성으로 균형을 이루고 있는 자연환경 보존이 불가능해지고, 소득향상을 위한 시장경쟁이 치열하여 경쟁사회로 변하는 속도가 에스카레이션(escalation)하고 있다.

### (2) 농경지의 생산성과 식량증산 문제

인구증가에 따라 늘어나는 식량 수요를 충족시키기 위하여서는 제한된 국토의 경우 단위 면적당 식량 생산량을 높이는 방법은 농업의 역사적 발달과정과 같이 멘델의 유전법칙에 따라 다수확 품종을 개발하는 유전육종기술을 개발하는 기술일 것이다.

최근에는 생명 공학적 유전자 공학 기법이 발전하여 다수확 품종뿐만 아니라 농약 사용량을 줄이는 내병성 품종을 개발하고, 용수 사용량을 줄이기 위한 내염성 품종개발, 저온지방에서의 식량 생산을 위한 내한성 품종개발, 비료 사용량을 줄이기 위한 근류 균 공생 품종개발 등 다양한 측면에서 급변하는 환경 변화에 적응할 다수확 품종을 개발하고 있다.

그러나 다수의 인구에게 식량을 대량 공급하여야 하는 식량작물은 작은 온실에서 생산할 수 없기 때문에 대면적의 자연 조건하에서 대량 재배하여 대량 생산하는 품종을 개발하여 노천재배(露天栽培)가 가능하여야 식량으로 이용할 수 있다. 따라서 모든 식량작물은 인공적으로 육종된 어떤 품종이라도 그 지역의 자연적 기후 조건에 적응한 품종이라야 할 것이다.

특히 식량 작물은 단시간에 전분(澱粉: Starch)을 저장하는 열매나 뿌리를 대량 생산하는 식물로서 다량의 영양성분과 비료를 요구한다. 따라서 그 중에서도 세포 단백질 합성에 필수적인 질소(N)와 세포 분열 성장에 필수적인 유전자 합성용 인산(P)비료가 다량 소요되고, 순조로운 생리대사 조절에 필요한 칼륨(K) 비료도 다량 필요하다. 따라서 N, P, K를 3대 비료라고 하여 비료공장에서는 대부분 이들 성분을 분리 합성하여 각종 비료를 제조하고 있다.

더욱이 산업사회에서는 농촌인구가 도시로 이동하여 농촌에는 노동력이 부족하여 과거와 같이 자연산 퇴비를 비료로 이용하는 것이 아니라 합성비료를 사용하고, 각종 병해충 방지하기 위하여 각종 농약을 사용하고, 농민이 직접 손으로 하던 흙 고르기와 파종, 관계배수와 제초작업, 병충해 방제작업과 수확 포장작업도 모두 기계화되고, 수경재배기술(hydroponics)까지 개발되어 현재의 농업은 에너지를 다량 소비하는 고에너지 농업으로 전환되었다.

따라서 현재의 농업도 공업과 마찬가지로 다량의 화석연료 소비로 기후변화의 주범으로 알려진 다량의 탄산가스를 발생하고, 매년 반복되는 다수확으로 토양중의 비료성분을 고갈시키며, 반복되는 농약사용으로 야생 동물들이 사라지는 생태계 교란으로 결국은 식량을 증산해야 하는 농경지의 비옥도를 저하시키는 수탈 농사가 되고 있다. 이러한 현상은 토양의 비옥도(Fertility: 肥沃度)를 나타내는 토양 중 부식질(Humus) 함량이 정산적인 농경지의 경우 3% 이상이어야 하나, 산업화된 사회일수록 대부분이 이보다 낮다.

한편 최근에는 환경 운동의 전개로 환경 친화적인 유기농법이 강조되어 토양에 투입되는 유기질비료 사용이 늘고 있다. 특히 퇴비는 〈표 4.5-4〉와 같이 다양한 기능을 갖추고 있어 농경지에 추가하면 비옥도를 향상시킨다고 한다.

또한 토양중의 부식질은 〈그림 4.5-1〉과 같은 과정을 거쳐 자연계에서 생성된 것으로 주로 바이오메스 구성 성분 중 난분해성의 리그닌(Lignin)과 썩는 과정에 참여한 미생물들의 시체로 구성된 리그닌-단백질의 복합 물질이기 때문에 토양 중에서 서서히 분해되면서 광합성에 필요한 탄산가스를 토양 중에서 공급하는 유기탄소이다. 즉 토양중의 퇴비는 농산 폐기물이나 목재를 구성하고 있는 셀룰로오스계 탄수화물을 토양미생물이 영양원으로 이용하여 성장한 후 난분해성의 잔유리그닌과 사멸하는 부식과정으로 거쳐 만들어진 것이다.

환언하면 여름에 채취한 어린 나무 가지나 톱밥 또는 목질 폐기물에 인분이나 동물분뇨를 섞어 쌓아두면 중심부에서부터 발효하면서 발열하여 온도가 70°C까지 오른 다음 온도가 저하되면서 부드러운 퇴비가 되는데 이때 리그닌으로 구성된 나무형체는 거의 없어진다. 이러

**〈표 4.5-4〉** 토양 중 부식질(humus)의 기능과 역할

| 효 과 구 분 | 기능과 역할 |
|---|---|
| 1. 작물의 양분공급원으로서 효과 | 1.1. 다량의 영양원소 공급원 |
| | 1.2. 미량원소의 공급원 |
| | 1.3. 완효성, 지속성, 누적성 양분공급효과 |
| | 1.4. 탄산가스 공급원 |
| | 1.5. 성장촉진물질 공급 |
| 2. 토양의 물리화학적 특성 개선효과 | 2.1. 토양 입자단 형성(점질물질에 의한 떼알조직화):<br>(토양 공극조절로 투수성, 보수성, 특수성, 내침식성 등을 개선) |
| | 2.2. 토양의 양이온치환능력 증진 |
| | 2.3. 토양 중 킬레이트작용:<br>(활성알루미늄생성억제, 인산의 불용화 방지, 불용화 양분의 유효화) |
| | 2.4. 완충은 증대 |
| 3. 토양 중 생태계 구성 및 그의 활성 유지와 증진효과 | 3.1. 토양중의 중소 생물, 미생물증가와 생태계 안정화 |
| | 3.2. 물질순환능력 증대 |
| | 3.3. 생물적 완충능력 증대 |
| | 3.4. 유해물질의 분해제거 |

(출처: 정광용(1945), 유기질 및 부산물 비료활용상의 실제, 유기성폐기물비료화의 문제점과 대책심포지엄, 한국토양비료학회, pp17-45)

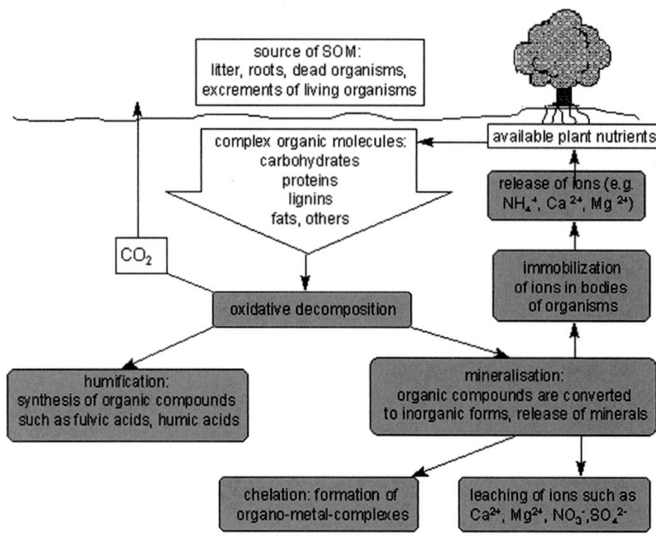


〈그림 4.5-1〉 토양 중 사체 분해와 부식질(humus) 생성 과정

(Sourc: S. Grunwald, Soil Organic Matter, 2005, http://grunwald.ifas.ufl.edu/Nat_resources/organic_matter/organic.htm)

한 퇴비화 과정은 미생물이 목질 바이오메스의 2/3을 점유하는 셀룰로오스를 우선 가수분해하여 생성된 탄수화물을 영양원으로 이용하여 분해시키면서 70℃의 고온에 이르고, 바이오메스 중 1/3을 점유하는 리그닌(Lignin) 고분자는 분해되지 않아 그대로 남으며, 고온에서 미생물이 사멸하면서 리그닌-단백질 덩이가 되기 때문에 C/N비가 30정도의 양호한 퇴비가 된다고 한다.

따라서 인구증가로 부족한 식량을 공급하여야 하는 농업은 농경지 전용의 억제뿐만 아니라 농경지의 비옥도를 향상시키고, 유전 공학적 기법을 통하여 다수확 품종을 육종할 뿐만 아니라 환경 친화적 농사법으로 환경을 보존해야 할 것이다.

### (3) 토양오염과 식품 안전성 문제

그러나 화석연료 연소나 폐기물 소각 또는 바람에 의한 토양의 유실로 발생한 대기 중 미세 분진(particulate)들은 중금속 원소를 함유한 경우가 많다. 이들은 모두 지구의 중력(重力)과 강수(降水)에 의하여 지상(地上)으로 떨어지고, 지상에 떨어진 오염물질은 홍수의 경우를 제외하면, 물과 함께 모두 토양에 흡착되거나 식물이나 미생물에 의하여 흡수되어 지구상에 잔류한다. 따라서 대기오염물질과 수질오염 물질은 모두 토양에 도달하여 농작물을 오염시킬 수 있기 때문에 식품을 오염시킬 수 있다.

또한 도시에서 발생하는 쓰레기 중에 부착된 각종 오염성분도 매립하면, 침출수에 포함되어 지하수를 오염시켜 농작물뿐만 아니라 식품까지 오염시킬 수 있다. 즉 쓰레기 중에 포함된 음식 찌꺼기와 종이 및 농산 폐기물과 폐목재와 같은 바이오메스는 매립시 생분해하여 메탄가스를 발생하기 때문에 화재위험이 발생할 수 있고, 심한 악취성분 발생으로 서식지 환경을 오염시킬 뿐만 아니라 사용시 오염된 중금속성분이 토양을 오염시키기 때문에 황폐화된 매립지가 확대되고 있다.

따라서 제한토지에서 황폐화된 매립지 확장을 막기 위하여 각종 도시 쓰레기나 산업 폐기물을 퇴비화하여 농업용 유기질비료로 재활용하기도 하지만, 마지막에는 매립하여 생분해시켜 탄산가스로 전환시키거나, 아니면, 소각하여 탄산가스로 전환시켜 매입량을 감축시키기

**〈표 4.5-5〉** 토양중의 중금속 함량과 농작물중의 함량

| 구분 | 작물 | 환경조건 | 측정부위 | 측정년도 | 시료수 | 중금속 함량 (mg/kg) | | | | | | |
|---|---|---|---|---|---|---|---|---|---|---|---|---|
| | | | | | | Cd | Cu | Pb | Zn | As | Cr | Hg |
| 논토양 | 벼 | 비 오염지 | 토양중 | 87/88 | 330 | 0.14 | 4.00 | 5.38 | 4.36 | 0.56 | | |
| | | | 玄米중 | 87/88 | 50 | 0.06 | 2.31 | 0.43 | 16.56 | 0.09 | | |
| | | 아연광산폐수 유입 | 토양중 | | 796 | 1.11 | 8.54 | 27.40 | 30.30 | | | |
| | | | 현미중 | | 679 | 0.22 | 4.07 | 0.58 | 24.94 | | | |
| | | 일반 농경지 | 토양중 | | | 0.17 | 4.11 | 4.47 | 4.30 | 0.088 | 0.35 | |
| | | 농공단지폐수유입 | 토양중 | | | 0.18 | 3.71 | 5.18 | 4.94 | 0.159 | 0.30 | |
| | | 공단폐수유입지 | 토양중 | | | 0.27 | 8.47 | 6.37 | 13.27 | 0.377 | 0.64 | |
| | | 도시하수유입지 | 토양중 | | | 0.23 | 6.38 | 6.58 | 10.18 | 0.299 | 0.44 | |
| | | 석회광폐수유입지 | 토양중 | | | 0.13 | 5.61 | 4.76 | 3.62 | 0.771 | 0.41 | |
| | | 축산폐수유입지 | 토양중 | | | 0.08 | 4.50 | 2.87 | 3.64 | 0.023 | 0.55 | |
| 밭토양 | 보리 | 비오염지 | 토양중 | 87/88 | 108 | 0.159 | 4.00 | 5.49 | 9.94 | 0.616 | 0.28 | 0.089 |
| | | | 보리중 | | 108 | 0.050 | 4.49 | 0.54 | 19.35 | 0.115 | 0.21 | 0.044 |
| | 콩 | 비오염지 | 토양중 | | 56 | 0.149 | 2.05 | 2.23 | 8.16 | 0.256 | 0.27 | 0.086 |
| | | | 콩중 | | 56 | 0.098 | 7.87 | 0.99 | 37.53 | 0.044 | 0.47 | 0.051 |
| | 옥수수 | 비오염지 | 토양중 | | 51 | 0.160 | 2.15 | 3.34 | 9.71 | 0.431 | 0.29 | 0.091 |
| | | | 옥수수 | | 51 | 0.050 | 10.04 | 1.03 | 22.95 | 0.081 | 0.12 | 0.053 |
| | 채소 | 비오염지 | 토양중 | | 420 | 0.128 | 0.78 | 1.93 | 16.23 | - | 0.57 | - |
| | | | 채소중 | | 420 | 0.149 | 5.50 | 2.63 | 50.79 | - | 0.57 | - |
| | 과수 | 비오염지 | 토양중 | | 325 | 0.216 | 3.59 | 1.81 | 24.61 | -. | 0.63 | - |
| | | | 과수중 | | 374 | 0.074 | 3.79 | 0.50 | 20.70 | - | 1.59 | - |

(출처: 김복영(1993), 토양오염 실태와 개선대책, 환경 보존형 농업을 위한 토양관리심포지엄, 한국토양비료학회, pp. 68-98)

는 하지만, 소각 후 잔류 회분을 다시 매립하여야 하기 때문에, 소각방법은 환경오염을 야기하는 폐기물 매입량을 감축시키는 수단에 불과하다.

따라서 각종 폐기물의 처리방법으로 퇴비화 기술이 권장되고 있지만, 농경지의 지력 향상을 위하여 사용하는 폐기물 퇴비에는 여러가지 원인에 의하여 식품을 오염시킬 수 있는 각종 중금속이 포함되어 농업토양을 오염시킬 수 있기 때문에, 그의 사용을 엄격하게 규제하고, 주의하여야 한다.

환언하면 〈표 4.5-5〉에 나타낸 바와 같이 비오염 농경지에서 생산된 쌀 중에는 중금속함량이 극히 낮은데 반하여 오염지역의 경우는 쌀 중에도 중금속함량이 높다는 사실을 중시하여야 한다.

환언하면 토양 중에 중금속함량이 높으면 높을수록 농산물 중에도 중금속 함량이 높아진다는 의미로서 주로 관계배수된 농업용수에 기인 한 경우가 많겠지만 폐기물을 퇴비화 하여 공급하는 유기질 비료의 시비가 반복되면 농경지에 중금속과 염류 함량이 증가되어 식품을 오염시킬 수 있기 때문에 농경지에 투입되는 경우 유기질 비료의 중금속 함량을 규제해야 한다는 것이다. 왜냐하면 우리가 매일 같이 3끼씩 먹어야 하는 식품에 허용치 이하인 극미량의 중금속이온이 항상 함유되어 있다고 하면 반복되는 식습관 때문에 인간에게도 중금속오염의 위험성이 상존하기 때문이다.

더욱이 高등(1993)에 따르면 〈표 4.5-6〉에 나타낸 바와 같이 중금속의 종류에 따라 인체 내

**〈표 4.5-6〉** 중금속의 인체독성

| 중금속종류 | | 표적기관 | 독성 특징 |
|---|---|---|---|
| 카드뮴 | Cd | 간장/신장/폐 | 다량의 경구투여에서 구토/호흡기흡입에서 폐렴/만성중독은 신장피질에 200g/g 이상 축적 |
| 크롬 | Cr | 호흡기/폐/피부 | 다량경구투여시 구토/설사/복통/무뇨증/요독사망증; 피부접촉시 피부염/궤양/만성독성; 호흡시 폐암발생 |
| 수은 | Hg | 신장/뇌 | 수은증기 호흡시 폐렴/설사; 다량경구투여시 구토/토혈; 피부접촉시 염증발생/만성중독 |
| 납 | Pb | 조혈기/신장/뇌 | 만성적 중독시 빈혈/식용부진/변비/중추신경장애/90% 이상이 뼈에 축적됨 |
| 비소 | As | 간장/전장기/피부 | 다량경구투여시구토/설사/무뇨증; 피부접촉시 급성피부염발생/만성색소침착/중추신경장애 |
| 주석 | Sn | 비장/심장/폐/뇌 | 연구중 |
| 탈륨 | Ta | 간장/신장 | 연구중 |
| 니켈 | Ni | 피부/뇌 | 연구중 |

(출처: 고석태 외 8인, 毒物學, 정문사, pp.218-226)

〈표 4.5-7〉 외국의 폐기물 퇴비화에서 퇴비 중 중금속 허용 기준

| (가) 유럽의 중금속 허용기준(mb/kg) | | | | | | | |
|---|---|---|---|---|---|---|---|
| 미량원소 | Pb | Cu | Zn | Cd | Hg | Ni | TCr |
| 네덜란드 | 500 | 600 | 2000 | 10 | 10 | 100 | 500 |
| 서독 | 800-1200 | 1200 | 3000 | 30 | 25 | 200 | 1200 |
| EES | 750-1200 | 1000-1750 | 2500-4000 | 20-40 | 16-25 | 300-400 | - |
| 덴마크 | 2200 | 700 | 6000 | 30 | - | - | 500 |

| (나) 일본의 특수 비료 유해성분 규제치 | | |
|---|---|---|
| 성분 | 규제치 | 비 고 |
| As | 함유량분석시 전건기준 50mg/L 이하 | 슬러지비료 |
| | 용출시험시 1.5ppm 이하 | 소각회 퇴비 |
| Cd | 용출검사시 5mg/kg 이하, 0.3ppm 이하 | 분뇨처리 |
| Hg | 용출검사시 2mg/kg 이하, 0.005ppm 이하 | 가축분뇨 |
| Pb | 용출검사시 3ppm 이하 | |
| org-P | 용출검사시 1ppm 이하 | |
| $Cr^{+6}$ | 용출검사시 1.3ppm 이하 | |
| CN | 용출검사시 1ppm 이하 | |
| alky-Hg | 검출되지 않음 | |
| PCB | 용출검사시 0.03ppm 이하 | |

(출처: 愼齋晟, 鄭二根, 韓基碩(1993), 산업폐기자원의 활용현황과 전망, 환경 보전형 농업을 위한 토양관리 심포지엄, 한국토양비료학회, 7~30)

에 미치는 영향이 다르지만 식품내의 중금속 오염한계를 분명하게 규정하여 식품으로부터의 중금속 흡수량을 제한하여야 할 것이다. 이러한 조치는 이 땅에서 살아남을 후손들이 건강하게 역사하기를 기대하기 때문이다.

따라서 선진국에서는 식품으로 사용하는 농수산물을 오염시키면 인간에게 치명적인 결과를 야기할 수도 있기 때문에 퇴비로 사용 가능한 유기질 폐기물의 기준을 〈표 4.5-7〉과 같이 규정하여 농림수산업에 사용하는 폐기물 퇴비나 축산용 사료사용을 규제하고 있다. 따라서 우리나라도 농작물 성장에 필요한 미량 원소 비료라도 중금속 함량을 정밀 분석하여 퇴비나 사료 사용을 규제하여야 할 것이다.

### (4) 식량 증산과 농경지 제한 문제

늘어나는 인구를 수용하기 위하여서는 식량증산이 필수적이나 농업사회에서 산업도시사회로 전환되면서 좁은 지역에 인구가 집중되고, 농업사회에서 조성된 농경지에 도시민의 주

거지와 도로 및 공단과 상업지를 설치하는 도시개발이 추진되고 있다. 따라서 녹색의 농경지를 독나지(禿裸地)로 만들고, 이것도 부족하여 산지를 굴착하여 평탄하게 만든 후, 아스팔트와 시멘트로 포장하여 풀한포기 없는 나대지(裸臺地)로 변하는 것이 일반적이다. 따라서 도시의 주거지와 상공업지 및 공장 부지들은 국토이용용에서 식물이 자랄 수 없는 독나지로 변하여 광합성을 할 수 없는 사막지대로 전환되고 있다.

또한 도시와 도로 및 공단은 식물이 자랄 수 없기 때문에 눈과 비가 내려도 수분이 스며들지 못하여 생수와 같은 지하수를 저장할 수 없고, 비오는 날에는 지표수가 한꺼번에 흘러내려 홍수를 일으키고, 동시에 토양을 유실시켜 도시근교 하천을 퇴적물로 메워버려 수로(水路)를 차단시키기고 있다.

특히 우리나라와 같이 국토의 2/3이 산악지대인 국가에서는 주택을 지을 토지가 부족하여 식량을 생산하여야 할 농경지를 택지로 전환시킴으로써 시간이 갈수록 식량 자급률이 낮아지고, 아파트와 같은 집단 주거지를 확산시켜 인구밀도가 과도해지면서 경제활동에 필요한 도로와 주차 공간 때문에, 녹지대를 더 이상 만들 수 없게 되었다. 즉 제한된 국토내의 녹지대는 점점 더 작아져, 국토의 광합성 능력이 저하되고 있다.

국토면적이 유사한 미국과 중국의 상황을 비교한 피멘텔과 피멘텔(D. Pimentel & M. Pimentel, 1990, Land, Energy and Water: The Constraints Governing Ideal U.S. Population Size, 2000, http://www.dieoff.org/page136.html)에 따르면, 〈표 4.5-8〉에 나타낸 바와 같이 인구밀도에 따라 국민소득이 달라지고, 그에 따라 섭취하는 1인당 식품 소비량은 중국의 경우 권장량인 2500kcal/day/capita를 섭취하고 있으나 미국은 2.6배를 소비하고, 에너지 면에서는 1.4 배 소비하고 있으며, 이를 생산하는 생산 토지 점유율은 〈표 4.5-9〉에 표시한 바와 같이 미국은 농경지의 경우 6배, 초원은 4.3배, 산림은 13배를 점유하고 있다. 또한 용수 소비량은 5.4배, 화석연료 소비량은 19배, 임산물은 466배 소비하고 있다.

특히 인류가 광합성으로 고정된 총 에너지양의 1/2 이상을 관리하면서 이용하고 있는데

**〈표 4.5-8〉** 연간 1 인당 식량 및 식품소비량

| | 곡식 | 채소류 | 고기 및 물고기 | 우유 제품 | 달걀 | 지방 및 기름 | 설탕 | 소계 | 사료용 곡물 | 총계 | 섭취열량 (kcal/day /capita) |
|---|---|---|---|---|---|---|---|---|---|---|---|
| 미 국 (kg/yr/capita) | 69 | 112 | 103 | 265 | 15 | 28 | 66 | 721 | 801 | 1,522 | 3,500 |
| 중 국 (kg/yr/capita) | 269 | 204 | 25 | 3 | 6 | 6 | 6 | 530 | 64 | 594 | 2,484 |

(출처: Pimentel, D. & Pimentel, M., 1990, Land, Energy and Water: The Constraints Governing Ideal U.S. Population Size, 2000, http://www.dieoff.org/page136.html)

〈표 4.5-9〉 연간 1 인당 용수 및 에너지 소비량과 농림지 점유율

| | 용수소비량 (L×10⁶/yr) | 화석연료소비량 (석유기준:L/yr) | 임산물 (ton/yr) | 1인당 토지점유율 (ha/capita) | | | |
|---|---|---|---|---|---|---|---|
| | | | | 농경지 | 목야지 | 산림지 | 합계 |
| 미 국 | 2.5 | 8,000 | 14 | 0.6 | 1.3 | 1.3 | 3.2 |
| 중 국 | 0.46 | 413 | 0.03 | 0.1 | 0.3 | 0.1 | 0.5 |

(출처: Pimentel, D. & Pimentel, M., 1990, Land, Energy and Water: The Constraints Governing Ideal U.S. Population Size, 2000, http://www.dieoff.org/page136.html)

이것도 부족하여 미국에서는 미국 내 모든 식물이 광합성으로 고정한 에너지양보다 40%나 더 많은 양을 이용하고 있다. 또한 미국은 중국보다 47배에 달하는 재화와 서비스를 생산소비하고, 미국은 농업이 기계화되어 헥타 당 10hr/ha의 노동력이 소비되는데 반해 중국은 1,200hr/ha의 노동력을 이용하고 있으며, 미국의 농경지토양은 풍화작용으로 공급되는 토양보다 18배나 빨리 표토가 유실되고 있어 미래의 농업생산성을 감소시키고 있다. 따라서 토양유실에도 불구하고 미국농업은 비료와 농약사용 및 인공적인 관계배수로 생산성을 유지하거나 향상시키기 때문에 **현재 1 kcal의 식품을 생산하는데 소비되는 화석 에너지가 3 kcal 정도에 달한다.**

또한 미국의 농업은 관계 배수로 인하여 강수량으로 공급되는 지하수량보다 25%나 높은 속도로 지하수를 과도하게 뽑아 쓰기 때문에 날이 갈수록 지하수위가 저하되고 있다고 한다. 따라서 에너지자원을 태양 에너지로 전화시키는 기술개발이 시급하나 〈표 4.5-10〉에 나타낸 바와 같이 태양에너지 자원으로 전환시키는 데도 많은 토지를 점유하기 때문에 미국 국토 내 자원으로 자급자족하는 이상적인 인구수는 1억 내지 4000만 명 정도라고 한다(현재 2.5억 명).

한편 산림자원은 그 지역의 풍광(landscape)에 중요한 영향을 미치기 때문에 목재생산, 국가적인 비축과 벌채에 대한 균형유지 및 벌채 후 환경 품질에 대한 산림자원의 정책 결정 과정에서 최소 산림 커버 면적을 규정하여야 한다는 UNEP의 요청에 따라 국제 임업연구기관 연맹(IUFRO: International Union of Forestry Research Organizations)이 분석한 국가별 산림지 보유현황을 보고한 룬드(H. G. Lund, 2000, Definition of Low Forest Cover, 2000, http://home.att.net/~gklund/LFCreport.html)에 따르면, 정의에 따라 다르나 환경요소의 고갈 도를 나타내기 하여 ① 첫째로 국토면적에 대한 산림지 비율로 표시하여 (i) 숲으로 뒤덮인 산림지가 국토의 25% 이상인 국가, (ii) 세계 평균치보다 낮거나(low) 높은(high) 국가, (iii) FAO가 규정한 산림면적이 국토면적의 7% 이하인 국가, (iv) 인위적 기준으로 10% 이하인 국가로 구분하여 평가하는 방법, ② 둘째는 1인당 점유면적으로 (i) FAO가 규정한 0.07ha 이하의 국가, (ii) UNEP가 규정한 목재자급 최소면적인 0.1 ha 이하, (iii) 1998년 룬드(Lund)와 이르몽거(Iremonger)가 계산한 값으

**〈표 4.5-10〉** 10만 명 도시에 필요한 1 billion kWh/yr의 전기에너지 생산에 필요한 시설건설용 토지소요량

| 전기에너지기술 | 태양열 중앙수집기 | 태양광 전지 | 풍력 발전소 | 수력 발전소 | 임산연료 생산지 | 태양열 집열지 | 원자력 발전소 | 석탄 화력 발전소 |
|---|---|---|---|---|---|---|---|---|
| 토지소요량 (ha) | 800 | 800 | 2,700 | 13,000 | 330,000 | 9,000 | 68 | 90 |

(출처: Pimentel, D. & Pimentel, M., 1990, Land, Energy and Water: The Constraints Governing Ideal U.S. Population Size, 2000, http://www.dieoff.org/page136.html)

로 한 사람의 복지 지원에 필요한 산림자원 생산면적인 0.73ha 이하를 기준으로 평가하는 방법, ③ 셋째로는 역사적 또는 잠재적 산림지에 대한 현 산림지 비율을 기준으로 (i) 원 산림지의 90% 이상 손실 국가, (ii) 원 산림지의 80% 이상 손실 국가, (iii) 원 산림지의 10% 이하 보유국가로 평가하는 방법, ④ 넷째로는 국토에 대한 삼림지 점유율을 평가하고, 이어서 재조림으로 복원할 수 있는 산림지를 평가한 다음 1인당 보유면적으로 평가하여 각국을 비교하는 방법으로 구분되는데 우리나라는 국토의 70%가 임야지이지만 1인당 임야 점유면적은 0.136 ha/capita로 산림자원 부족국가에 속하고 있다.

따라서 지속가능한 사회개발을 위하여서는 인구증가에 따라 에너지 자급을 위한 산림면적 확보와 식량생산을 위한 농경지 확보가 서로 상충되기 때문에 어느 것이 더 중요 하느냐는 그 나라의 정책선택이겠지만, 전술한 바와 같이 소득증대를 위하여 산지로 전용된 농경지는 식량생산을 감소시켜 그만큼 수입량이 증가할 것이고, 에너지를 생산하는 산지를 개발하면 그 만큼 부족한 에너지를 수입해야 할 것이다.

환언하면 **한 나라의 인구수는 해외에서 필요한 에너지나 식량을 수입하지 않는 한 에너지를 생산하는 산림지 면적과 식량생산 농경지 면적에 반비례하여 조절될 것이다.**

# 5장 | UN의 아젠다 21과 교토의정서 내용

## 5.1. 지속가능한 사회개발과 아젠다 21(Agenda 21)의 내용

### (1) 지속 가능한 지역사회(Sustainable Community) 개발과 경제 사회적 문제

생존환경에 대한 문제는 2차 대전 후 유럽과 미국 및 일본의 경제발전 과정에서 발생한 환경오염의 결과를 체험한 이후 1970년 메도스 등(D. H. Meadows, et al)의 "성장의 한계"가 발표되어 환경 문제가 사회적으로 공론화 되었다고 볼 수 있다.

즉 시사 백과사전인 Wikipedia(2007, http://en.wikipedia.org/wiki/WMO)에 따르면, 2차 세계대전 후 구성된 UN은 1873년에 구성된 정부 간 국제기구인 국제 기상기구(International Meteorological Organization: IMO)를 세계 기상(climate)과 수리(hydrology) 및 관련 지구과학(earth science) 분야의 전문기구인 세계 기상기구(World Meteorological Organization: WMO)를 설립하여 스위스 제네바에 본부를 두고, 1972년에는 스웨덴 스톡홀름에서 UN의 인간 환경 회의(Conference on the Human Environment: UNCHE) 결과, 비정부기구(Non-Governmental Organization)를 중심으로 한 UN의 환경프로그램(Environment Programme: UNEP)을 설립하여 케냐의 나이로비에 본부를 두어 환경오염방지에 대한 국제적 가이드라인을 수립하였으며, 1983년에 UN에 의하여 구성된 세계 환경개발위원회(World Commission on the Environment and Development: WCED)가 전 노르웨이 여성 수상인 Gro Harlem Brundtland 의장에 의하여 1987년에 "지속가능한 사회 개발(Sustainable Development)"를 주제로 한 "Our Common Future"가 발표된 후, 1988년에는 WMO와 UNEP가 공동으로 기후변화에 대한 정부 간 협의회(Intergovernmental Panel on Climate Change: IPCC)를 구성하여 사무처를 두고, 산하에 3개의 실무그룹(Working group)을 두어 기후변화에 대한 과학적 분석과 그에 대한 영향과 대응 방안 및 이를 감축하기 위한 정책적 대안들을 분석하여 회원국에 보고하도록 하였다고 한다.

그 결과 UN은 1992년 브라질의 리오데자네이로에서 개최된 세계 환경 개발회의(UN Conference on Environment and Development: UNCED)에서 21세기의 비전으로 후세대에 물려주는 지속가능한 사회개발(Sustainable Development)을 목표로 하는 Agenda21을 주제로 한 리오선언(Rio Declaration)이 발표되었다.

최근에는 각종 공산품의 제조 전 과정 평가를 통하여 발생한 환경오염 문제가 심각하다는 것을 알게 되면서 자연 자원 자본주의(Natural Capitalism)로 발전하여 생태 공원(Eco-park), 생태마을(Eco-village), 생태도시(Eco-city), 생태산업공원(Eco-Industrial Park), 퍼머컬춰(Permaculture), 생태임업(Eco-Forestry), 환경농업(Environmental Agriculture), 지속 가능한 개발계획 작성기법(Sustainable Development Planning Method) 등이 탄생하고, 지역사회가 보유하고 있는 환경자본(natural reources)과 인공자본(infrastructure) 및 경제적 가치와 사회적 시스템 (software)을 모두 고려한 평가를 통하여 지속가능성을 평가하기에 이르러 환경보존에 대한 인식이 넓혀지고 있다.

환언하면 환경에 대한 과학적 사고방식과 경제적 개발 논리가 충돌하면서 죠지스크-뢰겐(N. Georgescu-Roegen, 1971)의 "무질서 법칙과 경제적 과정(The Entropy Law and the Economic Process)", 러브록(J. Lovelock, 1979)의 "가이아 이론(Gaia Hypothesis)", 더로우(L. C. Thurow, 1981)의 "제로 썸 사회(Zero Sum Society)와 "자본주의 미래(The Future of Capitalism)" (1997) 등이 출판되어 경제개발에 따른 환경오염과 그의 대비책이 공론화되고 있다고 생각된다.

특히 스미투센(Franz Schmithusen, 2003, Chapter 1. Understanding cross-sectoral policy impacts - policy and legal aspects, in "Forestry Paper 142: Cross-sectoral policy impacts between forestry and other sectors", FAO Forestry Department)에 따르면, 2002년 남아프리카 공화국의 요하네스버그에서 개최된 지속가능한 사회개발을 위한 세계정상회의(World Summit on Sustainable Development: WSSD)는 주요 UN 회의와 국제적 합의서의 결과를 재확인하고, UNCED 이래 얻어진 성과 위에 WSSD가 채택한 수행 계획을 채택하고, 나머지 목표 달성을 촉진하기로 하면서, 지속가능한 사회개발의 전체적인 콘텍스트에서 경제사회적 발전을 위한 기본적 자연자원으로 산림자원을 올려놓았다고 한다. 즉 세계정상들은 빈곤퇴치를 위한 에너지 및 산업적 원료로서 뿐만 아니라 야생동물 서식지와 환경자원으로 다양하고, 다중적인 산림자원의 기능을 인식하고, 빈곤퇴치 수행을 위한 자원 자원관리(Section 24), 농업(Section 40d), 탈 사막화(Section 41d), 산지 관리(section 42b), 아프리카의 지속가능한 사회개발(Section 62n) 등의 수개의 정책주제에서 삼림자원의 역할을 강조되고, 또한 산림자원과 임업개발이 기후변화(Section 38), 생물다양성(Section 44), 지속가능한 사회개발을 위한 기본조직(Section 137)에 대한 조치를 결정하는 데 산림자원과 임업개발이 밀접하게 연관되어 있음을 보여주었다. 이는 국제적 기후변화 협약과 생물다양성협약의 목표를 위한 국제적 추진과정에서 산림분야의 개선 필요성을 보다 체계적으로 고려해야함을 내포하고 있다고 한다.

환언하면, Agenda 21이 추구하는 지속가능한 사회개발(Sustainable Development)을 위하여 추진하기 위하여 체결된 기후변화협약(Convention on Climate Change)과 생물다양성 협약(Convention on Biodiversity)의 목표를 달성하기 위하여서는 산림자원의 기능 때문에, 기본적으로 산지와 자원이용의 최대화 방향으로 토지이용과 자원 및 환경 관련 법률과 규정들이 산림원칙(Forest Principles))에 따라 조정되어야 함을 의미한다.

### (2) 환경과 개발에 관한 UN의 리오 선언(Rio Declaration)

환경과 개발에 관한 UN 회의는 우리 가정의 특성을 인식하고, 모든 분야의 관심을 존중하고, 지구촌의 환경과 개발 시스템을 보호하는 국제적 협약을 이루어내는 방향으로 종합적이고, 상호 의존적인 지구, 즉 국가와 사회적 핵심 분야 및 시민들 사이에서 새로운 수준의 협력을 창출하여 새롭고, 공평한 지구촌의 파트너십(partnership)을 확립할 목적으로 1972년 6월 16일(주 a)의 스톡홀름에서 채용되고, 이를 구축해 온 UN의 인간 환경에 관한 회의 선언을 재확인하면서 1992년 6월 3일부터 14일까지 리오데자네이로에서의 총회 결과를 (다음과 같이) 선언한다.

**원칙 1** 인류는 지속 가능한 개발 문제의 중심에 있고, 자연과 조화롭게 건강하고, 생산적인 생활을 유지할 자격을 가지고 있다.

**원칙 2** 각국들은 UN 헌장과 국제법의 원칙에 따라 자신의 환경과 개발정책을 추구하여 자신의 자원을 개척하는 자주권을 가지고 있으며, 자신의 관할권이나 관리 범위 내에서 일어나는 활동들이 자국의 사법권 한계 이상의 다른 영역이나 국가의 환경에 위해를 미치지 않는다는 것을 보장할 책임을 지니고 있다.

**원칙 3** 개발 권리는 현 세대와 미래 세대의 환경적 요구를 공평하게 충족시키기 위하여 수행되어야 한다.

**원칙 4** 지속 가능한 개발을 달성하기 위하여 환경보호는 개발과정의 모든 단계에 참여하고, 그 과정과 분리하여 고려될 수 없다.

**원칙 5** 모든 국가와 국민들은 생활수준의 불평등을 감소시키고, 세계 국민의 대다수 욕구를 보다 더 잘 충족시키기 위하여 지속 가능한 개발의 필수 불가결한 조건으로 빈곤을 퇴치하는 필수적인 임무에 협력하여야한다.

**원칙 6** 개발도상국, 특히 최소 개발 도성국과 환경적으로 가장 취약한 국가의 특수 상황과 요구에는 특별한 우선권이 부여되어야 한다. 환경과 개발의 영역에서 국제적 활동 또한 모든 국가의 관심과 요구를 제시하여야 한다.

**원칙 7** 각국은 지구생태계의 건강과 육성을 보존하고, 보호하며, 복원하는 지구촌의 조합정신에 협력하여야 한다. 각국은 지구촌의 환경파괴에 대한 기여도가 다르다는 면에서 차등적이지만 공통적인 책임을 져야 한다. 선진국들은 그들의 사회가 지구촌의 환경에 가한 압력과 그들이 명령한 기술과 재정자원 면에서 국제적인 지속 가능한 개발 추구에 잉태된 책임을 인식한다.

**원칙 8** 모든 국민을 위한 지속 가능한 개발과 향상된 생활수준을 달성하기 위하여 각국은 생산과 소비의 지속 불가능한 패턴을 감소시키거나 제거하여야 하고, 적절한 인구정책을 촉진시켜야 한다.

**원칙 9** 각국은 과학 기술적 지식의 교환을 통하여 과학적 이해를 증진시키고, 새롭고, 혁신적인 기술을 포함한 각종 기술의 개발과 수용 및 확산과 이전을 향상시켜 지속 가능한 개발에 필요한 내생적 능력 구축을 강화시키는데 협력하여야 한다.

**원칙 10** 환경적 문제들은 책임 있는 수준 또는 관련 시민들의 참여로 가장 잘 해결된다. 국가적 수준에서 각 개인은 그들의 지역사회에서 일어나는 위험물질과 위험활동에 관한 정보를 포함하여 공공기관이 보유하고 있는 환경관련 정보와 의사결정 과정에의 참여기회를 위한 적절한 접근방법을 가지고 있어야 한다. 각국은 정보를 널리 확산시켜 공공적 인식과 참여에 편이를 제공하고 권장하여야 한다. 교정과 치료를 포함한 사법적 행정적 절차에 대한 효율적인 접근방법도 마련되어야 한다.

**원칙 11** 각국은 효과적인 환경 관계 법률을 제정해야 한다. 그들이 적용하는 환경과 개발 배경에는 환경적 표준과 관리목적 및 우선순위들이 반영되어야 한다. 몇몇 국가들이 마련 한 표준들은 다른 나라, 특히 개발도상국에게 적절하지 않아 용납할 수 없는 경제적 사회적 비용이 될 수도 있다.

**원칙 12** 각국은 환경파괴문제를 보다 더 잘 제시하여 모든 국가에서 경제 성장과 지속 가능한 개발을 추진하려는 공개적으로 후원하는 국제 경제시스템을 촉진시키는데 협력해야 한다. 환경 목적의 교역정책수단들이 국제교역에 인위적이거나 부당한 차별대우나 위장 적 제한수단으로 구성되어서는 안 된다. 수입국의 사법제도를 벗어나 환경적 도전을 취급하는 일반적 행동들은 피해야 한다. 가능한 한 국경을 넘거나 지구촌의 환경 문제를 청원하는 환경적 조치들은 국제적 의견일치에 근거해야 한다.

**원칙 13** 각국은 오염이나 기타 환경적 위해로 생긴 희생자를 위한 책임과 보상에 관련된 국가적 법률을 개발해야 한다. 각국은 또한 자국의 사법제도나 관리내의 활동이 자국의 사법제도범위를 넘어선 지역까지 야기된 환경적 피해의 역효과에 대한 책임과 보상에 관련된 보다 깊은 국제 법을 개발하기 위한 신속하고, 보다 결정적인 방식에 협력해야 한다.

**원칙 14** 각국은 심각한 환경파괴를 야기하거나 인간의 건강에 해롭다고 알려진 어떠한 활동과 물질을 다른 국가에 전위하거나 이전하는 것을 방해하거나 예방하는데 협력해야 한다.

**원칙 15** 환경을 보호하기 위하여 각국은 그들의 능력에 따라 예방적 방법을 널리 적용하여야 한다. 심각하거나 복원이 불가능한 위해가 있는 곳에서는 환경파괴를 예방하는 위하여 지연시키는 것이 비용 효과적 조치라는 이유로 과학적 확실성이 완전하지 못한 것을 이용하여서는 안 된다.

**원칙 16** 국가기관들은 원칙적으로 공공의 관심에 합당하고, 국제무역과 투자를 왜곡시키지 않는 범위 내에서 오염 발생 자가 환경 오염비용을 부담해야 한다는 접근방법을 고려하여 환경비용의 국제화와 경제적 도구 이용을 촉진시키는데 노력해야 한다.

**원칙 17** 국가적 도구로서 이용되는 환경영향평가는 환경에 중대한 역효과를 가져 올 것 같거나 관할 국가 기관에 속하는 제안된 (모든) 활동에 실시되어야 한다.

**원칙 18** 각국은 타국의 환경에 갑작스런 위해 결과를 야기할 것 같은 어떠한 자연 재해나 기타 비상사태를 타국에 즉시 통보해야 한다.

**원칙 19** 각국은 국경을 넘어 중대한 환경적 역효과를 가져올 수도 있는 (모든) 활동에 대하여 잠재적으로 영향을 받는 국가들에게 미리서 적기에 통보하는 것과 책임 있는 정보를 제공하여야 하고, 초기단계에서 양호한 신뢰로 그들 국가들과 협의해야 한다.

**원칙 20** 여성들은 환경관리와 개발에서 역동적 역할 요소이다. 따라서 지속 가능한 개발을 달성하기 위하여서는 그들의 완전한 참여가 필요하다.

**원칙 21** 지속 가능한 개발을 달성하고, 모두에게 보다 좋은 미래를 보장하기 위하여 지구촌의 조합력을 구축하는데 세계청소년의 창조성과 이상 및 용기가 이용되어야 한다.

**원칙 22** 토착민과 그의 지역사회 및 기타 지역적 공동체들은 그들의 지식과 전통적 실무 때문에 환경관리와 개발에 역동적 역할 요소이다. 각국은 그들의 존재와 문화 및 관심을 인식하고, 정당하게 지원되어야 하며, 지속 가능한 개발의 성취에 그들의 참여를 효과적으로 하여야 한다.

**원칙 23** 억압받는 국민의 환경과 자연자원, 탁월성 및 직업은 보호되어야 한다.

**원칙 24** 전쟁무기는 본질적으로 지속 가능한 개발에 파괴적이다. 따라서 각국은 군비경쟁시대에 환경보호를 제공하는 국제 법을 준수하고, 필요시에는 그의 더 깊은 개발에 협력해야 한다.

**원칙 25** 평화와 개발 및 환경보호는 상호의존적이며, 서로 분리할 수 없다

**원칙 26** 각국은 모든 그들의 환경적 논쟁을 UN헌장에 따라 평화적이고, 적절한 수단으로 해결해야 한다.

**원칙 27** 국가들과 국민들은 양호한 신뢰와 조합정신으로 지속가능한 개발 영역에서 이 선언과 더 자세한 국제법 발전에 내포된 원칙을 수행하는데 협력해야 한다.

---

(주) a: 인간환경에 관한 UN 회의 보고서, 1972년, 6월 5~16, 스톡홀름

### (3) UNCED가 추진한 Agenda 21의 목차와 주요 내용

**UN Agenda 21 Content**

Chapter 1 Preamble ―――― 〉 서 문

**Section I. Social and Economic Dimensions** ―――― 〉 **경제 사회적 문제**

Chapter 2 International Cooperation to accelerate **Sustainable Development** in developing countries and related domestic policies ―――― 〉 자유무역(WTO)문제

Chapter 3 Combating Poverty ―――― 〉 빈곤 퇴치문제

Chapter 4 Changing Consumption Patterns ―――― 〉 소비패턴 전환 문제

Chapter 5 Demographic Dynamics & Sustainability ―――― 〉 인구 동태와 지속가능성 문제

Chapter 6 Protecting and Promoting Human Health Conditions ―― 〉 인류의 건강과 보건확보 문제

Chapter 7 Promoting Human Settlement Development ―――― 〉 인류의 정주와 주택 문제

Chapter 8 Integrating Environment and Development in Decision Making ― 〉 의사 결정 과정 문제

**Section II. Conservation and Management of Resources for Development ——— > 환경자원문제**

Chapter 9 Protection of the Atmosphere —〉 연료에너지 —〉 Biomass —〉 Forest육성으로 해결가능

Chapter 10 Integrating approach to the Planning and Management of Land Resources — 〉 토양보존

Chapter 11 Combating Deforestation ——————————— 〉 개벌 방지와 재 조림으로 해결 가능

Chapter 12 Managing Fragile Ecosystems: Combating Desertification & Drought —— 〉 Forest로 해결

Chapter 13 Managing Fragile Ecosystems: Sustainable Mountain Development —— 〉 Forest보호해결

Chapter 14 Promoting Sustainable Agriculture & Rural Development ——— 〉 지속 가능한 농촌육성

Chapter 15 Conservation of Biological Diversity ——————————— 〉 Forest 육성으로 해결가능

Chapter 16 Environmentally Sound Management of Biotechnology —— 〉 식량해결/유전자 조작문제

Chapter 17 Protection of the Oceans, All Kinds od Seas, including Enclosed and Semi-Enclosed Seas, and Coastal Areas and the Protection, Rational Use and Development of their living Resources ——————————————————— 〉 해양 생태계 보존

Chapter 18 Protection of the Quality and Supply of Freshwater Resources: Application of Integrated Approaches to the Development, Management and Use of Water Resources ——————————————————— 〉 Forest 육성으로 해결가능

Chapter 19 Environmetnally Sound Management of Toxic Chemicals, including Prevention of Illegal International Traffic in Toxic and Dangerous Products ——— 〉 처리기술

Chapter 20 Environmentally Sound Management of Hazardous Wastes, in Hazardous Wastes ——————————————————— 〉 처리기술개발가능

Chapter 21 Environmentally Sound Management of Solid Wastes and Sewage-related Issues ——————————————————— 〉 처리기술개발 가능

Chapter 22 Safe and Environmentally Sound Management of Radioactive Wastes ——————————————————— 〉 처리기술개발 가능

**Section III. Strengthening The Role Of Major Groups ———— 〉 주요 사회적 그룹의 역할 강화**

Chapter 23 Preamble Major Groups ——————————————————— 〉 서 문

Chapter 24 Global Action for Women towards Sustainable and Equitable Development - ——————————————————— 〉 여성 교육 강화

Chapter 25 Children & Youth in Sustainable Development ———— 〉 청소년 교육과 활동 강화

Chapter 26 Recognizing and Strengthening the Role of Indigenous People and their Communities ——————————————————— 〉 토착민 교육과 활동 강화

Chapter 27 Strengthening the Role of Non-Governmental Organizations: Partners for Sustainable Development ——————————————————— 〉 NGO 지원과 활동 강화

Chapter 28 Local Authorities' Initiatives in Support of Agenda 21 — 〉 Local Agenda 21 시범단지화

Chapter 29 Strengthening the Role of Workers and their Trade Unions — 〉 노동조합의 활동 강화

Chapter 30 Strengthening the Role of Business & Industry ―――――― 〉 기업의 활동 강화
Chapter 31 Scientific & Technological Community ―――――― 〉 과학기술자 단체의 활동 강화
Chapter 32 Strengthening the Role of Farmers ―――――― 〉 농민 활동 강화
**Section Ⅳ. Means of Implementation ―――――― 〉 실천수단**
Chapter 33 Financial Resources and Mechanisms ―――――― 〉 국가와 지방자치단체의 재정지원
Chapter 34 Transfer of Environmentally Sound Technology, Cooperation and Capacity-Building
―――――― 〉 선진국의 기술개발과 후진국에의 기술이전
Chapter 35 Science for Sustainable Development ―――――― 〉 지속 가능한 개발학 개발
Chapter 36 Promoting Education, Public Awareness & Training ―――――― 〉 교육 지원과 PR 강화
Chapter 37 National Mechanisms and International Co-operation for Capacity
Building in Developing Countries ―――――― 〉 개발도상국의 수용능력 구축
Chapter 38 International Institutional Arrangements ―――――― 〉 국제기구 개편
Chapter 39 International Legal Instruments and Mechanisms ―――――― 〉 국제법 정비
Chapter 40 Information for Decision-making ―――――― 〉 의사결정에 필요한 정보교환

## 5.2. 기후변화 기본협약과 내용요약

### (1) 아젠다 21의 부속협약들과 기후변화 협약 개요

아젠다 21의 부속협약서들은 다음과 같다.

(i) 기후변화 기본협약(Framework Convention on Climate Change),
(ii) 생물 다양성 조약(Convention on Biological Diversity),
(iii) 산림 경영 원칙 성명(Statement of Forest Principles),
(iv) NGO에 관한 조약들(NGO Alternative Treaties)

등 4가지로 구성된다.

여기서는 지면관계상 육안으로 확인하여 이해가 용이한 생물다양성 협약과 기후변화협약에 대하여 개요적으로 설명하고, 이어서 그의 핵심내용인 임업경영에 대하여서는 별도의 장과 절에서 보다 체계적으로 설명할 것이다.(※ 아젠다 21의 전문 번역은 한국 지속가능 발전 네트워크: http://srilang.ksdn.or.kr/ksdn_site/sub_html/data/Frameset.html의 것을 참고하기 바란다.)

특히 UN 환경 프로그램(UN Environmental Programme: UNEP, 2001, http://www.unep.org/iuc/submenu/press/climate/backgrod.html)에 따르면, 1988년 UNEP와 세계기상기구(World Meteo- rological Organization:

WMO)가 공동으로 지원하는 정부 간 기후변화 패널(Inter-governmental Panel on Climate Change: IPCC)가 UN산하 기후변화 기본 협약(Framework Convention on Climate Change)을 지원한다.

따라서 기후변화 원인과 영향 및 그의 예방방안을 IPCC에서 검토한 결과 국제적인 협력이 없으면 지구촌이 환경재앙에 이르게 될 것이라는 결론에서 1992년 환경 정상 회담에서 대기 중의 온실가스 수준을 1990년 수준으로 안정화시킨다는 목표로 UN총회에서 이를 총괄하는 국제적인 중심기구로 기후 변화 기본 협약 (Framework Convention on Climate Change: FCCC)을 인준 받아 1994년부터 업무를 개시하고, 기후변화 협약조건에 따라 FCCC가 1995년 COP-1 (1st Conference of Parties: 제1차 당사자 회의)를 베를린에서 개최하기 시작하였다고 한다. 그러나 동양에서는 일본만이 서명한 유럽 중심의 협약이었으나 현재는 부과된 탄산가스 감축 의무를 명시한 COP-3으로 1997년 일본에서 결의된 교도의정서(Kyoto Protocol)의 비준을 모범을 보여야 하는 미국 정부의 거부로 외교 분쟁화 되고 있다.

특히 기후변화 기본협약에서 목표하는 사항은 현재와 같은 기후조건에 변화를 초래하는 모든 행위, 특히 화석연료의 사용을 감축시켜 기후변화를 방지하고, 전술한 생물 다양성을 확보하여 인류가 영원히 존재 가능한 자연 환경과 자원을 확보하여 후손의 번영을 기대할 수 있는 환경보존 정책을 각국이 채용하도록 국제적으로 제도화하려는 것이다.

생태학적으로 보면 지구촌의 20%의 인구가 수출입 물동량 중 80%를 소비하는 선진국들이 후진국 자원을 과도하게 채취 소비하여 환경을 오염시키고, 나아가 기후변화를 유도하고 있기 때문에 인류의 공존공영이라는 인권차원에서 국가나 지역별로 자급자족하는 사회적 시스템을 만들어가야 상대방을 무력으로 점령하여 마구잡이로 착취하는 전쟁이 없어져 평화가 유지될 수 있다는 논리이다.

FCCC(2000, Beginners Guide to the Convention, 2001, http://www.unfccc.de/resource/beginner.html)에 따르면 다음과 같은 내용에 대하여 FCCC가 국제협력을 통하여 대응하고 있다고 설명하고 있다.

① 문제 No. 1 (가장 큰 문제): 과학자들이 다가오는 수 10년 사이에 기후가 갑자기 극적으로 변할 것이라는 실제의 환경위기를 예측하고 있는데 우리는 어떤 일을 할 수 있는가?

이에 대하여 FCCC는 이 문제가 상존하는 것을 인식하고, 기후변화 기본협약이 1994년 3월 21일 발효되었다.

② 문제 No. 2: 문제의 결과가 불확실하다면 당신은 그 문제를 무시할 것인가 아니면 그에 관하여 어떤 일을 할 것인가?

즉 기후변화가 초래되면 지역적 강우패턴이 변할지 모르고, 농업지대가 양극지역으로 확대될 것이며, 빙하 융해와 바다물의 확장으로 해수면수위를 상승시켜 저지대 해안지대와 소규모 섬들을 위협할지도 모른다.

③ 문제 No. 3: 기후변화가 공평하지 못하다.

④ 문제 No. 4: 전 세계가 보다 많이 소비하는 양호한 생활수준을 시작한다면 지구가 그에 따른 변화를 견뎌낼 수 있을까?

⑤ 문제 No. 5: 우리가 그렇게 많은 다른 문제를 가지고 있을 때 기후변화를 다룰 수 있는 에너지와 시간 및 돈을 가진 사람은 누굴까?

따라서 FCCC는 결론적으로 기후변화는 시간적으로 지속되는 결과이기 때문에 인간인 만든 기후변화를 최소화하는 장기적 임무를 수행한다고 한다.

1992년 환경정산회담에 통과된 기후변화 기본협약의 목차와 내용은 다음과 같다.

### (2) 기후변화 기본협약(Framework Convention on Climate Change)과 목차

**본 협약의 당사자들은**

- 지구상의 기후변화와 그의 악 영향이 인류의 공통 문제임을 **인식하고,**
- 인간의 활동들이 대기 중의 온실가스농도를 실제로 증가시켜 왔고, 온실가스의 증가가 자연적 온실효과를 증가시키고, 이 결과가 평균하여 지구표면의 온난화를 추가하여 자연생태계와 인류에게 나쁜 영향을 미칠지 모른다는 사실에 **관련하여**
- 역사적으로나 현재에도 지구촌 온실가스 방출량의 대부분이 선진국에서 발생하였고, 개발도상국의 1인당 방출량은 아직도 비교적 낮으나 그들의 경제사회적 개발요구를 만족시키기 위하여 개발도상국에서 발생하는 방출량 몫이 증가한다는 것을 **주목하면서,**
- 온실가스 감축과 저장에 육지 생태계와 해양 생태계의 역할과 중요성을 **인식하고,**
- 기후변화의 예측에서 특히 기후변화의 발생시기와 크기 및 지역 패턴과 관련하여 많은 불확실성이 존재한다는 것에 **주목하면서,**
- 지구촌의 기후변화 특성은 모든 국가들에게 가장 광범한 협력을 요청하고, 분화되지만 공동의 책임과 각각의 능력 및 그들의 경제 사회적 조건에 따라 효과적이고, 적절한 국제적 지원에 각국의 참여를 요청한다는 것을 **인식하고,**
- 1972년 7월 16일 스톡홀름에서 채택된 UN의 인간 환경회의 선언의 지속적인 효력을 **상기하고,**
- 또한 각국은 UN헌장과 국제법의 원칙에 따라 그들 자신의 환경과 개발정책에 따라 그들 자신의 자원을 개발할 주권을 보유하고 있으나 각국의 사법권이나 관리지역 내에서의 활동이 국가적 사법권의 한계를 넘는 다른 나라 영역의 환경에 피해를 야기하지 않는다는 것을 보장할 책임을 보유한다는 것을 **상기하고,**
- 기후변화를 논하는 국제협력에서 각국의 주권 원칙을 **재확인하면서,**
- 각국은 효율적인 환경법을 제정하여야 하고, 환경표준과 관리목적 및 우선순위가 각국이 적용하는 환경과 개발계획에 반영되어야 하며, 몇 몇 국가에 적용되는 환경 표준은

다른 국가. 특히 개발도상국에게는 부적절하고, 용납할 수 없는 경제 사회적 비용이 될 수 있다는 것을 **인식하고,**

- UN의 환경개발회의에 관한 1989년 12월22일의 총회 결의안 44/228호, 인류의 현재와 미래 세대를 위한 지구촌 기후보호에 관한 1988년 12월6일의 결의안 43/53호, 1989년 12월 22일의 44/207호, 1990년 12월21일의 45/212호, 1991년 12월 19일의 46/169호를 **상기하고,**
- 또한 도서 및 해안지역, 특히 저지대 해안지대에 관한 해수면 상승의 악영향 가능성에 대한 1989년 12월22일의 총회결의안 44/206호와 사막화 투쟁을 위한 행동계획의 집행에 대한 1989년 12월 19일의 총회결의안 44/172호의 지속적인 시효를 **상기하고,**
- 나아가 1990년 7월 29일 조절 개정된 것으로 의 1985년 오존층 보호를 위한 비엔나 협약과 1987년 오존층고갈 물질에 관한 몬트리올 의정서를 **상기하면서**
- 1990년 11월 7일 채택된 제 2차 세계 기후 회의의 관계 장관 선언을 **주목하고,**
- 기후변화에 관하여 많은 국가들이 수행한 가치 있는 분석 작업과 과학적 연구결과의 교환과 연구협력에 대한 세계기상기구(World Meteorological Organization: WMO), UN 환경프로그램(UN Environmental Programme: UNEP)과 기타 기관, UN 시스템의 기구와 기관, 뿐만 아니라 다른 국제적 및 정부 간 기관의 중요한 기여를 **의식하면서,**
- 기후변화를 이해하고, 논하는데 필요한 각 단계들이 적절한 과학기술과 경제적 고찰을 통하여 이들 영역에서 발견된 새로운 사실에 비추어 지속적으로 재평가될 경우, 앞으로 환경적으로나 사회적 또는 경제적으로 가장 효과적이라는 것을 **인식하고,**
- 기후변화를 논하는 다양한 활동들이 경제적으로 그자신의 권리에 따라 정당화될 수 있고, 또한 다른 환경문제를 해결하는데 도움이 될 수 있다는 것을 **인식하고,**
- 또한 지구촌, 국가적, 동의한 지역에서는 지역적 수준에서 온실효과의 상승에 기여하는 온실가스의 상대적 기여도를 고려하여 모든 온실가스를 고려하는 전반적인 참여 전략을 향하는 첫 번째 단계로 선진국들이 명쾌한 우선순위에 기초하여 유연한 방식으로 즉각적으로 실천하는 필요성을 **인식하고,**
- 나아가 저 지대의 소규모 도서 국가들과 홍수와 가뭄 및 사막화에 민감한 저지대나 건조 또는 준 건조 지대를 가지고 있는 국가들 및 취약한 산악생태계를 가지고 있는 개발 도상국가들은 특히 기후변화의 악영향에 취약하다는 것을 **인식하고,**
- 온실가스 방출 제한이 집행될 경우 그 결과는 취약국가들의 경제가 화석연료의 생산과 이용 및 개발에 좌우되는 이들 국가, 특히 개발도상국은 특별하게 어렵다는 것을 **인식하면서,**
- 기후변화에 대한 참여는 지속된 경제성장 달성과 빈곤퇴치를 위한 개발도상국의 합리적인 우선 필요성을 충분히 고려하여 경제개발에 대한 악영향을 피하면서 (환경과) 통

합된 방식으로 경제 사회적 개발과 조화되어야 한다는 것을 **확인하면서,**

- 모든 국가들, 특히 개발도상국은 지속 가능한 경제 사회적 발전을 달성하기 위하여 필요한 자원 접근이 요구되고, 개발도상국들이 이러한 목표를 달성하기 위하여서는 새로운 에너지 기술 적용을 통하여 이러한 응용이 경제 사회적으로 유익하게 만든다는 면에서 그들의 에너지소비에서 보다 효율적인 에너지이용을 달성하고, 일반적인 온실 가스방출 관리 가능성을 고려할 필요가 있다는 것을 **인식하고,**
- 현재와 미래 세대를 위하여 기후시스템을 보호하기로 **결정하고, 다음과 같이 동의하였다.**

ARTICLE 1 DEFINITIONS --- 용어의 정의

ARTICLE 2 OBJECTIVE --- 협약의 목적

ARTICLE 3 PRINCIPLES ---- 협약 당사자의 활동준칙

ARTICLE 4 COMMITMENTS ---- 당사자의 임무

ARTICLE 5 RESEARCH AND SYSTEMATIC OBSERVATION --- 연구와 체계적 관측

ARTICLE 6 EDUCATION, TRAINING AND PUBLIC AWARENESS --- 교육훈련과 홍보

ARTICLE 7 CONFERENCE OF THE PARTIES --- 당사자 회의(COP)

ARTICLE 8 SECRETARIAT --- 사무국

ARTICLE 9 SUBSIDIARY BODY FOR SCIENTIFIC AND TECHNOLOGICAL ADVICE
--- 과학기술자문 부속기관

ARTICLE 10 SUBSIDIARY BODY FOR IMPLEMENTATION --- 집행부속기관

ARTICLE 11 FINANCIAL MECHANISM ---- 재정지원 메커니즘

ARTICLE 12 COMMUNICATION OF INFORMATION RELATED TO IMPLEMENTATION
--- 집행관련 정보교환

ARTICLE 13 RESOLUTION OF QUESTIONS REGARDING IMPLEMENTATION
--- 집행관련 문제해결

ARTICLE 14 SETTLEMENT OF DISPUTES --- 갈등 해결 방법

ARTICLE 15 AMENDMENTS TO THE CONVENTION --- 협약의 개정

ARTICLE 16 ADOPTION AND AMENDMENT OF ANNEXES TO THE CONVENTION
--- 협약 부록국가의 가입과 개정

ARTICLE 17 PROTOCOLS --- COP의 의정서 작성

ARTICLE 18 RIGHT TO VOTE --- 투표권

ARTICLE 19 DEPOSITARY --- 협약서와 의정서의 보관

ARTICLE 20 SIGNATURE --- 당사자의 서명

ARTICLE 21 INTERIM ARRANGEMENTS --- 중간 보좌 기관

ARTICLE 22 RATIFICATION, ACCEPTANCE, APPROVAL OR ACCESSION
--- 비준, 인준, 수용 또는 접근

ARTICLE 23 ENTRY INTO FORCE --- 발효시기

ARTICLE 24 RESERVATIONS --- 유보조항

ARTICLE 25 WITHDRAWAL --- 당사자의 탈퇴

ARTICLE 26 AUTHENTIC TEXTS --- 공식 서류(언어)

Annex I countries

Annex II countries

---

(3) Kyoto Protocol => 4.5절 참조

## 5.3 생물다양성 협약의 필요성과 협약서 내용

### (1) 생물다양성 협약의 필요성

특히 시민들이 명확하게 인식하지 못하고 있는 생물 다양성의 가치를 국민에게 홍보하는 호주정부(2000, http://www.environment.gov.au/life/general_info/op1.html)에 따르면 지구촌의 생태계를 유전적 다양성, 종의 다양성 및 생태학적 다양성으로 계층화하고, ① 생태계 다양성이 제공하는 서비스는 수자원보호, 토양형성과 보호, 양분 저장과 순환, 오염물질 분해와 흡수, 기후안정화에 기여하고, 생태계보존, 예상치 않은 환경재난에서의 회복력 등이고, ② 생물자원으로서 기능은 식량생산 공급, 의약품자원, 목재 자원, 조경 식물자원, 서식지 및 생물 종 보고이면서 동시에 미래의 유전자원이며, ③ 사회적 공익은 레크리에이션 장소 제공, 문화적 가치제공, 개발하지 않은 미래 가치 제공 등을 열거하고, 생물 다양성 보존 운동이 충격에 대한 소극적 보호가 아니라 적극적인 보호육성이 필요하다고 지적하고, 세계 환경 보존 행동센터인 미국 캘리포니아 대학의 브리안트(P.J. Bryant, 1999, Biodiversity and Conservation, 2000, http://darwin.bio.uci.edu/~sustsain/bio65/Titlpage.html)에 따르면 호주와 캐나다의 생물다양성 보존 가치를 인용하면서 (1) 식품자원, (2) 유전자원, (3) 생물학적 조절자, (4) 생약자원, 환경적 서비스, (5) 자연재해 경고표지, (6) 자연과학의 모델시스템 제공, (7) 아름다운 야생동물 보존 등의 역할을 하기 때문에 생물다양성보존은 미래의 선택 문제라고 한다.

또한 국제 생태경제학회(International Society for Ecological Economics, 2000, http://darwin.bio.uci.edu/~sustsain/bio65/Titlpage.html)에서는 코스탄자 등(R. Costanza et al)의 주관 하에 지금도 "자연 자본과 생태계 서비스의 가치(The Value of the World's Ecosystem Services and Natural Capital)"이라는 제하에 생물다양성의 경제적 가치에 대하여 국제적 논의를 계속하고 있고, 달리(H. Daly)에 의하

여서는 "성장을 넘어서(Beyond Growth)"라는 제하에 에코세금부과(Eco-Taxation)에 대한 논의를 계속하고 있다.

특히 근대 산업사회가 되면서 환경오염과 과도한 경쟁사회로 발생한 각종 질병이 인간사회를 파괴하고, 최근 발전한 전자공학기술로 인간의 뇌 구조와 기능 및 심리상태를 연구할 수 있게 된 의학 분야, 생태학과 분자 생물학의 발전으로 다윈의 진화론이 지배하는 진화론적 다윈 의학(Darwinian (Evolutionary) Medicine), 진화 문화론(Evolutionary Cultures) 등이 등장하여 생명의 진화가 돌연변이(Mutation)에 기초한다는 유전공학적 주장을 토대로 인류 운명의 진화를 해석하는 현대과학은 종교에서 말하듯이 하나님이 창조할 때 지정한 길을 따라 일정하게 정해진 것이 아니라 환경에 따라 일부가 변하면서 진화한다는 것이다.

최근에는 유전 공학적인 운명론과 생태학적인 생물 다양성이 마주치면서 돌연변이(Mutation)에 대한 관심이 집중되고 있어 각종 영화에서 인간 같지 않는 괴상한 인간들이 자주 등장하는데 환경변화로 야기되는 돌연변이 후손을 바라는 사람은 아무도 없을 것이다.

따라서 생태계의 먹이사슬과 먹이 피라미드에서 최고의 진화단계에서 생존하고 있는 인류사회는 대기권과 생수 자원권 및 토양권으로 구성되는 주변 환경과 조화를 이루면서 항상성을 유지하고, 오늘의 역사(Zeitung)가 자손만대의 후손에게까지 지속가능할 것이기 때문에 생존기반이 되는 생물다양성이 보존되는 생태계를 파괴해서는 안 될 것이다.

나아가 생물 다양성을 보존하기 위하여서는 생태계를 구성하는 각종 생물에게 식량이 되는 녹색식물의 광합성량이 감축되면 환경요소에 영향을 미쳐 먹이사슬로 연결된 생물체들이 감축되고, 생물 다양성이 없어지기 때문에 자구 촌의 생태계 보존을 위하여서는 충분한 먹이를 공급하기 위하여 녹색 식물자원의 보호육성이 중요하게 된다.

따라서 먹이사슬을 이루고 있는 생태계에서 인간의 활동에 장애가 된다는 이유로 하나의 생물을 멸종시키면 그를 먹이로 하는 생물 종이 멸종되고, 그 이전의 생물 종은 확산되어 인간 주변 환경에 불균형을 초래하여 경제활동에 장애를 지속적으로 야기한다. 즉 호주대륙을 개척한 영국인들이 도입된 토끼나 들개들이 일으키는 현재의 문제는 그러한 예라고 한다.

브리안트(P. J. Bryant, 2000, http://darwin.bio.uci.edu/~sustain/bio65/lec07/b65lec07.html)에 따르면 인구증가로 부족해진 식량을 증산하는데 필요한 (i) 생태계에 먹이를 제공하고, (ii) 각종 생물 종의 유전자원으로 각종 유전자 조작의 자원이 되며, (iii) 각종 생물 농약의 자원이 되고, (iv) 각종 의약품의 원료가 되며, (v) 종 사이의 수정, 폐기물 생분해, 토양 폭기, 토양 비옥화, $CO_2$-$O_2$ 상호교환, 생수 자원 저장 등의 환경적 서비스 외에도 (vi) 환경 재해 발생의 신호등으로 이용되기 때문에 경제적으로 중요한 역할을 한다.

따라서 국제 자연보존 연합회(IUCN: International Union for the Conservation of Nature)는 1994년 생물종의 경제적 가치(The Economic Value of Biodiversity: 2000, http://biodiversityeconomics.org/pdf/

tropics-608-00.pdf)를 출판하여 기본의 방법으로는 측정분석이 어렵지만 농업적 식량 및 단백질 생산과 생물 다양성의 가치, 임업 적 목재 및 섬유생산과 생물 다양성의 가치, 불법적 토지 이용과 생물다양성의 가치를 기회 비용법, 환경 서비스에 대한 지불의사 평가, 기존 시장 가치법, 여행 비용법, 생산성 변화법, 수익 손익법, 대체 비용법 등으로 평가하는 방법을 제시하였다.

또한 유럽연합의 자연보존 센터(European Centre for natural Conservation, ECNC, 2000, http://www.strategyguide.org/straabou.html)에 따르면 1994년 범 유럽 생물 및 랜드스케이프 다양성 전략(Pan-European Bio-logical and Landscape Diversity Strategy) 작성하여 20년 내에 전 유럽이 이 목표를 달성하기로 설정하였다고 한다. 즉 생물 다양성 협약만으로는 아젠다 21이 추구하는 지속가능한 생물 다양성이 달성할 수 없기 때문에 유럽에서는 생물다양성에 보존에 필요한 토지의 랜드스케이프도 규제하는 통합시스템을 추진하기에 이르렀다. 그리하여 전 유럽의 랜드스케이프 변화를 생태계별로 구분하여 생물종 다양성의 변화를 모니터링 하여 분석하기에 이르렀다.

광범하게 규정하고 있는 생물 다양성 협약에서 제시하고 있는 주요 내용의 목차만을 열거하면 다음과 같다.

### (2) 생물다양성 협약(Convention on Biological Diversity)의 서문과 목차

**<Preamble: 서 문>**

- 생물다양성의 본질적 가치를 자각하고, 생물다양성과 그의 구성원에 대한 생태학적, 유전학적, 사회적, 경제적, 과학적, 교육적, 문화적, 레크리에이션 적 및 미학적 가치를 인식하고,
- 또한 진화와 생물계의 생명유지시스템을 유지하기 위하여 생물 다양성의 중요성을 인식하며,
- 생물학적 다양성 보존이 인류의 공통된 관심사인 것을 확인하고,
- 각국은 그들 소유의 생물자원에 대한 통치 권리를 보유하고 있음을 재확인하고,
- 또한 각국은 그들의 생물자원을 보존하고, 지속 가능한 방식으로 그들의 생물자원을 이용하는 권리를 가지고 있음을 재확인하고,
- 생물다양성이 몇 가지 인간의 활동에 의하여 생물다양성이 크게 감소되고 있음을 중시하고,
- 생물다양성에 대한 일반적 정보와 지식이 부족하다는 것을 인식하고, 그에 대한 적절한 조치를 계획하고, 실천하는 기본적 이해자료를 마련하기 위하여 과학적, 기술적, 및 체계적 능력을 개발하는 것이 시급히 필요하다는 것을 자각하고,
- 원천에서부터 참여하여 생물 다양성의 중대한 감축이나 멸종 원인을 예방하고 공격하

는 것이 치명적이라는 것을 주지하고,

- 또한 생물 다양성의 중대한 감축이나 멸종의 위협이 존재하는 곳에서는 과학적인 완전한 확실성이 보장하는 것이 이와 같은 위협을 피하거나 최소화하는 조치를 연기하는 이유로 이용되어서는 안 된다는 것을 주지하고,
- 나아가 생물 다양성 보존에 근본적인 필수 조건은 생태계와 자연적 서식지의 현장 보존이고, 생물 종의 주변 환경 속에서 그 종의 활발한 개체군 확보와 회복이라는 것을 주지하고,
- 더욱이 원산지에서 흔히 일어나는 현장 밖의 조치들도 중대한 역할을 한다는 것을 주지하고,
- 생물자원에 기초한 전통적 생활태도를 체질화하고 있는 지역사회와 많은 토착민의 밀접하고, 전통적 의존성, 생물다양성 보존에 적합한 전통적 지식과 창조력 및 실제 기술을 이용하여 발생한 편익의 균등한 공유에 대한 욕망, 그리고 그 구성의 지속 가능한 이용을 인식하고,
- 또한 생물 다양성 보존과 지속 가능한 이용에서 활발한 여성의 역할을 인식하고, 생물 다양성 보존을 위한 모든 수준의 정책결정과정과 수행과정에서 여성의 완전한 참여가 필요하다는 것을 시인하고,
- 생물다양성 보존과 그 구성원의 지속가능한 이용을 위하여 국가 간 및 정부 간 기구와 NGO분야의 국제적, 영역적, 지구적 협력을 촉진하는 것이 중요하고 필요하다는 것을 강조하며,
- 생물다양성의 손실을 강조하는데 세계 각국의 능력에서 실질적 차별화를 시도하기 위하여 추가적인 새 재정지원과 적절한 기술에 대한 적합한 접근방법이 이용될 수 있다는 것을 시인하고,
- 나아가 개발도상국의 욕구를 만족시키기 위하여서는 해당기술에 대한 적절한 접근방법과 추가적인 새 재정자원을 마련하는 것을 포함한 특별한 준비가 필요하다는 것을 시인하고,
- 이러한 관점에서 최소로 개발된 국가들과 작은 섬나라들의 특수한 조건을 주지하면서
- 생물 다양성을 보존하는 데는 실질적인 투자가 필요하고, 이러한 투자로부터 광범한 환경적, 경제적 및 사회적 편익에 대한 기대가 있다는 것을 인정하고,
- 경제적, 사회적 개발과 빈곤퇴치가 개발도상국에 대하여 가장 우선하는 조치라는 것을 인정하고,
- 생물다양성의 보존과 지속 가능한 이용이 날로 증가하는 인구를 위한 식량과 건강 및 기타 욕구를 만족시키는 것이 가장 중요하고, 이러한 목적으로 유전자원과 기술 모두

접근하고 공유하는 것이 필연적인 것이라는 것을 인식하고,

- 종국에는 생물다양서의 보존과 지속 가능한 이용이 국가사이의 관계를 친구로 강화하고, 인류 평화에 기여할 것이라는 것을 주지하고,
- 생물 다양성 보존과 그 구성원의 지속 가능한 이용을 위하여 기존의 국제기구들의 재배치를 촉진하여 보충하는 바람으로
- 현재와 미래세대의 이익을 위하여 생물 다양성을 보존하고, 지속 가능하게 이용하기로 결정한 협약 당사자들은 다음과 같이 동의하였다(목차만 수록하고, 내용은 방대하여 생략함).

〈목 차〉

Article 20-Financial Resources ——— 제20조: 재정지원

Article 21-Financial Mechanism ——— 제21조: 재정지원방법

Article 22-Relationship with Other International Conventions ——— 제22조: 기타국제회의계

Article 23-Conference of the Parties ——— 제23조: 참여자 회의

Article 24-Secretariat ——— 제24조: 사무처 설치

Article 25-Subsidiary Body on Scientific, Technical and Technological Advice ——— 제25조: 과학기술지원

Article 26-Reports ——— 제26조: 보고서

Article 27-Settlements of Disputes ——— 제27조: 토론 중재

Article 28-Adoption of Protocols ——— 제28조: 의정서 채택

Article 29-Amendment of the Convention or Protocols ——— 제29조: 회의나 의정서의 개정

Article 30-Adoption and Amendment of Annexes ——— 제30조: 부록 채택과 개정

Article 31-Right to vote ——— 제31조: 투표권

Article 32-Relationship between this Convention and its Protocols ——— 제32조: 회의와 의정서의 관계

Article 33-Signature ——— 제33조: 서명

Article 34-Ratification, Acceptance or Approval ——— 제34조: 비준

Article 35-Accession ——— 제35조: 협약 가맹

Article 36-Entry into Force ——— 제36조: 효력

Article 37-Reservations ——— 제37조: 유보

Article 38-Withdrawals ——— 제38조: 탈퇴

Article 39-Financial Interim Arrangements ——— 제39조: 재정지원 중간보고

Article 40-Secretariat Interim Arrangements ——— 제40조: 사무처 중간보고

Article 41-Depositary ——— 제41조: UN 사무총장의 검토

Article 42-Authentic Texts ——— 제42조: 공식 언어

Annex I-Identification and Monitoring ——— 부록 1: 식별과 모니터링

Annex I-part 1-Arbitration ——— 부록 1-1부: 중재

Annex II-part 2-Conciliation ——— 부록 2-2부: 화해

## 5.4. 산림 경영원칙(Forest Principles)의 필요성과 협약 내용

### (1) 산림 자원과 탄소 사이클(Carbon Cycle) 관계

지구촌의 생태계는 전술한 바와 같이 하나뿐인 폐쇄된 공간에서 대기 중의 탄산가스와 생물체 중의 탄소화합물 및 바다 중의 탄산염이 하나의 탄소 사이클(carbon cycle)을 이루면서 항상 순환하고 있으며, 따라서 지구촌은 태양에너지 때문에 〈그림 5.4-1〉과 같이 탄소의 순환을 구성하는 생태계의 먹이사슬을 통하여 녹색 식물의 광합성으로 고정된 태양에너지가 순환되는 하나의 사이클을 이루고 있다고 한다.

따라서 목재를 주생산물로 하는 임업은 산림 자원을 경영하는 산업으로서 거대한 목재(wood)를 생산하는 임목(tree)은 인간에게 필수적인 에너지(energy)를 공급하고, 임목으로 구성된 숲(forest)은 인간에게 필수적인 생수자원(fresh water)을 공급하는 다목적 기능자원(multi-functional resources)이다(Energy from Tree and Water from Forest).

즉 생태계는 그의 먹이사슬에 의하여 먹이가 되는 식물의 광합성량에 좌우되고, 또한 인간에게 한시도 중단할 수 없는 호흡에 필요한 대기 중의 산소는 식물 광합성으로 생산된다. 따라서 식물, 특히 목재를 생산하는 산림자원의 보존과 육성이 필수적이다.

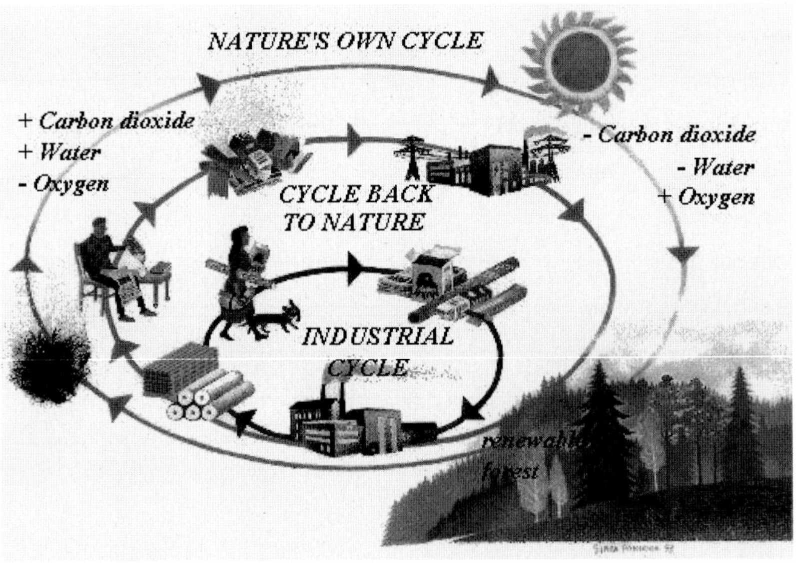


**〈그림 5.4-1〉** 태양에너지와 탄소 사이클(carbon cycle)의 관계

(Source: "POSTIX" Single-Concept Digital Posters: - Earth System Science Education - Owen E. Thompson, Professor; Mary Ellen Loftus, Graduate Research Assistant, Department of Meteorology, University of Maryland, 2002, http://www.meto.umd.edu/~owen/CHPI/IMAGES/Ccycle.html)

### (2) 산림 경영 원칙 (Forest Principles)

〈모든 산림 자원 타입의 경영과 보존 및 지속가능한 개발에 관한 지구촌의 의견 일치를 위한 원칙에 관한 비법률적 공공 성명: Non-legally Binding Authoritative Statement of Principles for a Global Consensus on the Management, Conservation and Sustainable Development of all types of Forests〉

**<서 언>**

(a) 산림의 주체는 지속가능성에 기초한 경제 사회적 개발권을 포함하여 환경 및 개발 문제와 이용 기회 전반에 걸쳐 관련된다.

(b) 이런 원칙들의 선도적 목적은 산림의 경영과 보존 및 지속 가능한 개발에 기여하고, 산림의 다양한 보조적 기능과 이용을 제공하려는 것이다.

(c) 임업문제와 이용기회는 전통적인 이용을 포함하여 산림자원의 다양한 기능과 용도, 산림자원의 이용이 제한될 때와 같은 경제적 사회적 압력뿐만 아니라 지속 가능한 산림경영이 제공할 수 있는 개발 잠재력을 고려하여 환경과 개발의 전체적 전후 관계 내에서 전체적이고, 균형 잡힌 방식으로 검토되어야 한다.

(d) 이 원칙들은 산림자원에 대한 하나의 첫 번째 지구촌의 합의를 반영하고 있다. 또한 각국은 이러한 원칙들의 긴급한 실천에 들어갈 때 산림문제에 대한 국제 협력을 보다 깊이 하여 산림자원이 충분히 유지된다는 평가 후에 결정한다.

(e) 이 원칙들은 남쪽지방, 극지방, 아온대, 온대, 아열대 및 열대를 포함한 모든 지리적 지역과 기후적 지대에서 천연림과 인공림 모든 산림 타입에 적용되어야 한다.

(f) 모든 타입의 산림자원은 인간의 욕구뿐만 아니라 환경적 가치를 충족시키는 자원을 제공할 수 있는 산림의 현재와 미래의 수용 능력에 기초가 되는 복합적이고 고유한 생태학적 과정을 내포하고 있다. 그러한 자질 때문에 각국 정부가 속해 있는 정부에게 산림의 건전한 경영과 보존이 2중대하고, 지역사회와 환경 전반에 가치가 있다.

(g) 산림자원은 경제개발과 모든 형태의 생활에 필수적이다.

(h) 많은 국가에서 산림경영과 보존 및 지속 가능한 개발에 대한 책임이 정부의 연방/국가, 도/시/지역 정부수준으로 분산되어 있다는 것을 인식하고, 각국은 적절한 정부수준에서 그들의 헌법이나 국법과 동등하게 이 원칙들을 추구하여야 한다.

**<원칙/구성 요소들>**

〈1〉 a) 각국은 UN헌장과 국제법 원칙에 따라 자신의 환경정책에 따라 자국의 자원을 개척하는 통치권을 가지고 있고, 자국이 사법권이나 관리 범위 내에서의 활동이 국가의 사법권 범위 외의 다른 국가나 지역에 피해를 야기하지 않는 것을 보장할 책임을 진다.

b) 산림보존과 지속 가능한 개발에 관련하여 획득한 편익의 순전히 추가된 비용이 합의된 것이라도 보다 많은 국제협력이 필요하고, 국제적 지역 공동체에 의하여 공평하게 분배되어야 한다.

〈2〉 a) 각국은 전체적인 경제사회적 개발계획과 일치한 국가 정책에 기초하여 합리적인 토지이용 정책을 근거로 경제 사회적 개발에 대한 자국의 개발 욕구와 수준에 맞추어 자국의 산림자원을 이용하고, 관리하며, 개발할 주권과 양도할 수 없는 권리를 가진다.

b) 산림자원과 산림 토지는 현 세대와 미래 세대의 사회적, 경제적, 생태학적, 문화적, 정신적 욕구를 충족시키기 위하여 지속가능하게 관리되어야 한다. 이러한 욕구들은 목재와 목제품, 용수, 식품, 사료, 생약, 연료, 주거, 고용, 레크리에이션, 야생동물서식지, 지형다양성, 탄소 고정 및 조장고와 같은 임산물과 서비스, 그리고 기타 임산물에 관한 것이다. 산림의 완벽한 다양한 가치를 유지하기 위하여 산림자원을 대기오염, 산화, 질병과 전염병을 포함한 환경오염의 피해로부터 보호하는 적절한 조치들이 취해져야 한다.

c) 공공의 이해와 정보화된 의사결정을 위하여서는 산림자원과 산림 생태계에 대한 책임 있는 정보가 적기에 명확하게 제공되는 것이 필수적이고, 보장되어야 한다.

d) 각 정부는 국가적인 산림정책의 개발과 기획 및 집행에 지역사회와 토착민, 기업, 노동, 비정부단체(NGO)와 개인, 산림거주자와 여성을 포함한 관심분야에게 참여기회를 제공하고, 촉진시켜야 한다.

〈3〉 a) 국가적 정책과 전략은 산림자원과 산림토지의 경영과 보존 그리고 지속 가능한 개발을 위한 공공기관과 프로그램 강화 및 개발을 포함하여 증강된 노력을 위하여 하나의 골격(framework)을 제공하여야 한다.

b) 기존의 국제 조직과 메커니즘에 기초하여 건설하는 국제기관을 적절하게 조정하는 것은 산림자원의 영역에서 국제협력이 편리하도록 되어야 한다.

c) 산림자원과 산림토지와 관련되는 환경보호와 경제개발 및 사회개발의 모든 전망은 강화되고, 종합적이어야 한다.

〈4〉 a) 모든 산림 타입의 역동적인 역할은 지방, 국가, 지역과 지구적 수준에서 생태학적 과정과 균형이 유지하고, 그 중에서도 그들의 역할을 통하여 취약한 생태계와 수로 및 생수자원을 보호하여 생물다양성과 생물자원 그리고 생물 공학적 산물을 위한 유전자 자원뿐만 아니라 광합성과 같은 풍부한 보고라는 것으로 인식되어야 한다.

〈5〉 a) 국유림정책은 토착민과 그들의 지역사회, 다른 지역사회와 산림거주자의 존재와 문화 및 권리를 인식하고, 적절하게 지원하여야 한다. 이들 그룹이 산림자원이용으로 경제적 모험을 행하고, 경제적 활동을 수행하고 이를 통하여 문화적 동질성과 사회적 조직을 얻어 유지할 뿐만 아니라 충분한 수준의 생계와 복지를 유지하며, 그 중에서도 산림자원의 지속

가능한 경영을 위하여 인센티브로 제공되는 토지 보유 배치 비를 통하여 유지할 수 있도록 적절한 조건을 만들어주어야 한다.

b) 산림자원의 경영과 보존 그리고 지속 가능한 개발 등 모든 관점에서 여성의 완전한 참여가 적극적으로 촉진되어야 한다.

〈6〉 a) 모든 타입의 산림자원은 특히 개발도상국에서 생물 에너지(bio-energy)의 재생자원의 제공을 통하여 필요한 에너지를 충족시키는데 중요한 역할을 하고 있으며, 가정 및 산업용 에너지로 필요한 연료재의 수요는 지속가능한 산림경영과 조림 및 재 조림을 통하여 충족되어야 한다. 끝으로 연료와 산업용 목재 제공을 위한 토착종과 도입종 조림의 잠재적 기여도가 인식되어야 한다.

b) 국가적 정책과 프로그램들은 산림자원이 있는 곳에서는 그의 보존과 경영 및 지속가능한 개발사이의 관계를 고려하고, 임산물의 생산과 소비 및 재활용 또는 마지막 처리에 관련된 모든 면을 고려하여야 한다.

c) 산림자원의 경영과 보존 및 지속가능한 개발에 대하여 취한 의사결정은 산림재화와 서비스의 경제적, 비경제적 가치와 환경적 비용과 편익에 대한 총체적 평가로부터 실질적 범위까지 이익이 얻어져야 한다. 이와 같은 평가를 위하여 방법론 개발과 개선이 촉진되어야 한다.

d) 인공적으로 식재된 삼림자원과 영원한 농작물의 역할은 지속가능하고, 환경 친화적인 재생가능 에너지자원과 산업용 원료로 인식되어, 향상되고, 촉진되어야 한다. 생태학적 과정을 유지하고, 원시/노령 림에 대한 외압제거 및 지역 고용과 개발에 지방주민의 적극적인 참여 제공에 대한 그 산림자원의 기여도도 인식되고, 향상되어야 한다.

e) 천연림은 또한 재화와 서비스원이 되므로 그들의 보존과 지속가능한 개발 및 이용이 촉진되어야 한다.

〈7〉 a) 모든 국가는 산림자원의 지속가능하고, 환경 친화적인 건전한 개발이 수행되도록 하는 지원적인 국제적 경제 분위기를 촉진하는데 노력해야 하며. 그 중에서도 생산과 소비의 지속가능한 패턴 촉진과 빈곤퇴치 및 식량 안보 촉진이 포함된다.

b) 보호된 천연림 지역을 포함한 산림자원의 보존을 위하여 프로그램을 만들어야 하는 중요한 산림지역을 가진 개발도상국에게는 특별한 재정 자원이 제공되어야 한다.

c) 이러한 자원들은 특히 사회적 대체활동을 자극하는 경제 분야에 제공되어야 한다.

〈8〉 a) 세계의 녹색화(greening)를 위하여 노력하여야 한다. 모든 국가, 특히 선진국들은 조림과 재조림 및 산림자원 보존을 위하여 적절한 수준까지 투명하게 적극적으로 행동해야 한다.

b) 산림 면적과 생산성을 유지하고, 증대시키는 노력은 생태학적이고, 경제적이며, 사회적으로 건전한 방식으로 비생산적이고, 파괴된 무임목지에 대한 임목 재 조림과 산림 복원 및

재건뿐만 아니라 기존 산림자원의 경영을 통하여 시도되어야 한다.

c) 특히 개발도상국에서 산림자원 경영과 보존 및 지속 가능한 개발을 목적으로 국가 정책과 프로그램 집행에는 사적인 분야를 포함하여 적절한 곳에서 국제적인 재정 지원과 기술 협조가 지원되어야 한다.

d) 지속가능한 산림 경영과 이용은 국가적 개발 계획과 일치하고, 환경적으로 건전한 국가적 가이드라인에 기초하여 집행되어야 한다. 이러한 가이드라인 규격화에는 적용 가능하다면 적절한 수준까지 국제적으로 명확하게 동의한 방법론과 기준을 택해야 한다.

e) 산림 경영은 생태계의 균형과 지속 가능한 생산성 유지를 위하여 인접 영역의 경영방법과 결합되어야 한다.

f) 산림자원의 경영과 보존 및 지속가능한 개발을 목표로 한 국가적 정책과 규정에는 국가적으로 중요한 원시/노령림, 문화적, 정신적, 역사적, 종교적, 기타 고유한 가치 있는 산림을 포함하여 생태학적으로 유용한 대표 림이나 고유한 산림을 포함시켜야 한다.

g) 유전자원을 포함하여 생물자원의 접근성은 그 산림이 위치한 국가의 주권과 관련되어있으며, 상호 동의한 기술사항과 이들 자원으로부터 유도된 생물공학 제품의 수익에 대한 공유와 관련되어야 한다.

h) 국가정책은 환경 영향 평가가 집행이 중요한 산림자원에게 중대한 악영향을 미칠 것 같은 지역과 이와 같은 행동이 해당 국가기관의 결정에 속하는 곳에서 실시되어야 함을 보장하여야 한다.

〈9〉 a) 자국의 산림자원의 경영과 보존 및 지속 가능한 개발을 강화하고자 하는 개발도상국의 노력은 특히 자원을 선진국에 순수 이전시켜 부채를 가중시키는 곳에서 부채를 교정하는 중요성뿐만 아니라 임산물, 특히 가공제품에 대한 시장 접근성을 개선하여 최소한 산림자원의 대체가치라도 획득하는 문제를 고려하여 국제사회의 지원을 받아야 한다. 이 점에서 시장경제까지의 전이 과정을 수행하고 있는 국가들에게도 특별한 주의를 기울려야 한다.

b) 각 정부와 국제사회는 산림자원의 보존과 지속 가능한 이용을 확보하려는 노력을 방하는 문제와 지방 지역사회, 특히 산림과 산림 자원에 경제적으로나 사회적으로 의존하고 있는 도시의 가난한 사람들과 가난한 농촌사람들에게 유용한 대체방안이 없는데서 발생하는 문제들을 제시해야 한다.

c) 모든 타입의 산림자원과 관련된 국가적 정책수립은 산림 분야 밖의 영향 인자들로부터 산림생태계와 자원에게 가해지는 압력과 요구를 고려하여 이러한 압력과 요구를 다루는 분야 간의 조정방법을 찾아내야 한다.

〈10〉 새로이 추가적으로 마련된 재정적 자원은 개발도상국들이 조림과 재 조림, 벌채와 삼림파괴 및 토지 황폐화와의 투쟁을 통하여 그들의 산림자원을 지속 가능하게 관리하고, 보존하며, 개발할 수 있도록 개발도상국에게 제공되어야 한다.

〈11〉 특히 개발도상국들이 그들의 내생적 능력을 향상시키고, 그들의 산림자원을 더 잘 관리하고, 보존하며, 개발할 수 있게 만들기 위하여 Agenda 21의 제안에 따라 상호 동의하에 양보 및 특혜 조건을 포함하여 편리한 조건에서 환경적으로 건전한 기술과 동일 노하우(Know-how)에의 접근성과 이전은 촉진되고, 편이가 제공되어야 하며, 적절한 수준에서 재정적으로 지원되어야 한다.

〈12〉 a) 생물학적, 물리학적, 사회적, 경제적으로 당면한 곳에서 고려되는 국가기관이 수행한 과학적 연구와 산림자원조사 및 평가서뿐만 아니라 기술개발과 지속가능한 산림경영과 보존 및 개발영역에서 그의 적용은 국제적 협력을 포함한 효과적인 형식을 통하여 강화되어야 한다. 이와 같은 전후관계에서 지속 가능하게 수확하는 비 목재 제품의 연구와 개발에도 주의를 기울려야 한다.

b) 산림자원과 산림경영의 교육과 훈련, 과학과 기술, 경제학과 인류학 및 사회적 측면에서 국가와 적절한 곳에서는 지역 및 국제기관의 능력이 산림자원의 보존과 지속 가능한 경영에 필수적이므로 강화되어야 한다.

c) 산림자원, 산림경영 연구와 개발 결과에 대한 정보의 국가 간의 교류가 향상되어야 하고, 사적 분야를 포함하여 교육과 훈련기관을 완전히 활용하는 수준까지 확산되어야 한다.

d) 산림자원의 보존과 지속 가능한 개발과 관련한 토착민의 적절한 지식과 지방적 지식은 공공기관의 재정적 지원과 관련 지역사회의 주민과 협력하여 프로그램 집행에서 인정되고, 준수되어 개발되어야 하고, 적절한 수준까지 도입되어야 한다. 따라서 토착민의 지식 이용을 발생한 편익은 이와 같은 주민과 공정하게 공유되어야 한다.

〈13〉 a) 임산물의 교역은 국제 무역법과 실무에 따라 차별 없이 다 자간에 동의한 규칙과 순서에 근거하여야 한다. 이러한 관계로 임산물도 개방적이고 자유로운 국제무역이 제공되어야 한다.

b) (임산물) 생산자 국가들이 그들의 재생가능 산림 자원을 보다 더 잘 보존하고 관리하여 고 부가가치 임산물과 그 지방의 가공기술에 대한 높은 가격과 시장 접근성 제공에 방해되는 장애와 관세장벽을 감축시키거나 철폐하는 것은 권장되어야 한다.

c) 산림자원의 보존과 지속 가능한 개발을 달성하기 위하여 환경비용과 편익을 시장의 힘과 메커니즘에 결합시키는 방법은 국내적으로나 국제적으로 모두 권장되어야 한다.

d) 산림자원의 보존과 지속 가능한 개발정책은 경제와 무역정책 및 기타 당면정책과 보강되어야 한다.

e) 산림 파괴가 유도될지도 모르는 재정정책과 무역정책, 산업정책과 교통정책 및 기타정책들은 피하여야 한다. 적절한 곳에서는 인센티브를 포함하여 산림자원의 경영과 보존 및 지속 가능한 개발을 목표로 하는 적절한 정책들이 권장되어야 한다.

〈14〉 장기적으로 지속 가능한 산림 경영조건을 달성하기 위하여 목재나 임산물의 국제적 교역을 제한하거나 금지하는 국제적 의무나 협약과 일치하지 않는 일방적인 조치는 철폐되거나 피하여야 한다.

〈15〉 지방, 국가, 지역 및 지구촌 수준에서 산림생태계의 건강에 해가되는 환경오염물질, 특히 산성 물질 퇴적에 책임이 있는 것을 포함하여 대기 오염물질은 관리되어야 한다.

## 5.5. 교토의정서(Kyoto Protocol)의 내용

위키페디아 백과사전(2004, http://en.wikipedia.org/wiki/Kyoto_Protocol)에 수록된 교토의정서(Kyoto Protocol )는 1997년 일본 교토에서 개최된 제 3차 당사자간회의(COP-3)에서 지구온난화에 대한 국제조약인 UNFCCC에 대한 수정안으로서 현재 미국과 호주 등이 제외된 141개국이 비준하였다고 한다. 그 내용은 다음과 같다

### 유엔 기후변화기본협약의 교토의정서: KYOTO PROTOCOL TO THE UNITED NATIONS FRAMEWORK CONVENTION ON CLIMATE CHANGE>

(Source: UNFCCC, 2005, http://unfccc.int/resource/docs/convkp/kpeng.html)

이 의정서의 당사자들은,
앞으로 협약(the Convention)이라고 부르는 UN 기후변화 기본 협약 당사사자들로서,
제 2조에 천명된 바와 같이 협약의 궁극적 목적을 추구하면서,
협약의 규정을 상기하고,
협약의 제 3조 가이드에 따라,
최초 모임에서 협약 당사자 총회 1/CP.1의 결정으로 채용된 베를린 칙령을 쫓아,
다음과 같이 동의하였다.

**<제 1 조>**

이 의정서의 목적을 위하여 기본 협약 제 1조에 포함된 정의들이 적용되어야 한다. 그 외에

1. "당사자 회의"란 협약 당사자의 총회를 의미한다.
2. "협약"이란 1992년 5월 9일 뉴욕에서 채용된 기후변화에 대한 UN 기본협약을 의미한다.
3. "기후변화에 대한 정부 간 패널 (Intergovernmental Panel on Climate Change: IPCC) "이란 세계기상기구(World Meteorological Organization: WMO)와 유엔 환경프로그램(United Nations Environmental Programme: UNEP)이 공동으로 1988년 설립한 기후변화에 대한 정부 간 패널을 의미한다.

4. "몬트리올 의정서(Montreal Protocol)"란 1987년 9월 16일 채용된 오존층 고갈 물질에 대한 몬트리올 의정서와 그 후 조정 및 수정된 의정서를 의미한다.
5. "당사자 출석과 투표"란 당사자의 출석과 그의 긍정(positive) 또는 부정(negative)의 투표 행사를 의미한다.
6. "당사자(Party)"란, 그 내용이 다른 것을 지칭하지 않는 한, 이 의정서의 당사자를 의미한다.
7. "[부속서 Ⅰ: Annex Ⅰ]에 포함된 당사자"라 함은, 수정될 수도 있지만, 협약의 [부속서 Ⅰ]에 포함된 당사자들이나 협약의 제 4조 2(g)항에 따라 통지한 당사자를 의미한다.

**<제 2 조>**

1. 지속가능한 사회개발을 촉진하기 위하여, 제 3조의 정량적 방출량 제한과 감축 의무량을 달성하는데, [부속서 Ⅰ]에 포함된 각 당사자는,
   (a) 국가적 상황에 따라 다음과 같은 정책과 조치를 수행하고, 더 깊은 고안을 하여야 한다.
      (i) 국가경제의 해당분야에서 에너지 효율성 향상;
      (ii) 해당된 국제 환경 협약 하의 의무량을 고려하여 몬트리올 의정서에서 통제되지 않는 온실가스의 싱크(sink)와 저장고의 보호와 촉진, 즉 지속가능한 산림경영 관행과 조림 및 재 조림 촉진;
      (iii) 기후변화 고려사항을 반영한 지속가능한 농업 형태 촉진;
      (iv) 신・재생 에너지 형태와 탄산가스 격리 기술 및 첨단의 혁신적인 환경적으로 건전한 기술의 연구와 개발, 촉진 및 사용량 증대;
      (v) 시장 불완전성, 재정적 인센티브, 세금과 의무면제 및 협약의 목적과 시장기구 적용에 반하여 움직이는 모든 온실가스 배출분야의 보조금의 점진적 감축 또는 제거조치;
      (vi) 몬트리올 의정서에 의하여 통제되지 않는 온실가스의 방출 제한이나 감축을 위한 정책과 조치에 목적을 둔 해당분야의 적절한 개혁 권장;
      (vii) 운송 분야에서 몬트리올 의정서에 의하여 통제되지 않는 온실가스의 방출 제한 및 감축 조치들;
      (viii) 폐기물 관리뿐만 아니라 에너지의 생산과 수송 및 분배에서 회수와 이용을 통하여 발생하는 메탄 방출량의 제한과 감축.
   (b) 기본협약의 제 4조 2(e)항을 추구하면서 이 조항에서 채택된 그들의 정책과 조치들의 개별적이고, 종합적인 효율성을 향상시키기 위하여 다른 당사자와 협력해야 한다.
   (c) 이 당사자들은 그들의 비교가능성, 투명성 및 효율성 개선방법의 개발을 포함하여, 이와 같은 정책과 조치들에 대한 정보교환과 경험공유를 위한 단계들을 취하여야 한다. 이 의정서의 당사자 모임으로 기능하는 당사자회의는, 최초 모임이나 그 후 가능한 한 빨리 실무적으로, 모든 정보를 고려하여 이와 같은 협력을 편리하게 만드는 방식을 고찰하야야 한다.
2. [부속서 Ⅰ] 에 포함된 당사자들은 각각 국제시민항공기구(International Civil Aviation Organization:

ICAO)와 국제 해사기구(International Maritime Organization: IMO)를 통하여 몬트리올 의정서에서 관리되지 않는 항공 연료와 해양 벙커-C 연료로부터 생기는 온실가스 방출 제한과 감축을 추구하고, 실시하여야 한다.

3. [부속서 Ⅰ]에 포함된 당사자들은, 이 조항 하에서, 기본협약의 제 3조를 고려하여, 특히 기본협약 제 4조의 8항과 9항에서 구분되는 당사자와 다른 당사자, 특히 개발도상국 당사자에 대한 경제사회 환경적 충격과 국제무역에 대한 효과 및 기후변화에 대한 역효과를 포함한 각종 역효과를 최소화하는 방식에 대한 정책과 조치들을 실천하려고 노력하여야 한다. 이 의정서에 대한 당사자의 모임으로 기능하는 당사자회의는 이 항의 규정 실천을 촉진하기 위하여 적절하게 더 심도 깊은 행동을 취할 수 있다.
4. 만일 다른 국가의 상황과 잠재적 효과를 고려할 때, 상기의 1(a)항에 관한 정책과 조치들을 서로 협력하는 것이 유익할 것으로 결정될 때는, 이 의정서의 당사자모임으로 기능하는 당사자회의는, 이와 같은 정책과 조지치의 협력을 추구하는 방식과 수단을 고려해야 한다.

**<제 3 조>**

1. [부속서 Ⅰ]에 포함된 당사자들은, 개별적으로나 공동으로, [부속서A]에 나열된 온실가스에 대하여 그들의 인위적 총합 탄산가스 등가 방출량이, ***2008 - 2012년의 의무기간에 이와 같은 가스방출을 합하여 1990년 수준보다 최소한 5%까지 감축하기로 한 이 조항의 규정과 일치하고,*** [부속서B]에서 기록된 그들의 정량화된 방출제한 및 감축의무를 추구하면서 계산된 할당량을 초과하지 않는다는 것을 보장하여야 한다.
2. [부속서 Ⅰ]에 포함된 각 당사자는 이 의정서에 따라 2005년까지 각각의 의무량 달성에 눈에 띄는 진보를 이루었어야 한다.
3. 이 조항에 따라 [부속서 Ⅰ]에 포함된 각 당사자의 의무량을 만족시키기 위하여서는 의무기간에 탄소 저장량으로 측정된 것으로 1990년 이래 ***조림과 재조림 및 벌채에 국한된 임업활동***과 인간이 직접 야기한 **토지용도변경**으로부터 발생한 출처별 온실가스 방출과 싱크(sink) 별 온실가스 제거사이의 온실가스 순 변화량이 사용되어야 한다. 이들 활동과 연관된 출처별 온실가스 방출량과 싱크 별 온실가스 제거량은 투명하고 합리적인 방식으로 보고되고, 7조와 8조에 일치하도록 요약되어야 한다.
4. [부속서 Ⅰ]에 포함된 각 당사자는, 1990년도의 탄소저장 수준을 수립하고, 다음 년도의 탄소저장량 변화를 추정할 수 있도록 만들기 위하여, 이 의정서의 당사자 모임으로 기능하는 당사자회의 제 1차 모임 이전 데이터를 부속 과학 기술적 자문기구(Subsidiary Body for Scientific and Technological Advice: SBSTA)의 고찰용으로 제공하여야 한다.

이 의정서의 당사자 모임으로 기능하는 당사자회의는, 첫 모임 또는 그 후 실무적으로 가능한 빨리, 제 5조와 당사자회의 의사결정에 따라 불확실성, 보고의 투명성, 검증, 과학기술 자문기구의 권고와 IPCC의 방법론적 작업 및 과학기술 자문기구의 권고를 고려하여, [부속서 Ⅰ]에 포함된 당사자들에게 할당된 수량에 추가되거나 감하게 되어야 하는 ***농업토양과 토이용도변경 및 임업활동***에서 출처별 싱크별 온실가스 방출량 변화에 연관된 추가적인 인간유도 활동이 어떻게 추가되거나 감해져야 하고, 어느 것이 추가되거나 감해져야 하는지와 같은 계산 양식과 규칙 및 가이드라인을 결정하여야 한다. 이와 같은 결정은 2차 의무기간과 다음의 의무기간에도 적용되어야 한다. 이와 같은 활동이 1990년 이후에 일어난 경우에, 각 당사자는, 첫 번째 의무기간 동안에, 이러한 인간이 야기한 추가적 활동에 대한 결정을 적용할 것인지를 선택할 수 있다.

5. 제 2차 모임에서 당사자회의 9/CP2의 결정에 따라 기준년도 또는 기준기간이 수립된 시장경제로의 전이과정을 경험하고 있는 [부속서 Ⅰ]에 포함된 당사자들은 이 조항에 따라 그들의 의무실천을 위하여서는 그 기준년도 또는 기준기간을 사용하여야 한다. 또한 기본협약 제 12조에 따라 아직 최초 국가 통신망을 지배하지 못한 체 시장경제로의 전이과정을 경험하고 있는 [부속서 Ⅰ]에 포함된 다른 당사자는 이 조항에 따라 그는 그의 의무실천을 위하여 1900년도 이외의 역사적 기준 연도나 기간을 사용하고자 한다는 것을 이 의정서의 당사자 모임으로 기능하는 당사자회의에 신고할 수 있다. 이 의정서의 당사자모임으로 기능하는 당사자회의는 이와 같은 지정의 수용여부를 결정하여야 한다.
6. 이 조항의 것과는 달리 이 의정서에 따라 의무를 수행 중에서, 기본협약의 제 4조 6항을 고려할 때, 이 의정서의 당사자모임으로 기능하는 당사자 모임은 시장경제로의 전이과정을 경험하고 있는 [부속서 Ⅰ]에 포함된 당사자들에게는 어느 정도의 융통성이 허용되어야 한다.
7. [보속서Ⅰ]에 포함된 각 당사자에게 2008년부터 2012년까지 최초로 정량화된 방출량 제한과 감축의무 기간 동안에 할당된 수량은 1990년이나 상기의 5항에 따라 결정된 기준년도나 기준기간에서 [부속서A]에 나열된 온실가스에 5를 곱한 집단적 인위적 탄산가스 등가 방출량으로 [부속서B]에 기록된 백분율과 같아야 한다. [부속서 Ⅰ]에 포함되면서 1990년도에 토지용도변경과 임업활동이 순 온실가스 방출의 출처를 구성하고 있는 당사자들은 할당량 계산을 위하여 그들의 1990년 방출량 기준년도나 기준기간에 1990년도 토지용도변경으로 발생한 집단적이고, 인위적인 출처별 탄산가스 등가 방출량에서 싱크별 제거량을 뺀 값을 포함하여야 한다.
8. [부속서 Ⅰ]에 포함된 어느 당사자도 불화탄화수소(hydrofluorocarbons)와 과불화 탄소(perfluorocarbons) 및 6불화 유황(sulfur hexafluoride)을 앞의 7항을 참고로 계산하기 위하여서는 1995년을 그의 기준년도로 사용할 수 있다.
9. [부속서 Ⅰ]에 포함된 당사자들의 다음기간의 의무량은 이 의정서의 [부속서B]의 수정으로 통하여 수립되어야 하고, 그것은 제 21조 7항의 규정과 일치하게 채용되어야 한다. 이의정서의 당사자모임으로 기능하는 당사자회의는 상기 1항을 참고한 최초의무기간이 끝나기 전 최소한 7년 전에 이와 같은 의무량을 고려하기 시작하여야 한다.
10. 어떤 방출량 감축 단위나 한 당사자가 제 6조나 제17조의 규정에 따라 획득한 할당량의 일부는 획득한 당사자의 할당량에 추가되어야 한다.

11. 어떤 방출량 감축 단위나 한 당사자가 제 6조나 제17조의 규정에 따라 획득한 할당량의 일부는 판매 당사자의 할당량에서부터 감소되어야 한다.
12. 한 당사자가 제12조의 규정에 따라 또 다른 당사자로부터 획득한 공인된 어떤 방출량 감축량도 획득한 당사자의 할당량에 추가되어야 한다.
13. 만일 한 의무기간에 [부속서 Ⅰ]에 포함된 한 당사자의 방출량이 이 규정에 따라 할당된 수량보다 적을 경우에는 그 차이 분은, 그 당사자의 요구에 따르데, 그 당사자의 차기 의무기간 할당량에 추가되어야 한다.
14. [부속서 Ⅰ] 포함된 각 당사자는 개발도상국 당사자, 특히 기본협약의 제4조 8항과 9항에서 구분되는 당사자에 대한 경제사회적, 환경적 역효과를 최소화하는 방식으로 상기 1항에서 언급한 의무량을 실천하도록 노력하여야 한다. 이 의정서의 당사자모임으로 기능하는 당사자회의는, 첫 번째 모임에서, 그 조항들의 실천에 관한 당사자회의의 당해 결정 선상에서 그 조항들을 참고로 당사자들에 대한 기후변화의 역효과와 반응조치의 영향을 최소화하기 위하여 무슨 행동이 필요한가를 고려해야 한다. 고려될 수 있는 사항들 중에서 기금과 보험 및 기술이전에 대한 방법수립이 우선되어야 한다.

**<제 4 조>**

1. [부속서 Ⅰ]에 포함되고, 제 3조에 따라 당사자들의 의무량을 실천하기로 한 동의에 이른 어떤 당사자들은 공동으로, [부속서A]에 나열된 온실가스들이 합산된 총합계 인위적 탄산가스 등가 방출량이 제3조의 규정에 일치하고, [부속서B]에 기록된 그들의 정량화된 방출량 제한과 감축 의무량에 따라 그들의 계산된 할당량을 초과하지 않을 경우, 그러한 의무량을 만족시켰다는 것이 인정되어야 한다. 이러한 동의에 대한 당사자들 각자에 재정된 각각의 방출량 수준은 그 동의서에 설정되어야 한다.
2. 이와 같이 동의한 당사자들은 이 의정서의 비준이나 수용 또는 인정 기관의 보증 날자와 그에 따른 첨부서류에 관한 동의사항을 사무국에 신고해야 한다. 또한 사무국은 당사들과 기본협약 서명국들에 동의사항을 통보하여야 한다.
3. 이와 같은 동의는 제3조 7항에 규정된 의무기간동안 집행 유지되어야 한다.
4. 만일 지역적인 경제통합기구의 기본구조나 협력구조에서 공동으로 활동 중인 당사자들이 의무를 수행한다면, 이 의정서를 채용한 후 조직구성의 어떠한 변화라도 이 의정서중의 기존의무에 영향을 미치지 말아야 한다. 제 3조에 따라 조직 구성상의 어떠한 변경도 그 변경이후 채용된 의무들의 목적을 위하여서만 적용되어야 한다.
5. 방출량 감축에 대한 그들의 통합된 수준을 달성하기로 한 당사자들에 의하여 의무감축수준이 실패한 경우에는 기본협약의 각 당사자는 동의서에 설정된 자신의 방출량 수준에 대하여 책임을 져야 한다.
6. 만일 이 의정서의 한 당사자 자신인 지역적 경제통합조직의 기본구조나 협력구조 속에서 공동

으로 활동하는 당사자들이 의무를 수행한다면, 개별적으로 또는 제 24조에 맞추어 활동하는 지역적 제 통합조직과 함께하는 그 지역 경제통합조직의 각 구성 국가는, 통합된 총 방출량 감축 수준 달성에 실패한 경우, 이 조항에 따라 통보됨과 동시에 그 방출량 수준에 책임을 져야 한다.

<제 5 조>

1. [부속서 I]에 포함된 각 당사자는 최초의무기간 시작 전 1년 보다 늦지 않는 시기에 몬트리올 의정서에 의하여 관리되지 않는 모든 온실가스의 출처별 인위적 방출량과 싱크별 제거 양의 추정을 위한 국가적 시스템을 갖추어야 한다. 이러한 국가적 시스템의 가이드라인은 다음 2항에 규정된 방법론과 통합되어야 하고, 최초모임에서 이 의정서의 당사자모임으로 기능하는 당사자회가 결정하여야 한다.
2. 몬트리올 의정서에 의하여 관리되지 않는 모든 온실가스의 출처별 인위적 방출량과 싱크별 제거량 추정을 위한 방법론들은 IPCC에 의하여 수용되고, 제 3차의 당사자회의가 동의한 것이라야 한다. 이와 같은 방법론이 사용되지 않는 곳에서는 첫 번째 모임에서 이 의정서의 당사자모임으로 기능하는 당사자 회의가 동의한 방법론에 따라 적절한 조정안이 적용되어야 한다. 이 의정서의 당사자모임으로 기능하는 당사자회의는, 특히 IPCC의 작업과 SBSTA의 권고에 기초하여, 이와 같은 방법론과 조정안을 정기적으로 검토하고, 당사자회의의 어떠한 합리적인 의견이라도 충분히 고려하여, 이와 같은 방법론과 조정안을 적절하게 개정하여야 한다. 방법론이나 조정안에 대한 어떠한 개정이라도 이 개정이후에 채용된 어느 의무기간에서도 제3조의 의무량에 대한 불만을 확인할 목적으로만 이용되어야 한다.
3. [부속서A]에 나열된 온실가스의 출처별 인위적 방출량과 싱크별 제거 양의 이산화탄소 가치를 계산하기 위하여 사용된 지구온난화 잠재력은 IPCC가 수용하고, 제 3차 모임인 당사자회의가 동의한 것이어야 한다. 이 의정서의 당사자모임으로 기능하는 당사자회의는, 특히 IPCC의 작업과 부속 화학기술자문위원회가 제공한 권고를 기초로, 정기적으로 검토하고, 당사자회의의 어떠한 합리적인 의견이라도 충분히 고려하여, 이와 같은 각 온실가스의 지구온난화 잠재력을 적절하게 개정하여야 한다. 지구온난화 잠재력에 대한 어떠한 개정이라도 이 개정이후에 채용된 어느 의무기간에서도 제 3조의 의무량에만 적용되어야 한다.

<제 6 조>

1. [부속서 I]에 포함된 어느 당사자라도, 제 3조의 의무량을 만족시킬 목적으로, 다음과 같은 경우, 어느 경제권에서나 온실가스의 출처별 인위적 방출량을 감축시키거나 싱크(sink)별 제거량을 감축시키는 것을 목적으로 한 프로젝트에서 발생한 다른 당사자의 방출량 감축단위에 이전하거나 그로부터 획득할 수 있다.
   (a) 이와 같은 어떤 프로젝트라도 포함된 당사자의 인장을 받은 경우,
   (b) 이와 같은 어떤 프로젝트라도 그렇지 않으면 일어날 수 있는 어떤 것에 추가적인 출처별

방출량 감축을 제공하거나 싱크별 제거량을 향상시키는 경우

(c) 만일 그것이 제 5조와 제 7조의 의무에 따르지 않으면, 그것이 어떤 방출량 감축을 얻지 못하는 경우

(d) 방출량 감축단위 획득이 제 3조의 의무랑 만족시키기 위하여 국내활동을 지원하여야 할 경우

2. 이 의정서의 당사자 모임으로 기능하는 당사자회의는 최초 모임이나 이후 실무적으로 가장 빠른 시기에 검증과 보고를 위한 것을 포함하여 이 조항의 실천을 위한 가이드라인을 더욱 더 자세하게 만들 수 있다.
3. [부속서 I]에 포함된 당사자는, 그의 책임 하에, 방출량 감축 단위에 관한 이 조항에 따라 발생이나 이전 또는 획득을 유도하는 활동에 참여하는 법적 실체로 권한을 부여할 수 있다.
4. 만일 이 조항에서 참조된 필요조건에 대한 [부속서 I]에 포함된 한 당사자의 실천문제가 제 8조의 행당 규정에 따라 발견된다면, 협의내용이 해결될 때까지, 제 3조의 의무문제를 만족시키기 위하여, 한 당사자가 이와 같은 단위를 사용하지 않는 경우, 방출량 감축단위의 이전과 획득은 그 문제가 파악된 후에도 지속될 수 있다.

**<제 7 조>**

1. [부속서 I]에 포함된 각 당사자는, 다음의 4항과 일치하게 결정되도록 하기 위하여, 제 3조의 합의내용을 보장할 목적의 필요한 보조 정보인 당사자회의의 결정과 일치하게 제출하여, 몬트리올 의정서에 의하여 관리되지 않는 온실가스의 출처별 인위적 방출량과 싱크별 제거량에 대한 매년조사에 협력하여야 한다.
2. [부속서 I]에 포함된 각 당사자는, 다음의 4항과 일치하게 결정되도록, 이 의정서의 의무 협의내용을 전시하는데 필요한 보조적 정보인 기본협약 제 12조에 따라 제출하고, 국가적 의사소통에 협력하여야 한다.
3. [부속서 I]에 포함된 각 당사자는, 이 의정서가 극 당사자에게 집행된 후, 기본협약에 따라 의무기간의 첫 번째 년도에 부과된 첫 번째 조사를 시작으로, 매년 앞의 1항에 필요한 정보를 제출하여야 한다. 이와 같은 각 당사자는, 다음 4항을 위하여 가이드라인 채용된 후, 이 의정서가 해당당사자에게 집행된 다음, 기본협약에 따라 부과된 첫 번째 국가적 의사소통의 일부로 앞의 2항에 필요한 정보를 제출하여야 한다. 이 조항에 필요한 정보의 다음 제출 빈도는 당사자회의에 의하여 결정된 국가적 의사소통제출을 위한 시간표를 고려하여, 이 의정서의 당사자 모임으로 기능하는 당사자회의에 의하여 결정되어야 한다.
4. 이 의정서의 당사자 모임으로 기능하는 당사자회의는, 당사자회에서 채용된 [부속서 I]에 포함된 당사자가 첫 번째 모임에서 채택하고, 그 후에 주기적으로 준비한 국가적 의사소통가이드라인을 고려하여, 이 조항에 필요한 정보준비 가이드라인을 검토하여야 한다. 또한 이 의정서의 당사자모임으로 기능하는 당사자회의는, 첫 번째 의무기간이전에, 할당 수량의 회계방식에 관하여 결정하여야 한다.

<제 8 조>

1. [부속서 Ⅰ]에 포함된 각 당사자가 제 7조에 따라 제출된 정보는 당사자 회의의 해당 의사결정과 다음 4항에 따라 이 의정서의 당사자모임으로 기능하는 당사자회의의 목적에 맞추어 채용된 가이드라인에 따라, 전문 검토 팀에 의하여 검토되어야 한다. [부속서 Ⅰ]에 포함된 각 당사자가 제 7조 1항에 따라 제출된 정보는, 방출량 조사와 할당수량의 연간 회계와 조합의 일부로 검토되어야 한다. 그 외에도 [부속서 Ⅰ]에 포함된 각 당사자가 제 7조 2항에 따라 제출한 정보는, 의사소토의 개요일부로 검토되어야 한다.
2. 전문 검토 팀은 사무국에 의하여 조직되어야 하고, 당사자회의의 목적에 맞게 지공된 가이드에 따라, 기본협약의 당사들과 정부 간 기구들이 적절하다고 지명한 사람들 중에서 선택된 전문가들로 구성되어야 한다.
3. 검토과정은 이 의정서의 한 당사자가 실시한 모든 면에 대하여 완전하고, 광범한 기술적 평가를 제공하여야 한다. 따라서 그 전문 검토 팀은, 이 의정서의 당사자모임으로 기능하는 당사자회의에 그 당사자의 의무 실천정도를 평가하고, 의무완수에 존재하는 문제점과 영향하는 인자들을 구분한 하나의 보고서를 준비하여야 한다. 그리고 이와 같은 보고서는 사무국에 의하여 기본협약 당사자들에게 배포되어야 한다. 또한 사무국은 이 의정서의 당사자 모임으로 기능하는 당사자회의가 더 깊이 생각할 수 있도록, 이 보고서에서 지적된 수행상의 문제점들을 나열하여야 한다.
4. 이 의정서의 당사자모임으로 기능하는 당사자회의는, 첫 번째 모임에서 채택하여야 하고, 그 후 주기적으로, 전문 검토 팀들은 당사자회의 해당 의사결정을 고려하여 이 의정서의 실천 개요에 대한 가이드라인을 검토하여야 한다.
5. 이 의정서의 당사자모임으로 기능하는 당사자회의는, 부속실행도평가위원회(Subsidiary Body for Implimentation: SBI), 더 적절하게는 부속 과하기술자문위원회(Subsidiary Body for Scientific and Technological Advice: SBSTA)의 지원으로 다음사항을 고찰하여야 한다.: 즉
   (a) 제 7조의 당사자들이 제출한 정보와 이 조항에 따라 실시된 전문가 검토의 보고서
   (b) 앞의 3항에 따른 사무국이 나열한 실천사항의 제반 문제뿐만 아니라 당사자들이 제기하는 문제들
6. 앞의 5항에서 참조된 정보의 고찰에 따라 이 의정서의 당사자 모임으로 기능하는 당사자 회의는 이 의정서의 실천정도에 필요한 어떠한 문제라도 의사결정을 취하여야 한다.

<제 9 조>

1. 이 의정서의 당사자모임으로 기능하는 당사자 회의는, 기후변화 및 그의 충격뿐만 아니라 당해 경제사회적 및 기술적 정보에 대한 최선의 이용가능한 과학적 정보와 평가에 비추어, 이 의정저서를 주기적으로 검토하여야 한다. 또한 이와 같은 검토들은 기본협약의 적절한 검토들, 특히 기본협약의 제 4조 2(d)항과 제 7조 2(a)항이 요구하는 것들과 연결되어야 한다. 이러한

검토를 기초로 이 의정서의 당사자모임으로 기능하는 당사자 회의는 적절한 행동을 취하여야 한다.

2. 첫 번째 검토는 이 의정서의 당사자모임으로 기능하는 당사자회의의 2번째 모임에서 이루어져야 한다. 더 깊은 검토들은 정기적 간격에서 적시에 이루어져야 한다.

<제 10 조>

모든 당사자들은 [부속서 I]에 포함되지 않은 당사자들에 대한 새로운 어떤 의무를 도입함이 없이 공통적이나 서로 다른 그들의 책임과 특수한 국가적이고, 지역적인 개발 우선권과 목적 및 환경을 고려하지만, 지속가능한 사회개발을 위하여 기본협약 제 4조 1항에 따른 기존의 의무량을 재확인하고, 기본협약 제 4조 3항과 5항 및 7항을 고려하여 이들 의무 양의 실천정도를 계속 진전시키면서 다음 사항을 수행해야 한다.: 즉

(a) (모든 당사자들은) 당사자회의에 의하여 채용된 국가적 의사소통준비를 위한 가이드라인에 일치하고, 당사자회의가 동의할 비교방법론을 사용하여 몬트리올 의정서가 관리하지 않는 모든 온실가스의 출처별 인위적 방출량과 싱크 별 제거 양의 준비와 주기적 업데이트를 위하여, 각 당사사자의 경제사회적 조건을 반영하는 지역적 방출인자와 활동데이터 및 모델의 품질을 개선하기 위한 해당 및 적절한 범위의 장소에서 비용효과적인 국가적 프로그램과 적적한 장소에서의 지역적 프로그램을 구체화하여야 한다.

(b) (모든 당사자들은) 기후변화를 완화시키기 위한 조치와 기후변화에 대한 적을 용이하게 하는 조치들을 포함한 국가적 프로그램과 적절한 장소의 지역적 프로그램을 (다음과 같이) 구체화하고, 실천하며, 정기적으로 업데이트하여야 한다.

(i) 이와 같은 프로그램들은, 특히 에너지부문과 수송부문 및 산업부문 뿐만 아니라 농업과 임업 및 폐기물관리부문에 관련될 것이다. 더욱이 적을 기술과 공간계획을 개선하는 방법들은 기후변화에 대한 적응도를 개선할 것이다.

(ii) [부속서 I]에 포함된 당사자들은, 제 7조와 일치된 국가적 프로그램을 포함하여 이 의정서에 따라 활동 정보를 제출하여야 하고, 기타 당사자들은, 그들의 의사소통에, 더 적절하게는, 그 당사자가 온실가스방출 증가의 금지, 싱크와 용량건설 및 적응조치에 의한 향상과 제거를 포함한 기후변화와 그의 역 효과에 기여할 것으로 믿는 조치들을 포함한 프로그램에 관한 정보를 포함시키도록 노력하여야 한다.

(c) (모든 당사자들은) 환경적으로 건전한 기술의 이전과 접근을 촉진하고, 향상시키기 위하여 공공의 소유나 공익적인 환경친친화적인 기술의 효과적인 이전과 사유부문의 유력한 환경창조를 위한 포함하여, 특히 개발도상국에게 기후변화에 적절한 환경적으로 건전한 기술과 노하우 및 관행과 공정에 대한 개발과 적용 및 확산을 위한 효과적인 형식을 촉진하는데 협력하여야 하고, 그의 이전과 접근성을 촉진하고, 편리하게 만들며, 더 적절하게는, 재정적으로 지원하는 모든 실질적인 단계를 취하여야 한다.

(d) (모든 당사자들은) 과학기술연구에 협력하여야 하고, 기후시스템에 연관된 불확실성을 감소시키기 위하여 체계적인 관측시스템의 개발, 유지뿐만 아니라 데이터자료 개발과 기후변화의 역효과 및 다양한 반응전략의 경제사회적 결과들을 촉진시켜야 하며, 기본협약 제 5조를 고려하여, 국제적이고, 정부 간 노력과 프로그램 및 체계적인 관측과 연구 네트워크에 참여하기 위하여 내부 용량과 능력의 개발과 강화를 촉진 시켜야 한다.

(e) (모든 당사자들은) 국제적 수준에서, 적절한 곳에서는, 기존의 기관을 사용하여, 국가적 용량 건설, 특히 인적 용량과 기관용량의 강화와 이 분야, 특히 개발도상국을 위한 전문가 훈련을 위한 인력의 교환이나 대체를 포함한 교육훈련 프로그램의 개발과 실천에 협력하고, 촉진 시켜야 하고, 국제적 수준에서 기후변화에 대한 공공의 인식과 정보의 공익적 접근성을 편리하게 만들어야 한다. 또한 기본협약 제 6조를 고려하여, 기본협약의 해당기관을 통하여 이러한 활동을 실행하기 위하여 적절한 방식들이 개발되어야 한다.

(f) (모든 당사자들은) 그들의 국가적 통신문에, 당사자회의의 관련 결정에 맞도록 이 조항에서 시도되는 프로그램과 활동에 대한 정보를 포함시켜야 한다.

(g) (모든 당사자들은) 이 조항의 의무량을 실천할 때, 기본협약 제 4조 8항을 완전하게 고찰하여야 한다.

<제 11 조>

1. 당사자들은, 제 10조의 실천에서, 기본협약 제 4조 4항, 5항, 7항, 8항 및 9항을 고려하여야 한다.
2. 선진국 당사자들과 기본협약의 [부속서 II]에 포함된 기타 선진국 당사자들은, 기본협약의 재정적 메커니즘 운영을 맡은 기관이나 기관들을 통하여, 기본협약 제 4조 3항과 제 11조의 규정에 따라, 기본협약 제 4조 1항의 실천 내용에서 (다음 사항을) 수행해야 한다.
   (a) 제 10조 (a)항에 언급된 기본협약 제 4조 1(a)항의 기존 의무사항의 실행을 추진할 때, 개발도상국에 의하여 초래된 동의된 모든 비용을 충족시키기 위하여 새롭고, 추가적인 재정적 자원을 제공하여야 하고,
   (b) 또한 하나의 개발도상국과 기본협약 제 11조에서 참고한 국제적 실체나 실체사이에서, 이 조항에 따라, 동의된 것과 제 10조에 의하여 언급된 기본협약 제 4조 1항의 기존의무사항의 실천을 추진하는 동의된 모든 추가 비용을 만족시키기 위하여, 기술이전을 포함하여, 개발도상국이 요구하는 재정적 자원을 제공하여야 한다.

   이러한 기존 의무사항의 실천에서는, 자금흐름에서의 타당성과 예측가능성에 대한 필요성과 선진국사이에서 공유되는 적절한 부담 중요성을 고려하여야 한다. 이 의정서 채용 전에 동의된 것들을 포함하여, 당사자회의의 해당 의사결정에서 기본협약의 재정 메커니즘 운영을 맡은 실체나 실체들에 대한 가이드라인은 이 항의 규정에 필요한 변경을 추가하여야 한다.
3. 또한 기본협약 [부속서 II]에 포함된 선진국 당사자와 기타 선진국 당사자들은, 제 10조의 수행

에 필요한 재정적 자원을 준비할 수 있고, 개발도상국은 자발적으로 양자 간, 지역 간, 기타 다자간 협상 을 통하여 이용할 수 있다.

<제 12 조>

1. 이에 따라 청정 개발 메커니즘(Clean Development Mechanism: CDM)이 정의된다.
2. CDM의 목적은, 지속가능한 개발을 달성하고, 기본협약의 궁극적 목표에 기여하는 [부속서 Ⅰ]에 포함되지 않은 당사자들을 지원하고, 제 3조의 정량화된 방출제한과 감축의무와의 협력을 달성할 때, [부속서 Ⅰ]에 포함된 당사자들을 지원하는 것이어야 한다.
3. CDM에는 (다음 사항이 포함된다).
   (a) [부속서 Ⅰ]에 포함되지 않은 당사자들은, 검증된 방출량 감축을 가져오는 프로젝트 활동으로부터 이득을 볼 것이다.
   (b) [부속서 Ⅰ]에 포함된 당사자들은, 이 의정서의 당사자모임으로 기능하는 당사자회의에 의하여 결정된 것과 같이 제 3조의 정량화된 방출량 제한 및 감축 의무량 일부와의 협력에 기여하기 위한 이 같은 프로젝트 활동으로부터 생기는 검증된 방출량 감축을 이용해도 된다.
4. CDM은 이 의정서의 당사자 모임으로 기능하는 당사자회의의 가이드와 권위에 복종해야 하고, CDM 집행부에 의하여 감독받아야 한다.
5. 각 프로젝트 활동으로 생긴 방출 감축량은, 다음에 근거하여, 이 의정서의 당사자 모임으로 기능하는 당사자회의가 지정한 운영실체에 의하여 검증되어야 한다.
   (a) 포함된 각 당사자가 인증한 자발적인 참여
   (b) 기후변화 완화에 연관된 실질적이고, 측정가능하며, 장기적인 이점들
   (c) 검증된 프로젝트 활동이 없을 때 일어날 수 있는 어떤 것에 추가될 방출감축량
6. CDM은 필요에 따라 검증된 프로젝트활동의 자금배정에 도움이 되어야 한다.
7. 이 의정서의 당사자 모임으로 기능하는 당사자회의는, 그의 첫 번째 모임에서, 프로젝트활동에 대한 독립적인 회계감사와 검증을 통하여 투명성과 효율성 및 회계가능성을 보장하기 위한 형식과 절차를 고안하여야 한다.
8. 이 의정서의 당사자모임으로 기능하는 당사자 회의는, 행정비용을 전담할 뿐만 아니라 기후변화의 역효과에 취약한 개발도상국 당사자들의 적응비용을 충족시키는데 지원하기 위하여 검증된 프로젝트활동에서 얻어진 일련의 발전결과들이 활용되는 것을 보장하여야 한다.
9. 앞의 3(a)항에서 언급된 활동과 검증된 방출 감축량(Certified Emission Reduction: CER) 달성에 포함된 CDM 지도하의 참여는, 사적 기관과 공적 기관을 포함할 수 있고, CDM집행부가 제공할 수 있는 어떤 가이드라인에도 복종하여야 한다.
10. 2000년도부터 첫 번째 의무기간시작년도까지 얻어진 검증된 방출 감출량은, 첫 번째 의무기간의 협력달성을 지원하는데 이용될 수 있다.

<제 13 조>

1. 기본협약의 최고기관인 당사자회의는, 이 의정서의 당사자모임으로 기능하여야 한다.
2. 이 의정서의 당사자들이 아닌 기본협약의 당사자들은 이 의정서의 당사자모임으로 기능하는 당사자회의의 어떤 모임의 회의록에도 옵서버로 참여할 수 있다. 당사자회의가 이 의정서의 모임으로 기능할 때는, 이 의정의 의사결정은 이 의정서의 당사자들에 의해서만이 실시되어야 한다.
3. 당사자 회의가 이 의정서의 당사자모임으로 기능할 때는, 기본협약의 당사자를 대표하나 그 당시 이 의정서의 당사자가 아닌 당사자회의 사무국 직원은 누구나, 이 의정서의 당사자들 사이에서 선출되기 위하여, 추가된 회원으로 교체되어야 한다.
4. 이 의정서의 당사자모임으로 기능하는 당사자회의는, 이 의정서의 실천내용을 정기적으로 검토하여야 하고, 그의 칙령 범위 내에서, 그의 효율적인 실천을 촉진하는데 필요한 의사결정을 내려야 한다. 그 당사자 회의는 이 의정서에 의하여 주어진 기능을 수행하여야 하고, (다음 사항을) 수행하여야 한다.
   (a) (당사자회의는) 이 의정서의 규정에 따라 그 회의에 이용가능한 모든 정보에 근거하여, 당사자별 이 의정서의 실천정도, 이 의정서에 따라 취한 조치들의 총체적 효과, 특히 경제사회적, 환경적 효과뿐만 아니라 그들의 누적된 충격과 기본협약의 목표를 향한 진보가 달성되고 있는 범위까지 평가하여야 한다.
   (b) (당사자회의는) 기본협약의 목표와 실천과정 중에 얻어진 경험 및 과학기술적 지식의 진보에 비추어, 기본협약 제 4조 2(d)항과 제 7조 2항에 의하여 요구되는 어떠한 검토에도 의무적인 고찰을 가하여 이 의정서에 따른 당사자들의 의무사항을 주기적으로 시험하고, 이러한 관점에서 이 의정서의 실천과정에 대한 정기적인 보고서를 고찰하여 채택하여야 한다.
   (c) (당사자회의는) 당사자들의 서로 다른 환경과 책임범위 및 능력과 이 의정서에서의 각자 의무사항을 고려하여, 기후변화와 그의 효과를 강조하기 위하여, 당사자들이 채택한 조치들에 관한 정보교환을 촉진하고, 용이하게 만들어야 한다.
   (d) (당사자회의는) 둘 이상의 당사자 요청이 있으면, 당사자들의 서로 다른 환경과 책임범위 및 능력과 이 의정서에서의 각자 의무사항을 고려하여, 기후변화와 그의 효과를 강조하기 위하여, 그들이 채택한 조치들의 협조를 용이하게 만들어야 한다.
   (e) (당사자 회의는) 기본협약의 목표와 이 의정서의 규정에 따라, 당사자회의의 적절한 의사결정을 전반적으로 고려하여, 이 의정서의 효과적인 실천을 위하여, 이 의정서의 당사자모임으로 기능하는 당사자회의가 동의할 수 있도록, 비교가능 방법론 개발과 주기적 검토를 촉진하고, 가이드 하여야 한다.
   (f) (당사자회의는) 이 의정서의 실천을 위하여 필요한 어떠한 문제라도 추천하여야 한다.
   (g) (당사자회의는) 제 11조 2항에 따라 추가적인 재정적 자원을 동원하는 방법을 찾아야 한다.
   (h) (당사자회의는) 이 의정서의 실천을 위하여 필요하다고 여겨질 때, 필요한 부속기관들을 설

립하여야 한다.

(i) (당사자회의는) 능력 있는 국제기관과 정부 간 기관 및 비정부기관들이 제공하는 정보와 협력 및 서비스를 구하여 적절한곳에 이용하여야 한다.

(j) (당사자회의는) 이 의정서의 실천에 필요할지도 모르는 다른 기능들을 시험하고, 당사자회의의 의사결정으로 발생하는 어떤 과제라도 고찰하여야 한다.

5. 당사자회의의 절차와 기본협약에 따라 적용되는 재정절차의 규칙들은 이 의정서의 당사자모임으로 기능하는 당사자회의의 의견일치로 결정된 것을 제외하고서는, 이 의정서에서 필요한 변경을 통하여 적용되어야 한다.
6. 이 의정서의 당사자모임으로 기능하는 당사자회의 최초모임은, 사무국에 의하여, 이 의정서의 발효로 등록된 날자 이후에, 계획된 당사자회의의 첫 번째 모임과 공동으로 소집되어야 한다. 이 의정서의 당사자모임을 기능하는 당사자회의의 이어지는 일반모임은 이 의정서의 모임으로 기능하는 당사자회의가 다르게 결정하지 않는 한, 당사자회의의 일반모임과 공동으로 매년 개최되어야 한다.
7. 이 의정서의 당사자모임으로 기능하는 당사회의의 특별모임은, 이 의정서의 당사자 모임으로 기능하는 당사자회의가 필요하다고 여기지는 다른 시간이나, 어느 당사자의 문서요청이 사무처에 의하여 당사자들에게 전달되는 6개월 이내에 최소한 당사자들의 1/3 이상의 지원을 받는 경우에 개최되어야 한다.
8. 유엔(United Nations: UN)과 그의 전문 부처들, 국제 원자력처(International Atomic Energy Agency: IAEA)뿐 만 아니라 그의 구성 국가 또는 협약서의 당사자가 아닌 그의 옵서버들은, 이 의정서의 당사자모임으로 기능하는 당사자회의의 모임들에 옵서버 자격으로 대표될 수 있다. 이 의정서가 내포하는 문제에 자질을 갖추고, 이 의정서의 당사자모임으로 기능하는 당사자회의의 모임에 옵서버로 대표하고 싶다는 요청서를 사무처에 통보한 국가적 또는 국제적, 정부 또는 비정부 어느 기관이나 부처도, 당사자들의 최소 1/3 이상이 반대를 던지지 않는 한, 허용될 수 있다. 옵서버의 허용과 참여는 앞의 5항에서 참고한 것과 같이 절차규칙에 따라야 한다.

**<제 14 조>**

1. 기본협약 제 8조에 의하여 설립된 사무처는, 이 의정서의 사무처로 봉사하여야 한다.
2. 사무처의 기능에 관한 기본협약 제 8조 2항과 사무처의 기능화를 위한 조정에 관한 기본협약 제 8조 3항은, 이 의정서에 맞도록 변경하여 적용하여야 한다. 그 외에도 사무처는 이 의정서에 따라 그에 할당된 기능을 수행하여야 한다.

**<제 15 조>**

1. 기본협약의 제 9조와 제 10조에 의하여 설립된 SBSTA와 부속 실천평가 위원회(Subsidiary Body for Implementation: SBI)는, 각각 이 의정서의 SBSTA와 SBI로 봉사하여야 한다. 기본협약에 따른

이 두 기관의 기능화에 관련된 규정들은 이 의정서에 맞도록 변경하여 적용하여야 한다. 이 의정서의 SBSTAd화 SBI의 모임들은 각각 기본협약에 따른 SBSTA와 SBI의 모임과 공동으로 개최되어야 한다.

2. 이 의정서의 당사자가 아닌 기본협약 당사자들은 이 부속기관들의 어떠한 모임과 회의록에도 옵서버로 참여할 수 있다. 이 부속기관들이 이 의정서의 부속기관으로 봉사할 때, 이 의정서의 의사결정은 이 의정서의 당사들만으로 결정되어야 한다.
3. 기본협약 제 9조와 제 10조에 의하여 설립된 이 부속기관들이 이 의정서에 관련된 문제와 관하여 기능을 수행할 때는, 그 당시 이 의정서의 당사자가 아니지만 기본협약 당사자를 대표하는 이 부속기관들의 사무국 직원들은 어느 누구나, 이 의정서의 당사자들 중에서 선출되기 위하여, 추가된 회원으로 교체되어야 한다.

<제 16 조>

이 의정서의 당사자모임으로 기능하는 당사자회의는, 가능한 빠른 시일에 실무적으로, 당사자회의에서 취할 수 있는 적절한 어떤 의사결정에라도 비추어, 가본협약 제 13조에서 참고 된 다자간 협상과정을 이 의정서에 적용하는 것을 고찰하고, 적절하게 개조하여야 한다. 이 의정서에 적용될 수 있는 어떠한 다자간 협상과정이라도, 편견 없이 제 18조에 따라 설립된 절차와 메커니즘에 따라 운영되어야 한다.

<제 17 조>

당사자회의는 특히 방출량 교역(Emission Trading: ET)을 위하여 검증과 보고서작성 및 회계를 위한 적절한 원칙과 양식 및 규칙과 가이드라인을 정의하여야 한다. [부속서B]에 포함된 당사자들은 제 3조에서 그들의 의무량을 수행할 목적으로 방출량 교역에 참여할 수 있다. 이와 같은 어떠한 교역이라도 그 조항에서 정량화된 방출량 제한과 감축 의무량을 만족시키는 것을 목적으로 한 국내활동에 보완적이어야 한다.

<제 18 조>

이 의정서의 당사자모임으로 기능하는 당사자회의는, 첫 번째 모임에서, 비협력의 원인과 타입, 정도와 빈도를 고려하여, 지표적인 결과의 나열 등을 포함하여, 이 의정서의 규정과 일치하지 않는 원인을 결정하여 강조하기 위하여, 적절하고 효과적인 절차와 메커니즘을 인준하여야 한다. 이 조항에서 복합적인 결과를 수반하는 어떠한 절차와 메커니즘도 이 의정서의 개정을 통하여 채택되어야 한다.

<제 19 조>

언쟁의 안정화에 관한 기본협약 제 14조의 규정은, 이 의정서에 필요하게 변경하여 적용되어야 한다.

<제 20 조>

1. 어느 당사자라도 이 의정서의 개정을 제안할 수 있다.
2. 이 의정서의 개정은 이 의정서의 당사자 모임으로 기능하는 당사자회의의 총회에서 되어야 한다. 이 의정서의 제안된 어떠한 개정안도 사무처에 의하여 최소한 채택을 위한 모임 전 6개월 전에 당사들에게 전달되어야 한다. 또한 사무처는 제안된 개정안을 당사자들에게 배포하여야 하고, 서명 날인 철은 기본 협약과 정보를 위한 문서보관자에게 배포하여야 한다.
3. 당사자들은 이 의정서의 어떠한 개정안이라도 합의로 동의에 이르기 위하여 모든 노력을 다하여야 한다. 만일 만장일치까지의 모든 노력이 이루어졌으나, 동의에 이르지 못하였다면, 그 개정안 채택은, 마지막 수단으로, 그 모임에서 투표하여 참석 당사자중 3/4의 다수결에 의하여 채택되어야 한다. 그 사무처는 채택된 개정안을 문서보관소에 전달하여야 하고, 그 보관소는 모든 당사자들의 수용을 위하여 그들에게 회람시켜야 한다.
4. 개정안에 대한 수용방법들은 보관소에 맡겨져야 한다. 앞의 3항에 따라 채택된 개정안은 최소한 이 의정서의 3/4 당사자에 의하여 수용 재료보관자가 수취한 날짜 후 90번째 날에 그것을 수용한 당사들에게 발효된다.
5. 그 개정안은 그 당사자가 언급된 개정안의 수용재료를 보관자에게 맡긴 날 이후, 90번째 날에 다른 어떤 당사자에게도 발효되어야 한다.

<제 21 조>

1. 이 의정서의 부속서들(annexes)은, 다른 표현이 없는 한, 그의 통일된 부분을 형성하여야 하고, 동시에 이 의정서의 참조기준은 그에 따른 어떤 부속서에도 기준이 되어야 한다. 이 의정서의 발효 등록 후에 채택된 어떤 형태의 부속서라도 과학적으로나 기술적으로 또는 행정적 특성으로 표현된 리스트와 형식 및 기타 재료에 국한되어야 한다.
2. 어느 당사자라도 이 의정서의 부속서를 제안할 수 있고, 이 의정서의 부속서에 대한 개정안을 제안할 수 있다.
3. 이 의정서의 부속서와 이 의정서의 부속서 개정안들은 이 의정서의 당사자모임으로 기능하는 당사자회의 총회에서 채택되어야 한다. 제안된 어느 부속서나 부속서 개정안의 텍스트는, 사무처가 최소한 채택을 위하여 제안된 모임 전 6개월 전에 배포되어야 한다. 또한 그 사무처는 제안된 부속서나 부속서 개정안에 대한 텍스트를 당사자들에게 배포하여야 하고, 그의 서명 날인 철을 기본협약과 정보를 위한 문서보관자에게 배포하여야 한다.
4. 당사자들은, 제안된 어떤 부속서나 부속서 개정안에 만장일치까지 동의에 이르도록 모든 노력을 기울려야 한다. 만일 만장일치까지의 모든 노력에도 불구하고, 동의에 이르지 못하면, 그 부속서와 부속서 개정안은, 마지막 수단으로, 그 모임에서 투표하여 참석 당사자들의 3/4의 다수가결에 의하여 채택되어야 한다. 채택된 부속서와 부속서 개정안은, 사무처에 의하여, 당사자들의 수용을 위하여 모든 당사자에게 배포하여야 하는 문서보관자에게 전달되어야 한다.

5. 앞의 3항과 4항에 맞추어 채택된 [부속서A]와 [부속서B] 외의 부속서나 부속서 개정안은, 그 문서보관소에 의하여, 그 부속서나 그 부속서 개정안의 불수용 기간 내에 서면으로 문서보관소에 통지한 당사자들을 제외하고, 그 부속서나 그 부속서 개정안을 채택한 당사자들에게 배포한 날짜 후 6개월 후에 이 의정서의 모든 당사자들에게 발효되어야 한다. 그 부속서와 부속서 개정안은 그 문서보관소가 수용부가통지의 철회를 받은 날짜로부터 90일에 수용불가 통지를 철회한 당사자들에게도 발효되어야 한다.
6. 만일 부속서나 부속서 개정안의 채택에 이 의정서의 개정이 포함될 때는, 그 부속서나 그 부속서 개정안은 이 의정서의 개정안이 발효되는 시간까지 발효되지 않아야 한다.
7. 이 의정서의 [부속서A]와 [부속서B]의 개정안들은, [부속서B]의 어떤 개정안이라도 관련당사자의 서면동의로만 채택되어야 하는 경우, 제 20조에 규정된 절차에 따라 채택되고, 발효되어야 한다.

**<제 22 조>**

1. 각 당사자는, 다음의 2항에 제시된 경우를 제외하고서는, 한 표만을 가져야 한다.
2. 지역적 경제 통합기구들은, 그들의 경쟁 범위내의 문제에서만, 이 의정서의 당사자들로서 그들 회원국수와 동일한 수의 투표권을 수행하여야 한다. 이와 같은 기구는 회원국들 중 어느 누구라도 투표권을 행사하거나 그와 반대로 행동할 경우, 그 권리를 행사하지 않아야 한다.

**<제 23 조>**

UN 사무총장은 이 의정서의 문서보관자가 되어야 한다.

**<제 24 조>**

1. 이 의정서는 기본협약 당사자들인 국가들과 지역적 경제 통합기구들의 서명을 위하여 공개되고, 비준이나 수용 또는 인준에 복종해야 한다. 이것은 1998년 3월 16일부터 1999년 3월 15일까지 뉴욕의 UN본부에서 서명을 위하여 공개되어야 한다. 이 의정서는 서명이 종료된 다음 날부터 정식승인을 위하여 공개되어야 한다. 비준이나 수용 인준 또는 승인 문서들은 문서보관자에게 맡겨져야 한다.
2. 지역경제통합기구의 어느 회원국도 하나의 당사가 아닌 지역경제통합기구가 이 의정서의 한 당사자가 되면, 이 의정서 하의 모든 의무가 연결되어야 한다. 이와 같은 기구의 경우, 이 의정서의 한 당사자인 회원국 중 하나 이상과 그 기구 및 그 회원국들은, 이 의정서 하에서 그들의 의무수행을 위한 각자의 책임에 대하여 결정하여야 한다. 이 경우, 그 기구와 회원국들은 이 의정 하에서의 권리행사를 위하여 협력적으로 강요되어서는 안 된다.
3. 지역경제통합기구들의 비준이나 수용, 인준 또는 승인 기구에서, 그들은 이 의정서가 지배하는 문제에 관하여 그들의 능력범위를 선언하여야 한다. 또한 이와 같은 기구들은, 대리하여 당사자들에게 정보를 제공하여야 하는 문서보관자에게, 그들의 능력범중에서 생긴 실질적인 어느

변화라도 알려주어야 한다.

<제 25 조>

1. 이 의정서는, [부속서 Ⅰ]에 포함된 당사자들의 1990년도 합계로 총 탄산가스 방출량 중 최소한 55%에 달하는 [부속서 Ⅰ]에 포함된 당사자들을 조직하여, 협약 당사자들 중 55국 이상이 그들의 비준이나 수요, 인준 또는 승인 문서를 제출한 날 이후 90일째에 발효되어야 한다.
2. 이 조항의 목적을 위하여, "[부속서 Ⅰ]에 포함된 당사자들의 1990년도 총 탄산가스 방출량"이라 함은 기본협약 제 12조에 따라 부과된 그들의 최초 국가적 통신문서에서 [부속서 Ⅰ]에 포함된 당사자들이 이 의정서 채택한 날이나 이전에 전달된 수량을 의미한다.
3. 발효를 위하여 앞 1항의 조건이 수행된 후, 이에 따라 비준이나 수용, 인준, 또는 승인하는 각 국가나 지역적 경제 통합기구의 경우, 이 의정서는 그들의 비준이나 수용, 인준 또는 승인문서를 제출한 날짜 후 90일째부터 발효되어야 한다.
4. 이 조항의 목적을 위하여, 어떠한 지역적 경제통합기구라도 그 기구의 구서국가들이 제출한 것에 추가된 것으로 계산되어서는 안 된다.

<제 26 조>

이 의정서에는 어떠한 예약도 이루질 수 없다.

<제 27 조>

1. 이 의정서가 한 당사자에게 발효된 날부터 3년 후에는 어느 때나, 그 당사자는 문서보관자에게 문서로 통보하여 이 의정서로부터 탈퇴할 수 있다.
2. 이와 같은 탈퇴는 어느 것이나, 탈퇴통지서가 규정될 수 있도록 문서보관자의 탈퇴통지서 수령일로부터 1년 만기 날이나 그 후에 발효되어야 한다.
3. 기본협약으로부터 탈퇴한 어느 당사자라도, 이 의정서에서도 탈퇴한 것으로 간주되어야 한다.

<제 28 조>

아랍어, 중국어, 영어, 프랑스어, 러시아어, 스페인어 문서로 동등하게 규정된 이 의정서의 원문은, 그의 효력에 정당한 권위가 부여되고, 서명된 것이 이 의정서의 그들의 서명을 지시된 날짜에 찍혀있는 이곳의 증인들 앞에서

1997년 12월 11일 교토(Kyoto)에서 수행되어,

UN 사무총장에게 제출되어야 한다.

<부속서 A>

- 온실가스: Carbon dioxide ($CO_2$); .Methane ($CH_4$); Nitrous oxide ($N_2O$); Hydrofluorocarbons (HFCs); Perfluorocarbons (PFCs); Sulphur hexafluoride (SF6);

■ 부문/자료범주:

(1) 에너지부문:

(a) 연료 연소 분야: (i) 에너지 산업; (ii) 제조업 및 건설업; (iii) 수송; (iv) 기타 부분; (v) 기타

(b) 연료로부터의 휘발성 방출물: (i) 고체연료; (ii) 오일 및 천연가스; (iii) 기타

(2) 산업적 제조공정 부문 :

(a) 무기제품

(b) 화학 산업

(c) 금속생산

(d) 기타 생산

(e) 하로 카본(halocarbons)과 6불화 유황의 생산

(f) 할로탄소와 6물화 유황의 소비

(g) 기타

(3) 용매 및 기 타 제품사용

(4) 농업부문:

(a) 위장발효(Enteric fermentation)

(b) 분뇨관리(Manure management)

(c) 벼재배(Rice cultivation)

(d) 농업토양(Agricultural soils)

(e) 화전농업(Prescribed burning of savannas)

(f) 농산폐기물의 야외소각(Field burning of agricultural residues)

(g) 기타

(5) 폐기물 부문 :

(a) 고체폐기물의 토양 폐기

(b) 폐수 취급

(c) 폐기물 소각

(d) 기타

**<부속서 B>**

당사자/정량화된 방출량제한 또는 감축 의무량(기준연도 또는 기간에 대한 백분율)

■ 호주/108; ■ 오스트리아/92; ■ 벨지움/92; ■ 불가리아*/92; ■ 캐나다/94; ■ 크로아티아*/95; ■ 체코공화국*/92; ■ 덴마크/92; ■ 에스토니아*/92; ■ 유럽공동체/92; ■ 핀란드/92; ■ 프랑스/92; ■ 독일/92; ■ 그리스/92; ■ 헝가리*/94; ■ 아이슬란드/110; ■ 아일랜드/92; ■ 이태리/92; ■ 일본/94; ■ 라트비아*/92; ■ 리히텐스타인/92; ■ 리투아니아*/92; ■ 룩셈부르크/92; ■ 모나코/92; ■ 네델란드/92; ■ 뉴질랜드/100; ■ 노르웨이/101; ■ 폴란드*/94; ■ 포르투갈/92; ■ 로마니

아*/92; ■ 러시아 연방*/100; ■ 슬로바키아*/92; ■ 슬로베니아*/92; ■ 스페인/92; ■ 스웨덴/92; ■ 스위스/92; ■ 우크라이나*/100; ■ 영국/92; ■ 미국/93;

(주): * = 시장경제로 전이과정에 있는 국가들(다른 주석이 없는 한, 모두가 [부속서 Ⅰ]과 부속서 B]에 속한다. [부속서 Ⅱ]에는 개발도상국들이 포함되어 있다).

---

## 5.6. 환경 에너지 자원에 대한 인간 활동의 LCA와 WTO 관계

### (1) 전 과정 평가(Life Cycle Assessment: LCA)와 Agenda 21의 지속가능성(sustainability) 분석

인간의 문명사회발전에 따라 발생하는 자연환경오염으로 인한 인간에 대한 피해를 정의하는 데는 전술한 바와 같이 열역학적 시스템과 환경의 관계를 이용하면, 간단하다. 즉 〈그림 5.6-1〉에 나타낸 바와 같이 지구촌의 일원인 인간이라는 시스템이 주변 환경을 구성하고 있는 자연자원을 환경으로 간주하면, 인간과 환경의 상호작용을 이해할 수 있다. 특히 인류의 건강을 해치는 환경오염물질 발생에 대한 규제가 강화되고, 이러한 여론이 국제화되어 체계적인 환경 요소분석과 그의 규제가 ISO 14,000으로 발전하였다. 즉 인간도 지구촌의 환경자원을 구성하는 하나의 구성원으로서 환경자원이 고갈되면 인간도 고갈되기 때문에, 인류의 지속가능성도 환경자원의 지속가능성에 좌우된다.

즉 라우와 우튼(J. G. Rau & D. C. Wooten, 1980, Environmental Impact Analysis Handbook, McGraw-hill.)에 따르면 인간 활동을 물리적 힘이 지배하는 동물세계와는 달리 인간 활동을 〈표 5.6-1〉과 같이 구분하고, 다양한 요소가 복잡하게 작용하기 때문에 환경에 대한 영향을 평가하는 것이 매우 어렵다. 즉 과학적으로 분석이 용이한 화학적 특성으로만 평가되는 것이 아니라 인간의 존재가치를 좌우하는 생물학적 요소와 정서를 좌우하는 미학적 요소 그리고 지역사회를 구성하는 사회학적 환경 요소들이 복합적으로 작용하기 때문에 인간의 활동 환경에 대한 영향은 지역사회를 구성하는 다양한 계층 간의 의견과 관점을 종합하여 평가하여야 한다.

특히 UN은 과거와는 달리 환경단체들의 요구를 받아들여 1992년 환경 정상 화담을 브라질 리오데자네이로에서 개최하여 인류문명의 지속적인 발전(Sustainable Progress)을 위하여 생존환경을 보존하면서 경제적으로 발전시키는 지속가능한 개발(Sustainable Development)을 제시함에 따라 이에 반대하는 다양한 이론도 제시되어 지속가능한 개발 이론은 경제적 개발론

<물질의 존재 상태 방정식>

**주변환경(SURROUNDING: ENVIRONMENT:** $P_o*V_o = n_o*R*T_o$

시스템
(SYSTEM: OBJECT)

< $P_i*V_i = n_i*R*T_i$ >

**경계층**
**(BOUNDARY)**

**< 경계층을 통한 에너지 (E = m*c²) 흐름 >**
(Energy Flow through Boundary Layer) :

$(P = (n/V)*R*T = (m/M)*(1/V)*R*T = \rho*R*T/M)$

① $\triangle P = P_i - P_o \rightarrow$ **고압에서 저압으로 흐름**
② $\triangle \rho = \rho_i - \rho_o \rightarrow$ **고밀도에서 저밀도로 흐름**
③ $\triangle T = T_i - T_o \rightarrow$ **고온에서 저온으로 흐름**

**〈그림 5.6-1〉** 시스템의 상태 방정식과 주변 환경과의 상호작용

(P = 압력(kgf/㎠): V = 부피(㎥); n = 몰(mole)수; R = 기체상수(1.98717cal/L/mol);
T = 절대온도(oK) = - 273.15℃)

자와 사상 논쟁으로 전개되고 있다.

아젠다 21이 추구하는 지속가능한 개발 사상은 미래에 대한 과학적 근거가 없어 불안하기는 하지만 철학적으로나 종교적으로 유한한 인간 생명이 과학적인 면에서 생태계의 먹이사슬 중 동물계에 속한 인간이 수은 중독의 미나마타병, 카드뮴 중독의 이따이이따이병과 같이 보이지 않는 다른 사람의 환경오염 행위로 본인인 내가 죽을 수 있다는 것이 증명되면서 직접 확인할 수 없다고 하여 오염물질을 배출하는 것은 공존 공영하여야 하는 지역사회를 추구하는 인간사회가 멸종하게 된다는 논리가 성립된다.

즉 생태계의 먹이 사슬 중 하나의 고리를 구성하는 인류 사회는 주변의 환경오염을 방지하고, 예방하는 조치로 주변 환경자원을 보존하여야 지속가능한 후손이 태어나고, 경제적 발전도 가능하다는 환경단체의 주장이 부당한 것만은 아니다.

따라서 선진국들이 주도하고 있는 UN은 인간의 생존환경을 오염시키는 여러가지 요소 중에서 인체에 치명적인 위해(危害)를 가하는 물질을 지정하여 정부가 규제하도록 권장한다. 즉 선진국에서는 물리화학적으로 측정 가능한 요소를 법률로 규정하여 주기적으로 분석하는 모니터링이 일반화되고 있다.

그러나 과학적으로 분석이 용이한 물리 화학적 특성만 평가되는 것이 아니라 인간의 존재가치를 좌우하는 생물학적 요소와 정서를 좌우하는 미학적 요소 그리고 지역사회를 구성하는 사회학적 환경 요소들이 복합적으로 작용하기 때문에 인간 활동의 환경에 대한 영향은 지역사회를 구성하는 다양한 계층의 의견과 관점을 종합하여 평가하여야 한다.

특히 UN이 과거와는 달리 환경 단체들의 요구를 받아 들여 1992년 브라질의 리오데자네이로에서 개최된 환경 정상 회담에서 인류문명의 지속적인 발전(Sustainable Progress)을 위하

〈표 5.6-1〉 범주별 환경 영향 인자 분석 평가 리스트

| 범주 | factor | parameters |
|---|---|---|
| 1. 물리 화학적 환경인자 | 1.1. 생수자원 | BOD/ DO/ fecal coli forms/ inorganic carbons/ inorganic nitrogen/ inorganic phosphate/ heavy metals/ pesticides/ petro chemicals/ pH/ stream flow/ temperature/ TDS/ toxic substances/ turbidity |
| | 1.2.. 토지자원 | soil erosion/ flood plain usage/ buffer zones/ soil suitability for used/ compatibility of land uses/ solid waste disposal |
| | 1.3. 대기자원 | CO/ hydrocarbons/ NOx/ SOx/ particulates/ photochemical oxidants/ methane/ $H_2S$ & organic sulfides |
| | 1.4. 소음 문제 | intensity/ duration/ frequency |
| 2. 생태학적 환경인자 | 2.1. 생물종과 개체 수 | game & non-game animals/ natural vegetation/ managed vegetation/ resident & migratory birds/ sport & commercial fisheries/ pest species |
| | 2.2. 서식지와 군락 | species diversity/ rare & endangered species/ food chain index |
| | 2.3. 생태계 | productivity/ bio-geo-chemical cycling/ energy flow |
| 3. 미학적 환경인자 | 3.1. 토지형질 (landscape) | geological surface materials/ relief & topography |
| | 3.2. 깨끗한 하늘(air) | odor/ visual/ sounds |
| | 3.3. 맑은 수자원(water) | flow/ clarity/ interface land & water/ floating materials |
| | 3.4. 야생 생물계 (biota) | animal(wild & domestic)/ vegetation types/ vegetation diversity |
| | 3.5. 인공적 건물 조형 | man-made objects/ consonance with environment |
| | 3.6 구성도 | composite effect/ unique composition/ mood atmosphere |
| 4. 사회적 환경인자 | 4.1. 개인적 환경 관심도 | educational/ scientific/ cultural/ historical/ leisure/ recreation |
| | 4.2. 사회적 상호작용 | political/ socialization/ religion/ family/ economic/ information |
| | 4,3, 개인적 복지도 | physiological health/ psychological health/ safety/ hygiene |
| | 4.4. 지역 사회적 복지도 | community well-being (병원, 유치원, 학교, 고아원, 재활원, 양로원, 직업훈련소, 요양원, 치안, 재난구급대 등의 사회복지시설과 주변 환경) |

(출처: SETAC: Society of Environmental Toxicology and Chemistry)

여 생존 환경을 보존하면서 경제적으로 지속가능한 개발(Sustainable Development)을 목표로 서명하여 환경오염에 대한 규제가 강화됨에 따라 경제적 부담이 가중되자 이에 반대하는 이론도 대두되어 지속가능한 개발 이론은 경제적 개발론자와 사상 논쟁으로까지 전개되고 있다.

지속가능한 개발이라는 사상은 미래에 대한 과학적 근거가 없어 불안하기는 하지만 철학적으로나 종교적으로 유한한 생명의 인간이 과학적인 면에서 생태계의 먹이사슬 중에 동물계에 속한 인간으로서 보이지 않는 다른 사람에게 환경피해를 주는 환경오염을 본인이 확인

할 수 없다고 하여 배출하는 것은 공존 공영하는 지역사회를 추구하는 사회적 동물인 인간에게는 멸종이 다가올 것이라는 논리가 성립된다. 따라서 생태계의 먹이 사슬을 구성하는 인류는 주변의 환경오염을 방지하여 환경자원을 보존하여야 지속 가능한 후손이 태어나고, 경제적 발전도 가능하다는 환경단체의 주장이 부당한 것만은 아니다.

따라서 선진국들이 주도하는 UN은 인간의 생존환경을 오염시키는 여러가지 요소 중에서 인체에 치명적인 위해(危害)를 가하는 물질을 지정하여 정부가 규제하도록 권장한다. 즉 선진국에서는 물리화학적으로 측정 가능한 요소를 법률로 규정하여 주기적으로 분석하는 모니터링이 일반화되고 있다.

### (2) 생수 자원과 생태 환경 보존 문제

모든 생물은 살아있는 세포 중에 55~80%에 이르는 물을 함유하여야 생존할 수 있고, 물이 존재하여야 영양분을 흡수 이동시키고, 산소를 흡수하여야 영양분을 산화 분해시켜 에너지를 획득함과 동시에 발생한 노폐물을 배출하는 생리대사를 유지할 수 있다. 따라서 먹이 사슬로 이어진 생태계의 생명 현상을 보존하는 방법은 생수자원을 확보하여야 가능하다.

현대 가정 의학 백과(1982, 동아출판사)에 따르면 일반적으로 성인의 경우 하루에 걸어 다니는 발에서 0.5~2 컵의 수분이 땀으로 빠져 나가고, 호흡으로 2~4 컵이 빠져 나가며, 피부의 땀으로 2 컵 정도가 빠져 나가고, 오줌으로 6 컵 정도가 배출하기 때문에 총 12 컵 정도(2.8~3.4 L/day/capita)의 식수(drinking water)가 필요하다고 한다. 따라서 운동을 하지 않는 정지 상태의 경우는 42g/kg 체중의 식수가 필요하기 때문에 72kg의 남자는 매일 3L의 물을 마셔야 하고, 정상 체중보다 11kg가 초과할 때마다 0.3L의 물을 더 마셔야 한다고 한다. 그러나 운동하는 사람은 원활한 대사를 위하여 25g/kg 체중의 식수를 더 마셔야 하기 때문에 72kg의 운동선수는 3.9~4.2L/dat의 물을 매일 마셔야 하고, 운동을 많이 할수록 더 많은 물을 마시지만 한 시간에 4 컵 이상은 마시지 말아야 한다고 한다.

그러나 실험동물 사육실험(2000, http://www.ukans.edu/~acu/chapter4.html)에 따르면 임상 실험에 이용되는 토끼의 경우 10~12mL/100g/day = 100~120mL/kg/day = 100~120g/kg/day를 기준으로 사육하고 있다고 하므로 야생동물이 사람보다 더 많은 물을 소비하고 있는 셈이다.

따라서 자연에서 살고 있는 야생 동물과 식물 및 분해자인 각종 미생물이 요구하는 생수를 체중기준으로 표시하면 100g/kg/day 이상 요구하고 체내 수분이 70%에 이른 것으로 계산하면 육지에서 살고 있는 각종 생태계가 요구하는 최소한 생수를 계산할 수 있을 것이다. 특히 이러한 식수나 생수는 위생적으로 처리된 수질을 갖추어야 하기 때문에 정부에서는 용도에 따라 최소한의 수질을 갖추도록 지도하고 있다.

더욱이 도시가 형성되면서 전문 직종이 체계화된 산업사회에서 도시 계획을 하는 경우 국민생활과 산업 활동에 필수적인 생수공급을 공급하기 위하여 실시하는 상·하수도 계획에서는 1일 1인당 = [ 가정용(70~80L) + 공업용(30~40L) + 상업용(20~30L) + 공공용(20L) + 손실량(20~50L) = 200L/day/head ] 이상을 계획하는데 우리나라의 경우 1977년 228L/day/capita를 소비하던 용수 소비량이 1997년에는 409 L/day/capita로 증가되어 20년 사이에 2 배로 증가하여 많은 용수를 소비하고 있다. 생수증가는 산업 활동의 사회적 조직화 외에도 인구(population)가 증가하면 생수 수요량도 그에 따라 증가하므로 생활수준이 향상되면 결국 생수 수요량도 기하급수적으로 증가하는데 반하여 매년 강수량으로 공급되는 지구촌의 생수자원은 거의 일정하다.

따라서 인구활동 국제위원회(Population Action International: PAI, http://www.cnie.org/pop/pai/h2o-toc.html)에 따르면 지속가능한 사회개발을 위하여서는 불균등한 생수자원 분포로 아프리카 대륙과 중동지역은 전쟁과 기아가 발생하고, 과도한 생수소비로 물부족국가들이 늘어나고 있다고 한다.

개발도상국들의 경제개발에서 우선 고려하여야 하는 것은 개발지역의 인구집중으로 발생할지도 보건위생과 환경보존을 위하여 생수자원을 고려하여야 하나 그에 대한 계획이 미숙하여 환경질병을 야기하여 황폐화되기 때문에 미래의 개발 전략은 생수자원 확보와 인구조절을 조합시켜야 한다고 한다.

특히 강을 국경으로 하고 있는 국가들 사이에서는 생수자원 때문에 분쟁이 자주 발생한다. 즉 다뉴브 강과 라인 강이 그러하며, 유프라테스 강의 경우 상류의 터키가 댐을 건설하려하자 하류의 이라크가 반대하는 이유도 물고갈에 대한 공포 때문이다. 즉 가뜩이나 부족한 식수와 농업용수를 상류에서 차단하거나 조절하는 상황에 이르면 이라크 국민의 생존을 상류의 터키 국가가 좌우할 수 있기 때문에 범국가적으로 반대운동에 이르고, 결국에는 물 부족으로 전쟁도 불사하는 상황에 이르기 때문에 국가간의 협상을 통하여 댐의 크기를 조절하게 되었다.

그러나 우리나라는 중국과 두만강을 국경으로 하고 있는 반도 국가로서 연간 강수량이 1000mm = 1m에 달하고, 산림이 70%를 점유하고 있어 수자원이 풍부한 국가이지만 과도한 산업개발과 인구증가로 2000년대에는 물부족국가가 될 것으로 예측되고 있어 생수 자원 확보가 국가적 과제가 되고 있다.

이에 대하여 공학자들은 천지가 물이기 때문에 과학기술을 이용하면 물부족이 있을 수 없다고 주장하나 석유를 팔아 얻은 소득으로 생수를 수입하는 중동국가들이 정권유지를 위하여 바닷물 정수사업에 막대한 외화를 투자하고 있으나 겨우 식수 정도 해결하고 있을 뿐 1톤의 전분식량 생산에 2000~5000톤의 농업용수까지 생산할 수 없어 수입하고 있다는 사실을 간과하고 있다.

따라서 우리나라에서도 다가오는 물부족에 대비하여 다목적 댐을 건설하여 저수하자는 의견이 많으나 생물종 다양성 보존을 주장하는 생태학자들은 대규모의 국토가 물속에 잠겨 생물종이 단순해지기 때문에 반대하고, 다목적용 대규모 댐을 건설하면 그의 저수용량에 따라 표고가 낮은 저지대의 농경지가 매몰되고, 상류에 충분한 수원함양림이 집수구역으로 존재하여야 가능하기 때문에 식량을 생산하는 농경지가 매몰되고, 비축에너지가 감소하며, 고 부가가치의 목재생산 면적이 감소할 뿐만 아니라 하나의 자급자족 생태계가 파괴되어 생물다양성이 감축되기 때문에 반대한다.

특히 1인당 매일 18g 이상을 섭취하여야하는 단백질 식량 생산을 위하여 거대한 목장을 경영하는 축산업자나 수산업자들이 1kg 고기 생산에 7kg 이상의 곡물사료를 소비한다는 사실을 간과하고 있다. 왜냐하면 육 고기나 물고기로 공급되는 단백질 식량을 생산하려면 결국 농사를 지어 전분형태의 곡물을 우선 생산하는 것이 생태계의 먹이사슬(food chain)이기 때문이다. 다행이 우리나라는 3면이 바다인 덕택에 투자 없이 바다에서 물고기를 잡아 생산하고 있으나 바다로 들어가는 강이 없고, 강 상류의 산림 생태계가 파괴된다면 해안에서만 서식하는 조개나 게들의 어패류가 없이 환경조건에 따라 쉽게 도망가는 물고기들만 생존할 것이다.

나아가 지구촌에 생태계의 생수가 되는 빗물을 산꼭대기에 저장하는 빙하(氷河: glacier)와 산속에 저장하는 산림(山林: 숲: forest)이 존재하여야 시시각각으로 변하는 기상변화를 극복하는데 필요한 매일같이 필요한 물을 공급받을 수 있기 때문이다.

따라서 현재와 같이 온난화가 지속되어 현재와 같이 존재하는 빙하와 산림자원이 계속 파괴된다면, 지속적인 생수공급이 계절적으로 변하고, 홍수(洪水: flood)와 가뭄(drought)과 같은 자연재난이 빈번하게 반복되어, 결국 지구촌 인류는 과거의 신석기나 구석기사대와 같이 각 지역으로 흩어져야 살아야 살아남을 것이다. 왜냐하면 히말라야 산맥과 천산산맥(天山山脈)의 빙하가 지구촌의 온난화로 없어진다면, 이를 중심으로 살아가고 있는 중동지역과 중아아시아 및 인도대륙과 몽고지역이 사막지역으로 변하여 식량 확보가 불가능하기 때문에 자국이나 민족의 식량 확보를 위한 인간 살육 전쟁이 다시 개시될 것이다. 이러한 자연법칙을 고려할 때, 빙하의 한대지대와 몬순(monsoon)기후의 열대지대사이에서 낮은 산맥 속에 살고 있는 우리나라의 역사는 지리적 조건과 기후 조건으로 만들어진 인간사(人間史)로 보인다. 따라서 한반도의 지속가능한 사회개발을 위하여서는 백두대간(白頭大幹) 주변에 수자원을 확보할 수 있는 식수용 저수지 건설과 수원함양림 조성이 필요할 것이다.

따라서 현재와 같은 인간적인 도시 문명사회를 유지발전시기 위하여서는 현재와 같은 기후변화를 야기하는 각종 원인요소를 조절할 수 있는 수준까지 과학기술을 개발하여야 하고,

그 기술이 산업적으로 경제성을 갖추어야 현재의 인간 경제 시스템을 유지할 수 있을 것이다. 그렇지 않으면, 인류문명은 파멸할지도 모른다.

### (3) 환경 관리 시스템의 표준화와 ISO 14000 시리즈

한편 마틴시크(C. Martincic, 2000, http://www.lis.pitt.edu/~mbsclass/standards/martincic/iso14000.html)에 따르면 국제간 교역에서 일치하지 않은 규격이 기계부품의 국제교역에 장벽이 되기 때문에 1926년 국가표준화협회 국제 연합(International Federation of the National Standardizing Associations: ISA)으로 시작되어 1942년 2차 대전으로 중단되었다가 1946년 현재의 국제 표준화 기구(International Organization for Standardization: ISO)로 재출발하여 오늘에 이르고, 비정부기구로서 기술 위원회, 세부 위원회, 실무그룹 등 현재 2700개의 각종위원회로 구성되어 있고, 표준화 과정은 ① 구성원의 동의를 얻어 표준화의 필요성에 대한 제안서를 제출하는 첫 번째 단계가 시작되면, ② 이어서 표준화 작업을 전개하기 위하여 는 개요를 작성하는 준비단계에 들어가고, ③ 준비단계가 완료되면 위원회단계에 들어가 설명서를 모든 구성원 위원회에 발송하여 동의가 얻어지면 국제 표준 초안(Draft International Standard: DIS)이 만들어진다. 이어서 ④ 이 DIS를 모든 위원회에 발송하여 투표하는 조회 투표 단계에 들어간다. 이때 ⑤ 구성원의 찬성이 75% 이상이면 그것이 최종초안이 되어 인준단계 들어가고, 이 최종안을 다시 모든 구성원에게 조회 투표하여 75% 이상의 찬성을 얻으면 ⑥ 최종안을 인쇄하는 출판단계 들어간다. 즉 최종 표준안의 출판은 ISO 중앙 출판 비서관에게 보내 인쇄 배포하게 한다고 한다.

특히 최근 환경관리 표준(Environmental Management Standard: EMS)으로 알려진 ISO 14000은 표준협회들이 각종 기업 활동이 환에 미치는 영향을 관리하도록 지원하려는 의도이다. ISO 14000 시리즈는 1987년 출판된 ISO 9000 시리즈와 유사한 것이나 ISO 9000은 품질보장 관리프로그램을 구성하는 조직 관리에 관한 것이었으나 ISO 14000은 구성된 조직의 환경 관리에 관한 것이다. 따라서 두 가지 표준 모두 관리과정에 관한 것으로 하나로 통합하자는 의견도 있다.

두 가지 표준 모두 ISO에서 출판된 것으로 국제적 표준을 개발함으로서 상업과 지식 및 과학기술과 경제적 활동의 국제적 교역과 협력을 편리하게 만들려는 것으로 원래는 산업 및 기계공업 표준이었으나 지금은 조직의 행정과정과 정책 및 실물에 대한 표준화도 시도되고 있다.

두 표준은 모두 국제무역에서 발생한 것으로서 ISO 9000 시리즈는 1947년 채결된 관세와 무역에 관한 일반 협정(General Agreement on Tariff and Trade: GATT)에 따라 운영되는 GATT

가 1986년 우루과이 라운드 협상에서 관세장벽 제거방법으로 요청된 표준화로 1987년에 출판된 것이며, ISO 14000시리즈는 우루과이 라운드이후 자유무역으로 발생할 환경오염 물질의 이동과 처리에 대한 환경문제가 급부상하여 1991년 ISO는 환경에 관한 표준화를 위하여 환경 전략 자문단(Strategic Advisory Group on the Environment: SAGE)을 구성하여 품질관리와 유사한 관경관리의 일반적 접근방법 개발, 환경의 성능개선을 유지하고 측정하는 조직의 능력향상, 무역을 촉진하고, 무역장벽을 제거하는 방법에 기여하는 표준을 고려하여 1992년 국제 환경관리 표준을 위한 새로운 위원회 TOC 207을 조직하여 ISO 14000시리즈를 만들었다.

ISO(2000, http://www.isocenter.com/14000/iso14000.html)에 따르면 환경관리 조직표준에는 ISO14001 = 환경관리시스템(EMS) 규정 표준, ISO 14004 = EMS가이드라인, ISO 14010/11/12 와 WD 14015 = 환경 회계 방법, ISO 14031 과 TR 14032 = 환경적 능력 평가 방법이 속해있고, 제품표준에는 ISO 14020/21/24/25 = 환경 라벨표시법, ISO 14040/41/42/43 과 TR 14048/49 = 전 과정 평가 방법, ISO 가이드 64 = 제품표준에서 환경보호 전망, ISO 14050 = 용어와 정의 구성되어 있다.

### (4) 환경에 대한 인간의 전 과정 평가(LCA) 체계와 방법

특히 ISO 14,000 시리즈 중에서 각종 공산품 제조과정에서 발생한 환경오염 수준을 원료와 에너지면에서 발생하는 전 과정 평가(全 過程 評價: LCA: Life-Cycle Assessment)체계는 〈표 5.6-2〉에 나타낸 바와 같이 제품구성에서 부품제조에 필요한 소재 생산에 필요한 원료 채취에서부터 그 소재로 구성된 제품이 판매 후 소비자가 사용한 다음 폐기되어 다시 자연으로 돌아갈 때까지 제품의 일생(life-cycle)에서 에너지 보존법칙과 질량 보존법칙에 따라 물자와 에너지 흐름을 평가하여 환경에 미치는 영향을 평가하는 시스템을 채택하고 있다. 현재는 이러한 전 과정 평가 기법이 산업 활동뿐만 아니라 상업이나 농업에도 적용되고, 사무와 광고 또는 인력동원에도 확대 적용되고 있다.

즉 기존의 자연환경 조건을 기준으로 하여 질량 및 에너지 보존법칙을 나타내는 아인슈타인의 에너지 전환법칙($E = m*c^2$)을 이용하여 **지표면을 파괴하는 [농림업/채광업 → 소재생산 화학공업 → 부품생산 기계공업 → 조립 완제품 생산 공업 → 포장/수송/판매/영업소 → 개인 소비자 → 폐기/재활용]의 전 과정에서** 개인이나 공정에 따라 투입된 물질과 에너지 소비량을 측정하고, 제조공정의 각 단계에서 발생하는 환경오염 발생량과 사회적 환경 부담을 분석하면 어느 개인이나 공정 환경오염 부담을 과도하게 발생하는지를 알 수 있다.

이때 평가하는 문제는 각 환경오염물질이 인간의 생활환경과 보건에 어떤 영향을 어느 정도 미치는가하는 상대적 평가기준이 마련되어야 통합 평가할 수 있다. 따라서 각 단계별로

〈표 5.6-2〉 LCA 공정 목록과 환경영향평가 프레임

| Processes | INPUT | | OUTPUT | | Table of Impacts | | | |
|---|---|---|---|---|---|---|---|---|
| | 1. 환경 인자 | 2. 경제 인자 | 1. 환경 인자 | 2. 경제 인자 | 1. 측정량 (발생량/생산품) | 2. 환경영향 가중치 배분 | 3. 정상화= 가중치점수/정상치점수 | 4. 정상화치와 가중치 재배분 평가 |
| 1. raw materials acquisition (광산업/농림업) | * | ** | * | ** | *** | *** | *** | *** |
| 2. manufacturing, processing & formulation (가공제조업) | 원료 + 에너지 | 중간제품 또는 에너지 | 방출량 | 제품 또는 에너지 | *** | *** | *** | *** |
| 3. distribution & transportation (판매유통업) | * | ** | * | ** | *** | *** | *** | *** |
| 4. use/re-use/ maintenance/ recycling (소비자/소비행위) | * | ** | * | ** | *** | *** | *** | *** |
| 5. waste management (폐기물처리행위) | * | ** | * | ** | *** | *** | *** | *** |
| Total | * | ** | * | ** | *** | *** | *** | *** |

* 환경영향인자들 =〉 (1) greenhouse effect; (2) depletion of ozone layer; (3) acidification; (4) eutrophication; (5) heavy metals; (6) humane toxicity (carcinogen); (7) winter smog; (8) summer smog; (9) pesticides; (10) energy; (11) solid waste: (12) others (odor /noise /radioactives /landscape degradation;). etc.

** 경제적 인자들 =〉 수익성(돈)

*** SETAC Code of Practice 참조

(출처: SETAC: Society of Environmental Toxicology and Chemistry Internet)

발생한 환경오염 물질들이 인간과 사회 및 환경에 치미는 영향을 분석하는 임상실험이 각 분야에서 다양하게 실시되고 있다.

네덜란드에서 제안된 대기오염 물질에 대한 상대적 가중치를 나타내면 〈표 5.6-3〉에 나타낸 바와 같으며, 〈표 5.6-4〉에서 나타낸 바와 같이 각 공정단계에서 발생한 환경오염물질이 인류사회에 미치는 영향정도를 고려하여 가중치를 곱한 다음 이를 더하여 평가한다.

따라서 전 과정 평가기법은 가이아의 이론과 같이 결국 인간이 영구히 생존하기 위하여서는 녹색식물 생태계와 대기 및 수자원이 평형을 이루는 환경조건 내에 존재하여야 하기 때문에 식량만을 생산하던 농업이 생명공학을 기반으로 생분해성 고분자를 생산하는 농림수산업으로 확대되어야 하고, 철강이나 세라믹과 무기 재료들은 환경영향평가를 통하여 자연환경 파괴가 최소가 되는 범위내에서 채굴되어 태양 에너지로 가공하는 산업시스템으로 전환되어야 할 것이다.

최근에는 각종 작업 공정이 작업자 본인에게 피해를 주는 환경오염 물질과 소음 및 기온 피해를 없애기 위하여 이들 성분을 자연계에 방출시키는 조작이 대부분이기 때문에 주변 사람이나 주변 환경에 치명적인 피해를 준다. 따라서 ISO에서는 각종 공산품이나 공장 또는 농산물이나 임산물까지 환경 친화적 행위로 생산되었다는 ISO 14,000 인증서를 발급하는 시스템까지 개발되어 소비자에게 환경친화성 제품을 이용하도록 유도하고 있다.

**〈표 5.6-3〉** 각 단계별 Inventory와 측정 요소별 환경영향 가중치

| 환경영향 요소 | | 발생량 (kg) | Effect-Weighing Factors | | | | | | | | | |
|---|---|---|---|---|---|---|---|---|---|---|---|---|
| | | | 1. Green-house Effect | 2. Ozone Deplition | 3. Acidifi-cation | 4. Eutrophi-cation | 5. Smog | 6. Caci-nogen | 7. Energy Use | 8. Waste Disposal | 9. Noise | 10. Othes (Land-scape) |
| 〈1〉 Air (대기오염 물질) | $CO_2$ | ? | ×1 | - | - | - | - | - | - | - | - | |
| | CO | ? | - | - | - | - | - | - | ×0.012 | - | - | |
| | NOx | ? | - | - | ×0.7 | - | - | - | ×0.78 | | | |
| | $SO_2$ | ? | - | - | ×1 | - | - | - | ×1.2 | | | |
| | Particulates | ? | - | | | | | | | | | |
| | H. Metals | ? | | | | | | | | | | |
| | Radioactives | ? | | | | | | | | | | |
| | Pathogens | | | | | | | | | | | |
| 〈2〉 Water (수질오염 물질) | Temp. | ? | | | | | | | | | | |
| | alkali | ? | | | | | | | | | | |
| | acids | ? | | | | | | | | | | |
| | BOD | ? | | | | | | | | | | |
| | COD | ? | | | | | | | | | | |
| | Phenols | ? | | | | | | | | | | |
| | H. Metals | ? | | | | | | | | | | |
| | Radioactives | ? | | | | | | | | | | |
| | Pathogens | | | | | | | | | | | |
| 〈3〉 Soil /Food (토양 및 식품) | Phenolics | ? | | | | | | | | | | |
| | Pesticides | ? | | | | | | | | | | |
| | H. Metals | | | | | | | | | | | |
| | Radioactives | | | | | | | | | | | |
| | decays | | | | | | | | | | | |
| | Pathogens | ? | | | | | | | | | | |

(Source: 2000, www.pre.nl/life_cycle_assessment/impact_assessment.html)

**〈표 5.6-4〉** LCA중 각 단계별 Inventory와 요소별 환경영향 가중치

| | 환경영향 요소 | | 발생량 (kg) | Effect-Weighing Factors | | | | | | | | | |
|---|---|---|---|---|---|---|---|---|---|---|---|---|---|
| | | | | 1. Green-house Effect | 2. Ozone Deplition | 3. Acidifi-cation | 4. Eutrophi-cation | 5. Smog | 6. Caci-nogen | 7. Energy Use | 8. Waste Disposal | 9. Noise | 10. Othes (Land-scape) |
| 〈1〉 원료 채취단계 | 〈1〉 대기 오염물질 | $CO_2$ | ? | ×1 | - | - | - | - | - | - | - | - | |
| | | CO | ? | - | - | - | - | - | - | ×0.012 | - | - | |
| | | NOx | ? | - | - | ×0.7 | - | - | - | ×0.78 | | | |
| | | $SO_2$ | ? | - | - | ×1 | - | - | - | ×1.2 | | | |
| | | Particulates | ? | - | | | | | | | | | |
| | | H. Metals | ? | | | | | | | | | | |
| | | Radio-actives | ? | | | | | | | | | | |
| | | Pathogens | | | | | | | | | | | |
| | 〈2〉 수질 오염물질 | Temp. | ? | | | | | | | | | | |
| | | alkali | ? | | | | | | | | | | |
| | | acids | ? | | | | | | | | | | |
| | | BOD | ? | | | | | | | | | | |
| | | COD | ? | | | | | | | | | | |
| | | Phenols | ? | | | | | | | | | | |
| | | H. Metals | ? | | | | | | | | | | |
| | | Radio-actives | ? | | | | | | | | | | |
| | | Pathogens | | | | | | | | | | | |
| | 〈3〉 토양 및 식품오염 | Phenolics | ? | | | | | | | | | | |
| | | Pesticides | ? | | | | | | | | | | |
| | | H. Metals | | | | | | | | | | | |
| | | Radio-actives | | | | | | | | | | | |
| | | decays | | | | | | | | | | | |
| | | Pathogens | ? | | | | | | | | | | |
| | 〈4〉 에너지 손실량 | | | | | | | | | | | | |
| 〈2〉 제조 및 가공단계 | 상동 | | | | | | | | | | | | |
| 〈3〉 수송 분배단계 | 상동 | | | | | | | | | | | | |
| 〈4〉 소비 재사용단계 | 상동 | | | | | | | | | | | | |
| 〈5〉 폐기물 처리단계 | 상동 | | | | | | | | | | | | |
| Total | 상동 | | | | | | | | | | | | |

(www.pre.nl/life_cycle_assessment/impact_assessment.html)

### (5) 우리나라의 환경 요소별 환경오염 제한 기준

선진국과 같이 우리나라도 산업화로 환경오염이 심해지면서 법률적으로 규정한 환경오염 기준은 〈표 5.6-5〉와 같다. 즉 선진국과 같이 우리나라도 인간의 환경요소로 대기 질과 수질과 및 토양기준 외에 활동으로 발생하는 소음(Noise)에 대한 환경기준을 두어 쾌적한 생활이 되도록 유도하고 있다.

이때 각종 생태계가 유지되는데 필요한 우리나라의 환경기준은 수질 기준은 생태계의 종류에 따라 달라 인간 식수용은 1급수라야 하나 수산용수는 2급수 이상이여야 하며, 공업용수는 3급수 이상, 농업용수는 4급수 이상 그리고 하천 유지 수는 4급수 이상이여야 한다. 따라서 각국은 연간강수량으로 확보된 생수자원을 상류에서부터 단계적으로 식수용, 수산용, 공업용, 농업용, 하천 유치수 등으로 취수하여 단계적으로 이용하는 시스템을 갖추고 있으며, 필요한 경우는 폐수를 단계적으로 강화 처리하여 최대한 재활용하는 시스템을 구축하고 있다.

특히 생태계 먹이사슬의 원활한 순환을 위하여 필요한 생수자원에 관한 수질기준은 수원지에 따라 약간 다르나 일반적으로 순수한 물속에 용해된 용존 산소(Dissolved Oxygen: DO)와 생물학적 산소요구량(Biological Oxygen Demand: BOD)을 기준으로 분류된다. 즉 수생 생물이 살아가는데 필요한 영양분과 용존 산소량이 서로 반비례관계에 있으며, 식수용은 1급수, 수산용수는 2급수, 공업용수는 3급수, 농업용수는 4급수 그리고 하천 유치수 5급수로 구분할 수 있다. 즉 현재의 생태계를 유지하는데 용존 산소가 필요한 것은 대기 중의 산소 농도가 중요하고, 환경을 복원하는데도 중요한 성분이 산소이다.

특히 1급수의 수질을 갖추어야 하는 식수는 수인성 질병확산과 관계가 있기 때문에 그의 규정이 엄밀하며, 강수량이 적어 가뭄이 심한 아프리카 등지에서는 생존을 위한 식량생산용 농업용수에 못지않게 식수까지 부족하여 오염된 식수사용으로 각종 질병이 확산되어 인구감소를 초래하고 있다.

마찬가지로 각종 용매로 이용하는 공업용수나 농수산용수도 수질이 오염되면 생산품을 제조하는 동안 공정에 막대한 장애를 초래하고, 나아가 생산된 제품이나 상품을 폐기할 정도로 오염시키기 때문에 가능한 정제된 물을 사용하여야 한다.

〈**표 5.6-5**〉 환경법이 지정한 환경오염 성분과 기준

| 〈분야〉 | 〈 물 성 과 성 분 (평균치) 〉 |
|---|---|
| 대 기 (大氣): 기후구성 → Climate Change | $SO_2$(연간〈0.03ppm); CO(8시간〈9ppm); $NO_2$(연간〈0.05ppm); 먼지(연간총먼지〈140㎍/$m^3$, 연간미세먼지〈80㎍/$m^3$); $O_3$(8시단〈0.06ppm); Pb(3월〈1.5μg/$m^3$); (* 1시간 및 24시간의 vudrbascl는 연간 3횡l상 그 기준을 초과해서는 아니 된다. ** 미세먼지는 입자의 크기가 10㎛ 이하인 먼지를 말한다) |

| 소음 | | | "가"(전용주거지역) | "나"(준주거지역) | "다"(상업지역) | "라"(공업지역) |
|---|---|---|---|---|---|---|
| | 일반지역 | 낮(06:00~22:00) | 50 Leq dB(A) | 55 Leq dB(A) | 65 Leq dB(A) | 70 Leq dB(A) |
| | | 밤(22:00~06:00) | 40 Leq dB(A) | 45 Leq dB(A) | 55 Leq dB(A) | 55 Leq dB(A) |
| | 도로변지역 | 낮(06:00~22:00) | 65 Leq dB(A) | 65 Leq dB(A) | 70 Leq dB(A) | 75 Leq dB(A) |
| | | 밤(22:00~06:00) | 55 Leq dB(A) | 55 Leq dB(A) | 60 Leq dB(A) | 70 Leq dB(A) |

| 물 | | |
|---|---|---|
| | 먹는 물 기준 | (미생물기준): 일반세균〈100CFU/㎖; 대장균〈무/50㎖; (유해무기물기준): Pb〈0.05㎎/ℓ; F〈1.5㎎/ℓ; As〈0.05㎎/ℓ; Se〈0.01㎎/ℓ; Hg(no detect); $CN^{-1}$(no detect); $Cr^{+6}$〈0.05㎎/ℓ; Cd〈0.01㎎/ℓ; $NH_3$-N〈0.5㎎/ℓ; $NO_3$-N〈10㎎/ℓ; (유해유기물기준): Phenolics〈0.005㎎/ℓ; 총 trihalomethane〈0.1㎎/ℓ; diazinone〈0.02㎎/ℓ; parathion〈0.06㎎/ℓ; malathion〈0.25㎎/ℓ; phenitrothion〈0.04㎎/ℓ; carbaryl〈0.07㎎/ℓ; 1,1,1-trichloroethane〈0.1㎎/ℓ; tetrachloroethylene〈0.01㎎/ℓ; trichloroethyelene〈0.03㎎/ℓ; dichloromethane〈0.02㎎/ℓ; benzene〈0.01㎎/ℓ; toluene〈0.7㎎/ℓ; ethylbenzene〈0.3㎎/ℓ; xylene〈0.5㎎/ℓ; 1,1-dichloroethylene〈0.03㎎/ℓ; carbon tetrachloride〈0.002㎎/ℓ; (심미적기준): 경도〈300㎎/ℓ; $KMnO_4$소비량〈10㎎/ℓ; no smell; 색도〈5도; Cu이온〈0.5㎎/ℓ; pH = 5.8~8.5; 음이온계면활성제〈0.5㎎/ℓ; Zn이온〈1㎎/ℓ; Cl이온〈150㎎/ℓ; 증발잔유물〈500㎎/ℓ; Fe〈0.3㎎/ℓ; Mn〈0.3㎎/ℓ; 탁도〈2도; 황산이온〈200㎎/ℓ; AL〈0.2㎎/ℓ |

| 물 | | 기준 성분 | 수소 이온 농도 (pH) | 화학적 산소 요구량 (COD: ㎖/ℓ) | 생물 학적 산소 요구량 (BOD: ㎖/ℓ) | 부유 물질량 (SS: ㎖/ℓ) | 용존 산소량 (DO: ㎖/ℓ) | 대장균수 (MPN/ 100㎖) | 노르말 헥산 추출물 (오일: ㎎/ℓ) | 총 질소 (N:㎎/ℓ) | 총 인 (P:㎎/ℓ) | 기타 무기질 (㎎/ℓ) |
|---|---|---|---|---|---|---|---|---|---|---|---|---|
| 생활환경 | 하천 | Ⅰ: 상수원수1급 (자연환경보전) | 6.5~8.5 | - | 1이하 | 25이하 | 7.5이상 | 50이하 | - | - | - | - |
| | | Ⅱ: 상수원수2급/수산용수1급 /수영용수 | 6.5~8.5 | - | 3이하 | 25이하 | 5이상 | 1,000이하 | - | - | - | - |
| | | Ⅲ: 상수원수3급/수산용수2급 /공업용수1급 | 6.5~8.5 | - | 6이하 | 25이하 | 5이상 | 5,000이하 | - | - | - | - |
| | | Ⅳ: 공업용수2급/농업용수 | 6.0~8.5 | - | 8이하 | 100이하 | 2이상 | - | - | - | - | - |
| | | Ⅴ: 공업용수3급/생활환경보전 | 6.0~8.5 | - | 10이하 | 떠있지 않음 | 2이상 | - | - | - | - | - |
| | 호소 | Ⅰ: 상수원수1급(자연환경보전) | 6.5~8.5 | 1이하 | - | 1이하 | 7.5이상 | 50이하 | - | 0.200이하 | 0.010이하 | - |
| | | Ⅱ: 상수원수2급/수산용수1급 /수영용수 | 6.5~8.5 | 3이하 | - | 5이하 | 5이상 | 1,000이하 | - | 0.400이하 | 0.030이하 | - |
| | | Ⅲ: 상수원수3급/수산용수2급 /공업용수1급 | 6.5~8.5 | 6이하 | - | 15이하 | 5이상 | 5,000이하 | -- | 0.600이하 | 0.050이하 | - |
| | | Ⅳ: 공업용수2급/농업용수 | 6.0~8.5 | 8이하 | - | 15이하 | 2이상 | - | - | 1.0이하 | 0.100이하 | - |
| | | Ⅴ: 공업용수3급/생활환경보전 | 6.0~8.5 | 10이하 | - | 떠있지 않음 | 2이상 | - | - | 1.5이하 | 0.150이하 | - |
| | 해수역 | Ⅰ(수산양식용) | 7.8~8.3 | 1이하 | - | 10이하 | 95% 이상 포화 | 200이하 | 불검출 | 0.05이하 | 0.007이하 | Cr〈0.05ppm; As〈0.05ppm; Cd〈0.01ppm; Pb〈0.1ppm; Zn〈0.1ppm; Cu〈0.02ppm; 불검출 (CN, Hg, PCB, 유기인) |
| | | Ⅱ(해수욕/기타수산양식용) | 6.5~8.5 | 2이하 | - | 25이하 | 85% 이상 포화 | 1,000이하 | 불검출 | 0.1이하 | 0.015이하 | |
| | | Ⅲ(공업용수/기타용도) | 6.5~8.5 | 4이하 | - | - | 80% 이상 포화 | - | - | 0.2이하 | 0.03이하 | |

| 토양 | | | |
|---|---|---|---|
| | 토양오염우려기준 (㎎/kg) | 농경지 | Cd〈1.5; Cu〈50; As〈6; Hg〈4; Pb〈100; Cr〈4; 유기인〈10; PCB〈-; CN〈2; phenol〈4; 석유〈- |
| | | 공장 산업지역 | Cd〈12; Cu〈200; As〈20; Hg〈16; Pb〈400; Cr〈12; 유기인〈30; PCB〈12; CN〈120; phenol〈20; 석유〈80 |
| | 토양오염대책기준 (㎎/kg) | 농경지 | Cd〈4; Cu〈125; As〈15; Hg〈10; Pb〈300; Cr〈10; 유기인〈-; PCB〈-; CN〈5; phenol〈10; 석유〈- |
| | | 공장 산업지역 | Cd〈30; Cu〈500; As〈50; Hg〈40; Pb〈1000; Cr〈30; 유기인〈-; PCB〈30; CN〈300; phenol〈50; 석유〈200 |

(출처: 세계환경신문사, 1997, 환경법전, 진도도서)

### (6) WTO와 ISO 14,000 적용문제

또한 UN과 NGO는 경제발전을 위하여 소비하는 연료를 석탄과 석유 및 천연가스와 같은 화석연료를 소각하면서 과다한 탄산가스를 방출하고, 각종 환경 오염물질을 방출하여 인간의 생존까지 위협하기에 이른다고 보고됨에 따라 후속조치로 1992년의 Rio 환경정상회담을 성사시키고, 이어서 인간의 활동이 환경에 미치는 영향을 평가하는 LCA기법을 개발하여 국제적으로 통제하는 ISO 14,000을 제정하고, 자유무역을 기초로 하는 WTO(World Trade Organization)는 제조과정에서 환경을 오염시킨 물품이나 제품의 국가간 교역을 규제하는데 동의하기도 하였다.

따라서 전 과정 평가는 이러한 환경오염 물질 발생을 어느 공산품을 제조할 때 필요한 원자재를 자연에서 채광할 때부터 가공. 제조되는 각 단계를 분석하고, 완성품이 제조되는 전 과정을 누적시키고, 나아가 소비한 다음 폐기된 후 자연으로 돌아가는 전 과정에서 환경에 부담을 주는 전 과정동안 그 제품이 탄생되어 다시 자연으로 돌아 갈 때까지 자연 환경에 영향을 미치는 영향을 총체적으로 분석 평가하는 전 과정 평가기법이 도입되었다.

환언하면 지구촌은 역사적으로 18세기의 산업혁명 이후 확산된 자본주의가 규모의 경제성 때문에 식민지 확장과정에서 전쟁이 일어난 20세기에 독립한 200여개의 국가들로 구성되었으며, 소련 공산 사회주의 몰락으로 더욱 확산된 자본주의가 자유시장 체제를 구축할 목표로 국가간 교역 장벽을 상호개방하는 우루과이 라운드(Uruguay Round))타협을 통하여 WTO를 구성하기에 이르렀다. 즉 자본주의의 병폐가 된 환경오염을 예방하기 위하여 UN의 의제 21에서 지속가능한 사회개발의 목표를 설정하고, 국가간 교역에서 각종 공산품의 제조과정에서 발생한 폐기물이 환경에 미친 영향을 평가하는 기법으로 국제적 표준인 ISO 14,000 시리즈를 도입하여 국제무역에서 환경오염 물질의 이동을 규제하려고 하고 있다.

## 5.7. IPCC와 온실가스(GHG) 배출량 보고서 작성 내용

### (1) 기후변화에 관한 정부 간 전문위원회(IPCC)와 기후 변화 보고 내용

일종의 인터넷 백과사전인 위키페디아(Wikipedia, 2008, http://www.ipcc.ch/about/how-the-ipcc-is-organized.htm)에 따르면, UN산하의 세계기상기구(World Meteorological Organization: WMO, 1873년 창설)와 UN 환경 프로그램(United Nations Environment Programme: UNEP, 1972년 창설)의 가입 국가 전부를 구성원으로 1988년 설립된 기후변화에 관한 정부간 협의위원회(Inter-governmental Panel on Climate Change: IPCC)는 〈그림 5.7-1〉와 같은 조직으로 모체인 WMO와

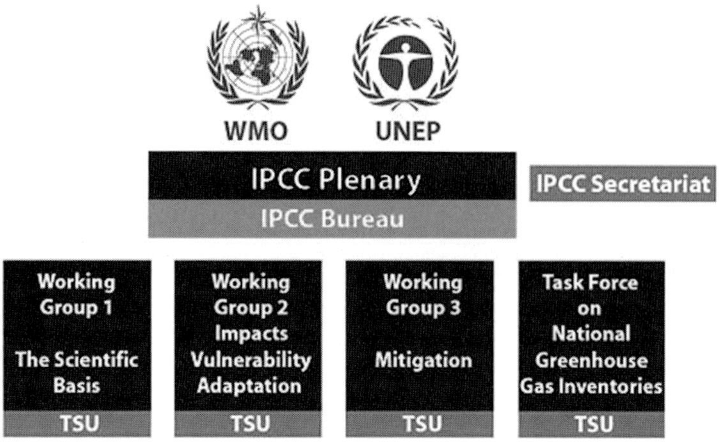


**〈그림 5.7-1〉** IPCC의 조직과 기능

UNEP로 부터 부여된 임무를 수행하고, 회원 각국이 동의한 원칙에 따라 기후변화에 관한 과학적 연구와 그의 영향 및 완화기술과 정책을 개발하여 공개함과 동시에 UN에 보고하고 있다고 한다.

특히 IPCC는 기후변화의 원인을 과학적으로 조사 연구하는 실무그룹 Ⅰ (Working Group 1)와 기후변화의 결과를 조사 연구하는 실무그룹 Ⅱ (Working Group 2)와는 달리 기후변화로 발생하는 자연적 재난(災難)을 미리서 예방하는 기술과 정책을 개발하는 실무그룹 Ⅲ (Working Group 3)은 효율적인 조치를 미리서 취하기 위해서는 다른 실무그룹의 조사된 결과와 영향을 토대로 예측되는 일관된 예측 시나리오가 필요하다.

따라서 IPCC의 실무그룹 Ⅲ은 인간을 포함한 생태계와 기후시스템과의 상호작용을 고려하여 〈그림 5.7-1〉과 같은 모델을 만들고, 각 시스템의 주요인자 사이의 상호작용으로 발생하는 〈그림 5.7-2〉 및 〈표 5.7-1〉과 같은 시나리오 군을 개발하여, 정부를 대표하는 기후변화 전문가들을 동원하여 구성한 각 워킹그룹에서 매 5년마다 기후변화 속도와 정도를 보고한다고 한다. 즉 1990년 의 1차보고서에 이어 1995년 2차보고서(SAR), 2001년의 3차보고서(TAR)에 이어 2007년 11월에는 4차보고서(AR4)를 발표하였다고 한다.

특히 Wikipedia(2008, http://en.wikipedia.org/wiki/Global_warming_potential)에 따르면, 기후변화를 야기하는 온실 가스는 지구 온난화 가능성 지수(Global warming potential: GWP)로 탄소연료의 연소 후에 발생하는 탄산가스($CO_2$ = 1)를 기준으로 비교하는데, 교토의정서에 규정 성분에 국한되며, 규정된 성분들이 신속하게 증가하면서 지구의 평균기온이 급속하게 증가하고 있다는 것이다. 따라서 이의 측정에는 (a) 규정성분의 적외선 흡수량(infrared absorption), (b) 특정 흡수 파장의 위치, (c) 그 성분의 대기 중 존재 수명 등에 따라 다른데, 주로 높은 GWP는 많은 적외선흡수량과 대기 중의 긴 존재수명과 연관된다. 따라서 성분별 IR 흡수량은 화학종에 따라 크게 다르나, 경험적으로 온실 유리창의 경우와 같이 투명대기내의 존재량에 대한 IR 흡수량을 측정하여 비교한 것으로 <표 5.7-1>과 같이 얻어진다고 한다.

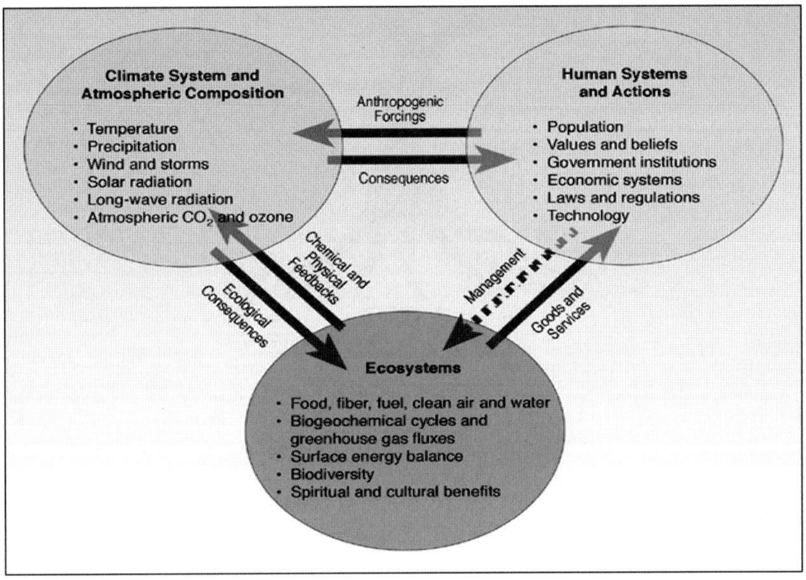


**<그림 5.7-2>** 지구촌 생태계와 기후 인자의 상호작용 모델

(Source: http://www.climatescience.gov/Library/stratplan2003/final/ccspstratplan2003-chap8.htm)

**<표 5.7-1>** 가스 종류와 $CO_2$에 대한 지구온난화지수(GWP: Global Warming Potential)

| GWP values and lifetimes from 2007 IPCC AR4(2001 IPCC TAR in brackets) | Lifetime - years | GWP time horizon | | |
|---|---|---|---|---|
| | | 20 years | 100 years | 500 years |
| Methane | 12 (12) | 72 (62) | 25 (23) | 7.6 (7) |
| Nitrous oxide | 114 (114) | 310 (275) | 298 (296) | 153 (156) |
| HFC-23 (hydrofluorocarbon) | 270 (260) | 12,000 (9400) | 14,800 (12000) | 12,200 (10000) |
| HFC-134a (hydrofluorocarbon) | 14 (13.8) | 3,830 (3300) | 1,430 (1300) | 435 (400) |
| sulfur hexafluoride | 3200 (3200) | 16,300 (15100) | 22,800 (22200) | 32,600 (32400) |

(Source: Wikipedia, 2008, http://en.wikipedia.org/wiki/Global_warming_potential)

**<표 5.7-1A>** 100년 기준의 탄소동일 단위

| 온실가스종류 | $CO_2$ | CH4 | NO | HFCs | PFCs | SF6 |
|---|---|---|---|---|---|---|
| 온난화지수 (GWP) | 1 | 21 | 310 | 140~11,700 | 6,500~9,200 | 23,900 |

(출처: International Carbon Bank & Exchange, 2001, http://icbe.com/emissions/calculate.asp)

SRES Scenarios

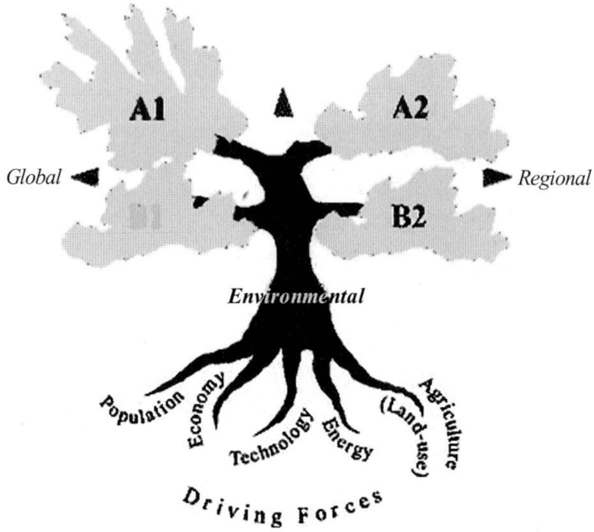


**〈그림 5.7-3〉** IPCC SRES 시나리오 구성도

(Source: http://www.grida.no/publications/other/ipcc_sr/?src=/climate/ipcc/emission/)

이때 IPCC가 채택한 GWP는 다음 식과 같이 규정하고, 이때 1kg의 기준가스의 적외선 흡수량에 대한 온실가스 1kg 방출에서 얻어지는 IR 흡수량의 시간 적분양의 비율로 정의하고 있다. 이때 IPCC가 채택한 기준은 1996년부터 2001년 사이의 변화량을 채택하고, 여기서 TH는 고려한 시간이고, $a_x$는 그 성분의 대기 중 농도에서 단위증가로 발생하는 적외선 흡수효과(W/㎡/kg)이고, [x(t)]는 시간에 좌우되는 소실량을 의미한다. 이때 시간이 문제이나 〈표 5.7-1〉에 나타낸 바와 같이 다양한 시간기준이 필요하나 일반적으로 건축용 목재인 대경재를 생산 임업경영에 필요한 100년을 기준하여 비교하는 것이 일반적이다.

$$GWP(x) = \frac{\int_0^{TH} \alpha_x \cdot [x(t)]\, dt}{\int_0^{TH} \alpha_r \cdot [r(t)]\, dt}$$

한편 온실가스 방출 시나리오에 대한 IPCC의 특별보고서인 SRES(IPCC Special Report on Emission Scenarios, 2001, http://www.grida.no/publications/other/ipcc_sr/?src=/climate/ipcc/emission/)는 기후변화가 산업사회에 미치는 영향에 관한 기존 학자들의 시나리오를 모두 조사하여 그를 구성하는 주요 인자로 〈그림 5.7-3〉과 같은 상호관계에서 〈표 5.7-2〉에 나타낸 바와 같이 (1) 인구증가율,

**〈표 5.7-2〉** 기후변화가 경제사회에 미치는 영향 시나리오와 구성인자

| SRES Scenarios | | | | Population growth | GDP growth | Energy use | Land use change | Resourceavail ability | Pace & Direction of Technology | Change favoring |
|---|---|---|---|---|---|---|---|---|---|---|
| A | A1 | A1C | 3 | low | very high | very high | low/ medium | high | rapid | coal |
| | | A1G | 3 | low | very high | very high | low/ medium | high | rapid | oil & gas |
| | | A1B | 8 | low | very high | very high | low | medium | rapid | Balance |
| | | A1T | 3 | low | very high | high | low | medium | rapid | Non-fossil |
| | A2 | A2 | 6 | high | medium | high | medium /high | low | slow | regional |
| B | B1 | B1 | 9 | low | low | low | high | low | medium | efficiency/ dematerialization |
| | B2 | B2 | 8 | medium | medium | medium | medium | medium | medium | dynamic as usual |
| Total | | | 40 | | | | | | | |

(Source: SRES, 2008, http://www.grida.no/publications/other/ipcc_sr/?src=/climate/ipcc/emission/)

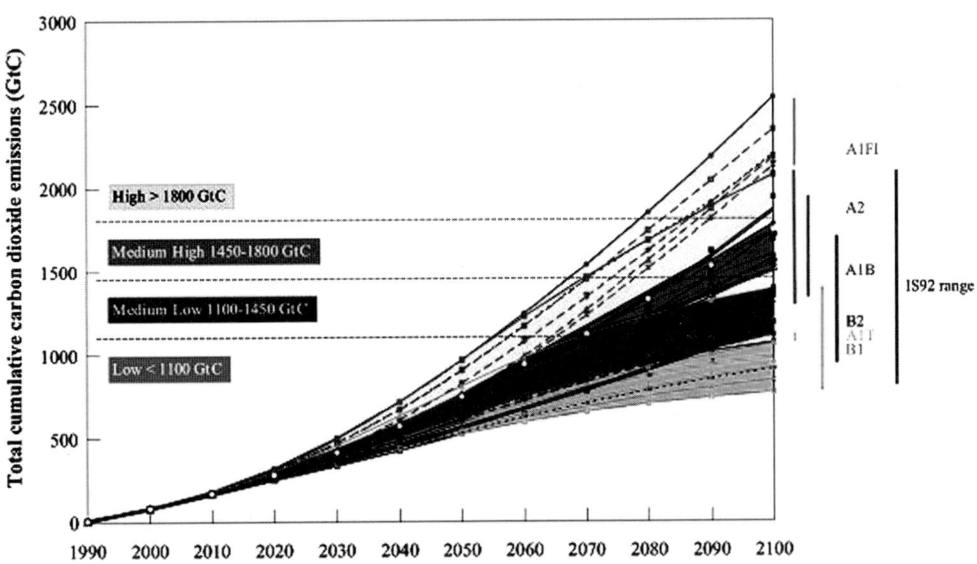


**〈그림 5.7-4〉** IPCC SRES 시나리오에 따라 추산된 탄산가스 발출량 누계

(Source: http://www.grida.no/publications/other/ipcc_sr/?src=/climate/ipcc/emission/)

(2) GDP 성장률, (3) 에너지사용량, (4) 토지용도 변화량, (5) 자원 유용성, (6) 기술진보 속도와 방향, (7) 변화원동력 등 7가지 인자를 토대로 하나의 시나리오를 만들어 미래를 예측하였다고 한다. 특히 기후변화의 원인물질로 알려진 온실가스 중 가장 많은 수량은 경제활동에서 소비한 탄소연료 연소로부터 발생하는 탄산가스로서 그의 누적 결과는 그림 〈그림 5.7-4〉와 같이 대기 중의 탄산가스 농도가 증가하여 기온 증가를 주도하고 있다고 한다.

따라서 지구촌의 기후변화에 대하여 조사 연구한 결과를 정기적으로 발표한 IPCC의 제4차 '기후변화 2007 (Climate Change 2007)'(AR4)에 따르면, 지구촌의 평균수온이 상승하고, 빙하가 광범하게 녹고 있으며, 해수면이 상승하는 등 기후시스템의 온난화가 분명하고, 수많은 지역에서 자연생태계가 지역적 기후조건, 특히 기온상승에 의하여 영향을 받고 있음이 관측되고 있다.

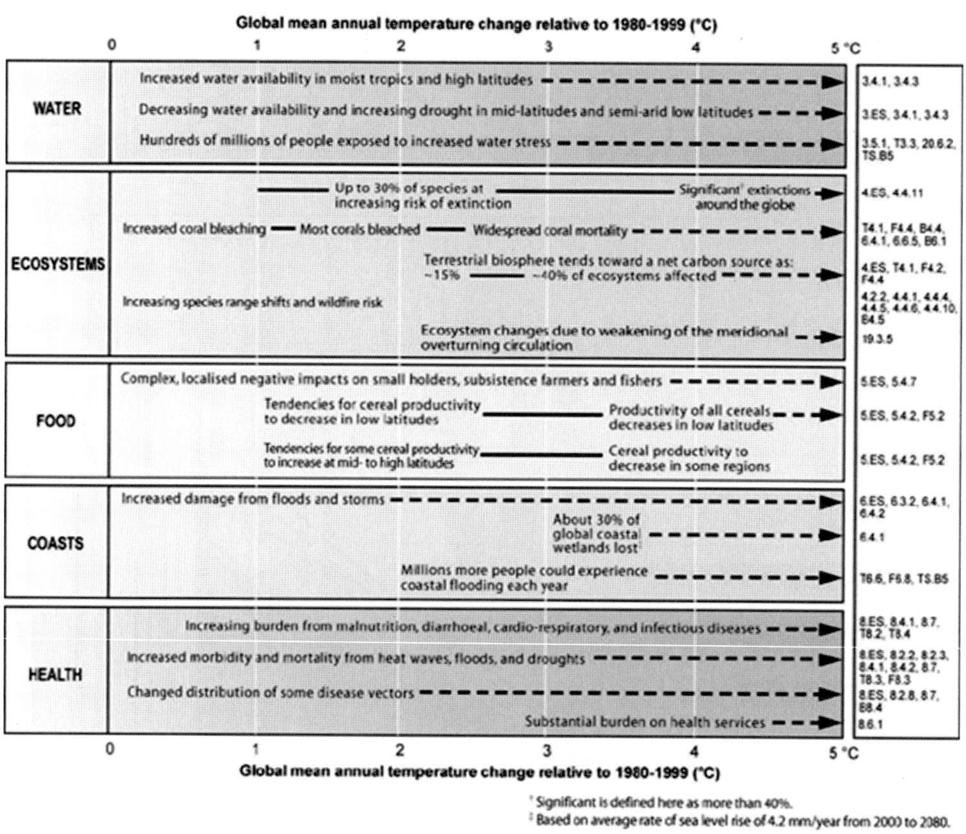


**〈그림 5.7-5〉** 지구촌 온난화에 따른 기온 상승의 영향

(그의 영향은 적응범위, 기온변화속도 및 경제 사회적 제도에 따라 다를 것이다)

(Source: IPCC, 2008, http://www.ipcc.ch/pdf/assessment-report/ar4/syr/ar4_syr_spm.pdf)

이러한 지구촌 기온상승은 인간 활동으로 발생한 온실가스 방출량이 산업혁명시대부터 증가하고, 그것도 1970년부터 2004년까지 방출한 온실가스가 70%를 점유하고, 20세기중반 이후 관측된 지구촌의 평균기온은 대부분이 인간적인 온실가스 방출농도 증가와 거의 비례하며, 제3차 평가서(TAR = Third Assessment Report of Climate Change 2001) 이후 조사 연구된 기후시스템 구성인자 중에서 인간적 영향이 다른 인자들의 영향을 초과하고 있으며, 과거 30년 동안에 수많은 물리 및 생물학적 생태계에서 관측된 지구적 변화에서 분명한 것은 인간적 지구온난화 영향이 분명함을 보여준다고 한다.

즉 온실가스 농도상승으로 발생하는 기온상승은 〈그림 3.3-5〉에 나타낸 바와 같이 수자원에 영향을 미쳐 생태계가 교란되고, 나아가 식량생산과 해안지역에 영향을 미치며, 건강에도 영향을 미칠 것이라고 한다.

환언하면 온실가스 방출에 따른 기후변화는 (1) 다음 수 10년간도 온실가스 방출량은 꾸준히 증가할 것이고, (2) 현행 수준의 속도로 온실가스방출이 지속된다면, 기온이 상승하여 지구적 시스템에서 수많은 변화를 유도할 것이며, TAR보고서보다 바람패턴이나 강우량, 극한 기상과 빙하해빙에서의 지역규모 변화와 지구 온난화가 TAR보고서보다 더욱 커지고 있다.

특히 (1) 특정 생태계 (극지방의 툰드라와 극지 산림과 같은 육상 생태계와 맹그로브 숲과 염생 생물과 같은 해안생태계 및 산호 군락지와 같은 해상 생태계), (2) 중위도나 열대지방의 건조지역의 수자원, (3) 저위도지방의 농업, (4) 해수면 상승에 위협 받는 해안저지대와 극한 기상에 의한 위험증가. (5) 생태학적 수용능력이 낮은 지역의 인간 건강문제에 연향을 미치고, 지역적으로는 극지방과 아프리카 대륙, 작은 섬나라들, 아시아와 아프리카의 대규모 델타지역이 우선 해당될 것이라고 한다.

또한 해수면 수위 상승과 함께, 극한 기상의 발생빈도와 강도 변화는 인간 생태계와 자연생태계에 악영향을 미칠 것이며, 대기 중의 온실가스농도가 안정화된다 해도 기후과정과 피드백과 연결된 시간 규모 때문에, 수 세기동안 지속될 것이며, 인간적인 지구촌 온난화는 기후변화의 크기와 속도에 따라 다르지만 영원한 비가역적 파괴수준에 이를 수 있을 것이라고 한다.

한편 경제학적으로 평가한 Stern 리뷰(Stern's Review om the Economics of Climate Change, 2008, http://en.wikipedia.org/wiki/Stern_Review)에 따르면, 인간적인 탄산가스 방출에 의한 지구 온난화는 〈그림 5.7-6〉에 나타낸 바와 같이 기후 시스템에 영향을 미치기 때문에, 이러한 기후변화는 수자원에 영향을 미쳐 식량을 생산하는 농업과 생태계에 커다란 영향을 미치고, 극한 기상의 위험이 높아질 것이다. 따라서 기후변화에 의한 경제적 손실이 크기 때문에, 기후변화를 예방하는 투자를 앞당길수록 기후변화로 발생하는 천재지변에 의한 손실보다 경제

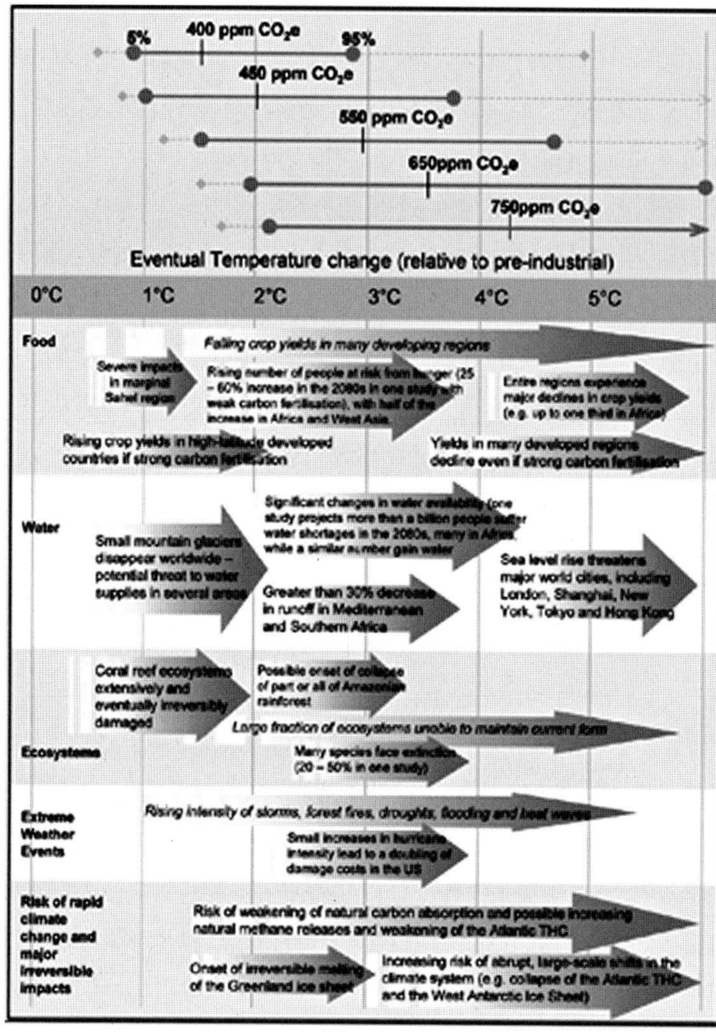


**〈그림 5.7-6〉** 기온상승과 생태계의 영향

(Source: Stern Review oon the Economics of Climate Change, 2008, http://www.hm-treasury.gov.uk/sternreview_index.htm)

적이기 때문에 효과적이라고 한다.

즉 그는 결론적으로 기후변화의 최악조건을 피하기 위하여서는 연간 지구촌 GDP의 1%에 달하는 투자가 필요한데, 그러한 투자에 실패하면, 지구촌 GDP를 그렇지 않으면, 있을 수도 있는 것보다 20%까지 낮추도록 위협할 수도 있을 것이라고 한다.(Its main conclusions are that one percent of global gross domestic product (GDP) per annum is required to be invested in order to avoid the worst effects of climate change, and that failure to do so could risk global

GDP being up to twenty percent lower than it otherwise might be.)

또한 그는 기후변화가 볼 수도 있는 가장 크고, 가장 광범한 시장실패가 되도록 위협하고 있기 때문에, 그것이 경제적 파탄과 사회적 파괴를 최소화하기위하여서는 환경세를 포함한 처방을 제공하고 있다는 것을 제시하고 있다. 나아가 그는 앞으로 다가오는 수 10년 동안에 행하는 우리의 행동들은 20세기 전반에 발생한 세계대전과 대공황과 연관된 규모로 금세기 후반이나 다음세기에 주요 경제사회적 활동을 파괴하는 위험을 만들어낼 수도 있다고 말하고 있다. 2008년 6월에는 예상한 기후변화보다 빠를 경우, 지구촌 GDP의 2%정도로 증가할 것으로 추정하였다고 한다.

한편 IPCC가 2007년 발행한 제 4차 기후변화 평가보고서(AR4)인 기후변화 2007(Climate Change 2007)의 완화(Mitigation)편 4장의 에너지 공급(Energy Supply, 2007, http://www.ipcc.ch/pdf/assessment-report/ar4/wg3/ar4-wg3-chapter4.pdf)에 따르면, 지구촌에서 인간이 이용할 수 있는 에너지 자원은 (1) Coal, (2) Oil, (3) Gas, (4) Uranium, (5) Hydro, (6) Biomass, (7) Wind, (8) Solar, (9) Geothermal. (10) Ocean energy, (11) Recovered energy from air and water 등 11가지에 이

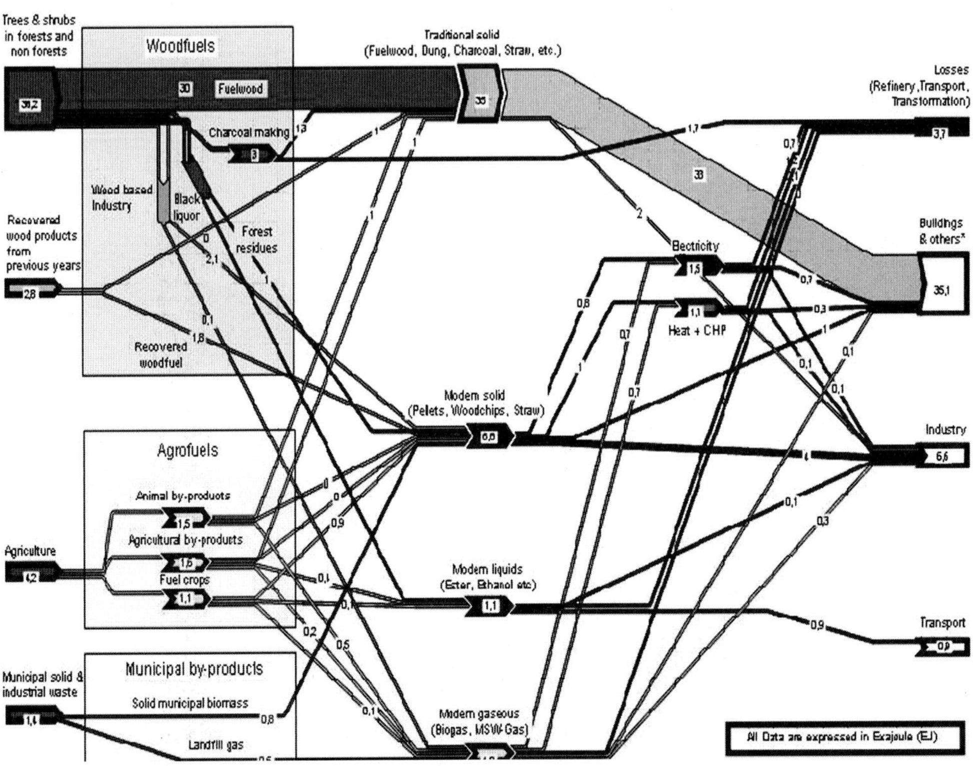


**〈그림 5.7-7〉** 2004년도 세계 바이오메스 에너지 흐름도 (EJ/yr)

(Source: 2008, http://www.ipcc.ch/pdf/assessment-report/ar4/wg3/ar4-wg3-chapter4.pdf)

르나 실제로 우리가 거래하면서 이용하는 에너지형태는 수송용 연료(fuel)와 열(heat) 및 전기(electricity)로서 가공이 필요하다.

대체에너지 중에서도 기존의 산업혁명을 이끌어왔지만, 환경을 오염시킨 화석연료 사용 사회시스템에 충격을 가장 적게 발생시키면서 가장 적합한 에너지 자원은 바이오메스와 바이오에너지로서 기존의 토목건축과 종이 및 화학섬유용 목재이용을 제외한 bio-energy에 대한 최근의 이용현황을 <그림 5.7-7>와 같이 소개하여 그의 중요성을 강조하고 있다.

즉 농림업에서 생산되는 바이오메스(Biomass)는 계속해서 세계적으로 중요한 식량과 사료 및 섬유자원일 뿐만 아니라 열과 전기 및 액체연료와 화학약품 자원으로 이용되는 재생 가능한 탄화수소자원이 될 것이며, 탄소무역(carbon trading)에서 중요한 역할을 할 것이라고 한다.

특히 UNEP는 청소년 교육용으로 출판된 "습관을 버려요(Kick the Habit: A UN Guide to Climate Neutrality, 2008, http://www.unep.org/publications/ebooks/kick-the-habit/pdfs/KickTheHabit_en_lr.pdf)에 따르면, 온실

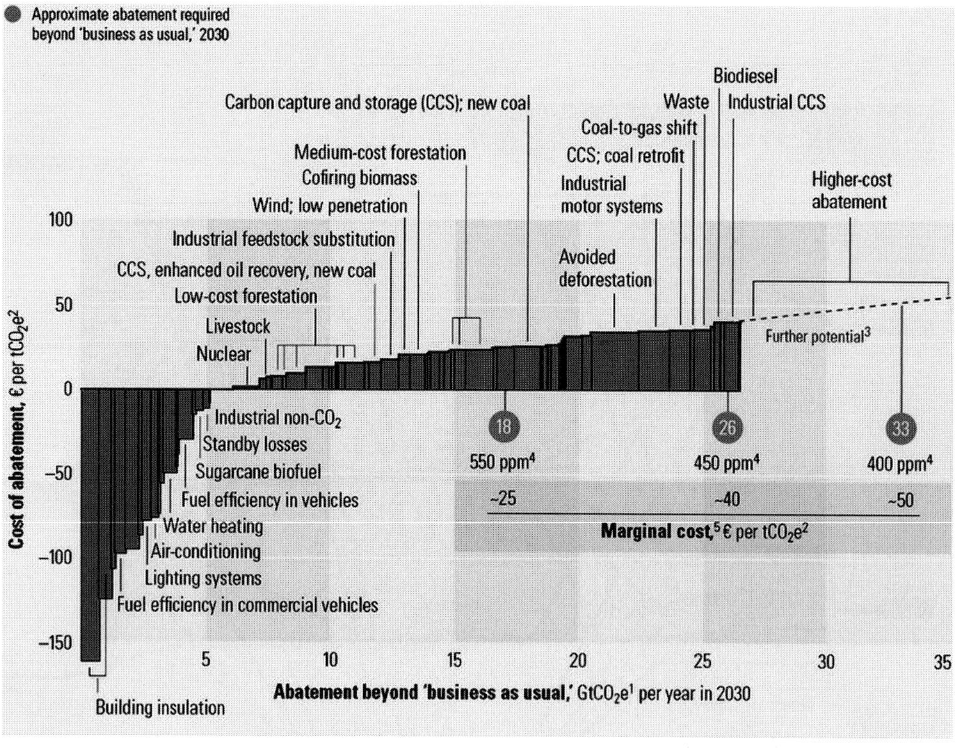


**<그림 5.7-8>** 온실가스 감축을 위한 인간의 활동에 따른 비용효과

(Source: Kick the Habit: A UN Guide to Climate Neutrality, 2008, http://www.unep.org/publications/ebooks/kick-the-habit/pdfs/KickTheHabit_en_lr.pdf)

가스 감축에 필요한 경제적 효과에 대하여 〈그림 5.7-8〉과 같이 제시하고, 개인의 경제활동 변화에 따라 온실가스 감축량을 자세히 제시하여 이해를 돕고 있다. 즉 IPCC가 발행한 기후변화 2007(Climate Change 2007, http://www.ipcc.ch/pdf/assessment-report/ar4/wg3/ar4-wg3-ts.pdf)에 따르면, 총 온실가스 발생량 중 (1) 주택 및 상업건물분야 7.9%, (2) 운수분야 13.1%, (3) 에너지 공급분야 25.9%, (4) 제조업 분야 19.4%, (5) 농업분야 13.5%, (6) 임업분야 17.4%, (7) 폐기물 및 폐수처리분야 2.8%,로서 주로 산업분야와 수송 분야에서 발생하고, 인간생활과 관련된 건물과 폐기물분야에서 발생량이 적다.

그러나 경제활동에 필요한 제품을 생산하는 제조업과 생존을 위하여 식량과 목재섬유를 생산하는 농림업분야의 활동에서 발생하는 온실가스는 어쩔 수 없다하더라도 가장 많은 온실가스를 발생하는 에너지공급분야에서 화석연료를 대체하고, 소비생활을 영위하는 주택과 상업건물분야에서 생활습관을 에너지 효율성으로 바꾸면, 온실가스 발생을 크게 감축시킬 수 있다는 것이다. 더욱이 최근에야 주택이나 구조물에 사용된 목재의 내구 년이 수 10년에서 100여년에 걸쳐 고정된 탄소가 보존되는 기능에 대한 탄소세 감면논의가 활발하다. 만일 건축에 사용된 목재(harvested wood products: HWP)가 탄소고정 효율성에 포함된다면, 산림자원에서 생산된 목재의 가치는 구조용 목재를 생산하면 할수록 탄소 고정

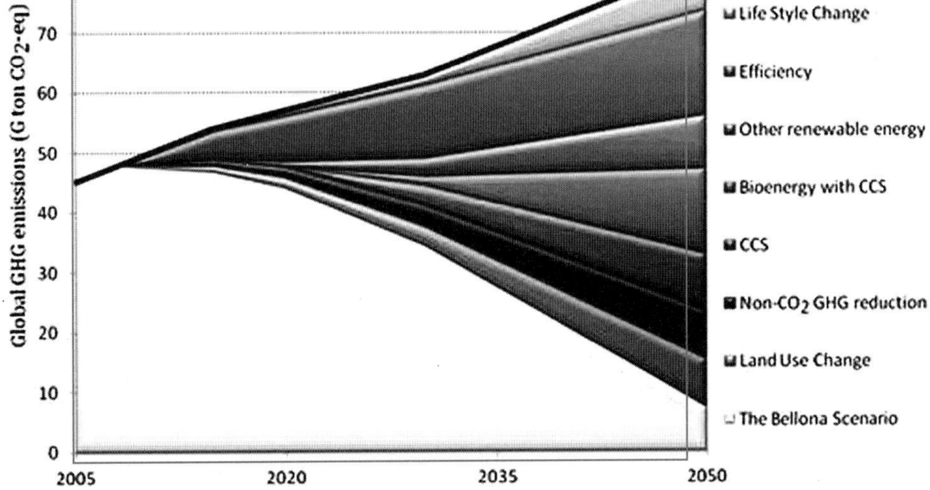


**〈그림 5.7-9〉** 온실가스 감축을 위한 벨로나시나리오 (Bellona Scenario)

(Source: 2008, http://www.bellona.org/ccs/Artikler/bellona_ccs_position)

기간이 연장되기 때문에, 그 기간만큼 목재생산과 이용에 대한 경제적 부가차기도 증가할 것이다.

더욱이 노르웨이에 기반을 둔 국제 NGO단체인 벨로나 재단(Bellona Foundation)이 발행한 벨로나 시나리오(Bellona Foundation, 2008, HOW TO COMBAT GLOBAL WARMING - An Am- bitious but Necessary Approach to Reduce greenhopuse Gas Emissions, http://www.bellona.org/filearchive/fil_Bellona_CC8_Report_-_Final_version_-_30_mai.pdf)에 따르면, 탄소 포집 저장방법을 추가하면, 〈그림 5.7-9〉에 나타낸 바와 같이 대기 중의 탄산가스 농도를 크게 감축시킬 수 있다는 것이다. 즉 기존 방법 사업(business as usual: BAU)을 지속하면, 대기 중의 탄산가스가 증가하여 기후변화를 가속시키지만, 의식주 생활과 사회활동을 지배해온 기존의 행정 시스템과 생활패턴 변경(lifestyle change)으로 10%를 감축시키고, 에너지 이용 효율성(efficiency) 기기사용으로 24% 감축, 재생가능 대체 에너지(renewable energy) 사용으로 13% 감축, 탄소포집과 바이오에너지(bioenergy with CCS)로 18%를 감축시킬 수 있으며, 나아가 발생 탄산가스의 포집하여 분리저장(carbon capture and storage) 방법으로 13% 감축, 탄산가스이외의 온실가스인 비탄산가스 온실가스 감축(non-$CO_2$ reduction)분야에서 11% 감축하고, 토지를 탄소고정으로 전환시키는 토지 용도변경(land-use change)으로 11%를 감축하면, 2050년까지 목표 온실가스를 감축시킬 수 있다는 것이 벨로나 시나리오다.

### (2) 국가 GHG 보고에 대한 2006 IPCC Guideliens의 구성

한편 IPCC는 1997년 일본 교토의정서(Kyoto Protocol)에서 채택된 1996 IPCC 가이드라인에서 규정되지 않은 분야를 추가하여 보다 완벽하게 제안한 2006년도 가이드라인(2006 IPCC Guidelines for National Greenhouse Gas Inventories, 2007, http://www.ipcc-nggip.iges.or.jp/public/2006gl/index.html)에 따르면, 1996년 가이드라인에서 분류한 ① Energy; ② Industrial Processes; ③ Solvents and Other Product Use; ④ Agriculture; ⑤ Land Use Change and Forestry; ⑥ Waste등의 6개 분야를 통합하여 〈표 5.7-3〉과 같이 4개 분야로 구분하고, 1권 일반적 가이드와 보고서작성(General Guidance and Reporting), 2권 에너지 분야(Energy), 3권 제조업분야(Industrial Processes and Product Use), 4권 농업, 임업 기타 토지이용분야(Agriculture, Forestry and Other Land Use), 5권 폐기물분야(Waste)로 구분하여 자세히 제시하고, 조사 분류가 애매한 에너지 산업과 제조업 사이의 모호함과 중복계산의 불확실성을 없애기 위하여 다음의 [Box 1]과 같이 용도에 따라 구분하도록 제안하였다.

〈표 5.7-3〉 국가 온실가스발생량보고에 대한 2006 IPCC Guidelines 총 목차

| Volumes | Chapters |
|---|---|
| 1. General Guidance and Reporting | 1. Introduction to the 2006 Guidelines<br>2. Approaches to Data Collection<br>3. Uncertainties<br>4. Methodological Choice and Identification of Key Categories<br>5. Time Series Consistency<br>6. Quality Assurance/Quality Control and Verification<br>7. Precursors and Indirect Emissions<br>8. Reporting Guidance and Tables |
| 2. Energy | 1. Introduction<br>2. Stationary Combustion<br>3. Mobile Combustion<br>4. Fugitive Emissions<br>5. $CO_2$ Transport, Injection and Geological Storage<br>6. Reference Approach |
| 3. Industrial Processes and Product Use | 1. Introduction<br>2. Mineral Industry Emissions<br>3. Chemical Industry Emissions<br>4. Metal Industry Emissions<br>5. Non-Energy Products from Fuels and Solvent Use<br>6. Electronics Industry Emissions<br>7. Emissions of Fluorinated Substitutes for Ozone Depleting Substances<br>8. Other Product Manufacture and Use |
| 4. Agriculture, Forestry and Other Land Use | 1. Introduction<br>2. Generic Methodologies Applicable to Multiple Land-use Categories<br>3. Consistent Representation of Lands<br>4. Forest Land<br>5. Cropland<br>6. Grassland<br>7. Wetlands<br>8. Settlements<br>9. Other Land<br>10. Emissions from Livestock and Manure Management<br>11. $N_2O$ Emissions from Managed Soils, and $CO_2$ Emissions from Lime and Urea Application<br>12. Harvested Wood Products |
| 5. Waste | 1. Introduction<br>2. Waste Generation, Composition and Management Data<br>3. Solid Waste Disposal<br>4. Biological Treatment of Solid Waste<br>5. Incineration and Open Burning of Waste<br>6. Wastewater Treatment and Discharge |

(Source: IPCC - National Greenhouse Gas Inventories Programme, 2007,
http://www.ipcc-nggip.iges.or.jp/public/2006gl/pdf/0_Overview/V0_1_Overview.pdf)

**〈표 5.7-4〉** 출처별(sources) 방출량과 싱커(sinks)별 제거에 대한 주요 범주구분

〈National Greenhouse Gas Inventory〉

1. ENERGY
 1A Fuel Combustion Activities
 1A1 Energy Industries
 1A2 Manufacturing Industries and Construction
 1A3 Transport
 1A3a Civil Aviation
 1A3b Road Transportation
 1A3c Railways
 1A3d Water-borne Navigation
 1A3e Other Transportation
 1A4 Other Sectors
 1A5 Non-Specified
 1B Fugitive Emissions from Fuels
 1B1 Solid Fuels
 1B2 Oil and Natural Gas
 1B3 Other Emissions from Energy Production
 1C Carbon Dioxide Transport and Storage
 1C1 Transport of $CO_2$
 1C2 Injections and Storage
 1C3 Other
2. INDUSTRIAL PROCESSES AND PRODUCT USE (IPPU)
 2A Mineral Industry
 2B Chemical Industry
 2C Metal Industry
 2D Non-Energy Products from Fuels and Solvent Use
 2E Electronics Industry
 2F Product Uses as Substitutes for Ozone Depleting Substances
 2G Other Product Manufacture and Use
 2H Other
3. AGRICULTURE, FORESTRY, AND OTHER LAND USE
 3A Livestock
 3A1 Enteric Fermentation
 3A2 Manure Management
 3B Land
 3B1 Forest Land
 3B2 Cropland
 3B3 Grassland
 3B4 Wetlands
 3B5 Settlements
 3B6 Other Land
 3C Aggregate Sources and Non-$CO_2$ Emissions Sources on Land
 3D Other
4. WASTE
 4A Solid Waste Disposal
 4B Biological Treatment of Solid Waste
 4C Incineration and Open Burning of Waste
 4D Wastewater Treatment and Discharge
 4E Other
5. OTHER
 5A Indirect $N_2O$ Emissions from the Atmospheric Deposition of Nitrogen in NOx and $NH_3$
 5B Other

(Source: http://www.ipcc-nggip.iges.or.jp/public/2006gl/pdf/0_Overview/V0_1_Overview.pdf)

BOX 1

## 연료의 연소 방출량과 제조공정 방출량에 대한 $CO_2$ 방출량 배정 기준

(ALLOCATION OF $CO_2$ EMISSIONS TO FUEL COMBUSTION OR INDUSTRIAL PROCESS EMISSIONS)

연료의 연소(combustion)는 하나의 기능으로 "제조공정에 열 또는 기계적 에너지를 제공하거나 다른 용도를 위하여 그 장치를 떠나도록 설계된 장치 내에서 재료의 고의적 산화반응"과 같은 것으로 정의된다. 이러한 정의 목적은 지역적이고, 생산적인 에너지이용을 위하여 열에너지를 생산하는 연료의 연소를 산업적 제조공정이라고 정의하고 있는 화학반응에서 원료로 이용된 탄화수소로부터 방출되는 열에너지와 분리하기 위한 것이다.

제조공정용 연료(process fuel)는 천연가스가 연료임과 동시에 투입 원료로 제공되는 암모니아 제조 경우에서와 같이 투입원료로부터 직접 얻어질 수도 있고, 그와는 달리, 투입원료의 가공공정 부산물의 이용이나 감축을 위한 활용을 통하여 간접적으로 얻어질 수도 있다. 즉 에틸렌제조를 위한 납사(naphtha) 원료의 스팀 크랙킹(steam cracking)으로 얻어지는 배출가스(off-gas)와 용광로로부터 나오는 용광로배출가스(blast furnace gas)등이 예가 될 수 있다. 이러한 작업은 연료연소와 동시에 산업적 제조공정으로부터 온실가스가 방출될 수도 있다. 그러나 동일한 방출량을 두 타입으로 분리하여 보고한다는 것은 흔히 불가능하거나 비실용적이다. 따라서 보고의 단순화를 위하여 다음의 규칙들을 제정하게 되었다: "IPPU (Industrial Processes and Product Uses)의 제조공정을 위하여 사용된 투입원료로부터 직접 또는 간접적으로 얻어진 연료의 연소 방출량은 제조공정에서 일어나는 출처범주(source category)의 일부로 배정되는 것이 정상적이 될 것이다." 이러한 출처 범주는 2B와 2C가 정상적이다.

그러나 만일 제조된 연료가 또 다른 원천범주에서 연소를 위하여 전이된다면, 그 방출량은 에너지 분야 원천범주의 적합한 부분에서 보고되어야 한다(일반적으로 1A1이나 1A2). 다음의 두 가지 예는 정의를 설명하는데 도움이 될 수 있을 것이다.

1. 만일 용광로배출가스가 (용융철 배출공기가열이나 현장 전력공장 수요 또는 금속마무리조작을 위하여) 제철 및 강철 산업 내에서 전부 연소된다면, 관련된 방출량은 IPPU 출처범주 2C1에서 보고된다. 그러나 만일 그 가스의 일부가 인접 벽돌공장에 열에너지 생산이나 어떤 주요 전력 생산자를 위하여 을 위하여 수송된다면, 그 방출량은 출처범주 1A2f나 1A1a에서 보고되어야 한다.

2. 만일 납사의 스팀 크랙킹에서 발생한 과잉의 메탄이나 수소가 또 다른 제조공정을 위하여 그 석유화학공장 현장 내에서 연소된다면, 그 방출량은 IPPU의 2B8의 방출량으로 보고되나, 만일 그 가스가 연료 이용하기 위하여 인접 정유공장까지 공급된다면, 관련 방출량은 1A1b의 석유정제 란에 보고될 것이다.

환언하면 열에너지 생산을 위한 단순한 연소반응에 사용되는 것이 아니라 (1) IPPU의 투입원료로 이용되는 Naphtha, LPG, 정유소가스, gas/diesel oil & Kerosene, Natural gas, ethane 등, (2) 제철소 용광로에서 환원제(reductant)로 사용되는 코오크스, 석탄과 콜타르 및 핏치, 천연가스등, (3) 산업적으로 이용되는 도로포장에 사용되는 콜타르, 기계 윤활유, 파라핀왁스, 용매로 사용되는 white spirit등은 에너지 분야에서 제외되고, IPPU의 해당 범주에서 보고되어야 한다.

나아가 보다 실무적인 분야별로 발생하는 세부적 온실가스 발생량 계산식은 <표 5.7-4>에 나타낸 바와 같이 각 분야별 가이드라인에서 제시하고 있다. 그러나 화학적으로 제조된 소재를 사용하여 2차 내지 3차 가공하거나 물리적으로 설계 구성하는 디자인분야에 대한 규정은 아직 보완중인 것으로 보인다.

(i) 에너지 분야　한편 에너지 생산 분야는 〈표 5.7-5〉와 같이 분류하여 에너지 전환기술에 따라 탄소연료를 연소(combustion)시켜 열에너지를 생산한 다음, 기계적 에너지를 생산하고, 이어서 전기에너지와 광 에너지를 생산하는 화력발전시스템과 같이 탄소연료를 연소하여 기계, 전기, 광 에너지를 생산에 사용되는 모든 탄소 연료는 에너지 생산 분야 중의 출처범주에 배정하여 $CO_2$ 방출량을 계산하도록 하고 있다. 즉 화력발전소 뿐만 아니라 탄소연료를 사용하는 모든 화로나 연소보일러 뿐만 아니라 자동차 엔진과 같은 모든 내연기관용 연료가 여기에 속한다. 따라서 석유나 가스 또는 석탄이나 목재 그리고 폐기물을 연료로 이용하여 에너지를 생산화여 이용하는 인간의 거의 모든 경제활동에서 발생하는 $CO_2$ 발생량을 조사 보고하여야 하는 것이다.

한편 연소에 의한 온실가스 조사방법은 그 나라의 기술적 수준에 등급을 부여하여 티어(Tier)라는 개념을 다음과 같이 정의하고, 국가 온실가스 조사보고서에 적용되는 티어선택 알고리즘은 〈그림 5.7-9〉에 나타낸 바와 같이 거의 강제적으로 화석연료 소비량에 따라 방출되는 온실가스 방출량을 계산 보고하도록 하고 있다. 즉

- Tier 1 = 가장 간단한 방법으로 모든 국가에 적용 가능한 인간적 활동 데이터를 근거로 계산하는 방법으로 화학적으로 분석 계산 가능한 소비된 연료량에 대한 $CO_2$ 발생량을 온실가스배출량으로 규정한 디폴트(default) 값을 적용한다.
- Tier 2 = Tier 1과 유사하나 국가별로 기술수준이 달라 국가적인 기술의 방출 인자(emission factor: EF)를 적용 하는 방법으로 연료별 소비량에 대한 $CO_2$ 방출량과 비$CO_2$ 방출량의 측정방법도 제시 하는 model 조사를 통하여 수정할 수 있는 방법이다
- Tier 3 = 보다 자세한 방법으로 개별 공장수준에서 자세하게 조사된 방출모델이나 측정방법을 제시하여 적절하게 적용될 때 그 모델과 측정방법이 비$CO_2$ 온실가스 추정에 기존의 방법보다 우수하다는 것을 제공하여야 한다.

(ii) 제조업분야　제조업분야는 〈표 5.7-6〉과 같이 구분하고, 순수하게 에너지 생산에 이용되는 탄소연료 부분을 제외하고, 제조공정에 소비되는 화석연료에서 방출되는 온실가스방출량은 제조업분야에 배정하고 있다.

예를 들어 석회석(limestone) 광물로부터 생석회(CaO)를 생산하여 산업용이나 농업용으로 소비하는 석회(lime: $Ca(OH)_2$)나 기타 석회 제품들은 식(1) 및 (2)과 같이 제조되기 때문에 석회석으로부터 방출되는 탄산가스($CO_2$)와 그 공정의 화학반응을 위하여 공정가열에 소비되는 열에너지용 화석연료에서 방출되는 탄산가스를 합하여 제조업에 배당하고 있다.

**〈표 5.7-5〉** 에너지 분야에서 인간의 활동과 온실가스 방출처 구분

〈ENERGY〉

- 1A. Fuel Combustion
  - 1A1. Energy Industry
    - 1A1a. Main Activity: Electricity and Heat Production
      - 1A1ai. Electricity Generation
      - 1A1aii. Combined Heat and Electricity Generation(CHP)
      - 1A1aiii. Heat Plant
    - 1A1b. Petroleum Refinery
    - 1A1c. Manufacture of Solid Fuels and Other Energy industries
      - 1A1ci. Manufacture of Solid Fuels
      - 1A1cii. Other Energy Industries
  - 1A2. Manufacturing Industries and Construction
    - 1A2a. Iron and Steel
    - 1A2b. Non-Ferrous Metals
    - 1A2c. Chemicals
    - 1A2d. Pulp, Paper and Print
    - 1A2e. Food Processing, Beverages and Tobacco
    - 1A2f. Non-Metallic Minerals
    - 1A2g. Transport Equipment
    - 1A2h. Machinery
    - 1A2i. Mining (Excluding Fuels) and Quarrying
    - 1A2j. Wood and Wood Products
    - 1A2k. Construction
    - 1A2l. Textile and Leather
    - 1A2m. Non-Specified Industry
  - 1A3. Transport
    - 1A3a. Civil Aviation
      - 1A3ai. International Aviation(International Bunkers)
      - 1A3aii. Domestic Aviation
    - 1A3b. Road Transportation
      - 1A3bi. Cars
        - 1A3bi1. Passenger Cars with 3-way catalysts
        - 1A3bi2. Passenger Cars without 3-way catalyst
      - 1A3bii. Ligh-Duty Trucks
        - 1A3bii1. Light-Duty Trucks with 3-way catalysts
        - 1A3bii2. Light-Duty Trucks without 3-way catalysts
      - 1A3biii. Heavy-Duty Trucks and Buses
      - 1A3biv. Motocycles
      - 1A3bv. Evaporative Emission from Vehicles
      - 1A3bvi. Urea-based Catalysts
    - 1A3c. Railway
    - 1A3d. Water-borne Navigation
      - 1A3di. International Water-borne Navigation(International Bunkers)
      - 1A3dii. Domestic Water-borne Navigation
    - 1A3e. Other Transportation
      - 1A3ei. Pipeline Transport
      - 1A3eii. Off-Road Transport
  - 1A4. Other Sectors
    - 1A4a. Commercial /Institutional
    - 1A4b. Residential

1A4c. Agriculture /Forestry /Fishing /Fish Farms
    1A4ci. Stationary
    1A4cii. Off-Road Vehicles and Other Machinery
    1A4ciii. Fishing (Mobile Combustion)
1A5. Non-Specified
  1A5a. Stationary
  1A5b. Mobile
    1A5bi. Mobile (Aviation Components)
    1A5bii. Mobile (Water-borne Components)
    1A5biii. Mobile (Other Components)
1B. Fugitive Emission from Fuels
  1B1. Solid Fuels
    1B1a.Coal Mining and Handling
      1B1ai. Underground Mines
        1B1ai1. Mining
        1B1ai2. Pos-Mining Seam Gas Emission
        1B1ai3. Abandoned Underground Mines
        1B1ai4. Flaring of Drained Methane or Conversion of Methane to $CO_2$
      1B1aii. Surface Mines
        1B1aii1. Mining
        1B1aii2. Post-Mining Seam Gas Emission
    1B1b. Spontaneous Combustion and Burning Coal Dumps
  1B2. Oil and Natural Gas
    1B2a. Oil
      1B2ai Venting
      1B2aii. Flaring
      1B2aiii. All Other
        1B2aiii1. Exploration
        1B2aiii2. Production and Upgrading
        1B2aiii3. Transport
        1B2aiii4. Refining
        1B2aiii5. Distribution of Oil Products
        1B2aiii6. Other activities.
    1B2b. Natural Gas
      1B2bi. Venting
      1B2bii. Flaring
      1B2biii. All Other Activities
        1B2biii1. Expolation
        1B2biii2. Production and Upgrading
        1B2biii3. Processing
        1B2biii4. Transmission and Storage
        1B2biii5. Distribution of Gas
        1B2biii6. Other activities.
1C. Carbon Dioxide Transport and Storage
  1C1. Transport of $CO_2$
    1C1a. Pipelines
    1C1b. Ships
    1C1c. Others(Please Specify)
  1C2. Injection and Storage
    1C2a. Injection
    1C2b. Storage
  1C3. Others

(Source: http://www.ipcc-nggip.iges.or.jp/public/2006gl/pdf/2_Volume2/V2_1_Ch1_Introduction.pdf)

| 시작 | ※ PDF = Probability density function ; Emission = AD(activity data) × EF(emission factor) | | | | | |
|---|---|---|---|---|---|---|
| ↓ | | | | | | |
| 방출량측정이 만족한수준의 QC로 가능한가? | → YES → | 출처범주에서 단일 출처들이 모두 측정되는가? | → YES → | →→ | →→ | Tier3의 측정을 이용하라 |
| ↓NO↓ | | ↓NO↓ | | | | |
| ↓ ↓ | | 그 범주에 특정 연료이용이 가능한가? | → YES → | 핵심범주의 비측정부분에 국가지정 EF가 이용가능한가? | → YES → | Tier3의 측정을 이용하여 AD 및 Tier2의 국가지정EF와 결합시키라 |
| ↓ | | ↓NO↓ | | ↓NO↓ | | ↑YES↑ |
| ↓ ↓ | ←← | ↙ | | 측정되지 않는 부분이 하나의 핵심범주에 속하는가? | → YES → | 국가지정 데이터를 수집하라 |
| ↓ | | | | ↓NO↓ | | |
| ↓ ↓ | | | | ↘ | →→ | Tier 3의 측정량을 이용하고, AD와 디폴트 EF로 결합시키라 |
| ↓ | | | | | | |
| 자세한 추정모델이 이용가능한가? | → YES → | 모델로 추정된 연료 소비량이 국가 연료 통계치나 일치하거나 독립된 자원에 의하여 증명될 수 있는가? | | | | |
| ↓NO↓ | | ↓NO↓ | | | | |
| ↓ | ←← | ↙ | | | | |
| 국가지정EF가 이용가능한가? | → YES → | →→ | →→ | →YES→ | →→ | 국가지정 EF와 적합한 Tier1의 AD를 이용하라 |
| ↓NO↓ | | | | | | ↑ |
| 이것이 하나의 핵심범주인가? | → YES → | →→ | →→ | →→ | →→ | ↗ |
| ↓NO↓ | | | | | | |
| ↘ | →→ | →→ | →→ | →→ | →→ | Tier1의 디폴트EF와 적절한 AD를 이용하라 |

**〈그림 5.7-9〉** 탄소 연료 연소로 발생하는 온실가스 방출량 추정을 위한 의사 결정 구조

$$CaCO_3 + heat \rightarrow\rightarrow\rightarrow\rightarrow\rightarrow\rightarrow CaO + CO_2 \quad (1)$$

$$CaO + H_2O \rightarrow\rightarrow\rightarrow\rightarrow\rightarrow\rightarrow Ca(OH)_2 \quad (2)$$

또한 석유 정유공장에서 Naphtha를 공급받아 제조하는 Ethylene 제조 석유화학공장은 naphtha 자체를 수소화 분해시켜 ethylene을 제조하기 때문에, 에너지 생산을 위하여 연소시킨 것이 아니기 때문에, 그의 부산물로 발생하는 탄산가스나 기타 온실 가스는 석유화학공장에 배정하여야 한다.

특히 제철소와 같이 단위 공정사이의 운반이나 수송에 소비되는 비용을 감축시키기 위하여 복합적인 일관공정을 갖춘 대규모 공장에서는 그의 용도에 따른 온실가스 방출량과 그의 용도별 사용량을 조사하여 용도에 따라 정확히 배분하여 중복을 피할 수 있다. 즉 코오크스 제조를 위하여 고공가열을 위하여 소비된 석탄은 에너지생산에 소비되었기 때문에 에너지 분야에 배정되나 생산된 코오크스는 제철용 일산화탄소(CO)를 생산하여 철광석을 용해하는데 소비되기 때문에, 제조업 분야의 철광 산업에 배정되어야 한다.

**〈표 5.7-6〉** 산업적 제조공정과 그의 제품 이용 범주들

| 2 INDUSTRIAL PROCESSES and PRODUCT USE |
|---|
| 2A Mineral Industry |
| 2A1 Cement Production |
| 2A2 Lime Production |
| 2A3 Glass Production |
| 2A4 Other Process Uses of Carbonates |
| 2A4a Ceramics |
| 2A4b Other Uses of Soda Ash |
| 2A4c Non Metallurgical Magnesia Production |
| 2A4d Other (please specify) |
| 2A5 Other (please specify) |
| 2B Chemical Industry |
| 2B1 Ammonia Production |
| 2B2 Nitric Acid Production |
| 2B3 Adipic Acid Production |
| 2B4 Caprolactam, Glyoxal and Glyoxylic Acid Production |
| 2B5 Carbide Production |
| 2B6 Titanium Dioxide Production |
| 2B7 Soda Ash Production |
| 2B8 Petrochemical and Carbon Black Production |
| 2B8a Methanol |
| 2B8b Ethylene |
| 2B8c Ethylene Dichloride and Vinyl Chloride Monomer |
| 2B8d Ethylene Oxide |
| 2B8e Acrylonitrile |
| 2B8f Carbon Black |

2B9 Fluorochemical Production
  2B9a By-product Emissions
  2B9b Fugitive Emissions
2B10 Other (Please specify)
2C Metal Industry
  2C1 Iron and Steel Production
  2C2 Ferroalloys Production
  2C3 Aluminium Production
  2C4 Magnesium Production
  2C5 Lead Production
  2C6 Zinc Production
  2C7 Other (please specify)
2D Non-Energy Products from Fuels and Solvent Use
  2D1 Lubricant Use
  2D2 Paraffin Wax Use
  2D3 Solvent Use
  2D4 Other (please specify)
2E Electronics Industry
  2E1 Integrated Circuit or Semiconductor
  2E2 TFT Flat Panel Display
  2E3 Photovoltaics
  2E4 Heat Transfer Fluid
  2E5 Other (please specify)
2F Product Uses as Substitutes for Ozone Depleting Substances
  2F1 Refrigeration and Air Conditioning
    2F1a Refrigeration and Stationary Air Conditioning
    2F1b Mobile Air Conditioning
  2F2 Foam Blowing Agents
  2F3 Fire Protection
  2F4 Aerosols
  2F5 Solvents
  2F6 Other Applications (please specify)
2G Other Product Manufacture and Use
  2G1 Electrical Equipment
    2G1a Manufacture of Electrical Equipment
    2G1b Use of Electrical Equipment
    2G1c Disposal of Electrical Equipment
  2G2 SF6 and PFCs from Other Product Uses
    2G2a Military Applications
    2G2b Accelerators
    2G2c Other (please specify)
  2G3 N2O from Product Uses
    2G3a Medical Applications
    2G3b Propellant for Pressure and Aerosol Products
    2G3c Other (Please specify)
  2G4 Other (Please specify)
2H Other
  2H1 Pulp and Paper Industry
  2H2 Food and Beverages Industry
  2H3 Other (please specify)

**〈표 5.7-7〉** 제조업분야에서 소비된 화석연료의 온실가스 방출 인자들

TABLE 1.6. ALLOCATION OF $CO_2$ FROM NON-ENERGY USE OF FOSSILS FUELS: IPPU AND OTHER SECTORS

〈NOTES〉

(1) The columns "Primary NEU fuel" and "Other NEU fuel" should be completed with the actual fuel types used.
(2) These are the same emissions reported in the sectoral background table (also the same emissions notation keys NE, NO, IE, where applicable). If (partly) reported elsewhere, a reference to that other source category should be added in the next column.
(3) Report here only the $CO_2$ emissions from combustion of waste gases produced from industrial processes but used for fuel combustion in other economic sectors and reported in the Energy sector.(e.g. from combustion of blast furnace gas or chemical off-gases transferred offsite to another source category).
(4) For example powdered anthracite coal may be used in Glass Production (2A3).
(5) In cases where the production of off-gases (i.e. byproduct gases) is fully accounted for in the energy statistics, the combustion of these gases may be used to calculate and report $CO_2$ emissions from the feedstock losses. Part of these off-gases may be combusted off-site (i.e. in a sector other than the petrochemical industry) and should thus be accounted for separately as fuel combustion in the Energy Sector.
(6) Part of the blast furnace gas produced from coke used in blast furnaces may be combusted off-site (i.e. in a sector other than the iron and steel industry) and should thus be accounted for separately as fuel combustion in the Energy Sector.
(7) Carbon electrodes are generally manufactured from coke, coal or tar either on-site by the users themselves or separately by anode production plants and then sold to users domestically and/or exported. If anodes are also imported and/or exported, there is no direct correspondence between fuels used for anode production and the amounts of anodes used in the country.
(8) Mineral turpentines are often used as solvent, possibly blended with other liquids. Aromatics derived from coal oils may also be used as solvents.
(9) Emissions from asphalt production, paving of roads and roofing should be reported under 2D4. However, bitumen - and other oil as diluent or 'road oil' - used for this activity does not result in $CO_2$ emissions.
(10) $CO_2$ from blast furnace gas and chemical off-gases should be reported here only when utilised in public power or heat production.

| Category | Reported in year: ………… | | | | Notes |
|---|---|---|---|---|---|
| | Primary NEU fuel (1) | Other NEU fuel(s) (1) | Emissions Amount Reported in IPPU Sector $CO_2$ (2) (Gg) | In casereported elsewhere: Sub-category in 1Awhere these emissions are(partly) reported | |
| 2 Industrial Processes and Product Use | | | | | |
| 2A Mineral Industry | | | | | |
| (Please specify the sub-category | (coal, ..) | | | | 4 |
| 2B Chemical Industry | | | | | |
| 2B1 Ammonia Production | natural gas | gas oil, coal | | | |
| 2B5 Carbide Production | pet coke | oil | | | |
| 2B6 Titanium Dioxide Production | coal | | | | |
| 2B8 Petrochemical and Carbon Black Production | | | | | |
| 2B8a Methanol | natural gas | coal, oil | | | 5 |

| Category | Reported in year: ………… | | | | Notes |
|---|---|---|---|---|---|
| | Primary NEU fuel (1) | Other NEU fuel(s) (1) | Emissions Amount Reported in IPPU Sector $CO_2$ (2) (Gg) | In casereported elsewhere: Sub-category in 1Awhere these emissions are(partly) reported | |
| 2B8b Ethylene | naphtha | gas oil; butane, ethane, propane, LPG | | | 5 |
| 2B8f Carbon Black | natural gas | oil, coke oven gas | | | |
| 2B10 Other | | | | | |
| **2C Metal Industry** | | | | | |
| 2C1 Iron and Steel Production | coke | coal, pet coke (carbon electrode) | | | 6 |
| 2C2 Ferroalloys Production | (carbon electrode) | coke, coal | | | 7 |
| 2C3 Aluminium Production | (carbon electrode) | coke, coal | | | 7 |
| 2C5 Lead Productio | coke | | | | |
| 2C6 Zinc Production | coke | | | | |
| 2C7 Other | (carbon electrode) | coke, coal | | | |
| **2D Non-Energy Products from Fuels and Solvent Use** | | | | | |
| 2D1 Lubricant Use | lubricants | greases | | | |
| 2D2 Paraffin Wax Use | waxes | | | | |
| 2D3 Solvent Use | (mineral turpentine) | coal tars and oils | | | 8 |
| 2D4 Other | | | | | 9 |
| **2H Other** | | | | | |
| 2H1 Pulp and Paper Industry | | | | | |
| 2H2 Food and Beverages Industry | coke | | | | |
| 2H3 Other | | | | | |
| **1 ENERGY** | | | | | |
| **1A Fuel Combustion Activities** | | | **Reported in Sector 1A(3)** | | |
| 1A1a Main Activity Electricity and Heat Production | (BF gas) | (chemical off-gases) | | | 10 |
| 1A1b Petroleum Refining | | | | | |
| 1A1c Manufacture of Solid Fuels and Other Energy Industries | BF gas | | | | |
| 1A2 Manufacturing Industries and Construction | (BF gas) | (lubricants, chemical offgases) | | | |

(Source: http://www.ipcc-nggip.iges.or.jp/public/2006gl/pdf/3_Volume3/V3_1_Ch1_Introduction.pdf)

환언하면 〈표 5.7-7〉에 나타낸 바와 같이 제조업분야에서 화학제품 제조용 원료나 공정 가열용 연료로 사용되는 화석연료가 많은 분야에서 이용되고 있음을 보여주고 있다.

(iii) 농림업기타토지이용분야　　한편 지구촌의 모든 에너지는 태양광 에너지로부터 기인하고, 지구표면의 토양면적과 비례하기 때문에, 지표면의 토지이용 현황을 〈표 5.7-8〉과 같이 구분하여 인간의 활동으로 인하여 발생하는 온실가스를 조사 보고하도록 하고 있다.

특히 토양 환경에 대한 인간의 활동은 기존의 토양환경을 훼손하여 온실가스 방출을 조장하거나 아니면 온실가스를 고정 제거하는 행동으로 구분되기 때문에, 그의 이용방법에 따라 방출된 온실가스의 배정방법도 다르다.

즉 지구촌의 에너지 근원인 태양에너지를 이용하는 농림축 및 기타 토지이용분야(2006 IPCC Guideliens for National Greenhouse Gas Inventories, 2006, http://www.ipcc-nggip.iges.or.jp/public/2006gl/pdf/4_Volume4/V4_01_Ch1_Introduction.pdf)에서도 〈그림 5.7-10〉에 나타낸 바와 같이 인간은 전혀 무관한 별개의 세계인으로 표시되어 있지만, 생물학적으로는 인간(人間)도 하나의 타가영양 생물에 속하는 동물에 속하기 때문에, 대기권의 온실가스 중 탄산가스를 녹색식물의 광합성을 통하여 고정한 식량(food)나 목재(wood)와 같은 바이오메스(biomass)를 이용하는 지구촌의 탄소 사이클(Carbon Cycle)중의 한 마디를 구성하고 있으며, 인간이 대기 중의 탄산가스를 고정한 녹색식물을 어느 용도로 사용하던지간에 GHG로 취급하지 않는 탄소중립(Carbon Neutral)으로 규정하여 국가 GHG 보고서에서는 포함되지 않는다. 그렇지만 바이오메스 생산을 위한

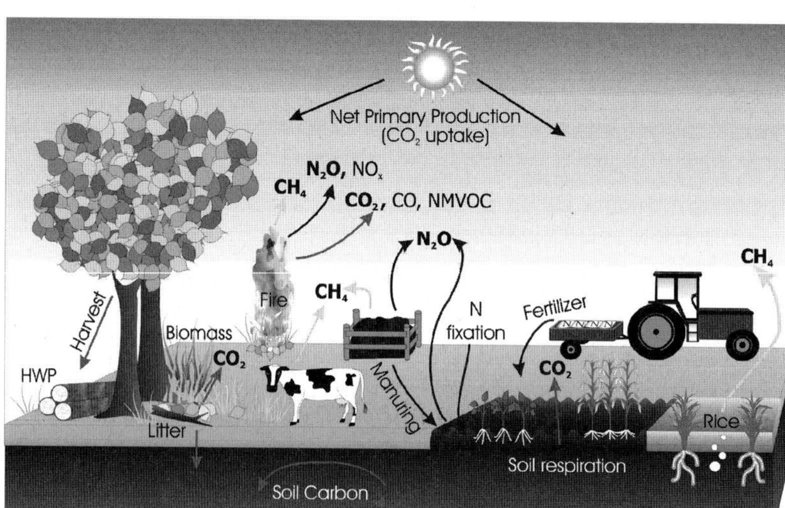


**〈그림 5.7-10〉** 관리되는 생태계중 온실가스의 주요 방출-제거 공정들.

(Source: http://www.ipcc-nggip.iges.or.jp/public/2006gl/pdf/4_Volume4/V4_01_Ch1_Introduction.pdf)

〈표 5.7-8〉 지구촌의 토지이용 구분

3. AGRICULTURE, FORESTRUY, AND OTHER LAND USES
- 3A. Livestock
  - 3A1. Enteric Fermentation
    - 3A1a. Cattle
      - 3A1ai. Dairy Cows
      - 3A1aii. Other Cattle
    - 3A1b. Buffalo
    - 3A1c. Sheep
    - 3A1d. Goats
    - 3A1e. Camels
    - 3A1f. Horses
    - 3A1g. Mules and Asses
    - 3A1h. Swines
    - 3A1i. Poutry
    - 3A1j. Other(please specify)
  - 3A2. Manure Management
    - 3A2a. Cattle
      - 3A2ai. Dairy Cows
      - 3A2aii. Other Cattles
    - 3A1b. Buffalo
    - 3A1c. Sheep
    - 3A1d. Goats
    - 3A1e. Camels
    - 3A1f. Horses
    - 3A1g. Mules and Asses
    - 3A1h. Swines
    - 3A1i. Poutry
    - 3A2j. Other(please specify)
- 3B. Land
  - 3B1. Forest Land
    - 3B1a. Forestland Remaining Forestland
    - 3B1b. Land Converted to Forestland
      - 3B1bi. Cropland Converted to Forestland
      - 3B1bii. Grassland Converted to Forestland
      - 3B1biii. Wetland Converted to Forestland
      - 3B1biv. Settlements Converted to Forestland
      - 3B1bv. Other Land Converted to Forestland
  - 3B2. Cropland
    - 3B2a. Cropland Remaining Cropland
    - 3B2b. Land Converted to Cropland
      - 3B2bi. Forestland Converted to Cropland
      - 3B2bii. Grassland Converted to Cropland
      - 3B2biii. Wetland Converted to Cropland
      - 3B2biv. Settlements Converted to Cropland
      - 3B2bv. Other Land Converted to Cropland

3B3. Grassland
  3B3a. Grassland Remaining Grassland
  3B3b. Land Converted to Grassland
    3B3bi. Forestland Converted to Grassland
    3B3bii. Cropland Converted to Grassland
    3B3biii. Wetland Converted to Grassland
    3B3biv. Settlements Converted to Grassland
    3B3bv. Other Land Converted to Grassland
3B4. Wetland
  3B4a. Wetland Remaining Wetland
    3B4ai. Peatlands Remaining Peatland
    3B4aii. Flooded Land Remaing Flooded Land
  3B4b. Land Converted to Wetland
    3B4bi. Land Converted for Peat Extraction
    3B4bii. Land Converted to Flooded Land
3B5. Settlements
  3B5a. Settlements Remaining Settlement
  3B5b. Land Converted to Settlement
    3B5bi. Forestland Converted to Settlement
    3B5bii. Cropland Converted Settlement
    3B5biii. Grassland Converted to Settlement
    3B5biv. Wetland Converted to Settlement
    3B5bv. Other Land Converted to Settlement
3B6. Other Lands
  3B6a. Other Land Remaining Other Lnad
  3B6b. Lnad Converted to Other Land
  3B6bi.Forestland Converted to Other Land
  3B6bii. Cropland Converted to Other Land
  3B6biii. Grassland Converted to Other Land
  3B6biv. Settlements Converted to Other Land
3C. Aggregated Source and non-CO2-Emission Sources on L:and
  3C1. GHG emission from Biomass Burning
    3C1a. Emissions from Biomass Burning in Forestland
    3C1b. Emissions from Biomass Burning in Cropland
    3C1c. Emissions from Biomass Burning in Grassland
    3C1d. Emissions from Biomass Burning in Other Land
  3C2. Liming
  3C3. Urea Application
  3C4. Direct $N_2O$ Emission from Managed Soils
  3C5. Indirect $N_2O$ Emission from Managed Soils
  3C6. Indirect $N_2O$ Emssion from Manure Management
  3C7. Rice Cultivation]
  3C8. Other (Please Specify)
3D. Harvested Wood Products
  3D1. Harvested Wood Products
  3D2. Other (Please Specify)

(http://www.ipcc-nggip.iges.or.jp/public/2006gl/pdf/4_Volume4/V4_01_Ch1_Introduction.pdf)

농림업의 인간의 활동으로 발생하는 온실가스(GHG) 발생량과 탄산가스 고정량을 비교하여 국경이내에서 발생한 순수 온실가스 방출량을 보고하도록 하고 있다.

그렇지만 한 국가의 영토 내에서 고정한 연간 순 광합성량 중에서, 농산물로 수확하여 제거된 식량과 농산폐기물은 수개월 내지 수년이내에 모두 산화되어 대기 중으로 $CO_2$을 방출량하기 때문에, GHG 방출량으로 간주하여 감하는데 반하여, 수 10년간 비축하여 목재를 생산하는 임업의 경우는 벌채된 목재는 임업에서 GHG 방출량으로 간주하여 순 바이오메스 중에서 감하나, 다양한 용도로 사용되는 목재 제품은 건축용 목재나 기록매체로 이용되는 종이 또는 일회용으로 사용되는 화장지에 따라 지구촌에 잔류하는 내구년수가 다르기 때문에, 분해되는 부후속도(decaying rate)를 적용하여 GHG 방출량을 별도 항목으로 계산하는 방법을 제시하고, 혐기성 발효가 일어나는 논토양과 가축사육의 온실가스방출량 계산이 추가로 논

BOX 2

### AFOLU 방법을 위한 벙을 조사구조
(FRAMEWORK OF TIER STRUCTURE FOR AFOLU METHODS)

■ 티어 1 (Tier 1)의 방법은 이용에 가장 간단한 방법이 되도록 설계된 것으로 이 를 위하여 탄소 방출인자와 비축량 변화인자와 같은 방정식과 디폴트값들이 이 권에 제시되어 있다.

국가고유의 인간 활동 데이터가 필요하지만, 티어 1을 위하여서는 산림 벌채속도와 농업생산통계, 지구적 토지이용 지도, 비룡사용량, 가축 수 등의 데이터들이 공간적으로 개략적이기는 하지만, 인간의 활동추정치에 대한 이러한 데이터들에 대한 인간 활동추정량의 출처들은 세계적으로 이용가능하다.

■ 티어 2 (Tier 2)의 방법은 티어 1과 같은 동일한 방법론을 이용할 수 있지만, 가장 중요한 토지용이나 가축 범주를 위하여 국가 또는 지역 고유의 데이터에 기초한 탄소방충인자와 비축량변화인자를 적용한다.

국가로 정의된 탄소방출인자들은 그 나라의 기후적 변화지역과 토지용 시스템 및 가축범주를 위하여 보다 적합하다. 특정지역과 특수한 토지이용 또는 가축 범주를 위한 국가적 계수와 일치하게 만들기 위하여 티어 2에서는 보다 높은 시간적, 공간적 정밀도와 보다 세분화된 활동 데이터들이 이용되는 것이 보통이다.

■ 티어 3 (Tier 3) 방법에서는 시간적으로 반복되고, 고도의 정밀한 인간 활동 데이터로 추진되며, 지방수준으로 세분화된 국가적 상황을 강조하도록 다듬어진 모델과 측정 조사시스템을 포함하여 보다 논리적인 방법들이 이용된다. 이렇게 고도로 정돈된 방법들은 낮은 티어수준보다 고도의 정확한 추정치를 제공한다. 이와 같은 시스템들에는 나이, 등급별 생산 데이터, 토양 데이터, 토지이용 및 관리활동 데이터의 일정한 시간 간격으로 반복하여 광범한 현장 표본채취 그리고/또는 GIS에 근거한 시스템 그리고 여러 가지 타입의 모니터링의 통합이 포함될 수 있다. 토지이용 변화가 일어나는 토지부분은 일반적으로 시간에 딸 적어도 통계적으로 추적될 수 있다. 대부분의 경우 이 시스템들은 기후조건에 좌우되므로, 연간 변이를 가진 출처 추정치를 제공한다. 또한 동물 타입과 나이 및 체중 등에 따라 보다 세분화된 가축수도 사용될 수 있다. 조사모델은 품질 체크, 회계감사 및 비준을 수행해야 하고, 완전히 보고되어야 한다.

의되고 있다.

이때 인간의 활동으로 발생하는 탄산가스 중에서 토지활용 효과로 고정된 탄소량을 감한 것을 보고하도록 하고 있어 그의 계산방법은 [Box 2]와 같이 규정하고 있다.

(iv) 폐기물 처리 분야　한편 인간이 사용 후 자연계에 폐기하는 각종 재료들은 〈표 5.7-9〉에 나타낸 바와 같이 구분하여 퇴비화를 포함한 재활용 분야를 포함하여 온실가스 발생량을 조사 보고하도록 규정하고 있다. 즉 (a) 고체폐기물의 수집분리와 재활용 및 매립장 관리 분야, (b) 생물학적 처리 분야, (c) 소각 처리 분야 및 (d) 폐수 처리와 그로 인하여 발생하는 슬러지 처리에 따른 온실가스 발생량을 보조사 보고하도록 규정하고 있다.

**〈표 5.7-9〉** 폐기물 처리 분야의 구조

- 4 WASTE
  - 4A Solid Waste Disposal
    - 4A1 Managed Waste Disposal Sites
    - 4A2 Unmanaged Waste Disposal Sites
    - 4A3 Uncategorised Waste Disposal Sites
  - 4B Biological Treatment of Solid Waste
  - 4C Incineration and Open Burning of Waste
    - 4C1 Waste Incineration
    - 4C2 Open Burning of Waste
  - 4D Wastewater Treatment and Discharge
    - 4D1 Domestic Wastewater Treatment and Discharge
    - 4D2 Industrial Wastewater Treatment and Discharge
  - 4E Other

(v) 최종 결과 보고 서식과 내용　따라서 최종적으로 정리된 국가별 온실가스의 발생과 그의 감출량 및 순 발생량은 〈표 5.7-10〉과 같은 구조로 보고하도록 하고 있다. 따라서 UN의 총회의 결의에 따라 탄소세를 부과하기로 결정되면, 아마도 UNFCCC는 보고된 자료를 비교 검증 후, 이를 비교하여 공개하고, 이의가 없으면, 그에 따른 의무감축 불이행정도에 따라 부과되는 탄소세를 UN에 납부하도록 할 것이다.

이때 교토 의정서(Kyoto Protocol))에 따라 이행된 조림사업 성과뿐만 아니라 이미 실시된 탄소무역거래에 따른 CDM 사업성과도 고려하여야 하겠지만, 이러한 성과는 이미 개별 기업이 투자한 성과와 소비자의 생활습관에서 따라 발생량이 다르기 때문에, 결국에는 국가가 제 3자의 검증을 통과한 결과를 근거로 국내 법인과 개인들의 소득에 따라 부과하는 세금으

〈표 5.7-10〉 미국의 온실가스 방출량과 순 방출량 보고 내용 (예)*

Table ES-4: Recent Trends in U.S. Greenhouse Gas Emissions and Sinks by Chapter/IPCC Sector (Tg $CO_2$ Eq.)

| Chapter/IPCC Sector | 1990 | 1995 | 2000 | 2001 | 2002 | 2003 | 2004 | 2005 | 2006 |
|---|---|---|---|---|---|---|---|---|---|
| ■ Energy | 5,203.9 | 5,529.6 | 6,067.8 | 5,982.8 | 6,036.3 | 6,078.3 | 6,150.9 | 6,174.4 | 6,076.9 |
| ■ Industrial Processes | 299.9 | 315.7 | 326.5 | 297.9 | 308.6 | 301.2 | 315.9 | 315.5 | 320.9 |
| Solvent and Other Product Use | 4.4 | 4.6 | 4.9 | 4.9 | 4.4 | 4.4 | 4.4 | 4.4 | 4.4 |
| ■ Agriculture | 447.5 | 453.8 | 447.9 | 463.7 | 449.0 | 434.3 | 432.1 | 453.6 | 454.1 |
| Land Use, Land-Use Change, and Forestry (Emissions) | 13.1 | 13.6 | 30.0 | 20.0 | 28.4 | 19.7 | 17.1 | 23.2 | 36.9 |
| ■ Waste | 179.6 | 176.8 | 155.6 | 152.1 | 154.5 | 160.3 | 157.7 | 158.7 | 161.0 |
| Total Emissions | 6,148.3 | 6,494.0 | 7,032.6 | 6,921.3 | 6,981.2 | 6,998.2 | 7,078.0 | 7,129.9 | 7,054.2 |
| Net $CO_2$ Flux from Land Use, Land-Use Change, and Forestry (Sinks)* | (737.7) | (775.3) | (673.6) | (750.2) | (826.8) | (860.9) | (873.7) | (878.6) | (883.7) |
| Net Emissions (Sources and Sinks) | 5,410.6 | 5,718.7 | 6,359.0 | 6,171.1 | 6,154.4 | 6,137.3 | 6,204.3 | 6,251.3 | 6,170.5 |

* The net $CO_2$ flux total includes both emissions and sequestration, and constitutes a sink in the United States. Sinks are only included in net emissions total.

Note: Totals may not sum due to independent rounding. Parentheses indicate negative values or sequestration.

* 2006 IPCC Guidelines for National Greenhouse Gas Inventories가 적용되기 전의 1996 IPCC Guidelines에 따른 미국의 온실가스 보고 내용임

(Source: USEPA, 2007, http://www.epa.gov/climatechange/emissions/downloads/08_ES.pdf)

로 갹출하여, 이를 UN 사무국에 지불하는 시스템이 될 것이다. 따라서 각국 정부는 UN의 결의에 따라 UN 총회의 정책위반에 따라 부과되는 세금을 국가별로 갹출하여 UN 운영비로 지출하는 중계자 역할을 수행하는 자유 무역주의가 될 것으로 보인다.

특히 IPCC(IPCC, 2001, Climate Change 2001: Mitigation, 2005, http://www.grida.no/climate/ipcc_tar/g3/index.htm)는 화석연료 소비에 따른 산업별 온실가스 방출량이 〈표 5.7-11〉과 같이 일반인의 생각과 달리 산업화를 위하여, 주로 공업 분야와 에너지 분야에서 필요한 에너지를 생산하기 위하여 석유와 석탄을 수입하여 집중 소비하기 때문에 탄산가스도 이들 분야에서 집중 방출되고 있다. 따라서 화석연료를 연소시키는 보일러를 갖춘 에너지 분야와 공업 분야는 굴뚝에서 방출되는 탄산가스를 화학적으로 포집하여 바다나 폐광 구에 저장하는 방법을 연구하여 신속하게 해결하고자 시도하고 있지만, 이들 제품의 집중적인 용해와 방출로 제2의 환경오염이 우려되고, 심할 경우, 제2의 환경재난도 우려된다.

그러나 교토의정서는 시간이 걸리지만, 안전하고 생태학적으로 합리적인 대기 중의 탄산

〈표 5.7-11〉 지구촌의 산업별 화석연료에 의한 탄산가스 방출량

| Sector | Carbon emissions and % share[1] 1995 | Average annual growth rate (%) | |
|---|---|---|---|
| | | 1971 to 1990 | 1990 to 1995 |
| Industry | 2370 (43%) | 1.7 | 0.4 |
| Buildings | | | |
| - Residential | 1172 (21%) | 1.8 | 1.0 |
| - Commercial | 584 (10%) | 2.2 | 1.0 |
| Transport | 1227 (22%) | 2.6 | 2.4 |
| Agriculture | 223 (4%) | 3.8 | 0.8 |
| *All sectors* | *5577 (100%)* | *2.0* | *1.0* |
| - Electricity genetatiopn[2] | 1762 (32%) | 2.3 | 1.7 |

[1] Emissions from energy use only; does not include feedstocks or carbon dioxide from calcination in cement production. Biomass = no emissions.
[2] Includes emissions only from fuels used for electricity generation. Other energy production and trans formation activities are not included.
Source: Price *et al.*, 1999.

(Source: IPCC, 2000, Climate Change 2001: Mitigation, 2005, http://www.grida.no/climate/ipcc_tar/wg3/index.htm)

가스 고정방법으로 1차 산업에 속하는 농림업, 특히 산림자원의 역할을 중요시하여 청정 개발 메커니즘(CDM: Clean Development Mechanism) 도입을 강조하고 있다. 특히 임업분야는 임목의 광합성을 통하여 대기 중의 탄산가스를 대량으로 고정하고, 수 10년 내지 수 100년간 목재로 비축하여 교토의정서내용을 만족시키고, 나아가 토목건축에 사용되는 구조용 목재로 생산할 뿐만 아니라 목재 건축재로 사용하면, 다시 건물 수명만큼 다시 고정기간을 연장하기 때문에 농산촌의 국유지의 산림경영은 구조용 목재 생산에 집중하고, 경사도가 낮은 국유지나 사유지는 농산촌의 단기소득향상에 기여하는 과수재배와 에너지 림 조성을 유도하여 경제적인 biomass energy 생산이 가능하도록 유도하는 것이 합리적일 것이다.

따라서 산업화에 필요한 에너지를 재생 가능한 대체에너지, 특히 biomass로 대체하여 1차 산업에 속하는 농림업에서 생산하고, 이를 소비하여 고부가가치의 제품으로 전환하는 2차 산업에 공급하며, 나아가 생산된 제품과 에너지를 소비자에게 수송하는 3차 산업에 분배하여 소비된 후 발생하는 탄산가스를 식물이 다시 고정하는 농림업을 육성하여 하나의 탄소 사이클을 완성하는 것이 지속가능할 것이다.

환언하면 교토의정서에 따라 총 $CO_2$방출량 중 43%를 점유하고 있는 제조업뿐만 아니라 22%를 방출하는 수송기관과 21%를 방출하고 있는 건물사용자 및 4%를 방출하는 농업분야는

모두 교토 의정서에 따라 수익자 부담원칙에 따라 탄소세(carbon tax)를 부담하여야 하는 반면, 대기 중의 탄소를 목재 중에 장기적으로 비축하는 임업분야만 탄소세를 부담하지 않기 때문에, 거두어진 탄소세는 방출된 탄산가스를 고정 제거하는 농림업 분야, 특히 $CO_2$ = 1 = 100년 이상 조장하는 임목의 조림과 산림육성에 지원되고, 고정된 탄산가스를 수 10년 - 수 100년 이상 고정된 체로 이용하는 토목건축용 목재 생산과 이용에 지원되어야 소비자 각자에게서 갹출된 탄소세 사용처가 공평(equity)하게 될 것이다. 따라서 선진 각국은 WTO를 통하여 농업 보조금, 에너지 보조금, 제조업 보조금등 각 분야 보조금 문제를 제기하고, FTA협상에서도 각국의 정치사정에 따라 정치적으로 불공평하게 특혜를 주고 있는 각종 보조금 폐지 또는 합목적적인 보조금 지원을 요구하고 있다.

특히 현재 전기 에너지만을 요구하는 정보화 사회로 전환되면서, 1995년도 총 $CO_2$ 방출량 중 32%가 전기를 생산하는 화력발전소에서 발생하는데, 이는 연료에 함유된 에너지의 1/3 - 1/5정도만이 이용하거나 1/10정도만 이용하는 광 에너지 생산에 이용하는 전기에너지를 근간으로 정보화 사회로 발전하고 있기 때문에 정보화 사회로 발전하면 할수록 그의 수요가 증가하기 때문에 이를 대체하는 에너지원 개발이 시급하다. 따라서 대체에너지 자원으로 태양광발전소, 풍력발전소, 수력발전소, 조력발전소 등의 건설이 대두되고 있으나, 이를 비축하는 전지 개발이 중요하고, 나아가 수소($H_2$)로 저장하면, 수송에너지로 이용가능하기 때문에 최근에는 수소경제에 대한 언급이 확산되고 있다.

그렇지만 생태학적으로 친환경적이고, 하나의 탄소 사이클을 구성하여 지속가능한 재생가능한 biomass energy는 주로 임업에서 생산하고, 농업에서도 농산폐기물로 발생하기 때문에, 우리나라도 선진국과 같이 이를 원료로 하는 수송용 액체연료나 기체 연료 뿐만 아니라 수소연료를 생산하는 기술개발이 필요하고, 더욱이 전기를 생산하는 바이오메스 화력발전기술 개발은 시급히 요구되고 있다.

## (3) GHG 감축을 위한 산업별 기술과 참여기회

한편 IPCC의 "Climate Change 2007"(IPCC, 2008, http://www.ipcc.ch/pdf/assessment-report/ar4/wg3/ar4-wg3-chapter12.pdf)에서는 지속가능한 사회개발(Sustainable Development)을 위한 온실가스 완화기술과 조치로서 각 분야별 감축기술을 〈표 5.7-12〉와 같이 내용을 제시하고 있다. 즉 지금까지 산업화에 사용한 화석연료를 임업이나 농업에서 생산 가능한 바이오메스 에너지(biomass energy)와 같은 재생 가능한 대체에너지원으로 전환하여야 함을 보여주고 있다.

**〈표 5.7-12A〉** 분야별 완화기술종류와 지속가능한 사회개발 고려사항: synergies and trade-offs

| 분야별 완화기술 | | 실행을 위한 잠재적 지속가능 사회개발 조건과 synergies | 잠재적 지속가능 개발 tradeoffs |
|---|---|---|---|
| 〈1〉 에너지공급과 이용분야 | (i) 모든 분야의 에너지 효율성 개선 (건물, 수송, 공업 및 에너지공급 분야) | ■ 거의 항상 비용 절약성 연료를 사용하고, 지역적 오염물질 방출과 그로 생긴 건강 영향을 감축하거나 제거하고, 실내쾌적성을 개선하고, 실내소음수준을 감소시키고, 비즈니스 기회와 직장 창출 및 에너지 안보성을 개선한다.<br>■ 정부와 산업프로그램이 정보부족과 주요 대리점부족 문제를 극복하는데 도움을 줄 수 있다.<br>■ 각종 프로그램들이 모든 정부와 산업수준에서 실행될 수 있다.<br>■ 저소득 가정의 에너지 수요를 적절하게 고려하고, 완화기술실천과정과 결과가 남녀 모두에게 부여하는 것을 보장되는 것이 중요하다. | ■ 개발도상국의 농촌에서 열효율성이 불확실한 바이오메스스토브를 개선한 실내 공기오염과 건가에 대한 영향 |
| | (ii) 수송분야와 건물분야 에서의 연료전환과 기타 선택 | ■ $CO_2$ 감축 비용는 건강 유익성 증대에 의하여 보상될 수 있다.<br>■ 공공 교통수단과 모터 없는 수소수단의 촉진이 대규모의 사회적 유익성을 가져다준다.<br>■ 요리와 실내난방을 위한 고체연료를 근대적 연료로 전환하면, 실내공기오염을 감소시키고, 개발도상국에서는 여성에게 자유 시간을 증대시킬 수 있다.<br>■ $CO_2$ 감축을 위하여 지속가능한 수송시스템을 위한 공통된 전략을 촉진하기위하여서는 중앙 및 지방정부사이의 협력을 통한 기획시스템을 제도화는 것이 중요하다. | ■ 디젤엔진이 일반적으로 가솔린 엔진보다 연료 효율적이므로 $CO_2$ 방출이 보다 적지만, 미세먼지방출을 증대시킨다.<br>■ 기타 조치들(CNG 버스, 디젤-전기 하이브리드버스, 택시 활성화)은 기후에 대한 유익성이 거의 없을 수도 있다. |
| | (iii) 수입 화석연료를 국내생산 대체에너지로 전환하기 | ■ 국내대체에너지원가 비용효과적임을 보장하는 것이 중요하다<br>■ 국지적지인 공기오염물질 방출을 감축시킨다.<br>■ 새로운 토착산업(예로 부라질의 에탄올 프로그램)을 창출하여 고용창출을 할 수 있다. | ■ 무역수지개선이 투자에 필요한 자본 증가에 반하여 교환된다.<br>■ 화석연료 수출 국가는 수출감소에 직면할 수도 있다.<br>■ 수력발전소는 지역 인구를 추방하고, 수자원과 생물다양성에 환경적 악영향을 야기시킬 수도 있다. |
| | (iv) 국내 화석연료를 수입 대체에너지원으로 전환하기 | ■ 지역적 오염물질 방출을 거의 항상 감소시킨다.<br>■ 수입 대체 에너지원으로의 전환이 국내 대체에너지원보다 빠를 수도 있다.<br>■ 수입 대체에너지원이 비용 효과적임을 보장하는 것이 중요하다<br>■ 에너지 수출 국가의 경제와 사회가 이득을 볼 수 있을 것이다. | ■ 에너지 안전성을 감소시킬 수 있다.<br>■ 무역수지가 악화될 수도 있지만, 자본 수요가 감소될 수도 있다. |

(Source: IPCC Climate Change 2007, 2008.
http://www.ipcc.ch/pdf/assessment-report/ar4/wg3/ar4-wg3-chapter12.pdf))

**〈표 5.7-12B〉** 분야별 완화기술종류와 지속가능한 사회개발 고려사항: synergies and trade-offs

| 분야별 완화기술 | | 실행을 위한 잠재적 지속가능 사회개발<br>조건과 synergies | 잠재적 지속가능 개발<br>tradeoffs |
|---|---|---|---|
| 〈2〉<br>임업<br>분야 | (i)<br>조림<br>(Afforestation) | ■ 방치 토지를 감소시킬 수 있고, 토양파손을 억제하며, 지표수흐름을 조절한다.<br>■ 조림과 수확시의 토양교란을 최소화하면, 토양 중 탄소비축량을 유지할 수 있다.<br>■ 식량증산을 향상시키는 agro-forestry로 수행될 수 있다.<br>■ 농업고용과 농촌산업을 창출할 수 있다.<br>■ 재산권의 명확한 서술은 조림프로그램 실행을 촉진할 것이다. | ■ 희소한 토지이용은 농업용지와 경쟁하여 식량비용을 증가시키는 반면, 식량안보를 감소시킬 수도 있을 것이다.<br>■ Monoculture 조림은 생물다양성을 감소시키고, 질병에 보다 취약해질 수 있다.<br>■ 홍수범람지역과 습지의 전환은 생태학적 기능을 방해할 수 있다. |
| | (ii)<br>벌채회피 | ■ 생물다양성과 수질과 토질관리 및 국지적 강우패턴을 유지할 수 있다.<br>■ 산불로 발생하는 지역적 흐림과 공기오염을 감소시킨다.<br>■ 만일 적절하게 관리된다면, 생태관광과 지속가능한 수확 목재 판매로부터 수익을 얻을 수 있다.<br>■ 성공적인 실천을 위하여서는 토지관리에 지역거주자를 포함하고, 그들에게 대안적 생계수단을 제공하며, 이주자가 산지에 침투하는 것을 방지하기 위한 법률 강화가 필요하다. | ■ 결과적으로 산림개발에서 제 3자(토지 소유자, 이주노동자)의 경제적 수익 손실이 될 수 있다.<br>■ 목재공급 감소가 목재수출을 감소시키고, GHG집약 건축재료 사용을 감소시키게 될 것이다.<br>■ 결과적으로 그 외 지역에서 이어지는 지속가능한 사회개발 을 포함한 벌채가 될 수 있다. |
| | (iii)<br>산림관리 | ■ 조림분야를 보라 | ■ 비료사용은 지역 (지하) 수질을 파괴하는 $N_2O$ 생산과 질산염의 지표흐름을 증가시킬 수 있다.<br>■ 산불과 병충해 방제는 단기적으로 수익을 가져오나 적절하게 관리되지 않는 한, 연료비축량을 증가시킬 수 있다. |
| 〈3〉<br>바이오<br>에너지 | 바이오<br>에너지<br>생산 | ■ 농산폐기물(견과껍질, 왕겨, 사탕수수대, 임지폐잔재)로 실시되는 경우, 가장 효율적이다.<br>■ 농촌고용을 창출한다.<br>■ 바이오에너지 전용 농작물/ 임목 식재에는 식량생산과 경쟁을 피하기 위하여 충분한 농경지와 농업노동이 가능한 곳이 필요하다. | ■ 만일 지속불가능하게 실시되면, 환경적으로 부정적 영향을 미칠 수 있다.<br>■ 생물다양성 소실, 수자원경쟁, 비료와 농약사용증가<br>■ (지역적으로 특이한) 식량안보가 수반될 잠재성 문제와 식량비용증가 |

(Source: IPCC Climate Change 2007, 2008,
http://www.ipcc.ch/pdf/assessment-report/ar4/wg3/ar4-wg3-chapter12.pdf))

**〈표 5.7-12C〉** 분야별 완화기술종류와 지속가능한 사회개발 고려사항: synergies and trade-offs

| 분야별 완화기술 | | 실행을 위한 잠재적 지속가능 사회개발 조건과 synergies | 잠재적 지속가능 개발 tradeoffs |
|---|---|---|---|
| 〈4〉 농업 분야 | (i) 농경지관리(비료, 경작, 농지잔유물과 agroforestry)과 농경지관리(물, 벼, 및 휴경지) | ■ 비배관리를 개선하면, 지하수질과 경작지 생태계의 환경적 건강을 개선할 수 있다. | ■ 수자원정책의 변화는 관심을 이권충돌에 이르고, 사회적 응집력을 위협할 수도 있다.<br>■ 수자원의 과도이용을 유도할 수도 있다. |
| | (ii) 목초지 관리 | ■ 가축생산성을 개선하고, 사막화를 감소시키며, 가난한 사람에게 사회적 안전성을 제공한다.<br>■ 자유로운 방목을 금지하기 위한 법률과 시행이 필요하다 | |
| | (iii) 가축관리 | ■ 건조지역이나 준 건조지역일지라도 전통적인 수도작과 가축관리의 혼합이 농가소득을 향상시킬 것이다. | |
| 〈5〉 폐기물 관리 분야 | (i) 매립지가스 회수를 갖춘 공학적 위생 매립 | ■ 통제되지 않은 투기와 폐기물의 노천 소각을 제거하여 거주자와 노동자들을 위한 건강과 안전성을 개선할 수 있다.<br>■ 도시 인프라 내에서 매립지는 지역적 에너지 수익을 제공하고, 레크리에이션 기타 사회적 목적을 위한 공적인 공간을 제공할 수 있다. | ■ 지속불가능하게 실시되면, 인간의 건강에 부적정적 영향을 미치는 토양과 지하수오염에 이르는 침출을 야기할 수 있다. |
| | (ii) 폐기물과 폐수처리을 위한 생물학적 공정 (퇴비화, 혐기성 소화, 호기 및 혐기성 폐수처리공정) | ■ 만일 출처에서부터 분리 수집된 유기 폐기물이나 폐수를 이용하여 적절하게 처리된다면, 병균을 파괴하고, 유용한 토양개선을 제공할 수 있다.<br>■ 고용을 창출할 수 있다.<br>■ 혐기성공정은 $CH_4$ 회수와 이용으로부터 에너지적 수익을 제공할 수 있다. | ■ 만일 적절하게 관리 및 모니터링 되지 않는다면, 악취와 수질오염의 근원이 된다. |
| | (iii) 소각과 기타 열적 공정 | ■ 폐기물로부터 가장 많은 에너지를 얻을 수 있다. | ■ 관리된 매립과 퇴비화에 비하여 비싸다<br>■ 만일 기술적 인프라가 없으면, 개발도상국에서는 지속불가능하다.<br>■ 중금속고 기타 공기독성물질 방출을 예방하기 위하여서는 공기오염관리를 위한 추가적 투자와 출처 분리가 필요하다. |
| | (iv) 리사이클링과 폐기물최소화 | ■ 지역적 고용뿐만 아니라 재생제품을 위한 원료와 에너지 감축을 제공한다.<br>■ NGO의 노력, 리사이클링 산업을 위한 사적 자본, 환경규제의 강화, 지역공동체생활로부터 폐기물처리와 폐기활동을 분리하기 위한 도시계획이 도움이 될 수 있다. | ■ 관리되지 않은 폐기물 제거는 폐기물을 이용하여 생활하는 사람을 위한 건강과 안전에 심각한 문제를 야기한다.<br>■ 지역적 리사이클링 산업개발에는 자본이 필요하다 |

(Source: IPCC Climate Change 2007, 2008, http://www.ipcc.ch/pdf/assessmentreport/ar4/wg3/ar4-wg3-chapter12.pdf)

또한 IPCC의 제 3차 평가 보고서인 "기후변화 2001(Climate Change 2001)"(IPCC, 2001, Climate Change 2001, 2005, http://www.grida.no/climate/ipcc_tar/wg3/010.htm)에 따르면, 기후변화의 주요 원인물질인 탄산가스 방출 감축을 위하여 각 산업분야에서 개발된 기술을 적용하고자 하여도 경제사회적 제도와 정책 부재로 실현하기 어려운 장애들이 많아 그의 내용을 산업분야별로 열거한 내용을 보면 〈표 5.7-13〉과 같다. 우리도 이러한 내용을 분석하여 한반도의 지속가능한 사회개발을 위한 정책개발과 제도개선이 적극적으로 추진할 필요가 있다고 생각한다.

**〈표 5.7-13a〉** 각 산업 분야의 기술 선택과 장애 및 생산성에 대한 영향 : **<A> 건물, 주택과 서비스 분야**

| 기술적 선택 | 장애와 기회 | GHG방출 감축정책의 실천 |
|---|---|---|
| 세계 모든 지역에서 건물구조뿐만 아니라 가전제품과 장치의 에너지 효율성을 개선할 수 있는 수100가지 기술과 조치들이 존재한다. 2010년에 주거건물에서 발생하는 탄산가스 방출량을 선진국과 구소련 국가에서는 -US$250/tC ~ -US$150/tC의 비용으로 325MtC를 감축시키고, 개발 도상국가에서는 -US$400 ~ US$0/tC의 비용으로 80MtC를 감축할 수 있을 것으로 추산된다. 이러한 절약 분은 SRES(IPCC Special Report on Emission Scenarios)의 6가지 시나리오 중 B2 Marker scenario와 같은 하나의 중심시나리오와 비교하여 2010과 2020년에 건물의 탄산가스 방출량의 거의 30%에 이른다. | 〈장애〉:<br>■ 선진국에서는 시장구조가 효율성 개선방향으로 이동하지 않고, 인센티브가 잘못 집행되고, 정보가 부족하며,<br>■ 개발도상국가에서는 재정과 기술부족, 정보부족, 전통적 관습, 국가의 가격관리 문제가 있다.<br>〈기회〉:<br>■ 선진국에서는 보다 개선된 시장 접근과 시술 개발, 정보기반, 마케팅, 자원봉사프로그램과 표준들이 이러한 장애를 극복할 것으로 보이며,<br>■ 개발도상국가에서는 적절한 신용기술, 수용가능 건물, 정보기반과 소비자 인식, 사회적 표준, 능력있는 건물의 인센티브, 에너지 산업의 규제완화가 전술한 장애를 극복하는 길이 될 것이다. | 〈서비스산업〉:<br>GHG 방출 감축정책들이 어떻게 수행되느냐에 따라 많은 사람들이 산출하고 고용기회를 획득할 것이나, 일반적으로 그의 증가는 작고, 분산될 것으로 기대된다.<br>〈가정과 비공식분야〉:<br>가정에 대한 GHG방출 감축 정책의 영향은 직접적으로는 가정의 에너지 사용기술과 가격을 통하여 직접 다가오고, 간접적으로는 소득과 고용에 대한 거시 경제적 효과를 통하여 다가올 것이다. 부차적이지만 중요한 이점은 실내와 옥외의 공기품질 개선으로, 특히 개발도상국과 전 세계에 퍼진 도시에서 개선될 것이다. |

(Source: IPCC, 2000, Climate Change 2001, 2005, http://www.grida.no/climate/ipcc_tar/wg3/010.htm)

〈표 5.7-13b〉 각 산업 분야의 기술 선택과 장애 및 생산성에 대한 영향 : <B> 교통 분야

| 기술적 선택 | 장애와 기회 | GHG방출 감축정책의 실천 |
|---|---|---|
| 경량 자동차를 위한 교통기술은 국제적인 R&D 노력으로 결과로, SAR가 예측한 것보다 더 신속하게 발전하고, 하이브리드 전기자동차는 이미 시장에 출시되고, 대부분의 자동차 제조업자들은 2003년까지 연료전지 자동차 도입을 공언하였다. 자동차 기술의 효율성 개선에 대한 GHG방출 감축정책 영향은, 연료가격이나 여행비용을 효과적으로 증가시키는 정책으로 대응하지 않는 한, 리바운드 효과로 어느 범위 이내로 점감될 것이다. 유럽과 같이 높은 연료가격 정책을 채용 하고 있는 국가에서는, 리바운드 효과가 40%까지 크게 일어나고, 미국과 같이 낮은 연료 가격 정책을 채용하고 있는 국가에서는 리바운드 효과가 20%를 넘지 못할 것이다. 이러한 리바운드 효과를 고려할 때, 기술적 조치들은, 지속적인 성장선에 비교하여, 2010년 까지 GHG 방출을 5% - 15%까지 감축시킬 것이고, 2020년까지 15% - 35%까지 감축시킬 것이다. | 〈장애〉:<br>수송기관 제조업자의 리스크(risk)는 교통수단 에서 보다 에너지 효율적인 기술 채용속도에 미치는 중요한 장애인자이다. 상당한 에너지 효율성 기술개선을 달성하는 데는 일반적으로 새로운 생산설비에 수 10억 달러에 달하는 투자 와 함께, 하나의 "clean sheet:라고 하는 자동차의 리디자인이 필요하다. 다른 한편, 소비자에게 돌려주는 효율서의 가치는, 흔히 작기는 하지만, 현재의 연료비절약과 증가된 자동차 구입비 사이의 차이보다 더 커야한다. 기술적 의미에서 현재의 자동차 시장이 수 적으로 매우 적은 몇 개의 제조회사들에 의하여 지배되고 있지만, 전략적 착오가 매우 큰 비용을 초래할 수 있다는 의미에서 그들만이 매우 높은 경쟁성을 갖추고 있다. 마지막으로 수송기관의 향상된 에너지 효율성은 개인적인 수익에서보다 오히려 사회적인 수익형태로 많은 잇 점들이 발생한다. 이러한 이유 때문에, 에너지효율성을 개선하기 위한 기술적 변화를 유도하는 제조업자들의 리스크는 일반적으로 직접적인 시장 수익률보다 높다고 생각된다. 교통 인프라와 자동차 여행에 적용하기 위한 실내 환경개선에 공적이고, 사적인 수많은 투자가 많은 국가에서 교통 양식 변경에 상당한 걸림돌이 되고 있다.<br>〈기회〉:<br>정보기술은 교통 혼잡부터 환경오염까지 교통 시스템의 외생비용을 가격화하는 새로운 기회를 창출하고 있다. 보다 효율적인 가격 화를 실천 하면, 수송장치와 수송 양식구조에 모두 에너지 효율성을 위한 보다 큰 인센티브를 제공 할 수 있다. 교통수단 시장에서 연료 효율적 기술채용을 지연시키는 특혜적 인자들이 자발적 이거나 의무적인 에너지 효율성 규정들이 발효될 수 있는 조건을 창출하고 있다. 잘 조직화된 규정들은 모든 경쟁자가 동일한 규정에 직면하기 때문에 기술적 변화를 시도하는 많은 리스크를 제거하고 있다. 연구한 것마다 자동차의 탄소 소비강도를 개략적 비용 효과 면에서 50%까지 또는 나아가 100% 까지 감축시킬 수 있는 기술이 존재함을 보여주었다. 마지막으로 경량 도로차량에 대한 집중적인 R&D 투자는 하이브리드 열차와 연료전지 기술에서 극적인 개선을 달성하였다. 극적인 수익가능성 때문에, 이와 유사한 노력이 자동차 화물이나 항공로, 철도 및 해양수송기술 쪽으로도 향할 수 있을 것이다. | 교통수요 증가는 그대로 남아 있는데, GHG 방출 감축 정책 들은 제한된 방식으로만 영향을 미치고 있다. 화석탄소 기반 연료를 대체할 유일한 제한된 기회들은 단기 또는 중기 내로 실현될 것이다. GHG 감축 정책의 주요 효과는 모든 교통 양식에서 에너지 효율성을 개선하는 것이 될 것이다. |

(Source: IPCC, 2000, Climate Change 2001, 2005, http://www.grida.no/climate/ipcc_tar/wg3/010.htm)

〈표 5.7-13c〉 각 산업 분야의 기술 선택과 장애 및 생산성에 대한 영향 : **<C> 제조업 분야**

| 기술적 선택 | 장애와 기회 | GHG방출 감축 정책의 수행 |
|---|---|---|
| 공업 분야에서는 GHG방출 감축 방안이 에너지 효율성을 개선이다. 특히 산업화된 국가들에서는 에너지 효율성 개선이 이미 많이 이루어졌으나, 더 심한 감축방아들은 아직도 남아있다. SRES B2와 같은 한 시나리오와 비교할 때, 2010년에는 까지는 300-500MtC/yr가 감축되고, 2020년까지는 700-1,100 MtC/yr가 감축될 수 있다. 이러한 선택 중 많은 부분이 순 비용증가를 가져온다. 일반적으로 공업에서 탄산가스 외의 가스방출은 비교적 적기 때문에 대부분이 수용 가능한 수준 또는 때로는 비용증가에도 불구하고, 85% 이상까지 감축될 수 있다. | 〈장애〉:<br>완전한 비용 가격 화 결핍, 생산비에 비하여 비교한 낮은 에너지 기여도, 생산자와 소비자에 대한 정보부족, 자본과 기능지원의 제한된 이용가능성 등이 제조업 분야에 GHG 감축기술이 침투하는데 핵심 장애물이며, 특히 개발도상국에서는 가장 중요한다.<br>〈기회〉:<br>지방 환경 문제를 강조하는 법률; 특히 만일 정부지원으로 보완될 경우, 자발적 동의, 직접 보조금과 세금 우대신용이 상술한 장애를 극복하는데 성공할 수 있는 접근 방법이다. 표준을 포함한 법률과 보다 개선된 마케팅은 특히 경공업을 위하여 적합 접근방법이다. | GHG 감축정책은 에너지 절약장치를 공급으로 저탄소 기술을 공급하여 이익을 가져다주는 분야와 신기술 채용으로 연료 전환이나 가격 상승을 가져올 수밖에 없는 에너지 집약 분야와 함께, (부분적으로 개인적 소비에서 수요변동으로 야기되는) Annex I 국가에서 제조업의 구조적 변화로 유도되기를 기대하고 있다. 그러나 리바운드 효과는 기대하지 않은 부정적 효과를 야기할 수도 있다. |

(Source: IPCC, 2000, Climate Change 2001, 2005, http://www.grida.no/climate/ipcc_tar/wg3/010.htm)

〈표 5.7-13d〉 각 산업 분야의 기술 선택과 장애 및 생산성에 대한 영향 : **<D> 토지 용도변화와 임업 분야**

| 기술적 선택 | 장애와 기회 | GHG방출 감축정책의 수행 |
|---|---|---|
| 토지이용이나 관리가 대기 중의 탄산가스 농도증가를 감축시킬 수 있는 기본적인 방법은 (a) 보호(protection), (b) 격리(sequestration), (c) 대체(substitution)등 3가지이다. 이 방법들은 서로 다른 패턴을 보여준다. 결국 어느 방법의 선택과 그 방법의 잠재적 효과는 목표 시간 틀 뿐만 아니라 현장의 생산성과 교란의 역사에 따라 달라진다. SAR는 지구적으로 이러한 조치들은 2050년까지 83 - 131GtC(산림에서 60 - 87GtC이고, 농경지토양에서 23 - 44GtC)정도까지 대기 중의 탄소를 감축시킬 수 있을 것이다. 그 후 발표된 연구결과들도 이러한 수치를 대체하지 못하였다. 육지 관리비용은 대안들과 비교하여 매우 낮으며, 윈-윈 전략의 경우, US$0/tC에서 US$12 /tC까지이다. | 〈장애〉:<br>토지용도변경과 임업분야에 포함된 GHG 감축장애에는 자금과 인력 자원 부족과 식량공급과 천연림에서 살아가는 사람 및 목초지로의 전환과 같은 사회적 제한사항을 모니터링하고, 확인하는 정부기관의 능력 부족 등이 포함된다. 열대 국가들에서는 임업활동이 지방 자치단체나 개인적 사유 분야에서는 미미하고, 국가 산림부가 주도적이다. 특히 아프리카와 같은 열대 국가 중 일부에서는, 낮은 작물생산성 때문에, 식량 생산과 연료생산을 위하여 산림이 경쟁하고 있어, GHG 감축 기회를 감소시키는 것 같다.<br>〈기회〉:<br>토이 이용과 임업분야에서는, 기술적 가능성을 실현하기 위하여 필요한 인센티브와 지원 정책이 필요하다. 이러한 감축 정책은 정부 규정 형태로 세금과 보조금, 또는 COP의 의사결정에 따른 그의 실천에 따라 다르지만, 교토의정서에서 제시된 바와 같이 탄소포집과 보존을 위한 시장 지출형태의 경제적 인센티브를 통하여 실현될 수 있다. | GHG 감축 정책들은, 특히 탄소제거와 생물연료 생산을 통하여, 토지이용에 큰 효과를 줄 수 있다. 열대 국가들에서는 대규모 GHG 감축활동 채용이 지속가능한 사회개발에 기여하는 생물다양성 보존과 농촌 고용 창출 및 하천 유역 보호를 유도할 수 있다. 이를 달성하기 위하여서는 산림자원을 관리하는 점부의 역할 감축을 유도하고, 지역 공동체와 제조업을 포함한 공공기관의 변화가 필요하다. |

**〈표 5.7-13e〉** 각 산업 분야의 기술 선택과 장애 및 생산성에 대한 영향 : **<E> 농업 분야**

| 기술적 선택 | 장애와 기회 | GHG방출 감축정책의 수행 |
|---|---|---|
| 지구적으로 농업의 에너지 투입량이 매년 1%정도 증가하고 있는데 비OECD국가에서 가장 높은 반면, 구소련 국가들에서는 감소되었다. -US$50/tC ~+US$150/tC의 투자로 GHG방출을 감축시키기 위한 여러 가지 대안들은 이미 마련되었다. 여기에는 (a) 곡물작물 관리로 탄소 고정량을 증가시키는 방법(2010년까지 125 MtC/yr), (b) 보다 개선된 가축 사양관리에 의한 메탄 방출량 감축(30MtC/yr 이상)과 쌀 생산으로 메탄 방출량감축(7MtC/yr), (c) 농부들의 전통적인 농사방법을 변화시키기 위하여 대부분의 지역에 이미 존재하는 적절한 기술이전과 인센티브에서 경제적인 질소조치 적용과 가축폐기물이용으로 일산화이질소 방출량 감축과 토양 탄소 격리(50 - 100MtC/yr)등이 포함된다. 만일 에너지 작물재배비용이 농작물이 실질적으로 생산한 것보다 경쟁성을 갖춘다면, 화석연료를 대체하는 에너지 작물재배가 좋은 전망을 가지고 있다. 개선된 폐기물 관리는 1990년에 240MtC 당량까지 방출한 것과 비교하여 2010년에 200 MtC까지, 2020년에 320MtC까지 GHG 방출량을 감축시킬 수 있다. | 〈장애〉:<br>농업과 폐기물관리에는 불충분한 R$D 기금, 지적 소유권의 부족, 개발도상국의 국가적 인력자원과 공공기관의 능력 및 정보 부족, 선진국의 경우에는 새로운 사양기술을 채용하기위한 농무들을 위한 인센티브와 정보부족(GHG 감축뿐만 아니라 다른 이점 때문)등이 포함된다.<br>〈기회〉:<br>신용제도의 확대, 연구우선순위의 변경, 전국적인 공공기관의 상호연결 개발, 토양 중 탄소의 거래 화, 식품과 섬유 및 에너지 제품의 통합 등이 상술한 장애물을 극복하는 방법들이다. 모든 조치들은 지속가능한 생산방법으로 향하여 진보하는 것과 연결되어야 한다.<br>에너지작물 재배법 도입은 적합한 토지가 식량생산이나 섬유생산에 완전하게 이용되지 않고, 수자원 확보에 유용한 곳의 토지용도 다양화의 장점을 제공한다. | 〈에너지〉:<br>산림과 토지이용은 재생가능하고, 화석연료를 대체할 수 있는 다양한 고체나 액체 또는 기체연료를 제공할 수 있다.<br>〈산업용 재료〉:<br>산림과 기타 생물재료에서 제조된 제품들은 건축과 포장, 종이, 기타 많은 용도에 사용되고, 흔히 동일한 서비스를 제공하는 다른 대체 재료보다 에너지 집약도가 낮다.<br>〈농업과 토지용도〉:<br>탄소 결기나 탄소관리에 필요한 대형 토지의 임무는 농업과 같은 다른 수요와 갈등하거나 보충할 것이다. GHG 감축은 많은 지역에서 생물연료 생산을 위한 수요증가를 통하여 농업에 충격을 줄 것이다. 농경지에 대한 경쟁증가는 식품가격과 식품과 기타 농산물의 가격을 증가시킬 것이다. |

(Source: IPCC, 2000, Climate Change 2001, 2005, http://www.grida.no/climate/ipcc_tar/wg3/010.htm)

**〈표 5.7-13f〉** 각 산업 분야의 기술 선택과 장애 및 생산성에 대한 영향 : **<F> 폐기물 관리 분야**

| 기술적 선택 | 장애와 기회 | GHG방출 완화정책의 수행 |
|---|---|---|
| 매립지와 석탄층에서 발생하는 메탄가스 이용은 열에너지와 전기생산을 위하여 날로 증가하고 있다. 특히 유럽이나 일본과 같은 몇몇 국가에서는, 종이와 섬유의 리사이클링, 폐기물의 에너지 화 시설에 생물 연료로 폐지를 이용함으로써 폐기물의 에너지 화 시설이 대기오염 저감설비와 함께 보다 효율적이 되고 있다. | 〈장애〉:<br>개발도상국에서는 매립장 가스의 관리나 급속하게 성장하고 있는 시장에서 발생하는 폐기물 감축에 대한 조치가 거의 이루지지 않고 있다.<br>〈기회〉:<br>미국이나 독일과 같은 국가들은 폐기물에서 발생하는 메탄가스를 감축시키거나, 매립지에서 발생하는 메탄을 에너지원으로 이용하는 조건에 대한 특수한 정책들을 가지고 있다. 그의 회수비용은 매립지 메탄의 절반정도가 적자이다. | |

(Source: IPCC, 2000, Climate Change 2001, 2005, http://www.grida.no/climate/ipcc_tar/wg3/010.htm)

〈표 5.7-13g〉 각 산업 분야의 기술 선택과 장애 및 생산성에 대한 영향 : <G> 에너지 분야

| 기술적 선택 | 장애와 기회 | GHG방출 감축 정책의 수행 |
|---|---|---|
| 에너지 분야에서는, 전환효율성 증가와 탄소격리에 의한 생산된 에너지 당 발생하는 GHG가 낮은 일차에너지 사용량 증가 및 GHG 누출 감축 모두 이용 가능한 대안들이다. 석탄층 메탄회수, 석탄 및 가스 화력발전소에서 에너지 효율성 개선뿐만 아니라 열과 전기의 변합 생산과 같은 윈-윈 대안들은 GHG 감축에 도움이 될 수 있다. 경제성장이 지속되는 경우, 에너지 분야의 GHG 통제를 위하여 에너지 효율성 증가만으로는 충분하지 않을 것이다. 생산된 에너지 단위당 방출량을 감축시키는 대안에는 세계적으로 아직 생산된 에너지의 1% 미만으로 생각되지만, 강력한 성장력을 보여주고 있는 새로운 재생가능 형태의 에너지도 포함된다. 청결한 화석에너지를 달성하기위하여, 이들의 적용과 사용을 결정하기 위하여서는 이들 방법의 경제성과 환경적 충격에 관하여 상당한 연구가 아직 필요하지만, 연소로 발생하는 탄산가스 포집과 폐기를 위한 기술들이 제안되어 재생가능 에너지와 경쟁하는 비용에서 상당히 기여할 수 있을 것이다. 원자력 발전과 어느 지역에서는 대규모 수력발전이 GHG 감축에 상당히 높은 기여를 할 것이지만, 비용과 수용가능성 문제에 직면할 것이다. 연료전지의 출현으로 다가오는 10여 년 동안에 에너지 효율성의 평균 증가를 위한 기회 등이 개방될 것으로 기대된다. | 〈장애〉:<br>핵심장애들은 인력자원과 공공기관의 능력, 분산된 소규모의 시스템 투자를 좌절시키는 불완전한 자본시장, 투자수익률에 대한 높은 불확실성, 높은 교역관세, 정보부족, GHG감축기술에 대한 지적 소유권부족 등이다. 재생가능에너지의 경우, 높은 초기 투자비용, 자본에의 접근성 부족, 화석연료에 대한 보조금 등이 핵심 장애물이다.<br>〈기회〉:<br>개발도상국의 경우에는, 에너지 공급과 수용기술에 대한 기회 촉진, 수용 가능한 환경 창조를 통한 기술이전 간편화, 능력 있는 건축, 청결하고 효율적인 에너지기술이전을 위한 적절한 행정 메커니즘 등이 포함된다. 전 과정 비용의 가격 화와 정보 시스템은 선진국에서도 기회를 제공할 것이다. 개선된 기술과 화석연료의 감축 생산과 이용과 연관된 부차적인 이점들도 상당할 수 있다. | ■ 〈석탄〉: 석탄생산과 이용 및 고용은 추가적인 기후정책이 없는 에너지 공급 전망과 비교할 때, 온실가스 감축 정책의 결과로 감소될 것 같다. 그러나 만일 새로운 석탄 생산 정책이 청결한 석탄기술을 권장한다면, 그의 조정비용은 훨씬 낮을 것이다.<br>■ 〈석유〉: 지구적인 GHG 감축정책은 이와 같은 정책이 없는 상황과 비교할 때, 에너지 수출업자들은 실질소득아 감소하면서, 석유의 생산과 교역을 감축시키는 방향으로 유도될 것 같다. 그러나 지구적인 석유 가격에 대한 교토의정서 목표달성의 효과는 시나리오에 흔히 포함 되지 않은 목표 달성에 대한 탄산가스와 유연한 메커니즘들이 포함된 대안들이기 때문에, 많은 모델들이 예측한 것보다 크게 심하지 않을 것 같다.<br>■ 〈천연가스〉: 다음 20년 이상 GHG 감축정책은 지역과 지방 조건에 따라 다르지만, 천연가스 사용에 부정적으로나 긍정적으로 영향을 미칠 수 있다. Annex I 국가들에서는, 석탄이나 석유로부터 발생한 어떠한 에너지 전환도 동력생산을 위하여 천연가스나 재생가능 자원으로 추진될 것이다. 또한 비 Annex I 국가들에서도, 특히 대규모 석탄매장량을 가진 인도와 중국과 같은 국가들의 경우, 에너지 안보와 국재원의 이용가능성을 고려하더라도, 천연가스로 전환할 가능성이 훨씬 높다.<br>■ 〈원자력발전〉: GHG 감축을 위하여 원자력발전의 개발은 그것이 실현되는데 상대적인 비용과 정치적 인자 및 국민들의 수용성에 좌우되더라도, 상당한 기술적인 가능성이 있다.<br>■ 〈재생가능자원〉: 재생가능 자원은 매우 다양하고, GHG 감축의 영향도 기술적 발전 정도에 좌우될 것이다. 그것은 지역적 자원보유량에 따라 좌우될 것이다. 그러나 GHG 감축 정책은 재생가능 자원산업에 보다 큰 시장을 제공하게 될 것 같다. 그런 상황에서는, 재생가능자원에 대한 R$D 비용절감, 성능향상, 자금흐름 증가가 비용절감을 유도하는 응용분야를 증가시킬 것이다. |

(Source: IPCC, 2000, Climate Change 2001, 2005, http://www.grida.no/climate/ipcc_tar/wg3/010.htm)

〈표 5.7-12h〉 각 산업 분야의 기술 선택과 장애 및 생산성에 대한 영향 : **<H> 할로겐화 탄화물**

| 기술적 선택 | 장애와 기회 | GHG 방출<br>감축 정책의 수행 |
|---|---|---|
| HFC(hydrofluorocarbon)방출이 증가하면서 HFC는 오존 고갈 물질을 대신하게 되었다. 2010년의 HFC에 대한 SRES 시나리오와 비교하여 그의 방출량은 US$200/tC의 비용에서 100MtC만큼 많이 감소될 것으로 추산되었다. 예상 감축량의 절반정도는 본 보고서의 연구 기준선보다 높게 잡은 SRES의 기준선으로 야기된 인공적인 수치이다. 나머지는 오염을 통한 방출량 감소, 냉매 회수와 리사이클링, 대체 냉매와 기술 이용을 통하여 달성될 수 있다. | 〈장애〉:<br>지구온난화와 오존층고갈에 연관된 HFC 정책의 미래에 관한 불확실성<br>〈기회〉:<br>새로운 기술개발의 따라 잡는 것 | |

(Source: IPCC, 2000, Climate Change 2001, 2005, http://www.grida.no/climate/ipcc_tar/wg3/010.htm)

〈표 5.7-13i〉 각 산업 분야의 기술 선택과 장애 및 생산성에 대한 영향 : **<I> 토목공학(Geo-Engineering) 분야**

| 기술적 선택 | 장애와 기회 | GHG 방출<br>감축 정책의 수행 |
|---|---|---|
| 해양 생태계와 토질 공학에서 GHG 감축기회에 관하여서는 그의 생 물리학적 시스템뿐만 아니라 많은 종족적, 법률적, 평등성 평가에 대한 인간의 이해정도가 아직 초보단계이다. | 〈장애〉:<br>Geo-engineering에는, 예상할 수 없는 결과에 대한 리스크가 크고, 기온과 강우량의 지역적 분포를 설계하는 것도 불가능하다.<br>〈기회〉:<br>몇 가지 기본적 조사는 적절한 것 같다. | 아직 적용 불가능하다. |

(Source: IPCC, 2000, Climate Change 2001, 2005, http://www.grida.no/climate/ipcc_tar/wg3/010.htm)

# 6장 | 지구촌의 에너지 흐름과 탄소경제학(Carbonomics)

## 6.1. 생태계의 먹이사슬(Food Chain)과 탄소 사이클(Carbon Cycle) 관계

### (1) 탄소 사이클과 생태계의 바이오 에너지(bioenergy) 관계

생태학자들의 연구결과 생태계(Ecosystem)에서 대기 중의 탄산가스를 흡수하여 탄수화물을 광합성하는 녹색식물이 없으면 지구상에 모든 생물들이 존재할 수 없으며, 생명체의 생존과 번영정도가 먹이의 양에 좌우되는 현상을 발견하고, 이를 먹이사슬(food chain)이라 한다. 즉 생태학에서는 동물의 먹이인 탄수화물을 생산하는 녹색식물을 생산자(producer)라 하고, 이를 소비하는 동물을 소비자(consumer)라 하며, 생산자와 소비자의 죽은 시체를 분해하여 탄산가스와 물로 분해시켜 흔적도 없이 자연계로 환원시키는 각종 미생물을 분해자 (decomposer)라고 명명하고, 이러한 먹이관계를 먹이사슬이라 정의한다. 더욱이 탄산가스로 변한 대기 중의 탄소를 추적하면 생명체와 대기 중의 탄산가스는 하나의 원소로 구성되어 하나의 순환을 이루고 있기 때문에 이를 탄소 순환(carbon cycle)이라고 한다. 따라서 생태계(ecosystem)는 밝은 태양 하에서 깨끗한 공기와 맑은 물 사이에서 생산자와 소비자 및 분해자가 공존하여 균형을 이루어 준안정 상태(steady-state)를 이루고 있고, 탄소 화합물들로 구성되어 있기 때문에 유기화합물로 간주된다.

이러한 유기물은 자연계에서 다량 생산되지만 소비자인 동물, 특히 인간은 열매에 저장된 전분과 지방 및 단백질만을 먹이로 하기 때문에 식물체 모두가 소비자의 먹이가 될 수 없다. 따라서 식량이 될 수 있는 전분을 다량 생산하는 식물종을 선발하여 집중적으로 재배하는 농업이 수 1000년 전에 발생하였다. 그러나 생태계가 파괴된 아프리카에서는 식량부족으로 기아와 기근이 지금도 발생하고 있으며. 유전공학의 발달로 유전자조작(Gene Manipulation)으로 부족한 식량을 해결하고자 농작물을 개발하였으나 매일 같이 먹어야 하는 식품이 유전자조작식품(GMO: gene manipulated organism)의 경우 인체에 미치는 영향을 몰라 GMO 농산물의 유통을 저지하기도 한다.

특히 국제 에너지처(International Energy Agency: IEA, 1995, Carbon Dioxide Utilization, 2000, http://www.ieagreen.org.uk/sr4p.html)에 따르면 현재까지 알려진 탄산가스 이용기술은 (1) 화학적으로 이용하는 각종 환원법과 탄산가스 고분자 합성기술, (2) 석유채굴 보조제이용, (3) 수생식물의 광합성을 이용한 직접이용, (4) 다년생 임목에 의한 간접적 이용방법이 유망하고, 기후변화에 대한 보다 현명한 선택의 부제가 달린 탄소 제거 방법과 정책을 발표한 넬슨(R. Nelson, 2001, Carbon Sequestration - A Better Alternative for Climate Chanage?, 2001, http://www.piaf.umd.edu/faculty/papers/nelson/nelson.html)은 미국에서 대기 중에 방출한 탄소량이 매년 15.5억 톤에 이르는데 교토프로토콜에서 2010년까지 감축하여야 하는 온실가스 감축량을 기준하면, 매년 5.77억 톤의 탄소를 감축하여야 하기 때문에 상원에서 비준되면 미국만이 매년 제거 가능한 탄소량이 교토 프로토콜(Kyoto Protocol) 목표량보다 많을 수 있으며, 탄산가스 제거방법에 따라 제거가능 탄소량으로 환산하면 (1) 농업에서 0.88~2.32억 톤으로 15~40%, (2) 카본 뉴트랄(Carbon Neutral)인 Biomass 연료의 생산과 연료 이용 시스템이 1.36~2.18억 톤으로 24~38%에 이르며, (3) 화력발전소에서 포집 제거할 수 있는 배출 탄소량이 3.47~4.17억 톤으로 60~72%, (4) 임업을 통한 제거량이 0.4~0.6억 톤으로 7~10%에 이른다고 한다.

따라서 (1) 각종 탄산가스 제거 방법들이 미국 전체의 기후변화 전략으로 통합되어야 하고, (2) 대체 기술 연구에 대한 재정지원수준을 실질적으로 증가 시켜야 하며, (3) 미국은 적정한 데모 프로젝트를 포함하여 다양한 탄소제거 R&D에 더 많은 지원을 해야 하고, (4) 기준선 예측과 누락분의 정산기술을 포함하여 세계적 탄소 제거능력 변화에 대한 적절한 회계방법을 개발하여야 하며, (5) 탄소제거의 중요한 부분으로 미래의 국제적 탄소 트레이딩 부분을 포함하여 교토프로토콜이나 그에 따른 국제협약과의 통합지원을 지속하여야 한다고 권장하고 있다.

예를 들어 우리나라 산림청(1989)에 따르면 북반구의 33°N에서부터 43°N사이에 남북으로 놓여있는 한반도는 연평균강우량이 500~1,500㎜이고, 연평균기온이 5℃~14℃범위이나 산림대는 연평균기온이 14℃ 이상인 35°N이남의 남해안과 제주도는 난대림(暖帶林)지대에 속하여 화외나무, 녹나무, 가시나무, 비자나무, 층층나무 등의 상록 활엽수림이 자생하고, 연평균기온이 6℃~13℃에 달하는 35°N~43°N의 한반도는 온대림(溫帶林)지대에 속하여 졸참나무, 박달나무등 낙엽활엽수림이 특징수종이나 대부분이 파괴되어 조림한 것으로 소나무 림으로 변하였으며, 연평균기온이 5℃ 이하인 북한의 고원고지대는 한대림(寒帶林)에 속하여 가문비나무, 분비나무, 잣나무, 전나무와 같은 상록 침엽수림이 특징이다.

또한 표고 차에 따른 수직분포는 제주도 한라산의 경우 표고 600m 이하는 난대림에 속하나 표고 600~1,500m사이는 온대림이며, 1,500m 이상은 한대림이며, 중부지방에 속하는 지리산, 설악산, 금강산에는 난대림이 나타나지 않고, 표고 1000~1,300m 이상에서 한 대림이 나타나며, 낭림산과 백두산에서는 표고 900m 이상에서만 한대림이 나타난다.

그러나 연평균기온이 △T = 1℃ 증가하면 식물 분포가 북쪽으로 200km 정도 북상하는 점을 고려할 때 우리나라의 연평균 기온이 3℃상승하면 현재 전남 광주를 지나는 35°N을 북방한계선으로 하고 있는 난대림 선단이 600㎞북진하여 평양이나 신의주에 이르러 대부분의 한반도가 아열대의 상록 활엽수림 지대가 되고, 만주와 시베리아 지방은 벼농사를 지을 수 있어 유리할 수도 있으나 반대로 북극지방을 뒤덮고 있는 빙하가 녹아 호수로 변하고, 늘어난 해수가 한반도 해안에 이르러 저지대를 침수시키는 자연 재해가 발생할지도 모른다.

더욱이 용수가 충분하더라도 황무지에서 현재의 산림상태를 이루려면 100~200년간 방치되어야 현재와 같은 산림생태계가 얻어지므로 한반도의 기후변화 속도에 근사한 새로운 산림 생태계가 복원되지 않으면 갑작스런 이상기후 발생으로 지금까지 가꾸어 놓은 항만과 도시 및 공장이 파괴될 수도 있다. 따라서 지구 온난화에 대한 피해 예방을 위하여 선진국들은 심각하게 연구하고, 예방하는 방법을 찾고 있다.

반대로 기후변화가 지구 냉각화로 진행된다면, 더 큰 나쁜 영향을 미치게 될 것이다. 즉 전술한 민족 이동루트에서 본 바와 같이 평균기온보다 3℃만 낮아져도 백두산 중턱의 북방한 대림선단이 서울에 이르고, 북극의 빙하 전선이 백두산에 이르게 되어 황해가 다시 결빙되는 단군이전 시대의 기후로 되돌아갈지도 모른다.

따라서 Rio 환경 정상 회담이후 기후변화를 예방하기 위하여 화석연료를 대체할 환경 친화적인 에너지 자원개발에 연구개발을 집중하고 있다. 즉 전술한 바와 같이 지구촌에 공급되는 에너지는 우주공간에 방사되는 태양광 에너지를 지구가 차단 에너지이기 때문에 태양이 존재하는 한 지속가능하고, 화석연료에서 얻은 에너지를 태양에너지를 이용한 광 전지기술, 태양열주택, 태양열 발전, 풍력발전, 수력발전, 조력발전과 같은 해양에너지 이용기술개발, 바이오에너지 이용 등 다양한 면에서 연구가 집중되어 현재에는 실용화에 이르렀다.

또한 지하에 매장된 석유와 석탄을 채굴하여 연료로 사용하면 연소하여 자동적으로 대기중의 탄산가스 함량이 증가하여 기후변화를 초래하지만 화석연료 소각으로 증가된 대기 중의 탄산가스는 광합성 하는 녹색식물을 증식하여 대기 중의 탄산가스를 제거하고, 생산된 식물체를 연료로 사용하는 생태계의 먹이사슬이 하나의 사회시스템을 구성하여 탄소평형을 이루면 기후변화와 같은 환경재앙을 제거할 수 있을 것이다.

### (2) 생물의 종류와 먹이 사슬(Food Chain)

한편 인간의 종류는 하나이지만 평등하다는 인권이 강조되면서 현재 60억에 이르지만 자연계의 다른 생명체와 마찬가지로 생로병사(生老病死)의 과정을 거치고, 죽기 전에 자신과 똑같은 새로운 분신을 생산하여 씨족(tribe)을 유지한다. 따라서 생물학자들은 그의 형태와 기능 및 생명주기를 조사하여 차이점과 다른 점을 비교하여 종(species)으로 구분한다.

한편 인간의 종류는 하나로서 인권을 강조하여 평등하고 하나 자연계에 존재하는 모든 생명체는 생로병사(生老病死)의 과정을 거치고, 죽기 전에 자신과 똑같은 새로운 분신을 생산

**〈표 6.1-1〉** 린네(Linne)의 분류체계에 따른 생물계의 종류

| Kingdom | Structural Organization | Method of Nutrition | Types of Organisms | Known soecies |
|---|---|---|---|---|
| **Monnera** | small, single eukaryotic cell (Nucleus is enclosed by a membrane); some form chains or mats. | absorb food | bacteria, blue-green algae, and spirochetes | 10,000+ |
| **Protista** | large, single eukaryotic cell (nucleus is enclosed by a membrane); some form chains or colonies. | absorb, ingest, and /or photosynthesize food | protozoans and algae of various types | 250,000+ |
| **Fungi** | multicellular filamentous form with specialized eukaryotic cells | absorb food | funguses, molds, mushrooms, yeasts, mildews, and smuts | 100,000+ |
| **Plantae** | multicellular form with specialized eukaryotic cells; do not have their own means of locomotion | photosynthesize food | mosses, ferns, woody and non-woody flowering plants | 250,000+ |
| **Animalia** | multicellular form with specialized eukaryotic cells; have their own means of locomotion | ingest food | sponges, worms, insects, fish, amphibians, reptiles, birds, and mammals | 1,000,000+ |
| ※ NOTE: A growing number of researchers now divide the Monera into two distinct kingdoms: Eubacteria (the true bacteria) and Archaebacteria (bacteria-like organisms that live in extremely harsh anaerobic environments such as hot springs, deep ocean volcanic vents, sewage treatment plants, and swamp sediments). Viruses, prions, and other non-cellular entities are not included in the five kingdoms. | | | | |

(Source: D. O'Neil, 1998, Classification of the Living Things, 2002, http://anthro.palomar.edu/animal/table_kingdoms.htm)

하여 종족(tribe)을 유지한다. 따라서 생물학자들은 그의 형태와 기능 및 생명주기를 조사하여 동일종(species)인가 아니면 다른 종인가를 식별한다.

오네일(D. O'Neil, 1998, Classification of the Living Things, 2002, http://anthro.palomar.edu/animal/table_kingdoms.htm)에 따르면 지구상에 존재하는 생물은 〈표 6.2-1〉과 같이 대략 5가지 그룹으로 나누어지고, 그 중에서도 자신의 생명을 유지하기 위하여 광합성하여야 하는 식물 종수는 25만종 정도에 불과하다고 한다.

이들 생물들은 주변 환경 조건과 상호 작용하면서 하나의 먹이사슬로 연결되어 있어 식물을 제외한 모든 생물들은 식물이 광합성한 탄수화물을 식량으로 이용하거나 다른 생물을 잡아먹어야 하는 먹이피라미드를 형성하고 있기 때문에 세월에 따라 먹이 때문에 진화된 것으

로 보인다.

따라서 생물 종 하나라도 멸종되면 먹이가 되는 하등생물이 번성하여 인구수가 급격하게 증가하기 때문에 결국에는 식량부족으로 골육상쟁하는 현상을 관찰할 수 있다. 즉 호주대륙에 유대류 동물이 번성한 것은 그를 먹이로 하는 육식동물이 없기 때문이라고 한다.

이들은 또한 자생지역의 기후조건에 따라 수생(aquatic) 생물, 사막(deserts) 생물, 초원(grassland) 생물, 산림(forest) 생물 및 툰드라(tundra) 생물군으로 구분되고, 인간의 분류학적 위치를 보면, <표 6.1-2>과 같다.

또한 세계 자원연구소(World Resources Institute: WRI ; 2000, http://www.igc.org/wri/biodiv/f01-key.html)에 따르면 생물계를 구성하는 생명체들을 생물학적 특성에 따라 동질성과 이질성을 식별하여 이름을 붙이는 분류체계(Taxonomy)에 따라 군(群: Kingdom), 문(門: Phylum), 강(綱: Class), 목(目: Order), 과(科: Family), 속(屬: Genus), 종(種: Species)으로 구별하여 각각의 생물종을 조사한 결과 최근 밝혀지고 있는 바이러스(Virus)를 제외하면 식별된 박테리아 등의 단세포 생물군(Monera)이 4,760여종, 원생 생물군(Protoctist)중 유글레나 같은 원생동물이 30,800여종, 스폰지류 5,00여종, 이끼류 26,900여종, 버섯과 같은 균류군(Fnugs)이 46,983여종, 식물군(Plantae)이 248,418종, 동물군(animal)에서 비척추동물중에는 히드라류 9,000여종, 스타피시류 6,100여종, 연체동물류 50,000여종, 지중벌레류 12,000여종, 편형벌레류 12,200여종, 원형 벌레류 12,000여종, 갑각 동물류에서는 비 곤충류가 123,151여종이고, 곤충류가 751,000여종이고, 척추동물 중에는 파충류 6,300여종, 양서류 4,184여종, 물고기류 19,058여종, 새 종류 9,060여종, 포유동물 4,000여종으로 총 140여만 종이 구분되었고, 그중 절반이 곤충류이나 영국의 초등 교사용 자

**<표 6.1-2>** 인간의 분류학적 위치

| | |
|---|---|
| Kingdom: | Animalia |
| Phylum: | Chordata |
| Subphylum: | Vertebrata |
| Class: | Mammalia |
| Subclass: | Theria |
| Infraclass: | Eutheria |
| Order: | Primates |
| Suborder: | Anthropoidea |
| Superfamily: | Hominoidea |
| Family: | Hominidae |
| Genus: | Homo |
| Species: | sapiens |

습교재(2000, http://www.le.ac.uk/education/centres/sci/selfstudy.html)에는 1,200만 종에서 1억 종이 존재할 것으로 추정하고 있다.

### (3) 생물의 종 다양성(Biological Diversity)과 먹이 피라미드(Food Pyramid)

그러나 생태계를 구성하는 상술한 생명체들은 지구의 형성과정을 통하여 출현한 생물들로서 그의 생존조건을 살펴보면 탄수화물을 광합성 하는 녹색식물이 존재하여야 존재 가능하다. 따라서 자연계에서 무기 영양분을 흡수하여 탄수화물을 광합성 하는 녹색식물을 생산자(Producer)라고 하고, 광합성된 탄수화물을 먹이로 하는 동물과 다른 생물들을 소비자(Consumer)라고 하며, 식물을 먹이로 한 동물들이 자신에게 적합한 단백질을 생합성하는 다양한 생명체로 진화하였으나 지구상에 출현한 모든 생명체들은 생로병사(生老病死)하여 수명(lifespan)을 다하면 죽은 시체들이 모두 각종 미생물에 의하여 탄산가스와 수분 및 질소로 분해되어 다시 자연으로 되돌아가게 만들기 때문에 이들 미생물을 분해자(Decomposr)라고 부른다. 따라서 이러한 먹이관계를 연결하여 생태계의 먹이사슬(Food Chain)이라 부른다. 그러나 이러한 생태계는 〈그림 6.1-1〉에 나타낸 바와 같이 태양에너지를 근간으로 생존하고, 광합성을 고정된 태양에너지를 효율적으로 이용하는 시스템으로 진화한 것 같다.

또한 각종 생물체들은 하등생물을 먹이로 하여 일생을 보내면서 자신과 동일한 후손을 낳아 그의 종을 보존하고 있다. 이때 하등생물을 먹이로 이용하는 고등생물은 〈그림 6.1-2〉에 나타낸 바와 같이 하등생물 중에 함유된 에너지를 모두 전달받아 보존하는 것이 아니라 90% 이상을 분해시켜 생존활동에 필요한 에너지원으로 분해 이용하고, 나머지 10% 이하만 자기

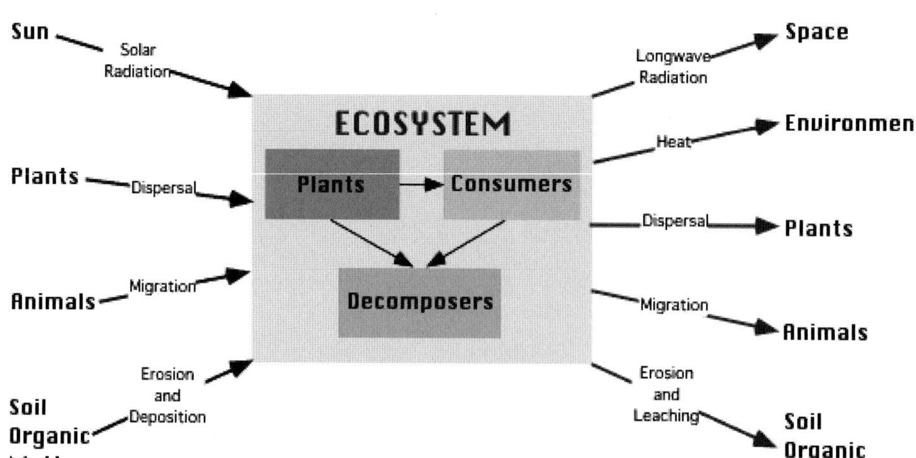


**〈그림 6.1-1〉** 생태계의 구성과 에너지 흐름 (energy flow)

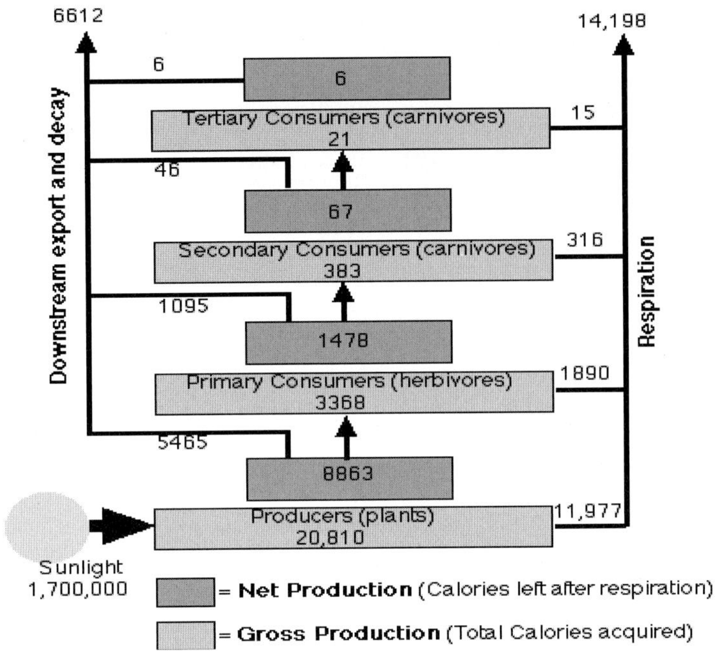


**〈그림 6.1-2〉** 생물종에 따른 먹이 선호도 관계

몸의 구성하는 성분으로 이용한다. 따라서 10% 먹이피라미드법칙이라고도 부른다. 즉 고등생물의 먹이의 기호에 따라 먹이로 하는 하등생물의 종이 다르고, 먹이중의 에너지 이용 효율도 다르기 때문에 생물종이 다양하게 발생한다. 따라서 에너지 이용 효율성으로 체계화된 〈그림 6.1-3〉과 같은 구조를 먹이 피라미드(Food Pyramid)라 한다.

즉 태양광 에너지를 흡수 고정하는 녹색식물체의 바이오메스량은 수광(受光)한 태양 에너지양의 1/100~1/1,000 이하에 불과하고, 광합성 된 탄수화물을 먹이로 하는 초식동물의 바이오메스는 먹이로 소비한 탄수화물 양의 1/10 이하이며, 하등동물을 먹이로 하는 상급 육식동물의 바이오메스량은 그보다 더 작아, 먹이로 소비한 하등동물 양의 1/10 이하가 되기 때문에 10% 법칙이라고도 말한다. 이러한 현상은 분해자인 미생물의 경우도 마찬가지인데 동물을 먹이로 하는 미생물들은 인구수(population)가 많지만 크기가 작아져 생명종별 총량은 대략 같은 비율을 유지하고 있는 것으로 보인다.

환언하면 모든 생물의 먹이를 생산하는 녹색 식물계는 에너지 이용 면에서 생태계의 근간을 이루기 때문에 가장 많은 수량을 흡수하여 탄수화물을 합성하여야 생태계가 보존된다. 따라서 식물을 먹이로 하는 동물들은 열역학 제 2 법칙에 따라 에너지를 이용하기 때문에 종류는 많지만 개체수(population)는 적으며, 몸체가 적은 하등생물일수록 개체수가 많아진다고 한다.

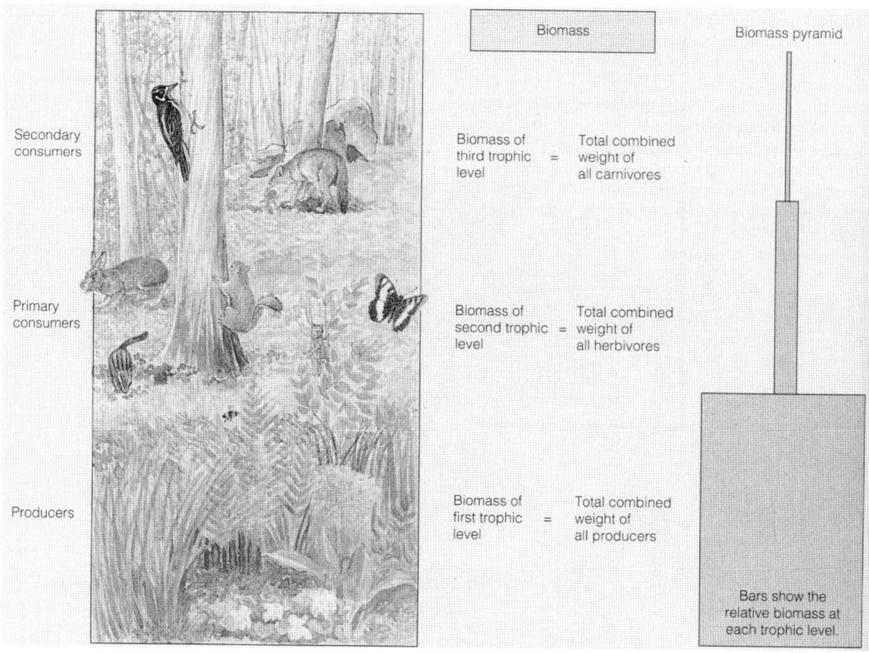


**〈그림 6.1-3〉** 생태계의 먹이사슬

(Source: D. D. Chiras, 1998, Environmental Science - A System Approach to Sustainable Development -, Wadsworth Publ. N.Y., p66)

따라서 자연 생태계는 먹이의 특이성 때문에 생물종이 다양하게 진화하여 현재와 같은 동물계와 식물계 및 미생물계를 구성하고, 동물로부터 진화한 인간이 살아남으려면 다양한 먹이와 생약을 확보하여야 하기 때문에 지속가능한 인간사회를 구축하기 위하여서는 지속적으로 반복 생산되는 후손들이 사용할 수 있는 생물종을 보존하여야 한다는 결론이다.

### (4) 지구촌의 연간 광합성량과 식물 바이오메스(biomass)

한편 하이테커와 리켄(Whittaker, R.H. & Likens, G.E.,(1975) The Biosphere ans Man, in "Primary Productivity of the Biosphere", ed. by H.Lieth and R.H.Whittaker, Springer-Verlag, Berlin, pp.305-328)의 조사결과에 따르면 지구촌의 광합성량은 〈표 6.1-3〉에 나타낸 바와 같이 현재 149 억ha의 육지면적에서 산림 생태계에 비축된 바이오메스량은 18,370 억ton이고, 순 연간 광합성량이 1,175 억ton이며, 평균 0.78 kg/㎡/yr이나 양극지방에서부터 적도까지 퍼져 있는 49 억ha의 산림 생태계에는 16,500 억ton의 바이오메스가 비축되어 있고, 연 평균 1.42kg/㎡/yr이 비축되어 연간 803 억ton이 생산된다고 한다. 따라서 산림생태계는 초원이나 농경지보다 더 많은 광합성으로 비축하며, 평균 16 ton/ ha/yr를 바이오메스로 비축한 셈이다.

또한 초원과 농경지는 가축사료와 전분식량을 생산하기 때문에 동일한 광합성 과정이지만 목재보다 고 부가 가치 제품을 생산하기 때문에 경제적으로 중요하다. 즉 1kg의 단백질생산에 7kg의 곡물이 소비되는 축산업의 특징을 고려할 때 단백질생산에 목장을 구성하는 초원과 농작물은 식량생산에 중요한 식물자원이다.

특히 기후변화를 통하여 형성된 지구촌의 생태계는 녹색식물의 광합성을 통하여 조성된 대기 성분과 함께 물질과 에너지를 주고받으면서 공진화하여 현재에 이르렀다는 가이아의 가설에 따르면 현재 제4 간빙기에 속하는 우리는 자연스럽게 진화할 것으로 판단되나 산업혁명이후 갑자기 증가한 자본주의 경제 활동으로 단시간에 과도한 탄산가스를 방출함으로서

**〈표 6.1-3〉** 생태계의 순 광합성량과 특성

| ecosystem type | | area ($10^6$ $km^2$) | net production (dry matter) | | | biomass (dry matter) | | | chloro-phyll | | leaf-surface | |
|---|---|---|---|---|---|---|---|---|---|---|---|---|
| | | | range ($g/m^2/yr$) | mean ($g/m^2/yr$) | total ($10^9 ton/yr$) | range ($kg/m^2$) | mean ($kg/m^2$) | total ($10^9$ ton) | mean ($kg/m^2$) | total ($10^6$ ton) | mean ($m^2/m^2$) | total ($10^6$ $km^2$) |
| forest | tropical rain | 17.0 | 1000-3500 | 2200 | 37.4 | 6-80 | 45 | 765 | 3.0 | 51.0 | 8 | 136 |
| | trop. seasonal | 7.5 | 1000-2500 | 1600 | 12.0 | 6-60 | 35 | 260 | 2.5 | 18.8 | 5 | 38 |
| | temper. evergreen | 5.0 | 600-2500 | 1300 | 6.5 | 6-200 | 35 | 175 | 3.5 | 17.5 | 12 | 60 |
| | temper. deciduous | 7.0 | 600-2500 | 1200 | 8.4 | 6-60 | 30 | 210 | 2.0 | 14.0 | 5 | 35 |
| | boreal | 12.0 | 400-2000 | 800 | 9.6 | 6-40 | 20 | 240 | 3.0 | 36.0 | 12 | 144 |
| wood- & shrubland | | 8.5 | 250-1200 | 700 | 6.0 | 2-20 | 6 | 50 | 1.6 | 13.6 | 4 | 34 |
| savana | | 15.0 | 200-2000 | 900 | 13.5 | 0.2-15 | 4 | 60 | 1.5 | 22.5 | 4 | 60 |
| temperate grassland | | 9.0 | 200-1500 | 600 | 5.4 | 0.2-5 | 1.6 | 14 | 1.3 | 11.7 | 3.6 | 32 |
| tundra & alpine | | 8.0 | 10-400 | 140 | 1.1 | 0.1-3 | 0.6 | 5 | 0.5 | 4.0 | 2 | 16 |
| desert & scrub | | 18.0 | 10-250 | 90 | 1.6 | 0.1-4 | 0.7 | 13 | 0.5 | 9.0 | 1 | 18 |
| extr. desert/rock/sand/ice | | 24.0 | 0-10 | 3 | 0.07 | 0.0-0.2 | 0.02 | 0.5 | 0.02 | 0.5 | 0.05 | 1.2 |
| cultivated land | | 14.0 | 100-4000 | 650 | 9.1 | 0.4-12 | 1 | 14 | 1.5 | 21.0 | 4 | 56 |
| swamp & marsh | | 2.0 | 800-6000 | 3000 | 6.0 | 3-50 | 15 | 30 | 3.0 | 6.0 | 7 | 14 |
| lake & stream | | 2.0 | 100-1500 | 400 | 0.8 | 0.0-0.1 | 0.02 | 0.05 | 0.2 | 0.5 | - | - |
| TOTALCONTINENTAL: | | 149 | - | 782 | 117.5 | - | 12.2 | 1837 | 1.5 | 226 | 4.3 | 644 |
| open ocean | | 332 | 2-400 | 125 | 41.5 | 0.0-0.005 | 0.003 | 1.0 | 0.03 | 10.0 | | |
| upwelling zone | | 0.4 | 400-1000 | 500 | 0.2 | 0.005-0.1 | 0.02 | 0.008 | 0.3 | 0.1 | | |
| Continental shelf | | 26.6 | 200-600 | 360 | 9.6 | 0.001-0.04 | 0.001 | 0.27 | 0.2 | 5.3 | | |
| algal beds & reefs | | 0.6 | 500-4000 | 2500 | 1.6 | 0.04-4 | 2 | 1.2 | 2.0 | 1.2 | | |
| estuaries(excl.marsh) | | 1.4 | 200-4000 | 1500 | 2.1 | 0.01-4 | 1 | 1.4 | 1.0 | 1.4 | | |
| TOTAL MARINE | | 361 | - | 155 | 55.0 | - | 0.01 | 3.9 | 0.05 | 18.0 | | |
| FULL TOTAL | | 510 | - | 336 | 172.5 | - | 3.6 | 1841 | 0.48 | 243 | | |

(Source: Whittaker, R.H. & Likens, G.E.,(1975) The Biosphere ans Man, in "Primary Productivity of the Biosphere", ed. by H. Lieth and R.H.Whittaker, Springer-Verlag, Berlin, pp.305-328)

기후변화를 초래하고 있기 때문에 현재의 환경 교란이 어느 때 어떻게 인류에게 다가 올지 모른다고 한다. 따라서 인류가 생존하고 있는 지구촌의 입장에서 생태계의 먹이를 충분히 공급하여 먹이 전쟁이 없고 인권이 존중되는 평화로운 지구촌이 되도록 녹색식물의 광합성 능력을 조절하는 것이 중요하다는 결론이다.

따라서 녹색의 광합성자원을 중심으로 한 바이오에너지(Bioenergy)의 흐름과 메커니즘을 이해하고, 이를 조절하는 인간의 노력이 필요하다. 즉 먹이사슬로 연결된 생태계와 환경의 상호작용을 파악하고, 이를 조절하여야 기후변화로 초래될지도 모르는 재난을 예방할 수 있을 것이다.

그러나 이러한 연간 생산을 위하여서는 인류가 소비하는 연간 총 에너지양의 8배에 달하는 태양에너지를 고정하고, 그 중에서도 순 광합성량이 가장 많은 산림 자원(Forest Resources)이 중요하다는 것을 보여준다. 또한 키가 큰 임목(trees)으로 구성된 산림자원은 키 큰 나무 밑에 작달막한 나무와 초본 류가 하층 식생을 구성하고, 이를 먹이로 하는 다양 동물들이 번성하며, 토양 중에는 각종 시체를 산화 분해시키는 미생물들이 존재하여 하나의 역동적(dynamic)인 생태계(Ecosystem)를 구성하고 있다.

1975년 필자가 계산한 결과는 현재의 생태계가 식량을 포함한 세계 총 에너지 소비량의 12배를 광합성하고 있었으나 최근 피멘텔(D. Pimentel, 1994)의 계산에 따르면 순 광합성량이 총 에너지 소비량의 8배정도로 계산된 점을 고려할 때 과거 25년 동안에 산림자원이 다량 벌채되어 감소하였음을 보여주나 석유와 원자력 발전사용이 급격히 증가한 점을 고려할 때 식물 생태계의 태양 에너지 고정량이 크게 감소되지 않았음을 보여 주고 있다.

한편 최근 지구 변화 강좌를 개설한 미국 미시간 대학(2000, http://www.sprl.umich.edu/GCL/paper_to_html/trophiclevels.html)에 따르면 지구 표면적 510 억ha중 147 억ha의 육지에서 연간 132.1 Gton의 바이오 메스를 광합성하고, 육지면적의 21%에 해당하는 산림에서 48.7Gton을 광합성 하여 육지 순 광합성 양의 37%를 광합성하고 있다.

또한 전술한 하이테커와 리켄(1975)에 따르면 비축된 총 바이오메스량이 1837 billion ton이고, 여기서 연간 광합성 한 수량이 117.5 billion ton에 이르기 때문에 연간 6.4%씩 증가하는 셈이다. 그러나 산림생태계는 1,650 billion ton의 바이오메스가 연간 73.9 billion ton을 생산하기 때문에 4.5%에 불과하였다.

또한 카스팅(J. F. Kasting, 1998)은 현재 연간 화석연료로 소각하는 탄소가 5.5 GtC/yr이고, 열대림파괴가 1.6 GtC/yr에 이르러 총 7.1 GtC가 소각되어 탄산가스를 발생하는데 반해 측정이 용이한 탄소고정은 대기 중에 남는 3.3 GtC/yr와 대양이 흡수하는 2.0 GtC/yr를 제외하면 1.8 GtC/yr가 측정 곤란한데 산림자원의 연간성장량 0.5 GtC/yr를 고려하여도 1.3 GtC/yr가 농업용 비료나 기후 변화 등에 영향을 미치는 것으로 계산된다고 한다. 또한 그는 지하에 매장된 화석연료는 4,000 GtonC의 석탄과 500 GtonC의 석유 및 500 GtonC의 천연가스를 합하여 총 5,000 GtonC가 매장되어 있으나 자연계가 함유하는 42,000 GtonC의 12%에 불과하여 머지않는 장래에 고갈되기 때문에 지구촌의 생태계를 보존하여 인간이 태어난 시기의 자연환경으로 복원하려면 기후변화가 문제라고 한다.

### (5) 생태계의 공간 구성과 공익적 기능(共益的 機能)

한편 코더(R. D. Coder, 1996, Identified Benefits of Community Trees and Forests, 2006, http://www.marshalltrees.com/upload/articles_files/art_31attached_file.pdf)에 따르면, 〈표 6.1-4〉에 나타낸 바와 같이 서식지 주변의 삼림자원은 (1) 기온과 에너지 이용, (2) 공기 질 개선, (3) 생수자원과 수질, (4) 소음차단, (5) 경제사회 및 심미적 이점 등으로 구분하여 이용방법에 따라 달라지는 유익한 점을 수량적으로 제시하고 있다.

특히 목재를 생산하는 산림은 전술한 바와 같이 키가 큰 나무들로 구성되기 때문에 〈그림 6.1-4〉에 나타낸 바와 같이 태양광 에너지를 입체적으로 수광(受光)하기 때문에 다른 어떤 식물보다 연간 순 광합성량이 많고, 수 10년간 비축하면, 거대한 토목건축용 목재를 생산할 뿐만 아니라 하층식생이나 동물에게 쾌적한 환경을 제공한다.

즉 키가 큰 나무는 〈그림 6.1-5〉에 나타낸 바와 같이 인체에 해로운 자외선을 포함하고 있는 태양광선을 차단하여 직접 받는 수광부위와 그늘부위의 온도 차를 발생하여 나무 밑의

**〈표 6.1-4〉** 지역 공동체 소유 산림의 나무와 숲의 공익적 특성

| OUTLINE OF SELECTED BENEFLTS | |
|---|---|
| Environmental Benefits | |
| Temperature and Energy Use | Noise Abatement |
| Shede | Glare Reduction |
| Wind Control | Animal Habitats |
| Active Evaporation | Economin / Social / Psychological Benefits |
| Air quality | Economic Stability |
| Oxygen Production | Property Values |
| Pollution Reduction | Product Production |
| Carbon Dixoide Reduction | Aesthetic Preferences |
| Hydrology | Visual Screening |
| Water Run-Off | Recreation |
| Water Quality / Erosion | Health |
| | Human Social Issues |

(Source: R. D. Coder, 1996, Identified Benefits of Community Trees and Forests, 2006, http://www.marshalltrees.com/upload/articles_files/art_31attached_file.pdf)

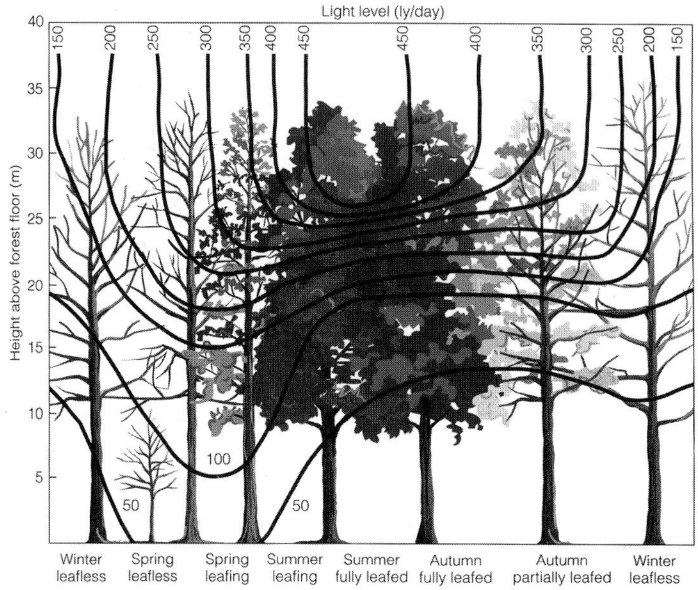


**〈그림 6.1-4〉** 산림을 구성하고 있는 임목의 형태와 높이별 수광량 변화

(Source: R. L. Smith & T. M. Smith, 1998, Elements of Ecology, Longman, N.Y., p.49)

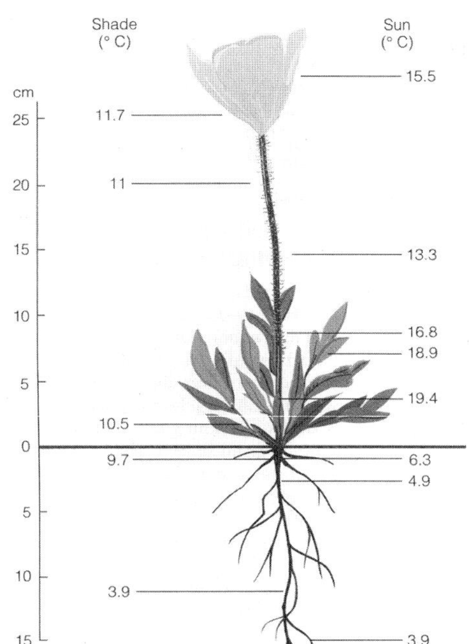


**〈그림 6.1-5〉** 키가 큰 식물의 높이와 그늘부위의 온도차이

(Source: R. L. Smith & T. M. Smith, 1998, Elements of Ecology, Longman, N.Y., p.58)

미시기후(microclimate)를 조절하기 때문에, 태양광이 작열하는 여름에는 수관(樹冠: crown) 폭만큼 그늘을 제공하여 서늘한 미시기후를 만들고, 광합성의 부산물로 발생한 산소는 공기질을 개선하며, 또한 바람의 세기에 따라 다르나 키가 큰 나무는 자신의 키보다 30배에 달하는 범위까지 바람을 막아주는 방풍효과를 제공하여 추운 겨울에도 나무 밑의 미시기후(microclimate)를 온화하게 만들어 주며, 땅속 깊이 침투하는 나무뿌리는 토양에 공기를 공급함과 동시에 나무줄기를 따라 흘러내리는 빗물을 토양속으로 보내기 때문에, 지하수자원을 보충해준다. 따라서 키가 큰 나무들로 구성된 삼림 생태계의 미시기후는 각종 미생물뿐만 아니라 키가 작은 식물과 동물들의 서식처를 만들어준다.

이러한 산림생태계의 미시기후는 숲속마을이나 도시에도 마찬가지로 만들어준다. 즉 크기에 따라 다르지만 숲속의 마을이나 도시는 사막이나 독나지에 건설된 도시보다 인간생활에 쾌적하고, 기후가 온화하기 때문에, 도시공원과 임업이 활발하게 전개되고 있다.

특히 우리나라의 도시는 서양과는 달리 이미 형성된 산림자원을 벌채하여 개활지를 만든 다음, 독나지에 도시나 마을을 건설하고 있으나 유럽이나 미국에서는 인간이 살고 있는 도시나 마을주변에는 항상 기념비적인 거대한 나무들로 둘러 싸여 숲을 이루고 있는 점이 다르다. 이는 아마도 천혜의 자연환경을 갖춘 우리나라는 도시건설에서 숲의 중요성을 무시하는 것이 아닌가 생각된다.

## 6.2. 대기 중의 탄산가스 농도와 탄소 사이클(Carbon Cycle)

### (1) 대기의 화학적 조성과 탄산가스($CO_2$) 이동관계

기후변화를 야기하는 대기 중의 탄산가스($CO_2$) 농도 증가는 액상의 수권(hydrosphere)과 고상의 지권(lithosphere) 사이에 평형을 이루고 있다.

그러나 미국에너지 정보처(Energy information Administration: EIA, Greenhouse Gases, Climate Change, and Energy, 2005, http://www.eia.doe.gov/oiaf/1605/ggccebro/chapter1.html)에 따르면, 〈그림 6.2-1〉에 나타낸 바와 같이 육지의 식물과 바다 속의 동식물체에 비축된 탄소를 제외하면, 순수하게 연간 육지식생이 10억 톤, 농업분야에서 2억 톤, 바다식생이 20억 톤 등 총 32억 톤을 비축하고 있으나 가정과 공장에서 에너지로 소비한 탄소는 63억 톤에 달하여 이들이 모두 탄산가스로 대기 중으로 방출하고 있어 탄소 수지에서 - 31억 톤이 되어 고정량보다 31억 톤 이상을 대기 중으로 방출하고 있는 셈이다.

특히 주요 온실가스로 주요 지목되고 있는 탄산가스의 방출을 억제하기 위하여 지구촌의 탄소분포를 연구한 카스팅(J.F. Kasting, 1998, The Carbon Cycle, Climate, and the Long-Term Effects of Fossil Fuel Burning; http://www.gcrio.org/CONCEQUENCES/volo4no1/cabcycle.html)에 따르면 지구상의 탄소는 〈표 6.2-1〉에 나타낸 바와 같이 심해가 대부분을 흡수하고 있으며, 인간의 활동으로 연소 시 발생하는 탄산가스는 〈표 6.2-2〉에 나타낸 바와 같이 북반구가 남반구보다 인간 활동이 많아 대기 중의 $CO_2$농도가 약간 높지만 평균하여 358ppm이기 때문에 대기 중의 탄소 함유량은 750 Gtc에 달하며, 과거 10여 년간 조사결과 연간 1.5ppm.씩 증가하기 때문에 1999년 초에는 365ppm으로 765 GtC에 달한 셈이다. 따라서 매년 화석연료 소각과 산림벌채로 발생하는 탄산가스 7.1 GtC중 거의 절반인 3.3 GtC는 대기 중에 축적되고, 나머지 3.8 GtC가 복합적인 자연적 과정에 의하여 제거되어야 하는데 해수면이 2.0 GtC 정도 흡수한다면 나머지 1.8 GtC은 어디로 갔을까?

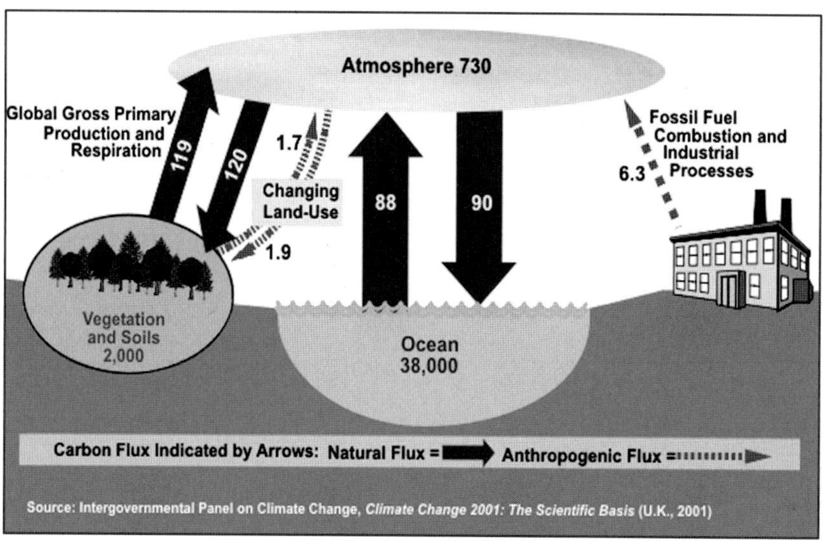


**〈그림 6.2-1〉** 지구촌의 탄소 순환량 (단위: Billion Metric Tons Carbon)

(Source: EIA, Greenhouse Gases, Climate Change, and Energy, 2005, http://www.eia.doe.gov/oiaf/1605/ggccebro/chapter1.html)

**〈표 6.2-1〉** 지구촌의 탄소 자원 분포

| | 탄소 저장고 | | | | | | 지하 화석 연료 | | | | 합계 |
|---|---|---|---|---|---|---|---|---|---|---|---|
| | 대기 | 산림 | 토양 | 해수면 | 심해 | 소계 | 석탄 | 석유 | 천연가스 | 소계 | |
| 크기(Gigaton C) | 750 | 610 | 1580 | 1,020 | 38,100 | 42,060 | 4,000 | 500 | 500 | 5,000 | 47,060 |

(Source: J. F. Kasting, 1998, The Carbon Cycle, Climate, and the Long-Term Effects of Fossil Fuel Burning; http://www.gcrio.org/CONCEQUENCES/volo4no1/cabcycle.html)

**〈표 6.2-2〉** 지구촌의 탄소 자원 분포

| | $CO_2$ 발생량 | | | $CO_2$고정 | | | | |
|---|---|---|---|---|---|---|---|---|
| | 화석연료 소각 및 시멘트제조 | 열대림 벌채 | 소계 | 대기 중 저장 | 해수면 흡수량 | 북반구산림 연간 성장량 | 기타지고정량($CO_2$ 비료,질소비료후효과) | 소계 |
| 크기(Gigaton C/yr) | 5.5 | 1.6 | 7.1 | 3.3 | 2.0 | 0.5 | 1.3 | 7.1 |

(Source: J. F. Kasting, 1998, The Carbon Cycle, Climate, and the Long-Term Effects of Fossil Fuel Burning; http://www.gcrio.org/CONCEQUENCES/volo4no1/cabcycle.html)

즉 질량보존의 법칙에 따라 지구상의 탄소량을 평가하면 육지의 산림은 연간 0.5GtC정도 합성하므로 이를 뺀 나머지 1.3GtC를 심해가 흡수하여야 하나 1 년의 짧은 기간에 모두 흡수하는 것은 어렵다고 평가된다. 따라서 방출된 탄산가스가 지구상에서 평형을 이루려면 전술한 바와 같이 다른 흡수. 고정 요소가 참여하지 않으면 화학적 평형을 이루지 못할 것이다. 환언하면 화석연료의 과대소비로 늘어나는 탄산가스는 온난화를 초래하는 온실가스로서 대기 중의 $CO_2$농도를 증가시켜 기후를 변화시킬 것이다.

한편 우드 홀 연구 센터(Wood Hole Research Center: WHRC, 2000, http://www.whrc.org/science/carbon/missingc.html)에 따르면 각종 간접적인 방법으로 측정한 지구화학적 데이터를 종합하면 다음과 같이 종합되는데 육지생태계가 방출한 탄산 가스량은 토지를 농업이나 다른 용도로 전환시킨 파괴되지 않은 산림생태계가 고정한량을 감한 값이 되어야 평형에 될 것이다. 따라서 1980년대의 지구촌 탄소 사이클에서 미씽 탄소 싱크(missing carbon sink)는 측정되지 않은 탄소 비축분으로서 1980년대에 연간 화석 연료소각에서 방출된 5.5±0.5 PgC 와 주로 산림벌채를 의미하는 토지용도변경으로 방출된 1.6±0.7 PgC를 더한 합계 7.1 PgC의 탄산가스량이 이를 흡수분리하는 대양 흡수량 2.0±0.8 PgC와 생태계 고정량 3.3±0.2 PgC를 더한 합계 5.3 PgC보다 많아 1.8 PgC가 추가되어야 물질수지(material balance)가 성립하게 되는데, 이는 역사적으로 인간 활동이 많았지만 탄산가스농도가 높은 북반구에서 타이거 림(taiga forest)이 울창한 한대 산림자원이 흡수한 것이라고 한다.

★ 화석연료 소각량 (220±22PgC) = 대기 중 증가량(145±10PgC) + 대양흡수량(100±25PgC)
- 육지 순 방출량(25±25PgC)

★ 육지 순 방출량 (25±25PgC) = 토지용도 변경 방출량(120±30PgC) - 비파괴 생태계 비축량(95±55PgC)

★ 대기 중 연간 증가량 (3.3±0.2PgC/yr) =
화석연료 소각량 (5.5±0.5PgC/yr) + 토지 용도변경 순 방출량 (1.6±0.5PgC/yr)
- 대양 흡수량 (2.0±0.8PgC/yr) - 미씽 탄소 싱크 (missing carbon sink: 1.8±1.2PgC/yr)

### (2) 지구촌의 에너지 흐름과 탄소 사이클 (carbon cycle)

한편 현대과학은 물질의 본질과 변화를 분석하는 화학과 물리 화학의 발전으로 생명현상을 해석하는 생화학(Biochemistry) 이론을 근거로 생물학(Biology)을 해석하는 단계에 진입하여 유전자를 조작하여 새로운 생명체의 인공 합성까지 해석하게 되었다. 따라서 종교적인 창조론과 과학적인 진화론이 생명탄생에 대하여 팽팽한 논쟁을 벌이고 있다. 또한 생화학을 근거로 발전한 생태학(ecology)은 생태계를 구성하는 생명체가 공간적으로 태양 광 하에서 대기권(Atmosphere)과 수자원권(Hydrosphere) 그리고 지각권(Lithosphere)으로 구성된 지구촌을 해석하기에 이르렀다.

즉 대기 중의 탄산가스를 고정하여 탄수화물을 광합성을 하는 녹색식물이 식량을 생산하여야 소비자인 동물이 생존하고, 동물과 식물의 열매를 식량으로 하는 인간이 생물계가 없으면 생존할 수 없다는 것을 알게 된 학자들은 질량보존법칙과 에너지보존법칙에 따라 해석하여 하나의 먹이사슬(Food Chain)을 이루고 있다는 것을 이해하게 되었다. 환언하면 자연을 지배하여야 한다는 인간이 식물이 생산한 탄수화물을 먹이로 하는 동물계에 속하고, 그 중에서도 최첨단에 까지 진화한 인간(Homo sapiens)으로서 자연 환경과 조화되지 않으면 파멸한다는 것을 알게 된 것이다. 따라서 필자는 인간의 역사가 자연 환경과 균형을 이루면서 역사(zeiten)하여야 하기 때문에 지속적인 생존과 인간역사를 위해서는 주변 환경의 보존과 관리가 중요하고, 파괴된 환경을 복원하는 논리가 중요하게 되었다고 생각한다.

즉 지질학들에 따르면 현재의 산림생태계가 다양한 생물로 구성되고, 하나의 먹이사슬(Food Chain)로 연결되기까지는 유구한 역사를 지난 것이라고 한다. 즉 지구가 냉각된 후 화산 폭발의 경우와 같이 4%정도에 이르는 탄산가스를 광합성 생명체로 탄생한 시아노 박테리아에 의하여 다음 화학식과 같이 흡수 고정하여 탄수화물을 광합성 함과 동시에 유리산소를 발생시켜 산소농도가 증가하기 시작하였고, 분해를 촉진시키는 산화조건에서 살아남을 수 있는 육상 식물체들이 진화하여 대기 중의 탄산가스농도를 0.03%(300ppm )까지 저하시키면서 대기 중의 산소를 21% (210,000ppm)까지 높여 오늘의 대기조건에서 화학적인 평형을 이루면서 생존하는 기후조건을 갖춘 것으로 보고 있다.

| $6\times CO_2$ | + | $6\times H_2O$ | →→→ | (광합성) | →→→ | $C_6H_{12}O_6$ | + | $6\times O_2$ |
|---|---|---|---|---|---|---|---|---|
| (대기권성분) | | (수권성분) | | (녹색식물) | | (유기생명체) | | (대기권성분) |

그러나 이러한 식물체가 성장하는데 필요한 기후요소 중에서 측정이 용이한 기온에 대한 연구결과 하루 평균 기온이 영상 10℃ 이상에서 성장을 시작하고, 38℃까지 성장량이 증가하나 그 이상의 온도에서는 과다한 호흡으로 성장이 감소하여 말라죽는다.

또한 미국 에너지성의 오크리지 국립연구소(2000, http://www-eosdis.ornl.gov/NPP/html_docs/npp_ccycle.html)에 따르면 지구상의 탄소로 환산된 탄소량은 비축된 바이오메스의 경우 임목의 80%인 $560 \times 10^9$ ton인데 반해 연간 총 광합성량이 $120 \times 10^9$ ton/yr이고, 호흡으로 자가 소비한 후 잔류하는 순 광합성량은 $106 \times 10^9$ ton/yr에 달하며, 기타 환경 중 $CO_2$로 존재하는 탄소량은 대기 중에 $730 \times 10^9$ ton, 75m 이내의 해수 표면에 $725 \times 10^9$ ton, 토양 중에 $1515 \times 10^9$ ton, 심해 중에 $38{,}000 \times 10^9$ ton이 존재한다.

여기서 산업혁명 이후 화석 연료의 연소로 발생하는 $CO_2$는 연간 1987년에 $5.9 \times 10^9$ ton의 탄소를 소비하고, 1860년부터 1988년까지 소비한 탄소가 $206 \times 10^9$ ton이 달하고, 확인된 화석 탄소자원이 $818 \times 10^9$ ton이라고, 추정된 화석탄소자원이 $5{,}930 \times 10^9$ ton이라고 하므로 이를 모두 더하면 지구상의 총탄소량은 $48{,}713 \times 10^9$ ton에 달한 샘이다. 따라서 광합성에 이용되는 $CO_2$를 대기와 해수표면 중의 탄산가스가 기존의 바이오메스의 광합성을 통하여 순환되는 평형과정을 계산하면 〈표 6.2-3〉가 같이 계산될 것이다.

즉 질량보존법칙에 따라 원래의 대기 조성 [ 78%$N_2$ + 0.0%$O_2$ + 0.0%$CO_2$ ]에서 지표면의 수자원 속에서 [ $6^*CO_2 + 6^*H_2O \rightarrow (CH_2O)_6 + 6^*O_2$ ]의 광합성 반응을 하는 생물체가 진화하여 [ $(CH_2O)_6$ ]의 바이오메스를 합성하여 생태계를 구성하고, 대기 중의 조성분이 [ 78%$N_2$ + 21%$O_2$ + 0.02%$CO_2$ ]로 전환됨에 따라 대기 중에 산소농도가 증가하고, 바이오메스의 산화로 증가된 탄산가스 농도 때문에 지구 온난화가 초래되고, 그로인한 기후변화로 양극지방의 빙하가 녹아 해수면을 상승시키고, 한편에는 태풍과 같은 집중 강우로 홍수를 발생하는 반면 반대편에서는 심한 가뭄이 지속되어 식량생산을 방해할 것으로 보고 있다.

특히 지질학적으로 제 4 간빙기에 속하는 인류역사에서 지하에 묻혀 있는 석탄과 석유를 다량 소비하는 산업혁명 이후 탄산가스 농도가 0.03%까지 상승하여 지구촌의 온도를 가속적으로 상승시키기 때문에 산업혁명 이전 수준의 기후조건으로 만들어야 후손을 지속적으로 번식하여 지속가능한 인간사회가 된다는 논리이다.

더욱이 높은 광합성량을 요구하는 시설 원예가나 양묘장을 운영하는 식물학자들은 높은 산소농도보다 높은 탄산가스농도가 필요하고, 35℃ 정도의 높은 기온이 필요하기 때문에 현재의 지구 표면온도 15℃에서는 지구 온난화의 주범으로 알려진 탄산가스농도가 문제되지 않는다는 결론이므로 현재의 탄산가스 방출은 기후변화에 영향이 없다고 하나 과도한 탄산가스 방출로 기후변화가 생긴다면 가이아 이론의 공진화(co-evolution)이론은 인간의 공진화에 대하여 어떻게 설명하고, 그의 결과가 어떻게 될 것이지는 타임머신을 타고 가서 후세의 결과를 보아야 할 것 같다.

그러나 기후변화의 영향을 우려하는 학자들은 현세인이 나타난 약 1만 년 전에 이미 전분을 먹이로 하는 특성화된 진화를 거친 것이기 때문에 다음의 진화된 인간은 우리와 다른 얼

〈표 6.2-3〉 지구상의 탄소순환과정과 에너지이동

| | 대기권 | 생물권(광합성/지표면) | 수자원권(바다) | 합계 |
|---|---|---|---|---|
| 태양상수 (α:cal/㎡) | (흡수계수 = ? %) | 20,000cal/min/㎡ | (흡수계수 = ? %) | |
| 현재의 탄소함량 | $CO_2$ => $730\times10^9$tonC | Biomass => $560\times10^9$tonC<br>(Soil) => $1,515\times10^9$tonC | ($CO_2$):<br>해수면<br>=> $725\times10^9$ton<br>심해<br>=> $38,000\times10^9$ton | C = 41,530 × $10^9$tonC |
| 광합성기구 | 6*$CO_2$ + 6*$O_2$ | [$(CH_2O)_6$] = Biomass | 6*$H_2O$ | |
| $H_2O$ 순환량 | + $71\times10^6$ton/yr(생명체증산량)<br>+ $425\times10^6$ton/yr(해양증발량)<br>= $496\times10^6$ton/yr(대기중구름) | + $111\times10^6$ton/yr(육지강우량)<br>- $40\times10^6$ton/yr(하천방류)<br>= $71\times10^6$ton/yr(광합성용) | $385\times10^6$ton/yr<br>(바다강우량) | |
| 대기 중 $CO_2$ 감축량 (광합성) | - $14\times10^9$tonC as $CO_2$<br>=> + $51.3\times10^9$ton$O_2$ | Biomass => $106\times10^9$ton | | C = 120 × $10^9$ton |
| 대기 중 $O_2$ 함량 | $O_2$ = $39,000\times10^9$ton/yr<br>(광합성순환: $51.3\times10^6$ton/yr) | - | - | |
| 화석연료 소비량 | + $206\times10^9$tonC(1860~1988)<br>(+ $5.9\times10^9$tonC/yr)<br>× (44/12) = $755\times10^6$ton/yr | - | - | |
| 공기성분의 수 용해도 | - | - | 65.09%$N_2$ + 34.91%$O_2$ | |
| 대기조건(가정) 현재 | 총대기량 = $5.14\times10^{15}$ton | 〈 Ecosystem 〉 | 총수량<br>= $1,386\times10^{15}$ton | |
| 대기조건(가정) 현재 | V = 78.1%$N_2$ + 20.9%$O_2$<br>+ 0.03%$CO_2$ M = 75.5%$N_2$<br>+ 23.0%$O_2$ + 0.04%$CO_2$ | | 1.9%CL + 1.08%Na<br>+ 0.13%Mg + 0.09%S<br>+ 0.04%Ca + 0.04%K<br>+ 6ppm$O_2$ + etc | |
| 대기조건(가정) $CO_2$ 증가시 | 기온상승(간빙기) | Biomass 감소 | 수온상승/수위상승 | |
| 대기조건(가정) $CO_2$ 감소시 | 기온저하(빙하기) ? | Biomass 증가 | ? | |
| 대기압과 온도 조건 [P = ρ*R*T/M<sub></sub>] | 1 atm = (0.001293g/mL)<br>× (1.986cal/℃/mol)<br>× T/(28.5g/mol) | (생리 활성최적온도<br>= 38℃) | 1 atm = (1g/mL)<br>× (1.986cal/℃/mol)<br>× T/(18g/mol) | |
| 평균온도 (T: 273+℃) | 대기온도 = ?*℃ | 지표면 평균온도 = 15℃ | 해수온도 = ?*℃ | |

(출처: (1) 이화학사전, (2) http://zenu.uoregon.edu/~js/ast121/lectures/lec10.html(2000);
(3) ORNL(2000), http://www-eosdis.ornl.gov/NPP/other_files/worldnpp3.html),
(4) http://www.dkrz.de/dkrz/broschuere-eng/research/water.html),
(5) http://www.sprl.umich.edu/GCL/paper_to-html/evolutclim.html)

굴을 가진 인간이 될 것이라는 것이다. 따라서 현재의 기후변화를 묵인한다면 전혀 예상하지 못한 인간출현이나 멸종을 의미하기 때문에 기후변화를 막아야 한다는 논리가 된다.

### (3) 녹색식물의 광합성과 대기 중의 산소($O_2$) 농도 변화

한편 도날드(L. Donald, 2000;http://www.sprl.umich.edu/GCL/paper_to_html/evolut_clim.html)에 따르면 육상생명체의 생명활동에 필수적인 청수(fresh water)는 대기 중에 함유된 수분을 평균하여 강우량으로 환산하면 지구 표면을 25mm정도 뒤덮기 때문에 매일 2.7mm/day의 비가 내리는 셈이므로 평균하여 25mm/2.7mm/day = 9.3days간 대기 중에 머문다고 한다.

또한 그는 지표면에서 산소농도가 0.2~1% 이하에서도 생존하는 핵막이 없는 원시세포(Prokaryotes)와는 달리 광합성으로 발생한 산소(oxygen toxicity)독을 방지하기 위하여 핵막을 가진 진핵세포(Eurokaryotes)가 생존할 수 있는 조건은 태초에 광합성 원시 세포들이 대기 중의 산소농도를 1%까지 증가시킨 다음에 진핵세포들이 발생하고, 대기 중에 충분한 산소들이 축적된 후에야 오존층이 발생할 수 있으며, 이어서 진화된 진핵세포들에 의하여 산소농도가 조절되었을 것으로 보고 있다.

대기 중의 산소농도가 15%$O_2$ 이하이면 유기물이 연소되지 않아 생명체가 살기 어려우나 25%$O_2$ 이상이 되면 수분이 가득한 유기물이라도 연소되고, 35%$O_2$ 이상이 되면 산에 벼락이 떨어지면 산화(山火)가 발생하기 때문에 그의 중간인 산소농도 20%정도를 유지하는 것은 생태계와 환경사이에 어느 균형 점을 이루고 있는 것으로 보고 있다. 특히 유전자 물질인 DNA는 250nm 근방의 자외선(UV)에 크게 영향을 받기 때문에 오존층의 UV차단이 지구촌의 생물계 보존에 크게 역할을 하고 있다는 결론이다.

그러나 녹색식물의 광합성은 가이아 이론과 같이 대기 중의 산소 농도를 증가시키는데 결정적인 역할을 한다. 즉 폐기물 소각처리에서 설명한 바와 같이 한계산소지수(LOI)를 사용하여 지구상에서 단백질을 산화 분해시키는 필요한 산소농도 25v/v%를 기준으로 원활한 지구촌의 질소순환과정을 고려하면 현재의 산소농도가 20.9v/v%이기 때문에 대기 중의 산소농도를 4.1%정도 높이기 위하여서는 녹색식물의 광합성 기능을 이용하면 〈표 6.2-4〉와 같이 계산된다.

즉 이화학 사전(1993, 교육서관)에 따르면 대류권의 공기량은 총 4,750 Tton이고, 그의 조성은 [ 78.10v/v%$N_2$ + 20.93v/v% $O_2$ + 0.93v/v%Ar + 0.03v/v%$CO_2$ ] 또는 [ 75.51%$N_2$ + 23.01%$O_2$ + 1.286%Ar + 0.04%$CO_2$ ]이고, 온도팽창계수($\alpha$) = 0.003671/℃, 정압비열($C_p$) = 0.236cal/g/℃, 열전도도($\kappa$) = 0.000533cal/㎝/sec/℃, 임계온도($T_c$) = - 140.7℃, 임계압력($P_c$) = 37.2atm, 굴절율[$\alpha$] = 1.0002918, 유전상수 = 1.000585, 상온에서 물에 대한 용해도 = 65.09%$N_2$ + 34.91%$O_2$, 0℃

**〈표 6.2-4〉** 질량보존법칙에 따른 대기 중 산소($O_2$) 농도와 탄산가스($CO_2$) 농도 관계

| 대기 중 $O_2$농도 | 21v/v%$O_2$ 대류권(Tton) | 21v/v%$O_2$ 대류권(Mmol) | 22v/v%$O_2$ 대류권 | 23v/v%$O_2$ 대류권 | 24v/v%$O_2$ 대류권 | 25v/v%$O_2$ 대류권 |
|---|---|---|---|---|---|---|
| 총량 | 4,750 | 162T | 162T | 162T | 162T | 162T |
| 질소량($N_2$) | 3,527 | 126T | 126T | 126T | 126T | 126T |
| 산소량($O_2$) | 1,093 | 34T | 35.6T | 37.2T | 38.9T | 40.46T |
| 아르곤량(Ar) | 61 | 1.53T | 1.53T | 1.53T | 1.53T | 1.53T |
| 탄산가스량($CO_2$) | 1.9 | 0.043T | 0.041T | 0.039T | 0.038T | 0.036T |
| 대기중 $CO_2$농도 | 0.03v/v%$CO_2$ | 0.03v/v%$CO_2$ | 0.028v/v%$CO_2$ | 0.027v/v%$CO_2$ | 0.026v/v%$CO_2$ | 0.025v/v%$CO_2$ |
| 광합성 비축량 | -▽$CO_2$ | 0 | -0.002T | -0.004T | -0.005T | -0.007T |

(단위: 1T = 1 teraton = $1\times10^{12}$ton)

-1atm에서의 공기밀도(ρ) = 1.293g/L이고, 대기총량은 $5\times10^{21}$g = 5,000Tton이고, 95%가 표고 20km 이하에 존재한다고 한다.

따라서 현재의 대류권중의 질소와 산소 및 탄산가스량은 [ 4750 Tton = 3,587 Tton$N_2$ + 1,093 Tton$O_2$ + 61 TtonAr + 1.9 Tton$CO_2$ ]가 되고, 이를 몰수로 환산하면 [ 4750 Tton/29 = 3,587 Tton$N_2$/28 + 1,093 Tton$O_2$/32 + 61 TtonAr/40 + 1.9 Tton$CO_2$/44 ] = [ 162 TMmol = 126 TMmol$N_2$ + 34 TMmol$O_2$ + 1.53 TMmolAr + 0.043 TMmol$CO_2$ ] 정도가 된다.

이를 질량 보존 법칙과 화학조성의 정수 비례법칙에 따라 몰수로 환산하고, 이를 다시 6몰의 $CO_2$흡수고정에 6몰의 $O_2$를 생성하는 광합성 과정을 기준으로 공기 중의 산소농도를 25v/v%로 증가시키는 시키기 위하여 [ 34 TMmol × (25v/v% ÷ 21v/v%) = 34 TMmol × 1.19 = 40.46 TMmol ]로 높이면 탄산가스는 [ 0.043 TMmol/1.19 = 0.036 TMmol ]로 낮아져야 한다. 따라서 현재 대기 중 탄산가스농도가 0.04 %$CO_2$이므로 [ 0.04% ÷ 1.19 = 0.0336 %$CO_2$ ]로 낮아져야 하므로 이를 부피기준으로 환산하면 [ 0.03 %v/v%$CO_2$ ÷ 1.19 = 0.025 v/v%$CO_2$ = 250 ppm$CO_2$ ]가 얻어진다.

이러한 결과는 산업혁명이 일어나기 전의 대기 중 탄산가스 농도라고 하므로 현재 연료로 사용하는 화석연료를 모두 환경 친화적인 재생 에너지 전환시키면 과도한 탄산가스방출에 의한 기후 변화는 예방할 수 있을 것으로 생각된다.

즉 현재의 생태계가 비축한 1.84 Tton의 바이오메스를 매년 순 광합성량 중 0.173 Tton을 남겨두면, 연간 성장률이 9.4%에 이르고, 무게기준으로 1분자의 산소를 생산하는데 1.375배의 탄산가스를 흡수 고정하여 0.9375배의 바이오메스를 매년 광합성하므로 0.173 Tton의 바이오메스는 0.185 Tton의 산소를 생산하고, 2.7 Tton의 탄산가스를 흡수 고정한 셈이다. 따라서 공기 중에 [ 40.46 TMmol - 34 TMmol = 6.46 TMmol ]의 산소를 증가시키려면 단순한 계산으로

현재보다 6.46 TMmol × 32 = 206.7 Tton의 산소를 증가시켜야 하기 때문에 [ 206.7 Tton ÷ 0.185 Tton = 1,117 ]년간을 소비 없이 비축하여야 한다. 더욱이 연간 산소 공급량을 보장하기 위하여 비축되어야 하는 바이오메스는 현재의 바이오메스 양보다 10배에 달하는 생태계 자원이 필요하므로 매년 광합성 양의 일부를 비축하여 이에 도달하는 데는 12,000년이 소요되는 것으로 계산된다.

이와는 반대로 과잉의 인구가 경제발전을 위하여 다량 소비하는 화석연료에서 발생하는 탄산가스를 감축시키면서 대기 중의 산소농도를 높이는 것은 오늘날과 같은 과소비 형태가 없어지고, 원시사회로 돌아가야 하는 상황이나 이를 소비하는 인구를 감축시키는 것도 한 방법일 것이다. 따라서 12,000년 전의 인구수는 알 수 없지만 현재의 상황이 그러하기 때문에 지구촌이 부양하여야 하는 인구수 감축이 필수이며, 산업혁명으로 급격하게 증가한 인구를 감축하기 위하여서는 여성교육을 강화하여 출산인구를 감소시켜야 할 것이다. 어느 연구에서는 현재 55억 명의 인구를 20억 명으로 감축시키는데 200년을 가정하기도 하지만 보다 긴 시간이 소요될지도 모른다. 따라서 보다 확고부동한 인구정책이 요구된다.

다시 말하면 식량을 자급하는 녹색지대를 확장하고, 나아가 산림생태계를 최대한 확장하여 연료소비에서 발생한 탄산가스량을 정지시키면 현재의 대기조건인 깨끗한 공기를 유지하는 것이 가능하다고 계산된 것이다. 즉 현재 UN이 추진하는 지속가능한 사회개발은 재생 가능한 에너지자원으로 전환시켜 사회적 시스템으로 정착하면 건설 가능하다는 결론이다.

특히 최근에는 바이오메스 중의 전분인 식량부족으로 인구의 1/3이 굶거나 기아상태에 있는 아프리카 주민의 인권문제가 등장하여 식량 증산이 시급하게 필요하지만 기후변화로 야기되는 극심한 가뭄으로 기아와 기근상태가 이어지는 식수 부족과 전염병이 확산되고 있다.

학문적으로는 사막이라도 생수자원과 에너지자원만 충분하면 지구촌의 어느 곳에서나 온실 내에서는 농작물의 광합성을 통하여 식량을 생산할 수 있다. 그러나 각지에 분포한 각자에게 필요한 식량생산은 노천에서 재배하는 농작물의 종류와 토양 및 기후조건에 따라 좌우된다. 이때 식량으로 이용되는 전분을 다량 생산하는 농작물은 식물이기 때문에 그 지역 기후조건에 적응하면서 열매를 자가 합성하므로 먹이를 찾아 이동할 필요가 없지만 인간이 목적으로 하는 전분 생산량은 그 지역의 기후조건에 적합한 생물종만이 가능하므로 적지적수(適地適樹) 선택이 중요하다.

그러나 전술한 바와 같이 경제발전을 위하여 소비한 화석연료가 탄산가스를 방출하여 지구촌의 기후를 계속 변화시킨다면 태양계에서 지구자체의 100,000년마다 원위치하는 편심 공전과 40,000년마다 원위치하는 경사 자전축 및 24,000년마다 원위치하는 지구의 공전 세차운동과 같은 지구운동에 어느 위도에서나 10%정도의 태양열 복사선량이 매년 변한다는 사실을 추가하면 지구촌의 기후는 훨씬 더 크게 변할지도 모른다.

따라서 NASA는 태양계 중에 생물이 존재하는 하나뿐인 지구를 보호하기 위하여 다양한 면에서 관측하여 지구에 충돌할지도 모르는 혜성을 미리서 폭파하는 위성계획도 세우지만 거대한 태양계 운동을 변화시킬 수는 없다. 따라서 생존에 필요한 식량 작물의 생산량에 영향을 미치는 기후 변화요소를 적극 차단시키는 것이 현재의 우리가 해야 할 방법일 것이다.

## 6.3. 지구촌의 탄소 사이클과 탄소 경제학(Carbonomics)

### (1) 기후변화와 탄소 사이클의 관계: 가이아(Gaia) 이론

전술한 바와 같이 지구촌의 생명은 지구의 운동이나 해성과의 충돌 또는 지각 변동으로 발생하는 자연적인 기후변화 외에도 최근 10,000년 동안에 인위적인 과도한 탄산가스 방출로 기후조건이 변하고 있다고 한다.

지구촌 변화(Global Change)에 관한 전문 과정을 개설한 미시간대학의 클링(G. Kling, 2000, Global Carbon Cycle, 2005, http://www.globalchange.umich.edu/globalchange1/current/lectures/kling/carbon_cycle/carbon_cycle_new.html)에 따르면, 〈그림 6.3-1〉에 나타낸 바와 같이, 대기 중의 탄산가스는 지표면의 토양과 식생 및 대양의 녹색식물이 고정하는데 반하여 인공적인 공장과 주택지는 탄소를 연소하여 탄산가스를 방출하고, 그의 방출량이 식물들의 고정량보다 많아 기온이 증가한다고 한다.

즉 지구촌의 탄소는 [ 암석(Rock: 65,000,000 PgC) + 해양(Oceans: 39,000 PgC) + 토양(Soils: 1,580 PgC) + 육지식물(Land plants: 610 PgC) + 대기권(Atmosphere: 750 PgC) = 65,041,940 PgC ] 로서 최대 저장기관이 암석임을 보여주나, 문명발달에 크게 기여한 연료나 생물의 에너지원으로 이용되는 단기간의 탄소순환에는 거의 영향을 미치지 않기 때문에 제외하면, 연간 순환하는 탄소량은 (1) 대양( 1.7 PgC), (2) 광합성량(111 PgC), (3) 호흡(110 PgC), (4) 화석연료 소각(6.3 PgC), (5) 바이오메스소각(1.6 PgC)으로 구성되기 때문에, 물질수지 식에 따라 생태계의 탄소 순환량과 비교하면, 다음과 같이 생태계가 고정할 수 있는 범위를 2 PgC 초과하여 기온이 상승한다고 한다.

| ECOSYSTEM NET CHANGE = | INPUT | + | OUTPUT | + | INTERNAL CHANGE |
|---|---|---|---|---|---|
| 3.2 = | (110 + 6.3 + 1.6) | + | (-111 -1.7) | + | (0) |
| 3.2 ≠ | 5.2 | | | | |

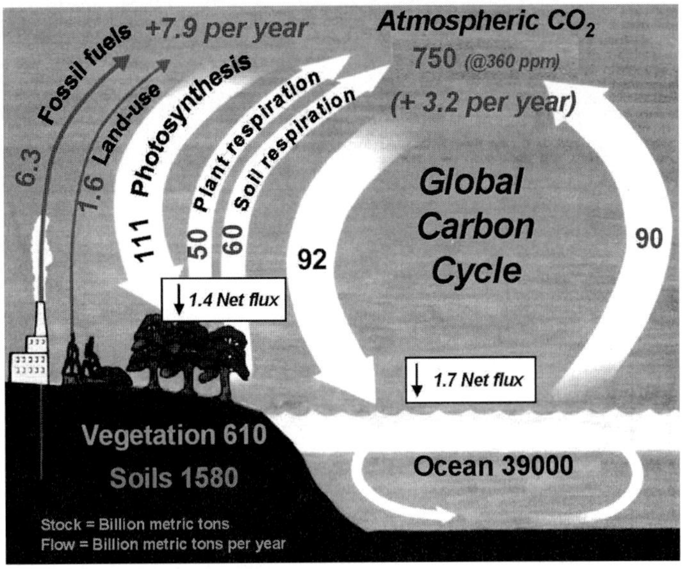


**〈그림 6.3-1〉** 대기권과 지구사이의 탄소 교환과 순환과정

(Source: G. Kling, 2000, Global Carbon Cycle, 2005, http://www.globalchange.umich.edu/globalchange1/current/lectures/kling/carbon_cycle/carbon_cycle_new.html)

또한 스코틀랜드 산림연맹(Scottish Fortest Alliance: Factsheet: Forests in the Global Carbon Balance, 2005, http://www.scottishforestalliance.org.uk/carbon/fs_global_carbon_balance.pdf)에 따르면, 현재 대기와 생태계사이의 연간 탄소 플럭스는 〈그림 6.3-2〉에 나타낸 바와 같이 매년 30억 톤에 달하는 탄소가 대기 중에 탄산가스로 투입되어 대기 중의 탄산가스농도가 증가하야 기온이 계속 증가하고 있다고 한다.

따라서 최근에 진화한 현세 인류가 지속적으로 생존하기 위하여서는 현재와 같이 지하에 매장된 탄소에너지인 화석 연료 채굴을 중단하고, 다른 에너지원으로 완전히 전환하여 자급할 수 있어야 현재와 같이 진행되고 있는 지구온난화로 발생할 기후변화를 막을 수 있을 것이다.

그러나 기존의 화석연료를 완전히 대체할 에너지 자원의 활용기술이 미흡하고, 산재된 에너지원으로 경제성이 결핍되어, 대체에너지 이용이 확산되지 못함에 따라 인구감축이 요구되고 있다.

또한 국가간 뿐만 아니라 개인간의 과학기술 보유와 빈부격차가 심화되고, 인구증가로 인한 에너지 급증으로 발전한 과학기술이 인간의 생존권과 인권을 무시하는 전쟁발생을 자극하는 상황에 이르렀다.

따라서 전쟁을 피하여 인간다운 사회적 가치를 유지하면서 지속가능한 생존권과 인권을 위하여서는 앞으로 수 10 - 100년에 걸쳐 전세계가 모두가 고통을 분담하고, 합리적인 산아 제한이 필요하다.

즉 산업혁명 전과 같이 탄소 사이클을 안정적으로 유지하면서 대체에너지를 사용하여 과학기술을 발전시키는 시스템으로 전환하여, 지속가능한 사회를 개발하여야 하기 때문에 목재시대를 다시 창조하지 않으면, 지속불가능하다.

환언하면 물리적으로 생명 현상을 유지하는 준안정적인 기후조건을 만드는 탄소 사이클을 구성하여 기후변화를 예방하고, 생기발랄한 가이아(Gaia)를 만들어야 지속가능한 지구촌이 될 것이다.

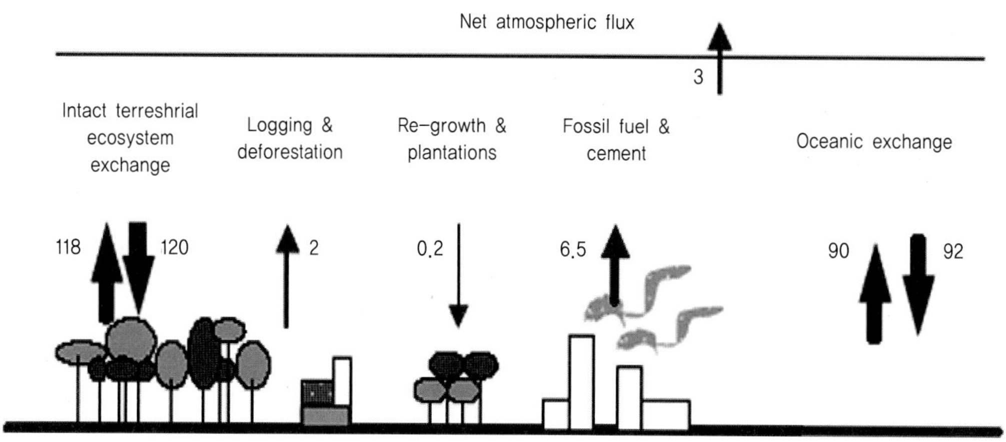


**〈그림 6.3-2〉** 지구상의 분야별 탄소 고정과 방출량 분포

(Source: Scottish Forest Alliance, Factsheet: Forests in the Global Carbon Balance, 2005, http://www.scottishforestalliance.org.uk/carbon/fs_global_carbon_balance.pdf)

### (2) 지구촌의 탄소 경제학(Carbonomics) 원리

인간 활동과 환경에 대한 영향을 모두 측정하는 문디클럽의 탄소 경제학(Mundi Club's Carbonomics, A Summary of the Carbon Theory of Value - Carbonomics, 2004, http://www.geocities.com/carbonomics/MCcarbon/13c00sum.html)에 따르면 지구의 기후가 안정화되어 지속가능한 행성으로 만드는데 필요한 탄소의 사회적 가치이론(carbon theory of value)이 지구상의 생명 지원시스템인 지구상의 탄소 연쇄순환에 대한 환경적, 생태학적, 지구생리학적 현상의 영향을 평가하는 새로운 측정 시스템인 탄소경제학에 지구생리학적 기초를 제공하고 있다. 이는 다음과 같은 사실에 근거하고 있다고 한다. 즉

(i) 생명의 지구 생리학적 5가지 사실 (a) 첫째로 지구의 다중 생태학적 과정들이 분할할 수 없는 하나의 시스템을 구성하여 지구 기후는 통일된 하나의 실존이다. 대기는 하나의 응집된 시스템으로서 어느 장소에서나 기상을 이해하기 위하여서는 당신은 항상 전체세계를 고려하여야 한다.

(b) 두 번째의 지구 생리학적 사실은 지구상의 어떠한 생명 형태도 지구(Earth)가 없이는 생존할 수 없다는 것이다. 즉 지구가 없으면, 생명은 없으며, 인간도 없다.

(c) 셋째로 미생물과 식물 및 동물들은 지구상에 거주성(habitability)을 창조하고, 야생동물(wildlife)은 지구의 생명 지원시스템(life supporting system)을 계속 보호하고 있다.

(d) 넷째로 지구의 평균기온이 지구가 지나온 40억 년을 통하여 거의 일정하다. 그러나 최근 수 100만 년 동안에 지구기후가 빙하기(ice age)와 간빙기(interglacial)사이에서 진동하였다. 만일 지구기후가 새로운 빙하기로 이동하는 것을 그 자신의 경향에 따라 진행되었다. 그러나 농업혁명과 산업혁명이 시작된 이래 과도하게 산업화된 국가들은 점점 더 많은 환경오염물질을 대기 중에 방출하고, 점점 더 많은 토지에서 산림을 벌채하였다. 이는 다음의 새로운 빙하기로 진행되는 지구의 경향을 반대하여 지구온난화를 촉진시키고 있다.

(e) 마지막으로 다섯 번째의 지구 생리학적 사실은 지구상의 90가지 원소 중에서 하나의 원소(C)에 구심되어 있다는 것이다. 즉 지구의 역사는 탄소가 대기로부터 제거되면서 가장 작은 미생물로부터 오만한 인간과 카리스마적인 거대한 동물까지 거의 믿을 수 없는 서로 다른 생명형태의 배열로 전환된 방식이다. 이러한 변형(transformation)은 미생물과 식물이 다음과 같은 광합성(photosynthesis)을 수행할 수 있는 능력을 획득할 때부터 시작되었다.

$$6 \times CO_2 + 6 \times H_2O \rightarrow\rightarrow\rightarrow\rightarrow C_6H_{12}O_6 + 6 \times O_2$$

따라서 지구상에서 가장 중요한 원소는 탄소(carbon: C)이다. 탄소만이 수많은 화합물을 창조할 수 있는 특유한 원자구조와 분자구조를 가지고 있기 때문에 다른 원소들과 다중결합을 이룰 수 있다. 탄소가 없으면, 작은 범위의 화합물만 존재하기 때문에 지구의 진화도 몇 가지 생물 형태만이 진화될 수 있었을 것이다. 지구상의 풍부한 생명 다양성은 탄소원자의 복잡한 원자 및 분자구조를 여러 가지 방식으로 반영할 뿐이다. 탄소가 없었다면, 진화도 존재하지 않은 것처럼 원시적이었을 것이다.

(ii) 철학적 연관성 이와 같은 지구생리학적 사실로부터 수많은 철학적 연관성이 유도될 수 있다. 즉 지구의 생명지원시스템의 통일성은 모든 피조물이 그의 지역적 생태에 영향을 끼칠 뿐만 아니라 지구의 지구생리학에도 영향을 미친다는 것을 의미한다. 환언하면 모든 피조물은 지구의 지구생리학적 과정에 의하여 영향을 받으며, 인간과 동물의 차이는 인간만

이 그들이 전체 지구에 영향을 미치고, 지구의 지구생리학적 과정을 변화시킬 능력을 가지고 있다는 것을 알고 있다는 것이다. 즉 인간만이 행성적 존재이다. 따라서 지구의 지구생리학적 과정의 통일성은 행성적 정책만이 지구의 생명지원시스템을 보호할 수 있다는 것을 의미한다. 국가적/지역적 정책들은 그것들이 지구생리학적 정책으로부터 유도되지 않는 한 생태학적 합법성을 갖지 못 한다.

또한 육지의 생명 형태들은 지구가 없으면 살아남을 수 없기 때문에 모든 가치(value)는 지구에서 유도되어야 한다. 어느 수종의 지구적 가치는 그것이 지구의 거주성 보존에 기여하는 정도라고 생각된다. 즉 어느 생물종이 지구의 거주성 보존에 많이 기여할수록, 그의 지구적 가치도 더 커진다. 반대로 어느 생물종이 지구의 거주성을 파괴하면 할수록 그의 부정적 가치도 증가된다. 현재 개미와 지렁이들은 지구 생명의 지속성 과정에 인간보다 더 많이 기여하고 있다.

그것은 신이 아니라 지구를 창조하였던 미생물과 식물 및 야생동물들이었다. 그것은 신이 아니라 인간을 창조한 야생동물들이었다. 인간은 지구상에 야생동물들이 거주성을 창조하였기 때문에 야생동물들에게 커다란 생태학적 빚을 지고 있고, 야생동물들이 인간을 창조하였기 때문에 인간들은 야생동물에게 실존적인 빚을 지고 있다. 따라서 인간은 야생동물들의 배타적 사용할 수 있는 야생성(wilderness)을 창조하여 그들에게 이러한 빚을 갚아야한다. 야생동물들은 이 행성에서 인간을 위한 거주지를 창조하였기 때문에 반대로 인간들도 야생동물을 위한 거주지를 보존할 수 있도록 보장하여야 한다. 만일 인간이 야생동물의 거대한 가치를 인식하지 못하는 한, 인간들은 이 천국을 파괴하고, 먹이사슬 때문에 그들 자신도 파멸시킬 것이다.

만일 인간이 존재하지 않았다면, 지구는 이미 빙하시대 초기단계에 접어들었을 것이다. 그러나 산업혁명 이후 인간은 지구온난화를 촉진시키고 있다. 이 문제에는 선택의 길이 없다. 인간은 어느 하나의 이러한 극한기후도 피하기 위하여 기후를 조절해야 한다. 만일 인간이 이에 대한 책임을 지고, 기후적 안정성을 보장한다면, 인간들은 그들의 지구가치를 향상시킬 것이다.

(iii) 지구생리학적 분석　　지구와 관련된 인간에 관하여 광범한 문제들을 결정하기 위하여서는 지구 생리학적 분석이 필요하다. 즉

- 인간의 활동이 지구의 생명 지원 시스템에 가장 큰 위협이고,
- 국가적/다국적 회사 / 생물 종/개인이 가장 큰 지구 생리학적 손상을 초래하고 있다.
- 지구의 생명지원시스템에 대한 영향을 미치는 손상의 크기,
- 생태학적 파괴속도,

- 생물종의 지구적 가치
- 국가적이고, 지구적인 지구생리학적 한계
- 붕괴에 대한 지구의 생명지원시스템의 근접성
- 지구의 생명 지원시스템을 보호하는 지구적 정책 등을 분석하여야 한다.

그러나 지구 생리학적 분석의 전개는 극복할 수 없는 문제들을 만드는 것 같다. 행성의 생명지원시스템은 수10개의 행성궤도로 이루어지기 때문에 어느 하나에 대한 손상을 측정하려는 것은 복잡하고, 어렵고 많은 시간을 소비하는 노력이 될 것이다. 그러나 가장 지배적인 원소의 행성적 순환(planetary cycle)에 초점을 맞추어 지구의 지구 생리학에 대한 근사치를 얻는 것은 가능할 것이다.

(iv) 하나의 행성순환을 이용한 지구 생리학적 분석방법 　가장 중요한 4가지 원소의 행성순환은 탄소 사이클(carbon cycle), 수소 사이클(hydrogen cycle), 산소 사이클(oxygen cycle) 및 질소 사이클(nitrogen cycle)이다. 이때 탄소는 지구상에서 가장 흔한 원소는 아니지만, 지구상에서 생명의 근간을 이루고 있기 때문에 생명과 관계된 곳에서는 지배적인 원소로 간주된다.

흔히 탄소(C)는 전 과정(life cycle)의 참고물질이다. 즉 탄소가 어느 다른 원소들보다 더 많이 다른 원소와 결합하고, 결합된 다른 원소들보다 더 많은 화합물을 만든다는 것을 인정하면, 지구의 행성적 과정에서 가장 널리 퍼진 원소는 탄소 사이클이다.

즉 기후를 지배하는 대기 중에 많은 원소가 질소(N)와 산소(O)이지만 지구상에 가장 많고, 생명에 필수적인 대기성분은 산소이다. 특히 생명현상에 필수적인 대기 중 원소는 산소 외에도 수소(H)와 질소 및 탄소(C)이고, 수소와 질소는 탄소보다 많다. 또한 수소는 산소와 결합된 물(water)로 지구상에 널리 퍼져 있고, 질소는 대기 중에 많으나 산소와 결합한 질산이온($NO_3^{-1}$)로만 식물체의 영양분으로 이용될 수 있다. 따라서 지구 생리학적 과정에서 산소나 질소의 가치를 체계화하면, 이론이 가능하지만 수소가치는 이론화가 불가능하다. 그렇지만 탄소는 산소나 질소 또는 수소와는 달리 지구상에 항상 일정 존재하지 않기 때문에 탄소를 기준한 가치 이론화가 가능하다.

따라서 전술한 탄소 사이클을 지구생리학적 측정의 기준으로 이용하기 위하여서는 지구상의 탄소 존재량과 흐름에 대한 회계방식을 수식화 하는 것이 필요하다. 즉 지구상의 탄소회계에는 대기 중의 탄소와 토양중의 탄소뿐만 아니라 바다와 식물체 및 동물체에 포함된 탄소가 포함되어야 할 것이다. 또한 이는 인간이 탄소 사이클에 간섭하는 다양한 방식과 결합하여, 화석연료의 소각, 산림벌채, 지구의 생명지원시스템의 위축과 같은 것을 측정하여야 할 것이다.

(v) 지구촌 탄소 측정법으로 유도된 정치적 결론　　지구적인 탄소순환법은 개별적인 지구적 가치를 결정하는데 이용될 수 있다. 여기서 지구적 가치는 개별적인 탄소오염도와 지구적 광합성능력 유지에 의하여 계산될 수 있다. 개별적인 한 생물종이 대기 중에 방출한 탄소보다 더 많은 탄소를 흡수하는 범위가 지구적 가치에 플러스로 계산될 것이다. 이러한 지구적 가치의 측정은 지속가능한 지구를 창조하고, 기후적인 안정성을 보장하는 유일한 방법은 각 생물종의 지구적 가치에 따라 각각에게 토지를 할당하는 것이기 때문에 피할 수 없는 것이다. 따라서 지구적 가치가 클수록 토지 할당면적이 증가한다. 도덕적으로 인간은 최소한 지구표면의 1/3을 야생성(wilderness)으로 전환하여 그들의 생태학적으로나 실존적으로 진 빚을 갚아야 한다. 지구생리학적으로 계산하면, 더 많은 토지가 야생성으로 돌려져야 할 것이다.

지구적 탄소 사이클 분석은 대부분의 생태학적 피해가 자동차와 어린이, 자본과 대량살상의 수에서 지수적 증가에 따라 야기됨을 보여주고, 동물 개발 사업이 생태학적으로 가장 파괴적인 산업이다.

또한 탄소법은 어느 국가 /다국적기업 /개인들이 가장 많은 생태학적 피해를 야기하고 있는가를 결정하는데 이용될 수 있다. 이 방법은 생물종별 지구적 가치뿐만 아니라 개인별 지구적 가치도 결정할 수 있다. 또한 탄소순환방법은 가난한 국가/개발도상 국가에서 살고 있는 대부분의 사람들이 과도하게 산업화된 국가의 소비자들보다 생태학적으로 훨씬 더 파괴하지 않는다는 것을 보여줄 것이다. 즉

또한 탄소순환법은 생태학적 파괴의 주요 5가지 원인이 지수적 속도로 성장하고 있다는 것을 보여주고, 지구의 생물지원시스템이 지수속도로 파괴되고 있다는 것도 보여줄 것이다. 결과적으로 과도하게 산업화된 국가들이 지구에 대하여 전쟁을 하고 있다.

그러나 이 방법은 생태학적 붕괴에 대한 지구촌의 근접도를 결정할 수는 없다. 그것은 파괴가 65%를 초과할 때만 생태계가 붕괴되는 것으로 생각된다. 이러한 치명적인 한계점은 지구의 생명지원시스템에도 적용할 수 있다. 만일 최종 빙하가 끝난 이래 인간이 지구 산림면적을 1/3까지 파괴하고, 이차대전 이래 육지의 광합성능력을 13%까지 감소시켰으며, 생태계 파괴가 지수법칙으로 증가한다면, 인간은 다음 50년 이내에 육지의 광합성능력을 65%까지 파괴하여 끝날 수도 있다. 현재 인간들은 세계적으로 암확산의 마지막 2중기에 들어가고 있다고 한다.

또한 기후안정화에도 탄소순환법이 이용될 수 있다. 기후안정화에 필요한 대기 중의 탄소농도와 지구산림 커버규모가 결정되기만 하면, 지구적인 탄소 총량을 이들 목적을 위하여 수식화 하는 것이 가능할 것이다. 지구적 탄소 총량은 국가별로 국가 탄소 총량을 결정하여 합하고, 각 정부는 지역 탄소 총량을 수식화하면 가능할 것이다.

(vi) 지속가능한 지구에서 탄소의 역할 지속가능한 지구 창조에는 지구의 인간점유에 극적인 변화실행이 필요할 것이다. 즉 [ 야생지대(wilderness zone) + 산림지대(forest zone) + 인간지대(human zone) ]의 3지역으로 구분된 지구 생리학 구조의 창조가 필요하다. 이때 지구적인 탄소 총량으로 산림지대의 규모를 결정하는 반면, 지구적 가치는 야생동물지대와 인간지대의 크기를 결정한다. 여기서 야생지대는 야생동물만의 사용으로 규정되고, 산림지대는 기후를 조절할 것이며, 인간지대는 인간이 지역적 목재 경제를 창조할 수 있는 지역이 될 것이다. 따라서 산림지대는 인간이나 야생동물에게 속하지 않으나 모두에게 유익한 기후를 안전화 시킬 것이다. 이때 야생지대는 기후에 나쁜 영향을 미칠 수 있으나 인간지대는 인간 규모가 소비된 목재가 광합성을 통하여 대체되는 재생가능자원에 따라 결정되기 때문에 기후 중성적(climate neutral)이다. 반면 기후에 대한 야생지대의 효과는 산림지대의 크기를 조정하여 대체되어야 할 것이다. 만일 기후 조정을 거부한다면, 그들의 지구적 가치는 최소화되어 인간을 위한 토지가 최소화될 수밖에 없을 것이다. 따라서 인구수가 그들의 배당 범위 내에서 충분히 살 수 있는 크기로 작아질 때까지 인간수를 심하게 감소시키는 노력을 하야야 할 것이다. 인간이 원하는 곳에 그들이 돌아다닐 수 있는 날에 그들의 환상이 끝나는 토지가 소유한 무엇이나 강제로 사들일 것이다 (The days when humans could roam wherever they want, expropriate whatever land takes their fancy is over).

(vii) 지속가능한 지구촌 기반의 목재(wood) 경제 만일 인간이 지구에서 영원히 살아남기 위하여 지구생리학적 재앙을 예방하고, 지속가능한 지구를 창조하여야 한다면, 그들은 화석연료와 같은 현재의 비재생자원에 대한 의존성을 끝마치고, 일차적으로 나무와 같은 재생가능자원에 의존하여야 한다. 이것은 인간이 거대한 양의 공업원료와 에너지, 의복과 상품, 식품 등을 나무에서 제조하는 지역적인 목재 경제를 창조할 필요가 있다. 지역적인 목재 경제는 대략 짐승 잡는 군위원회의 규모이기 때문에 연간기준으로 모든 주민들에게 이용가능한 자원의 제한된 규모를 감상하기 위하여 지역적인 그들의 산림주변을 걸어서 다닐 수 있을 것이다. 이러한 규모는 지구돌보기를 시작할 뿐만 아니라 그들의 그칠 줄 모르는 욕망과 수요를 억제하도록 강요할 것이다.

(viii) 탄소는 지구촌에서 통용되는 화폐이다 지구의 기후조절에 치명적인 산림과 지속가능한 행성의 기반으로 목재경제가 중요하다는 것은 탄소가 미래에 유일한 통용 화폐가 될 것이라 것을 의미한다. 지속가능한 행성의 유일한 화폐는 금이나 달라, 또는 엔이나 어느 화폐명칭이 아니라 탄소라는 것이다. 지구적, 국가적, 및 지역적으로 제안된 탄소순환총량은 약간 기괴한 것으로 보일지 모르나, 그것은 여러 가지 면에서 기존의 화폐총량을 대체할 유일한 것이다. 탄소예산의 장점은, 돈은 사실상 지구 생태계의 파괴로 인도하는 천문학적 성장을 가

능하게 하지만, 탄소는 지구의 자연과정에 뿌리를 두어 제한된다는 점에 있다. 돈은 무한하지만 탄소는 유한하고, 돈은 금이나 달라 또는 엔이라도 표준이 없으나 탄소는 대기주의 탄소농도와 지구 기후안정성을 유지하기 위하여 필요한 산림 커버면적의 규모로 고정될 수 있다.

지속가능한 녹색의 세상에서는 탄소예산이 화폐예산을 대체할 것이다. 즉 일차적으로 임목(trees)을 기초로 한 살아 있는 경제는 화석연료를 기초한 죽어 있는 경제를 대체할 것이며, 지속가능한 목재 경제는 지속불가능한 지구경제를 대체할 것이다. 탄소는 석유 달라나 엔 또는 금과 같이 생태를 죽이는 화폐와 비교하여 녹색 화폐가 될 것이며, 안정상태의 기후와 같이 안정상태의 경제와 같은 것은 없다. 안정사태의 기후는 현금이 아니라 탄소에 의하여서만 건설될 수 있다. 따라서 경제학자들이 화폐 경제의 수요와 공급측면을 정확히 측정하는 것과 마찬가지로 녹색운동가들(greens)도 만일 지구의 지구생리학 경제를 보호한다면, 지구의 탄소순환에 대하여서도 똑같은 일을 하여야 한다.

### (3) 경제 사회적 지표와 새로운 비용-효용 분석(Cost-Benefit Analysis)

먼디 클럽의 탄소경제학 VIII (Mundi Club, 2004, Carbonomics VIII: A Critique of Conventional Environmental Accounting, 2005, http://www.geocities.com/carbonomics/MCcarbon/Carbonomics/13c08/13c08a.html)은 환경적 지표를 계산하지 못하는 화폐 경제학의 경제지표들을 평가하고, 탄소경제와 회계법 사용을 강조하고 있다.

(i) GDP와 환경 회계 문제　기존 경제학은 토지와 노동 및 자본의 3가지 생산 요소 중에서 경제적 가치는 상대적이라는 자유방임의 자본주의는 자본(capital)만을 강조하고, 평가에 절대적 가치가 존재한다고 주장하는 마르크스주의는 노동만을 강조하여, 어느 이론도 토지에 관계되는 환경적, 생태학적 또는 지구생리학적 인자를 고려하고 있지 않다. 즉 경제적 결과를 볼 때까지는 지구생리학에 대한 인간 활동의 역효과를 전적으로 무시하고 있다.

또한 한 국가의 연간 재화 및 서비스 산출량의 기준인 GDP(gross domestic product)나 GNP (gross national product)와 전년도에 비한 회계연도의 재화와 서비스의 산출량 차지를 나타내는 경제성장(economic growth)이 (1) 비경제적 활동 측정의 기준으로 사용되고 있다는 점, (2) 화폐교환 외에는 아무것도 측절할 수 없다는 점, (3) 여러 가지 예외가 있다는 점, (4) GDP는 사용된 자본주의 시스템만을 반영한다는 점 등이 문제라고 한다.

특히 GDP는 (1) 국가적으로나 지구적인 소득분배, (2) 삶의 표준, (3) 장기간의 풍요도, (4) 지속가능한 부, (5) 국가적 부, (6) 삶의 질, (7) 인간의 건강, (8) 인간적인 복지, (9) 환경이나 생태학 또는 지구, (10) 제품의 내구성 등을 평가하지 못한다고 한다.

더욱이 자본주의의 GDP는 파괴에 기초하고 있다고 주장한다. 즉 (1) 환경파괴, (2) 생물종 다양성 파괴, (3) 인간성 파괴, (4) 사유재산 파괴를 통하여 증가되고 있다고 한다. 따라서 미국과 일본, 영국 등 OECD국가들은 GDP에, 대한 개혁을 추진하고 있다고 한다.

(ii) 새로운 비용-효용 분석법　한편 하나의 건설회사가 모든 사람이 포함되는 하나의 새로운 건설 프로젝트를 제안할 때, 국가/지방 정부에 대하여 사실상 새로운 건설 사업을 소유할 그 회사는 그들 소유의 특수한 전망으로부터 만들어진 프로젝트를 고찰한다. 대부분은 그 프로젝트가 이익을 창출할 것을 보장하고 싶으나 국가/지방 정부는 그 프로젝트가 영향 받는 유권자들의 삶을 개선할 것인지를 물어 광범한 선거인들의 관심과 균형을 맞추려고 노력하여야 한다. 이론적으로는 제안된 건설프로젝트의 경제적 생존능력을 측정하는데 정량적인 GDP의 능력을 이용하는 것이 가능하나 GDP의 기이한 회계핑계를 인정하고, 그 프로젝트가 미래의 경제적 조건에 관한 추리뿐만 아니라 경제사회적 인자를 고려하여야 한다면, 기존의 경제학자들은 그 프로젝트가 투자비용보다 더 많은 편익을 생산하는지를 결정하는 새로운 회계시스템을 설계하지 않으면 안 되었다.

많은 점에서 GDP와 유사한 것이 비용-효용 분석(cost-benefit analysis: CBA)이지만, 이것은 제조 원가-편익 분석이라고도 하는 하나의 회계원칙으로서 GDP보다 훨씬 광범하게 이용되는 분석방법이고, 단일 프로젝트를 평가할 수 있도록 설계되었다. 그러나 이는 기존 경제학자들이 창조하여 사용한 하나의 평가기법이다.

따라서 지구환경의 경제 사회적 연구 센터(Center for the Social and Economic Research of the Global Environment: CSERGE)의 D. Pearce는 경제성장과 환경보호를 모두 촉진하기 위하여 창안된 새로운 CBA는 두 가지 점에서 기존의 CBA와 다르다. 즉 (1) 환경 현상에 대한 객관적 가치를 찾으려는 생각을 포기하고, 개발 수혜자들에게 개발로 위협받는 환경부분을 보호하기위하여 **자발적 지불 비용(willing-to-pay)을** 추정하기 위하여, 환경보호의 가치를 개발수혜자들에게 질문하여 주관적으로 측정하는 것이고, (2) 그것이 지구적 분석이 아니더라도 지구적 가치의 전망을 채택한 것이다.

① 개념적 화폐가치　새로운 CBA는 지속가능한 개발의 주요 모델로 환경의 적절한 가치화를 약속하였다. 그러나 우리가 할 수 있는 곳마다 환경의 기능에 대하여 자동적으로 플러스의 가치를 도입하여야 한다는 것을 의미하지 않는다. Pearce는 제안된 개발프로젝트의 장단점을 비교 평가할 때 환경의 기능에게 개념적인 화폐적 가치를 부여할 것을 제안하였다. 이러한 가치들은 사람들에게 그 환경을 보호하기 위하여 기꺼이 지불할 비용을 물어 측정될 것이다. 따라서 사람들이 그것을 보호하기 위하여 기꺼이 지불한다면, 아마 하나의 잡목 숲이나 산림들이 보존될 것이다.

② **지구적 방향**(Global Orientation) 기존 CBA 문제 중의 하나는 측정된 환경 오염비용이 전체 지구에 대한 영향보다 CBA가 실시되는 국가에만 대한 영향하는 것이었다. 그것은 분명이 단점이 있으나 산성비의 CBA는 발생장소에서는 심각한 손상을 야기하지 않는다. 즉 그 오염의 상당부분이 영국에서 발생하지만 바람으로 다른 국가에 영향한다는 결론을 얻을 수 있다. 따라서 그것은 처음부터 CBA가 환경오염의 지구적 영향을 측정할 때만 실현될 수 있다는 것을 분명히 하여야 한다.

(iii) 새로운 CBA에 대한 지구중심주의 비판 이에 대한 비판도 많다. 즉 (1) 화폐 지향적, (2) 전체지구의 가격 화 불가능, (3) 환경에 대한 특정 지점의 비용화, (4) 임기응변식 결정, (5) 지구생리학적 붕괴 예방 불가능, (6) 개발 우선주의문제, (7) 인간적 관심우선주의, (8) 보상 프로젝트 문제 등으로 실시에 문제가 많다는 것이다.(참조: Mundi Club, 2004, Carbonomics VIII: A Critique of Conventional Environmental Accounting, 2005, http://www.geocities.com/carbonomics/MCcarbon/Carbonomics/13c08/13c08a.html)

(iv) 환경 자원과 흐름 문제 (1) 자연자원에 대한 분석대상 타입, (2) 지구 온난화 잠재력, (3) I = PAT(I = environmental impact, P = population, A = affluence, T = T), (4) 에너지, (5) 전 과정 평가(Life Cycle Assessments: LCA), (6) 목재 기준(Wood Measures), (7) 광합성과 식물체(phytomass) 등이 주요 대상이 된다. (참조: Mundi Club, 2004, Carbonomics VIII: A Critique of Conventional Environmental Accounting, 2005, http://www.geocities.com/carbonomics/MCcarbon/Carbonomics/13c08/13c08a.html).

(v) 환경영향 평가서(Environmental Impact Statements EIS) 문제 사회적 환경 현상을 측정하기 위하여 가장 최근에 제안된 방법 중의 하나는 환경영향 평가(Environmental Impact Assessment: EIA)이다. 유럽에서는 회원국들이 대규모 건설 프로젝트에는 제안서에 대한 EIA를 실시해야 한다. 따라서 EIA가 좋은 의도를 가지고 있으나 유럽공동체위원회(Commission for the European Communities: CEC)하에서는 회원국들이 특정 상황에서 실시되는 것을 보장하여야 하지만, 그 규정은 그의 내용이나 품질에 관련된 실질적인 가이드라인에서는 거의 영향을 미치지 못하고 있다고 한다.

즉 현행시스템에는 다음과 같은 치명적인 3가지 단점을 가지고 있다고 한다.

(1) 이 시스템은 개발자사이에서 접근방식에 어떤 공통점을 조장하지 못하여 무정부적 처방이 되고, (2). 따라서 개발자나 기획당국이 앞선 연구결과를 쉽게 얘기할 수도 없고, 이와 같이 축적된 지식을 대조할 수도 없기 때문에 각 EIS는 그 자체가 하나의 연구에 불과하고, (3) 전적으로 미래에 일어날 사건만을 고려한 예측이기 때문에, 지적어도 실용면에서는 실제 효과를 환기시키기 위한 환경 영향 평가를 미래까지 지속하는데 실패하고 있다. 따라서 EIA

팀에게 정확한 예측을 위한 직접적인 인센티브가 없다고 한다.

(vi) 지속가능성(Sustainability) 또한 지속가능성(sustainability)은 녹색정책의 근간을 이루는 하나의 개념이다. 그것이 의미하는 것에 관한 일반화된 수많은 견해가 있지만, 불행하게도 그 개념의 명확한 정의는 없다. 이러한 일반화는 녹색 운동 내에서도 광범한 인식획득에 성공하지 못하고, 지역사회로만 남아 있다. 따라서 수많은 녹색 기구들은 지속가능성에 대하여 그들 자신의 견해를 전개하였다.

(vii) 지속가능한 사회개발(Sustainable Development) "지속가능한 개발"이라는 용어는 1970년대부터 나타났다. 그 개념은 분명하지만 그 용어는 흔히 지속가능성과 상호 교환적으로 사용되었다. 이 용어의 차이는 1980년 중반 UN의 환경개발의 Bruntland 위원회가 특별히 지속가능성에서 유추된 지속가능한 개발이란 용어사용을 촉진 시켰다.

(viii) 기타 회계 시스템 들 상술한 범주에서 정의될 수 없는 여러 가지 환경문제와 연관된 회계시스템들도 다양하게 존재한다.

① 세계 야생동물 기금(World Wildlife Fund: WWF) WWF는 지구 생물 종 다양성의 건강도와 활성도를 측정하기 위하여 살아있는 지구 지표(Living Planet Index: LPI)를 개발하였다. 즉 WWF는 전 세계의 생물다양성을 포함하고 있는 지구상의 산림과 하천 및 해양 생물계에 초점을 맞추어 1970년 이래 세계 자연생태계의 건강도에서 그의 변화 기준으로 살아있는 행성지표(LPI)를 개발하여 1970년과 비교하여 30%까지 감소하면, 그 시점의 자연적인 부를 세계적으로 1/3까지 잃은 것으로 해석하였다.

따라서 LPI는 측정 시점에서 산림과 생수/해수 생태계에서 소실된 생물종 다양성의 변화를 기초한 손실도를 평가하려는 것으로서 지구적인 생태계 건강도와 생물 종 다양성의 기준이 된다. 이때 생수/해수 생태계의 상태는 선정된 생수/해수 척추동물의 변화로 나타내며, 전형적인 생수/해수 생물종에서 1970년 기준 100개체중의 인구수 변동으로 측정한다. 또한 국가별 삼림 벌채는 광합성감소 기준으로 측정하는 것이 아니라 개력적인 국가별 생물종 손실수로 추정한다.

또한 WWF는 인간이 생태계 서식지에 영향하는 압력 기준으로 소비압력(consumption pressure)이라 부르는 지표를 개발하였다. 즉 살아있는 행성 보고서(Living Planet reort)에는 소비자가 환경에 영향한 가압량을 측정하고자 한다. 이때 6가지의 가압인자는 (1) 곡물생산량, (2) 바닷물고기생산량, (3) 목재소비량, (4) 생수 제거량, (5) 화석연료 소비량 근사치로의 탄산가스 방출량, (6) 토지 소비의 근사치로 시멘트 소비량 등이다. 6가지의 각 성분은 소비압력에서 가중치 없이 등가로 주어진다.

② 생태학적 프트프린트(Ecological Footprint: EFP) - 지속가능 진보지수 (Sustainable Progress Index: SPI) EFP는 보다 분명한 환경 분석 방법 중의 하나로서 기후제한과 생물종 다양성에는 약점이 있지만 정량적인 장점을 가지고 있다. 이는 개인당, 제품당, 또는 도시당 생존하는데 필요한 식품과 용수, 에너지와 폐기물처리에 필요한 총 토지면적을 나타낸 것으로서 물리적 의미의 통합 지표이며, 거의 SPI와 같다.

캐나다 브리티시 콜롬비아대학의 M. Wackernagel과 W. Rees 및 그의 동료들은 1990년대에 전형적인 북미사람들은 매년 그들의 라이프스타일을 지속하는데 필요한 물질과 에너지 흐름을 창조라기 위하여 12.6에이커(5.04ha)의 농장과 산림에서 생산되는 재생가능 생산물과 동등한 자원을 소비한고 추정한 생태학적 프트프린트(EFP)라고 부르는 환경 분석 방법을 개발하였다. 또한 현재의 인구를 기준하면 지구 평균이 3.7에이커(1.48ha)에 달하기 때문에, 지구 인구를 미국사람의 라이프스타일로 지원하려면, 지구상 생산성 토지의 4배가 필요함을 보여준다.

### (4) 탄소 회계학(Carbon Accounting)의 장점

따라서 먼디 클럽의 탄소경제학 VIII (Mundi Club, 2004, Carbonomics VIII: A Critique of Conventional Environmental Accounting, 2005, http://www.geocities.com/carbonomics/MCcarbon/Carbonomics/13c08/13c08a.html)은 탄소 회계법의 장점을 다음과 같이 강조하고 있다.

#### (i) 지구적 탄소회계(global carbon audit)의 기술적 장점

① 정량성(Quantifiability) 탄소 회계법이 경쟁하는 다른 환경 회계 시스템보다 우수한 주요 장점은 정량성이다. 지구상의 탄소는 수소나 물, 또는 산소나 에너지보다 적게 존재하기 때문에 정량화가 용이하다는 것이다. 또한 탄소는 잠재력을 타나내는 에너지보다 물리적인 실존이기 때문에 정량화가 용이하다. 또한 사람들이 불법적인 수단으로 돈을 획득하는 것을 예방하기 위하여 불법적인 수단으로 획득된 돈이나 숨겨진 돈을 다루는 것만큼 탄소를 숨기기기 위하여 탄소가 흘러가는 탄소 사이클을 벗어날 수 없기 때문에 전 과정 평가에서 탄소는 돈보다 측정이 용이하다.

② 생리 활성 탄소(Active Carbon) 지구상의 탄소는 지각의 4%까지 점유하는 것을 추정된다. 비율은 낮지만, 수량은 거대하여 정량화를 더 어렵게 만든 것 같다. 그러나 보다 용이하게 만드는 것은 대부분이 저장형태이고, 지구상에 흐르는 탄소 플럭스(flux)는 극소량이라는 점이다. 즉 지구 지량의 4%까지가 탄소이지만 대부분이 무기 암석재료이거나 포집된 유기물질이고, 0.04%인 극소량의 탄소만이 세계기후에 영향을 미치는 대기-생물-대양의 탄소

사이클에 참여한다. 대부분의 탄소는 암석에서 발견되고, 나머지 다른 탄소는 모두 1% 이하로서 대기와 육상 생물계, 토양 부식질, 화석연료, 해양 생물계 및 용해화합물로 존재한다. 조장형태로 존재하는 불활성 탄소도 탄소회계에 포함되는 것이 필요하지만, 지구상의 생리활성 탄소예산에 계산에서는 거의 역할을 하지 못할 것이다.

③ **지구상의 탄소 고정량** 경쟁적인 측정 시스템보다 탄소의 또 다른 장점은 지구상의 총 탄소량이 비교적 안정하여, 시간에 따라 지구상의 존재량이 변하는 수소나 에너지, 용수, 돈의 경우와는 다르다는 것이다. 이점이 경쟁적 방법과는 달리 고정되어, 보다 신뢰되는 측정 시스템으로 사용될 수 있다는 의미이다. 환언하면, 수소나 에너지, 또는 용수나 돈과 같이 수시로 수량이 변하는 기준은 환경 평가방법으로 사용하는 것을 더욱 어렵게 만든다.

④ **지구의 탄소나선(carbon spiral) 모델** 지구상의 탄소흐름은 초본류의 모든 잎이나 박테리아의 모든 타입에 부착될 기술적 장비가 필요하기 때문에 지구상의 모든 탄소흐름을 측정하여 추적하기가 불가능하다고 주장한다. 그러나 이러한 노력은 의심스러울 정도로 풍부하지 않다. 현재로서는 (1) 우선 인공위성이 지구 전체의 식생을 스캐닝(scanning)하면서 촬영하여, 지구상의 식물체의 식생지수를 개발하는데 노력을 집중하고 있으며, (2) 데이터 수집과 분석은 정교하게 짜인 소프트웨어 프로그램을 사용한 고성능 컴퓨터의 도움으로 더 용이하게 될 것이다. 더욱이 지구의 광합성 능력이 지구 기후에 영향을 미치는 방식과 각국의 식물체량이 기후에 영향하는 방식에 관하여 보다 자세히 제공하기 위하여 어느 날 이들 식생지수에 기상학자들이 일반인 기상모델을 연결하게 될지도 모른다.

⑤ **파급성(pervasiveness) ; 인간적 인자와 환경적 인자의 통일** 지구상에서 탄소는 에너지나 물만큼 풍부한 것이 아니고, 아직도 지구의 생명지원 과정에서 그의 치명적이 역할 때문에 아직도 파급성을 가지고 있다. 탄소는 지구상의 다이내믹 시스템에서 실리콘이나 다른 원소에 비하여 미세농도지만 어디에나 모두 파급가능하다. 지구상의 엄청난 크기의 생명 다양성도 탄소가 지구상의 모든 생물의 근간을 형성하는 복잡한 분자구조를 창조할 수 있을 때만 가능하다. 탄소는 또한 기후의 치명적인 조성분이다. 수량적으로 말하면, 탄소는 온실효과에 수증기보다 훨씬 작게 기여하나, 온실효과의 규모를 결정하는 데 결정적인 역할을 수행한다. 탄소가 생명이라는 의미에서 더 중요하지만 기후 안정화에는 수분이 더 중요하다. 인간에 관한 한, 인간이 행한 모든 일은 지구의 탄소 나선에 영향을 미치기 때문에, 인간이 행한 모든 일은 기후에 대한 영향으로 측정될 수 있다. 따라서 상술한 다른 방법과는 달리 탄소는 인간적 현상과 환경적 현상을 모두 측정하는데 이용될 수 있으며, 하나로 종합한 경제적이고, 환경적이며, 기후적인 현상을 비교하는데 탄소 나선이 이용될 수 있다.

⑥ **전환성(convertability)** 탄소회계의 또 다른 장점은 비탄소적 현상을 탄소등가치로

전환가능하다는 점이다. 그의 방법은 여러 가지가 전재한다.

- 온실가스 전환: 비탄소성 온실가스를 탄소 등가치로 전환할 수 있다. IPCC는 각종 온실가스의 지구온난 잠재력을 이미 탄소등가치로 전환시키고 있다.
- 알베도(albedo) 효과와 열 효과: 지구의 알베도효과가 아닌 열 효과라도 탄소 항으로 전환될 수 없다. 그러나 인간이 지구의 산림 커버면적의 변화를 통하여 기후를 안정화시킬 수 있다고 가정하면, 지구의 알베도효과와 열 효과에 대한 산림면적 변화의 효과를 추정할 수 있다.
- 물의 순환: 다시 말하면, 물의 순환을 탄소 항으로 전환시킬 수 없다. 그러나 물의 순환 과정에서 산림의 역할과 기능이 주어지면, 지구의 산림 커버가 기후안정화에 충분하기만 하면, 산림이 주어진 것으로 취급할 수 있어 지구 물 순환의 안정적 기능을 자동적으로 보장해주어 고려할 필요가 없을 것이다. 그러나 만일 산림이 파괴되어 지구촌의 물 순환을 심각하게 교란시켜, 기후도 교란시킨다면, 환경 회계학에서 산림 커버면적을 고려할 필요가 있다는 것을 의미한다.

⑦ **지구생리학적 한계들** 기타 모든 타입의 환경적 조치를 넘어 지구적 탄소회계/예산의 핵심 장점은 기후의 안정성 보존을 위하여 보장할 수는 없지만 대기 중에 허용될 수 있는 탄소량에 대한 한계와 산림의 커버면적규모를 알 수 있다는 것이다. 기후를 불안하게 만들지 않고서는 지구상에서 견뎌낼 수 있는 에너지 양의 한계를 결정할 수 없지만, 대기 중의 탄소농도와 지구상의 산림 커버면적의 한계는 결정할 수 있어야 한다.

⑧ **특정 탄소현상에 대한 전체적인 측정** 대기 중의 탄소농도와 지구상의 산림 커버 면적규모에 대한 지구생리학적 한계가 결정되기만 하면, 지구주위의 다른 탄소운동 - 이들 운동이 행성적인 인자로 일어난 것인지 아니면 인간적인 인자로 발생한 것이지 - 을 평가하기 위하여 이 한계들이 지구생리학적 벤치마크로 이용될 수 있어야 한다. 지구적인 탄소회계가 계산되기만 하면, 기후에 대한 어느 특정 탄소량이 인위적 과정으로 생긴 것인지 아니면 지구생리학적 과정으로 생긴 것인지 평가하는 것이 가능해질 것이다.

⑨ **탄소 사이클의 육지화와 집중된 지구** 지구상의 에너지는 대부분이 태양에서 온 것으로 에너지는 천문학적 개념이라고 생각할 수 있다. 그러나 탄소 사이클은 순수한 육지적인 과정이다. 모든 탄소는 빅뱅과 깊은 우주에서 유도된 것이기 때문에 별의 먼지(star-dust)라고 부르기도 하지만, 지금은 에너지나 수소와 같이 더 이상 지구로 흘러드는 것은 아니다. 지구상에 포집된 탄소는 육지화 되었다. 지구상의 첫 번째 탄소화합물이 최초의 광합성 자를 포함하여 우주공간에서 왔다 할지라도, 대부분의 지구상 탄소화합물과 그의 조합으로 만들어진 것 모두가 지구상의 특정 조건에 반응하여 지구상에서 합성되었다. 탄소에 기초한 생명체를

만든 것을 포함하여 대부분의 탄소화합물들은 다른 행성에는 존재하지 않는 것 같다.

따라서 탄소는 지구의 생명지원시스템의 가장 중요한 원소이기 때문에 탄소 회계는 자동적으로 지구에 초점을 맞추고 있다. 그러나 지구상의 에너지는 대부분 태양에서 오기 때문에 에너지 경제학자들은 태양에너지, 즉 태양에 초점을 맞추고 있다. 이러한 분석가들은 지구를 무시하는 경향이다. 따라서 그들에게는 지구표면이 에너지 흡수 기술로 덮여있는지 아니면 원시 야생인지에 대하여서는 문제되지 않는다. 그들이 관심을 가지고 있는 것은 그 지역에서 추출할 수 있는 에너지뿐이다. 이것은 탄소회계의 경우에는 사실이 아니다. 즉 하나의 토지 면적이 야생지역이나 목초지, 조림농장, 도시지역 또는 산업단지인가에 따라 전혀 다른 탄소 실천 정책을 갖추게 될 것이다. 탄소를 환경정책의 수단으로 이용할 때만이 지구를 일차적 주목지가 만든다.

⑩ 지구적 우선순위 탄소외의 모든 관심에 인간의 관심을 최대화하기 위하여 자원자원량, 대상자원, 비용-효용분석 등과 같은 다른 환경 분석법 들이 사용될 수 있지만, 다른 생물종 뿐만 아니라 지구자체에서는 탄소순환 분석이 지구를 최우선 관심사로 올려놓고, 인간이 살아남기를 바라면, 지구의 기능에 대한 그의 기능을 채용하여야 한다.

⑪ 지구적 활동성 측정 지구의 탄소 회계는 지구의 건강과 국부 및 복지 및 그의 생물종 다양성에 관하여 직접적인 척도를 제공한다. 이는 또한 인간의 건강과 부 및 복지를 측정하기 위하여 사용될 수 있고, 지구의 건강과 국부 및 복지와 분리되지 않는다.

⑫ 단순성(Simplicity) 사회적 환경 기준으로 탄소회계의 주요 장점 중의 하나는 그의 단순성이다. 돈이 하나의 단순한 기준이기는 하지만, 상술한 바와 같이 환경적 가격화의 복잡성이 문제이다. 측정기준으로 돈을 사용할 때 생기는 이론적 어려움을 비교할 때 탄소가 유리하다.

(ii) 에너지 분석에 대한 탄소 순환분석의 기후학적 장점

지구의 기후에 영향하는 모든 인자를 평가하는 데는 탄소회계가 에너지 분석보다 보다 유용하다. 탄소회계가 비록 에너지 분석보다 환경현상에 대한 커버 범위가 작지만, 기후에 영향하는 더 많은 현상들을 포함하고 있다. 지구의 에너지흐름 모델은 모든 것이 에너지를 포함하고 있기 때문에 이론적으로 지구상의 모든 현상을 포함할 수 있지만, 실제로는 이 현상들이 지구 기후에 큰 영향을 미칠지라도, 소량의 에너지를 포함한 현상을 모델화하는 것은 어렵다. 그러나 이와 같은 현상들은 다음과 같은 탄소순환과정으로 포함시킬 수 있다. 즉

- 바다바닥에 퇴적된 탄소껍질 중 코코리토포리드(coccolithophorids)가 작용한 역할은 지구상의 기후 조절 시스템의 중요한 성분이다. 그러나 이는 에너지 모델에서는 거의 영

향이 없으나 탄소회계에서는 중요한 부분이다.

- 반추동물/흰개미 배출가스와 분뇨는 에너지 회계시스템에서는 무시되는 인자이나 지구촌 탄소회계에서는 중요한 부분이다.
- 온실가스들은 그의 원래 화석연료에 비하여 무시될 정도로 미미한 에너지를 함유하나 지구의 탄소순환에서는 중요한 부분이다.
- 일정량의 화석연료연소에서 생산된 열은 환석연료 연소결과로 방출된 온실가스가 대기 중에서 흡수한 열보다 훨씬 작다. Lovelock의 지적과 같이 지구촌의 에너지 수지에서 대기 중의 탄소농도를 2배 증가시킨 열 흡수 효과는 화석연료의 연소와 산림파괴로 생성된 열보다 80배 이상에 달하여 탄산가스가 제 1위로 올라갔다.
- 식생의 분해는 에너지 항에서 무시되나 탄소순환분석에서는 중요한 기여를 한다.

Slesser는 탄소분석법과 에너지 분석법사이의 중요한 차이를 지적하였다. 즉 고기 먹기를 포기하면, 자급자족이 더 커지고, 다른 사람이 먹을 식품을 방출하나, 선진국의 에너지 예산에는 큰 차이를 만들지 않을 것이라고 한다.

(iii) 지구촌 탄소회계/예산의 융통성

생물종의 다양성과 지구기후 안정화에 모두 탄소의 역할을 중심에 두면, 탄소회계/예산이 융통 적이고, 지적인 기법이 될 수 있다는 점은 놀라운 것이 아니다. 탄소회계는 기후를 조절하는 정책을 형식화하기 위하여 지구적인 탄소예산을 구성할 수 있을 뿐만 아니라 현재 측정되지 않았고, 다른 환경 분석법을 사용하여도 측정하기 어려운 광범한 문제들을 결정하는 방법으로 이용될 수 있다. 예를 들면 다음과 같다. 즉

① 가장 큰 지구생리학적 손상을 야기하는 인간의 활동들
② 개인이나 정부 또는 다국적 기업들이 가장 큰 생태학적 손상을 야기하고 있는지 아닌지
③ 지구적, 생태학적 파괴 속도와 규모
④ 지구상에서 각 생물종의 지구적 가치
⑤ 지구에 대한 가장 큰 생태학적 재난
⑥ 과도 산업화된 국가들의 지구생리학적 차용과 후진/해체 국가들의 지구생리학적 대출 규모
⑦ 국가들 사이의 지구적 정의기준
⑧ 기후안정화에 필요한 대기 중의 탄소농도와 산림커버면적의 규모
⑨ 지속가능한 행성의 특성

여기서 지구적 탄소회계와 지구적 탄소예산이 지구생리학적 문제를 진단할 뿐만 아니라 그들과 싸우는 정책의 구체화에도 사용될 수 있다. 이것은 다음과 같은 많은 이유에서 중요하다.

① 거대한 양의 시간과 노력 및 자원을 소비하고, 다른 인간 활동이 보다 큰 지구생리학적 손상을 야기하고 있을 때 하나의 특정한 인간 활동으로 야기된 지구생리학적 손상을 감소시키기 위한 정책을 구체화할 이유가가 거의 없기 때문에 인간의 어느 활동이 가장 큰 지구생리학적 파괴를 야기하는지를 결정하는 것이 중요하다.

② 지구생리학적 손상에 대한 적절한 행동이 취해질 수 있도록 누가 그 손상을 가장 많이 야기하고 있는지를 결정하는 것이 중요하다.

③ 인간을 위한 지구 생명지원시스템이 붕괴시점에 얼마나 접근하고 있는가를 알아내는 것이 중요하다. 즉 만일 다음 30년이 지나면 지구적 분해가 존재할 것 같다면, 지구의 생명지원시스템이 다음 세기말에 번영하게 될 것이라는 기초에서 정책을 구체화할 이유가 거의 없다. 그러나 탄소회계법은 지구행상의 지구생리학적 종말까지의 심각성을 추정하기 위하여 하나의 귀중한 측정방법이다.

④ 지구의 생명지원시스템을 보호할 생물 종에게 토지가 할당될 수 있도록 각 생물조의 지구적 가치를 파악하는 것이 필수적이다. 지구의 생명지원시스템을 파괴하고 있는 생물종들에게 더 많은 자유와 권리를 제공한 이유는 전혀 없다.

⑤ 보다 심각한 다른 문제들이 관심밖에 남아 있다면, 하나의 지구 생리학적 문제와 싸우기 위하여 정책을 구체화할 이유가 거의 없기 때문에 지구생리학적으로 어느 재난이 지구 생명지원시스템에 가장 큰 위협을 제공하는지를 파악하는 것이 필수적이다.

⑥ 어느 국가들이 탄소 대출자(일차적으로 후진국/개발도상국)이기 때문에 개발을 계속 허용할 수 있는지와 어느 국가들이 탄소 차용자(일차적으로 과도한 산업화국가들)이기 때문에 그들의 산업구조일부를 해체하여야 하는지를 파악하는 것이 중요하다.

⑦ 국가들 사이의 지구적 생태학적 정의 기반에서만 지구화재 재난과 싸우기 위한 세계 모든 국가들의 동의를 획득할 수 있다. 여기에는 각국이 역사적으로 소비한 탄소예산을 균형화 하는 것이 필요하다.

⑧ 그렇지 않으면 세계의 모든 국가들이 가능한 많은 환경오염물질을 대기 중에 폐기하여 가능한 신속하게 그들 자신의 산림자원을 파괴하여, 기후를 불안정화하고, 인간을 위한 지구 생명지원시스템을 고갈시키기 때문에, 지구적 기후 안정화와 지속가능한 행성 창조를 위하여 필요한 대기주의 탄소농도와 산림커버 규모를 파악하는 것이 필수적이다.

⑨ 마지막으로 하나의 지속가능한 행성구조를 만들어내는 것이 필수적이다. 제시된 개요는 지구 육지의 1/3은 배타적으로 야생동물에게 봉사하고, 또 1/3은 기후 안정화를 위

하여 기후용 산림자원으로 할당되어야 하며, 나머지 1/3은 인간이 지역 산림으로부터 필요한 자원을 모두 획득할 수 있는 지역적인 목재 경제에 할당되어야 한다. 만일 인간들이 에너지 자급만을 고려하여 광범한 태양광 이용을 통하여 지구적 마을을 창조하려고 한다면, 그들은 지구의 생명지원시스템을 파괴할 것이다.

## 6.4. 교토의정서에 따른 온실가스 감축과 탄소 회계방법

### (1) 지구촌의 탄소 사이클과 탄산가스 제거방법

지구촌의 에너지는 모두 태양으로부터 차단 흡수한 것으로서 태양광이 없으면 지구촌의 생태계는 살아남을 수 없다. 특히 동물계의 일원인 인간은 식물계 광합성으로 대기 중의 탄산가스가 고정된 탄수화물, 특히 전분 식량과 사료가 없으면 생존에 필요한 영양분을 섭취할 수가 없어 파멸하게 된다.

이때 에너지 운반자인 대기 중의 탄소는 생태학자와 기상학들의 학자들의 연구결과 기후변화 원인물질이 되어 기온을 상승시켜 기후를 변화시키기 때문에 화석연료 소비를 감축하도록 요구하고 있다. 더욱이 1992년 UN에서 Aganda 21의 부속 협약서로 체결된 기후변화 기본협약에 따라 IPCC가 세계 문헌을 종합한 1995년도의 내용을 개정한 2000년도의 온실가스 방출 시나리오에 대한 특별보고서(IPCC, 2000, Special Report on Emissions Scenarios, 2006, http://www.grida.no/climate/ipcc/emission/ondex.htm)에 따르면, 400개 이상의 연구논문 중에서 190개가 2100년까지 추정

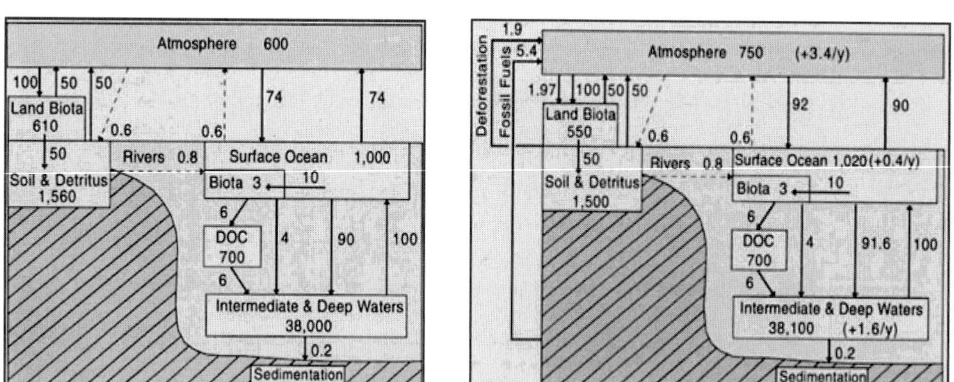


<A: 산업혁명 전(150년 전)> <B: 현재(1990)>

〈그림 6.4-1〉 지구촌의 탄소자원 분포와 이동 (단위: GtC)

(출처: IEA, 1995, Carbon Dioxide Utilization, 2000, http://www.ieagreen.org.uk/sr4p.html)

하고 있어, 이를 특성에 따라 4가지 그룹으로 나누어 2100년까지의 내용을 종합한 결과, 모두 지구를 온난화시키는 온실가스의 방출양은 주로 화석연료에서 발생하고, 에너지소비량이 경제성장을 나타내는 국민 총생산(GDP)과 인구증가와 긴밀한 상관관계를 나타내고 있으며, 세계경제가 성장할수록 온실가스 방출량이 기하급수적으로 증가하여 기온이 상승하고, 빙하가 녹아 해수면이 급상승하면, 그로인한 극한적인 자연 재난이 갈수록 증가할 것이라고 한다.

한편 국제 에너지 처(International Energy Agency: IEA, 1995, Carbon Dioxide Utilization, 2000, http://www.ieagreen.rg.uk/sr4p.html)에 따르면 지구상의 탄소자원분포는 〈그림 6.4-1〉에 나타낸 바와 같이 대부분이 바다와 토양에 존재하나 육지에서 활동하는 인간 환경에서는 육지 생태계의 먹이사슬과 대기 중의 탄산가스가 하나의 탄소 사이클(Carbon Cycle)을 이루고 있고, 인위적인 대기 중의 탄산가스 농도 상승이 기온을 상승시켜 기후변화를 야기하기 때문에 기후변화 협약에 따라 탄산가스의 대부분을 방출하는 선진 각국은 대기 중의 탄산가스 방출감축에 노력하고 있다.

특히 IEA(IEA, 1995, Carbon Dioxide Utilization, 2000, http://www.ieagreen.org.uk/sr4p.html)는 대기 중의 탄산가스 감축방법은 **(a) 탄산가스 발생 회피 방법**으로 (i) 태양 광 에너지이용, (ii) 바이오메스 이용, (iii) 풍력이용, (iv) 수력이용, (v) 지열이용, (vi) 해양 및 조력이용, (vii) 원자력이용기술을 개발하여 기존의 화석연료에 의하여 생산하던 전기에너지를 대체 생산하는 대체에너지 자원 개발과 실용화가 추진되고, **(b) 발생한 탄산가스들의 흡수분리와 저장하는 방법**으로는 (i) 발생한 탄산가스를 포집하여 유기 화학 원료로 이용하는 방법, (ii) 유정에 투입하여 원유 수율을 향상시키는 보조제 이용방법, (iii) 수생 조류의 영양원으로 투입하는 이용 방법, (iv) 다년생의 임목 광합성을 이용하여 장시간 분리 저장하는 방법 등으로 구분된다.

또한 각국을 대표하여 기후변화정부간 패널(Intergovernmental Panel on Climate Change: IPCC)의 보고서인 토지이용, 토이지용변화 및 임업에 관한 특별보고서(IPCC, 2000, Special Report on Land Use, Land-Use Change and Forestry, 2.005, http://www.grida.no/climate/ipcc/land_use/index.htm)의 보고서에 따르면, 지구촌의 중요한 탄소 저장고로 대양과 식물 및 토양이고, 대양 중의 탄산가스가 대기의 50배에 달하나 대부분이 용해된 무기물형태이고, 바닷물이 대기 중의 탄산가스를 흡수하는 능력도 극히 낮기 때문에 대부분의 대기 중 탄산가스가 육지의 식물이 광합성과 호흡에 의하여 고정되며, 특히 산림 생태계의 산림자원(forest biomes)이 대부분을 저장하고, 연간 교환 양의 2/3 이상을 농림업의 대상인 육상식물에서 고정한다고 한다. 따라서 IPCC 보고서(IPCC, 2000, Climate Change 2001: Mitigation, 2005, http://www.grida.no/climate/ipcc_tar/wg3/index.htm)는 지구촌의 태양에너지와 생태계의 관계를 〈그림 6.4-2〉와 같이 모델화하여 현재의 상황을 분석하고, 현세대와 미래세대에게 지속가능한 미래의 환경조성을 위하여 분석 보고하

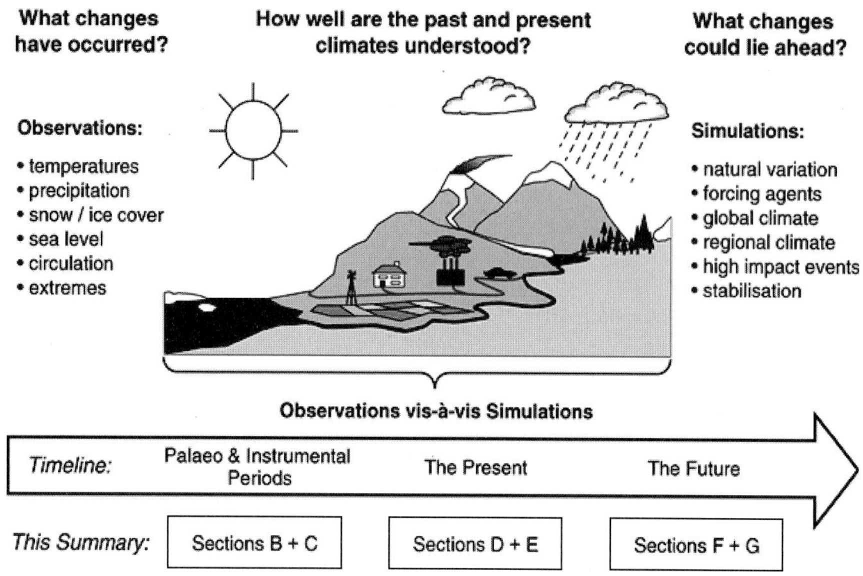


**〈그림 6.4-2〉** IPCC가 채용한 미래의 기후변화분석 모델

(Source: IPCC, 2002, Climate 2001, vol. 1. Scientific Basics;http://www.grida.no/climate/ipcc_tar/wg1/011.html#a2)

고 있다.

그러나 최근 IPCC는 특별보고서(IPCC Special Report: Carbon Dioxide Capture and Storage, 2005, http://www.ipcc.ch/activity/srccs/)를 통하여 무기물에 의한 탄산가스 고정기술을 〈그림 6.4-3〉과 같이 제시하고 있으나 토양 중에서 채굴된 광물은 다음과 같이 활성 화합물로 제조한 후에, 연소굴뚝에서 방출되는 탄산가스만을 흡수 반응시켜, 다시 고체로 만든 다음, 해양 투기나 기존의 사용하지 않은 광산 속에 매장하여야 한다. 그렇지 않으면, 굴뚝을 떠난 연소가스는 바람에 의하여 확산될 것이다.

- $CaCO_3$ =====> (100℃/C+$O_2$) ===> $CaO$ + $CO_2$
- $CaO$ + $CO_2$ ====> (상온) ===> $CaCO_3$

또한 토양에서 채굴된 석회석이나 규소는 자연계에서 이미 안정화된 화합물이기 때문에 에너지보존법칙과 질량보존법칙에 따라 탄산가스고정에 필요한 생석회 제조의 경제적 이유와 매립 후 용해 방출되는 또 다른 환경 재난을 야기할 수도 있는 불확실성 때문에 실용화는 비경제적이라고 생각된다.

따라서 생태학자들은 탄소고정 효과가 크고, 저장기간이 긴 임업 투자를 강조하고 있다. 즉 산림자원은 대기 중의 탄산가스를 광합성으로 고정하는 일년생의 농작물과는 달리 연간

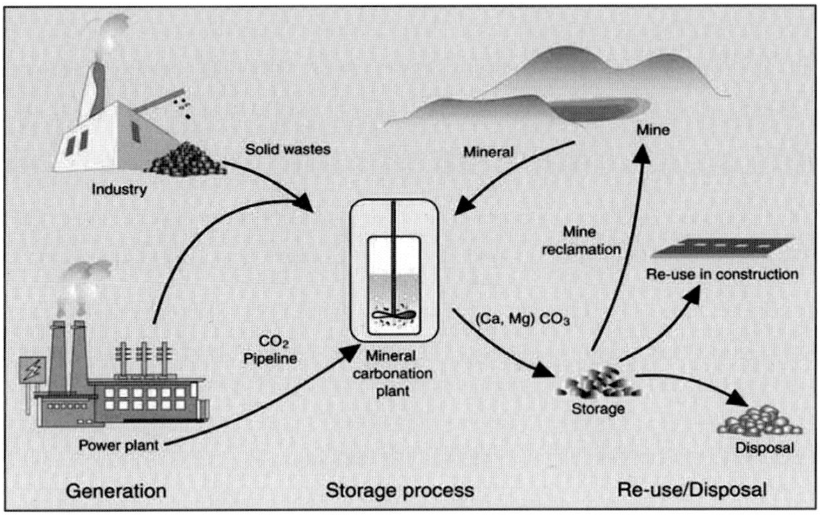


〈그림 6.4-3〉 무기물에 의한 탄산가스 고정처리기술

(Source: IPCC Special Report: Carbon Dioxide Capture and Storage, 2005, http://www.ipcc.ch/activity/srccs/)

광합성량이 많고, 저장기간이 수 10년 이상 수 100년에 이르고, 생산된 목재를 건축재에 사용하면, 그 건물의 내구년 동안 저장기간을 연장시키기 때문에 반드시 국가적으로 목재생산에 지원되어야 할 것이다.

따라서 우리나라도 산림자원국가나 후진국에 지원될 예정인 탄소세금을 우리나라 농림업 육성에 사용하는 사회적 차기와 정책이 전환되어야 한다. 즉 이러한 사회적 패러다임 전환과 정책전환이 없으면, 우리나라의 경제발전을 위하여 소비하는 석유와 석탄 소비로 발생한 탄산가스는 기체이기 때문에 탄산가스의 발생원과 그의 피해자 소속이 달라 다른 국가에서 부과되는 탄소세는 다른 국가를 위한 결과가 될 것이다. 나아가 우리나라 제품을 수입하는 외국시민들은 우리나라의 농업 정책에 영향을 미치게 되면, 결국 우리나라는 외국시민의 사상에 지배되는 피동적인 식민지 국가로 전락할 것이다.

또한 킴발스(Source: J. W. Kimballs, 2002, http://www.ultranet.com/~jkimball/BiologyPages/C/CarbonCycle.html)는 대기 중의 탄산가스를 고정하는 삼림자원이 대규모 벌채를 통하여 파괴되면서 그의 능력을 상실하여 산림개발이 중요한 원인임을 보여주고, 미국의 오크리지 국립연구소(Source: Oak Ridge National Laboratory, 2000, http://www.joanneum.ac.at/iea-bioenergy-task38/model/gorpic1.htm)는 모델을 통하여 임산물의 분해과정을 추적하면서 고정탄소가 어떻게 자연으로 환원되는가를 추적하기도 하였다.

특히 화석연료 대체를 위한 단벌기림을 통하여 바이오메스를 생산하는 경우 연간 탄소 고정량이 6.6 tC/ha/yr에 달하여 동일 면적의 농경지에 조림한 활엽수림의 경우 탄소 고정량이 3.3 tC/ha/yr인 비하여 높아 탄소 경제면에서는 대체에너지를 위한 단벌기림조성이 효과적이라고 한다.

기후변화 지식망(Climate Change Knowledge Network: CCKN, 2001, http://www.cckn.net/conpendium/int_lulucf.asp)에 따르면 대기 중의 탄산가스 매립지(sinks)로 산림자원과 토양, 토탄과 영구동토, 바다 등이 있으나 많은 토론 끝에 녹색식물의 광합성은 대기 중의 탄산가스를 고정하면서 산소를 방출하여 환경을 정화하는 작용 때문에 삼림과 농경지가 주요 탄산가스 매립지로 인정되어 교토의정서 3.3조와 3.4조 및 12조에 도입되고, 1998년 COP-4에 토지이용, 토지이용변화 및 임업 (Land Use, Land Use Change and Forestry: LULUCF)에 대한 연구를하기로 하고, 1999년 COP-5에서 초안을 작성하기로 협의하여 IPCC의 LULUCF에 대한 특별보고서가 2000년 개

**〈표 6.4-2〉** COP-4의 탄산가스 감축 이행국의 이행정도(단위: GgCE)

| | 토지용도변경 및 임업분야 제외한 연료분야 | | | 토지용도변경 및 임업분야포함의 경우 | | |
|---|---|---|---|---|---|---|
| | 1990년도 | 1995년도 | 변화율(%) | 1990년도 | 1995년도 | 변화율(%) |
| Australia | 415,656 | 435,471 | 105 | 474,529 | 472,615 | 100 |
| Austria | 77,271 | 78,830 | 102 | 63,971 | 65,230 | 102 |
| Belgium | 138,943 | 145,126 | 104 | 136,886 | 143,069 | 105 |
| Canada | 598,089 | 653,570 | 109 | 554,099 | 634,570 | 115 |
| Czech | 192,130 | 150,912 | 79 | 189,849 | 145,458 | 77 |
| Denmark | 71,658 | 78,792 | 110 | 70,734 | 77,828 | 110 |
| France | 557,039 | 547,837 | 98 | 526,723 | 508,702 | 97 |
| Germany | 1,209,107 | 1,073,748 | 89 | 1,179,107 | 1,040,048 | 88 |
| Greece | 105,235 | 112,189 | 107 | - | - | - |
| Ireland | 56,861 | 59,324 | 104 | 51,701 | 53,094 | 103 |
| Japan | 1,221,707 | 1352,134 | 111 | 1,137,804 | 1,255,429 | 110 |
| Latvia | 35,669 | 19,196 | 54 | 24,843 | 8,712 | 35 |
| Monaco | 111 | 139 | 125 | - | - | - |
| Netherlands | 217,107 | 234,432 | 108 | 215,607 | 232,732 | 108 |
| New Zealand | 72,417 | 72,753 | 100 | 51,104 | 56,285 | 110 |
| Norway | 55,064 | 55,984 | 102 | 45,474 | 42,344 | 93 |
| Slovakia | 72,496 | 54,226 | 75 | 68,239 | 49,110 | 72 |
| Sweden | 65,101 | 67,176 | 103 | 30,933 | - | - |
| Switzerland | 53,749 | 52,763 | 98 | 49,389 | 47,663 | 97 |
| UK | 757,851 | 695,301 | 92 | 778,058 | 706,775 | 91 |
| USA | 5,999,122 | 6,349,340 | 106 | 4,856,922 | 5,584,640 | 115 |

(출처: USEPA, 2000, http://www.epa.gov/globalwarming/emissions/international/index.html)

최된 COP-6에 정식으로 제출되었다고 한다.

더욱이 미국 환경처(EPA, 2000, http://www.epa.gov/globalwarming/emissions/international/index.html)에 수록된 1998년의 COP-4에 따르면 기후변화협약 이행국의 1990년도 기준량과 1995년도의 변화량을 보면 〈표 6.4-1〉에 나타낸 바와 같이 농림업분야의 순 고정량을 감하여 표시하고 있다.

따라서 기후변화 원인물질인 대기 중의 탄산가스 때문에 연료에서 발생하는 탄산가스방출을 억제하기 위하여 도입되기 시작한 탄소세가 어느 누구에게나 부과되는 공평성(Equity)과 어느 시기까지 지속하여야 하는지의 영구성(permanence) 그리고, 어느 탄소농도가 안정한가의 포화성(Saturation)에 대한 기준 마련이 주요 과제이었으나 현재는 토양과 임업에 대한 인간 활동의 제한에 대신한 탄소세 지원이 논의되고 있다.

즉 자연환경과 생태계의 탄소 사이클을 구성하고 있는 카본 풀(Carbon Pool)에서 화석 연료나 농산물 및 임산물을 수입하여 소비하는 국가들이 방출한 탄산가스에 탄소세를 부과하고, 자국의 농림업이 고정한 탄산가스에는 탄소세를 지원하는 시스템으로서 국가적으로나 지역적으로 탄소 수출입 수지(Balance)가 맞지 않은 순 방출분이나 순 고정분에 따라 화석연료 사용 분담금이 달라져 경제적으로 영향을 받게 될 것이다.

특히 순 방출량이 과다한 우리나라의 경우는 의무적으로 해외 농림업 투자, 특히 후진국 농림업 지원을 하여 독자적으로 확보한 농림업 탄소 고정량을 가산하여 면제분이 결정될 것이다. 즉 그 면제분이 국내 소비 화석 연료량을 초과하지 못하면 UN에 후진국 지원금으로 납부하여야 공평하게 될 것이다.

한편 디에츠(P. Dietze, 1997, Little Warming with New Global Carbon Cycle Model, 2002, http://www.vision.net.au/~daly/carbon.htm)에 따르면 지구표면의 2/3를 점유하고 있는 바다(Ocean)가 대기보다 50배에 달하는 탄소를 함유하고, 육지의 6배에 달하는 탄산가스를 흡수하며 아직도 산업혁명전 수준인데 이를 무시한 것이라고 하고, 알벡(J. Ahlbeck, 1999, Absorption of Carbon Dioxide from the Atmosphere, 2002, http://www.vision.net.au/~daly/co2-conc/ahl-co2.htm)은 IPCC가 대양의 탄산가스 흡수 능력을 경시하여 지구촌의 기후변화 예측이 너무 빠르다는 주장에 논란이 증폭되고 있다.

또한 미국의 세계자원 연구소(World Resources Institute, Climate Change and the Global Carbon Cycle, 2005, http://www.safeclimate.net/business/understanding/carboncycle.php)에 따르면, 일반인을 위한 지구촌의 탄소수지를 〈그림 6.4-4〉와 같이 제시하여 녹색식물의 역할을 강조하고 있다.

그리고, 미국 MIT 에너지연구실의 헤르초그(H. Herzog, 2001, Workshop on Carbon Sequestration Science - Ocean Carbon Sequestration, 2002, http://www.netl.doe.gov/publications/proceedings/01/carbon_seq_wksp/Herzog_ocean.pdf)는 탄산가스의 해양투기 기술개발 계획을 제시하고, 뷰셀러(K. O. Buesseler, 2001, http://www.eas.cornell.edu/eas/education/course/descr/ EAS350/JGOFS.o1.Oceanonography-14.pdf)은 미국 합동 지구촌 대양 플러스연구(U.S. Joint Global Ocean Flux Study: JGOFS)의 연구결과를 Oceanography의 제

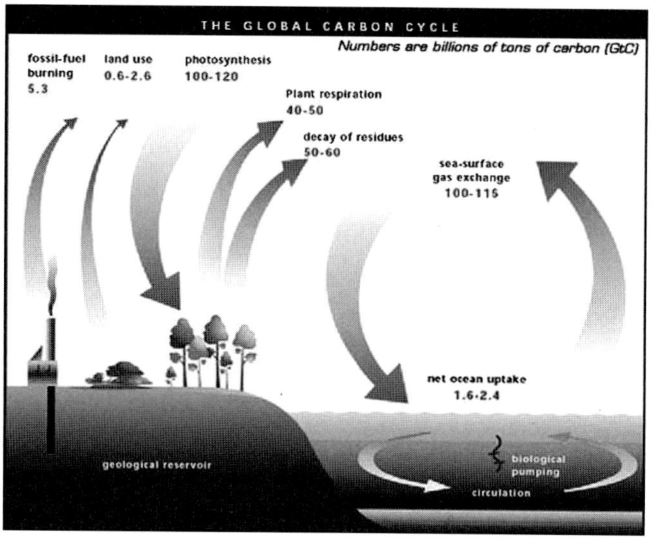


〈그림 6.4-4〉 지구촌의 탄소 사이클과 바다의 역할

(Source: World Resources Institute, Climate Change and the Global Carbon Cycle, 2005, http://www.safeclimate.net/business/understanding/carboncycle.php)

14권 4호에서 특보 판으로 소개하였으며, 미국 부시대통령은 유럽을 기준으로 주도되고 있는 기후변화 협약 준수를 개발도상국과 같이 시행해야 한다는 주장을 펴면서 의회 비준을 연기하기도 하였다.

### (2) 지구촌의 탄소 사이클 모델과 대기 중 탄소 농도 변화

전술한 바와 같이 지구상의 탄소는 인간을 포함한 생태계(Ecosystem)의 먹이사슬(food chain)을 통하여 기후조건을 지배하는 대기권(Atmosphere)에 투입되는 하나의 사이클을 이루면서 에너지가 이동하기 때문에 태양에너지를 탄소에 고정하는 광합성 산물인 바이오메스(biomass) 근간으로 하는 지구촌의 탄소 사이클(caron cycle)을 만들 수 있다.

따라서 인간의 경제활동에서 대기 중으로 방출하는 탄소량을 대기 중의 탄산가스 투입량으로 계산하고, 생태계의 생산자인 녹색식물의 광합성을 통하여 고정된 탄소량을 산출량으로 계산하면, 물질 수지 식에 따라 대기 중의 온실가스인 탄산 가스양 변화량을 계산할 수 있다.

캘리포니아 우주연구소(California Space Institute - Calspace Distance Learning Course, What is the Biogeo-chemistry, 2005, http://calspace.ucsd.edu/virtualmuseum/climatechange1/05_1.shtml)에 따르면 〈그림 6.4-5〉에 나타낸 바와 같이 현재 대기 중의 탄산가스($CO_2$)는 광합성 하는 녹색식물만이 고정하여 감축시키고, 동시에 환경을 정화시키는 유리산소($O_2$)를 생산하여 대기 중으로 방출한 반면, 인간의 모든 산업

활동이나 가축과 같은 동물 활동은 모두 탄산가스를 생산하여 대기 중으로 방출하고 있음을 보여주고 있다. 특히 대기 중의 탄산가스를 광합성으로 고정하는 녹색 식물은 산이나 바다에 모두 퍼져 있어 어느 곳에서나 대기 중의 탄소를 고정하고, 산소를 방출하기 때문에 지구 자전운동과 바람으로 확산되어 어느 곳에서나 거의 균일하게 분포하게 됨을 보여준다.

따라서 가이아 이론에 따라 지구 생리학적 분석법을 개발한 문디 클럽(Mundi Club, Mundimentalists, 2005, http://www.geocities.com/carbonomics/MCmundimentalism/mundimentalist01/Mun01d.html)에 따르면, 측정이 어려운 지구 생리학적 분석(biogeochemical analysis)을 지구촌의 탄소 사이클을 모델로 택하면, 측정 평가가 가능하다.

왜냐하면 (a) 탄소 사이클은 지구상에서 가장 큰 과정은 아니지만 지구상의 생태계에 적용되는 가장 광범한 사이클 중의 하나이고, (b) 기본적으로 탄소 사이클은 생명체의 먹이사슬과 기후 조건을 연결한 하나의 순환과정이기 때문에 필수적인 탄소 사이클을 이루고 있기 때문에 그의 변화 측정으로 대부분의 생명 형태와 생명의 지속가능성을 직접적이고, 즉각적으로 평가할 수 있으며, (c) 탄소 사이클은 대부분의 다른 자연계 사이클과 상호 작용하기 때문에, 여러 사이클 중 하나에 심각한 피해가 발생하면, 그의 영향이 탄소 사이클에 미치는 영향을 통하여 검출될 수 있기 때문이다. 따라서 특정 생태학적 문제에 대하여 주의를 기울

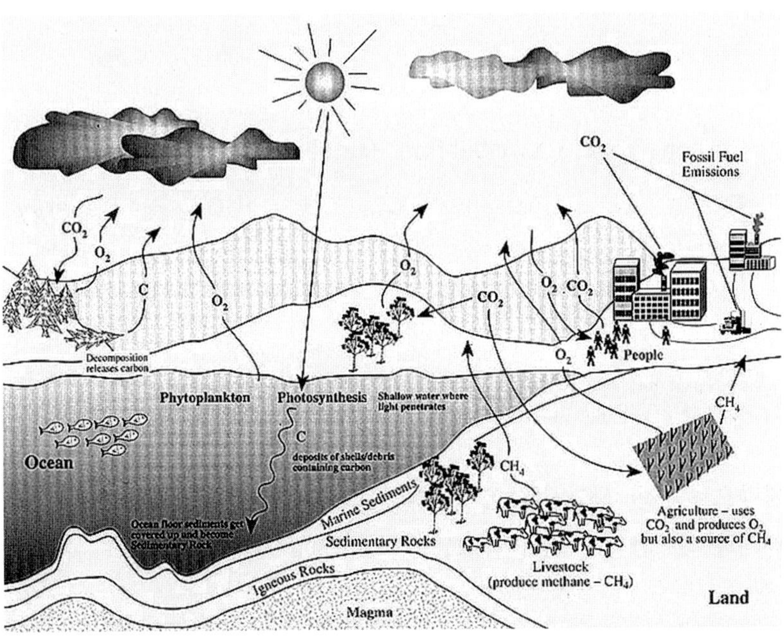


〈그림 6.4-5〉 지구촌의 광합성에 의한 물질수지와 탄소 사이클

(Source: California Space Institute - Calspace Distance Learning Course, What is the Biogeochemistry, 2005, http://calspace.ucsd.edu/virtualmuseum/climatechange1/05_1.shtml)

이게 되면, 그의 영향을 추정할 수 있다. 즉 지구생리학에서 일어나는 현상을 보다 정확하게 이해하기 위하여서, 다양한 생태학적 현상에서 일어나는 비탄소 사이클이 기후변화에 미치는 기여도가 탄소 당량으로 전환될 수 있다. 따라서 비탄소계 온실가스들은 탄소 당량으로 환산된다. 또한 (d) 지구촌의 탄소 사이클은 서로 다른 인간 활동이 생태계에 미치는 영향을 상대적 파괴성으로 만들어 비교할 수 있을 뿐만 아니라 그것들이 지구온난화에 얼마나 크게 완화/악화시키는지를 나타낼 수 있다.

특히 지구상의 유기물은 모두 지구상의 90가지 원소 중에서 지구촌에 가장 많은 산소(O)를 통하여 유기물은 탄소(C)와 수소(H), 질소(N)와 인(P)으로 구성되고, 다음과 같은 화학반응을 통하여 태양 에너지를 탄소에 고정하는 녹색식물의 광합성을 통하여 생태계의 먹이를 생산하고, 소비자인 동물과 분해자인 미생물은 이를 분해하여 발생한 에너지를 이용하여 생태계를 구성하고 있다.

**Carbon Cycle - Photosynthesis**

$CO_2$ + $H_2O$ + energy → $C_6H_{12}O_6$ + $O_2$

carbon dioxide, water, sun, glucose, oxygen

($C_6H_{12}O_6$) represents any organic matter in plants

**Carbon Cycle - Combustion, Metabolism**

$CH_4$ or $C_6H_{12}O_6$ + $O_2$ → $CO_2$ + $H_2O$ + energy

oxygen, carbon dioxide, water, (heat)

($CH_4$ or $C_6H_{12}O_6$) represents any fossll fuel, food, organic matter

즉 고분자량으로 변한 생명체 들은 중력에 의하여 지표면에서 생활하고, 대기 중의 탄산가스는 생태계의 먹이사슬에 의하여 〈그림 6.4-6〉과 같이 하나의 탄소 사이클(Carbon Cycle)을 이루고 있다.

따라서 지하자원인 석탄이나 석유를 화석연료를 사용하기 전인 200년 이전에는 대기 중의 탄산가스 농도가 생명체의 번성 정도와 평형(equilibrium)을 이루고 있기 때문에, 인구가 증가하면, 온실가스인 대기 중의 탄산가스 농도가 저하되면서 기온도 저하되어 추었을 것이다.

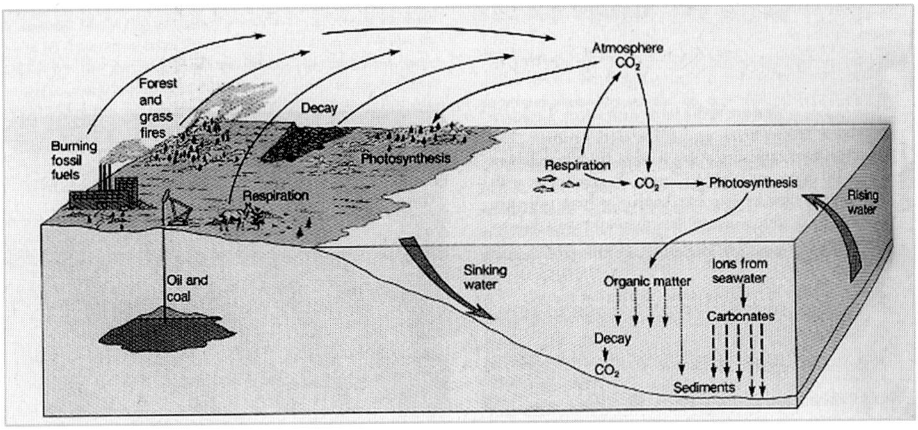


〈그림 6.4-6〉 대기 중의 탄산가스 공급과 고정감축의 탄소순환 모델

(Source: NASA, Carbon Cycle, 2005, http://neptune.gsfc.nasa.gov/STAFF/brianc/co2.html)

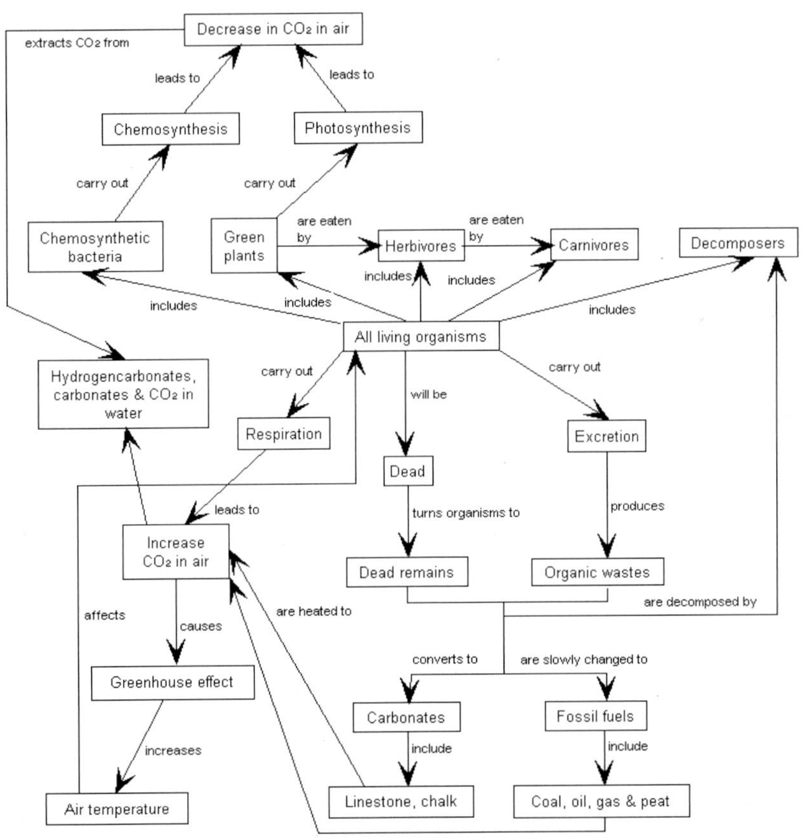


〈그림 6.4-7〉 지구촌의 탄소순환과 기후에 대한 영향 계산 모델

(Source: J. Hurst, Carbon Cycle, 2005, http://www.bol.ucla.edu/~dilu/home.html)

그러나 지하에서 채굴된 석탄과 석유와 같은 화석연료를 다량 사용하는 산업혁명이 확산되면서 대기 중의 산소($O_2$)를 다량 소비하면서 동시에 물에 용해하지 않는 탄산가스($CO_2$)를 다량 생산하여 대기 중에 방출하기 때문에 대기 중의 산소농도는 저하되고, 탄산가스 농도가 증가하면서 기온이 상승 하여 지구촌이 온난화되고 있다고 간주할 수 있다.

따라서 대기 중의 탄산가스 농도변화에 따른 기온변화는 탄소 사이클을 구성하고 있는 생태계의 먹이사슬에 따른 생물종별 인구수와 탄소 합성량 및 탄소 산화분해량을 분석하면 탄소의 흐름을 알 수 있으며, 특히 화석연료를 사용하는 인간의 활동을 모니터링하면, 탄산가스 발생량을 추적할 수 있다.

특히 최근에는 전자공업의 발달로 발전한 IT산업의 개발로 측정기와 정보전달 기술이 발전하여 기계화와 자동화가 이루어져 2,000만 종에 이르는 지구상의 화합물들을 실시간으로 거의 동시에 분석할 수 있어 탄소화합물의 변화량을 지역별로 시간별로 추적할 수 있다.

환언하면, 〈그림 6.4-7〉과 같은 플로챠트(flowchart)를 갖춘 컴퓨터 프로그램을 사용하여 인간의 활동을 포함한 생태계의 호흡량/폐기물 소각량을 조사하고, 녹색식물의 탄소 고정량을 분석하여 대기 중의 탄산가스 농도변화를 추적하면, 기후변화의 원인인 기온변화에 미치는 대기 중의 탄산가스 영향을 상당히 예측적할 수 있을 것이다.

따라서 대기 중의 탄산가스를 산업혁명 이전의 270ppm 수준까지 감축시켜 기후를 안정화시키려면, 화석 연료를 근간으로 지금까지 약 150년 동안에 발전해 온 모든 산업이 대체에너지로 전환하여야 가능할 것이다. 특히 지구상의 모든 탄소는 대기 중의 탄산가스를 제외하면, 모두 화학적으로 변하여 바이오메스(biomass)를 통하여 매장된 것이기 때문에 가이아 이론에 따라 녹색식물을 육성하고, 연간 광합성량 뿐만 아니라 장시간 비축이 가능한 산림자원 육성을 국가적 종합계획에 따라 시급하게 착수하는 것이 기후안정화에 기여할 것이다.

### (3) 탄소회계를 위한 농림업의 탄소고정 효과와 그의 연구 동향

1997년 교토의정서(Kyoto Protocol)가 채택된 이후 선진 각국에서는 자국의 합리적인 탄소회계 방법과 그의 검증 및 불확실성에 대한 소프트웨어(software) 개발이 활발하다.

즉 우리나라와 유사하게 산악국가인 오스트리아의 쿠베츠코(K. Kubeczko, 2003, Monitoring Climate Policy: A Full Carbon Accounting Approach Based on Material Flow Analysis, 2005, http://systemforschung.ares.ac.at/Publikationen/Monitoring.pdf)는 그의 박사 학위논문에서 탄소 서브시스템(subsystrm)을 〈표 6.4-2〉와 같이 구분하고, 지구촌의 에너지와 자원경제의 흐름을 〈그림 6.4-8〉과 같이 가정하여, 인간의 경제활동과 자원적인 물질 흐름의 관계를 〈그림 6.4-9〉와 같은 인간과 물질의 상호작용을 통

하여 분석하였다.

따라서 인간사회와 자연사이의 상호작용에서 일어나는 핵심 공정을 생체대사과정(metabolism)과 식민지화(colonisation)로 구분하여 경제성장을 분석하고, 그에 따른 환경파괴를 억

〈표 6.4-2〉 쿠베츠코의 탄소서브시스템 구분

| Carbon subsystems | ACBM-Module | ACDb-Modules | Abbreviation |
|---|---|---|---|
| Agriculture | {AGRO} | {AGRO} | A_ |
| Energy Transformation and Use | {ENERGY} | {ENERGY} | E_ |
| Forestry | {FOREST} | {FOREST} | F_ |
| Production and Consumption | {PROD} | | |
| Production | | {PROD} | P_ |
| Waste | {WASTE} | | |
| Consumption and Waste Management | | {CONSU/WASTE}<br>Stocks | C_<br>W_<br>S_ |
| Atmosphere | {ATMO} | {ATMO} | T_ |
| Lithosphere | {LITHO} | {LITHO} | L_ |
| Import/Export of Goods | {IMPEXP} | {IMPEXP} | X_ |

(Source: K. Kubeczko, 2003, Monitoring Climate Policy: A Full Carbon Accounting Approach Based on Material Flow Analysis, 2005, http://systemforschung.ares.ac.at/Publikationen/Monitoring.pdf)

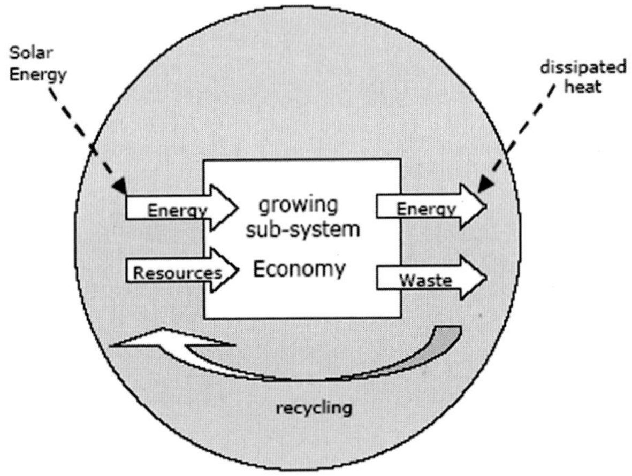


〈그림 6.4-8〉 지구촌의 에너지 흐름과 자원 경제의 흐름

(Source: K. Kubeczko, 2003, onitoring Climate Policy: A Full Carbon Accounting Approach Based on Material Flow Analysis, 2005, http://systemforschung.ares.ac.at/Publikationen/Monitoring.pdf)

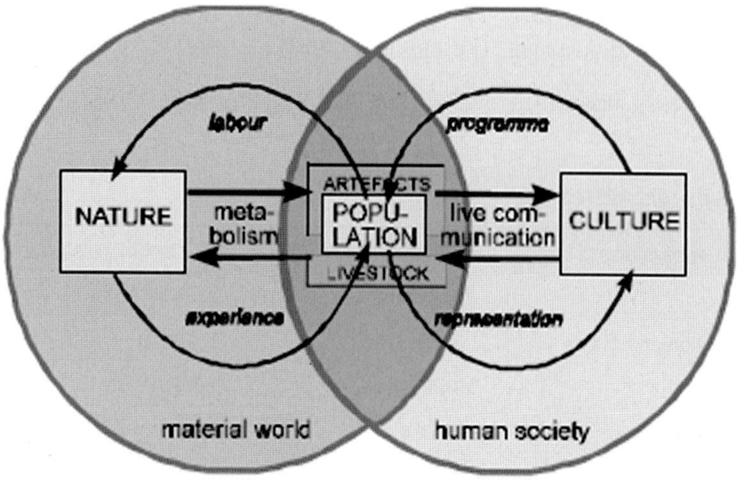


Source: Flacher-Kowabld 1997 (modified after sleferle 1997)

**〈그림 6.4-9〉** 자연과 사회적 문화에 대한 인간의 역할

(Source: K. Kubeczko, 2003, Monitoring Climate Policy: A Full Carbon Accounting Approach Based on Material Flow Analysis, 2005, http://systemforschung.ares.ac.at/Publikationen/Monitoring.pdf)

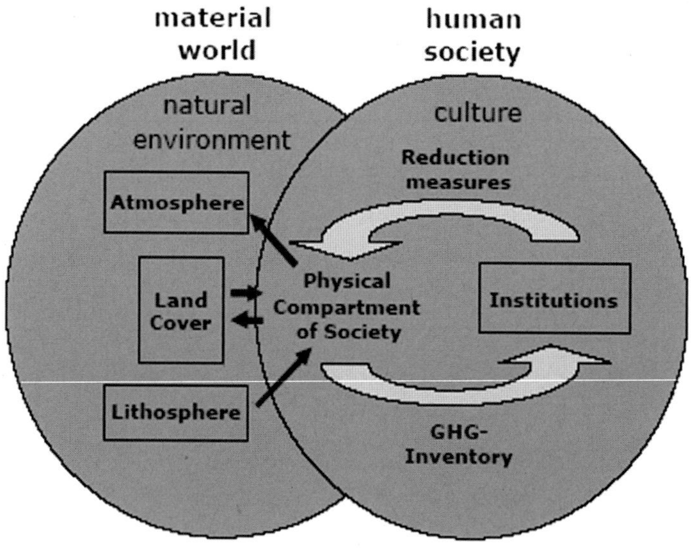


**〈그림 6.4-10〉** 쿠베츠코가 제안한 자연-인간의 상호작용과 온실 가스 감축의 위치

(Source: K. Kubeczko, 2003, Monitoring Climate Policy: A Full Carbon Accounting Approach Based on Material Flow Analysis, 2005, http://systemforschung.ares.ac.at/Publikationen/Monitoring.pdf)

제하는 사회적 시스템으로 〈그림 6.4-10〉를 제시하고, 국가적 차원에서 〈그림 6.4-11〉과 같은 시스템으로 자국에서 발생하는 온실가스를 스스로 감축시킬 것을 제안하고 있다. 그렇지만 교토의정서의 [부속 I]에 속한 오스트리아라도 배정받은 온실 가스를 감축하는 사회적 시스템을 완비하더라도 각국을 이루고 있는 인구수와 소유한 국토면적이 다르기 때문에, 농림수산물의 국가간 무역으로 결국은 WTO 규정에 따라 수출입에서 규제하는 정책을 택하게 됨을 보여주고 있다.

한편 핀란드 통계 처(Statistics Finland, National System, 2005, http://www.stat.fi/tk/yr/khkaasutkansallinen_seurantajarjestelma_en.html?tulosta)에 따르면, 〈그림 6.4-12〉와 같이 국가적 통계시스템을 구성하여야 국가 온실가스 조사보고서를 작성할 수 있음을 보여주고 있다.

이러한 시스템은 국내에서 탄산가스를 발생하는 각종 연료소비량과 이용효율성을 추적하면, 탄산가스 발생 기업을 추적할 수 있고, 환경정화를 위한 산소생산과 동시에 대기 중의 탄산가스를 고정하는 녹색식물의 광합성량은 생장기간의 호흡에 의한 소비량을 제외하고 잔류하는 연말 순 광합성량을 조사하여 탄소 고정량을 분석하면, 국가적인 온실가스 방출량의 증감량을 알 수 있다.

그러나 UN에서 온실가스 의무 감축량을 국가별로 배분할 때, 그 나라의 산업별 중요성과

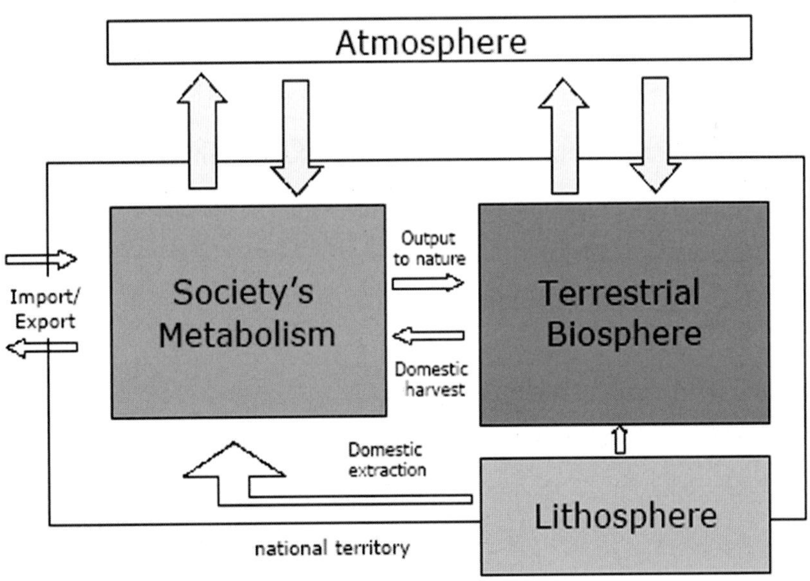


**〈그림 6.4-11〉** 쿠베츠코가 제안한 국가적 온실가스 감축 시스템

(Source: K. Kubeczko, 2003, Monitoring Climate Policy: A Full Carbon Accounting Approach Based on Material Flow Analysis, 2005, http://systemforschung.ares.ac.at/Publikationen/Monitoring.pdf)

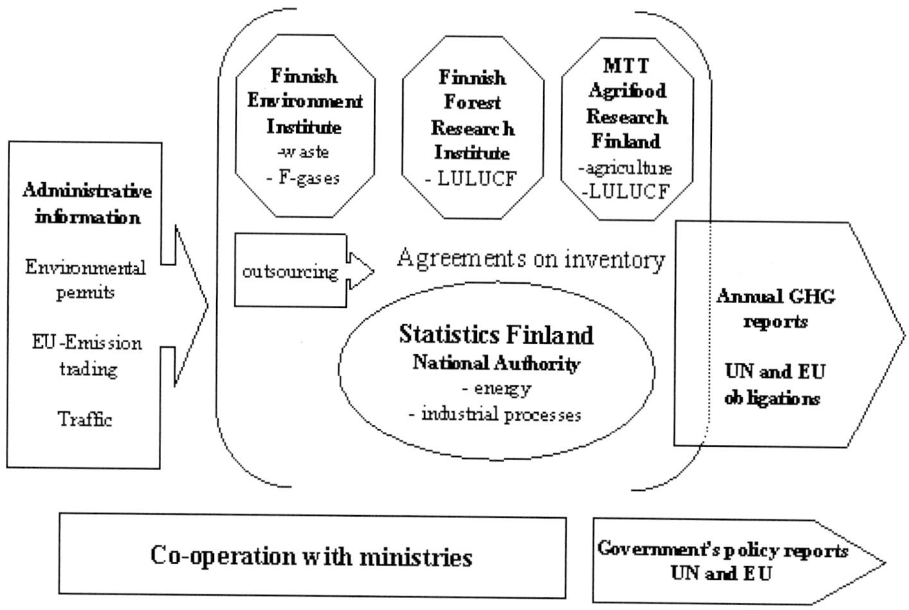


**〈그림 6.4-12〉** 핀란드의 온실가스 조사보고 시스템

(Source: Statistics Finland, National System, 2005, http://www.stat.fi/tk/yr/khkaasut_kansallinen_seurantajarjestelma_en.html?tulosta)

구성에 따라 분야별로 배정되는 의무 감축량이 다를 것이다. 즉 온실가스 감축은 인위적으로 발생하는 온실가스를 대기 중에서 제거 고정하는 정책이기 때문에 지구촌의 누구라도 동등하게 부여된 임무이기는 하지만, 인구밀도가 낮아 1인당 점유면적이 큰 한대지방 구가들은 유리하기 때문에, 대기 중의 온실가스 감축에 인공적으로 효과를 가져 올 수 있는 조치에만 탄소세 감면을 부여하자는 논리이다. 환언하면 전국토를 토이용도에 따라 상공업 주거지와 농경지 및 산림 토양을 모두 분석하여 매년 그 증감량에 따라 감세하거나 부과하자는 것이다.

따라서 미국의 농업 토양 비료학자들은 토양중의 탄소함량은 매년 재배되는 농작물의 종류와 경작방법에 따라 다르나 많은 탄소를 소비하기 때문에, 토양 중의 유기탄소함량을 비축하려면, 기존의 농사법으로는 불가능하다는 것이다. 미국 토양학회는 약 20년 이상 휴경하거나 유기농으로 전환하여야 토양 중 탄소함량이 증가한다고 한다.

또한 기후변화 원인물질인 대기 중의 탄산가스를 흡수 고정하여 대기 중 탄소를 제거하는 방법은 화석연료를 다량 소비하는 화력발전소나 제철소 또는 시멘트 공장의 굴뚝에서 다른 가스와 분리하면, 화학적으로 다시 석유화학 원료나 탄산염 원료로 이용할 수 있고, 과도한 경우 심해저나 폐광산에 매립하는 기술도 개발되고 있지만, 녹색식물을 이용한 광합성 방법이 가장 안전하고 환경 친화적이기 때문에, 경제적이라고 생각된다.

따라서 선진국에서는 제1차 석유파동 이후 식량부족에 따른 생명 공학적 품종개발기법과 목재자원 고갈에 대비한 에너지 대체 및 제지용 섬유생산을 위한 단벌기림 조성에 대한 연구가 많다. 즉 전술한 재생가능 에너지 개발과 전환기술이 기후변화를 야기하는 온실가스 방출을 억제하는 회피방법으로 전기에너지를 생산하지만, 녹색식물을 이용한 광합성 방법은 대기 중의 탄산가스를 직접 흡수 고정함과 동시에 환경을 정화하는 산소($O_2$)를 생산하고, 고정된 탄소가 각종 에너지원으로 재활용되는 태양에너지 비축방법이기 때문에 다른 방법보다 유리하다.

특히 농업분야는 현재에도 영양실조와 기아 상태에 있는 세계인구의 1/3을 위하여 식량증산을 위한 농경지 확대가 절대적으로 필요하지만 환경오염의 확산으로 일어나는 기후변화가 식량생산과 관련된 농업분야와 생수자원 및 주거환경에 치명적인 영향을 미치기 때문에 기후변화 원인 물질을 제거함과 동시에 필요한 에너지를 비축하는 방법이기 때문에 윈-윈 전략(Win-Win Strategy)으로 알려져 있다.

즉 지구촌의 탄소순환 원리에서 수익자 부담의 원칙에 따라 화석연료 소비로 발생하는 탄산가스방출에 탄소세를 부담시키고, 거두어들인 세금으로 대기 중의 탄소를 고정하는 농업분야를 지원하여 농림업의 탄소 고정능력을 강조하는 탄소세(Carbon Taxation)시스템 도입이 강조되고 있다.

그러나 환경보존에서 요구하는 기후변화를 야기하는 온실 가스는 장기적으로 안정한 고정이 필요하다. 국제 탄소은행(International Carbon Bank & Exchange: ICBE, 2001, http://www.icbe.com/emissions/calculate.asp)에 따르면 IPCC가 지정한 온실가스의 대기 중 안정한 생존기간이 탄산가스($CO_2$) = 50~200년, 메탄($CH_4$) = 12년, 산화 2질소($N_2O$) = 120년, 기타 공업약품 = 2~50,000년 걸리지만 과학자들은 80% 이상이 탄산가스이기 때문에 교토의정서에 규정한 온실가스의 온난화 지수(Global Warming Potential: GWP)로 표시한 탄소 동일 단위는 <표 6.4-3>과 같이 협약하였다고 한다. 따라서 각국의 온실가스 발생량은 [ 백만 톤 탄소 동일 단위 (million metric ton carbon equivalent: MMTCE) = (Tera gram of gas × GWP ×(12/44) ]로 계산하여 표시한다.

최근 서비스 분야의 온실가스 컨설팅회사인 PE Europe회사(PE Europe GmbH, Procedure of the

**<표 6.4-3>** 100년 기준의 탄소동일 단위

| 온실가스종류 | $CO_2$ | $CH_4$ | NO | HFCs | PFCs | $SF_6$ |
|---|---|---|---|---|---|---|
| 온난화지수 (GWP) | 1 | 21 | 310 | 140~11,700 | 6,500~9,200 | 23,900 |

(출처: International Carbon Bank & Exchange, 2001, http://icbe.com/emissions/calculate.asp)

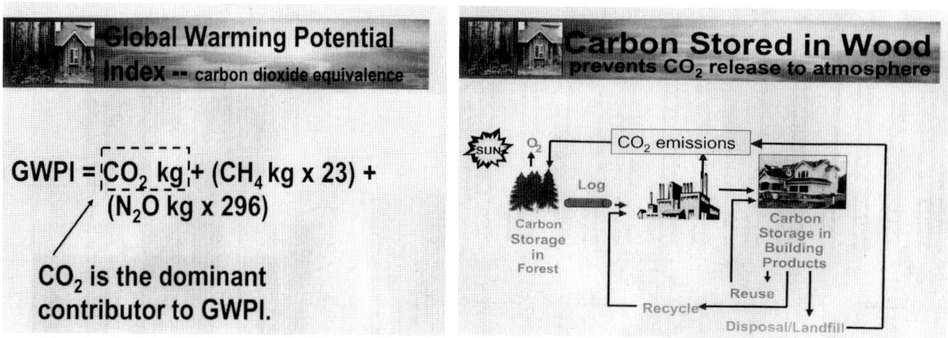


**〈그림 6.4-13〉** 목재의 이용 과정에서 목재 건축물의 위치

(Source: J. Wison, 2006, Using Wood Products to Reduce Greenhouse Gases, 2007, http://www.corrim.org/ppt/2006/Wison_April6_OSU/Wilson_Apr5_2006_OSU.pdf)

Balancing and Reporting GHG Emssions within PE Europe following the GHG Protocol, 2007, http://www.co2-management.com/)에 따르면 EP 유럽은 기준년도를 2002년으로 선택하고, IPCC 2001회의에서 일반적으로 광범하게 발생하는 메탄가스와 산화2질소($N_2O$)를 조사대상으로 하여 [ GWP 1 = 100년 = $CO_2$ = 1 ]를 기준으로 $CH_4$ = 탄산가스의 23배, $N_2O$ = 탄산가스의 296배로 확정하여 평가하고, Wison(J. Wison, 2006, Using Wood Products to Reduce Green-house Gases, 2007, http://www.corrim.org/ppt/2006/Wison_April6_OSU/Wilson_Apr5_2006_OSU.pdf)는 다음과 같은 방정식으로 주요 온실가스 방출량을 계산하기 때문에 〈그림 6.4-13〉과 같이 수명이 수 10년에서 수 100년에 이르는 건축물, 특히 목재 건축물 건설에 이용되는 목제품의 이용기간(耐久年)을 온실가스 방출 감축 효과로 인정해 주어야 한다고 주장하고 있다.

따라서 산림자원을 구성하고 있는 임산물중 임목(林木)이 100여 년 동안에 대기 중의 탄산가스를 고정 저장한 다음, 벌채된 후, 이어서 임산공업에서 각종 건축물에 이용되는 목제품으로 개발되어 수 10 내지 수 100년 동안 다시 목재 건축물 구성자재로 이용되는 내구년 동안 온실가스 감축효과로 인정된다면, 임업뿐만 아니라 목재 건축업도 온실가스 감축효과에 기여하는 중요 산업으로 인정되어 산림자원의 탄소고정효과 때문에 임업투자 더욱 증가될 것이다. 이러한 결과는 국가 GHG 보고서 작성을 위한 2006 IPCC Guideline에 반영되기도 하였다.

따라서 미국의 각 주별 분야별 온실가스 발생비율을 보면 〈표 6.4-4〉와 같다. 즉 각 주의 기후조건과 산업구조에 따라 주요 온실가스 방출 분야가 다르고, 특히 농업분야의 방출량은 즉 콜로라도 주의 경우는 산림자원에 의한 고정량이 많은데 비하여 농업에서 방출하는 순 방출량이 40.0%에 달하나 캘리포니아 주의 경우는 4.0%에 불과하고, 코네티커트 주는 0.9%에 불과하다.

〈표 6.4-4〉 1990년도 미국 몇 개 주의 분야별 온실가스 발생량 (단위: MMTCE)

| 분야 | | Alabama | California | Colorado | Conneticut | Georgia | Hawaii | Illinois | Oregon |
|---|---|---|---|---|---|---|---|---|---|
| Energy | Residential | 0.9 | 8.3 | 1.6 | 2.0 | 1.6 | 0.0 | 6.9 | 0.3 |
| | Commercial | 0.7 | 4.2 | 1.1 | 1.0 | 1.0 | 0.1 | 3.4 | 0.3 |
| | Industrial | 8.2 | 24.4 | 2.4 | 1.2 | 6.2 | 0.2 | 14.7 | 0.9 |
| | Transport | 7.8 | 58.4 | 5.2 | 4.0 | 15.1 | 1.4 | 15.8 | 5.6 |
| | Utility | 13.5 | 12.2 | 9.6 | 2.6 | 16.7 | 1.8 | 15.7 | 4.4 |
| | Exported Electr. | - | - | - | - | - | - | - | 4.4 |
| | Other | 3.1 | 2.6 | - | 0.0 | - | 0.2 | -2.3 | 1.1 |
| | Total | 34.1 | 110.1 | 20.8 | 10.6 | 40.8 | 3.8 | 56.6 | 17.0 |
| Waste | | 1.8 | 5.0 | 0.5 | 0.8 | 1.7 | 0.3 | 6.9 | 0.6 |
| Agriculture | | 1.0 | 4.6 | 1.4 | 0.1 | 1.5 | 0.1 | 2.3 | 0.7 |
| Industry | | 0.7 | 3.7 | 0.2 | 0.0 | 0.8 | 0.0 | 0.3 | 0.4 |
| Land Use(forestry) | | -5.4 | -7.5 | -19.5 | -0.2 | -4.6 | -0.2 | 0.02 | 1.1 |
| TOTAL | | 32.2 | 115.9 | 3.5 | 11.4 | 40.3 | 4.0 | 66.1 | 19.9 |

(Source: US EPA, 2001, http://yosemite.epa.gov/globalwarming/ghg.nsf/emissions/StateAuthoredInventories?Open)

〈표 6.4-5〉 미국의 1998년도 온실가스 방출량과 발생원 (단위: MT = million tons)

| | | $CO_2$ (MTC) | $CH_4$ (MT) | NOx (MT) | HFCs/PFCs/ SF6 (MTCE) | Land use & Forestry (MTCE) | Total (MTCE) |
|---|---|---|---|---|---|---|---|
| Urban | Residential | 284.5 | 0.39 | | | | |
| | Commercial | 238.4 | 0.01 | | | | |
| | Industrial | 477.7 | 0.13 | 0.06 | | | |
| | transportation | 484.9 | 0.24 | 0.22 | | | |
| | Total | 1485.4 | | | | | |
| | Elect. Utilities | 549.8 | 0.43 | 0.05 | | | |
| Land Use | Mining | | 3.15 | | | | |
| | Oil & Gas | | 6.27 | | | | |
| | Waste Treat. | | 9.87 | 0.02 | | | |
| | Agricultural | | 8.74 | 0.87 | | | |
| | Total | | | | | | |
| Total (MTCE) | | 1,495.5 | 165 | 103 | 40 | - | 1,803 |

(Source: EIA: Energy Information Agency, 1999, Emission of Greenhouse Gases in the United States 1998, 2001, http://www.eia.doe.gov/oiaf/1605/gg99rpt/index.html)

또한 미국 에너지 정보처(EIA: Energy Information Agency, 1999, Emission of Greenhouse Gases in the United States 1998, 2001, http://www.eia.doe.gov/oiaf/1605/gg99rpt/index.html)에 따르면 1998년 미국은 총 1,803 MTCE (million ton of carbon equivalent)의 탄산가스를 방출하였으나 분야별로는 <표 6.4-5>와 같이 농업분야의 온실가스 방출량이 미미하여 없는 것으로 계산된 반면 탄산가스와 산화질소는 주로 연료소비에서 발생하고, 메탄가스는 주로 농업에서 발생한 것으로 보고하고 있으나 세계자원연구소의 패트와 그린할(P. Faeth & S. Green-halgh, 2001, http://www.wri.org/pdf/break_green.pdf)은 미국의 농업분야 온실가스 방출량이 <표 6.4-6>에 나타낸 바와 같이 11%에 달한다고 한다.

이러한 농림업의 효과는 토지용도와 토지용도변화 및 임업 분야 (Land Use, Land Use

**<표 6.4-6>** 미국의 온실가스 방출량과 농업분야 분율

| | $CO_2$ | $CH_4$ | $N_2O$ | HFC, PFC, SF6 | Land Use Change & Forest Sinks | TOTAL(Net) |
|---|---|---|---|---|---|---|
| U.S. Total (MMTCE) | 1,494 | 181 | 119 | 40 | (211) | 1,623 |
| Agricultural Production Emissions(MMMTCE) | 28 | 60 | 88 | -0 | ? | 176 |
| Agri, Share of Total(%) | 2 | 33 | 74 | 0 | ? | 11 |

(Source: P. Faeth & S. Greenhalgh, 2000, A Climate and Environmental Strategy for U.S. Agriculture, 2001, http://www.wri.org/pdf/break_green.pdf)

**<표 6.4-7>** 기존 농사법과 지속 가능한 유기 농사법의 에너지 소비량 비교

| 국가와 생산시스템 | | 기존 농사법에 대한 유기농법의 에너지소비비율(%) | 기존농사법에서 수확량 1% 증가에 필요한 에너지 소비증가율(%) |
|---|---|---|---|
| 영국 | 겨울 밀 (기존농사 법에 대한 유기농 법) | 38% | + 3.5% |
| | 감자 (기존농사 법에 대한 유기농 법) | 49% | + 4.9% |
| | 당근 (기존농사 법에 대한 유기농 법) | 28% | + 1.6% |
| | calabrese (기존농사 법에 대한 유기농 법) | 27% | + 4.2% |
| 미국 | 옥수수 (기존농사 법에 대한 투입량감축) | 45~82% | + 22~120% |
| | 밀 (기존농사 법에 대한 유기농 법) | 68% | + 1.7% |
| 필리핀 | 벼 (기존농사법에 대한 유기농법과 Azolla법) | 33% | + 7~20% |
| | 벼(기존농사법에 대한 빗물농사 법) | 11% | + 5.3% |
| 인도 | 밀 (트랙터 법에 대한 가축력 법) | 27~52% | + 7.4~44% |
| | 벼 (트랙터 법에 대한 가축력 법) | 57~70% | + 2.3~7% |

(Source: J. Pretty & A. Ball, 2001, Agricultural Influences on Carbon Emission and Sequestration: A Review of Evidence and the Emerging Trading Options, 2001, http://www2.essex.ac.kr.uk/ces/research/Programmes/CESOccational Papers/ CSEQPapersFinal.pdf)

Change and Forestry: LULUCF) 분야의 토론에서 나온 것으로 지상의 바이오메스(above-ground biomass)외에도 죽은 바이오메스(dead biomass), 낙엽(litter) 및 지하의 뿌리(root) 증가량뿐만 아니라 그동안 부후하여 증가된 토양 중의 탄소량까지 분석하여 얻은 결과이다.

따라서 임업과는 달리 농업은 1년생 초본류를 대상으로 하기 때문에 동일한 토지라도 토양 취급과 비료투입량 및 투입방법이 달라 토양 중의 탄소 고정량이 수시로 변하기 때문에, 그에 대한 변화량도 조사하여야 할 것이다. 환언하면, 농경지에서 수확된 농산물은 1년 내에 소비자에게 분배되고, 곧바로 소비되어 탄산가스로 산화되기 때문에, 대기 중의 탄소를 장기적으로 제거하는 요소로 간주하지 않으나, 비옥도 향상을 위하여 토양에 투입한 퇴비와 토양 중 부식질은 주로 목재성분으로 분해기간이 수년에서 수 10년 소요되기 때문에, 토양중의 탄소함량을 분석하여 확인된 탄소 증가율에 따라 탄소세 지원도 요청하고 있다.

또한 라운 등(W. R. Raun, G. V. Johnson, S. B. Phillips, & R. L. Westerman, 1996. Effect of Long-term Nitrogen Fertilization on Soil Organic Carbon and Total Nitrogen in Continuous Wheat, 2001, http://www.dasnr.okstate.edu/

**〈표 6.4-8〉** 온실가스 방출감축과 탄소고정을 위한 농장기준 작업종의 종류

| 온실가스 방출 감축을 위한 농사 작업종 | 탄소고정 향상을 위한 농사 작업종 |
|---|---|
| (1) 연료절약과 에너지 사용을 감축하라 | (1) 보존적 경운이나 제로경운(zero-tillage)에 의한 쟁기질을 감축하라 |
| (2) 토양으로부터의 탄산가스방출을 감축하기위한 보존적 경운 법을 이용하라 | (2) 커버작물과 분뇨를 이용한 혼합 윤작법을 이용하라 |
| (3) 가축으로부터의 메탄가스 방출을 감축하기 위한 초본기준 방목시스템을 이용하라 | (3) 지표면 커버가 없는 여름 휴경과 휴경기간을 최소화하라 |
| (4) 분뇨의 메탄가스 방출감축을 위한 퇴비화기술을 이용하라 | (4) 토양에의 분뇨와 퇴비를 적용하라 |
| (5) 화석연료를 태체한 바이오연료 사용 | (5) 방목과 초지관리로 초원지대를 개선하라 |
| (6) 농업기계 사용을 감축하라 | (6) 일년생 초본류는 지하부 바이오메스가 20%인데 비하여 다년생 식물은 지하부가 60~80%에 달하기 때문에 일년생보다 다년생 식물을 이용하라 |
| (7) 무기질 비료사용을 감축하라 | (7) 습지는 메탄방출보다 탄소 고정량이 높은 경우 습지를 복원하여 보호하라 |
| (8) 목표기준비료나 서방성 비료를 사용하라 | (8) 농경지를 임목지로 전환하라 |
| | (9) 작부체계에 agroforestry를 채용하라 |
| | (10) 바이오 연료용(초본류나 잡목등) 작물을 재배하라 |

(Source: J. Pretty & A. Ball, 2001, Agricultural Influences on Carbon Emisssion and Sequestration: A Review of Evidence and the Emerging Trading Options, 2001, http://www2.essex.ac.kr.uk/ces/research/Programmes/CESOccationalPapers/CSEQPapersFinal.pdf)

nitrogen_use/cn.pdf)에 따르면 23년 이상 장시간동안 밀 재배에 이용된 토양에서 단위 면적당 질소비료 투입량이 증가할수록 지하 30cm내의 질소함량이 증가하고, 탄소함량도 증가하는 경향이나 [ C: N ]비는 거의 유사하나 유기탄소의 안정성에 무기화가 용이 질소 분획이 좌우되기 때문에 생분해에 비교적 안정한 총 유기 탄소와 리그닌 함량을 조합하여 이용하는 것이 유용한 시비방법이라고 한다.

특히 선진 각국은 경종방법과 화학비료 투입에 따른 토양유기물 분해속도 등을 측정 분석하여 탄소세도입에 따른 탄소세 지원 요구 자료로 이용하고, 식량 자급에 필요한 시스템을 구축해 가고 있다.

즉 기존의 농사법에 대하여 지속가능한 유기농사법의 에너지 소비량을 비교한 결과 〈표 6.4-7〉과 같이 기존농사법보다 에너지 소비량이 50% 이하이고, 에너지 소비량을 증가시킬수록 소득이 수확량이 증가함을 보여준다.

또한 영국의 프레티와 볼(J. Pretty & A. Ball, 2001, Agricultural Influences on Carbon Emission and Sequestration: A Review of Evidence and the Emerging Trading Options, 2001, http://www2.essex.ac.kr.uk/ces/research/Programmes/CESOccationalPapers/CSEQPapersFinal.pdf)에 따르면 농장기준에서 〈표 6.4-8〉과 같은 작업방법을 채용하면 탄소 고정 효과를 얻을 수 있고, 농사법의 변경 후 50년 이후의 고정 탄소량을 계산한 결과 〈표 6.4-9〉와 같다고 한다. 환언하면 휴경지와 같은 농경지에 다년생 작목이나 임목을 조림하면, 지하에서 채굴한 석유나 석탄을 대신하여 토양 중에 탄소를 장기간 저장할 수 있기 때문에 농립업의 확장이 중요하다. 따라서 지구촌의 탄소 회계는 기후변화를 야기하는 대기 중의 탄소를 지하에 고정한 결과가 되어 기후변화 협약이행에 중요한 역할을 할 수 있다.

**〈표 6.4-9〉** 다양한 토지이용시스템의 탄소 고정량(전환 후 50년 후)

| 시스템 | 농경지내 관리시스템개선에 따른 비축된 탄소량 (tC/ha/yr) | 토지용도변경에 따른 비축된 탄소 고정량 (tC/ha/yr) |
|---|---|---|
| (1) 산림경영 | 0.4~0.5 | - |
| (2) 작물경영 | 0.3 | - |
| (3) 방목지경영 | 0.5~0.7 | - |
| (4) Agroforestry | 0.3~0.5 | 3.1 |
| (5) 벼재배 | 0.1 | - |
| (6) 도시토지관리 | 0.3 | - |
| (7) 농경지의 초지전환 | - | 0.8 |
| (8) 습지복원 | - | 0.4 |
| (9) 황폐지 복원 | - | 0.3 |

(Source: J. Pretty & A. Ball, 2001, Agricultural Influences on Carbon Emission and Sequestration: A Review of Evidence and the Emerging Trading Options, 2001, http://www2.essex.ac.kr.uk/ces/research/Programmes/CESOccationalPapers/CSEQPapersFinal.pdf)

따라서 미국 토양학회(SSSA: Soil Science Society of America, 2001, http://www.soils.org/carbseq.html)에 따르면, 20~50년간 탄소고정을 증가시키면, 토양과 식물 및 식물 생산물 중에 탄소고정을 증가시켜 농업환경을 개선하기 때문에 농민들에게 농작물과 목장 및 산림지를 경제적 생산성 향상과 탄소고정의 두 가지 목표를 달성하는 윈-윈 전략(win-win strategy)으로 경영할 수 있다고 권고하고 있다.

### (4) 목재(wood)의 이용기술과 탄소 저장 효과

(i) 목제품의 탄소 저장 효과

WBCSD(World Business Council for Sustainable Development)에 보고된 국가대기하천개선전문위원회(NCASI)의 기술보고서 (National Council for Air and Stream Improvement: NCASI, 2007, The Sustainable Forest Products Industry, Carbon and Climate Change: Key Messages for Policy-Makers ; 2008, http://www.wbcsd.org/DocRoot/oNvUNPZMuugn75jrL8KS/sfpi-carbon-climate.pdf)에 따르면, 대기 중의 탄산가스를 흡수하여 생합성 된 바이오메스(biomass)는 대기 중으로 리사이클 되는데 반해. 화석연료는 대기 중에 새로운 탄소를 도입하기 때문에 바이오메스 에너지는 화석연료 에너지와는 근본적으로 다르다. 바이오메스를 탄소중립(carbon-neutral)이라 부르는 이유이다. 온실가스 감축에 크게 기여할 수 있는 임산공업이 최선의 길이라는 것은 현재 기술혁신과 자본주식 전환이 가속적으로 발견되고 있다.

① **임산공업의 현황** 지구촌 탄소의 책임 있는 관리자인 임산공업은 (1) 다른 어떤 비목재 제품보다 전 과정동안의 화석연료 투입량이 적게 필요하고, 고도로 리사이클할 수 있는 제품이면서 탄소를 저장하는 재생 가능한 제품을 공급한다. (2) 사유지나 국공유지소유자와 협동하여 산림자원을 지속가능하게 이용하고, 건강한 산림 생산과 고부가가치의 생태 서비스 제공 및 산림자원의 책임 있는 활용을 보장하기 위하여 필요한 인프라를 효율적으로 유지하고 있다. (3) 에너지 집약적 산업이기는 하나, 인간의 에너지 수요량 상당부분을 탄소 중립 바이오메스(carbon-neutral biomass)로 만족시키고 있다. (4) 또한 기후변화 분야에 대한 기여를 최대화를 위하여 다른 제3자와 협동하는데 책임을 지고 있다.

② **인산공업의 탄소감축 기회로는** (1) 산업체내의 에너지 소비를 크게 감축시키기는 데는 관통기술개발이 필요하며, (2) 사회적 에너지 이용과 온실가스 감축에 도움이 되기 위해서는 (i) 에너지 효율성을 높이고, 에너지생산에서 바이오메스 이용을 증가시켜야 하고, (ii) 사회와 산업에 원료로 이용되거나 바이오에너지로 이용되는 목재와 섬유의 지속가능한 생산과 공급을 증가시켜야 하며, (iii) 폐기 섬유의 수집과 재활용량을 증가시켜야 하며, (iv) 지속가능하게 관리된 섬유공급을 계획하여 증가시켜야 한다.

③ **임산공업의 탄소감축 도저기술은** (1) 임산공업과 지구촌의 탄소 사이클 사이의 관계가 매우 복잡하여 급격하게 시행된 기후변화 정책은 임산공업에 의도하지 않은 결과를 초래할 수 있다. (2) 임산공업은 자본집약적인 산업이기 때문에, 기후 변환기술에 전환하기는 단기에 반응하기 어렵고, 고비용이 소요된다. (3) 임산공업은 국제시장으로서 산업성과 환경문제를 국제적 해결방법에서 생각해야한다. (4) 연료와 친환경제품으로 사용되는 목재와 다른 바이오메스 사용에 대한 관심급증은 일차 원료와 목재를 생산하는 토지에 경쟁을 야기한다.

④ **임산공업에 대한 정책 추천 사항** (1) 에너지 집약성과 탄소 집약성의 개선이 가속될 수 있도록 자본재 감가상각의 빠른 전환을 촉진하는 공공정책을 지원해주어야 한다. (2) 리사이클링과 에너지 추출 및 제한된 토지자원의 현명한 이용을 포함하여 가치체계를 바이오메스의 효율적 이용을 촉진하여야 한다. (3) 바이오메스에너지는 대기 중의 탄산가스를 조절하는 중요한 요소이다. 따라서 이 정책들을 상호 균형과 확실성을 보장되어야 한다. (i) 사용된 목재와 섬유의 회수량 증가, (ii) 사회와 산업을 위한 생섬유와 기타 바이오메스의 충분한 공급, (iii) 임산물에 연관된 탄소 전 과정 이점이용. (4) 공공정책과 탄소감축 인증 체계들은 개기중의 온실가스의 실질적이고 증명 가능한 감축, 특히 삼림기초 감축을 완성하는 모든 활동을 인정해야 한다. (5) 공공정책들은 의도하지 않은 부작용, 특히 대기 중의 탄소농도감축을 달성하고, 지속가능한 임산공업을 지원하는데 역행하는 것에 대하여 평가되어야 한다. (6) 세계 산림을 지속가능한 경영 체계로 보다 많이 끌어들이려는 확장된 노력들은 벌채와 산화 및 질병과 해충 피해, 농경지로의 변환 등으로 증가되는 탄소방출을 감소시킬 것이다.

(ii) HWP의 종류와 탄소저장 수명 (耐久年)

목재제품은 전술한 바와 같이 산림생태계를 구성하고 있는 우점 수종 중에서 강도가 높고, 통직하며, 마디가 적은 구조용 목재생산 수종이 수 10~100년간 광합성량을 비축한 결과물이기 때문에 전술한 생태지리에서 본 바와 같이 지역적인 기후 조건에 따라 목재생산지역이 다르다.

우리나라는 1945년을 전후하여 태평양전쟁과 해방 후 6.25전쟁으로 모두 파괴되어, 현재 우리나라에서 소비하는 목제품의 90% 이상이 외국산으로서 수입 제품들이다.

특히 우리나라는 주택건설에 시멘트를 사용한 콘크리트가 대부분이나, 선진국이나 개발도상국들은 대부분이 목재주택으로 수입된 목제품이라도 다량의 목재를 자국에 비축하고 있는 셈이다. 따라서 이들 국가들은 UN에 보고하는 국가 탄소 회계 보고서에서 목제품에 저장된 탄소처리는 중요한 탄소회계문제가 된다.

IPCC Defautt Approach은 임목이 벌채되는 시각에 나무 중에 저장된 모든 탄소 방출된 것으로 간주한다. 그러나 실제는 수확된 목재의 일부는 임업에서 제거되지만, 일부는 목제품(wood products)에 저장된다. 많은 목제품의 경우, 장시간동안 저장되고 있어 이에 대한 탄소 감축량이 중요하게 된다.

영국 International Institute for Environment and Development (IIED), and the Edinburgh Centre for Carbon Management (ECCM)의 Reid 등(Hannah Reid, Saleemul Huq, Aino Inkinen, James MacGregor, Duncan Macqueen, James Mayers, Laurel Murray and Richard Tipper, 2004, USING WOOD PRODUCTS TO MITIGATE CLIMATE CHANGE: A REVIEW OF EVIDENCE AND KEY ISSUES FOR SUSTAINABLE DEVELOPMENT; 2008, http://www.iied.org/pubs/pdfs/10001IIED.pdf)에 따르면, 건축 재료에서 콘크리트나 블록 또는 벽돌을 1㎥의 목재로 대체하면, 0.75ton에서 1ton의 탄산가스를 절약하기 때문에, 목재제품 사용을 촉진하는 것은 화석연료집약 제품보다 녹색성장 대체제품으로 작용할 수 있고, 건축과 포장에서 수명이 긴 목제품을 사용하거나 리사이클링하면, 탄소방출을 그만큼 감축시킬 수 있다.

따라서 목제품은 Carbon Neutral이면서 Carbon sink이기 때문에 농색성장에서 중요한 산업용 재료이며, 각종 목제품의 사용 내구년(耐久年: duration)을 연장하는 기술개발과 관리기법 개발도 기후변화에서 온실가스 저장기간을 연장해주기 때문에, 국가 GHG보고에서 감축량으로 작용할 수 있다.

목제품의 온실가스 감축효과, 특히 탄산가스 감축효과에 대하여 원래의 교토의정서에는

〈표 6.4-10〉 미국의 온실가스보고서에서 임산물의 용도별 탄소저장 수명 계산

| Half lives for end uses (years) | |
|---|---|
| 1 family homes (pre-1980) | 80 |
| 1 family homes (post-1980) | 100 |
| Multifamily homes | 70 |
| Mobile homes | 20 |
| Nonresidential construction | 67 |
| Pallets | 6 |
| Manufacturing | 12 |
| Furniture | 30 |
| Railroad ties | 30 |
| Paper (free sheet) | 6 |
| Paper (other) | 1 |

| Wood and Paper in SWDS | |
|---|---|
| Fraction that decays | |
| Solidwood | 3% |
| Newsprint | 16% |
| Coated paper | 18% |
| Boxbord | 32% |
| Office paper | 38% |
| | |
| | |
| | |
| Half life portion that decays | |
| 20 years | |

(Source: Global Change Program Office + USDA, 2004, Harvested Wood Products in the U. S. National Inventory of Greenhouse Gases: Methodology and Accounting, 2008, unfccc.int/files/meetings/workshops/other.../vnd.../us.ppt)

포함되지 않았으나 전 산업분야와 국민에게 적용되는 하나의 국가정책으로 채용하는데 필요한 사회적 공평성과 과세를 확보하는데 필요하여 현재 HWP(Havested Wood Products)라는 항목으로 논의되고 있다.

USDA(Global Change Program Office. 2004, Harvested Wood Products in the U. S. National Inventory of Greenhouse Gases: Methodology and Accounting, 2008, unfccc.int/files/meetings/workshops/other.../vnd.../us.ppt)에 따르면, 국가 온실가스보고서에 <표 6.4-10>에 나타낸 바와 같이 생산된 목재의 용도에 따라 내구년(耐久年) 수명이 다르다고한다. 따라서 주택용 건축재로 사용된 목재의 경우 100년에 이르러, 산림분야에서의 온실가스 제거효과는 산지(山地)에서 100년간 저장된 것이 목재주택에서 다시 100년을 저장하는 효과를 나타내기 때문에 200년의 효과를 나타낸다.

특히 국제적으로 수출입이 자유로운 벌채된 목재와 목제품은 그의 탄소저장효과 때문에, 국가 GHG보고서 작성에서 수출국이 이용할 것이지 아니면 수입국이 이용할 것인지를 목재 수출국과 수입국사이의 양자간(bitateral), 다자간(multilateral) 또는 UN에서 체결하여야 하는 평화적 공존공영의 새로운 국제적 협약체결이 필요한 셈이다.

(iii) 국가 온실가스(GHG) 보고서 작성과 HWP의 탄소 감축 효과 계산 기준

호주 정부에 국가 GHG보고서중 목제품분야의 GHG 감축효과를 제안한 보로와 하미쉬 (C. BOROUGH and H. HAMISH, 2000, The Development of a National Wood Products Model, 2008, http://www.ieabioenergytask38.org/workshops/canberra01/cansession2.pdf)에 따르면, IPCC Default Approach에 대한 대안으로 임산물에 저장된 탄회계방법이 제시되어 있다고 한다.

따라서 (1) IPCC Default Approach (Figure 1), (2) Production Approach (Figure 2), (3) Stock-change Approach (Figure 3), (4) Atmospheric Flow Approach (Figure 4)로 구분하여 분석하고, 분석에 필요한 변수들은 다음과 같이 가정하고 있다.

**① 목재 가공에서의 원목흐름과 목재흐름** 연간 벌채량은 호주 농업자원경제국(ABARE: Australian Bureau of Agricultural and Resource Economics)와 주 삼림청과 같은 기관에서 공급

**<표 6.4-11>** Log removals in Australia for 1997/98 in thousands of $m^3$

| | Sawlogs & other | Pulplogs |
|---|---|---|
| Softwood | 7,260 | 3,915 |
| Hardwood | 3,505 | 5,981 |
| TOTAL | 10,765 | 9,896 |
| GRAND TOTAL | 20,661 | |

되는 데이터로부터 원목과 원목제품이고, 사유자와 정부에 의하여 구분한 침엽수재와 활엽수재 및 사이프레스 소나무 등으로 원목과 원목제품으로 구분된 것이다. 〈표 6.4-11〉은 원목 타입별로 벌채된 것이며, 수피는 탄소모델(Carbon Model)에 포함되지 않고, 벌채잔재로 취급된다.

② **탄소 풀 카테고리(Carbon Pool Categories)** 탄소 풀을 구별할 목적으로 호주에서 생산된 다양한 목제품을 다음과 같이 6가지의 수종과 산업카테고리로 나누었다.

(a) 제재(Sawmilling): 침엽수재 재제는 천연산이나 외래수종이던 조림 침엽수재를 말하고, 일반적으로 다량 소비하고, 제품수율이 높다. 반면 활엽수재 제재는 천연산 제재목으로 조림수종이 제재되더라도 기술의 차이를 무시하고, 사이프레스 소나무재(cypress pine) 제재는 기준 밀도가 달라 분리하자만, 제재방법은 활엽수재의 경우와 유사한 특성을 가지고 있다.

(b) 방부처리(Preservative Treatment): 침엽수재 방부처리는 조림된 침엽수재에 기초하고, 활엽수 전주와 철도침목 및 기타 목제품은 천연림에 기초한다.

(c) 합판(Plywood): 이 카테고리에는 모든 합판제품이 포함되며, 합판 생산통계에서부터 원목등가로 환산된다.

(d) 파티클보드(Particleboard)와 중밀도 섬유판(Medium Density Fibreboard: MDF): 파티클보드와 MDF및 하드 보드포함.

(e) 펄프제지제품(Pulp and Paper Products): 하나의 제품으로 환산됨

(f) 수출원목(Export Logs): 목재칩과 원목수출량

③ **목재흐름과 탄소 풀(Carbon Pool)** 탄소 모델은 각 가공분야별로 분리된 목재흐름이 허용된다. 폐재와 부산물이 다른 목제품산업분야의 섬유자원으로 이용되기 때문에, 목재흐름은 다른 산업분야와 통합된다.

④ **바이오에너지와 목제품 및 탄소 제거에 관련된 탄소회계(Carbon Accounting)와 방출권거래(Emissions Trading)** 이 모델은 탄소 풀과 목제품의 라이프사이클과 결합하면, 총 탄소와 미래의 탄소풀이 예측될 수 있다.

각 산업 분야에 맞도록 개발된 모델들의 성분들은 유사하며, 다음사항을 예측하는데 사용된다.

- 원료투입량
- 가공 생산품 양
- 최종 제품수명에 따라 구분된 제품부분의 예측
- 목재섬유함량과 탄소톤수로 환산된 최종 제품 카테고리별 호주 총 목재 소비량.(탄소

모델의 경우 전건목재로 50% 탄소소치가 디폴트값으로 이용되나 필요에 따라 변경될 수 있다).

■ 수출량과 수입량 데이터

⑤ **목제품의 내구 수명(Life Span)** 목재제품에 저장된 탄소량을 확인할 때는, 목제품의 수명을 내구수명을 고려하여야 한다. 본 연구에서 이용된 목제품의 내구수명은 다음과 같이 규정하였다.

〈탄소모델을 위하여 가정된 내구 수명 풀〉

(a) 초단기 수명 목제품: Pool 1 = 3년이 지배적인 목제품

- Softwood – pallets and cases.
- Plywood – formboard.
- Paper and paper products.

(b) 단기 수명 목제품: Pool 2 = 10년이 지배적인 목제품

- Hardwood – pallets and palings.
- Particleboard and MDF – shop fitting, DIY, miscellaneous.
- Hardboard – packaging.

(c) 중기 수명 목제품: Pool 3 = 30년이 규정된 목제품

- Plywood – other (noise barriers).
- Particleboard and MDF – kitchen and bathroom cabinets, furniture.
- Preservative treated pine – decking and palings.
- Hardwood – sleepers and other miscellaneous hardwood products.

(d) 장기 수명 목제품: Pool 4 = 50년 수명이 규정된 목제품

- Preservative treated pine – poles and roundwood.
- Softwood – furniture.
- Hardwood – poles, piles and girders.

(e) 최장기 수명 목제품: Pool 5 = 다음의 목제품이 주택건설에 주로 사용되므로 90년 수명을 가진 것으로 간주한다.

- Softwood – framing, dressed products (flooring, lining, mouldings).
- Cypress – green framing, dressed products (flooring, lining).
- Hardwood – green framing, dried framing, flooring and boards, furniture timber.
- Plywood – structural, LVL, flooring, bracing, lining.
- Particleboard and MDF – flooring and lining.

- Hardboard – weathertex, lining, bracing, underlay.
- Preservative treated pine – sawn structural timber.

⑥ 서비스 중의 목제품 모델 풀

**주택내의 탄소 풀과 탄소가 방출되는 속도를 예측하기 위한 "목제품의 전 과정과 이용(**Usage and Life Cycle of Wood Products)"보고서에 주어진 탄소모델에 채용된 접근방법은 다음과 같다.

- use housing starts figures as a base;
- assume an average wood content per house;
- convert the total wood content to a carbon equivalent; and
- assume a constant decay rate over 90 years.

(a) 축적변화모델법(Stock-change approach)

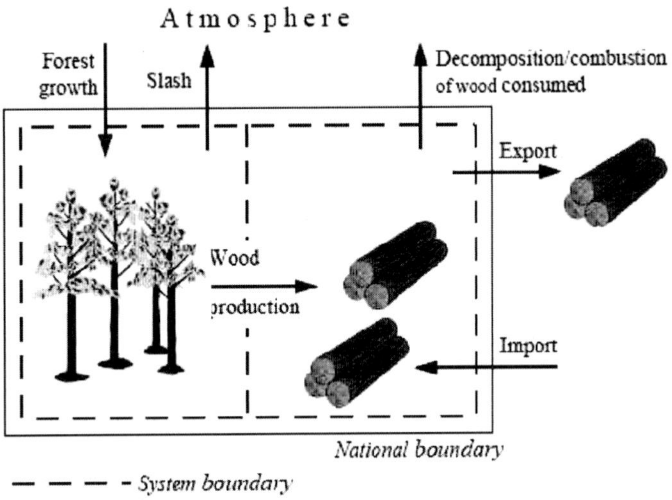


*Stock change = (stock change forest) + (stock change consumed products)*
*= (forest growth - slash - wood production)*
*+ (wood consumption)*
*- decomposition/combustion of wood consumed)*

Schematic presentation of the stock change approach.

(b) 생산모델법(Production Approach)

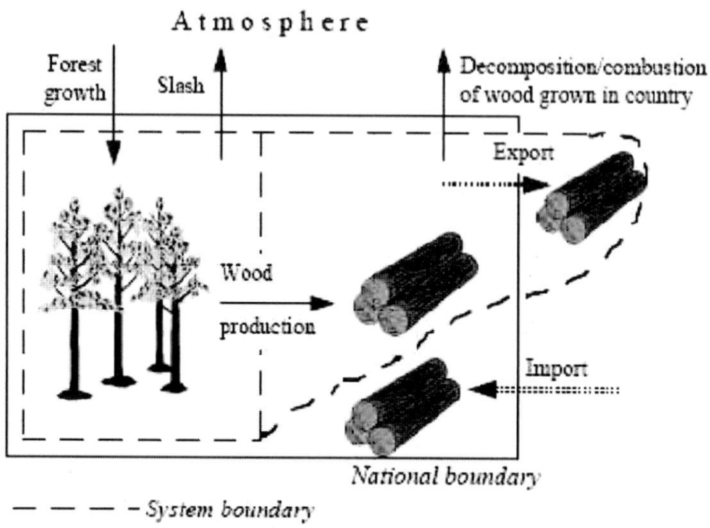


*Stock change = (stock change forest) + (stock change domestoc = grown products)*
*= (forest growth - slash - wood production) + (wood production*
*- decomposition/combustion of wood grown in country)*

**Schematic presentation of the production approach.**

(c) 대기흐름모델법(Atmospheric Flow Approach)

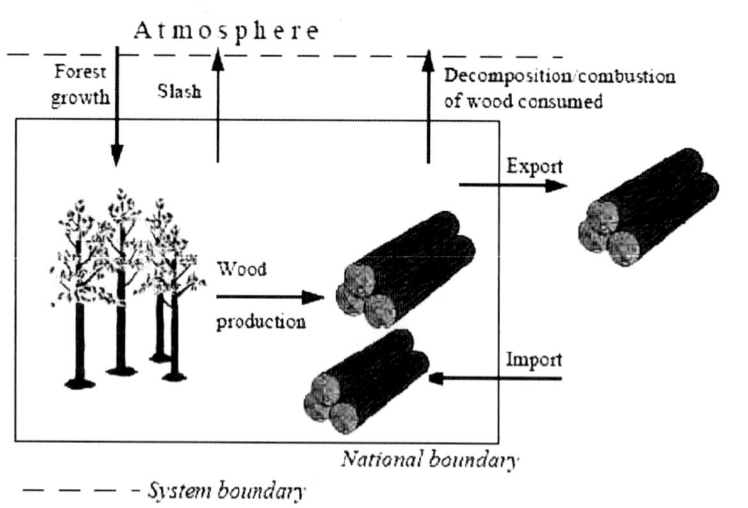


*Atmospheric flow = forest growth - slash - decomposition/combustion of wood consumed*

**Schematic presentation of the atmospheric flow approach.**

우리나라도 과학적으로 합리적이고, 국제적으로 공평한 임산물의 탄소저장효과를 평가하는 방법을 개발하여야 할 것이다.

(iv) 목재건축과 온실가스 감축효과

유엔환경프로그램(UNEP)이 조사한 건물의 에너지소비량을 조사한 SBCI(UNEP Sustainable Buildings & Climate Initiative, Common Carbon Metric for Measuring Energy Uses & reporting Greenhouse Gase Emissions from Building Operations, 2009, http://www.unep.org/sbci/pdfs/UNEPSBCICarbonMetric.pdf)에 따르면, 건물에 대한 전 과정 평가에서 건물이 세계 에너지소비량의 40%를 소비하고, 지구촌 온실가스의 1/3을 방출하고, 그의 비율은 〈그림 6.4-14〉에 나타낸 바와 같이 80~90%가 건물운영에서 발생한다고 한다.

또한 유엔 환경 프로그램(UNEP, 2007, Kick the Habit - A UN Guide to Climate Neutrality, 2008, http://www.grida.no/_res/site/file/publications/kick-the-habit/kick_full_lr.pdf)가 〈그림 6.4-15〉에 나타낸 바와 같이 제시한 온실가스 감축정책과 비용관계에서 보면, 가장 경제적인 방법은 건물건축에서 절연성을 개선하는 방법이고, 다음이 자동차 연료이며, 3위가 에어컨 운전, 4위가 주택용 난방 등으로 나타나, 가정이나 사무실 또는 상가 운영 방법을 개선하는 것이 경제적이기 때문에, 대체재료 개발기술 개발과 실용화과정에 소요되는 시간을 고려할 때, 기존의 정책 변경으로 효과가 신속한 국가적인 온실가스감축이 가능한 건물분야에서 먼저 추진 될 것이다.

따라서 주택건설에서 온실가스 방출을 감축시키기 위하여서는 건축재료 중에서 절연성이 높고, 환경 친화적인 목재건축 확산이 필요하다. 따라서 목재 건축일지라도 목재의 단점인 부후성(decay)과 화재(fire)위험을 예방하는 건축재료 개발이 우선되어야 할 것이다.

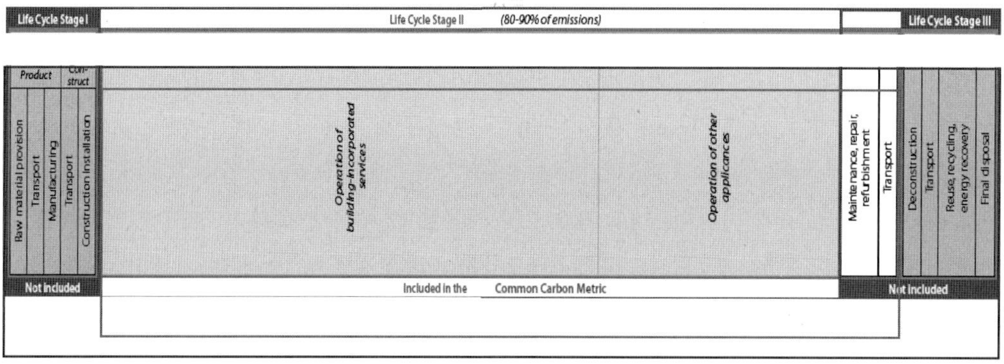


**〈그림 6.4-14〉** 건축물의 전과정 평가(LCA)와 온실가스 방출량 관계

(Source: (UNEP Sustainable Buildings & Climate Initiative, Common Carbon Metric for Measuring Energy Uses & reporting Greenhouse Gase Emissions from Building Operations, 2009, http://www.unep.org/sbci/pdfs/UNEPSBCICarbonMetric.pdf))

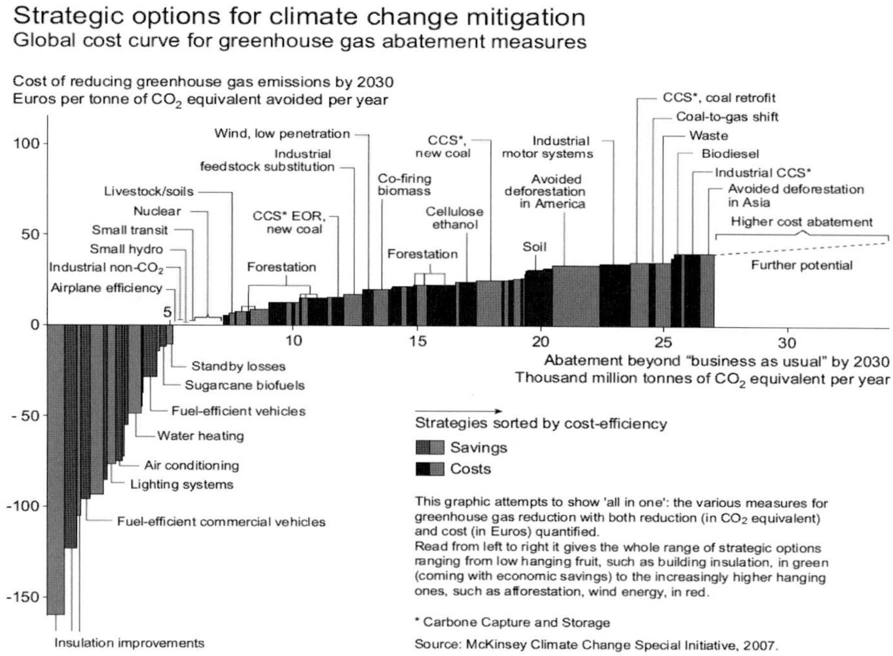


**〈그림 6.4-15〉** 기후변화 완화를 위한 정책과 비용 관계

(Source: UNEP, 2007, Kick the Habit - A UN Guide to Climate Neutrality, 2008, http://www.grida.no/_res/site/file/publications/kick-the-habit/kick_full_lr.pdf))

더욱이 녹색성장에 필수적인 온실가스 방출을 감축하기 위한 국가적 조림 정책은 건축재 생산용 수종을 조림하고, 생산된 목재이용에서도 우선적으로 목재 건축재를 생산한 다음, 각종 목재 폐재를 재활용하여 이용수명을 연장하는 산업기술 개발과 국민 교육 내용이 필수적일 것이다.

특히 건물의 경우에도 제로에너지이면서 친환경적인 주택과 건물이 필요할 뿐만 아니라 내구성이 긴, 수명도 긴 것이 필요할 것이다.

캐나다 자원부(Natural resources Canada, Carbon Neutral Steel Building Systems(CN-SBS) Research Project, 2009, http://cn-sbs.cssbi.ca/project)에 따르면, 면적 6000㎡의 사무용 건물을 건축하여 소비한 에너지를 조사한 결과, 〈그림 6.4-16〉에 나타낸 바와 같이 강철이나 콘크리트 및 목재 건물이 에너지소비량이 가장 적고, 소재를 생산할 때, 소비한 에너지가 가장 많은 강철구조물에서 많은 에너지를 소비한다고 한다.

더욱이 초고층으로 건설이 용이한 강철 구조물은 수명도 짧다고 한다. 즉 미국의 각도시에 건설된 강철빌딩을 중계하는 시티스틸빌딩 포탈(CitySteelBuilding.Com., Before You Buy a Steel Building. 2009, http://www.citysteelbuildings.com/articles/buying-steel-building/)에 따르면, 건설하는데 60~90일에 건설

할 수 있으나 내구수명이 25~30년에 불과하기 때문에 강철건물을 구입하기 전에 시공시각으로부터 계산하여 수명을 고려하라고 한다.

반면 미국의 포틀랜드시멘트공업협회(Portland cement Association: PCA, Building Green with Gray Concrete,

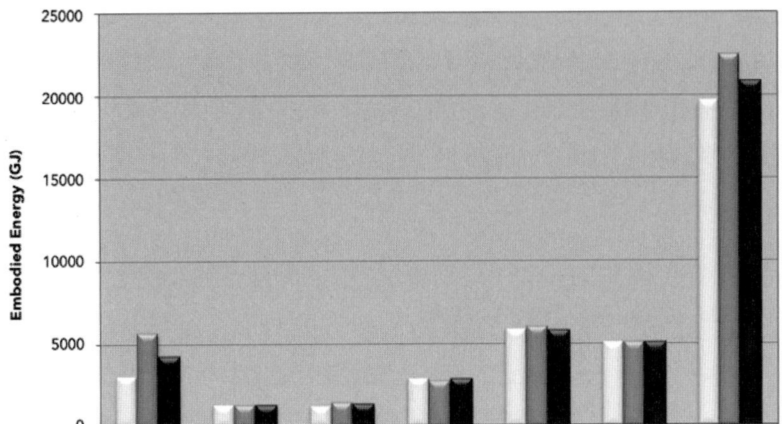


| | Structure | Site Work | Construction | Finishes | Envelope | Services | Total |
|---|---|---|---|---|---|---|---|
| Wood | 3088 | 1344 | 1289 | 2935 | 5935 | 5110 | 19701 |
| Steel | 5650 | 1344 | 1468 | 2799 | 6062 | 5110 | 22433 |
| Concrete | 4303 | 1344 | 1365 | 2920 | 5822 | 5110 | 20864 |

**〈그림 6.4-16〉** 캐나다에서 운영에너지가 동일한 건축물의 재료별 건축 에너지(embodied energy)

(Source: Natural resources Canada, Carbon Neutral Steel Building Systems(CN-SBS) Research Project, 2009, http://cn-sbs.cssbi.ca/project)

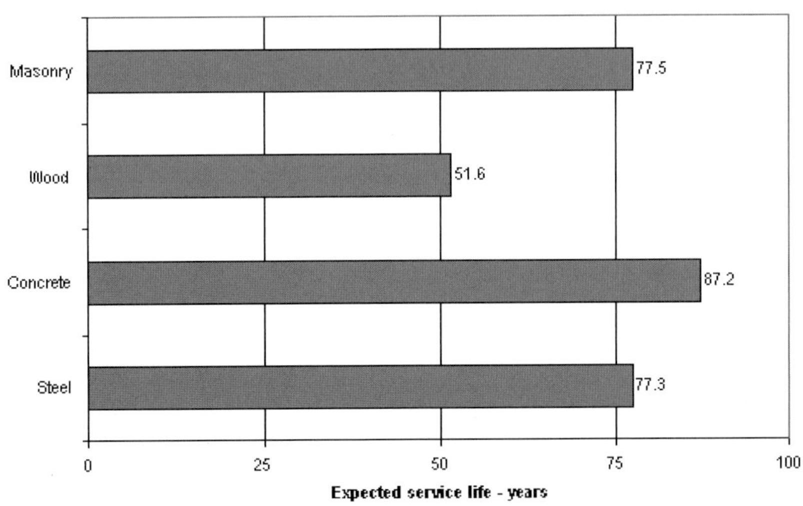


**〈그림 6.4-17〉** 기초적 건축 재료에 따른 비 거주 건물의 평균 기대수명

(Source: Athena Institute, 2005, An Empirical Perspective on Building Durability By Wayne Trusty; Cris Argeles; 2008, http://www.environmental-expert.com/resulteacharticle.aspx?cid=3712&codi=5870)

2008, http://www.concretethinker.com/Content/Upload%5C441.pdf)에 따르면, 건축에 이용된 시멘트가 전체의 11%에 불과하고, 철거될 때까지의 전 과정 평가에서는 0.5% 이하이기 때문에 문제되지 않으며, 내구수명도 100여 년에 이르고, 유지보수 관리를 잘 하면, 수명을 두 세배 늘릴 수 있어 저에너지 재료라고 한다. 또한 아테나연구소(Athena Institute, 2005, An Empirical Perspective on Building Durability By Wayne Trusty; Cris Argeles; 2008, http://www.environmental-expert.com/resulteacharticle.aspx?cid=3712&codi=5870)에 따르면, 미국 미네소타 세인트폴에서 기록된 302개 건물 중 227개를 선정하여 2000~2003년 사이에 조사한 결과, 〈그림 6.4-17〉에 나타낸 바와 같이 조사 대상 건물의 70% 이상이 51~100+년으로 간주하고, 나머지 30%는 50년 이하로 간주하며, 6%는 0~25년을 기대한다고 한다.

## ★ Durability Implcations of Building

(Source: http://www.canadianarchitect.com/asf/enclosure_durability/durability_implications/durability_implications.htm)

| Category | Design Service Life | Examples |
|---|---|---|
| Temporary | Up to 10 years | • non-permanent construction buildings, sales offices, bunkhouses<br>• temporary exhibition buildings |
| Medium Life | 25 to 49 years | • most industrial buildings<br>• most parking structures |
| Long Life | 50 to 99 years | • most residential, commercial, and office buildings<br>• health and educational buildings<br>• parking structures below buildings designed for long life category |
| Permanent | Minimum period, 100 years | • monumental buildings (e.g., national museums, art galleries, archives)<br>• heritage buildings |

| | | Average Range | | |
|---|---|---|---|---|
| **Building Element** | **Type** | **Min** | **Max** | ***Avg.*** |
| ***Exterior Walls*** | Precast Concrete | 39 | 44 | *41.5* |
| | Brick Veneer | 32 | 37 | *34.5* |
| | Curtain Wall | 32 | 38 | *35* |
| | Stucco | 20 | 22 | *21* |
| | Avg. | 30.8 | 35.3 | *33* |
| ***Windows*** | Metal Casement | 22 | 25 | *23.5* |
| | Metal Double-Hung | 21 | 23 | *22* |
| | Vinyl Casement | 18 | 20 | *19* |
| | Vinyl Double-Hung | 16 | 19 | *17.5* |
| | Metal Sliding | 21 | 24 | *22.5* |
| | Avg. | 19.6 | 22.2 | *20.9* |
| ***Flashing*** | Sheet Metal | 22 | 25 | *23.5* |
| | Non-Metallic | 16 | 19 | *17.5* |
| | Avg. | 19 | 22 | *20.5* |
| ***Caulking*** | All Types | 10 | 11 | *10.5* |

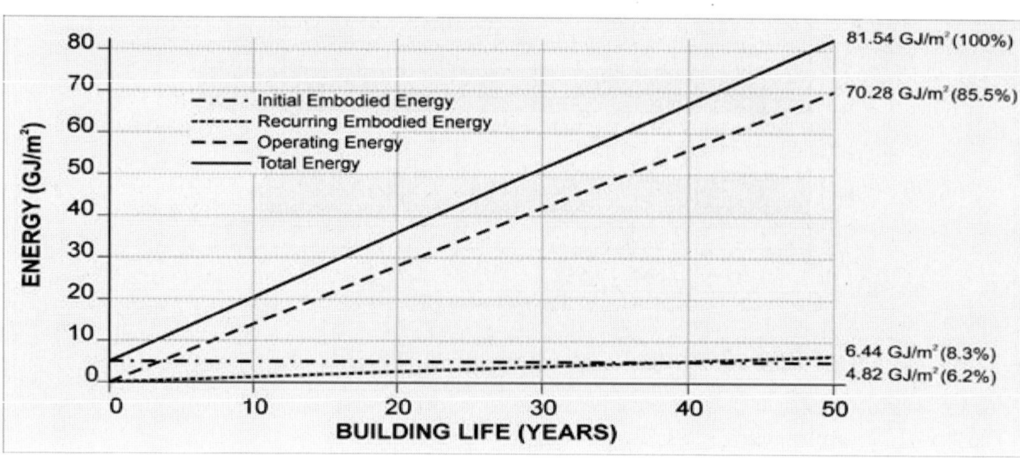

(v) 목재 탄화와 토양매립 탄소 비료화 기술 개발

한편 교토의정서(Kyoto Protocol)가 체결된 후에야 교토의정서에서 세부적으로 규정하지 않은 임산물 중에서 탄소를 장기간 저장하는 건축용 목재의 기능에 대하여 추가 규정이 요구되면서 2000년대에는 목재제품(harvested wood products: HWP)의 온실 가스 감축효과에 대한 논의가 진행되고 있지만, 최근에는 농업용 비료로 이용되는 목탄(木炭: charcoal)의 기능에 대하여 축사되고 있다.

현재 개발도상국에서 다량 사용되고 있는 목탄의 기능에 대하여 다양하게 연구해온 선진국에서는 개발도상국을 기술적으로 지원하는 방법으로 목재 탄화기술에 대하여 연구해 왔다. 특히 선진국에서는 농업용 비료로 이용되는 목탄에 대하여 연구가 일본에서 시작되어 우리나라에도 도입되어 활성화가 시작되고 있으나, 목탄의 용도가 다양하지 못하여 탄화업자의 소득보장이 문제이었다.

그러나 고고학적으로 브라질 아마존 강에서 흑색토양(Black Soil: Terra Preta)이 발견되면서, 2000년대에는 이를 모방한 목탄을 농업용 비료로 사용하는 기술이 개발되고 있다. 현재에는 바이오 차르(Biochar)라고 부르는 농업용 탄소비료가 시판되고 있다.

테리프레타웹사이트(Terra Preta, Terra Preta Web Site, 2008, http://132.180.112.26/bodenkunde/terra_preta/)에 따르면, 테트라프레타(terra preta: do indio)는 비옥하지 못한 토양 중에서 토양 유기물(soil organic matter: SOM)과 NPK와 같은 비료성분을 다량 함유하고 있어 향상된 비옥도를 갖춘 흑색토질의 고고학적 토양이라고 한다.

한편 바이오챠르 인포(Biochar.Info, Origin of Biochar - Terra Preta, 2009, http://www.biochar.info/biochar.terra-reta.cfml)에 따르면, 바이오챠르는 적어도 2500년 전에 아마존 분지에서 유래된 것으로 토양

**〈그림 6.4-18〉** 아마존 분지에서 옥시솔(oxisol: 우측)과 테트라프레타(terra preta: 왼쪽) 절단면

[Glaser, B., Haumaier, L., Guggenberger, G., and Zech, W. (2001). The Terra Preta phenomenon: a model for sustainable agriculture in the humid tropics. Naturwissenschaften 88, 37-41.]

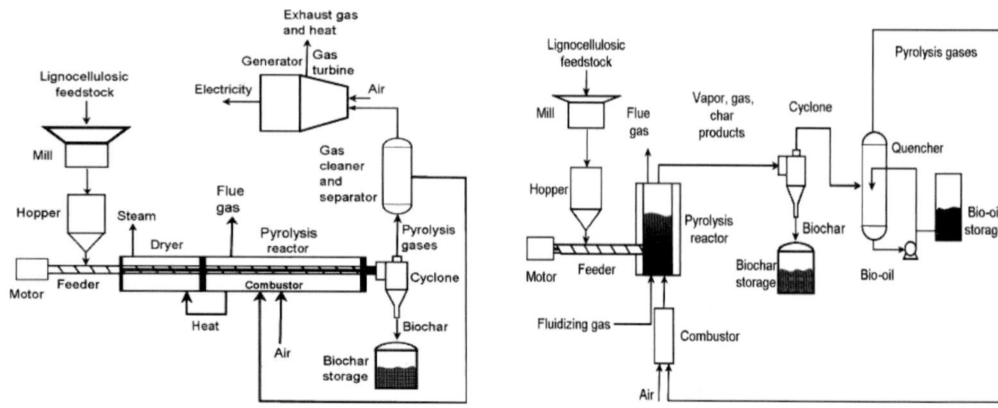


<Slow Pyrolyzer> <Fast Pyrolyzer>

**〈그림 6.4-19〉** 바이오챠르(Biochar) 제조공정도

(Source: D. A. Laird, R. C. Brown, J. E. Amonette, & J. Lehmann, 2009, Review of the pyrolysis platform for coproducing bio-oil and biochar, 2009, http://www.css.cornell.edu/faculty/lehmann/publ/BiofBioproBioref%203,%20547-562,%202009%20Laird.pdf))

비옥도를 개선하기위하여 사용한 목탄으로, 인디안 원주민이 목탄을 만들어 1_80ha의 작은 면적에 사용한 것을 말한다.

아마존 강분지의 토양비옥도와 유기물 관계를 연구해온 Lehmann 등(D. A. Laird, R. C. Brown, J. E. Amonette, & J. Lehmann, 2009, Review of the pyrolysis platform for coproducing bio-oil and biochar, 2009, http://www.css.cornell.edu/faculty/lehmann/publ/BiofBioproBioref%203,%20547-562,%202009%20Laird.pdf)에 따르면, 〈그림 6.4-19〉와 같은 목탄제조를 위한 탄화시스템을 제안하기도하였다.

농업 탄소비료로 사용되는 바이오챠르(biochar)는 탄소함량이 70-80%이고, 수율이 50%정도인 목탄이 이용되기 때문에, 열분해 장치의 운전 조건에 따라 품질이 달라지므로 바이오챠르 생산에는 열분해기술이 필요하다.

특히 농업용 탄소비료로 사용된 목탄은 토양 중에서 분해되는 과정을 자세히 연구된 바는 없지만 각종 화재로 매몰된 고고학적 사적에서 얻어진 목탄이나 탄화물의 연대 측정결과 수 100년에서 수 1000년까지 탄소를 저장하고 있음을 알 수 있다. 따라서 농토에 사용된 목탄비료가 탄소 저장 기능을 인정받기 위해서는 토양 중의 탄소함량변화를 모니터링(monitoring)하여야 한다.

(vi) 목재자원의 이용과 바이오메스 리사이클링(Recycling) 효과

따라서 각종 폐기물 중에서 유기폐기물, 특히 목재 바이오메스 자원을 리사이클링(recycling)하여 과학기술을 응용하면, 분해가 어려운 목재(wood)라도 다양한 석유제품으로 개발할

**〈표 6.4-12〉** 다량의 탄소에너지를 함유하고 있는 목질 바이모스 종류와 에너지 함량 관계

| 용 도 | 태양 에너지 함량 계산 (소나무 목재 전건 1 ton 당) | 비 고 |
|---|---|---|
| | ■ 1ton의 소나무 부피 = 1 ton ÷ 비중(0.5) = 2㎥<br>■ 기둥크기 = 2㎥ = 2층 기둥 높이 6m × 폭 57㎝ × 두께 57㎝ | 원목사용 |
| 〈2〉<br>목질복합 재료<br>(10년) | ■ phenol 수지이용<br>■ 파티클보드 = 2㎥ = 두께 2㎝ × 폭 4피트 × 길이 8피트 × 35매 이상 | 폐목재<br>사용 |
| 〈3〉<br>목재펄프<br>(0-5년) | ■ 1ton목재 × 비중(0.5) × 화학펄프수율(50%) = 0.25ton 화학펄프<br>■ 1ton목재 × 비중(0.5) × 기계펄프수율(90%) = 0.45ton 기계펄프<br>■ A4종이 = 0.25ton ÷ 80g/㎡sheet(A4 = 21㎝ × 30㎝) = 3,125매<br>■ 친환경 플로스틱 개발 | 폐목재<br>사용 |
| 〈4〉<br>목재당화<br>(1년) | ■ 1ton목재 = 1ton목재 × 셀룰로오스(50%) = 0.5ton cellulose<br>■ 목재당화: cellulose($C_6H_{10}O_5$)n + $H_2O$ = sugar(n×$C_6H_{12}O_6$)<br>- 화학식량 = cellulose(162) + water(18) = glucose(180)<br>- sugar생산량 = 0.5ton × (180/162) = 0.55ton glucose<br>■ 이론적 알코올 생산량 (생명공학을 이용한 알코올연료제조)<br>- glucose발효 식 = C6H1$_2$O$_6$ + Enzyme = $2C_2H_5$-OH + $2CO_2$<br>- 화학식량 = glucose(180) + Enzyme = 2 × 46 + 2 × 44<br>- Ethanol생산량 = 0.55ton glucose × (92/180) = 0.281tonEthanol<br>- Ethanol 발열량 = 0.281tonEthanol × (7,170cal/g) = 2,015Mcal | 폐목재<br>사용 |
| 〈5〉<br>목재 연료<br>〈합성석유제조<br>기술개발 중〉<br>(1년) | ■ 1ton목재 = 전건 1ton × 4,500kcal/kg = 4,500Mcal<br>■ 만일 목재주의 산소만을 제거하면 탄소와 수소로 구성된 석유로 계산하면,<br>- 탄소함량 = 50%w/w: C + $O_2$ = $CO_2$ +△H(+8.0kcal/g-C)<br>- 수소함량 = 6%w/w: $H_2$ + (1/2)×$O_2$ = $H_2O$ +△H(+34.2kcal/g-$H_2$)<br>■ 목재($C_6H_{10}O_5$)를 탈수 탄화시켜 석탄과 유사한 목탄(C)을 사용하여 역사적인 철기시대 개막,<br>■ 목재 중에서 산소만을 제거하여 탄소와 수소만으로 구성된 석유(CnHm)제조는 불가능하기 때문에,<br>- 신속 열분해 기술로 원유와 같은 타르오일제조기술을 개발 중이고,<br>- 목재를 가스화하여 합성가스(syngas: CO+n×$H_2$)를 제조하는 가스화기술을 개발하여 물($H_2O$)을 분해하여 얻어지는 수소와 함께 Fischer-Tropsch법으로 석유를 인공적으로 합성하는 공정을 개발 중임<br>[CO + n×$H_2$ → $CH_4$ ~ $CH_3$-OH ~ CnHm] | 폐목재<br>사용 |
| 〈6〉<br>목탄<br>〈탄소비료화<br>기술〉<br>(100-1000년) | ■ 전통적인 탄화수율은 투입 목재 무게의 15-30%정도이나,<br>■ 70~80%탄소를 함유한 수율 50%정도의 목탄인 바이오차르(biochar)는 농업용 비료로 사용할 수 있다.(Terra Preta Web 참조)<br>■ 농업용 비료로 사용한 목탄은 산화분해속도가 느려 토양 중에서 분해속도가 수100년에서 수1000년 걸치기 때문에, 조림(forestation)으로 고정된 대기중의 탄소인 목재중의 탄소는 목탄으로 변하여 다시 수100년 간 토양 중에 저장됨 | 폐목재<br>사용 |

(예: 문화재로 100년 간 사용된 수령 100년생의 소나무 목재; 비중 = 0.5 가정)

수 있다. 즉 역사적으로 각종 건축물이나 교량건설 뿐만 아니라 선박 건조에 활용된 100년생 소나무라도 구조물이 파괴 되거나 해체된 다음, 연료로 사용된다면, 즉시 탄산가스로 방출되지만, 이를 탄화하여 농업용 탄소 비료로 이용하여 토양 중에 투입한다면, 수율이 낮지만, 다시 수 100년 동안 지하에 저장되어 〈표 6.4-11〉에 나타낸 바와 같이 기온변화를 야기하는 온실가스(Greenhouse Gas: GHG) 감축에 크게 기여할 것이다.

환언하면, 건축용 목재, 특히 소나무의 경우, 그의 밀도가 0.43으로 낮고, 함수율에 따라 밀도가 달라지기 때문에 정밀하게 측정하기 어려우나, 계산의 편이를 위하여 소나무의 전건기준 비중을 반올림 하여 0.5로 간주하면, 토목건축에 사용된 소나무라도 이미 100여 년 전에 조림하여 100여 년간 탄소를 비축한 소나무가 구조물에 사용되었기 때문에, 〈표 6.4-12〉에 나타낸 바와 같이 다량의 열에너지를 함유하고 있어 100여 년간 저장된 석유와 같다. 더욱이 수율이 낮지만, 폐기물을 탄소비료로 제조하여 농업용 비료로 이용하면, 다시 수 100년에서 수 1000년까지 토장 중에 매립할 수 있고, 농업 소득도 높일 수 있어 더욱 효과적인 목재이용 인프라가 될 것이다

왜냐하면, 역으로 석유로부터 목재와 같은 산업용 고분자 플라스틱 재료를 인공적으로 합성하는 방법은 기술적으로 연구는 하고 있지만, 아직은 거의 불가능하고, 극히 비경제적이기 때문에, 단시간에 실현한다는 것은 극히 어려운 일이기 때문에, 유기폐기물을 자원화 하는 기술을 활용하여야 한다.

따라서 지구촌에 널리 퍼져 있는 생태계에서 생산자에 속한 식물의 기능을 활용하여 교토의정서에서 규정한 각종 온실가스를 고체로 저장하는 조림(forestation = afforestation + reforestation) 방법이 가장 경제적이다.

그러나 1997년에 체결된 교토의정서에서는 산림에서 벌채되는 목재가 모두 온실가스를 방출한 것으로 계산되기 때문에 수확된 목제품(harvested wood products: HWP)에 대한 탄소저장기간이 용도별 내구성으로 평가하는 방법이 다시 논의되고 있고, 농업용 탄소비료로 사용된 목탄비료인 바이오챠르(biochar)와 톱밥 퇴비의 분해속도에 대하여서도 추가 논의되고 있다.

따라서 교토의정서에서 규정하고 있는 조림의 효과에 추가하여 목재를 이용한 토목건축 기술과 폐재를 재활용하는 에너지화 기술 및 목탄의 탄소비료화 기술을 포함하여 산지이용 시스템을 경제사회적 인프라로 체계적으로 도입하면, 대기 중의 탄소를 다음과 같이 저장하기 때문에, 녹색성장에 필수적인 온실가스감축을 위한 에너지 자급화와 고용창출이 크게 달성될 것이다.

<$CO_2$ → 조림 → 100년 → 목재건축 → 100년 → 리사이클링
→ 0～10년 → 목탄비료 → 100～1000년 → $CO_2$>

이러한 과정을 추적하기 위하여서는 매년 생산되는 바이오메스의 생산과 소비를 체계적으로 추적하는 조사 방법과 분해속도를 추적하는 분석기술 뿐만 아니라 조사 분석 데이터의 분석기술과 보관 및 국가 보고서작성 기술 개발이 필요할 것이다. 왜냐하면 내구년이 긴 수명(壽命)은 전년도에 잔류하는 탄소가 비축된 것이기 때문에, 우리나라에 국토 내에 비축하고 있어 국가 GHG 보고서에서는 감축한 것으로 계산된다. 이러한 국가 GHG 보고서는 UNFCCC에서 항공사진과 인공위성사진으로 조사하고, 공인된 제 3 기관을 통하여 검증하기 때문에 보고내용과의 오차가 거의 없게 될 것이다.

나아가 대기 중의 탄소를 고정비축한 목재바이오메스를 생산하기 위하여 조림(forestation)한 산림지(woodland)에 대체 에너지로 알려진 태양에너지와 풍력발전 및 수력발전 시스템을 태양광 차단이 없이 융복합 시키면, 에너지 자급화는 가속화할 것이며, 조림으로 생산된 목질바이오메스를 원료로 하는 목재 액화기술과 당화기술을 개발하면, 지금까지 석유를 원료로 하여 합성하던 석유 플라스틱과 화학약품들도 바이오메스자원으로 대체할 수 있다.

### (5) 온실가스 감축을 위한 각국의 대책 분석과 정책들

환언하면, 대기 중의 탄산가스를 고정하는 녹색식물을 경영 대상으로 하는 농림업 산물은 다시 공업적인 화학적 가공과 전환공정을 통하여 보다 고부가가치의 생산물로 전환된 다음, 인간에게 식량과 식품으로 공급되거나 가축사료로 공급되기 때문에 생명현상에 관여하는 기능성 공산품은 가격이 상승한다. 또한 인간이 사용 후에 발생하는 폐기물은 미생물로 분해하여 탄산가스로 대기 중에 방출하여야 하기 때문에 기후변화에 영향을 미친다. 따라서 1997년 교토의정서가 체결된 이후 각 분야에서 〈표 6.4-13〉과 같은 전 과정 분석(Life Cycle Analysis: LCA)을 통하여 온실가스 감축을 위한 각종 아이디어와 연구가 실시되고 있다. 특히 목재를 생산하여 대기 중의 탄소를 고정하는 임어분야는 장시간이 소요되고, 생산목재라도 용도에 따라 탄소저장기간이 다르기 때문에, LCA방법을 적용하고 있다.

특히 온실가스 감축을 실천하여야 할 기업을 위한 탄소회계와 보고시스템에 대한 프로토콜과 조사계획법을 제시한 미국 환경처(EPA, 2005, Climate Leaders Greenhouse Gas Inventory Protocol: Desing Principles, 2005, http://www.epa.gov/staseply/docs/climateleadersdesignprincipess.pdf)에 따르면, 세계 자원연구소 (World Resources Institute: WRI)가 발행한 온실가스 회계방법과 기록 표준(Greenhouse Gas Protocol: A Corporate Accounting and Recording Standards)을 근거로 조사보고서를 만들었다고 한다.

즉 세계 자원구소가 발행한 온실가스 회계방법과 기록 표준 (World Resources Institute: WRI, 2004, Greenhouse Gas Protocol: A Corporate Accounting and Recording Standards, 2005, http://www.wri.org/ghg-protocol_

〈표 6.4-13〉 LCA 공정 목록과 환경영향평가 프레임

| | 환경적 영향 | | | | | | | |
|---|---|---|---|---|---|---|---|---|
| | INPUT | | OUTPUT | | IMPACTS | | | |
| 자연환경 에너지자원 | (1) 환경 인자 | (2) 경제 인자 | (1) 환경 인자 | (2) 경제 인자 | (1) 오염 종류별 측정량 | (2) 환경영향 가중치배분 | (3) Normal-ization | (4) 재배분 평가 |
| | 대기+수질 +토양오염 | 돈 | 대기+수질 +토양오염 | 돈 | (발생량/ 생산품) | ×Y | (가중치점수/ 정상치점수) | |
| 〈A〉 원료채취업 | " | " | " | " | " | " | " | " |
| 〈B〉 가공제조업 | " | " | " | " | " | " | " | " |
| 〈C〉 유통판매업 | " | " | " | " | " | " | " | " |
| 〈D〉 사용/재활용 | " | " | " | " | " | " | " | " |
| 〈E〉 폐기물처리 | " | " | " | " | " | " | " | " |
| TOTAL | sum | | sum | | sum | | | |
| 환경영향인자들 | (1).greenhouse effect; (2).depletion of ozone layer; (3).acidification; (4).eutrophication; (5).heavy metals; (6).humane toxicity (carcinogen); (7).winter smog; (8).summer smog; (9).pesticides; (10).energy; (11).solid waste: (12).others (odor /noise /radioactives /landscape degradation;). etc. | | | | | | | |

2004.odf)에 따르면, WRI는 (1) 각 기업에 표준화된 접근방법과 원칙을 사용하여 기업들의 진실로 공정한 온실가스 방출량을 나타내는 GHG 조사서를 작성하는데 도움을 주고, (2) GHG 조사방법을 단순화하여 종합비용을 감축시키며, (3) 기업에게 GHG 방출량을 관리하고, 감축시키는 효과적인 전략을 수립하는 정보를 제공하고, (4) GHG 프로그램의 자발적 참여 의무적 참여를 편리하게 하는 정보를 제공하며, (5) 다양한 회사들과 GHG 프로그램들 중에서 GHG 회계 및 보고에서 일치성과 투명성을 증대시키기 위한 표준과 가이드가 만들기 위하여 미국 내 환경관계 NGO와 스위스 제네바에 위치한 국제적인 170개 기업 연맹인 지속가능 개발을 위한 세계 기업 자문위원회(World Business Council for Sustainable Development: WBCSD)와 함께, 각종 기업, NGO, 정부, 기타 기관들과 협약한 제 3자 조합을 구성하여, 기업들이 국제적으로 수용 가능한 온실가스 회계와 보고서 표준을 개발하기 위하여 1998년 온실가스 프로토콜 시범지(Greenhouse Gas Protocol Initiative)를 설치하여 다음과 같은 기업적 GHG회계와 보고기준에 관한 이 프로토콜을 개발하고, 이어서 GHG 완화 프로젝트에서는 감축량 정량화가이드를 개발할 것이라고 한다. 따라서 2001년에 최초 GHG 프로토콜로 법인체 회계와 보고 표준(GHG Protocol Corporate Accounting and Reporting Standards)이 약하여 GHG Protocol Corporate Standards이름으로 출판되고, 국제적 호응으로 추가로 동참한 기업들이 늘어 2004년

에는 개정판을 출판하게 되었다. 그의 목차는 (1) Introduction: The Greenhouse Gas Protocol Initiative, (2) Chapter 1: GHG Accounting and Reporting Principles, (3) Chapter 2: Business Goals and Inventory Design, (4) Chapter 3: Setting Organizational Boundaries, (5) Chapter 4: Setting Operational Boundaries, (6) Chapter 5: Tracking Emissions over Time, (7) Chapter 6: Identifying and Calculating GHG Emissions, (8) Chapter 7: Managing Inventory Quality, (9) Chapter 8: Accounting for GHG Reductions, (10) Chapter 9: Reporting GHG Emissions, (11) Chapter 10: Verification of GHG Emissions, (12) Chapter 11: Setting GHG Targets 순으로 구성하여 상호 연관된 각종 기업들이 스스로 부담하여야 할 GHG를 조사 보고하는 원칙과 계산방법을 예시하고 있다.

한편 이를 근간으로 GHG 조사 프로토콜을 작성한 미국 환경처(EPA, 2005, Climate Leaders Greenhouse Gas Inventory Protocol: Desing Principles, 2005, http://www.epa.gov/staseply/docs/climateleadersdesignprincipess.pdf)에 따르면, 온실가스 방출량 조사보고에서 중요한 것은 방출량 배분과 기준년도(base year)선택이다. 즉 (1) 방출량은 어느 회사가 소유하거나 통제하고 있는 소스(source)에서 방출되는 직접 방출량(direct emissions)은 측정과 조사가 용이하나, 구입 전기나 냉난방 또는 스팀과 같이 다른 회사의 상품을 중간제로 사용하는 경우, 다른 회사가 소유하거나 통제하고 있는 소스에서 방출하거나 수입품을 사용하기 때문에 외국에서 발생한 방출량을 자기회사의 활동으로 발생하는 간접 방출량(indirect emissions)으로 계산되기 때문에 간접 방출량의 배분에 갈등이 많다. 이때 당사자들은 GHG 방출량을 범주별로 분리하여 계산하여 보고하여야 하고, 시간에 따라 변하는 방출량을 비교하는 투명성을 제고하기 위하여, 당사자들은 방출량 데이터를 기업 단위별/시설 단위별, 국가별, 출처 타입별, 활동 타입별로 더욱 세분하는 것이 좋다고 한다.

또한 (2)의 기준년도는 온실가스 감축목표를 향하여 회사의 성공정도를 평가하기 위하여 선택되어야 하며, 당사자가 참여할 때 이용 가능한 가장 최근의 데이터가 얻어진 년도가 기준년도로 선택되어야 한다.

즉 온실가스 감축을 위하여 취할 수 있는 조치들은 〈그림 6.4-14〉에 나타낸 바와 같이 독립적인 (1) 탄소제거(carbon sequestration), (2) 공정개선(process improvement), (3) 에너지 효율성(energy efficiency), (4) 저탄소 에너지 사용(low carbon energy use) 분야로 구분되지만, 서로 중첩되는 (5) 임산물 향상 토지 관리와 보존적 농경지 경작(forest products enhanced land management & agricultural conservation tillage), (6) 공정용 에너지 감축(process energy reducation), (7) 공정폐기물의 연료이용(process waste as fuel source), (8) 열병합발전(combined heat and power)분야도 존재하기 때문에 전체 시스템을 정확히 분석하는 것이 필수적이다.

따라서 온실가스 감축에 대한 필요성을 먼저 확인한 유럽 각국들은 1992년 아젠다 21의 체결과 동시에 덴마크를 필두로 환경세(environmental tax), 에너지세(energy tax) 또는 탄소세(carbon tax) 부과에 대한 효과를 시범 연구함과 동시에 각종 대체에너지로 전환하는 연구를 시작하여 이제는 상당한 효과를 거두고 있다.

그러나 국토가 좁고, 인구밀도가 높은 북반구의 온대지역 국가들은 고도의 산업화로 다량의 탄소자원을 수입하여 사용하는 반면, 대기 중의 탄산가스를 고정하는 농경지와 산림지가 부족하여 탄소무역(carbon trade)이 필요하다.

특히 교토의정서에 따라 해외조림과 같은 개발도상국 투자가 늘고 있지만, 온실가스 방출권 분배와 제거 의무량 부과 및 탄소고정효과 조사와 회계 감사방법에 대하여 논란도 많다. 즉 로만(L. Lohman, 2002, Carbon Trading: Avoiding Market Collapse, 2005, http://www.thecornerhouse.org.uk/item.tml?x=52013)에 따르면, 탄소교역시스템은 (1) 탄산가스 방출허용권이 교환되는 한계-교환 시스템(cap-and-trade system)과 (2) 탄산가스 방출 허용 권을 탄소제거(carbon sequestration)나 방출감소량(avoided emission: hypothetical emissions reductions) 증명서 등으로 교환하는 한계-교환 시스템 및 (3) 기본선-크레디트 시스템(baseline-credit system)으로 구분되는데 ENRON이나 WorldCom 회계부정사건과 같은 탄소회계사기를 막을 수 있어야 한다고 주장한다.

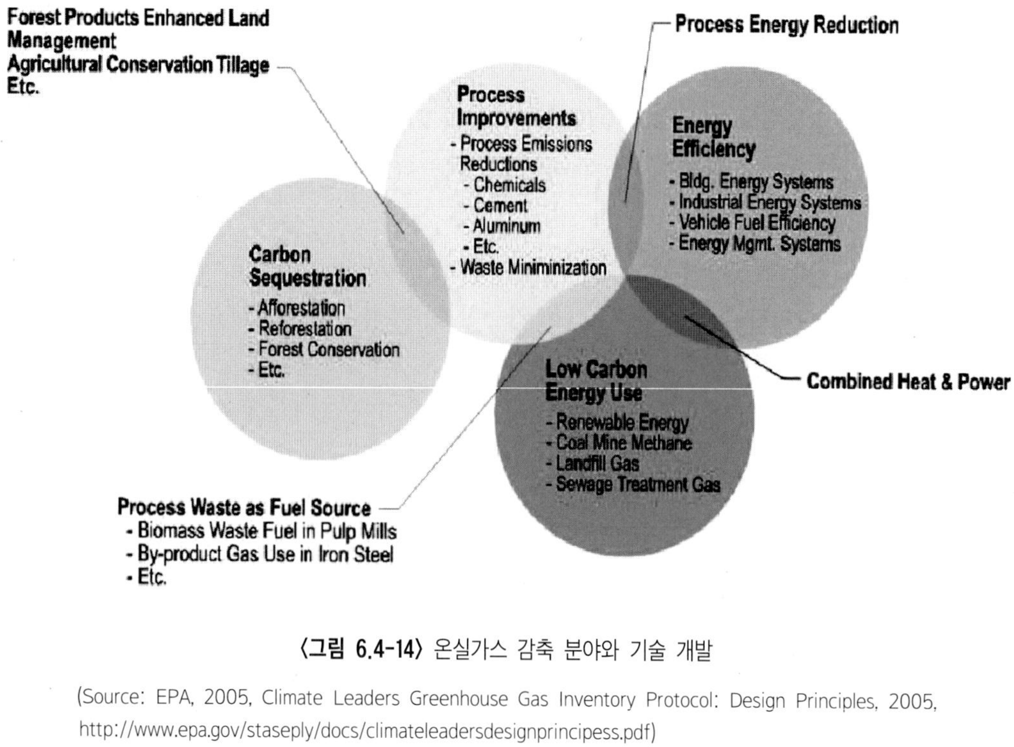


**〈그림 6.4-14〉** 온실가스 감축 분야와 기술 개발

(Source: EPA, 2005, Climate Leaders Greenhouse Gas Inventory Protocol: Design Principles, 2005, http://www.epa.gov/staseply/docs/climateleadersdesignprincipess.pdf)

또한 경제정책연구소(Economic Policy Insititute: EPI)의 바래트와 회르너(J. Barret & J. A. Hoerner, 2000, Making Green Policies Pay Off: Responsible climate-change package can benefit environment, workforce, 2005, http://www.epinet.org/content.cfm/issuebriefs_ib143)에 따르면 미국의 산업을 498개 산업분야로 나누어 기후변화에 대한 조치로 (a) 원자력 발전소나 대형 수력발전소에서 생산된 전기 값과 같도록 한 탄소 톤당 50달라의 탄소세($50/ton carbon tax)부과와 (b) 청정에너지 정책에서 논의된 에너지효율성과 재생가능에너지 정책(energy- efficiency and renewable energy policies)을 적용한 결과 산업에 따라 해고산업과 고용산업이 다르나 결과적으로 184,00명의 취업이 증가하여 환경과 고용에 효과적이라고 한다.

한편 독일은 원자력에 의한 에너지 자급을 포기하고, 에너지 효율적인 기기장치를 개발함과 동시에 태양광 에너지와 풍력발전 및 바이오메스 에너지로 자급하는 길을 모색하고 있으며, 미국은 국제적으로 교토의정서 비준을 반대하는 대통령이 있지만, 주정부와 지방정부 및 지도층의 개인들은 기후변화에 영향하는 온실가스감축을 위한 각종 연구가 추진되고 있다.

예를 들면 미국의 경우에도 우리나라의 크기의 각 주에서도 다음과 같이 다양한 프로그램이 추진되고 있다. 즉 미국 버지니아 주에 설치된 지구촌 기후변화 퓨 센타(Pew Center on Global Climate Change, 2005, http://www.pewclimate.org/states.cfm?view=all)에 따르면,

(1) 각 주에서 추진되는 Advanced Travel Center Electrification (ATE) 프로그램,
(2) 노스 캐롤라이나 주의 Animal and Poultry Waste Management 프로그램,
(3) 뉴 헴프셔 주의 Building Energy Conservation Initiative,
(4) 아이오와 주의 Building Energy Management Program,
(5) 네브래스카 주의 농업부분 탄소고정 가능성을 연구를 위한 Carbon Sequestration Advisory Committee 설립,
(6) 아이오와 주의 Chariton Valley Biomass Project,
(7) 조지아 주의 Clean Air Campaign조직,
(8) 워싱턴 DC가 있는 메릴랜드 주의 Clean Energy Incentive Act 제정,
(9) 뉴욕 주의 Clean-Fueled Bus Program,
(10) 워싱턴 주의 Commute Trip Reduction 프로그램,
(11) 오리건 주의 Dairy Waste to Energy 프로그램,
(12) 콜로라도 주의 Energy $aving Partner 프로그램,
(13) 하와이 주의 Energy Performance Contracting Program,
(14) 우타 주의 Energy Program for National Parks,
(15) 미주리 주의 Energy Revolving Loan Fund,
(16) 위스콘신 주의 Energy Star Buildings 프로그램,

(17) 뉴멕시코 의 Forest Re-Leaf 프로그램,

(18) 오리건 주의 Forest Resource Trust 프로그램,

(19) 펜실베이니아 주의 Green Pricing: Electric Consumer Choice 프로그램,

(20) 메인 주, 뉴저지 주의 Greenhouse Gas Reduction Target 법률제정,

(21) 캘리포니아 주의 Greenhouse Gas Standards for Vehicles 규정제정,

(22) 인디아나 주의 Industrial Energy Efficiency Fund (IEEF) 설립,

(23) 뉴욕 주의 Keep Cool Air Conditioner Bounty Program,

(23) 텍사스 주의 Loan STAR (Loans to Save Taxes and Resources)프로그램,

(24) 뉴햄프셔 주의 Multiple Pollutant Reduction Program,

(25) 인디아나 주의 National Industrial Competitiveness Through Energy, Environment, and Economics (NICE3) 프로그램,

(26) 조지아 주의 No-Tillage Assistance Program,

(27) 미네소타 주의 에탄올사용을 위한 Oxygenated Fuel Standard 제정,

(28) 미주리 주의 Pattonville High School Landfill Gas Recovery Project,

(28) 오리건 주의 Power Plant $CO_2$ Offset Program,

(29) 웨스트버지니아 주의 Promoting Wind Energy Production through the Tax Code 개정,

(30) 인디아나 주의 Public Facilities Energy Efficiency Program,

(31) 인디아나 주의 Recycling Market Development Board 프로그램,

(32) 마사츄세츠 주의 Reduction of $CO_2$ Emissions from Power Plants을 위한 multi-pollutant cap 설정,

(33) 미네소타 주의 탄소고정을 위한 조림용 Releaf Program,

(34) 캘리포니아 주의 Renewable Energy Program,

(35) 텍사스 주의 Renewable Portfolio Standard 제정,

(36) 네바다 주의 Renewable Portfolio Standard 제정,

(37) 위스콘신 주의 Reporting and Crediting System for Greenhouse Gases 프로그램 제정,

(38) 메릴랜드 주의 Smart Growth Program,

(39) 위스콘신 주의 Tinedale Farm Anaerobic Digestion Energy System,

(40) 몬태나 주의 Universal Systems Benefit (USB) Program,

(41) 캘리포니아 주의 Zero-Emission Vehicle Incentive Program,

등 한 나라에서도 다양하게 추진되고 있다.

## 저자


### 정우양

1957年生

1981. 2. 서울대학교 농과대학 임산가공학과 졸업

1989. 2. 서울대학교 대학원 농학박사 취득

1987. 9.-현재 전남대학교 산림자원학부 교수

2010. 8.-현재 전남대학교 학생지원처장

### 임기표

1943年生

1970. 2. 서울대학교 농과대학 임학과 졸업

1979. 2. 서울대학교 대학원 농학박사 취득

1980.-2008. 전남대학교 산림자원학부 교수

1995.-1996. 한국펄프종이공학회 부회장


지구촌의 역사와 자연 법칙들에 기초한

**기후변화와 UN의 아젠다 21**


초판발행 | 2011년 2월 25일
재판인쇄 | 2013년 4월 20일
재판발행 | 2013년 4월 25일

저자 | 정우양 · 임기표
발행 | 지병문
발행처 | 전남대학교출판부

등록 | 1981. 5. 21. 제53호
주소 | 500-757 광주광역시 북구 용봉로 77
전화 | (062) 530-0571~3
팩스 | (062) 530-0579
홈페이지 | http://altair.chonnam.ac.kr/~cnup

값 20,000원

ISBN 978-89-7598-912-4 (93530)

이 도서의 국립중앙도서관 출판시도서목록(CIP)은 e-CIP홈페이지(http://www.nl.go.kr/ecip)와 국가자료공동목록시스템(http://www.nl.go.kr/kolisnet)에서 이용하실 수 있습니다.
(CIP제어번호 : CIP2011001250)